高等学校电子信息类系列教材

微波技术基础

廖承恩　编著

U0169770

西安电子科技大学出版社

内 容 简 介

本书系高等学校工科电子类专业基础课统编教材。编著者以导行波和导模概念贯穿全书，围绕规则导行系统理论基础和微波电路元件理论基础，全面系统地讲解微波技术的基础理论、基本技术和基本分析方法，并特别注重基本概念的阐述。全书共分九章：引论、传输线理论、规则金属波导、微波集成传输线、毫米波介质波导与光波导、微波网络基础、微波谐振器、常用微波元件和微波铁氧体元件。每章末有本章提要，并附有一定数量的习题；在每章提要中给出了该章的关键词。

本书适用作高等院校理工科电子类微波技术专业、天线专业、无线电物理专业及相近专业的教材或数学参考书，可用作有关专业研究生的教学参考书，也可供从事微波和天线工作的科研人员和工程技术人员参考。

图书在版编目(CIP)数据

微波技术基础 / 廖承恩编著. --西安：西安电子科技大学出版社，1994.12(2024.1 重印)
ISBN 978 - 7 - 5606 - 0322 - 3

Ⅰ. ①微…　Ⅱ. ①廖…　Ⅲ. ①微波技术—高等学校—教材　Ⅳ. ①TN015

中国版本图书馆 CIP 数据核字(2009)第 215522 号

责任编辑　马乐惠
出版发行　西安电子科技大学出版社(西安市太白南路 2 号)
电　　话　(029)88202421　88201467　　邮　　编　710071
网　　址　www.xduph.com　　电子邮箱　xdupfxb001@163.com
经　　销　新华书店
印刷单位　广东虎彩云印刷有限公司
版　　次　2024 年 1 月第 1 版第 18 次印刷
开　　本　787 毫米×1092 毫米　1/16　印张 22.5
字　　数　534 千字
定　　价　46.00 元
ISBN 978 - 7 - 5606 - 0322 - 3/TN
XDUP 0594041 - 18

＊＊＊如有印装问题可调换＊＊＊

出版说明

根据国务院关于高等学校教材工作的规定，我部承担了全国高等学校和中等专业学校工科电子类专业教材的编审、出版的组织工作。由于各有关院校及参与编审工作的广大教师共同努力，有关出版社的紧密配合，从1978～1990，已编审、出版了三个轮次教材，及时供给高等学校和中等专业学校教学使用。

为了使工科电子类专业教材能更好地适应“三个面向”的需要，贯彻国家教委《高等教育“八五”期间教材建设规划纲要》的精神，“以全面提高教材质量水平为中心，保证重点教材，保持教材相对稳定，适当扩大教材品种，逐步完善教材配套”，作为“八五”期间工科电子类专业教材建设工作的指导思想，组织我部所属的九个高等学校教材编审委员会和四个中等专业学校专业教学指导委员会，在总结前三轮教材工作的基础上，根据教育形势的发展和教学改革的需要，制订了1991～1995年的“八五”（第四轮）教材编审出版规划。列入规划的，以主要专业主干课程教材及其辅助教材为主的教材约300多种。这批教材的评选推荐和编审工作，由各编委会或教学指导委员会组织进行。

这批教材的书稿，其一是从通过教学实践、师生反映较好的讲义中经院校推荐，由编审委员会（小组）评选择优产生出来的，其二是在认真遴选主编人的条件下进行约编的，其三是经过质量调查在前几轮组织编定出版的教材中修编的。广大编审者、各编审委员会（小组）、教学指导委员会和有关出版社，为保证教材的出版和提高教材的质量，作出了不懈的努力。

限于水平和经验，这批教材的编审、出版工作还可能有缺点和不足之外，希望使用教材的单位，广大教师和同学积极提出批评和建议，共同为不断提高工科电子类专业教材的质量而努力。

机械电子工业部电子类专业教材办公室

前　　言

本教材系按机械电子工业部的工科电子类专业教材 1991～1995 年编审出版规划，由电磁场与微波技术教材编审委员会微波技术教材编审小组征稿并推荐出版。责任编委为林德云教授。

本教材由西安电子科技大学廖承恩教授编著，清华大学林德云教授担任主审。

本教材的参考学时数为 80 学时。全书共分九章。第一章引论，介绍微波的波段与特点、微波技术的应用，论述导波场的求解方法与导波的一般传输特性。第二章传输线理论，讲述无耗传输线的各种工作状态及其特点、有耗传输线的特性与计算方法，讨论利用阻抗圆图进行阻抗计算和阻抗匹配的方法。第三章至第五章分别讲解规则金属波导、微波集成传输线(包括带状线、微带线、悬置和倒置微带线、槽线、共面传输线和鳍线)、毫米波介质波导与光波导的传输特性与设计计算方法。第二章至第五章构成本教材的规则导行系统理论基础。第六章微波网络基础论述均匀波导的等效原理和微波接头的等效网络，介绍微波网络的各种波矩阵参数，并着重讲述散射矩阵参数的性质与应用。第七章至第九章分别讲解各种微波谐振器、常用微波元件和微波铁氧体元件的特性与设计方法。第六章至第九章构成本教材的微波电路元件理论基础。每章末有本章提要，并附有一定数量的习题。作为尝试，在每章的提要中给出了该章的关键词。

本教材在内容选取上讲究基础性、系统性和实用性，对传统内容力求少而精，适当增加微波新元件介绍，反映本学科的最新发展；在文字叙述上力求精炼、流畅、可读，便于自学。

使用本教材，要求学生熟悉电磁场和电磁波的基本理论，具备数学物理方程、矢量代数与场论、线性代数，复变函数等工程数学基础。书中各章节之间有相对的独立性，可根据要求和时数取舍或增减。

林德云教授认真审阅了全部书稿，微波技术教材编审组其他委员也参加了本教材书稿的审阅工作，他们为本书提出了许多宝贵意见。编著者谨向他们表示诚挚的感谢。由于编著者水平有限，书中难免还存在一些缺点和错误，殷切希望广大读者批评指正。

编著者

目　　录

第一章　引　论

本章简述微波的特点和应用，介绍本书的内容，论述导行波概念及其一般传输特性，使读者对本书有个整体上的了解。

1.1　微波及其特点

就现代微波理论和技术的研究和发展而论，微波(microwave)是指频率从 300 MHz 至 3 000 GHz范围内的电磁波，其相应的波长从 1 m 至 0.1 mm。这段电磁频谱包括分米波(频率从 300 MHz 至 3 000 MHz)、厘米波(频率从 3 GHz 至 30 GHz)、毫米波(频率从 30 GHz 至 300 GHz)和亚毫米波(频率从 300 GHz 至 3 000 GHz)四个波段。

在雷达、通信及常规微波技术中，常用拉丁字母代号表示微波的分波段。表 1.1 - 1 (*a*)、(*b*)分别示出常用微波分波段代号和家用电器的频段。

表 1.1 - 1(*a*)　常用微波分波段代号

波段代号	标称波长(cm)	频率范围(GHz)	波长范围(cm)
L	22	1 - 2	30 - 15
S	10	2 - 4	15 - 7.5
C	5	4 - 8	7.5 - 3.75
X	3	8 - 12	3.75 - 2.5
Ku	2	12 - 18	2.5 - 1.67
K	1.25	18 - 27	1.67 - 1.11
Ka	0.8	27 - 40	1.11 - 0.75
U	0.6	40 - 60	0.75 - 0.5
V	0.4	60 - 80	0.5 - 0.375
W	0.3	80 - 100	0.375 - 0.3

表 1.1 - 1(*b*)　家用电器的频段

名　称	频率范围
调幅无线电	535 - 1605 kHz
短波无线电	3 - 30 MHz
调频无线电	88 - 108 MHz
商用电视	
1 - 3 频道	48.5 - 72.5 MHz
4 - 5 频道	76 - 92 MHz
6 - 12 频道	167 - 223 MHz
13 - 24 频道	470 - 566 MHz
25 - 68 频道	606 - 958 MHz
微波炉	2.45 GHz

从电子学和物理学的观点看，微波这段电磁谱具有不同于其它波段的如下重要特点：

● 似光性和似声性　微波的波长很短，比地球上一般物体(如飞机、舰船、汽车、坦克、火箭、导弹、建筑物等)的尺寸相对要小得多，或在同一量级。这使微波的特点与几何光学相似，即所谓似光性。因此，使用微波工作，能使电路元件尺寸减小；使系统更加紧凑；可以设计制成体积小、波束很窄、方向性很强、增益很高的天线系统，接收来自地面或宇宙空间各种物体反射回来的微弱信号，从而确定物体的方位和距离，分析目标的特征。

由于微波的波长与物体(如实验室中的无线电设备)的尺寸具有相同的量级，使得微波的特点又与声波相近，即所谓似声性。例如微波波导类似于声学中的传声筒；喇叭天线和缝隙天线类似于声学喇叭、萧和笛；微波谐振腔类似于声学共鸣箱等。

● 穿透性 微波照射于物体(介质体)时，能深入物质内部：微波能穿透电离层，成为人类探测外层空间的"宇宙窗口"；微波能穿透云雾、雨、植被、积雪和地表层，具有全天候和全天时的工作能力，成为遥感技术的重要波段；微波能穿透生物体，成为医学透热疗法的重要手段；毫米波还能穿透等离子体，是远程导弹和航天器重返大气层时实现通信和末制导的重要手段。

● 非电离性 微波的量子能量还不够大，不足以改变物质分子的内部结构或破坏分子间的键。而由物理学知道，分子、原子和原子核在外加电磁场的周期力作用下所呈现的许多共振现象都发生在微波范围，因而微波为探索物质的内部结构和基本特性提供了有效的研究手段。另一方面，利用这一特性和原理，可研制许多适用于微波波段的器件。

● 信息性 由于微波的频率很高，所以在不太大的相对带宽下，其可用的频带很宽，可达数百甚至上千兆赫。这是低频无线电波无法比拟的。这意味着微波的信息容量大。所以现代多路通信系统，包括卫星通信系统，几乎无例外地都是工作在微波波段。另外，微波信号还可提供相位信息、极化信息、多普勒频率信息。这在目标探测、遥感、目标特征分析等应用中是十分重要的。

1.2 微波的应用

由于微波具有上述重要特点，所以获得了广泛的应用。微波的应用包括作为信息载体的应用和作为微波能的应用两个方面。下面就其应用的主要领域加以简单介绍。

微波的传统应用是雷达和通信。这是微波作为信息载体的应用。

雷达是利用电磁波对目标进行探测和定位。现代雷达大多数是微波雷达。利用微波工作的雷达可以使用尺寸较小的天线，来获得很窄的波束宽度，以获取关于被测目标性质的更多的信息。雷达不仅用于军事，也用于民用，如导航、气象探测、大地测量、工业检测和交通管制等。

由于微波具有频率高、频带宽、信息量大的特点，所以被广泛应用于各种通信业务，包括微波多路通信、微波中继通信、散射通信、移动通信和卫星通信。利用微波各波段的特点可作特殊用途的通信，例如从 S 到 Ku 波段的微波适用作以地面为基地的通信；毫米波适用于空间与空间的通信；毫米波段的 60 GHz 频段的电波大气衰减较大，适于作近距离保密通信；而 90 GHz 频段的电波在大气中的衰减却很小，是个窗口频段，适于作地空和远距离通信；对于很长距离的通信，则 L 波段更适合，因为在此波段容易获得较大的功率。

微波能的工农业应用。微波作为能源的应用始于 20 世纪 50 年代后期，至 60 年代末，微波能应用随着微波炉的商品化进入家庭而得到大力发展。

微波能应用包括微波的强功率应用和弱功率应用两个方面。强功率应用是微波加热；弱功率应用是用于各种电量和非电量(包括长度、速度、湿度、温度等)的测量。

微波加热可以深入物体内部，热量产生于物体内部，不依靠热传导，里外同时加热，具有热效率高、节省能源、加热速度快、加热均匀等特点，便于自动化连续生产。用于食品加工时，还有消毒作用，清洁卫生，既不污染食品，也不污染环境，而且不破坏食品的营养成份。微波加热现已被广泛应用于食品、橡胶、塑料、化学、木材加工、造纸、印刷、卷烟等工业中；在农业上，微波加热可用于灭虫、育种、育蚕、干燥谷物等。

弱功率应用的电量和非电量的测量，其显著特点是不需要和被测量对象接触，因而是非接触式的无损测量，特别适宜于生产线测量或进行生产的自动控制。现在应用最多的是测量湿度，即测量物质(如煤、原油等)中的含水量。

微波的生物医学应用，也属于微波能的加热应用。利用微波对生物体的热效应，选择性局部加热，是一种有效的热疗方法，临床上可用来治疗人体的各种疾病。微波的医学应用包括微波诊断、微波治疗、微波解冻、微波解毒和微波杀菌等。用微波对生物体作局部照射，可提高局部组织的新陈代谢，并诱导产生一系列的物理化学变化，从而达到解痉镇痛、抗炎脱敏、促进生长等作用，广泛用于治疗骨折、创伤、小儿肺部疾病、胰腺疾病等。国际上规定的允许用于工业、科学、医学的微波加热专用频率是 915±25 MHz、2 450±50 MHz、5 800±75 MHz 和 22 125±125 MHz。目前广泛使用的是 915 MHz 和 2 450 MHz。

需要指出的是，微波的生物医学效应不仅有对生物体的热效应，而且有非热效应，在某些情况下，后者比前者更为主要。微波的生物医学应用是利用微波有益的生物效应。微波的生物效应还有有害的效应，表现为超剂量的微波照射有三致作用：致癌、致畸和致突变，即是说，微波的致热作用既能治病又能致病，问题在于处理好微波的强度(包括频率)、照射时间和作用条件三者之间的关系。微波的三致作用按其机理可分为热效应和非热效应两种。热效应或称致热效应是指由于微波照射生物体引起其组织器官的加热作用所产生的生理影响；非热效应或称热外效应是除了对生物体组织和器官的加热作用以外的对生物体的其它特殊生理影响。这些影响是用别的加热手段不会产生的。微波对人体的伤害作用主要是热效应。大剂量或长时间的微波照射全身时，可以使人体温度升高，产生高温生理反应，使人体组织和器官受到损伤，最容易受到伤害的是眼睛和睾丸。因此，应该采取适当的防护措施，并应对微波源的功率泄漏规定安全标准。中国在 1979 年制定的《微波辐射暂行卫生标准》中规定：(1) 一天八小时连续辐射时，其剂量不应超过 38 $\mu W/cm^2$；(2) 短时间间断辐射及一天超过八小时照射时，一天总剂量不超过 300 $\mu W \cdot h/cm^2$；(3) 由于特殊情况需要在辐射剂量大于 1 mW/cm^2 环境中工作时，必须使用个人防护用品，但日剂量不得超过 300 $\mu W \cdot h/cm^2$，一般不容许在剂量超过 5 mW/cm^2 的辐射环境下工作。

1.3　本书的内容框图

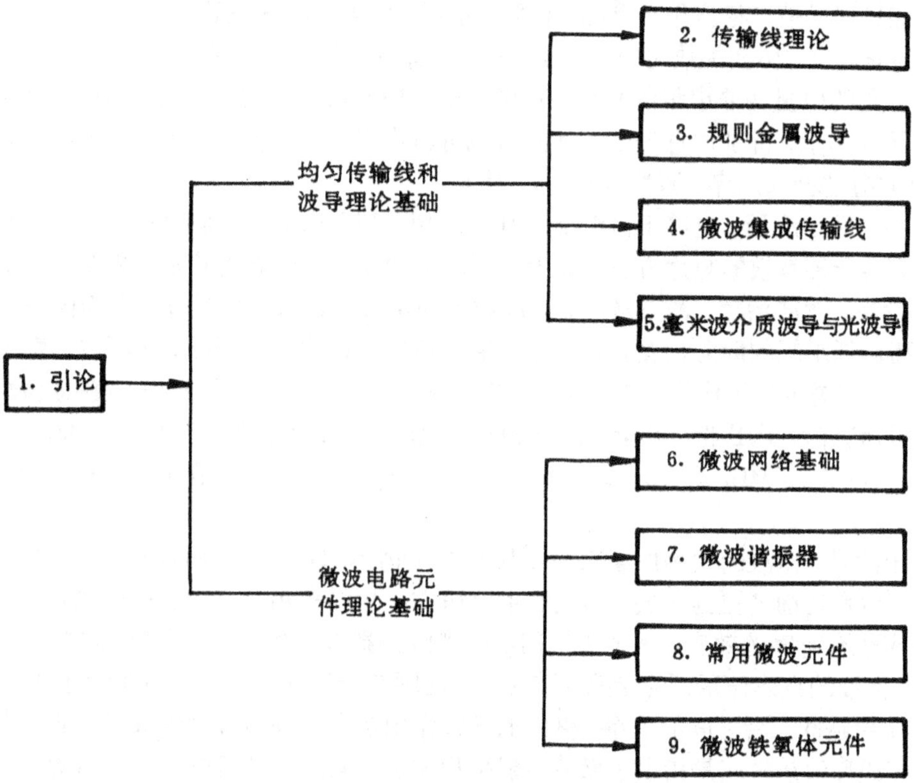

1.4　导行波及其一般传输特性

微波电路是一种由各种导行系统构成的导行电磁波电路。其设计的理论基础之一是导行波基本理论，它主要包括导行波的模式及其在导行系统横截面内的场结构分析与导行波沿导行系统轴向的传输特性分析两方面。前者称为导行波理论的横向问题，它与导行系统的具体截面形状尺寸有关；后者称为导行波理论的纵向问题。对于规则导行系统，纵向问题具有一些通性。本节在讲解导行波基本概念的基础上，论述导行波的一般传输特性。

1. 导行波概念

● 导行系统(guided system)　用以约束或引导电磁波能量定向传输的结构。其主要功能有二：①无辐射损耗地引导电磁波沿其轴向行进而将能量从一处传输至另一处，称之为馈线；②设计构成各种微波电路元件，如滤波器、阻抗变换器、定向耦合器等。导行系统的种类可按其上的导行波分为三类：①TEM 或准 TEM 传输线；②封闭金属波导；③表面波波导(或称开波导)，如图 1.4－1 所示。

● 导行波(guided wave)　能量的全部或绝大部分受导行系统的导体或介质的边界约束，在有限横截面内沿确定方向(一般为轴向)传输的电磁波，简单说就是沿导行系统定向

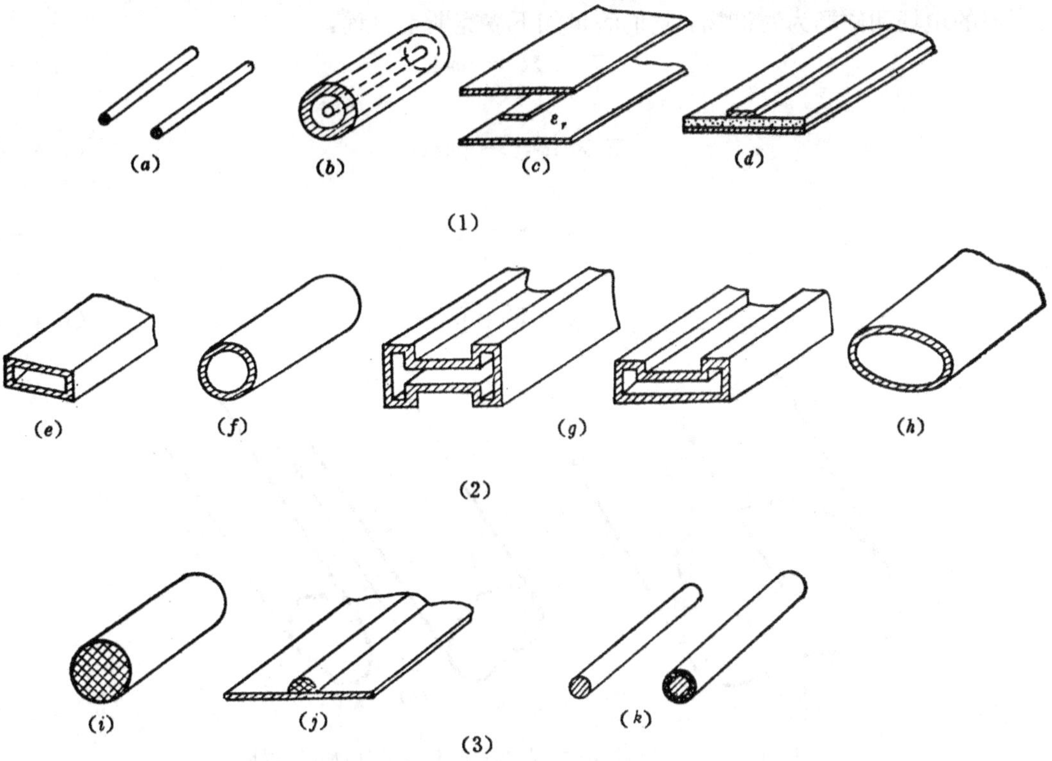

图 1.4－1　导行系统种类

(1) TEM 或准 TEM 传输线；(2) 金属波导；(3) 表面波波导

(a) 平行双导线；(b) 同轴线；(c) 带状线；(d) 微带线；(e) 矩形波导；(f) 圆形波导；(g) 脊形波导；(h) 椭圆波导；(i) 介质波导；(j) 镜像线；(k) 单根表面波传输线

传输的电磁波，简称为导波。

各种传输线使电磁波能量约束或限制在导体之间空间沿其轴向传播，其导行波是横电磁(TEM)波或准 TEM 波。

封闭金属波导使电磁波能量完全限制在金属管内沿轴向传播，其导行波是横电(TE)波和横磁(TM)波。

开波导使电磁波能量约束在波导结构的周围(波导内和波导表面附近)沿轴向传播，其导行波是表面波。

● 导模(guided mode)　导行波的模式，又称传输模、正规模，是能够沿导行系统独立存在的场型。其特点是：①在导行系统横截面上的电磁场呈驻波分布，且是完全确定的。这一分布与频率无关，并与横截面在导行系统上的位置无关；②导模是离散的，具有离散谱；当工作频率一定时，每个导模具有唯一的传播常数；③导模之间相互正交，彼此独立，互不耦合；④具有截止特性，截止条件和截止波长因导行系统和模式而异。

● 规则导行系统(regular guided system)　无限长的笔直导行系统，其截面形状和尺寸、媒质分布情况、结构材料及边界条件沿轴向均不变化。

2. 导波场的分析

如图 1.4－2 所示规则导行系统，设媒质为无耗、均匀、各向同性，媒质中无源；又设导行波的电场和磁场为时谐场，它们满足如下麦克斯韦方程：

$$\nabla\times\boldsymbol{H}=j\omega\varepsilon\boldsymbol{E} \tag{1.4-1}$$

$$\nabla\times\boldsymbol{E}=-j\omega\mu\boldsymbol{H} \tag{1.4-2}$$

$$\nabla\cdot\boldsymbol{H}=0 \tag{1.4-3}$$

$$\nabla\cdot\boldsymbol{E}=0 \tag{1.4-4}$$

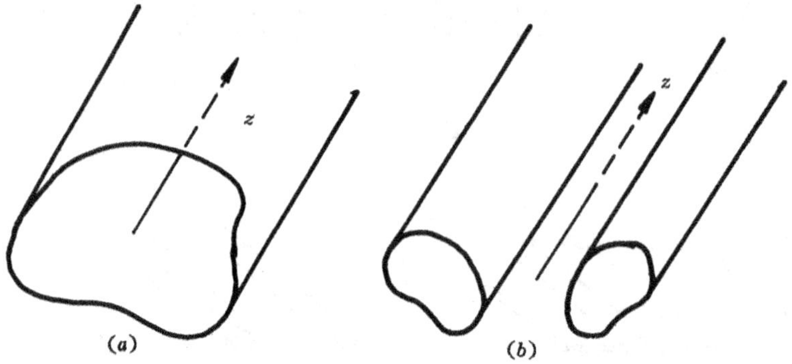

图 1.4-2　导行波沿规则波导(a)和传输线(b)的传播

式中，ε 和 μ 分别为媒质的介电常数和导磁率，ω 为角频率。

对于图 1.4-2 所示规则导行系统，采用广义柱坐标系(u, v, z)，设导波沿 z 向(轴向)传播，坐标 z 与横向坐标 u、v 无关，则微分算符∇和电场 $\boldsymbol{E}$、磁场 $\boldsymbol{H}$ 可以表示成

$$\nabla\equiv\nabla_t+\hat{z}\partial/\partial z \tag{1.4-5}$$

$$\boldsymbol{E}(u,v,z)\equiv\boldsymbol{E}_t(u,v,z)+\hat{z}E_z(u,v,z) \tag{1.4-6}$$

$$\boldsymbol{H}(u,v,z)\equiv\boldsymbol{H}_t(u,v,z)+\hat{z}H_z(u,v,z) \tag{1.4-7}$$

足标 t 表示横向分量。将式(1.4-5)～(1.4-7)代入方程(1.4-1)和方程(1.4-2)，展开后令方程两边的横向分量和纵向分量分别相等，得到

$$\nabla_t\times\boldsymbol{H}_t=j\omega\varepsilon\hat{z}E_z \tag{1.4-8a}$$

$$\nabla_t\times\hat{z}H_z+\hat{z}\times\frac{\partial\boldsymbol{H}_t}{\partial z}=j\omega\varepsilon\boldsymbol{E}_t \tag{1.4-8b}$$

$$\nabla_t\times\boldsymbol{E}_t=-j\omega\mu\hat{z}H_z \tag{1.4-9a}$$

$$\nabla_t\times\hat{z}E_z+\hat{z}\times\frac{\partial\boldsymbol{E}_t}{\partial z}=-j\omega\mu\boldsymbol{H}_t \tag{1.4-9b}$$

将式(1.4-8b)两边乘以 $j\omega\mu$，式(1.4-9b)两边作 $\hat{z}\times\partial/\partial z$ 运算，得到

$$j\omega\mu\hat{\boldsymbol{z}}\times\frac{\partial \boldsymbol{H}_t}{\partial z}=-j\omega\mu\nabla_t\times\hat{\boldsymbol{z}}H_z-\omega^2\mu\varepsilon\boldsymbol{E}_t$$

$$-j\omega\mu\hat{\boldsymbol{z}}\times\frac{\partial \boldsymbol{H}_t}{\partial z}=\hat{\boldsymbol{z}}\times\frac{\partial}{\partial z}(\nabla_t\times\hat{\boldsymbol{z}}E_z)+\hat{\boldsymbol{z}}\times\frac{\partial}{\partial z}\left(\hat{\boldsymbol{z}}\times\frac{\partial \boldsymbol{E}_t}{\partial z}\right)$$

由此两式消去 $\boldsymbol{H}_t$，可得

$$\left(k^2+\frac{\partial^2}{\partial z^2}\right)\boldsymbol{E}_t=\frac{\partial}{\partial z}\nabla_t E_z+j\omega\mu\hat{\boldsymbol{z}}\times\nabla_t H_z \tag{1.4-10}$$

同理可得

$$\left(k^2+\frac{\partial^2}{\partial z^2}\right)\boldsymbol{H}_t=\frac{\partial}{\partial z}\nabla_t H_z-j\omega\varepsilon\hat{\boldsymbol{z}}\times\nabla_t E_z \tag{1.4-11}$$

式中 $k^2=\omega^2\mu\varepsilon$。式(1.4-10)和式(1.4-11)表明：规则导行系统中，导波场的横向分量可由纵向分量完全确定。

对式(1.4-9a)作 $\nabla_t\times$ 运算，得到

$$\nabla_t\times\nabla_t\times\boldsymbol{E}_t=-j\omega\mu\nabla_t\times\hat{\boldsymbol{z}}H_z \tag{1.4-12}$$

式(1.4-12)的左边，应用式(1.4-4)，变成

$$\nabla_t\times\nabla_t\times\boldsymbol{E}_t=\nabla_t(\nabla_t\cdot\boldsymbol{E}_t)-\nabla_t^2\boldsymbol{E}_t=-\nabla_t\left(\frac{\partial}{\partial z}E_z\right)-\nabla_t^2\boldsymbol{E}_t$$

而式(1.4-12)的右边，由式(1.4-8b)，得到

$$-j\omega\mu\nabla_t\times\hat{\boldsymbol{z}}H_z=-j\omega\mu\left(j\omega\varepsilon\boldsymbol{E}_t-\hat{\boldsymbol{z}}\times\frac{\partial \boldsymbol{H}_t}{\partial z}\right)=k^2\boldsymbol{E}_t+\frac{\partial^2\boldsymbol{E}_t}{\partial z^2}-\frac{\partial}{\partial z}\nabla_t E_z$$

于是式(1.4-12)变成

$$\left(\nabla_t^2+\frac{\partial^2}{\partial z^2}\right)\boldsymbol{E}_t+k^2\boldsymbol{E}_t=0$$

即得到方程

$$\nabla^2\boldsymbol{E}_t+k^2\boldsymbol{E}_t=0 \tag{1.4-13}$$

同理可得

$$\nabla^2\boldsymbol{H}_t+k^2\boldsymbol{H}_t=0 \tag{1.4-14}$$

式(1.4-13)和式(1.4-14)说明，导波的横向场满足矢量亥姆霍兹(Helmholtz)方程。它只有在直角坐标系中才能分解为两个标量亥姆霍兹方程。

对式(1.4-11)作 $\nabla_t\times$ 运算，得到

$$\left(k^2+\frac{\partial^2}{\partial z^2}\right)\nabla_t\times\boldsymbol{H}_t=\frac{\partial}{\partial z}\nabla_t\times\nabla_t H_z-j\omega\varepsilon\nabla_t\times\hat{\boldsymbol{z}}\times\nabla_t E_z=-j\omega\varepsilon\nabla_t^2\hat{\boldsymbol{z}}E_z$$

应用式(1.4-8a)，消除 $\boldsymbol{H}_t$，得到

$$\nabla_t^2\hat{\boldsymbol{z}}E_z+\left(k^2+\frac{\partial^2}{\partial z^2}\right)\hat{\boldsymbol{z}}E_z=0$$

由于 $\hat{\boldsymbol{z}}$ 为常矢量，所以可移到微分号外并加以消除，即得到方程

$$\nabla^2 E_z+k^2E_z=0 \tag{1.4-15}$$

同理可得

$$\nabla^2 H_z+k^2H_z=0 \tag{1.4-16}$$

式(1.4-15)和式(1.4-16)说明，规则导行系统中导波场的纵向分量满足标量亥姆霍兹方程。

(1) 色散关系式

纵向场分量可以表示成横向坐标 t 和纵向坐标 z 的函数，即

$$E_z(u, v, z) = E_z(t, z)$$

$$H_z(u, v, z) = H_z(t, z)$$

代入方程(1.4 - 15)和式(1.4 - 16)，得到

$$\left(\nabla_t^2 + \frac{\partial^2}{\partial z^2}\right)\begin{Bmatrix} E_z(t, z) \\ H_z(t, z) \end{Bmatrix} + k^2\begin{Bmatrix} E_z(t, z) \\ H_z(t, z) \end{Bmatrix} = 0 \tag{1.4 - 17}$$

以 $E_z(t, z)$求解为例，应用分离变量法，令

$$E_z(t, z) = E_{0z}(t)Z(z)$$

代入式(1.4 - 17)，得到

$$\frac{\nabla_t^2 E_{0z}(t)}{E_{0z}(t)} + \frac{\frac{d^2}{dz^2}Z(z)}{Z(z)} = -k^2$$

此式要成立，左边两项应分别等于某常数。令其分离变量常数分别为 k_c 和 β，则得到方程

$$\frac{d^2}{dz^2}Z(z) + \beta^2 Z(z) = 0 \tag{1.4 - 18}$$

$$\nabla_t^2 E_{0z}(t) + k_c^2 E_{0z}(t) = 0 \tag{1.4 - 19}$$

和色散关系式

$$k_c^2 + \beta^2 = k^2 \qquad \text{或者} \qquad k_c^2 = k^2 - \beta^2 \tag{1.4 - 20}$$

式(1.4 - 18)的解为

$$Z(z) = A_1 e^{-j\beta z} + A_2 e^{j\beta z} \tag{1.4 - 21}$$

式中 β 称为导波的传播常数或相移常数：

$$\beta = \sqrt{k^2 - k_c^2} = k\sqrt{1 - (k_c/k)^2} \tag{1.4 - 22}$$

(2) 本征值方程

式(1.4 - 19)是导波场的本征值方程(若 $k_c \neq 0$)。k_c 是此方程在特定边界条件下的本征值，称为导波的横向截止波数(cut - off wave number)。它与导行系统的截面形状、尺寸及模式有关。一般来说，由两个或两个以上导体构成的导行系统(称之为传输线)，其性质是非本征值问题；由单一导体(单导线、各种形状的金属波导管等)构成的导行系统，其性质是本征值问题。H_z 满足同样的本征值问题。此本征值方程在广义柱坐标系中的表示式为

$$\left[\frac{1}{h_1 h_2}\left(\frac{\partial}{\partial u}\frac{h_2}{h_1}\frac{\partial}{\partial u} + \frac{\partial}{\partial v}\frac{h_1}{h_2}\frac{\partial}{\partial v}\right) + k_c^2\right]\begin{Bmatrix} E_{0z}(u, v) \\ H_{0z}(u, v) \end{Bmatrix} = 0 \tag{1.4 - 23}$$

式中 h_1、h_2 是正交曲线坐标的拉梅(Lame)系数。

这样，规则导行系统中沿正 z 方向传播的导波纵向场分量可以表示为

$$E_z(u, v, z) = E_{0z}(u, v)e^{-j\beta z} \tag{1.4 - 24}$$

$$H_z(u, v, z) = H_{0z}(u, v)e^{-j\beta z} \tag{1.4 - 25}$$

(3) 横 - 纵向场关系式

由于 $\partial/\partial z = -j\beta$，$\partial^2/\partial z^2 = -\beta^2$，代入式(1.4 - 10)和式(1.4 - 11)，得到

$$\boldsymbol{E}_t = \frac{-j\beta}{k_c^2}[\nabla_t E_z + Z_h \nabla_t H_z \times \hat{\boldsymbol{z}}] \tag{1.4-26}$$

$$\boldsymbol{H}_t = \frac{-j\beta}{k_c^2}[\nabla_t H_z + Y_e \hat{\boldsymbol{z}} \times \nabla_t E_z] \tag{1.4-27}$$

式中

$$Z_h = \sqrt{\frac{\mu}{\varepsilon}}\ \frac{k}{\beta} \tag{1.4-28}$$

$$Y_e = \sqrt{\frac{\varepsilon}{\mu}}\ \frac{k}{\beta} \tag{1.4-29}$$

横 - 纵向场关系式(1.4 - 26)和式(1.4 - 27)在广义柱坐标系中的分量形式为

$$\begin{aligned}
E_u &= \frac{-j}{k_c^2}\left(\frac{\beta}{h_1}\frac{\partial E_z}{\partial u} + \frac{\omega\mu}{h_2}\frac{\partial H_z}{\partial v}\right)\\
E_v &= \frac{-j}{k_c^2}\left(\frac{\beta}{h_2}\frac{\partial E_z}{\partial v} - \frac{\omega\mu}{h_1}\frac{\partial H_z}{\partial u}\right)\\
H_u &= \frac{-j}{k_c^2}\left(\frac{\beta}{h_1}\frac{\partial H_z}{\partial u} - \frac{\omega\varepsilon}{h_2}\frac{\partial E_z}{\partial v}\right)\\
H_v &= \frac{-j}{k_c^2}\left(\frac{\beta}{h_2}\frac{\partial H_z}{\partial v} + \frac{\omega\varepsilon}{h_1}\frac{\partial E_z}{\partial u}\right)
\end{aligned} \tag{1.4-30 a}$$

写成矩阵形式为

$$\begin{bmatrix} E_u \\ H_v \\ H_u \\ E_v \end{bmatrix} = \frac{-j}{k_c^2}\begin{bmatrix} \frac{\omega\mu}{h_2} & \frac{\beta}{h_1} & 0 & 0 \\ \frac{\beta}{h_2} & \frac{\omega\varepsilon}{h_1} & 0 & 0 \\ 0 & 0 & \frac{\beta}{h_1} & \frac{-\omega\varepsilon}{h_2} \\ 0 & 0 & \frac{-\omega\mu}{h_1} & \frac{\beta}{h_2} \end{bmatrix}\begin{bmatrix} \frac{\partial H_z}{\partial v} \\ \frac{\partial E_z}{\partial u} \\ \frac{\partial H_z}{\partial u} \\ \frac{\partial E_z}{\partial v} \end{bmatrix} \tag{1.4-30 b}$$

(4) 导波的种类与特点

由式(1.4 - 26)和式(1.4 - 27)可见，规则导行系统中导波的横向场 $\boldsymbol{E}_t$ 和 $\boldsymbol{H}_t$ 一般可分解成由 E_z 或/和 H_z 决定的部分和与 E_z、H_z 无关的部分，即可表示成

$$\begin{aligned}
\boldsymbol{E}_t &= \boldsymbol{E}_t^e + \boldsymbol{E}_t^h + \boldsymbol{E}_t^0 + \boldsymbol{E}_t^m\\
\boldsymbol{H}_t &= \boldsymbol{H}_t^e + \boldsymbol{H}_t^h + \boldsymbol{H}_t^0 + \boldsymbol{H}_t^m
\end{aligned} \tag{1.4-31}$$

式(1.4 - 31)中的($\boldsymbol{E}_t^e$，$\boldsymbol{H}_t^e$)对应于式(1.4 - 26)和式(1.4 - 27)中 $H_z=0$ 的场：

$$\begin{aligned}
\boldsymbol{E}_t^e &= \frac{-j\beta}{k_c^2}\nabla_t E_z\\
\boldsymbol{H}_t^e &= \frac{-j\beta}{k_c^2}Y_e\hat{\boldsymbol{z}} \times \nabla_t E_z
\end{aligned} \tag{1.4-32}$$

这种无 H_z 分量的($\boldsymbol{E}_t^e$，$\boldsymbol{H}_t^e$，E_z)导波称为横磁(TM)波或电(E)波，其磁场完全分布在与导波传播方向垂直的横截面内，电场则有传播方向分量。

式(1.4-31)中的($\boldsymbol{E}_t^h$, $\boldsymbol{H}_t^h$)对应于式(1.4-26)和式(1.4-27)中 $E_z=0$ 的场：

$$\begin{aligned}\boldsymbol{E}_t^h &= \frac{-j\beta}{k_c^2}Z_h\nabla_t H_z\times\hat{\boldsymbol{z}}\\ \boldsymbol{H}_t^h &= \frac{-j\beta}{k_c^2}\nabla_t H_z\end{aligned}\tag{1.4-33}$$

这种无 E_z 分量的($\boldsymbol{E}_t^h$, $\boldsymbol{H}_t^h$, H_z)导波称为横电(TE)波或磁(H)波，其电场完全分布在与导波传播方向垂直的横截面内，磁场则有传播方向分量。

式(1.4-31)中的($\boldsymbol{E}_t^0$, $\boldsymbol{H}_t^0$)对应于式(1.4-26)和式(1.4-27)中 $E_z=0$ 和 $H_z=0$ 的场。因为($\boldsymbol{E}_t^0$, $\boldsymbol{H}_t^0$)$\neq 0$，所以必须有 $k_c=0$，于是 $\beta=k$，则由式(1.4-8)和式(1.4-9)，得到

$$\begin{aligned}\nabla_t\times\boldsymbol{E}_t^0 = 0,\quad \boldsymbol{E}_t^0\times\hat{\boldsymbol{z}} = -\eta\boldsymbol{H}_t^0\\ \nabla_t\times\boldsymbol{H}_t^0 = 0,\quad \eta\boldsymbol{H}_t^0\times\hat{\boldsymbol{z}} = \boldsymbol{E}_t^0\end{aligned}\tag{1.4-34}$$

式中 $\eta=\sqrt{\mu/\varepsilon}$。这种无 E_z 和 H_z 分量的($\boldsymbol{E}_t^0$, $\boldsymbol{H}_t^0$)导波称为横电磁(TEM)波。其电场和磁场均分布在与导波传播方向垂直的横截面内。

式(1.4-31)中的($\boldsymbol{E}_t^m$, $\boldsymbol{H}_t^m$)对应于式(1.4-26)和式(1.4-27)中 $E_z\neq 0$ 和 $H_z\neq 0$ 的场。这种导波称为混合波(hybrid wave)。

根据色散关系式(1.4-20)中本征值 k_c 的不同，可以分析得到上述导波的不同特性：

对于 TEM 导波，$k_c=0$，由式(1.4-13)和式(1.4-14)可知 $\boldsymbol{E}_t^0$、$\boldsymbol{H}_t^0$ 满足如下拉普拉斯(Laplace)方程：

$$\begin{aligned}\nabla_t^2\boldsymbol{E}_{0t}^0(u, v) = 0\\ \nabla_t^2\boldsymbol{H}_{0t}^0(u, v) = 0\end{aligned}\tag{1.4-35}$$

可见 TEM 导波场与静态场相同，可存在于导体之间，因此 TEM 导波存在于由双导体或多导体构成的导行系统(传输线)中，故又称为传输线模。由于其 $k_c=0$，$\beta=k$，因此 TEM 导波的相速度、群速度均等于无耗媒质中平面波的速度，与频率无关，无色散现象；其波阻抗为 η，也与无耗媒质中平面波的阻抗相同。TEM 导波与自由空间平面波的不同处在于其横向场是坐标(u, v)的函数。

对于 TE 和 TM 导波，$k_c^2>0$，对应于导行系统横向为调和(振动)解形，空心的封闭金属波导管属于这种情况，故 TE 和 TM 导波又称为波导模式。此种情况下，$k^2>\beta^2$，则导波的相速度 $v_p>c/\sqrt{\varepsilon_r}$，$c$ 为自由空间光速，故称 TE 和 TM 导波为快波。其传播常数 $\beta=k\cdot\sqrt{1-(k_c/k)^2}$，可见这类导波具有色散现象，且须满足条件 $k_c<k$ 才能传输。

对于混合波，$k_c^2<0$，对应于导行系统横向为衰减解形，其场被束缚在导行系统表面附近，称之为表面波(surface wave)。这种导波可存在于电抗壁导行系统中，例如介质波导、光纤等。此时 $k^2<\beta^2$，则导波的相速度 $v_p<c/\sqrt{\varepsilon_r}$，故称为慢波，也须满足条件 $k_c<k$ 才能传输。

需要指出的是，上述按有无 E_z 和/或 H_z 分量分类的方法不是唯一的，在介质波导中，有时采用相对于 x 或 y 坐标，即电场或磁场只在某纵截面(xoz 或 yoz)内，分为纵电波(LSE)和纵磁波(LSM)；但可以证明，LSE 波和 LSM 波仍然是 TE 和 TM 波的叠加。

(5) 导波场的求解方法

由上述分析结果可知，根据 k_c 值的不同，导波场的求解可分两种情况：

①$k_c \neq 0$ 的情况：

此种情况下导波场的求解问题属本征值问题。TE 或/和 TM 导波场属此类问题。其解可用纵向场法(longitudinal - field method)求得。此法分两步：第一步结合边界条件由本征值方程(1.4 - 23) 求出纵向场分量 $H_{0z}(u, v)$或 $E_{0z}(u, v)$；第二步由横 - 纵向场关系式(1.4 - 30)求各横向场分量。

②$k_c = 0$ 的情况：

由式(1.4 - 30)可知，此种情况对应为 $E_z = H_z = 0$ 的 TEM 导波场。由于 $k_c = 0$，所以 TEM 导波场求解问题属非本征值问题，不能用上述纵向场法求。此时 $\beta^2 = k^2$，而 $\partial^2/\partial z^2 = -\beta^2 = -k^2$，于是由式(1.4 - 13)可知，TEM 导波场满足二维 Laplace 方程

$$\nabla_t^2 \boldsymbol{E}_{0t}(u, v) = 0 \tag{1.4 - 36}$$

又由式(1.4 - 9 a)，$\nabla_t \times \boldsymbol{E}_{0t}(u, v) \equiv 0$，因此 $\boldsymbol{E}_{0t}(u, v)$可以看做二维静电场问题的解，且可用二维静电位函数的梯度表示为

$$\boldsymbol{E}_{0t}(u, v) = -\nabla_t \Phi(u, v) \tag{1.4 - 37}$$

于是由式(1.4 - 4)，得到方程

$$\nabla_t \cdot \boldsymbol{E}_{0t}(u, v) \equiv \nabla_t^2 \Phi(u, v) = 0 \tag{1.4 - 38}$$

据上分析，TEM 导波场的一般求解方法如下：

(i) 结合边界条件求解方程(1.4 - 38)，决定 $\Phi(u, v)$；

(ii) 由式(1.4 - 37)求 $\boldsymbol{E}_t(u, v, z, t)$，即

$$\boldsymbol{E}_t(u, v, z, t) = -\nabla_t \Phi(u, v) e^{j\omega t \mp j\beta z} \tag{1.4 - 39}$$

(iii) 由如下关系求 $\boldsymbol{H}_t(u, v, z, t)$：

$$\boldsymbol{H}_t = \pm \hat{z} \times \frac{\boldsymbol{E}_t}{Z_{\text{TEM}}} \tag{1.4 - 40}$$

(iv) 在上述各式中

$$\beta = k = \sqrt{\varepsilon_r}\, k_0,\ Z_{\text{TEM}} = \frac{\eta_0}{\sqrt{\varepsilon_r}},\ \eta_0 = 376.7\ (\Omega) \tag{1.4 - 41}$$

3. 导行波的一般传输特性

(1) 导模的截止波长与传输条件

定义：导行系统中某导模无衰减所能传播的最大波长为该导模的截止波长(cut - off wavelength)，用 λ_c 表示；导行系统中某导模无衰减所能传播的最低频率为该导模的截止频率(cut - off frequency)，用 f_c 表示。

在截止波长以下，导行系统可以传播某种导模而无衰减；在截止波长以上传播就有衰减。通过对衰减机理的分析，可以求得相应导行系统中导模的截止条件和截止波长。

由式(1.4 - 22)可知，当频率很低时，$k^2 < k_c^2$，β 为虚数，则相应的导模不能传播；当频率很高时，$k^2 > k_c^2$，β 为实数，则相应的导模可以传播；在某 f_c 时，$k^2 = \omega_c^2 \mu\varepsilon = k_c^2$，$\beta = 0$，相应的导模被截止。由此得到截止频率为

$$f_c = \frac{k_c}{2\pi\sqrt{\mu\varepsilon}} \tag{1.4 - 42}$$

截止波长则为

$$\lambda_c = \frac{2\pi}{k_c} \tag{1.4-43}$$

由上述分析可知，导模无衰减传输条件是其截止波长大于工作波长($\lambda_c>\lambda$)，或其截止频率小于工作频率($f_c<f$)。

(2) 相速度和群速度

相速度定义为导模等相位面移动的速度：

$$v_p = \frac{\omega}{\beta} = \frac{\omega}{k}\frac{1}{\sqrt{1-(k_c/k)^2}} = \frac{v}{\sqrt{1-(\lambda/\lambda_c)^2}} = \frac{v}{G} \tag{1.4-44}$$

式中，$v=c/\sqrt{\varepsilon_r}$，$\lambda=\lambda_0/\sqrt{\varepsilon_r}$，$c$ 和 λ_0 分别为自由空间的光速和波长；$G=\sqrt{1-(\lambda/\lambda_c)^2}$称为波导因子或色散因子。

群速度定义为波包移动速度或窄带信号的传播速度：

$$v_g = \frac{d\omega}{d\beta} = \frac{1}{d\beta/d\omega} = v\sqrt{1-\left(\frac{\lambda}{\lambda_c}\right)^2} = vG \tag{1.4-45}$$

由式(1.4-44)和式(1.4-45)可见，导模的传播速度随频率变化，表明相应导行系统具有严重的色散现象。由于频率增加相速度减小，故属正常色散，且有关系

$$v_p \cdot v_g = v^2 \tag{1.4-46}$$

(3) 波导波长

导行系统中导模相邻同相位面之间的距离，或相位差 2π 的相位面之间的距离称为该导模的波导波长(waveguide wavelength)，以 λ_g 表示：

$$\lambda_g = \frac{2\pi}{\beta} = \frac{\lambda}{\sqrt{1-(\lambda/\lambda_c)^2}} \tag{1.4-47}$$

此式是导行系统的 λ_g、λ_c 和 λ 三者的重要关系式。

(4) 波阻抗

导行系统中导模的横向电场与横向磁场之比称为该导模的波阻抗(wave impedance)。由式(1.4-30)可得 TE 导波和 TM 导波的波阻抗为

$$Z_{TE} = \frac{E_u}{H_v} = \frac{-E_v}{H_u} = \frac{\omega\mu}{\beta} = \sqrt{\frac{\mu}{\varepsilon}}\,\frac{k}{\beta} = \frac{\eta}{\sqrt{1-(\lambda/\lambda_c)^2}} \tag{1.4-48}$$

$$Z_{TM} = \frac{E_u}{H_v} = \frac{-E_v}{H_u} = \frac{\beta}{\omega\varepsilon} = \sqrt{\frac{\mu}{\varepsilon}}\,\frac{\beta}{k} = \eta\sqrt{1-\left(\frac{\lambda}{\lambda_c}\right)^2} \tag{1.4-49}$$

式中 $\eta=\sqrt{\mu/\varepsilon}$为媒质的固有阻抗，对于空气，$\eta=\eta_0=\sqrt{\mu_0/\varepsilon_0}=376.7\ \Omega$。

(5) 功率流

导波沿无耗规则导行系统$+z$ 方向传输的时间平均功率为

$$\begin{aligned} P &= \frac{1}{2}\mathrm{Re}\int_S \boldsymbol{E}\times\boldsymbol{H}^*\cdot d\boldsymbol{s} \\ &= \frac{1}{2}\mathrm{Re}\int_S[(\boldsymbol{E}_{0t}+\boldsymbol{E}_{0z})e^{j\omega t-\gamma z}]\times[(H_{0t}^*+H_{0z}^*)e^{-j\omega t-\gamma^* z}]\cdot\hat{z}ds \\ &= \frac{1}{2}\mathrm{Re}\int_S \boldsymbol{E}_{0t}(u,v)\times\boldsymbol{H}_{0t}(u,v)\cdot\hat{z}ds \end{aligned} \tag{1.4-50}$$

式中积分限 S 为导波通过的导行系统横截面。式(1.4-50)适用于传播的(γ 为虚数)TEM、

TE 和 TM 导波。

对于 TE 导波，由式(1.4 - 27)可得

$$\boldsymbol{H}_{0t}(u, v) = -\frac{\gamma}{k_c^2}\nabla_t H_{0z}(u, v)$$

又由式(1.4 - 9 b)，有

$$\hat{\boldsymbol{z}} \times [\hat{\boldsymbol{z}} \times \gamma \boldsymbol{E}_{0t}(u, v)] = -\gamma \boldsymbol{E}_{0t}(u, v) = j\omega\mu\hat{\boldsymbol{z}} \times \boldsymbol{H}_{0t}(u, v)$$

则得

$$\boldsymbol{E}_{0t}(u, v) = -\frac{j\omega\mu}{\gamma}\hat{\boldsymbol{z}} \times \boldsymbol{H}_{0t}(u, v) = \frac{j\omega\mu}{k_c^2}\hat{\boldsymbol{z}} \times \nabla_t H_{0z}(u, v) \tag{1.4 - 51}$$

故得

$$\boldsymbol{H}_{0t}(u, v) = \frac{1}{Z_{TE}}\hat{\boldsymbol{z}} \times \boldsymbol{E}_{0t}(u, v) \qquad \text{TE 导波} \tag{1.4 - 52}$$

式中

$$Z_{TE} = \frac{j\omega\mu}{\gamma} \tag{1.4 - 53}$$

同理可得

$$\boldsymbol{H}_{0t}(u, v) = \frac{1}{Z_{TM}}\hat{\boldsymbol{z}} \times \boldsymbol{E}_{0t}(u, v) \qquad \text{TM 导波} \tag{1.4 - 54}$$

式中

$$Z_{TM} = \frac{\gamma}{j\omega\varepsilon} \tag{1.4 - 55}$$

由式(1.4 - 40)、(1.4 - 52)和(1.4 - 54)，得到

$$\boldsymbol{H}_{0t}^*(u, v) = \begin{cases} \dfrac{1}{Z_{TEM}}\hat{\boldsymbol{z}} \times \boldsymbol{E}_{0t}^*(u, v) & \text{TEM 导波} \\ \dfrac{1}{Z_{TE}}\hat{\boldsymbol{z}} \times \boldsymbol{E}_{0t}^*(u, v) & \text{TE 导波} \\ \dfrac{1}{Z_{TM}}\hat{\boldsymbol{z}} \times \boldsymbol{E}_{0t}^*(u, v) & \text{TM 导波} \end{cases}$$

代入式(1.4 - 50)得到导波功率流的三种形式

$$P = \frac{1}{2Z_{TEM}}\int_s [|E_{0u}(u, v)|^2 + |E_{0v}(u, v)|^2]ds \qquad \text{TEM 导波} \tag{1.4 - 56}$$

$$P = \frac{1}{2Z_{TE}}\int_s [|E_{0u}(u, v)|^2 + |E_{0v}(u, v)|^2]ds \qquad \text{TE 导波} \tag{1.4 - 57}$$

$$P = \frac{1}{2Z_{TM}}\int_s [|E_{0u}(u, v)|^2 + |E_{0v}(u, v)|^2]ds \qquad \text{TM 导波} \tag{1.4 - 58}$$

若计及低耗情况下导行系统的损耗，上述功率流公式仅需乘以 $\exp(-2\alpha z)$。

导波的功率流也可表示成其它形式(习题 1 - 5 和 1 - 6)。

本 章 提 要

本章介绍了微波的波段、特点与应用，着重论述了导行波有关概念、导波的类型、求

解方法与一般传输特性。

关键词(Key Words)：微波，导行系统，导行波，导模，截止波长。

1. 微波是指频率为 300 MHz～3 000 GHz 范围内的电磁波，包括分米波、厘米波、毫米波和亚毫米波四个波段。微波具有似光性和似声性、穿透性、非电离性、信息性等重要特点，因而获得日益广泛的应用。

2. 微波电路是一种导行电磁波电路，其上的导行波可分为 TEM、TE、TM 和混合波。

3. 除 TEM 导波外，导波场求解问题属本征值问题，可用纵向场法求解；TEM 导波场求解属非本征值问题，用引入标量位函数方法求解。

4. 规则导行系统的导模沿轴向传播的一般特性如表 1 - 2 所示。

表 1 - 2　导波的一般传输特性

特　　性	一 般 公 式
截止波长和截止频率	$\lambda_c=\frac{2\pi}{k_c}$，$f_c=\frac{k_c}{2\pi\sqrt{\mu\varepsilon}}$
传输条件	$\lambda_c>\lambda$ 或 $f_c<f$
相 速 度	$v_p=\frac{v}{\sqrt{1-(\lambda/\lambda_c)^2}}$
群 速 度	$v_g=v\sqrt{1-\left(\frac{\lambda}{\lambda_c}\right)^2}$
波导波长	$\lambda_g=\frac{\lambda}{\sqrt{1-(\lambda/\lambda_c)^2}}$
波 阻 抗	$Z_{TE}=\frac{\eta}{\sqrt{1-(\lambda/\lambda_c)^2}}$，$Z_{TM}=\eta\sqrt{1-\left(\frac{\lambda}{\lambda_c}\right)^2}$ $Z_{TEM}=\eta=\eta_0/\sqrt{\varepsilon_r}$，$\eta_0=376.7\ \Omega$
功 率 流	$P=\frac{1}{2Z_W}\int_S[\lvert E_{0u}(u,v)\rvert^2+\lvert E_{0v}(u,v)\rvert^2]ds$

习　　题

1 - 1　何谓微波？微波有何特点？

1 - 2　何谓导行波？其类型和特点如何？

1 - 3　何谓截止波长和截止频率？导模的传输条件是什么？

1 - 4　试推导式(1.4 - 30)。

1 - 5　依据式(1.4 - 56)，证明 TEM 导波的功率流可用位函数表示为

$$P=\frac{1}{2Z_{TEM}}\oint_C\Phi(u,v)\frac{\partial\Phi(u,v)}{\partial n}dl$$

式中积分限 C 是沿规则导行系统边界横向平面的闭合路径；Φ 为由式(1.4 - 37)定义的位函数；n 为 C 的外法线。

提示：应用二维格林第一恒等式散度定理

$$\int_s (f\nabla_t^2 g + \nabla_t f \cdot \nabla_t g) ds = \oint_C f \frac{\partial g}{\partial n} dl$$

并令 $f=g=\Phi$。

1 - 6　依据式(1.4 - 57)和式(1.4 - 58)，证明 TE 和 TM 导波的功率流可用纵向场分量表示为

$$P = \frac{1}{2Z_{\mathrm{TE}}}\left(\frac{\omega\mu}{k_c}\right)^2 \int_s |H_{0z}|^2 ds \qquad P = \frac{1}{2Z_{\mathrm{TM}}}\left(\frac{\beta}{k_c}\right)^2 \int_s |E_{0z}|^2 ds$$

提示：应用式(1.4 - 51)和矢量恒等式

$$(\boldsymbol{A} \times \boldsymbol{B}) \cdot (\boldsymbol{C} \times \boldsymbol{D}) = \begin{vmatrix} \boldsymbol{A} \cdot \boldsymbol{C} & \boldsymbol{A} \cdot \boldsymbol{D} \\ \boldsymbol{B} \cdot \boldsymbol{C} & \boldsymbol{B} \cdot \boldsymbol{D} \end{vmatrix}$$

可得

$$|E_{0u}|^2 + |E_{0v}|^2 = \frac{\omega^2 \mu^2}{k_c^2} |\nabla_t H_{0z}|^2$$

然后应用二维格林第一恒等式证之。

第二章 传输线理论

传输线理论又称一维分布参数电路理论，是微波电路设计和计算的理论基础。传输线理论在电路理论与场的理论之间起着桥梁作用，在微波网络分析中也相当重要。

本章从路的观点研究传输线在微波运用下的传输特性，讨论用史密斯圆图进行阻抗计算和阻抗匹配的方法。本章分析得到的一个十分重要而有趣的结果是：传输线段具有阻抗变换作用，微波电路的阻抗将因附加一小段传输线而显著改变。

本章所得到的一些基本概念和公式不仅适用于TEM传输线，而且可以引用于天线与波导传输中。

本章遵循从一般到特殊，从易到繁的认识规律，分六节讲解，包括传输线方程、分布参数阻抗、无耗线工作状态分析、有耗线的特性与计算、史密斯圆图和阻抗匹配。

2.1 传输线方程

传输线方程是传输线理论的基本方程，是描述传输线上的电压、电流的变化规律及其相互关系的微分方程。它可以从场的角度以某种TEM传输线导出，也可以从路的角度，由分布参数得到的传输线电路模型导出。本章采用后一种方法导出，然后对时谐情况求解，最后研究传输线的特性参数。

1. 传输线的电路模型

传输线(transmission line)是以TEM导模的方式传送电磁波能量或信号的导行系统，其特点是其横向尺寸远小于其上工作波长。传输线的结构型式取决于工作频率和用途，主要的结构型式有平行双导线、同轴线、带状线及工作于准TEM模的微带线等，如图1.4－1(1)所示。它们可借助于简单的双导线模型进行分析。各种传输TE模、TM模或其混合模的波导都可以认为是广义的传输线，波导中的电磁场沿传播方向(轴向)的分布规律与传输线上的电压和电流的情况相似，可以用等效传输线的观点进行分析。

长线(long line)　几何长度l与工作波长λ可相比拟的传输线，需用分布参数电路描述。

短线(short line)　几何长度l与工作波长λ相比可以忽略不计的线，采用集总参数电路表示。

电路理论和传输线之间的关键不同处在于电尺寸。电路分析假设一个网络的实际尺寸远小于工作波长，而传输线的长度则可与工作波长相比拟或为数个波长。因此，一段传输线是一个分布参数网络，电压和电流在其上的振幅和相位都可能变化。

集总参数电路和分布参数电路的分界线可认为是$l/\lambda \geqslant 0.05$。

以微波工作的传输线，其长度可与工作波长相比拟或更长，根据电磁场理论知道，此时传输线的导体上存在有损耗电阻R_1、电感L_1，导体间存在着电容C_1和漏电导G_1。这些参数虽然看不见，但当频率高时便会呈现出其对能量或信号传输的影响。它们是沿线分布着的，其影响分布在传输线的每一点，故称之为分布参数(distributed parameter)；R_1、L_1、C_1 和 G_1 分别称为传输线单位长度的分布电阻、分布电感、分布电容和分布电导。

R_1、L_1、C_1 和 G_1 沿线均匀分布，即与距离无关的传输线称为均匀传输线，反之称为非均匀传输线。本章主要研究前者。表 2.1－1 给出了双导线、同轴线和平行板传输线的分布参数。

表 2.1－1　双导线、同轴线和平行板传输线的分布参数

	同轴线	双导线	平行板传输线
	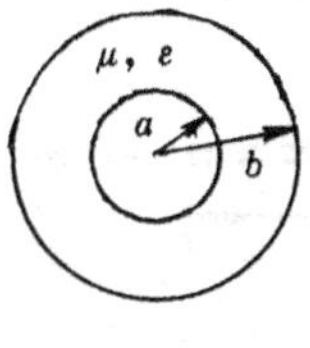	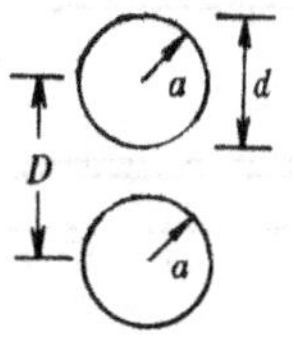	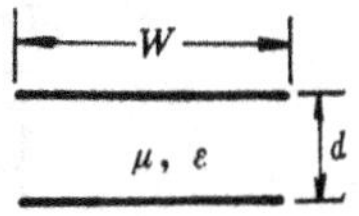
$L_1\left(\frac{\text{H}}{\text{m}}\right)$	$\frac{\mu}{2\pi}\ln\frac{b}{a}$	$\frac{\mu}{\pi}\ln\frac{D+\sqrt{D^2-d^2}}{d}$	$\frac{\mu d}{W}$
$C_1\left(\frac{\text{F}}{\text{m}}\right)$	$2\pi\varepsilon'/\ln\frac{b}{a}$	$\pi\varepsilon'/\ln\frac{D+\sqrt{D^2-d^2}}{d}$	$\frac{\varepsilon' W}{d}$
$R_1\left(\frac{\Omega}{\text{m}}\right)$	$\frac{R_s}{2\pi}\left(\frac{1}{a}+\frac{1}{b}\right)$	$\frac{2R_s}{\pi d}$	$\frac{2R_s}{W}$
$G_1\left(\frac{\text{S}}{\text{m}}\right)$	$2\pi\omega\varepsilon''/\ln\frac{b}{a}$	$\pi\omega\varepsilon''/\ln\frac{D+\sqrt{D^2-d^2}}{d}$	$\frac{W\omega\varepsilon''}{d}$

注：介质的复介电常数 $\varepsilon=\varepsilon'-j\varepsilon''$，$R_s$ 为导体的表面电阻：

$$R_s=\left(\frac{\omega\mu}{2\sigma}\right)^{1/2}=\frac{1}{\sigma\delta_s}$$

对于均匀传输线，取其一无限小线元 $\Delta z(\Delta z\ll\lambda)$，则此线元可视为集总参数电路，其上有电阻 $R_1\Delta z$、电感 $L_1\Delta z$、电容 $C_1\Delta z$ 和漏电导 $G_1\Delta z$，于是得到其等效电路如图 2.1－1(a)所

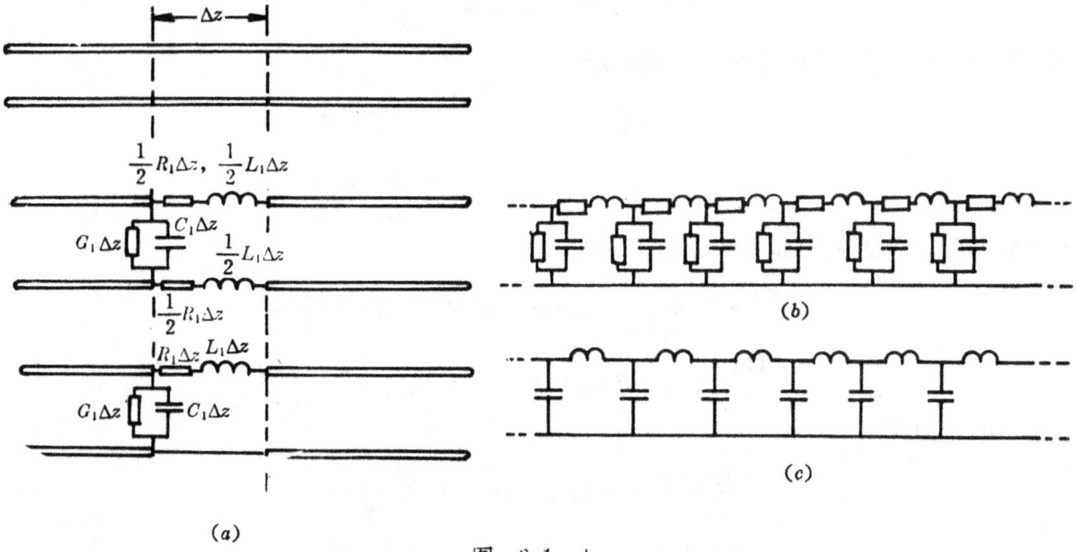

图　2.1－1

(a) 线元 Δz 的等效电路；(b) 有耗线的等效电路；(c) 无耗线的等效电路

示。此即传输线的电路模型：线元等效为集总元件构成的Γ型或T型网络；实际的传输线则表示为各线元等效网络的级联，如图2.1－1(*b*)、(*c*)所示。

2. 传输线方程

(1) 一般传输线方程

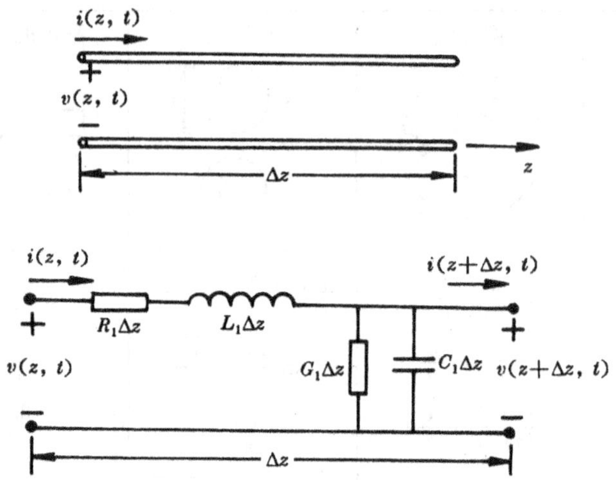

图 2.1－2 线元 Δz 的集总参数等效电路及其电压、电流定义

如图2.1－2所示线元 Δz 的集总参数等效电路，按照泰勒级数(Taylor' s series)展开，忽略高次项，有

$$v(z+\Delta z,\ t)=v(z,\ t)+\frac{\partial v(z,\ t)}{\partial z}\Delta z$$

$$i(z+\Delta z,\ t)=i(z,\ t)+\frac{\partial i(z,\ t)}{\partial z}\Delta z$$

则线元 Δz 上的电压、电流的变化(减小)为

$$v(z,\ t)-v(z+\Delta z,\ t)=-\frac{\partial v(z,\ t)}{\partial z}\Delta z$$

$$i(z,\ t)-i(z+\Delta z,\ t)=-\frac{\partial i(z,\ t)}{\partial z}\Delta z$$

应用基尔霍夫定律(Kirchhoff' s law)，得到

$$-\frac{\partial v(z,\ t)}{\partial z}\Delta z=R_1\Delta z\cdot i(z,\ t)+L_1\Delta z\cdot\frac{\partial i(z,\ t)}{\partial t}$$

$$-\frac{\partial i(z,\ t)}{\partial z}\Delta z=G_1\Delta z\cdot v(z,\ t)+C_1\Delta z\cdot\frac{\partial v(z,\ t)}{\partial t}$$

令 $\Delta z\to 0$，便得到方程

$$\begin{aligned}\frac{\partial v(z,\ t)}{\partial z}&=-R_1 i(z,\ t)-L_1\frac{\partial i(z,\ t)}{\partial t}\\ \frac{\partial i(z,\ t)}{\partial z}&=-G_1 v(z,\ t)-C_1\frac{\partial v(z,\ t)}{\partial t}\end{aligned}\qquad(2.1-1)$$

此即一般传输线方程，又称电报方程(telegragh equation)，是一对偏微分方程，式中的 v 和 i

既是空间(距离 z)的函数，又是时间 t 的函数。其解析解的严格求解不可能，一般只能作数值计算；作各种假定之后，可求其解析解。

(2) 时谐均匀传输线方程

a. 时谐传输线方程

对于常用的分布参数 R_1、L_1、C_1 和 G_1 不随位置变化的均匀传输线稳态情况，式(2.1-1)可以简化。此时电压 v 和电流 i 可用角频率 ω 的复数交流形式表示为

$$v(z,\ t)=\mathrm{Re}\{V(z)e^{j\omega t}\}$$
$$i(z,\ t)=\mathrm{Re}\{I(z)e^{j\omega t}\} \tag{2.1-2}$$

代入式(2.1-1)可得时谐传输线方程：

$$\frac{dV(z)}{dz}=-(R_1+j\omega L_1)I(z)=-Z_1I(z)$$
$$\frac{dI(z)}{dz}=-(G_1+j\omega C_1)V(z)=-Y_1V(z) \tag{2.1-3}$$

式中

$$Z_1=R_1+j\omega L_1 \tag{2.1-4}$$

$$Y_1=G_1+j\omega C_1 \tag{2.1-5}$$

分别称为传输线单位长度的串联阻抗和并联导纳。

b. 电压、电流的通解

为求解式(2.1-3)，对 z 再微商一次，得到方程

$$\frac{d^2V(z)}{dz^2}-Z_1Y_1V(z)=0$$
$$\frac{d^2I(z)}{dz^2}-Z_1Y_1I(z)=0 \tag{2.1-6}$$

定义电压传播常数

$$\gamma=\sqrt{Z_1Y_1}=\sqrt{(R_1+j\omega L_1)(G_1+j\omega C_1)} \tag{2.1-7}$$

则方程(2.1-6)变成

$$\frac{d^2V(z)}{dz^2}-\gamma^2V(z)=0$$
$$\frac{d^2I(z)}{dz^2}-\gamma^2I(z)=0 \tag{2.1-8}$$

电压解为

$$V(z)=A_1e^{-\gamma z}+A_2e^{\gamma z} \tag{2.1-9a}$$

电流解可由式(2.1-3)第一式求得，即有

$$I(z)=-\frac{1}{R_1+j\omega L_1}\frac{dV(z)}{dz}=\frac{1}{Z_0}(A_1e^{-\gamma z}-A_2e^{\gamma z}) \tag{2.1-9b}$$

式中

$$Z_0=\sqrt{\frac{R_1+j\omega L_1}{G_1+j\omega C_1}} \tag{2.1-10}$$

c. 电压、电流的定解

解式(2.1－9)中的常数 A_1 和 A_2 可由传输线的端接条件确定。如图 2.1－3 所示，端接条件有三种：终端条件、始端条件、信号源和负载条件。

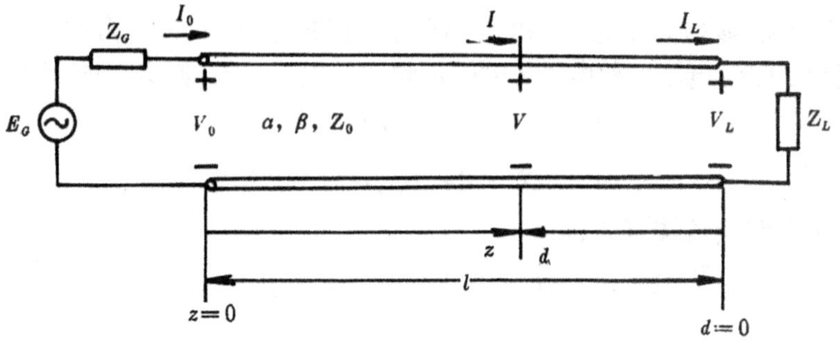

图 2.1－3　传输线的端接条件

①终端条件解：

这是最常用的情况。此时已知终端的电压 V_L 和电流 I_L，代入式(2.1－9)，得到

$$V(l) = V_L = A_1e^{-\gamma l} + A_2e^{\gamma l}$$

$$I(l) = I_L = \frac{1}{Z_0}(A_1e^{-\gamma l} - A_2e^{\gamma l})$$

由此求得

$$A_1 = \frac{V_L + I_LZ_0}{2}e^{\gamma l},\quad A_2 = \frac{V_L - I_LZ_0}{2}e^{-\gamma l}$$

代回解式(2.1－9)，得到解为

$$V(z) = \frac{V_L + I_LZ_0}{2}e^{\gamma(l-z)} + \frac{V_L - I_LZ_0}{2}e^{-\gamma(l-z)}$$

$$I(z) = \frac{V_L + I_LZ_0}{2Z_0}e^{\gamma(l-z)} - \frac{V_L - I_LZ_0}{2Z_0}e^{-\gamma(l-z)}$$

换用坐标 $d=l-z$，则解为

$$\begin{aligned} V(d) &= \frac{V_L + I_LZ_0}{2}e^{\gamma d} + \frac{V_L - I_LZ_0}{2}e^{-\gamma d} \\ I(d) &= \frac{V_L + I_LZ_0}{2Z_0}e^{\gamma d} - \frac{V_L - I_LZ_0}{2Z_0}e^{-\gamma d} \end{aligned} \tag{2.1-11}$$

用双曲函数可表示为

$$\begin{aligned} V(d) &= V_L \operatorname{ch} \gamma d + I_LZ_0 \operatorname{sh} \gamma d \\ I(d) &= \frac{V_L}{Z_0} \operatorname{sh} \gamma d + I_L \operatorname{ch} \gamma d \end{aligned} \tag{2.1-12}$$

写成矩阵形式为

$$\begin{bmatrix} V(d) \\ I(d) \end{bmatrix} = \begin{bmatrix} \operatorname{ch} \gamma d & Z_0 \operatorname{sh} \gamma d \\ \dfrac{\operatorname{sh} \gamma d}{Z_0} & \operatorname{ch} \gamma d \end{bmatrix} \begin{bmatrix} V_L \\ I_L \end{bmatrix} \tag{2.1-13}$$

②始端条件解：

此时已知始端的电压 V_0 和电流 I_0，解为

$$V(z)=\frac{V_0+I_0Z_0}{2}e^{-\gamma z}+\frac{V_0-I_0Z_0}{2}e^{\gamma z}$$
$$I(z)=\frac{V_0+I_0Z_0}{2Z_0}e^{-\gamma z}-\frac{V_0-I_0Z_0}{2Z_0}e^{\gamma z} \tag{2.1-14}$$

③信号源和负载条件解：

此时已知信号源电动势 E_G、内阻抗 Z_G 和负载阻抗 Z_L，由信源端条件和负载端条件导出的代数方程确定常数 A_1 和 A_2，代入解式(2.1-9)可求得解为

$$V(d)=\frac{E_GZ_0}{Z_G+Z_0}\cdot\frac{e^{-\gamma l}}{1-\Gamma_L\Gamma_Ge^{-2\gamma l}}(e^{\gamma d}+\Gamma_Le^{-\gamma d})$$
$$I(d)=\frac{E_G}{Z_G+Z_0}\cdot\frac{e^{-\gamma l}}{1-\Gamma_L\Gamma_Ge^{-2\gamma l}}(e^{\gamma d}-\Gamma_Le^{-\gamma d}) \tag{2.1-15}$$

式中

$$\Gamma_L=\frac{Z_L-Z_0}{Z_L+Z_0},\ \Gamma_G=\frac{Z_G-Z_0}{Z_G+Z_0}$$

上述三种解形均说明，一般情况下，传输线上的电压和电流是由从信号源向负载传播的入射波和从负载向信号源传播的反射波的叠加，呈行驻波混合分布。

3. 传输线的特性参数

在上面求解传输线方程的过程中得到的 Z_0 和 γ，直接与传输线的分布参数有关，称为传输线的特性参数。

(1) 特性阻抗 Z_0

传输线上行波的电压与电流之比定义为传输线的特性阻抗(characteristic impedance)，用 Z_0 表示；其倒数为传输线的特性导纳(characteristic admittance)，用 Y_0 表示。

由通解(2.1-9)，得到特性阻抗的一般表示式为

$$Z_0=\sqrt{\frac{R_1+j\omega L_1}{G_1+j\omega C_1}} \tag{2.1-10}$$

可见特性阻抗通常是个复数，与工作频率有关；如下两种特殊情况，特性阻抗与频率无关，仅由传输线本身的分布参数决定，且为纯电阻：

a. 无耗线

此时 $R_1=G_1=0$，则得

$$Z_0=\sqrt{\frac{L_1}{C_1}} \tag{2.1-16}$$

b. 微波低耗线

此时有 $R_1\ll\omega L_1$，$G_1\ll\omega C_1$，则

$$Z_0=\sqrt{\frac{R_1+j\omega L_1}{G_1+j\omega C_1}}=\sqrt{\frac{L_1}{C_1}}\left(1+\frac{R_1}{j\omega L_1}\right)^{1/2}\left(1+\frac{G_1}{j\omega C_1}\right)^{-1/2}$$
$$\simeq\sqrt{\frac{L_1}{C_1}}\left(1+\frac{1}{2}\frac{R_1}{j\omega L_1}\right)\left(1-\frac{1}{2}\frac{G_1}{j\omega C_1}\right)$$

$$\simeq \sqrt{\frac{L_1}{C_1}}\left[1+\frac{1}{2}\left(\frac{R_1}{j\omega L_1}-\frac{G_1}{j\omega C_1}\right)\right] \simeq \sqrt{\frac{L_1}{C_1}} \tag{2.1-17}$$

双导线的特性阻抗为

$$Z_0 = 120\ \ln\left[\frac{D}{d}+\sqrt{\left(\frac{D}{d}\right)^2-1}\right] \simeq 120\ \ln\frac{2D}{d} \tag{2.1-18}$$

同轴线的特性阻抗为

$$Z_0 = \frac{60}{\sqrt{\varepsilon_r}}\ln\frac{b}{a} \tag{2.1-19}$$

平行板传输线的特性阻抗为

$$Z_0 = \frac{d}{W}\eta \tag{2.1-20}$$

(2) 传播常数 γ

传播常数(propagation constant)γ 是描述导行波沿导行系统传播过程中的衰减和相位变化的参数，通常为复数：

$$\gamma = \sqrt{(R_1+j\omega L_1)(G_1+j\omega C_1)} = \alpha + j\beta \tag{2.1-21}$$

式中，α 为衰减常数(attenuation constant)，单位为 Np/m 或 dB/m(1 Np=8.686 dB)；β 为相位常数(phase constant)，单位为 rad/m。

γ 一般是频率的复杂函数；对于无耗和微波低耗情况，其表示式十分简单：

a. 无耗线

此时 $R_1=G_1=0$，$\gamma=j\omega\sqrt{L_1C_1}$，因此得到

$$\left.\begin{aligned}\alpha &= 0\\ \beta &= \omega\sqrt{L_1C_1}\end{aligned}\right\} \tag{2.1-22}$$

b. 微波低耗线

此种情况下，$R_1 \ll \omega L_1$，$G_1 \ll \omega C_1$，则

$$\begin{aligned}\gamma &= \sqrt{(R_1+j\omega L_1)(G_1+j\omega C_1)} = \sqrt{(j\omega)^2 L_1C_1}\sqrt{\left(1+\frac{R_1}{j\omega L_1}\right)\left(1+\frac{G_1}{j\omega C_1}\right)}\\ &\simeq j\omega\sqrt{L_1C_1}\left[\left(1+\frac{1}{2}\frac{R_1}{j\omega L_1}\right)\left(1+\frac{1}{2}\frac{G_1}{j\omega C_1}\right)\right]\\ &\simeq j\omega\sqrt{L_1C_1}\left[1+\frac{1}{2}\left(\frac{R_1}{j\omega L_1}+\frac{G_1}{j\omega C_1}\right)\right]\\ &= \frac{1}{2}\left(R_1\sqrt{\frac{C_1}{L_1}}+G_1\sqrt{\frac{L_1}{C_1}}\right)+j\omega\sqrt{L_1C_1}\end{aligned}$$

因此得到

$$\alpha = \frac{R_1}{2}\sqrt{\frac{C_1}{L_1}}+\frac{G_1}{2}\sqrt{\frac{L_1}{C_1}} = \frac{R_1}{2Z_0}+\frac{G_1Z_0}{2} = \alpha_c+\alpha_d \tag{2.1-23a}$$

$$\beta = \omega\sqrt{L_1C_1} \tag{2.1-23b}$$

式中，$\alpha_c=R_1/2Z_0$ 表示由单位长度分布电阻决定的导体衰减常数；$\alpha_d=G_1Z_0/2$ 表示由单位长度漏电导决定的介质衰减常数。

此外，传输线上导行波的波长和相速度都与传播常数 β 有关。对于 TEM 导波，$k_c=0$，$\lambda_c=\infty$，由式(1.4－38)和式(1.4－41)，则相速度为

$$v_p = v = \frac{\omega}{\beta} = \frac{1}{\sqrt{L_1 C_1}} \tag{2.1-24}$$

波长为

$$\lambda_g = \lambda = \frac{2\pi}{\beta} = \frac{v_p}{f} \tag{2.1-25}$$

而传输线的特性阻抗可用相速度表示为

$$Z_0 = \sqrt{\frac{L_1}{C_1}} = \frac{1}{v_p C_1} = v_p L_1 \tag{2.1-26}$$

据此，传输线的特性阻抗可由单位长度分布电容 C_1 或分布电感 L_1 来求得。

2.2 分布参数阻抗

由传输线上的电压和电流决定的传输线阻抗是分布参数阻抗。微波阻抗是分布参数阻抗，而低频阻抗是集总参数阻抗。

微波阻抗(包括传输线阻抗)是与导行系统上导波的反射或驻波特性紧密有关的，即与导行系统的状态和特性密切相关。微波阻抗不能直接测量，需要借助于反射参量或驻波参量的直接测量而间接获得。

本节首先讨论传输线的分布参数阻抗，然后引入反射参量和驻波参量解决传输线阻抗的测量问题。

1. 分布参数阻抗

传输线上任一点 d 的阻抗 $Z_{in}(d)$ 定义为该点的电压与电流之比。由式(2.1－12)，得到

$$Z_{in}(d) = \frac{V_L \operatorname{ch} \gamma d + I_L Z_0 \operatorname{sh} \gamma d}{I_L \operatorname{ch} \gamma d + \dfrac{V_L \operatorname{sh} \gamma d}{Z_0}} = Z_0 \frac{Z_L + Z_0 \operatorname{th} \gamma d}{Z_0 + Z_L \operatorname{th} \gamma d} \tag{2.2-1}$$

对于无耗线，$\alpha=0$，$\gamma=j\beta$，$\operatorname{th} \gamma d=\operatorname{th}(j\beta d)=j \operatorname{tg} \beta d$，则得到

$$Z_{in}(d) = Z_0 \frac{Z_L + jZ_0 \operatorname{tg} \beta d}{Z_0 + jZ_L \operatorname{tg} \beta d} \tag{2.2-2}$$

这表明，传输线上任一点 d 的阻抗与该点的位置 d 和负载阻抗 Z_L 有关，d 点的阻抗可看成由 d 处向负载看去的输入阻抗(input impedance)(或称视在阻抗)。

由式(2.2－2)可见：

①传输线阻抗随位置 d 而变，分布于沿线各点，且与负载有关，是一种分布参数阻抗(distributed impedance)。由于微波频率下，电压和电流缺乏明确的物理意义，不能直接测量，故传输线阻抗也不能直接测量。

②传输线段具有阻抗变换作用，Z_L 通过线段 d 变换成 $Z_{in}(d)$，或相反。

③无耗线的阻抗呈周期性变化，具有 $\lambda/4$ 变换性和 $\lambda/2$ 重复性。事实上，由式(2.2－2)可见，若 $d=n\lambda/2$，则 $Z_{in}=Z_L$；若 $d=\lambda/4+n\lambda/2$，则 $Z_{in}=Z_0^2/Z_L$。

2. 反射参量

如上所述，传输线阻抗难以直接测量，解决的办法是引入可以直接测量的反射参量和驻波参量。

(1) 反射系数 Γ

传输线上某点处的反射系数(reflection coefficient)定义为该点的反射波电压(或电流)与该点的入射波电压(或电流)之比，即

$$\Gamma_V(d) \equiv \frac{V^-(d)}{V^+(d)} \tag{2.2-3}$$

$$\Gamma_I(d) \equiv \frac{I^-(d)}{I^+(d)} \tag{2.2-4}$$

式中，$V^+(d)$和 $I^+(d)$分别表示 d 处的入射波电压和入射波电流，$V^-(d)$和 $I^-(d)$分别表示 d 处的反射波电压和反射波电流。由终端条件解(2.1-11)可见，$\Gamma_I(d)=-\Gamma_V(d)$。通常采用便于测量的电压反射系数，以 $\Gamma(d)$表示之。由式(2.1-11)，得到

$$\begin{aligned}\Gamma(d) &= \frac{V_L - I_L Z_0}{V_L + I_L Z_0}e^{-2\gamma d} = \frac{Z_L - Z_0}{Z_L + Z_0}e^{-2\gamma d} = \Gamma_L e^{-2\gamma d} \\ &= |\Gamma_L| e^{j\phi_L} e^{-2\gamma d} = |\Gamma_L| e^{-2\alpha d} e^{j(\phi_L - 2\beta d)}\end{aligned} \tag{2.2-5}$$

式中

$$\Gamma_L = \frac{Z_L - Z_0}{Z_L + Z_0} = \left|\frac{Z_L - Z_0}{Z_L + Z_0}\right| e^{j\phi_L} = |\Gamma_L| e^{j\phi_L} \tag{2.2-6}$$

称为终端反射系数。式(2.2-5)表明，$\Gamma(d)$的大小和相位均在单位圆内的向内螺旋轨道上变化，如图 2.2-1(a)所示。对于无耗线，$\alpha=0$，则为

$$\Gamma(d) = |\Gamma_L| e^{j(\phi_L - 2\beta d)} \tag{2.2-7}$$

其大小保持不变，仅其相位以$-2\ \beta d$ 的角度沿等圆周向信号源端(顺时针方向)变化，如图 2.1-1(b)所示。

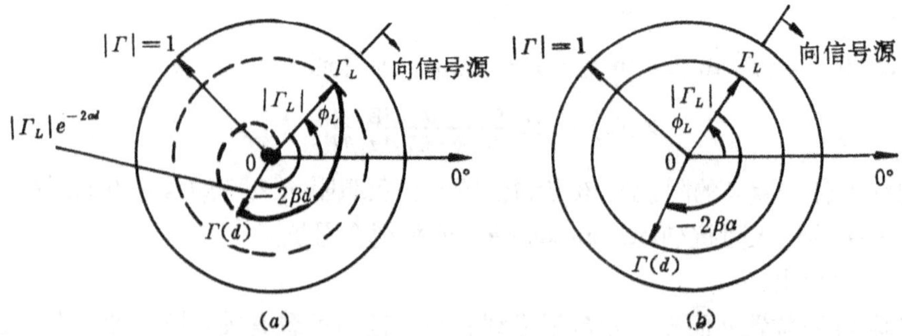

图 2.2-1　反射系数在单位圆内变化示意图

(a) 有耗线情况；(b) 无耗线情况

(2) 阻抗与反射系数的关系

引入反射系数后，传输线上 d 处的电压和电流可以表示为

$$V(d)=V^+(d)+V^-(d)=V^+(d)[1+\Gamma(d)]$$
$$I(d)=I^+(d)+I^-(d)=I^+(d)[1-\Gamma(d)] \qquad (2.2-8)$$

由此得到

$$Z_{in}(d)=\frac{V^+(d)[1+\Gamma(d)]}{I^+(d)[1-\Gamma(d)]}=Z_0\frac{1+\Gamma(d)}{1-\Gamma(d)} \qquad (2.2-9)$$

或者

$$\Gamma(d)=\frac{Z_{in}(d)-Z_0}{Z_{in}(d)+Z_0} \qquad (2.2-10)$$

结果表明，当传输线的特性阻抗 Z_0 一定时，传输线上任一点 d 处的阻抗 $Z_{in}(d)$与该点的反射系数 $\Gamma(d)$一一对应；$Z_{in}(d)$可以通过测量 $\Gamma(d)$来确定。

为了通用起见，引入归一化阻抗：

$$z_{in}(d)=\frac{Z_{in}(d)}{Z_0}=\frac{1+\Gamma(d)}{1-\Gamma(d)} \qquad (2.2-11)$$

则 $z_{in}(d)$与 $\Gamma(d)$一一对应。$z_{in}(d)=Z_{in}(d)/Z_0$ 称为以 Z_0 归一化的阻抗。

(3) 传输系数 T

为了描述传输线上的功率传输关系，引入传输系数 T。它定义为通过传输线上某处的传输电压或电流与该处的入射电压或电流之比，即

$$T\equiv\frac{\text{传输电压或电流}}{\text{入射电压或电流}}=\frac{V^t}{V^+}=\frac{I^t}{I^+} \qquad (2.2-12)$$

考虑图 2.2-2 所示特性阻抗为 Z_1 的传输线，用特性阻抗为 Z_0 的线馈电。如果此负载线无限长或用其本身的特性阻抗端接，则馈电点处的反射系数 Γ 为

$$\Gamma=\frac{Z_1-Z_0}{Z_1+Z_0} \qquad (2.2-13)$$

并非全部入射波被反射，有一部分要以传输系数 T 表示的电压传输给特性阻抗为 Z_1 的传输线。对于 $z<0$ 线上的电压为

$$V(z)=V_0^+(e^{-j\beta z}+\Gamma e^{j\beta z}) \qquad z<0$$

式中 V_0^+ 是馈线上入射电压波的振幅；对于 $z>0$ 线上的电压，由于不存在反射，则可写成

$$V(z)=V_0^+Te^{-j\beta z} \qquad z>0$$

令这两个电压在 $z=0$ 处相等，则得到传输系数 T 为

$$T=1+\Gamma=1+\frac{Z_1-Z_0}{Z_1+Z_0}$$
$$=\frac{2Z_1}{Z_1+Z_0} \qquad (2.2-14)$$

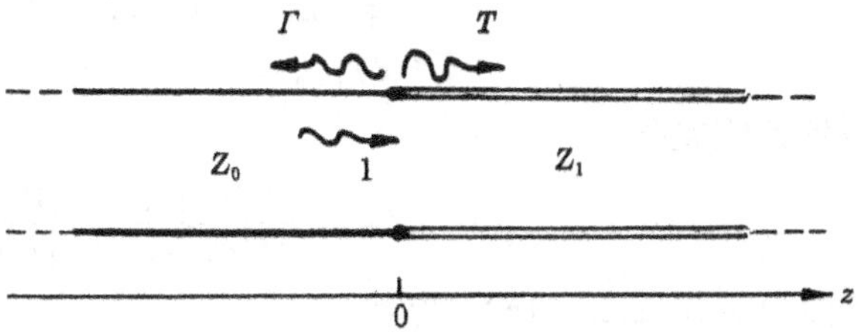

图 2.2-2 两不同特性阻抗传输线接头处波的反射和传输

电路中两点之间的传输系数常被用来表示插入损耗(insertion loss)L_I(dB)：

$$L_I=-20\lg|T| \quad (\text{dB}) \qquad (2.2-15)$$

3. 驻波参量

上述反射系数是个复数，且不便测量。为了间接测量微波阻抗，还可引入驻波参量。

(1) 电压驻波比 VSWR

我们知道，传输线上各点的电压和电流一般由入射波和反射波叠加，结果在线上形成驻波，沿线各点的电压和电流的振幅不同，以 $\lambda/2$ 周期变化。我们将电压(或电流)振幅具有最大值的点称为电压(或电流)驻波的波腹点；振幅具有最小值的点称驻波的波谷点；振幅值等于零的点称为驻波的波节点。

定义：传输线上相邻的波腹点和波谷点的电压振幅之比为电压驻波比(voltage standing - wave ratio)，用 VSWR 表示，简称驻波比(SWR)，或称为电压驻波系数(voltage standing - wave coefficient)，用 ρ 表示，即有

$$\text{VSWR}(\text{或 } \rho) \equiv \frac{|V|_{\max}}{|V|_{\min}} \tag{2.2-16}$$

其倒数称为行波系数(travelling wave coefficient)，用 K 表示，即有

$$K = \frac{1}{\text{VSWR}} \equiv \frac{|V|_{\min}}{|V|_{\max}} \tag{2.2-17}$$

由式(2.2-8)，得到

$$\begin{aligned} V(d) &= V^+(d)[1 + |\Gamma_L| e^{j(\phi_L - 2\beta d)}] \\ I(d) &= I^+(d)[1 - |\Gamma_L| e^{j(\phi_L - 2\beta d)}] \end{aligned} \tag{2.2-18}$$

其模为

$$\begin{aligned} |V(d)| &= |V^+(d)|[1 + |\Gamma_L|^2 + 2|\Gamma_L|\cos(\phi_L - 2\beta d)]^{1/2} \\ |I(d)| &= |I^+(d)|[1 + |\Gamma_L|^2 - 2|\Gamma_L|\cos(\phi_L - 2\beta d)]^{1/2} \end{aligned} \tag{2.2-19}$$

于是得到

$$\begin{aligned} |V(d)|_{\max} &= |V^+(d)|[1 + |\Gamma_L|] \\ |I(d)|_{\max} &= |I^+(d)|[1 + |\Gamma_L|] \\ |V(d)|_{\min} &= |V^+(d)|[1 - |\Gamma_L|] \\ |I(d)|_{\min} &= |I^+(d)|[1 - |\Gamma_L|] \end{aligned} \tag{2.2-20}$$

由此得到数值关系：

$$Z_0 = \frac{|V(d)|_{\max}}{|I(d)|_{\max}} = \frac{|V(d)|_{\min}}{|I(d)|_{\min}} \tag{2.2-21}$$

按照定义式(2.2-16)，得到

$$\text{VSWR} = \frac{1 + |\Gamma_L|}{1 - |\Gamma_L|} \tag{2.2-22}$$

或者

$$|\Gamma_L| = \frac{\text{VSWR} - 1}{\text{VSWR} + 1} \tag{2.2-23}$$

当 $|\Gamma_L| = 0$ 时，VSWR=1；$|\Gamma_L| = 1$ 时，VSWR=∞，电压驻波比和反射系数一样，可用来描述传输线的工作状态。

(2) 阻抗与驻波参量的关系

由式(2.2－2)可得

$$Z_L = Z_0 \frac{Z_{in}(d) - jZ_0 \text{ tg } \beta d}{Z_0 - jZ_{in}(d) \text{ tg } \beta d} \tag{2.2-24}$$

通常选取驻波最小点为测量点，其距负载的距离用 d_{min} 表示，该点的阻抗为纯电阻，$Z_{in}(d_{min})=Z_0/\text{VSWR}$，代入式(2.2－24)，得到

$$Z_L = Z_0 \frac{1 - j\text{VSWR tg } \beta d_{min}}{\text{VSWR} - j \text{ tg } \beta d_{min}} \tag{2.5-25}$$

可见，当传输线的特性阻抗 Z_0 一定时，传输线终端的负载阻抗与驻波参量一一对应。据此，Z_L 可通过直接测量 VSWR 和 d_{min}来确定。d_{min}的实际测量有两种情况：一种情况是测量距离负载的第一个电压驻波最小点位置 d_{min_1}；另一种情况是 d_{min_1} 测量不到，则需先将终端短路，在线上某处确定一个电压波节点作为参考点，然后接上被测负载测量参考点附近的电压驻波最小点 d_{min}，利用 $\lambda/2$ 重复性，计算得到的参考点处的阻抗便是负载阻抗。

2.3 无耗线工作状态分析

由式(2.2－6)可知，传输线终端接不同负载阻抗时，有三种不同的工作状态，即行波状态、驻波状态和行驻波状态。分析这三种状态时，忽略线上的损耗，作为无耗线分析。本节分析得到的无耗线不同工作状态的特性对微波电路的分析和设计极为有用。

1. 行波状态：无反射情况

(1) 条件

由式(2.2－6)可知，终端无反射，线上载行波的实际条件是 $Z_L=Z_0$，此时 $\Gamma_L=0$，$\text{VSWR}=1$，$K=1$。

(2) 特性分析

由于 $\Gamma_L=0$，线上只有入射波。由式(2.1－14)，得到

$$\begin{aligned} V(z) &= \frac{V_0 + I_0 Z_0}{2} e^{-j\beta z} = V_0^+ e^{-j\beta z} \\ I(z) &= \frac{V_0 + I_0 Z_0}{2Z_0} e^{-j\beta z} = I_0^+ e^{-j\beta z} \end{aligned} \tag{2.3-1}$$

瞬时式为

$$\begin{aligned} v(z, t) &= |V_0^+| \cos(\omega t + \phi_0 - \beta z) \\ i(z, t) &= |I_0^+| \cos(\omega t + \phi_0 - \beta z) \end{aligned} \tag{2.3-2}$$

这里 $V_0^+ = |V_0^+| e^{j\phi_0}$。沿线的阻抗则为

$$Z_{in}(z) = Z_0 \tag{2.3-3}$$

由上面的分析得到行波状态的特点是：①沿线电压和电流的振幅不变；②电压和电流沿线各点均同相，电压或电流的相位随 z 增加连续滞后；③沿线各点的阻抗均等于传输线的特性阻抗。

2. 驻波状态：全反射情况

(1) 条件

由式(2.2－6)可知，终端全反射，线上形成驻波的条件是终端短路($Z_L=0$)、开路($Z_L=\infty$)和接纯电抗负载($Z_L=\pm jX_L$)。

(2) 特性分析

上述条件下线上的驻波特点是一样的，只是驻波在线上的分布情况不同。下面分别加以讨论。

a. 终端短路线

此时 $Z_L=0$，$\Gamma_L=-1$，VSWR$=\infty$。由式(2.2－8)得到线上的电压和电流为

$$\begin{aligned} V(d) &= j2V_L^+ \sin \beta d \\ I(d) &= \frac{2V_L^+}{Z_0}\cos \beta d = 2I_L^+ \cos \beta d \end{aligned} \tag{2.3-4}$$

可见负载处的电压 $V_L=0$，而电流有最大值 $I_L=2V_L^+/Z_0$。即终端是电压波节点，电流波腹点。由式(2.3－4)得到沿线的输入阻抗为

$$Z_{in}^{sc}(d) = jZ_0 \operatorname{tg} \beta d \tag{2.3-5}$$

可见任意长度 d 的终端短路线的输入阻抗都是纯电抗，可取$-j\infty$和$+j\infty$之间的所有值。例如终端的阻抗 $Z_{in}^{sc}(0)=0$；而在 $\lambda/4$ 处，$Z_{in}^{sc}(\lambda/4)=\infty$(开路)，可等效为并联谐振电路；长度大于零小于 $\lambda/4$ 时，$Z_{in}^{sc}=jX_{in}^{sc}$，等效为电感。图 2.3－1 表示终端短路线的驻波特性。

b. 终端开路线

此时 $Z_L=\infty$，$\Gamma_L=1$，VSWR$=\infty$，由式(2.2－8)得到线上的电压和电流为

$$\begin{aligned} V(d) &= 2V_L^+ \cos \beta d \\ I(d) &= j\frac{2V_L^+}{Z_0}\sin \beta d = j2I_L^+ \sin \beta d \end{aligned} \tag{2.3-6}$$

可见负载处的电流 $I_L=0$，而电压有最大值 $V_L=2V_L^+$，即终端是电压波腹点，电流波节点。由式(2.3－6)得到终端开路线的输入阻抗为

$$Z_{in}^{oc}(d) = -jZ_0 \operatorname{ctg} \beta d \tag{2.3-7}$$

这表明任意长度终端开路线的输入阻抗都是纯电抗，其值在$-j\infty$和$+j\infty$之间变化。例如终端处阻抗 $Z_{in}^{oc}(0)=-j\infty$；而在 $\lambda/4$ 处，$Z_{in}^{oc}(\lambda/4)=0$，可等效为串联谐振电路；长度大于零小于 $\lambda/4$ 时，$Z_{in}^{oc}=-jX_{in}^{oc}$，等效为电容。图 2.3－2 表示终端开路线的驻波特性。

由式(2.3－5)和(2.3－7)，得到关系

$$Z_{in}^{sc}(d)\cdot Z_{in}^{oc}(d) = Z_0^2 \tag{2.3-8}$$

据此关系，对一定长度 d 的无耗线作两次测量，测得 $Z_{in}^{sc}(d)$和 $Z_{in}^{oc}(d)$，便可确定此线的特性参数 Z_0 和 β，即有

$$Z_0 = \sqrt{Z_{in}^{sc}(d)\cdot Z_{in}^{oc}(d)} \tag{2.3-9}$$

$$\beta = \frac{1}{d}\operatorname{arctg}\sqrt{\frac{Z_{in}^{sc}(d)}{Z_{in}^{oc}(d)}} \tag{2.3-10}$$

c. 终端接纯电感负载无耗线

此时 $Z_L=+jX_L$，$\Gamma_L=|\Gamma_L|e^{j\phi_L}$，其中$|\Gamma_L|=1$，$\phi_L=\operatorname{tg}^{-1}[2X_LZ_0/(X_L^2-Z_0^2)]$，可见此时终端也产生全反射，线上形成驻波；但此时终端既不是电压波节点也不是电压波腹点。沿线

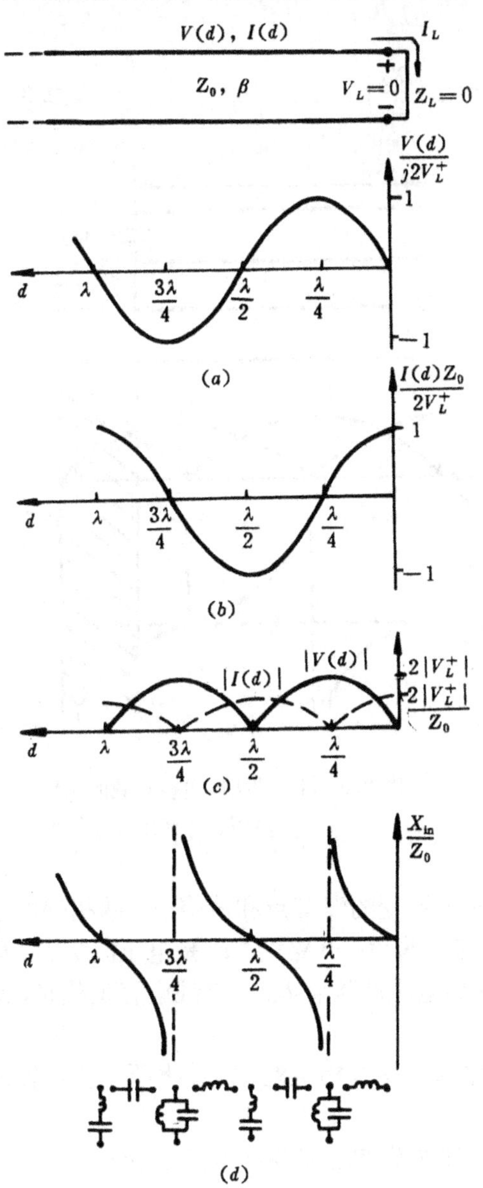

图 2.3-1 无耗短路线的驻波特性

(a) 沿线电压瞬时变化；(b) 沿线电流瞬时变化；(c) 沿线电压、电流振幅分布；(d) 沿线阻抗变化

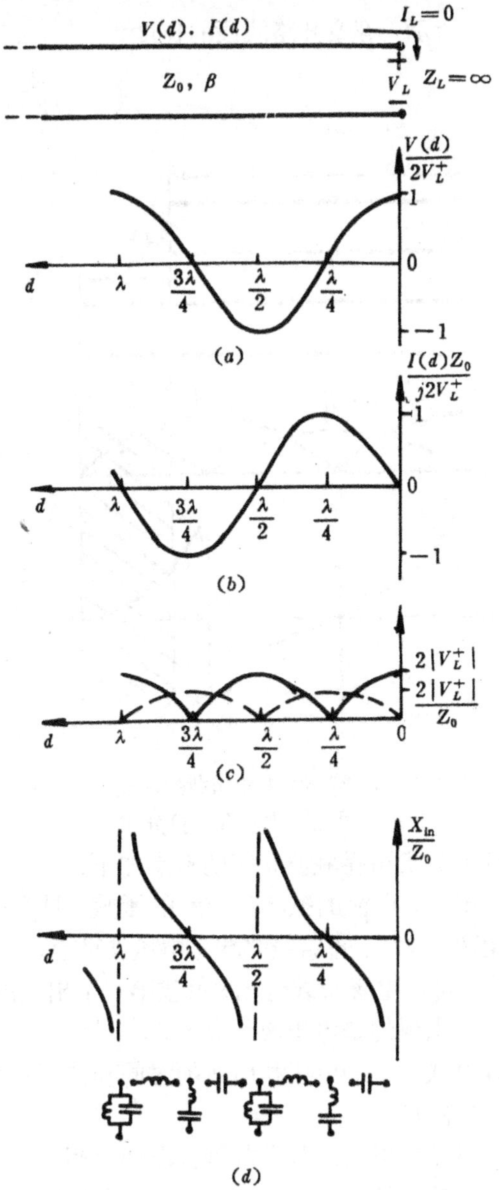

图 2.3-2 无耗开路线的驻波特性

(a) 沿线电压瞬时变化；(b) 沿线电流瞬时变化；(c) 沿线电压、电流振幅分布；(d) 沿线阻抗变化

的电压、电流和阻抗分布曲线可将电感负载用一段小于 $\lambda/4$ 的短路线来等效后获得，如图 2.3-3 所示。等效短路线段的长度为

$$l_{e0}=\frac{\lambda}{2\pi}\text{arctg}\left(\frac{X_L}{Z_0}\right) \tag{2.3-11}$$

d. 终端接纯电容负载无耗线

此时 $Z_L=-jX_L$，$\Gamma_L=|\Gamma_L|e^{-j\phi_L}$，其中 $|\Gamma_L|=1$，$\phi_L=\text{tg}^{-1}[2X_LZ_0/(X_L^2-Z_0^2)]$。可见终端要产生全反射，在线上形成驻波；但此时终端既不是电压波节点也不是电压波腹点。沿线的电压、电流和阻抗分布曲线可将电容负载用一段小于 $\lambda/4$ 的开路线来等效后获得，如图

2.3－4所示。等效开路线段的长度为

$$l_{e\infty}=\frac{\lambda}{2\pi}\mathrm{arcctg}\left(\frac{X_L}{Z_0}\right) \tag{2.3-12}$$

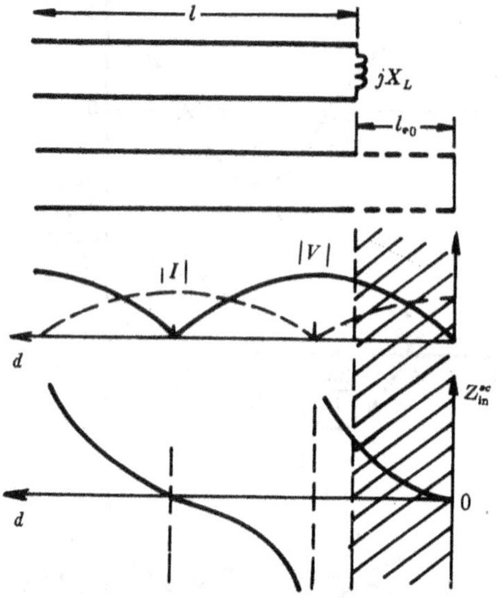

图2.3－3　端接纯电感负载的沿线电压、电流和阻抗分布

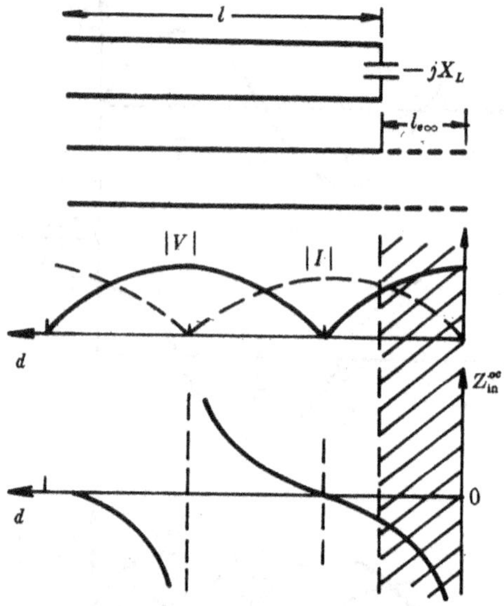

图2.3－4　端接纯电容负载的沿线电压、电流和阻抗分布

综上分析可得驻波状态的特点如下：

①电压、电流的振幅是位置的函数，具有固定不变的波节点和波腹点，两相邻波节点之间距离为$\lambda/2$。短路线终端是电压波节点、电流波腹点；开路线终端是电压波腹点、电流波节点；接纯电感负载时，距负载第一个出现的是电压波腹点$d_{\max_1}$；接纯电容负载时，距负载第一个出现的是电压波节点$d_{\min_1}$。

②沿线各点的电压和电流随时间和位置变化都有$\pi/2$相位差，故线上既不能传输能量也不消耗能量。

③电压或电流波节点两侧各点相位相反，相邻两节点之间各点的相位相同。

④传输线的输入阻抗为纯电抗，且随频率和长度变化；当频率一定时，不同长度的驻波线可分别等效为电感、电容、串联谐振电路或并联谐振电路。

3. 行驻波状态：部分反射情况

(1) 条件

由式(2.2－6)可知，当终端接一般复数阻抗负载时，将产生部分反射，在线上形成行驻波。此时$Z_L=R_L\pm jX_L$，$\Gamma_L=|\Gamma_L|e^{\pm j\phi_L}$，其中

$$|\Gamma_L|=\sqrt{\frac{(R_L-Z_0)^2+X_L^2}{(R_L+Z_0)^2+X_L^2}}<1,\ \phi_L=\mathrm{arctg}\,\frac{2X_LZ_0}{R_L^2+X_L^2-Z_0^2}$$

(2) 特性分析

此时$|\Gamma_L|<1$，终端产生部分反射，线上形成行驻波，无波节点，驻波最小值不等于

零，驻波最大值不等于终端入射波振幅的两倍。

由式(2.2－18)，有

$$V(d)=V_L^+ e^{j\beta d}[1+|\Gamma_L|e^{j(\phi_L-2\beta d)}]$$
$$I(d)=I_L^+ e^{j\beta d}[1-|\Gamma_L|e^{j(\phi_L-2\beta d)}] \qquad (2.3-13)$$

由此可得行驻波状态下沿线驻波最大值和最小值为

$$|V|_{max}=|V_L^+|[1+|\Gamma_L|]$$
$$|I|_{max}=|I_L^+|[1+|\Gamma_L|] \qquad (2.3-14)$$

和

$$|V|_{min}=|V_L^+|[1-|\Gamma_L|]$$
$$|I|_{min}=|I_L^+|[1-|\Gamma_L|] \qquad (2.3-15)$$

又由式(2.2－19)可知，当 $\cos(\phi_L-2\beta d)=1$ 时，出现电压驻波最大点。这要求 $\phi_L-2\beta d=-2n\pi$，由此可得电压驻波最大点的位置为

$$d_{max}=\frac{\lambda}{4\pi}\phi_L+n\frac{\lambda}{2} \qquad n=0,1,2,\cdots \qquad (2.3-16)$$

而当 $\cos(\phi_L-2\beta d)=-1$ 时则出现电压驻波最小点。这要求 $(\phi_L-2\beta d)=-\pi-2n\pi$，由此可得电压驻波最小点的位置为

$$d_{min}=\frac{\lambda}{4\pi}\phi_L+\frac{\lambda}{4}(2n+1) \qquad n=0,1,2,\cdots \qquad (2.3-17)$$

知道了沿线电压和电流的驻波最大值和最小值，以及第一个电压驻波最小点位置 $d_{min_1}=\lambda\phi_L/4\pi+\lambda/4$ 或第一个电压驻波最大点位置 $d_{max_1}=\lambda\phi_L/4\pi$，就不难画出行驻波状态下沿线电压、电流和阻抗的分布曲线。

行驻波状态沿线各点的输入阻抗一般为复阻抗，但在电压驻波最大点处和电压驻波最小点处的输入阻抗为纯电阻。由式(2.3－14)和式(2.3－15)得到

$$R_{max}=Z_0\rho \qquad (2.3-18)$$

$$R_{min}=Z_0/\rho=Z_0K \qquad (2.3-19)$$

相邻的 R_{max}和 R_{min}相距 $\lambda/4$，且有

$$R_{max}\cdot R_{min}=Z_0^2 \qquad (2.3-20)$$

2.4 有耗线的特性与计算

实际应用的传输线都存在一定的损耗，包括导体损耗、介质损耗和辐射损耗。其中辐射损耗有时可以避免，有时可以忽略不计，故一般不考虑。当分析导行波沿导行系统传播时的振幅衰减情况或研究谐振器的品质因数时，就需要考虑损耗的影响。本节讨论损耗对传输线特性的影响与功率、效率和衰减的计算方法。

1. 损耗的影响

损耗的主要影响是使导行波的振幅衰减，其次，若有损耗，传输线的相移常数将与频率有关，使波的传播速度与频率有关，即引起色散效应。

有耗线和无耗线的基本特性是一样的，线上的电压和电流也是入射波和反射波的叠加。主要的不同点是，由于线上有损耗，$\gamma=\alpha+j\beta$，入射波和反射波的振幅均要沿各自方向指数衰减。此时，反射系数如式(2.2 - 5)所示，即

$$\Gamma(d)=|\Gamma_L|e^{-2\alpha d}e^{j(\phi_L-2\beta d)} \tag{2.2 - 5}$$

电压驻波比则为

$$\text{VSWR}=\frac{1+|\Gamma_L|e^{-2\alpha d}}{1-|\Gamma_L|e^{-2\alpha d}} \tag{2.4 - 1}$$

可见此时$|\Gamma(d)|$和 VSWR 与位置有关。

有耗线上的电压和电流可表示为

$$\begin{aligned}V(d)&=V_L^+e^{\alpha d}e^{j\beta d}\left[1+|\Gamma_L|e^{-2\alpha d}e^{j(\phi_L-2\beta d)}\right]\\ I(d)&=\frac{V_L^+}{Z_0}e^{\alpha d}e^{j\beta d}\left[1-|\Gamma_L|e^{-2\alpha d}e^{j(\phi_L-2\beta d)}\right]\end{aligned} \tag{2.4 - 2}$$

其振幅为

$$\begin{aligned}|V(d)|&=|V_L^+|e^{\alpha d}\left[1+|\Gamma_L|^2e^{-4\alpha d}+2|\Gamma_L|e^{-2\alpha d}\cos(\phi_L-2\beta d)\right]^{1/2}\\ |I(d)|&=\frac{|V_L^+|}{Z_0}e^{\alpha d}\left[1+|\Gamma_L|^2e^{-4\alpha d}-2|\Gamma_L|e^{-2\alpha d}\cos(\phi_L-2\beta d)\right]^{1/2}\end{aligned} \tag{2.4 - 3}$$

由此可得沿线电压和电流的驻波最大值和最小值为

$$\begin{aligned}|V(d)|_{\max}&=|V_L^+|e^{\alpha d}\left[1+|\Gamma_L|e^{-2\alpha d}\right]\\ |V(d)|_{\min}&=|V_L^+|e^{\alpha d}\left[1-|\Gamma_L|e^{-2\alpha d}\right]\\ |I(d)|_{\max}&=|I_L^+|e^{\alpha d}\left[1+|\Gamma_L|e^{-2\alpha d}\right]\\ |I(d)|_{\min}&=|I_L^+|e^{\alpha d}\left[1-|\Gamma_L|e^{-2\alpha d}\right]\end{aligned} \tag{2.4 - 4}$$

可见有耗线上电压和电流的驻波最大值和最小值是位置的函数。这与无耗线情况不同。

由式(2.2 - 1)和式(2.4 - 2)，有耗线上任一点的输入阻抗为

$$Z_{\text{in}}(d)=Z_0\frac{Z_L+Z_0\,\text{th}\,\gamma d}{Z_0+Z_L\,\text{th}\,\gamma d}=Z_0\frac{1+\Gamma(d)}{1-\Gamma(d)} \tag{2.4 - 5}$$

当终端开路时，$\Gamma_L=1$，则由式(2.4 - 2)和式(2.4 - 5)，得到

$$V(d)=2V_L^+\,\text{ch}\,\gamma d$$

$$I(d)=\frac{2V_L^+}{Z_0}\,\text{sh}\,\gamma d \tag{2.4 - 6}$$

$$Z_{\text{in}}^{\infty}(d)=Z_0\,\text{cth}\,\gamma d \tag{2.4 - 7}$$

图 2.4 - 1(a)、(b)表示有耗开路线上的电压、电流振幅与阻抗的分布。

当终端短路时，$\Gamma_L=-1$，由式(2.4 - 2)和式(2.4 - 5)，得到

$$V(d)=2V_L^+\text{sh}\gamma d$$

$$I(d)=\frac{2V_L^+}{Z_0}\,\text{ch}\,\gamma d \tag{2.4 - 8}$$

$$Z_{in}^{sc}(d) = Z_0 \operatorname{th} \gamma d \tag{2.4-9}$$

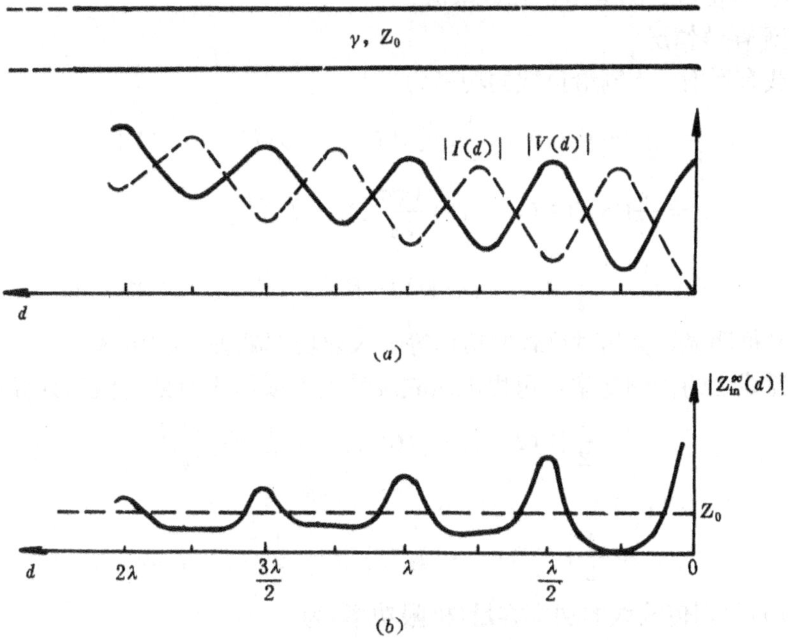

图 2.4－1 有耗开路线的驻波特性

(*a*) 沿线电压、电流振幅；(*b*) 沿线阻抗变化

式(2.4－8)和式(2.4－9)与式(2.4－6)和式(2.4－7)成互补关系。短路有耗线上的电压和电流分布曲线与开路情况的电流和电压分布曲线一样。由图 2.4－1 可见，由于线上有损耗，使入射波和反射波的振幅沿各自传播方向指数衰减，致使越靠近信号源端，驻波起伏越小，阻抗的波动也越小，最后接近于传输线的特性阻抗。有耗线的这种特性，在损耗大时更明显，因此有足够长度的有耗线的输入阻抗接近于线的特性阻抗，可用作匹配负载。

由式(2.4－7)和式(2.4－9)，得到

$$Z_{in}^{sc}(d) \cdot Z_{in}^{oc}(d) = Z_0^2 \tag{2.4-10}$$

据此，对长度 d 一定的一段有耗线作 $Z_{in}^{sc}(d)$ 和 $Z_{in}^{oc}(d)$ 两次测量，便可以决定此有耗线的特性参数 Z_0 和 γ：

$$Z_0 = \sqrt{Z_{in}^{sc}(d) \cdot Z_{in}^{oc}(d)} \tag{2.4-11}$$

$$\gamma = \alpha + j\beta = \frac{1}{d} \operatorname{arctg} \sqrt{\frac{Z_{in}^{sc}(d)}{Z_{in}^{oc}(d)}} \tag{2.4-12}$$

2. 传输功率与效率

(1) 传输功率

传输给负载的功率，有如下三种情况(假定信源匹配)：

a. 匹配线情况

此时负载无反射功率，传输给负载的功率为

$$P_0 = \frac{1}{2}\mathrm{Re}(V_L^+ I_L^{+*}) = \frac{1}{2}\frac{|V_L^+|^2}{Z_0} \tag{2.4-13}$$

式中 V_L^+ 和 I_L^+ 是负载处的复电压和复电流。

b. 失配无耗线情况

此时负载有反射，传输给负载的功率为

$$\begin{aligned} P_L &= \frac{1}{2}\mathrm{Re}(V_L I_L^*) = \frac{1}{2}\mathrm{Re}[(V_L^+ + V_L^-)(I_L^+ + I_L^-)^*] \\ &= \frac{1}{2}\mathrm{Re}\left[(V_L^+(1+\Gamma_L)\frac{V_L^{+*}}{Z_0^*}(1-\Gamma_L)^*\right] \\ &= \frac{1}{2}\frac{|V_L^+|^2}{Z_0}(1-|\Gamma_L|^2) = P_0(1-|\Gamma_L|^2) = P_i - P_r \end{aligned} \tag{2.4-14}$$

此结果的意义很明显，说此时负载的功率等于入射功率减去反射功率。

失配无耗线上的传输功率也可用电压驻波最大点或最小点处的值来计算：

$$P = \frac{1}{2}|V(d)|_{\max}\cdot|I(d)|_{\min} = \frac{1}{2}\frac{|V(d)|_{\max}^2}{Z_0}K \tag{2.4-15}$$

或者

$$P = \frac{1}{2}|V(d)|_{\min}\cdot|I(d)|_{\max} = \frac{1}{2}|I(d)|_{\max}^2 Z_0 K \tag{2.4-16}$$

由式(2.4-15)得到传输线的功率容量(极限功率)为

$$P_{\mathrm{br}} = \frac{|V_{\mathrm{br}}|^2}{2Z_0}K \tag{2.4-17}$$

式中 V_{br}为线间的击穿电压。

c. 失配有耗线情况

这是最一般的情况。此时线上任一点 z 处的功率为

$$\begin{aligned} P(z) &= \frac{1}{2}\mathrm{Re}[V(z)I^*(z)] \\ &= \frac{1}{2}\mathrm{Re}\left[(V_0^+ e^{-\alpha z-j\beta z} + V_0^- e^{\alpha z+j\beta z})\left(\frac{V_0^+}{Z_0}e^{-\alpha z-j\beta z} - \frac{V_0^-}{Z_0}e^{\alpha z+j\beta z}\right)^*\right] \\ &= \frac{1}{2}\mathrm{Re}\left[V_0^+ e^{-\alpha z-j\beta z}(1+|\Gamma_0|e^{2\alpha z+j2\beta z})\frac{V_0^{+*}}{Z_0}e^{-\alpha z+j\beta z}(1-|\Gamma_0|e^{2\alpha z-j2\beta z})\right] \\ &= \frac{1}{2}\frac{|V_0^+|^2}{Z_0}(e^{-2\alpha z} - |\Gamma_0|^2 e^{2\alpha z}) \end{aligned} \tag{2.4-18}$$

在输入端($z=-l$)

$$P_{\mathrm{i}} = \frac{1}{2}\frac{|V_0^+|^2}{Z_0}(e^{2\alpha l} - |\Gamma_0|^2 e^{-2\alpha l}) \tag{2.4-19}$$

对于无耗线，$|\Gamma_0|=|\Gamma_L|$，$|V_0^+|=|V_L^+|$，于是比较式(2.4-19)和式(2.4-14)可知，消耗在有耗线中的功率为

$$P_d = P_i - P_L = P_0(e^{2\alpha l} - 1) \tag{2.4-20}$$

(2) 回波损耗和反射损耗

在传输线和线性二端口网络问题计算中有时需用到回波损耗概念和反射损耗概念。这两个概念都与反射信号有关。回波损耗(return loss)又称回程损耗或反射波损耗，用 L_r 表示。其定义为

$$L_r \equiv 10\lg\frac{P^+}{P^-}\quad(\mathrm{dB}) \tag{2.4-21}$$

由于 $P^- = |\Gamma|^2P^+$，因此

$$L_r = 10\lg\frac{1}{|\Gamma|^2} = -20\lg|\Gamma|\quad(\mathrm{dB}) \tag{2.4-22}$$

引入回波损耗概念之后，反射系数的大小就可用 dB 形式来表示。应当注意的是，由式(2.4-22)可见，回波损耗 L_r(dB)为正值。若线无耗，$|\Gamma|$与位置无关，于是沿线任意点处的回波损耗都相同；对于有耗线，$|\Gamma(d)| = |\Gamma_L|e^{-2\alpha d}$($\alpha d$ 单位为 Np)，因此回波损耗是位置的函数。利用式(2.2-5)和式(2.4-22)可得输入端与负载端的回波损耗之间的关系为

$$L_{r,i} = L_{r,L} + 2(8.686\alpha l) \tag{2.4-23}$$

式中 l 是传输线的长度。由式(2.4-23)可见，输入端回波损耗等于负载端回波损耗加有耗线上的来回路程衰减。

由式(2.4-22)可见，匹配负载($\Gamma=0$)的回波损耗为∞ dB，表示无反射波功率，负载吸收百分之百的入射功率；全反射负载($|\Gamma|=1$)的回波损耗为 0 dB，表示全部入射功率被反射掉，负载吸收的入射功率百分数为零。

反射损耗(reflection loss)概念一般仅用于信源匹配($Z_G=Z_0$)时。它是负载不匹配($Z_L\neq Z_0$)引起的负载中的功率减小的量度，即

$$L_R \equiv 10\lg\frac{P_L|_{Z_L=Z_0}}{P_L|_{Z_L\neq Z_0}}\quad(\mathrm{dB}) \tag{2.4-24}$$

在 $Z_G=Z_0$ 的情况下，$P_L|_{Z_L\neq Z_0} = |V_L^+|^2(1-|\Gamma_L|^2)/2Z_0$，而 $P_L|_{Z_L=Z_0} = |V_L^+|^2/2Z_0$，故

$$L_R = 10\lg\frac{1}{1-|\Gamma_L|^2} = 10\lg\frac{(\mathrm{VSWR}+1)^2}{4(\mathrm{VSWR})} \tag{2.4-25}$$

例如，若$|\Gamma_L|=0.707$(VSWR=5.83)，则反射损耗为 3 dB。对于无耗线，这意味着 P_L 为信源资用功率之半。反射损耗有时称为失配损耗(mismatch loss)，可推广应用于任意线性二端口网络。

回波损耗 L_r 和反射损耗 L_R 虽然都与反射信号有关，都与负载反射系数大小有关，但回波损耗 L_r 是指反射信号本身的损耗，$|\Gamma_L|$越大，L_r 越小(就其正值而言)；而反射损耗 L_R 则是表示反射信号引起的负载功率的减小，$|\Gamma_L|$越大，反射损耗 L_R 也越大。图 2.4-2 表示 VSWR、$|\Gamma|$与 L_r 等的对应列线图。

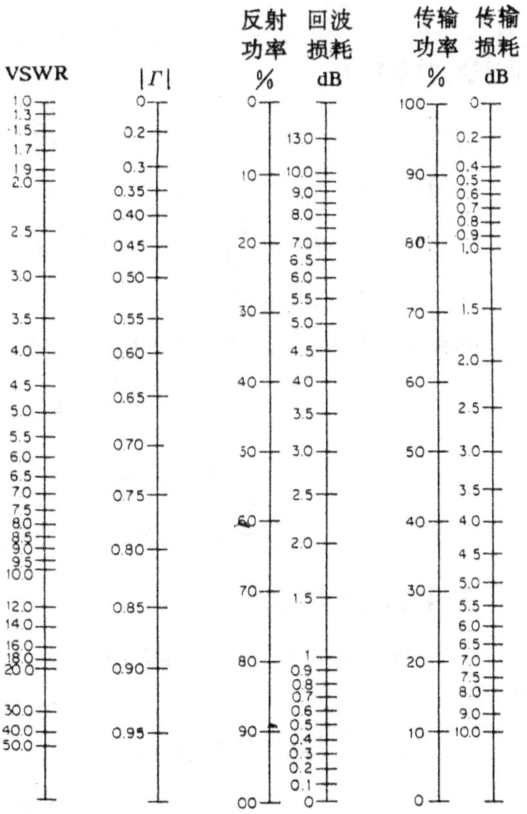

图 2.4-2 VSWR、$|\Gamma|$、L_r 等的对应列线图

(3) 传输效率

传输效率定义为负载吸收功率 P_L 与传输线输入功率 P_i 之比，以 η 表示，即

$$\eta = \frac{P_L}{P_i} \quad (\%) \tag{2.4-26}$$

由式(2.4-18)，负载吸收功率为

$$P_L = \frac{|V_0^+|^2}{2Z_0}(1 - |\Gamma_0|^2) \tag{2.4-27}$$

以式(2.4-27)和式(2.4-19)代入式(2.4-26)，可得

$$\eta = \frac{1}{\mathrm{ch}2\alpha l + 1/2(\rho + 1/\rho)\mathrm{sh}2\alpha l} \tag{2.4-28}$$

对于低耗线，$\alpha l \ll 1$，$\mathrm{ch}2\alpha l \simeq 1$，$\mathrm{sh}2\alpha l \simeq 2\alpha l$，则近似为

$$\eta = \frac{1}{1 + (\rho + 1/\rho)\alpha l} = 1 - \left(\rho + \frac{1}{\rho}\right)\alpha l = 1 - \left(K + \frac{1}{K}\right)\alpha l \tag{2.4-29}$$

例 2.4-1　如图 2.1-3 所示传输系统，设 $E_G = 20$ V(有效值)，$Z_G = 100\ \Omega$，$Z_0 = 100\ \Omega$，$Z_L = 150\ \Omega$，线长为 4 m，工作频率为 500 MHz。试求 $\alpha = 0$ 和 $\alpha = 0.5$ dB/m 情况下输入端和负载的功率。

解　传输线输入端的入射电压振幅值为

$$V_0^+ = E_G/2 = 10\sqrt{2}\ \text{(V)}$$

负载反射系数为

$$\Gamma_L = \frac{150 - 100}{150 + 100} = 0.20$$

对于 $\alpha = 0$：

$$P_i = P_L = \frac{|V_0^+|^2}{2Z_0}(1 - |\Gamma_L|^2) = (1.0)[1 - (0.20)^2] = 0.96\ \text{(W)}$$

对于 $\alpha = 0.5$ dB/m：

$\alpha l = 2.0$ dB 或 0.23 Np，而 $|\Gamma_i| = \left| |\Gamma_L| e^{-2\alpha l} e^{j(\phi_L - 2\beta l)} \right| = 0.20 e^{-2(0.23)} = 0.126$，故得

$$P_i = \frac{|V_0^+|^2}{2Z_0}(1 - |\Gamma_{\text{in}}|^2) = 0.984\ \text{(W)}$$

$$P_L = \frac{|V_0^+|^2}{2Z_0} e^{-2\alpha l}(1 - |\Gamma_L|^2) = 0.605\ \text{(W)}$$

两者之差 $P_i - P_L = 0.379$ W 便是损耗在有耗线上的功率。

3. 衰减的计算方法

损耗对传输的主要影响是造成导行波的振幅衰减，因此有必要熟悉衰减常数的计算方法。

(1) 用分布参数计算 α_c 和 α_d

$$\alpha = \alpha_c + \alpha_d = \frac{R_1}{2Z_0} + \frac{G_1 Z_0}{2} \tag{2.1-23}$$

(2) 用微扰法求 α

微扰法(perturbation method)是计算低耗线衰减常数 α 的标准方法。它是应用无耗线的场，并假设有耗线的场与无耗线的场无多大差别，故称之为微扰(perturbation)。

不考虑反射时沿有耗线的功率流为

$$P(z) = P_0 e^{-2\alpha z} \tag{2.4-30}$$

式中 P_0 是 $z=0$ 平面处的功率。定义单位长度功率损耗为

$$P_l = -\frac{\partial P(z)}{\partial z} = 2\alpha P_0 e^{-2\alpha z} = 2\alpha P(z)$$

由此得到衰减常数表示式为

$$\alpha = \frac{P_l}{2P(z)} \simeq \frac{P_l(z=0)}{2P_0} \tag{2.4-31}$$

式中 P_l 可用计及导体损耗和介质损耗的无耗线的场来计算，且与式(2.1-23)一致(习题2-9)。在实用中，式(2.4-31)更多的是用来计算空气金属波导的导体衰减常数。

(3) 用惠勒增量电感法则求 α_c

惠勒增量电感法则(the wheeler incremental inductance rule)常用于求解 TEM 或准 TEM 传输线的导体衰减常数 α_c。它多用于传输线的单位长度电阻难以求得的场合。我们知道，导体损耗是由于导体内的电流引起的，它与导体表面处的切向磁场 $\boldsymbol{H}_{\tan}$ 有关，即与导体的电感有关。

导体无耗时，传输线的单位长度电感为

$$L_1 = \frac{\mu}{|I|^2}\int_s |\boldsymbol{H}|^2 ds \tag{2.4-32}$$

当导体有损耗时，导体内的磁场不再为零，要对 L_1 贡献增量电感 ΔL_1：

$$\Delta L_1 = \frac{\mu\delta_s}{2|I|^2}\int_C |\boldsymbol{H}_{\tan}|^2 dl \tag{2.4-33}$$

这里用了 $\int_0^\infty e^{-2r/\delta_s}dr = \delta_s/2$，$\delta_s$ 为趋肤深度，$\delta_s=\sqrt{2/\omega\mu\sigma}$。

均匀传输线单位长度功率损耗可用 ΔL_1 表示，由式(2.4-33)，即可得

$$P_l = \frac{R_s}{2}\int_C |\boldsymbol{H}_{\tan}|^2 dl = \frac{R_s}{2}\cdot\frac{2\Delta L_1|I|^2}{\mu\delta_s} = \frac{|I|^2\omega\Delta L_1}{2} \quad (\mathrm{W/m}) \tag{2.4-34}$$

式中已用 $R_s=\sqrt{\omega\mu/2\sigma}=1/(\sigma\delta_s)$。因此，由式(2.4-31)，导体衰减常数可用增量电感 ΔL_1 表示为

$$\alpha_c = \frac{P_l}{2P_0} = \frac{1}{2}\,\frac{|I|^2\omega\Delta L_1}{2}\Big/\frac{|I|^2 Z_0}{2} = \frac{\omega\Delta L_1}{2Z_0} \tag{2.4-35}$$

为便于计算，将 ΔL_1 用特性阻抗来表示。由式(2.1-26)，$\Delta L_1=\Delta Z_0/v_p$，故得

$$\alpha_c = \frac{\omega\Delta Z_0}{2Z_0 v_p} = \frac{\beta\Delta Z_0}{2Z_0} \tag{2.4-36}$$

式中 ΔZ_0 是导体壁后缩 $\delta_s/2$ 特性阻抗的变化。取对 Z_0 的泰勒级数(Taylor' s series)的前两项，得到

$$Z_0\left(\frac{\delta_s}{2}\right) \simeq Z_0 + \frac{\delta_s}{2}\frac{dZ_0}{dr} \tag{2.4-37}$$

因此

$$\Delta Z_0 = Z_0\left(\frac{\delta_s}{2}\right) - Z_0 = \frac{\delta_s}{2}\frac{dZ_0}{dr}$$

式中，$Z_0(\delta_s/2)$ 表示导体壁后缩 $\delta_s/2$ 时传输线的特性阻抗、r 表示进入导体内的距离。于是式(2.4-31)可以写成

$$\alpha_c = \frac{\beta\delta_s}{4Z_0}\frac{dZ_0}{dr} = \frac{R_s}{2Z_0\eta}\frac{dZ_0}{dr} \qquad (2.4-38)$$

式中，$\eta=\sqrt{\mu/\varepsilon}$是介质的固有阻抗，$R_s$ 是导体的表面电阻。式(2.4－38)便是用增量电感法则计算导体衰减常数公式。

考虑到金属表面有一定粗糙度 Δ，导体衰减要增大，有如下半经验公式①：

$$\alpha_c' = \alpha_c\left[1+\frac{2}{\pi}\text{tg}^{-1}1.4\left(\frac{\Delta}{\delta_s}\right)^2\right] \qquad (2.4-39)$$

例 2.4－2 用增量电感法则求同轴线的 α_c。

解 同轴线的特性阻抗为

$$Z_0 = \frac{60}{\sqrt{\varepsilon_r}}\ln\frac{b}{a} = \frac{\eta}{2\pi}\ln\frac{b}{a}$$

应用式(2.4－38)，同轴线的导体衰减常数为

$$\alpha_c = \frac{R_s}{2Z_0\eta}\frac{dZ_0}{dr} = \frac{R_s}{4\pi Z_0}\left\{\frac{d\ln b/a}{db} - \frac{d\ln b/a}{da}\right\} = \frac{R_s}{4\pi Z_0}\left(\frac{1}{a}+\frac{1}{b}\right) \qquad (2.4-40)$$

此结果与用表 2.1－1 中分布电阻求得的结果一致。

(4) 由复传播常数求 α_d

当介质有耗时，传播常数为

$$\gamma = \alpha_d + j\beta = \sqrt{k_c^2-k^2} = \sqrt{k_c^2-\omega^2\mu\varepsilon_r\varepsilon_0(1-j\,\text{tg}\,\delta)}$$

$$= \sqrt{k_c^2-k^2+jk^2\,\text{tg}\,\delta)} \simeq \sqrt{k_c^2-k^2} + j\frac{k^2\,\text{tg}\,\delta}{2\sqrt{k_c^2-k^2}}$$

对于均匀无耗介质，$\gamma=\sqrt{k_c^2-k^2}=j\beta$，于是

$$\gamma = j\beta + j\frac{k^2\,\text{tg}\,\delta}{2j\beta} = \frac{k^2\,\text{tg}\,\delta}{2\beta} + j\beta$$

由此得到均匀有耗介质的介质衰减常数为

$$\alpha_d = \frac{k^2\,\text{tg}\,\delta}{2\beta} \quad (\text{Np/m}) \qquad \text{TE 或 TM 导波} \qquad (2.4-41)$$

$$\alpha_d = \frac{k\,\text{tg}\,\delta}{2} \quad (\text{Np/m}) \qquad \text{TEM 导波} \qquad (2.4-42)$$

式中 tg δ 是介质的损耗正切。

2.5 史密斯圆图

总结前面的讨论可以看出，无耗传输线问题的计算主要围绕式(2.2－2)、(2.2－6)和式(2.2－22)。这些公式一般都包含复数运算，十分复杂和烦琐；对于有耗线问题的计算就更加麻烦。为了简化计算，需要有一种图解方法，以期很快求得计算结果。本节介绍的史密斯圆图便是为简化阻抗和匹配问题的计算而设计的一套阻抗曲线图。

1. 圆图概念

圆图是求解均匀传输线有关阻抗计算和阻抗匹配问题的一类曲线坐标图。图上有两组

① T. C. Edwards, Foundations for Microstrip Circuit Design, John Wiley & Sons, N. Y., 1987.

坐标线，即归一化阻抗或导纳的实部和虚部的等值线簇与反射系数的模和辐角的等值线簇。所有这些等值线都是圆或圆弧(直线是圆的特例)，故称为阻抗圆图或导纳圆图，简称圆图。

圆图所依据的关系式是式(2.2-11)，即

$$z(d)=\frac{Z(d)}{Z_0}=\frac{1+\Gamma(d)}{1-\Gamma(d)} \text{或者} \Gamma(d)=\frac{z(d)-1}{z(d)+1} \tag{2.5-1}$$

式中 $z(d)$和 $\Gamma(d)$一般为复数：

$$z(d)=r(d)+jx(d)=|z|e^{j\theta}$$
$$\Gamma(d)=\Gamma_{Re}(d)+j\Gamma_{Im}(d)=|\Gamma(d)|e^{j\phi(d)}$$

圆图便是依据式(2.5-1)将 $z(d)$和 $\Gamma(d)$的两组等值线簇套印在一张图纸上而成的，便于直接读出相互转换的关系和数据。

按照复变函数的观点，圆图则是将复 z 平面上的一组等值线变换到 Γ 复平面上，或相反。而式(2.5-1)是双线性变换的解析函数，因而其变换具有保圆性。根据变换是从 $z\to\Gamma$ 还是从 $\Gamma\to z$ 以及采用的是直角坐标还是极坐标，可以得到各种不同的圆图，例如从 $z\to\Gamma$ 平面且采用极坐标的史密斯圆图，从 $\Gamma\to z$ 平面且采用直角坐标的施米特圆图和从 $z\to\Gamma$ 平面(将$|z|$=常数和 θ=常数$\to\Gamma$ 平面)的卡特圆图等。本节只介绍最通用的史密斯圆图。

2. 史密斯圆图

(1) 阻抗圆图

史密斯圆图(Smith chart)是通过双线性变换式(2.5-1)，将 z 复平面上的 r=常数($\geqslant 0$)和 x=常数的二簇相互正交的直线分别变换成 Γ 复平面上的二簇相互正交的圆，并同 Γ 复平面上的 Γ 极坐标等值线簇$|\Gamma|$=常数($\leqslant 1$)和 ϕ=常数($-\pi,\pi$)套印在一起而得到的阻抗圆图(impedance chart)。由于史密斯圆图将一切归一化阻抗值限制在单位圆内，易于读取 Γ、ρ 等值，故应用最广泛。

a. Γ 复平面上的反射系数圆

由式(2.2-7)，无耗线上任一点的反射系数为

$$\Gamma(d)=|\Gamma_L|e^{j(\phi_L-2\beta d)}=|\Gamma_L|e^{j\phi(d)} \tag{2.5-2}$$

可见反射系数在 Γ 复平面上的极坐标等值线簇$|\Gamma(d)|$=常数($\leqslant 1$)是单位圆内的一簇同心圆，如图 2.5-1 所示。ϕ=常数的等值线簇则以角度或向电源和向负载的波长数标刻在单位圆外的圆周上。

b. Γ 复平面上的归一化阻抗圆

以 $z=Z_l/Z_0=r+jx$ 和 $\Gamma=\Gamma_{Re}+j\Gamma_{Im}$代入式(2.5-1)，分开实部和虚部，可以得到两个圆的方程：

$$\left(\Gamma_{Re}-\frac{r}{1+r}\right)^2+\Gamma_{Im}^2=\left(\frac{1}{1+r}\right)^2 \tag{2.5-3}$$

$$(\Gamma_{Re}-1)^2+\left(\Gamma_{Im}-\frac{1}{x}\right)=\left(\frac{1}{x}\right)^2 \tag{2.5-4}$$

式(2.5-3)是归一化电阻 r 为常数时归一化阻抗的轨迹方程，亦即等归一化电阻的轨迹方程，其轨迹为一簇圆，圆心坐标为$(r/(1+r),\ 0)$；半径为 $1/(1+r)$。令 r=0，0.5，1，2，

∞，得到如图 2.5 - 2(*a*)所示归一化电阻圆。式(2.5 - 4)是归一化电抗 x 为常数时归一化阻抗的轨迹方程，亦即等归一化电抗的轨迹方程。其轨迹为一簇圆弧(直线是圆的特例)，圆心坐标为(1，$1/x$)；半径为 $1/x$。令 $x=0$，±0.5，±1，±2，∞，得到如图 2.5 - 2(*b*)所示归一化电抗圆。

将上述两组 z 和 Γ 的等值线簇套印在一起即得到史密斯阻抗圆图，如图 2.5 - 3 所示。

c. Γ 复平面上的等衰减圆

上述分析未考虑线的损耗。考虑到损耗，反射系数 Γ 与归一化阻抗 z 一一对应的关系形式不变，只是反射

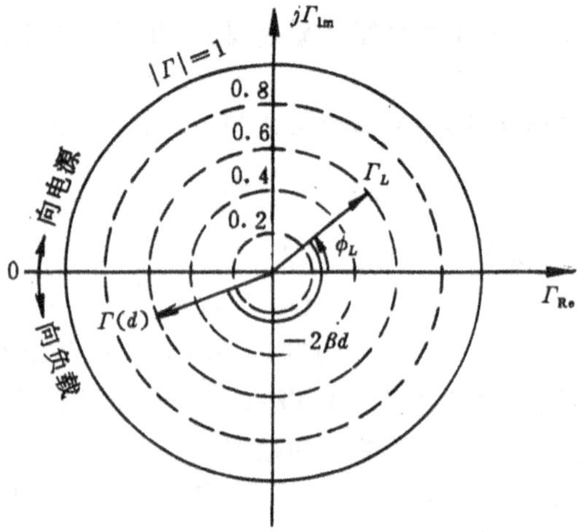

图 2.5 - 1　反射系数圆

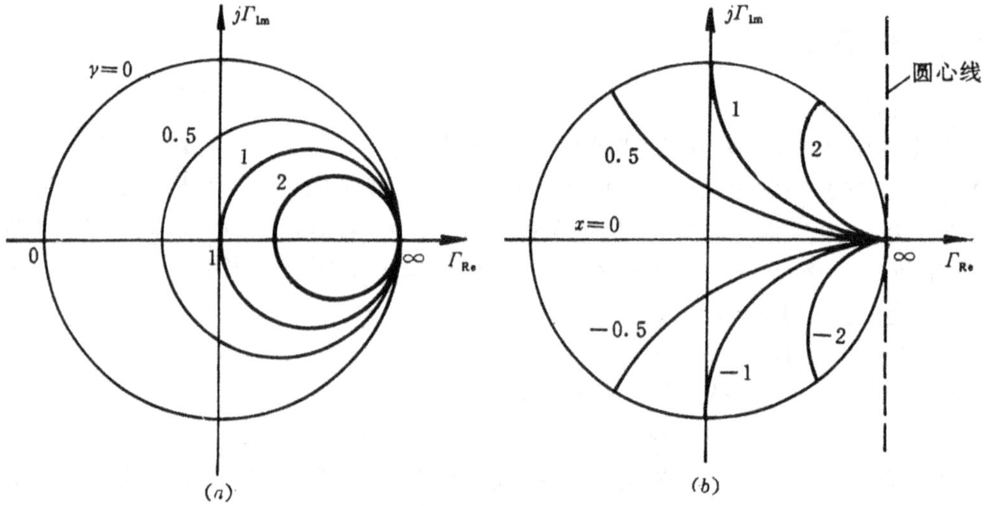

图 2.5 - 2　Γ 复平面上的归一化阻抗圆

(*a*) 归一化电阻圆；(*b*) 归一化电抗圆

系数的模要以因子 $e^{-2\alpha d}$变化，即

$$|\Gamma(d)| = |\Gamma_L|e^{-2\alpha d} \tag{2.5 - 5}$$

可见反射系数的模要随 d 增加而衰减。因此，只要在上述无耗史密斯圆图上加画等衰减圆便构成有耗圆图。等衰减圆的画法是以 $e^{-2\alpha d}$ 为半径，以原点为中心画圆，并在此圆周上标注 αd 之值。

不过，为保持圆图的清晰，一般在圆图上不画出等衰减圆，使用时可从圆图下面附的计算尺上读取相应的衰减值。

d. 使用注意点

● 阻抗圆图上半圆内的归一化阻抗为 $r+jx$，其电抗为感抗；阻抗圆图下半圆内的归

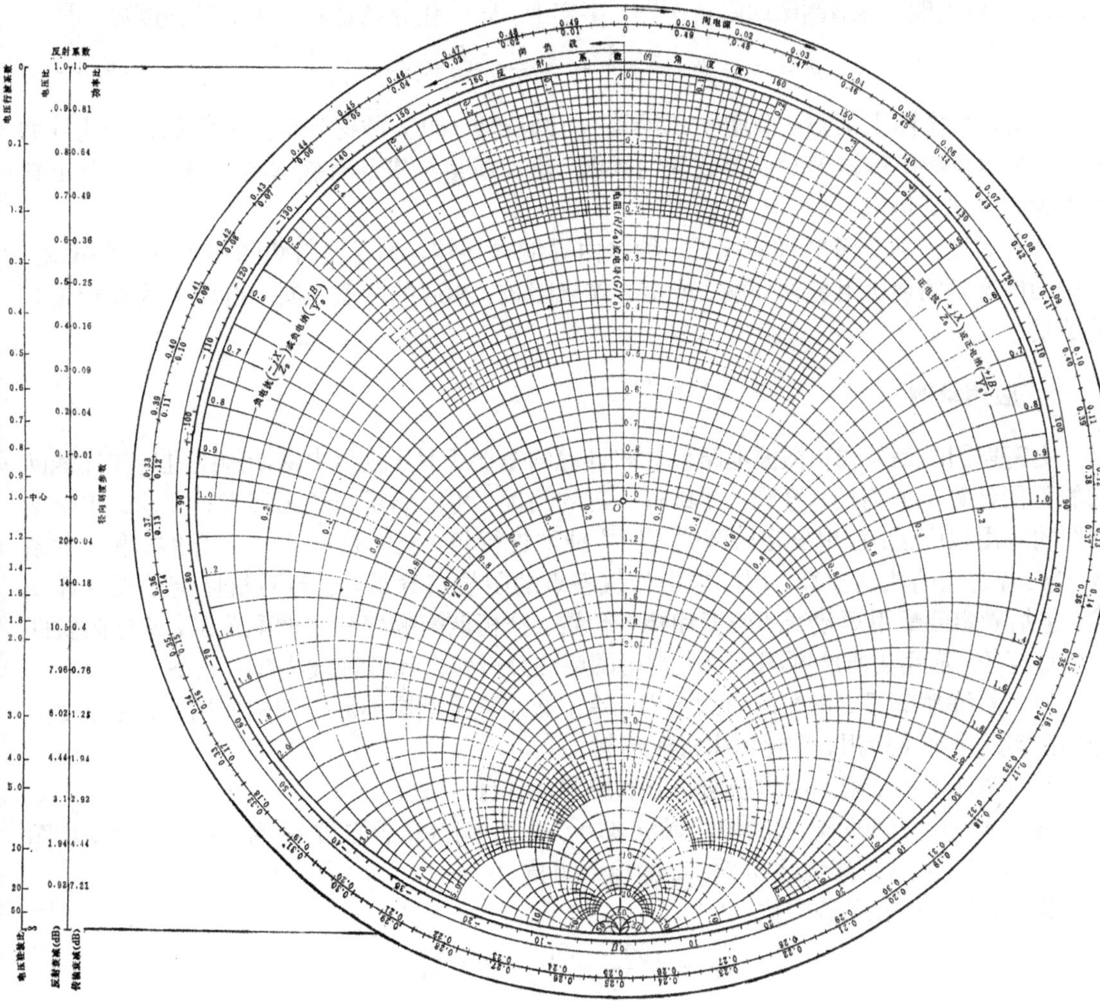

图 2.5-3 史密斯圆图

一化阻抗为 $r-jx$，其电抗为容抗。

● 阻抗圆图实轴上的点代表纯电阻点；实轴左半径上的点表示电压驻波最小点，电流驻波最大点，其上数据代表 $r_{min}=K$；实轴右半径上的点表示电压驻波最大点，电流驻波最小点，其上数据代表 $r_{max}=VSWR$；实轴左端点 $z=0$，代表阻抗短路点，即电压驻波节点；实轴右端点 $z=\infty$，代表阻抗开路点，即电压驻波腹点；圆图中心 $z=1$，代表阻抗匹配点。

● 阻抗圆图最外的 $|\Gamma|=1$ 圆周上的点表示纯电抗，其归一化电阻为零，短路线和开路线的归一化阻抗即应落在此圆周上。

● d 增加是从负载移向信号源，在圆图上应顺时针方向旋转；d 减小是从信号源向负载移动，在圆图上应反时针方向旋转；圆图上旋转一周为 $\lambda/2$，而不是 λ。

(2) 导纳圆图

在实际问题中，有时已知的不是阻抗而是导纳，并需要计算导纳；而微波电路常用并联元件构成，此时用导纳计算比较方便。用以计算导纳的圆图称为导纳圆图(admittance chart)。分析表明，导纳圆图即阻抗圆图。事实上，归一化导纳是归一化阻抗的倒数，即

$$y = g + jb = \frac{1}{r + jx} = \frac{1 - \Gamma}{1 + \Gamma} = \frac{1 + \Gamma e^{j\pi}}{1 - \Gamma e^{j\pi}} \tag{2.5-6}$$

因此，由阻抗圆图上某归一化阻抗点沿等$|\Gamma|$圆旋转 180°，即得到该点相应的归一化导纳值；整个阻抗圆图旋转 180°便得到导纳圆图，然而所得结果乃阻抗圆图本身，只是其上数据应为归一化导纳值。

计算时要注意分清两种情况：一种是由导纳求导纳，此时便将圆图作为导纳圆图用；另一种情况是需要由阻抗求导纳，或由导纳求阻抗，相应的两值在同一圆图上为旋转 180°的关系。

3. 应用举例

史密斯圆图是天线和微波电路设计和计算的重要工具。应用史密斯圆图进行传输线问题的工程计算十分简便、直观，并具有一定的精度，可以满足一般工程设计要求。史密斯圆图的应用很广泛：应用史密斯圆图可以方便地进行归一化阻抗z、归一化导纳y和反射系数Γ三者之间的相互换算；用以求得沿线各点的阻抗或导纳，进行阻抗匹配的设计和调整，包括确定匹配用短截线的长度和接入位置，分析调配顺序和可调配范围，确定阻抗匹配的带宽等；应用史密斯圆图还可直接用图解法分析和设计各种微波有源电路。

为了熟练地掌握史密斯圆图的应用，除了必须熟悉圆图的原理和构成以外，更重要的是要在实践中经常运用，在运用中加深理解。

下面举几个例子来说明史密斯圆图的应用及其计算方法。

例 2.5-1 已知同轴线的特性阻抗Z_0为 50 Ω，端接负载阻抗Z_L为 $100+j50$ Ω，如图 2.5-4(*a*)所示，求距离负载 0.24λ 处的输入阻抗。

解 计算归一化负载阻抗：

$$z_L = \frac{100 + j50}{50} = 2 + j1$$

在阻抗圆图上标出此点，其对应的向电源波长数为 0.213，如图 2.5-4(*b*)所示。

以z_L点沿等Γ圆顺时针旋转电长度 0.24 到z_{in}点，读得$z_{in}=0.42-j0.25$。因此距负载 0.24λ 处的输入阻抗为

$$Z_{in} = (0.42 - j0.25) \times 50 = 21 - j12.5\ (\Omega)$$

例 2.5-2 由测量得到$Z_{in}^{sc}=+j106$ Ω，$Z_{in}^{oc}=-j23.6$ Ω，和$Z_{in}=25-j70$ (Ω)(终端接实际负载时)，求负载阻抗值。

解 传输线的特性阻抗为

$$Z_0 = \sqrt{Z_{in}^{sc} \cdot Z_{in}^{oc}} = 50\ (\Omega)$$

如图 2.5-5 所示，则$z_{in}^{sc}=Z_{in}^{sc}/Z_0=+j2.12$，其对应的向电源波长数为 0.18；而终端短路点$z_L=0$，位于圆图实轴左端点。由此可知传输线的长度为 0.18λ。而当终端接实际负载时，传输线的归一化输入阻抗为

$$z_{in} = \frac{Z_{in}}{Z_0} = \frac{25 - j70}{50} = 0.50 - j1.4$$

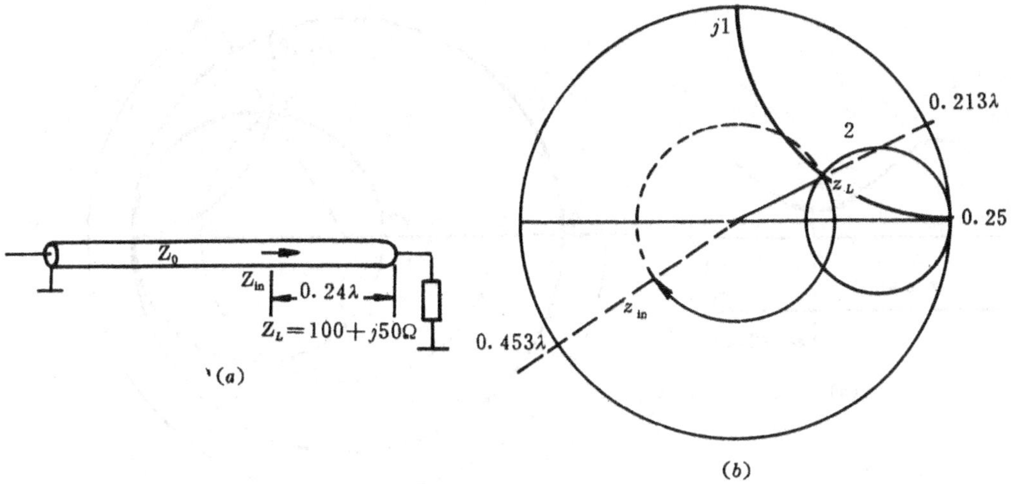

图 2.5-4

其对应的向负载波长数为 0.157。因此负载应位于向负载波长数 0.337 处。由其与相应 ρ 圆交点查得

$$z_L = 0.57 + j1.5 \text{ 或 } Z_L = 28.5 + j75\ (\Omega)$$

例 2.5-3 在 Z_0 为 50 Ω 的无耗线上测得 VSWR 为 5，电压驻波最小点出现在距负载 $\lambda/3$ 处，如图 2.5-6(*a*)所示，求负载阻抗值。

解 电压驻波最小点 $r_{\min}=1/5=0.2$，在阻抗圆图实轴左半径上，如图 2.5-6(*b*)所示。

以 $r_{\min}$ 点沿等 VSWR=5 的圆反时针旋转 $\lambda/3$ 得到 $z_L=0.77+j1.48$，故得负载阻抗

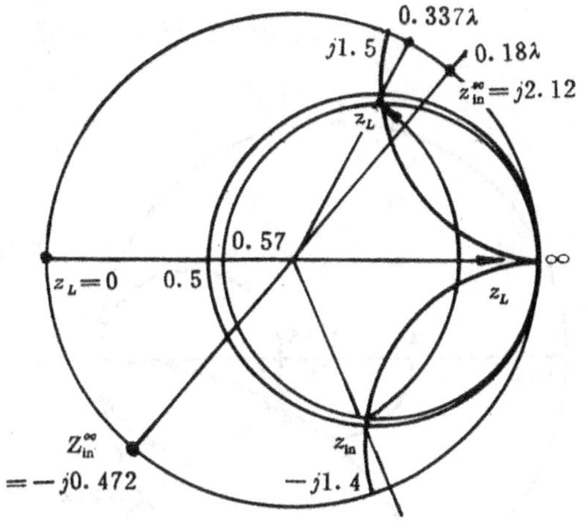

图 2.5-5

$$Z_L = (0.77 + j1.48) \times 50 = 38.5 + j74\ (\Omega)$$

例 2.5-4 在 Z_0 为 50 Ω 开槽线终端接一未知负载时测得 $|V|_{\max}$ 为 0 dB，$|V|_{\min}$ 为 −6 dB，$|V|_{\min}$ 出现在距负载 0.10 m、0.35 m、0.6 m 和 0.85 m 处；而当终端以短路器代替未知负载时测得 $|V|_{\min}$ 出现在 0、0.25 m、0.50 m 和 0.75 m 处，试求工作频率和未知负载阻抗。

解 由题意知 $\lambda/2=0.25$ m 或者 $\lambda=0.50$ m，于是工作频率为

$$f = \frac{3\times10^8}{0.5} = 600\ (\text{MHz})$$

由 $|V|_{max}=0$ dB，$|V|_{\min}=-6$ dB，查表得 VSWR=2，则 $K=0.5$。又由题意知，接未知负载时电压驻波最小点距负载 0.10 m，则电长度为 0.10/0.50=0.2。如图 2.5-7 所示，以 $z_{\min}$ 点沿等 VSWR=2 的圆反时针旋转 0.2λ，得到 $z_L=1.55-j0.65$，故得负载阻抗为

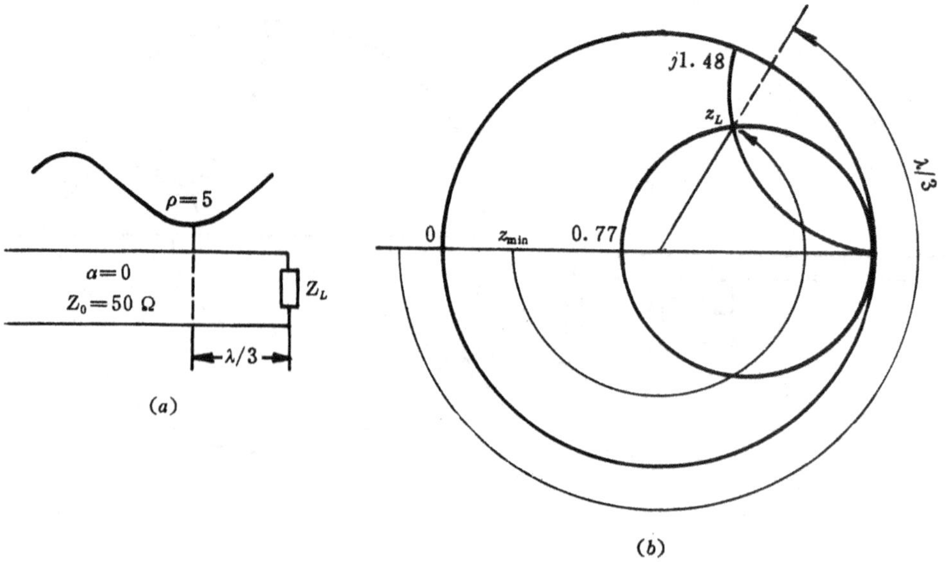

图 2.5-6

$$Z_L = (1.55 - j0.65) \times 50 = 77.5 - j32.5\ (\Omega)$$

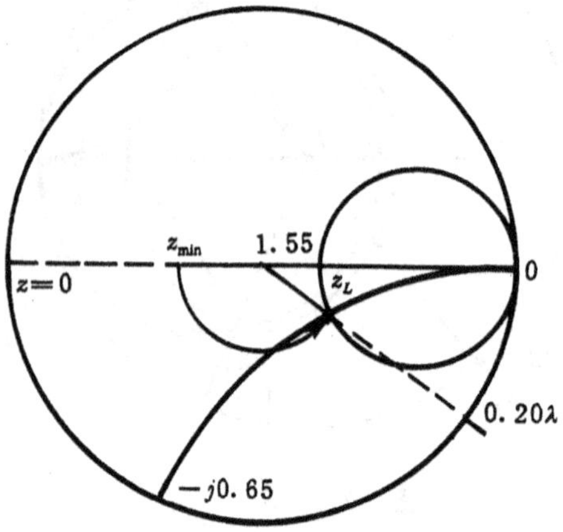

图 2.5-7

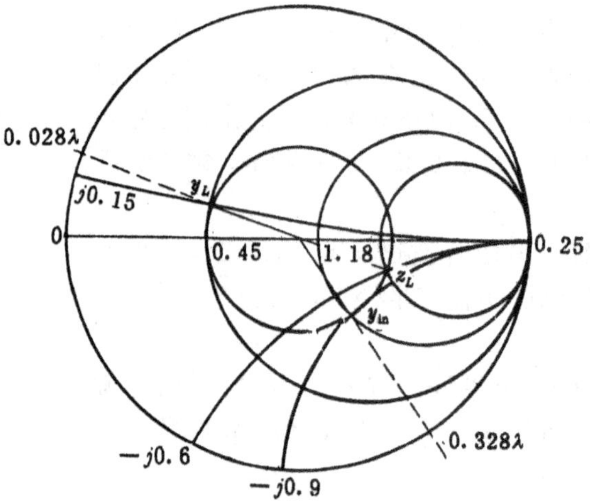

图 2.5-8

例 2.5-5 已知双导线的特性阻抗为 250 Ω，负载阻抗为 500−j150 Ω，线长 4.8λ，求输入导纳。

解 归一化负载阻抗为 $z_L=(500-j150)/250=2-j0.6$，如图 2.5-8 所示。以 z_L 沿等 Γ 圆旋转 180°得到 $y_L=0.45+j0.15$。其对应的向电源波长数为 0.028。以 y_L 沿等 Γ 圆顺时针方向旋转 0.3λ 至 0.328λ 处，即查得 $y_{in}=1.18-j0.9$，故得输入导纳为

$$Y_{in} = (1.18 - j0.9)/250 = 0.00472 - j0.0036\ (S)$$

2.6 阻抗匹配

与低频电路的设计不同，微波电路和系统的设计(包括天线的设计)，不管是无源电路还是有源电路，都必须考虑其阻抗匹配问题。阻抗匹配网络是设计微波电路和系统时采用最多的电路元件。其根本原因是低频电路中所流动的是电压和电流，而微波电路所传输的是导行电磁波，不匹配就会引起严重的反射。

本节专门研究阻抗匹配的原理和方法，并着重研究负载的阻抗匹配方法。

1. 阻抗匹配概念

(1) 阻抗匹配的重要性

阻抗匹配(impedance matching)是使微波电路或系统无反射、载行波或尽量接近行波状态的技术措施。它是微波电路和系统(包括天线)设计时必须考虑的重要问题之一。其重要性主要表现如下：

- 匹配时传输给传输线和负载的功率最大，且馈线中的功率损耗最小。
- 阻抗失配时传输大功率易导致击穿。
- 阻抗失配时的反射波会对信号源产生频率牵引作用，使信号源工作不稳定，甚至不能正常工作。

(2) 阻抗匹配问题

如图 2.6 - 1(*a*)所示传输系统，通常 $Z_L \neq Z_0$，$Z_G \neq Z_0$，因此阻抗匹配包括如下两方面的问题：

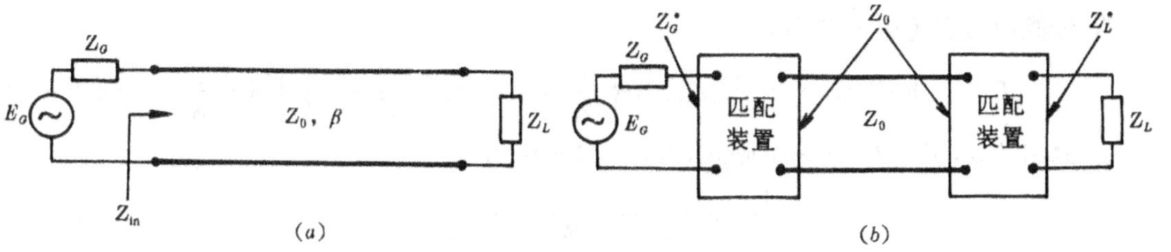

图 2.6 - 1 微波传输系统的匹配问题

(*a*) 匹配前； (*b*) 匹配后

①负载与传输线之间的阻抗匹配，目的是使负载无反射；条件是使 $Z_L = Z_0$。其方法是在负载与传输线之间接入匹配装置，使其输入阻抗作为等效负载而与传输线的特性阻抗相等，如图 2.6 - 1(*b*)所示。其实质是人为产生一反射波，使之与实际负载的反射波相抵消。

②信号源与传输线之间的阻抗匹配，又分两种情况：

(i) 信号源与负载线的匹配，目的是使信号源端无反射；条件是选择负载阻抗 Z_L 或传输线参数 βl、Z_0，使 $Z_{in} = Z_G$；若负载端已匹配，则是使 $Z_G = Z_0$，这样，整个传输系统便可做到匹配。方法是在信号源与传输线之间接入匹配装置，如图 2.6 - 1(*b*)所示。然而实用中负载端不可能完全匹配，为使信号源稳定工作，通常需在信号源输出端接一个隔离器，以吸收负载产生的反射波，消除或者减弱负载不匹配对信号源的频率牵引作用。

(ii) 信号源的共轭匹配(conjugate matching)，目的是使信号源的功率输出最大，条件是使 $Z_{in}=Z_G^*$，或者 $R_{in}=R_G$，$X_{in}=-X_G$。方法也是在信号源与被匹配电路之间接入匹配装置。微波有源电路设计多属这种情况。

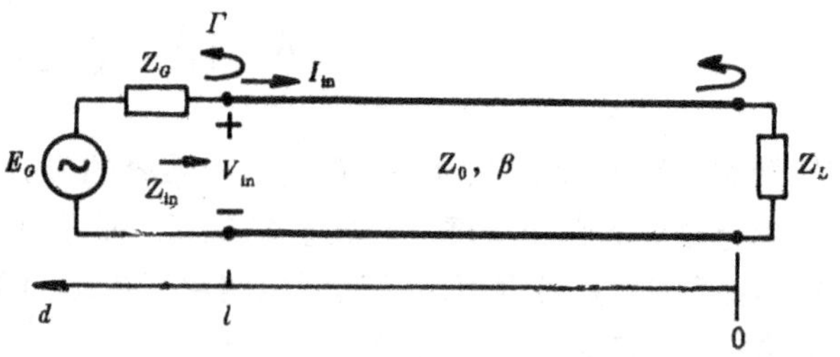

图 2.6 - 2 失配的微波传输系统

下面对上述阻抗匹配问题作一分析。

如图 2.6 - 2 所示信号源和负载均失配的无耗传输系统，传输线上将出现多次反射。由式(2.1 - 15)可得线上任一点处的电压为

$$V(d)=\frac{E_GZ_0}{Z_G+Z_0}\cdot\frac{e^{-j\beta l}}{1-\Gamma_G\Gamma_Le^{-2j\beta l}}(e^{j\beta d}+\Gamma_Le^{-j\beta d}) \tag{2.6 - 1}$$

输入端的电压则为

$$V_{in}=\frac{E_GZ_0}{Z_G+Z_0}\cdot\frac{e^{-j\beta l}}{1-\Gamma_G\Gamma_Le^{-2j\beta l}}(e^{j\beta l}+\Gamma_Le^{-j\beta l}) \tag{2.6 - 2}$$

由于不考虑线的损耗，波的振幅不变，则有

$$V_0^+=V_L^+=\frac{E_GZ_0}{Z_G+Z_0}\cdot\frac{e^{-j\beta l}}{1-\Gamma_G\Gamma_Le^{-2j\beta l}} \tag{2.6 - 3}$$

式中

$$\Gamma_G=\frac{Z_G-Z_0}{Z_G+Z_0},\quad \Gamma_L=\frac{Z_L-Z_0}{Z_L+Z_0}$$

分别是向信号源和负载看去的反射系数。

信号源向负载传送的功率为

$$P=\frac{1}{2}\mathrm{Re}\{V_{in}I_{in}^*\}=\frac{1}{2}|V_{in}|^2\mathrm{Re}\left\{\frac{1}{Z_{in}}\right\}=\frac{1}{2}|E_G|^2\left(\frac{Z_{in}}{Z_{in}+Z_G}\right)^2\mathrm{Re}\left\{\frac{1}{Z_{in}}\right\} \tag{2.6 - 4}$$

令 $Z_{in}=R_{in}+jX_{in}$，$Z_G=R_G+jX_G$，则式(2.6 - 4)简化为

$$P=\frac{1}{2}|E_G|^2\frac{R_{in}}{(R_{in}+R_G)^2+(X_{in}+X_G)^2} \tag{2.6 - 5}$$

现在假定信号源内阻抗 Z_G 固定，讨论上述三种匹配问题：

①负载与传输线的匹配($Z_L=Z_0$)：此种情况 $\Gamma_L=0$，则传输线的输入阻抗 $Z_{in}=Z_0$，于是由式(2.6 - 5)，传送给负载的功率为

$$P=\frac{1}{2}|E_G|^2\frac{Z_0}{(Z_0+R_G)^2+X_G^2} \tag{2.6 - 6}$$

②信号源与负载线的匹配($Z_{in}=Z_0$)：此种情况下信号源与端接传输线所呈现的负载匹配，总的反射系数 Γ_{in} 等于零，即

$$\Gamma_{in}=\frac{Z_{in}-Z_G}{Z_{in}+Z_G}=0 \tag{2.6 - 7}$$

但由于 Γ_L 可能不等于零，所以线上可能存在驻波。此种情况下传送给负载的功率为

$$P=\frac{1}{2}|E_G|^2\frac{R_G}{4(R_G^2+X_G^2)} \tag{2.6 - 8}$$

注意到此种情况下虽然负载线与信号源匹配，但传送给负载的功率却可能小于式(2.6 - 6)所示传送给匹配负载情况下的功率，后者负载线并不必须与信号源匹配。

③信号源的共轭匹配：此时，由于已假定信号源内阻抗 Z_G 固定，所以我们可以改变输入阻抗 Z_{in}，来使信号源传送给负载的功率最大。为使 P 最大，将 P 对 Z_{in}的实部和虚部分别取微商，应用式(2.6 - 5)，由 $\partial P/\partial R_{in}=0$，得到

$$\frac{1}{(R_{in}+R_G)^2+(X_{in}+X_G)^2}+\frac{-2(R_{in}+R_G)R_{in}}{[(R_{in}+R_G)^2+(X_{in}+X_G)^2]^2}=0$$

或者

$$R_G^2-R_{in}^2+(X_{in}+X_G)^2=0 \tag{2.6 - 9 a}$$

由 $\partial P/\partial X_{in}=0$，得到

$$\frac{-2(X_{in}+X_G)X_{in}}{[(R_{in}+R_G)^2+(X_{in}+X_G)^2]^2}=0$$

或者

$$X_{in}(X_{in}+X_G)=0 \tag{2.6 - 9 b}$$

同时对 R_{in}和 X_{in}求解式(2.6 - 9 a)和式(2.6 - 9 b)，得到条件

$$R_{in}=R_G,\quad X_{in}=-X_G$$

或者

$$Z_{in}=Z_G^* \tag{2.6 - 10}$$

此即共轭匹配条件。在此条件下，对于内阻抗一定的信号源，其传送给负载的功率最大。由式(2.6 - 5)，所传送的功率为

$$P=\frac{1}{2}|E_G|^2\frac{1}{4R_G} \tag{2.6 - 11}$$

可见此功率大于或等于式(2.6 - 6)或式(2.6 - 8)的功率，同时注意到反射系数 Γ_L、Γ_G 和 Γ_{in}可能不等于零。从物理意义而言，这意味着在某种情况下，失配线上的多次反射，相位可能相加，致使传送给负载的功率比线上无反射传送的功率要大。假如信号源阻抗为实数($X_G=0$)，则后两种情况简化为相同的结果：当负载线与信号源匹配时($R_{in}=R_G$，而 $X_{in}=X_G=0$)，传送给负载的功率最大。

需要指出注意的是，要获得最佳效率的传输系统，并不要求负载匹配($Z_L=Z_0$)和信号源共轭匹配($Z_{in}=Z_G^*$)。例如，若 $Z_G=Z_L=Z_0$，则负载和信号源都匹配(无反射)，但此时信号源的功率却只有一半传送给负载(一半被损耗在 Z_G 中)，传输效率仅为 50 %。而此效率只能以 Z_G 尽可能小来改善，结果就不再能维持 $Z_G=Z_0$ 的条件。

2. 负载阻抗匹配方法

方法是在负载与传输线之间接入一个匹配装置(或称匹配网络)，使其输入阻抗等于传输线的特性阻抗 Z_0。对匹配网络的基本要求是简单易行、附加损耗小、频带宽、可调节以匹配可变的负载阻抗。可供选择的方法很多，这里只讨论四种典型实用匹配网络的设计与性能。

(1) 集总元件 L 节匹配网络

在 1 GHz 以下，可采用两个电抗元件组成的 L 节网络来使任意负载阻抗与传输线匹配。这种 L 节匹配网络(L section matching network)的可能结构如图 2.6 - 3 所示；对不同的

负载阻抗，其中的电抗元件可以是电感或电容，因此有八种可能的匹配电路。它可借助于史密斯圆图来快速精确地设计。下面举例说明之。

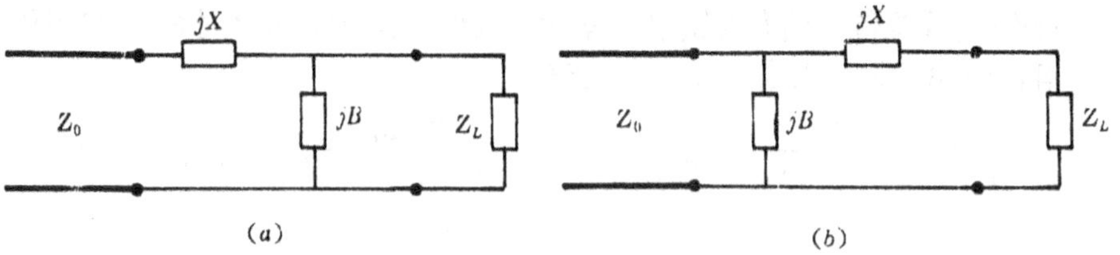

图　2.6-3

(a) $z_L=Z_L/Z_0$ 在 $1+jx$ 圆内用；(b) z_L 在 $1+jx$ 圆外用

例 2.6-1　设计一 L 节匹配网络，在 500 MHz 使负载阻抗 $Z_L=200-j100\ \Omega$ 与特性阻抗 $Z_0=100\ \Omega$ 的传输线匹配。

解　归一化负载阻抗为 $z_L=(200-j100)/100=2-j1$，位于 $1+jx$ 圆内，如图 2.6-4(a)所示，故采用图 2.6-3(a)所示匹配网络。

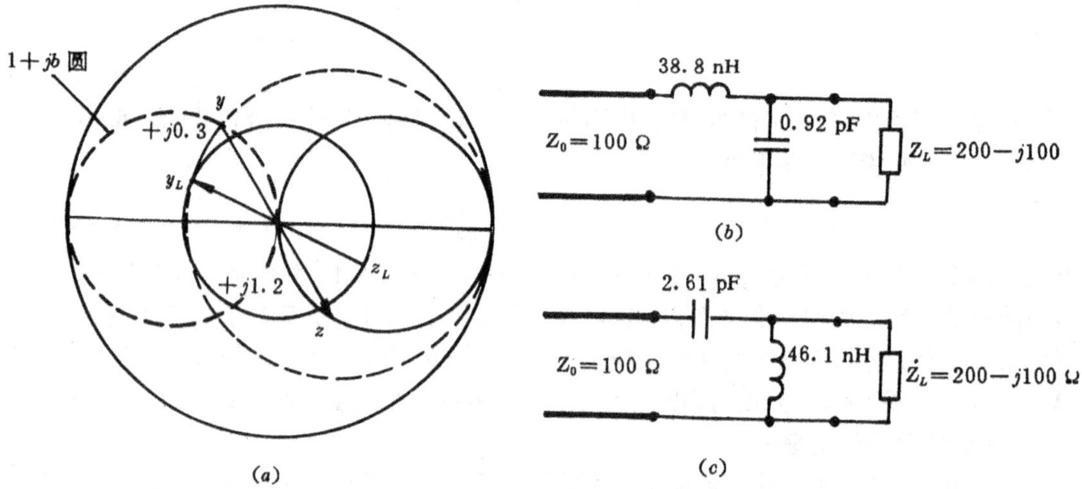

图　2.6-4

(a) L 节匹配网络的史密斯圆图解法；(b)、(c)两种可能的 L 节匹配电路

由于匹配网络中靠近负载的元件是并联电纳，所以需将归一化负载阻抗转换成归一化负载导纳，即将 z_L 旋转 180°得到 y_L。为达到匹配，y_L 加上并联电纳后再转换成归一化阻抗时应落在 $1+jx$ 圆周上，这样，再加一串联电抗以抵消 jx 即可做到匹配。

如图 2.6-4(a)所示，$y_L=0.4+j0.2$，加上 $jb=j0.3$ 的归一化电纳便可落于导纳圆图的 $1+jb$ 圆周上，读得归一化阻抗为 $z=0.4+j0.5$，再转换到阻抗圆图的 $1+jx$ 圆周上，读得 $z=1-j1.2$，为达到匹配就需要串联一电抗 $x=j1.2$。由此得到由并联电容和串联电感组成的 L 节匹配电路，如图 2.6-4(b)所示。其元件值在 500 MHz 时为

$$C=\frac{b}{2\pi fZ_0}=0.92\ (\text{pF})；\ L=\frac{xZ_0}{2\pi f}=38.8\ (\text{nH})$$

若 y_L 向下半圆移动交 $1+jb$ 圆周于 $y=0.4-j0.5$，得到并联电纳 $b=-0.7$，然后转换回阻抗后，加上一串联电抗 $x=-1.2$ 也可做到匹配。由此则得到由并联电感 L 和串联电容 C 组成的 L 节匹配电路，如图 2.6－4(c)所示。其元件值在 500 MHz 时为

$$L=\frac{-Z_0}{2\pi fb}=46.1\ (\text{nH});\ C=\frac{-1}{2\pi fxZ_0}=2.61\ (\text{pF})$$

(2) λ/4 变换器

λ/4 变换器(the quarter - wave transformer)是实现实负载阻抗与传输线匹配的简单而实用的电路。

如图 2.6－5 所示，应用 λ/4 线段的阻抗变换特性，由式(2.2－2)，有

$$Z_{in}=\frac{Z_{01}^2}{R_L} \tag{2.6-12}$$

匹配时，$Z_{in}=Z_0$，于是得到 λ/4 线的特性阻抗应为

$$Z_{01}=\sqrt{Z_0\cdot R_L} \tag{2.6-13}$$

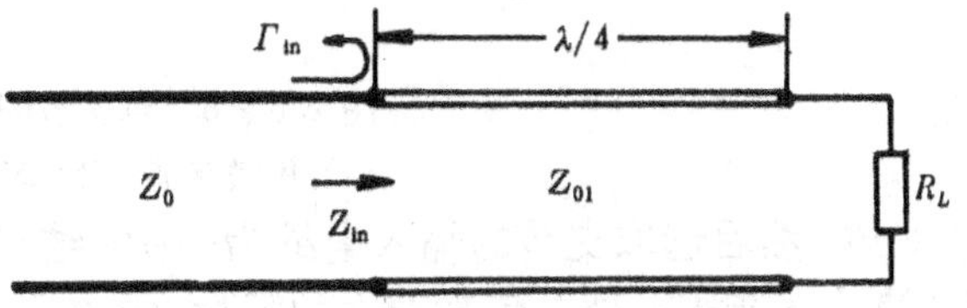

图 2.6－5 单节 λ/4 匹配变换器，在设计频率 f_0 的长度为 $\lambda_0/4$

据此 Z_{01} 便可设计 λ/4 变换器的尺寸。按照线上多次部分反射叠加的原理分析表明，选取 $Z_{01}=\sqrt{Z_0R_L}$ 则有 $\Gamma_{in}=0$。这表明 λ/4 变换器的匹配特性是用选择匹配线段的特性阻抗和长度使所有部分反射叠加为零的结果。

由于传输线的特性阻抗 Z_0 为实数，所以 λ/4 变换器只适用于匹配电阻性负载；若负载阻抗为复阻抗，仍需采用 λ/4 变换器来匹配，则可在负载与变换器之间加一段移相线段，或在负载处并联或串联适当的电抗短截线来变成实阻抗。不过，这样做的结果将改变等效负载的频率特性，减小匹配的带宽。

若负载电阻与传输线特性阻抗的阻抗比过大(或过小)，或要求宽带工作时，则可采用双节、三节或多节 λ/4 变换器结构，其特性阻抗 Z_{01}、Z_{02}、Z_{03}，…按一定规律定值，可使匹配性能最佳①。

(3) 支节调配器

支节调配器(stub tuner)是在距离负载的某固定位置上并联或串联终端短路或开路的传输线段(称之为短截线或支节)构成的。支节数可以是一条、两条、三条或多条。这种调配电路不需要集总元件，在微波频率便于用分布元件制作。常用的是并联调配支节。它特别容易用微带线或带状线来制作。

a. 单支节调配器

单支节调配器(single - stub tuner)是在距离负载 d 处并联或串联长度 l 的终端短路或开路的短截线而构成的，如图 2.6－6(a)、(b)所示。它是利用调节支节的位置 d 和支节长度 l 来实现匹配的。对于并联支节情况，我们总可以选择 d 使从支节接入处向负载看去的导纳

① G. L. Matthaei, L. Young, and E. M. T. Jones, Microwave Filters, Impedance Matching Networks, and Coupling Structures, Artech House Books, Dedham, Mass. 1980.

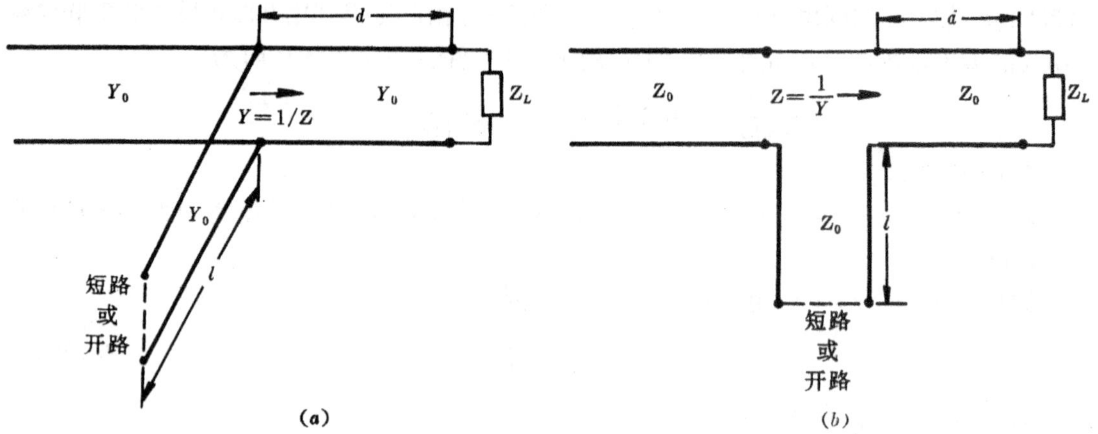

图 2.6-6　单支节调配电路

(a) 并联支节；(b) 串联支节

$Y=Y_0+jB$，然后选取支节的输入电纳为$-jB$，结果就达到匹配。对于串联支节情况，选择距离 d 使从支节接入处向负载看去的阻抗 $Z=Z_0+jX$，然后选取支节的输入电抗为$-jX$，即可实现匹配。

支节调配器的计算可用史密斯圆图，也可用解析公式。前者快速、直观且有足够的精度；后者更精确，适用于 CAD。下面我们首先推导解析公式，然后举例介绍史密斯圆图算法。

①并联单支节公式：

如图 2.6-6(a)所示并联单支节调配电路，令 $Z_L=1/Y_L=R_L+jX_L$，则支节接入处向负载看去的输入阻抗为

$$Z=Z_0\frac{(R_L+jX_L)+jZ_0\,\mathrm{tg}\,\beta d}{Z_0+j(R_L+jX_L)\,\mathrm{tg}\,\beta d} \tag{2.6-14}$$

设 $t=\mathrm{tg}\,\beta d$，将上式有理化，可求得该处的输入导纳为

$$Y=1/Z=G+jB \tag{2.6-15}$$

其中

$$G=\frac{R_L(1+t^2)}{R_L^2+(X_L+Z_0t)^2} \tag{2.6-15a}$$

$$B=\frac{R_L^2t-(Z_0-X_Lt)(X_L+Z_0t)}{Z_0[R_L^2+(X_L+Z_0t)^2]} \tag{2.6-15b}$$

选择 d 使 $G=Y_0=1/Z_0$，则由式(2.6-15a)得到 t 的二次方程：

$$Z_0(R_L-Z_0)t^2-2X_LZ_0t+(R_LZ_0-R_L^2-X_L^2)=0$$

解得

$$t=\begin{cases}\dfrac{X_L\pm\sqrt{R_L[(Z_0-R_L)^2+X_L^2]/Z_0}}{R_L-Z_0} & R_L\neq Z_0\\[2ex] -\dfrac{X_L}{2Z_0} & R_L=Z_0\end{cases} \tag{2.6-16}$$

d 的两个主要解则为

$$\frac{d}{\lambda}=\begin{cases}\dfrac{1}{2\pi}\text{arctg }t & t\geqslant 0\\ \dfrac{1}{2\pi}(\pi+\text{arctg }t) & t<0\end{cases} \tag{2.6-17}$$

为了求所需支节长度，将 t 代入式(2.6－15 b)求得支节的输入电纳 $B_s=-B$，则支节的长度为：

短路支节：

$$\frac{l_{sc}}{\lambda}=\frac{-1}{2\pi}\text{arctg}\left(\frac{Y_0}{B_s}\right)=\frac{1}{2\pi}\text{arctg}\left(\frac{Y_0}{B}\right) \tag{2.6-18}$$

开路支节：

$$\frac{l_{oc}}{\lambda}=\frac{1}{2\pi}\text{arctg}\left(\frac{B_s}{Y_0}\right)=\frac{-1}{2\pi}\text{arctg}\left(\frac{B}{Y_0}\right) \tag{2.6-19}$$

若由式(2.6－18)或式(2.6－19)求得的长度为负值，则加上 $\lambda/2$ 取其正的结果。

②串联单支节公式：

如图 2.6－6(b)所示串联单支节调配电路，令 $Y_L=1/Z_L=G_L+jB_L$，则支节接入处向负载看去的输入导纳为

$$Y=Y_0\frac{(G_L+jB_L)+jY_0t}{Y_0+j(G_L+jB_L)t} \tag{2.6-20}$$

式中，$t=\text{tg}\beta d$，$Y_0=1/Z_0$。由此式可求得该处的输入阻抗为

$$Z=1/Y=R+jX \tag{2.6-21}$$

其中

$$R=\frac{G_L(1+t^2)}{G_L^2+(B_L+Y_0t)^2} \tag{2.6-21a}$$

$$X=\frac{G_L^2t-(Y_0-tB_L)(B_L+tY_0)}{Y_0[G_L^2+(B_L+Y_0t)^2]} \tag{2.6-21b}$$

选择 d 使 $R=Z_0=1/Y_0$，则由式(2.6－21a)得到 t 的二次方程：

$$Y_0(G_L-Y_0)t^2-2B_LY_0t+(G_LY_0-G_L^2-B_L^2)=0$$

由此解得

$$t=\begin{cases}\dfrac{B_L\pm\sqrt{G_L[(Y_0-G_L)^2+B_L^2]/Y_0}}{G_L-Y_0} & G_L\neq Y_0\\ -\dfrac{B_L}{2Y_0} & G_L=Y_0\end{cases} \tag{2.6-22}$$

d 的两个主要解则可由 t 求得为

$$\frac{d}{\lambda}=\begin{cases}\dfrac{1}{2\pi}\text{arctg }t & t\geqslant 0\\ \dfrac{1}{2\pi}(\pi+\text{arctg }t) & t<0\end{cases} \tag{2.6-23}$$

为求所需支节长度，将 t 代入式(2.6－21 b)求出支节的输入电抗 $X_s=-X$，则支节的长度为：

短路支节：

$$\frac{l_{sc}}{\lambda}=\frac{1}{2\pi}\text{arctg}\left(\frac{X_s}{Z_0}\right)=\frac{-1}{2\pi}\text{arctg}\left(\frac{X}{Z_0}\right) \tag{2.6-24}$$

开路支节：

$$\frac{l_{oc}}{\lambda}=\frac{-1}{2\pi}\text{arctg}\left(\frac{Z_0}{X_s}\right)=\frac{1}{2\pi}\text{arctg}\left(\frac{Z_0}{X}\right) \tag{2.6-25}$$

若由式(2.6－24)或式(2.6－25)求出的长度为负值，则加上 $\lambda/2$ 取其正的结果。

例 2.6－2　特性阻抗 Z_0 为 50 Ω 的无耗线终端接 Z_L 为 $25+j75$ Ω 的负载，采用单支节匹配，如图 2.6－7(*a*)所示，求支节的位置和长度。

解　①求归一化负载阻抗：

$$z_L=\frac{25+j75}{50}=0.5+j1.5$$

在阻抗圆图上标出此点，如图 2.6－7(*b*)所示，并查得 $\Gamma_L=0.74\angle 64°$，$\rho=6.7$，相应的归一化负载导纳为 $y_L=0.2-j0.6$，其对应的向电源波长数为 0.412。

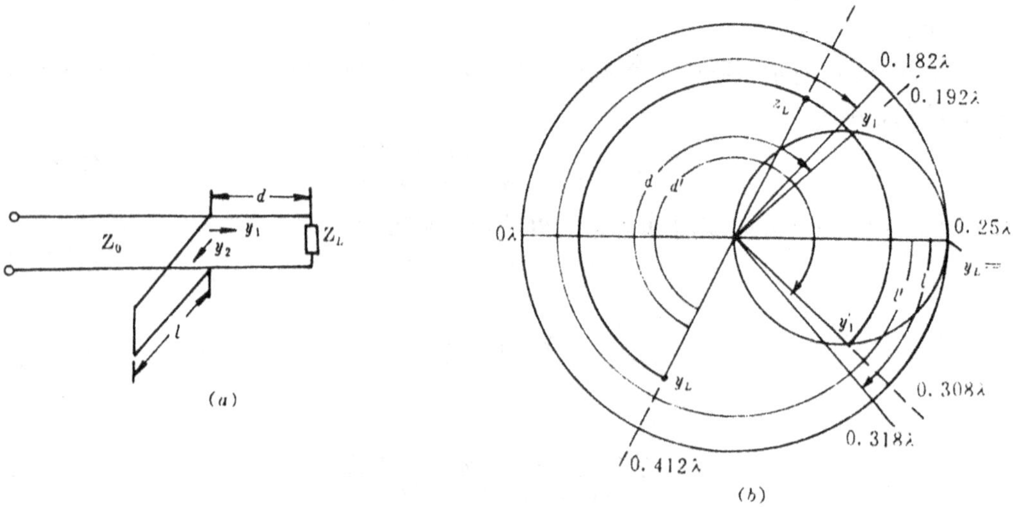

图　2.6－7

(*a*) 单支节匹配问题；(*b*) 圆图算法

②由 y_L 沿等$|\Gamma_L|$圆顺时针旋转与 $g_1=1$ 的圆交于两点：

$$y_1=1+j2.2\quad 波长数为\ 0.192$$

$$y_1'=1-j2.2\quad 波长数为\ 0.308$$

③支节的位置求得为

$$d=0.088\,\lambda+0.192\,\lambda=0.28\,\lambda$$

$$d'=0.088\,\lambda+0.308\,\lambda=0.396\,\lambda$$

④短路支节的归一化输入电纳为

$$y_2=-j2.2$$

$$y_2'=+j2.2$$

⑤求短路支节的长度：由于短路支节负载为 $y_L=\infty$，位于实轴右端点，所以由此点至支节归一化电纳点(y_2 或 y_2')顺时针所旋转的波长数即为短路支节的长度，即可得

$$l = 0.318\lambda - 0.25\lambda = 0.068\lambda$$
$$l' = 0.25\lambda + 0.182\lambda = 0.432\lambda$$

需要指出的是，匹配的解答有两对值，通常选取其中较短的一对。

b. 双支节调配器

单支节调配器可用于匹配任意负载阻抗，但它要求支节的位置 d 可调，这对同轴线、波导结构有困难。解决的办法是采用双支节调配器。

双支节调配器(double - stub tuner)是在距离负载的两固定位置并联(或串联)接入终端短路或开路的支节构成的。常采用的是并联支节，如图 2.6 - 8(*a*)所示。两支节之间的距离通常选取 $d=\lambda/8$，$\lambda/4$，$3\lambda/8$，但不能取 $\lambda/2$。为便于分析，将图 2.6 - 8(*a*)所示实用电路变换成图 2.6 - 8(*b*)电路。双支节调配器是通过选择两支节的长度 l_1 和 l_2 来达到匹配的。

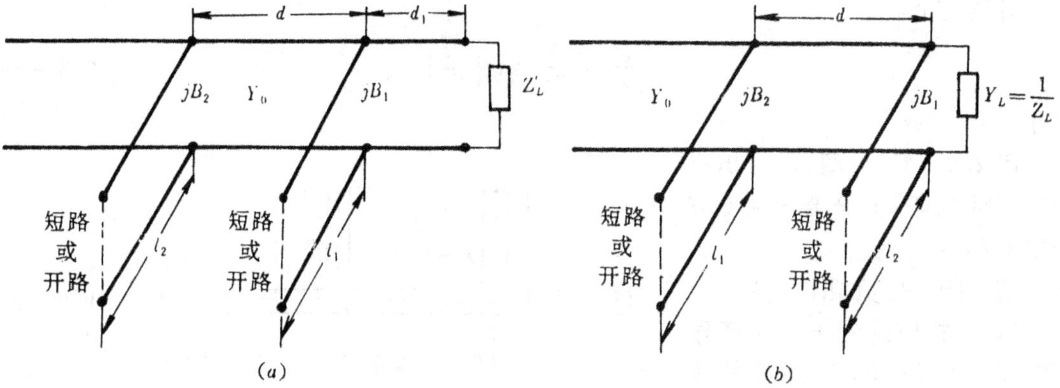

图 2.6 - 8

(*a*) 实用电路；(*b*) 等效电路

如图 2.6 - 8(*b*)所示电路，第一个支节左侧的导纳为

$$Y_1 = G_L + j(B_L + B_1) \tag{2.6 - 26}$$

式中，$Y_L=G_L+jB_L$ 是负载导纳，B_1 是第一个支节的输入导纳。此导纳经过长度 d 后变换至第二个支节右侧的导纳为

$$Y_2 = Y_0\frac{G_L + j(B_L + B_1 + Y_0 t)}{Y_0 + j(G_L + jB_L + jB_1)t} \tag{2.6 - 27}$$

式中，$t=\mathrm{tg}\,\beta d$，$Y_0=1/Z_0$。为达到匹配，要求 Y_2 的实部必须等于 Y_0，由此得到方程

$$G_L^2 - G_L Y_0\frac{1+t^2}{t^2} + \frac{(Y_0 - B_L t - B_1 t)Y_0}{t^2} = 0 \tag{2.6 - 28}$$

对 G_L 求解得到

$$G_L = Y_0\frac{1+t^2}{2t^2}\left[1 \pm \sqrt{1 - \frac{4t^2(Y_0 - B_L t - B_1 t)^2}{Y_0(1+t^2)^2}}\right] \tag{2.6 - 29}$$

由于 G_L 为实数，这就要求式(2.6 - 29)平方根内的量必须为非负值，即要求

$$0 \leqslant \frac{4t^2(Y_0 - B_L t - B_1 t)^2}{Y_0(1+t^2)^2} \leqslant 1$$

这意味着

$$0 \leqslant G_L \leqslant Y_0\frac{1+t^2}{2t^2} = \frac{Y_0}{\sin^2\beta d} \tag{2.6 - 30}$$

此即给定间距 d 时可以匹配的 G_L 值范围。这说明当 d 一定时，双支节调配器不能对所有负载阻抗匹配。当 d 固定后，第一个支节的输入电纳可由式(2.6-28)求得为

$$B_1 = -B_L + \frac{Y_0 \pm \sqrt{(1+t^2)G_L Y_0 - G_L^2 t^2}}{t} \tag{2.6-31}$$

第二个支节的输入电纳则可由式(2.6-27)之虚部的负值求得为

$$B_2 = \frac{\pm Y_0\sqrt{Y_0 G_L(1+t^2) - G_L^2 t^2} + G_L Y_0}{G_L t} \tag{2.6-32}$$

于是支节的长可由 B 值求得为：

短路支节：

$$\frac{l_{sc}}{\lambda} = \frac{-1}{2\pi}\mathrm{arctg}\left(\frac{Y_0}{B}\right) \tag{2.6-33}$$

开路支节：

$$\frac{l_{oc}}{\lambda} = \frac{1}{2\pi}\mathrm{arctg}\left(\frac{B}{Y_0}\right) \tag{2.6-34}$$

式中 $B=B_1$，B_2。

例 2.6-3 如图 2.6-9(a)所示同轴双支节匹配器，求支节长度 l_1 和 l_2。

解 归一化负载阻抗为 $z_L'=2+j1$，其相应的归一化负载导纳为 $y_L'=0.4-j0.2$，对应的波长数为 0.463，如图 2.6-9(b)所示。

以 y_L' 沿等$|\Gamma|$圆顺时针旋转 $\lambda/8$ 得到 $y_L=0.5+j0.5$，其对应的波长数为 0.088。

以 y_L 沿等 $g_L=0.5$ 的圆旋转交辅助圆于 $y_1=0.5+j0.14$，于是 $jb_1=j0.14-j0.5=-j0.36$。由 jb_1 在圆图上的位置查得

$l_1=(0.445-0.25)\lambda=0.195\lambda$

以 y_1 沿等$|\Gamma|$圆顺时针旋转 $\lambda/8$，得到 $y_2=1+j0.72$，于是 $jb_2=-j0.72$，据此查得

$l_2=(0.405-0.25)\lambda=0.155\lambda$

需要指出的是，双支节匹配也有两对解答。上面我们所求的是较短的一对解答。

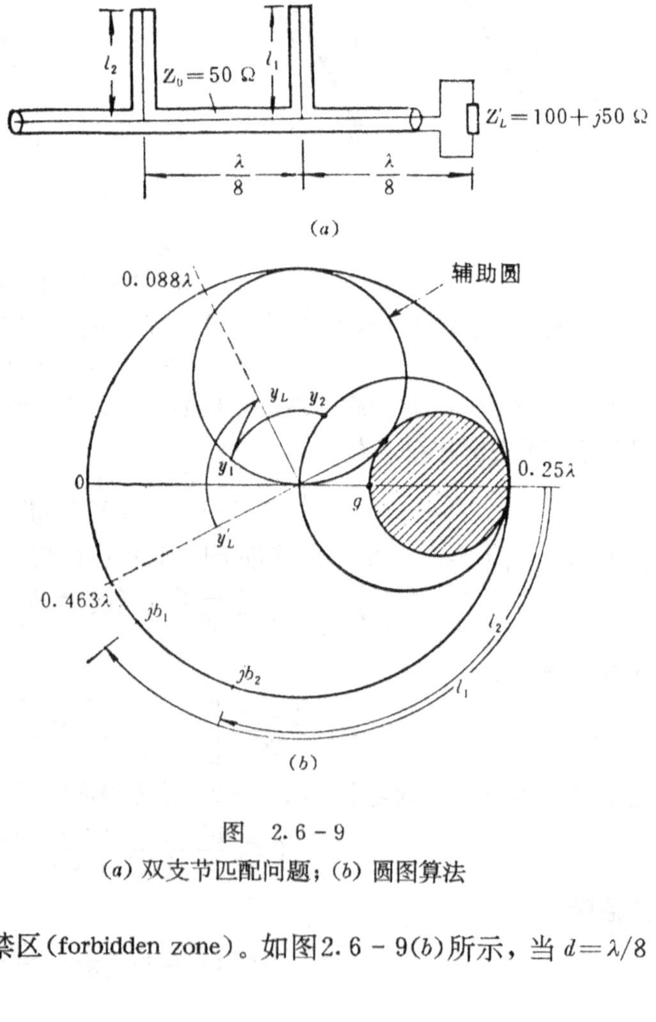

图 2.6-9
(a) 双支节匹配问题；(b) 圆图算法

双支节匹配存在得不到匹配的禁区(forbidden zone)。如图2.6-9(b)所示，当 $d=\lambda/8$

时，如果 y_L 落在 $g>2$ 的阴影圆内，则沿等 g_L 圆旋转不可能与辅助圆有交点，因此不能获得匹配。同理，当 $d=\lambda/4$ 时，y_L 落在 $g>1$ 的圆内也得不到匹配。为了克服此缺点，可以采用三支节或四支节调配器。

(4) 渐变线

如上所述，用 $\lambda/4$ 变换器匹配时，若阻抗变换比很大或要求宽频带工作时，可采用多节 $\lambda/4$ 变换器。当节数增加时，两节之间的特性阻抗阶梯变化就变得很小。在节数无限大的极限下就变成了连续的渐变线(tapered line)。这种渐变线匹配节的长度 l 只要远大于工作波长，其输入驻波比就可以做到很小，而且频率越高，这个条件满足得越好。

如图 2.6 - 10(a)所示渐变线匹配节，其特性阻抗从 $z=0$ 处的 Z_0 变至 $z=l$ 处的 Z_L(一般应为实阻抗 R_L)。渐变线可看成长度为 Δz 的许多增量节组成，从一节到下一节的阻抗变化为 $\Delta Z(z)$，如图 2.6 - 10(b)所示，则 z 处的阶梯增量反射系数为

$$\Delta\Gamma=\frac{(\overline{Z}+\Delta\overline{Z})-\overline{Z}}{(\overline{Z}+\Delta\overline{Z})+\overline{Z}}\simeq\frac{\Delta\overline{Z}}{2\overline{Z}}\tag{2.6 - 35}$$

式中 Γ 和 $\overline{Z}$ 都是 z 的函数，符号“—”表示对 Z_0 的阻抗归一化。令 $\Delta z\to0$，则得

$$d\Gamma=\frac{dZ}{2Z}=\frac{1}{2}\frac{d(\ln Z/Z_0)}{dz}dz\tag{2.6 - 36}$$

假设渐变线无耗，则此阻抗变化所产生的对输入端反射系数的贡献为

$$d\Gamma_{in}=\frac{1}{2}e^{-j2\beta z}\frac{d(\ln Z/Z_0)}{dz}dz$$

输入端总的反射系数则为

$$\Gamma_{in}=\frac{1}{2}\int_{z=0}^{l}e^{-j2\beta z}\frac{d}{dz}\ln\left(\frac{Z}{Z_0}\right)dz\tag{2.6 - 37}$$

此式是近似式，因为忽略了多次反射和损耗。由式(2.6 - 37)可见，若给定 $Z(z)$，则可求得 Γ_{in}。

用于阻抗匹配的渐变线有指数线式、克洛普芬斯坦式、直线式、三角式、切比雪夫式等。下面仅对前两种作一介绍。

a. 指数渐变线

指数渐变线(exponential tapered line)是一种 $\ln(Z/Z_0)$ 作线性变化的渐变线，其 Z/Z_0 由 1 到 $\ln(Z_L/Z_0)$ 作指数变化，即

$$Z(z)=Z_0e^{az}\qquad 0<z<l\tag{2.6 - 38}$$

如图 2.6 - 11(a)所示。在 $z=0$ 处，$Z(0)=Z_0$；在 $z=l$ 处，要求 $Z(l)=Z_L=Z_0e^{al}$，由此求得常数 a 为

$$a=\frac{1}{l}\ln\left(\frac{Z_L}{Z_0}\right)\tag{2.6 - 39}$$

将式(2.6 - 38)和式(2.6 - 39)代入式(2.6 - 37)，求得

$$\Gamma_{in}=\frac{1}{2}\int_{0}^{l}e^{-2j\beta z}\frac{d}{dz}(\ln e^{az})dz=\frac{\ln Z_L/Z_0}{2}e^{-j\beta l}\frac{\sin\beta l}{\beta l}\tag{2.6 - 40}$$

注意到上式推导时已假定渐变线的传播常数 β 不是 z 的函数。此假设只适用于 TEM 线。

图 2.6 - 11(b)表示由式(2.6 - 40)求得的指数线的反射特性。由图可见，当 $l\gg\lambda$(即 $\beta l\gg2\pi$)时，其反射系数很小。

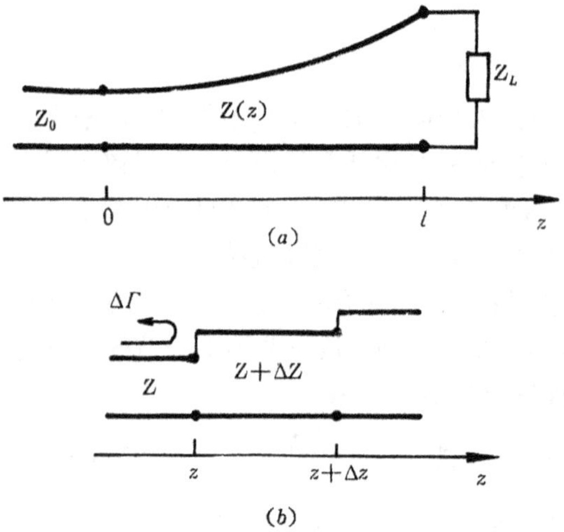

图 2.6-10

(a) 渐变线匹配节；

(b) 阻抗增量阶梯变化模型

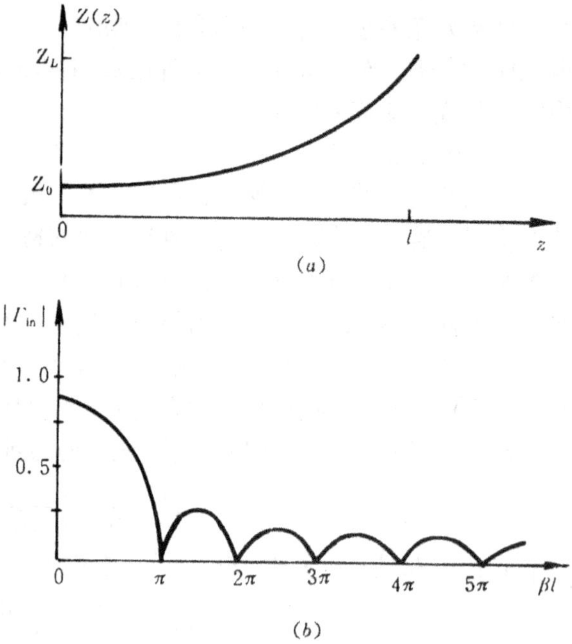

图 2.6-11

(a) 指数线匹配节的阻抗变化；

(b) 反射系数模的响应

指数渐变线在给定阻抗变换比(Z_L/Z_0 或者 Z_0/Z_L)和终端反射系数 Γ_L 时，其最短长度为

$$l_{\min}=\frac{1}{4\beta|\Gamma_L|}\left|\ln\frac{Z_l}{Z_0}\right|=\frac{\lambda_{\max}}{8\pi|\Gamma_L|}\left|\ln\frac{Z_L}{Z_0}\right| \tag{2.6-41}$$

假如所要匹配的两阻抗(Z_0 和 Z_L)相差不大，指数线可近似作成直线过渡，以便于加工。

b. 克洛普芬斯坦渐变线

克洛普芬斯坦渐变线(Klopfenstein taper)是由阶梯切比雪夫变换器的节数无限增加演变成的。对于给定长度，这种渐变线在通带内的反射系数最小；或者说，对于通带内的最大反射系数指标，这种渐变线的长度最短。

克洛普芬斯坦渐变线特性阻抗变化的对数为①

$$\ln Z(z)=\frac{1}{2}\ln Z_0Z_L+\frac{\Gamma_0}{\operatorname{ch}A}A^2\phi\left(\frac{2z}{l}-1,\ A\right)\qquad 0\leqslant z\leqslant l \tag{2.6-42}$$

式中函数 $\phi(x,A)$定义为

$$\phi(x,A)=-\phi(-x,A)=\int_0^x\frac{I_1(A\sqrt{1-y^2})}{A\sqrt{1-y^2}}dy\qquad |x|\leqslant 1 \tag{2.6-43}$$

式中 $I_1(x)$为修正贝塞尔函数。此函数取如下特定值：

$$\phi(0,\ A)=0$$

① R. W. Klopfenstein, "A Transmission Line Taper of Improved Design," Proc. IRE, vol. 44, pp,31 - 45, January 1956.

$$\phi(x,\ 0) = x/2$$

$$\phi(1,\ A) = (\mathrm{ch}\ A - 1)/A^2$$

别的形式则需作数值计算。

总的反射系数为

$$\Gamma_{\mathrm{in}} = \Gamma_0 e^{-j\beta l} \frac{\cos\sqrt{(\beta l)^2 - A^2}}{\mathrm{ch}\ A} \qquad \beta l > A \tag{2.6 - 44}$$

若 $\beta l<A$，则 $\cos\sqrt{(\beta l)^2-A^2}$ 项变成 $\mathrm{ch}\sqrt{A^2-(\beta l)^2}$。

式(2.6 - 42)和式(2.6 - 44)中的 Γ_0 是零频率反射系数：

$$\Gamma_0 = \frac{Z_L - Z_0}{Z_L + Z_0} \simeq \frac{1}{2}\ln\left(\frac{Z_L}{Z_0}\right) \tag{2.6 - 45}$$

通常定义为 $\beta l \geqslant A$，因此通带内最大波纹为

$$\Gamma_{\mathrm{m}} = \frac{\Gamma_0}{\mathrm{ch}\ A} \tag{2.6 - 46}$$

有趣的是，式(2.6 - 42)所示阻抗渐变线在 $z=0$ 和 $z=l$ 处具有突变，因此在渐变线的源和负载端并非平滑连接。

本章提要

本章主要研究了均匀传输线的一般理论、传输特性及传输线的计算方法等问题。传输线理论是一维分布参数电路理论。传输线不仅可用来传输能量和信息，而且可以用来构成谐振电路、滤波器、阻抗匹配电路、脉冲形成网络等分布参数电路，用于高频与系统中。在理论上，传输线理论的研究方法和一些概念可以引用到天线、电磁场和波导传输中去，因此研究并掌握传输线理论具有非常重要的意义。

关键词：传输线，分布参数，特性阻抗，传播常数，输入阻抗，反射系数，电压驻波比，史密斯圆图，阻抗匹配。

1. 传输线是一种分布参数电路，其上电压和电流一般是由入射波和反射波叠加，形成驻波分布。传输线的特性参数是特性阻抗 Z_0 和传播常数 $\gamma=\alpha+j\beta$。在微波低耗情况下：

$$Z_0 = \sqrt{\frac{L_1}{C_1}} \qquad \text{为纯电阻}$$

$$\alpha = \frac{R_1}{2Z_0} + \frac{G_1 Z_0}{2} = \alpha_c + \alpha_d$$

$$\beta = \omega\sqrt{L_1 C_1}$$

2. 传输线段具有阻抗变换作用。传输线阻抗是一种分布参数阻抗：

$$Z_{\mathrm{in}}(d) = Z_0 \frac{Z_L + jZ_0\ \mathrm{tg}\ \beta d}{Z_0 + jZ_L\ \mathrm{tg}\ \beta d}$$

传输线阻抗不能直接测量，需要借助于反射系数 Γ 或电压驻波比 VSWR 来间接确定，且有关系：

$$\Gamma(d)=\frac{Z(d)-Z_0}{Z(d)+Z_0},\quad \text{VSWR}=\frac{1+|\Gamma_L|}{1-|\Gamma_L|}$$

3. 无耗线在不同端接条件下有三种工作状态：行波状态、驻波状态和行驻波状态。它们各有一些重要特点。

4. 有耗线与无耗线的主要区别在于线上的入射波和反射波的振幅要按指数规律衰减，衰减的大小取决于衰减常数 $\alpha=\alpha_c+\alpha_d$。本章介绍了衰减常数常用的四种计算方法。

5. 行波状态是微波系统的理想工作状态，实际上不可能实现。为使微波电路和系统工作状态接近行波状态，需要进行阻抗匹配，包括信号源与传输线的匹配和负载与传输线的匹配。前者又分信号源与负载线的匹配和共轭匹配；后者是使负载无反射，条件是 $Z_L=Z_0$，基本方法有 L 节匹配网络、$\lambda/4$ 变换器、支节调配器和渐变线匹配节等。用以计算阻抗和匹配的工具是史密斯圆图。

习　题

2-1　某双导线的直径为 2 mm，间距为 10 cm，周围介质为空气，求其特性阻抗。某同轴线的外导体内直径为 23 mm，内导体外直径为 10 mm，求其特性阻抗；若在内外导体之间填充 ε_r 为 2.25 的介质，求其特性阻抗。

2-2　某无耗线在空气中的单位长度电容为 60 pF/m，求其特性阻抗和单位长度电感。

2-3　推导式(2.1-15)。

2-4　求内外导体直径分别为 0.25 cm 和 0.75 cm 空气同轴线的特性阻抗；在此同轴线内外导体之间填充聚四氟乙烯($\varepsilon_r=2.1$)，求其特性阻抗与 300 MHz 时的波长。

2-5　在长度为 d 的无耗线上测得 $Z_{in}^{sc}(d)$、$Z_{in}^{oc}(d)$和接实际负载时的 $Z_{in}(d)$，证明

$$Z_L=Z_{in}^{oc}(d)\frac{Z_{in}^{sc}(d)-Z_{in}(d)}{Z_{in}(d)-Z_{in}^{oc}(d)}$$

假定 $Z_{in}^{sc}=j100\ \Omega$，$Z_{in}^{oc}=-j25\ \Omega$，$Z_{in}=75\angle 30°\ \Omega$，求 Z_L。

2-6　在长度为 d 的无耗线上测得 $Z_{in}^{sc}=j50\ \Omega$，$Z_{in}^{oc}=-j50\ \Omega$，接实际负载时，VSWR $=2$，$d_{min}=0$，$\lambda/2$，λ，…，求 Z_L。

2-7　设无耗线的特性阻抗为 100 Ω，负载阻抗为 50 - j50 Ω，试求 Γ_L、VSWR 及距负载 0.15λ 处的输入阻抗。

2-8　Z_0 为 100 Ω 的无耗 $\lambda/8$ 线段，端接负载阻抗 $Z_L=25+j50\ \Omega$，求其输入阻抗 Z_{in}。

2-9　证明式(2.4—31)和(2.1—23a)一致。

2-10　长度为 $3\lambda/4$，特性阻抗为 600 Ω 的双导线，端接负载阻抗 300 Ω；其输入端电压为 600 V、试画出沿线电压、电流和阻抗的振幅分布图，并求其最大值和最小值。

2-11　试证明无耗传输线的负载阻抗为

$$Z_L=Z_0\frac{K-j\,\mathrm{tg}\,\beta d_{min_1}}{1-jK\,\mathrm{tg}\,\beta d_{min_1}}$$

式中，K 为行波系数，d_{min_1} 为第一个电压驻波最小点至负载的距离。

2-12　画出图 2-1 所示电路沿线电压、电流和阻抗的振幅分布图，并求其最大值和

最小值。

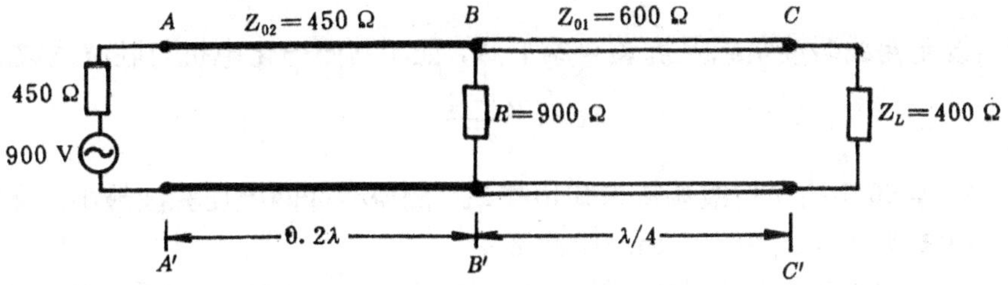

图 2-1

2-13 试证明长度为 $\lambda/2$ 的两端短路的无耗线，不论信号从线上哪一点馈入，均对信号频率呈现并联谐振。

2-14 欲以特性阻抗为 600 Ω 的短路线代替电感为 2×10^{-5}H 的线圈，频率为 300 MHz，问该短路线长度应是多少？欲以特性阻抗为 600 Ω 的开路线代替电容为 0.884 pF 的电容器，频率为 300 MHz，求该开路线长度。

2-15 在特性阻抗为 200 Ω 的无耗双导线上，测得负载处为电压驻波最小点，$|V|_{min}$ 为 8 V，距负载 $\lambda/4$ 处为电压驻波最大点，$|V|_{max}$ 为 10 V，试求负载阻抗及负载吸收的功率。

2-16 求图 2-2 各电路 1-1′处的输入阻抗、反射系数模及线 A 的电压驻波比。

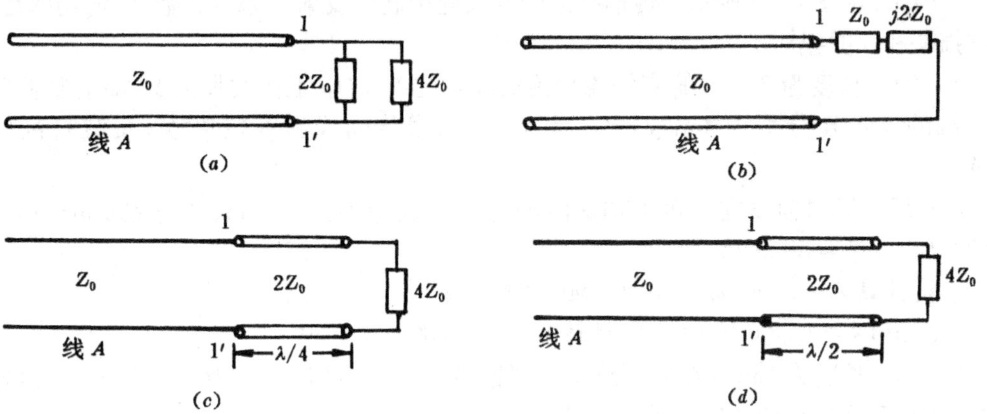

图 2-2

2-17 如图 2-3 所示传输系统，求其中 $\lambda/4$ 匹配线的特性阻抗 Z_{01} 与最接近负载的

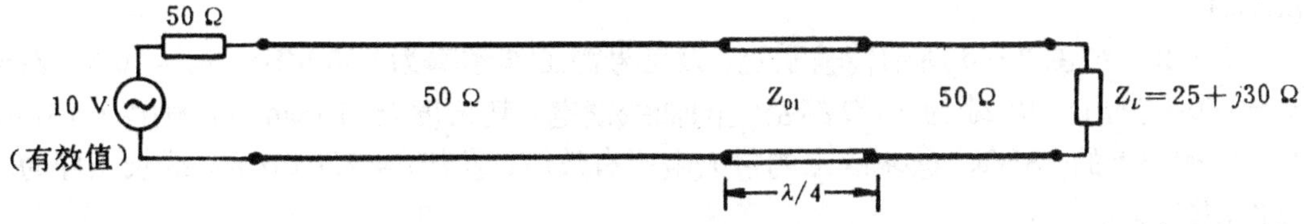

图 2-3

接入位置，并计算加与不加 $\lambda/4$ 匹配线时信号源传输至负载的功率。

2 - 18　Z_0 为 50 Ω 的无耗线端接 $Z_L=25+j25\ \Omega$，求 Γ_L、VSWR 和传输给负载的功率百分数。

2 - 19　设无耗线端接负载阻抗 $Z_L=Z_0+jX$，证明其归一化电抗与驻波系数的关系为

$$x=\frac{\rho-1}{\sqrt{\rho}}$$

2 - 20　Z_0 为 50 Ω 的无耗线端接未知负载 Z_L，测得相邻两电压驻波最小点之间的距离 d 为 8 cm，VSWR 为 2，$d_{\min_1}$ 为 1.5 cm，求此 Z_L。

2 - 21　Z_0 为 300 Ω 的无耗线端接纯电感，在 1 500 MHz 时的反射系数为 $1.0\angle 50°$，求此电感值。

2 - 22　如图 2 - 4 所示，同轴线内外导体通过两个相距为 d、厚度为 t、相对介电常数为 ε_r 的介质环支撑，若要求传输线匹配，求 d、t 和 ε_r 的关系。

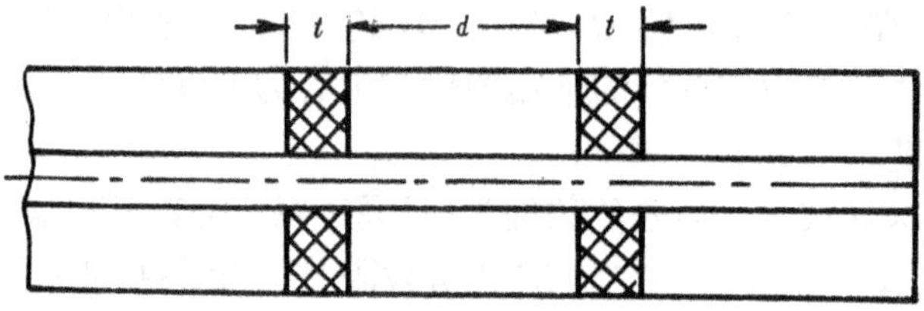

图　2 - 4

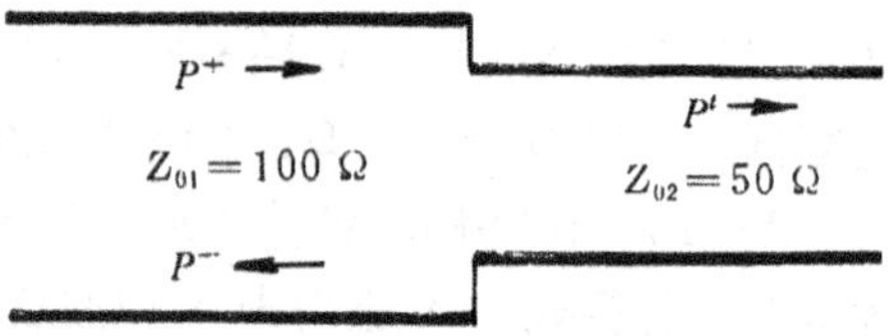

图　2 - 5

2 - 23　求图 2 - 5 所示两传输线之间的失配引起的反射功率百分数、传输功率百分数、回波损耗和反射损耗。

2 - 24　长度为 24 cm 的有耗线端接负载阻抗 100 Ω，工作波长为 10 cm，测得负载和输入端的 VSWR 分别为 4 和 3，$d_{\min_1}$ 为 1 cm，试求传输线的衰减常数、负载阻抗和输入阻抗。

2 - 25　某同轴线在 1 000 MHz 时的分布参数为 $R_1=4\ \Omega/\text{m}$，$L_1=450\ \text{nH/m}$，$G_1=7\times10^{-4}\ \text{S/m}$，$C_1=50\ \text{pF/m}$：

①计算 Z_0、α、β、v_p 和 1 000 MHz 时的 λ；

②设 $V_0^+=10\angle 0\ \text{V}$，$V_0^-=0$，计算 $z=4$ m 处的 V、I 和 P。

2 - 26　长度为 15 cm 终端短路空气同轴线，其 Z_0 为 75 Ω，α 为 0.4 dB/m，求频率为 1 500 MHz 和 2 000 MHz 时的输入阻抗。

2 - 27　无耗线端接某阻抗使 16 %的输入功率被反射掉，计算线上的 VSWR。

2 - 28　无耗线上的 VSWR 为 4.0，入射电压为 30 V，求线上电压和电流的最大值和最小值。

2 - 29　如图 2 - 6 所示传输系统，设信号源工作频率为 600 MHz，$E_G=10$ V，$Z_G=0$，$Z_L=150+j90\ \Omega$，用 Z_0 为 75 Ω 的空气同轴线馈电，其长度 $l=15$ cm，①假设 $\alpha=0$，计算 Γ_L、Γ_{in}和线上的 VSWR，②求线上的最大电压有效值；③若 $\alpha=2.0$ dB/m，线长正好为一个波长，求$|\Gamma_{in}|$。

2 - 30　回波损耗分别为 6 dB 和 20 dB 的负载阻抗接于一无耗线终端，试计算线上的 VSWR。

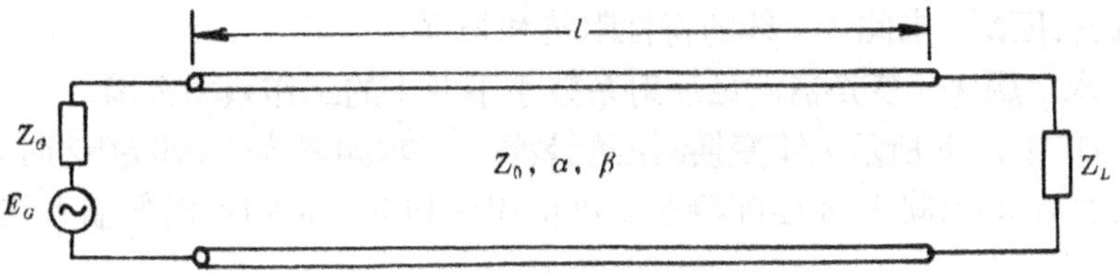

图 2-6

2-31 ①一电阻性负载反射掉入射功率的 5 %，计算线长为 30 cm 和 α=0.20 dB/m 时的输入端回波损耗；

②计算习题 2-30 两种情况下的反射损耗，假设 $Z_G=Z_0$。

2-32 完成下列圆图基本练习：

①已知 Y_L 为 0，要求 y_{in} 为 $j0.12$，求 l/λ。

②已知 Y_L 为无限大，要求 y_{in} 为 $-j0.06$，求 l/λ。

③已知 Z_L 为 $(0.2-j0.31)Z_0$ Ω，要求 y_{in} 为 $1-jb_{in}$，求 l/λ。

④一短路支节，要求 y_{in} 为 $-j1.3$，求 l/λ。

⑤一开路支节，要求 y_{in} 为 $-j1.5$，求 l/λ。

⑥一短路支节，已知 l/λ 为 0.11，求 y_{in}；若为开路支节，求 y_{in}。

2-33 完成下列圆图基本练习：

①已知 $Z_L=0.4+j0.8$，求 d_{min_1}、d_{max_1}、VSWR 和 K。

②已知 $y_L=0.2-j0.4$，求 d_{min_1}、d_{max_1}、VSWR 和 K。

③已知 l/λ 为 1.29，K 为 0.32，d_{min_1} 为 0.32λ，Z_0 为 75 Ω，求 Z_L 和 Z_{in}。

④已知 l/λ 为 6.35，VSWR 为 1.5，d_{min_1} 为 0.082λ，Z_0 为 75 Ω，求 Z_L、Z_{in}、Y_L 和 Y_{in}。

⑤已知 l/λ 为 1.82，$|V|_{max}$ 为 50 V，$|V|_{min}$ 为 13 V，d_{max_1} 为 0.032λ，Z_0 为 50 Ω，求 Z_L 和 Z_{in}。

2-34 如图 2-7，设 Z_L 为 $100+j200$ Ω，L 为 0.1 μH，C 为 20 pF，Z_0 为 50 Ω，工作频率为 300 MHz，试求电容左边的驻波系数。

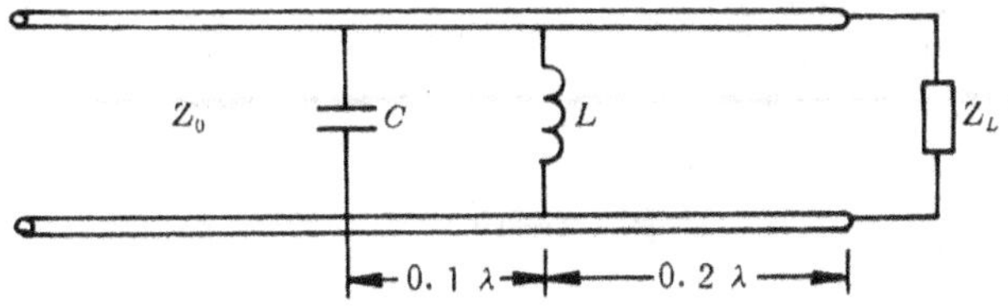

图 2-7

2-35 无耗线的特性阻抗为 125 Ω，第一个电流驻波最大点距负载 15 cm，VSWR 为 5，工作波长为 80 cm，求负载阻抗。

2-36 设计无耗 L 节匹配网络对如下归一化负载阻抗匹配：①$z_L=1.4-j2.0$；②$z_L=0.2+j0.3$。

2 - 37　无耗同轴线的特性阻抗为 50 Ω，负载阻抗为 100 Ω，工作频率为 1 000 MHz，今用 $\lambda/4$ 线进行匹配，求此 $\lambda/4$ 线的特性阻抗和长度。

2 - 38　求上题 $\lambda/4$ 变换器满足反射系数小于 0.1 的工作频率范围。

2 - 39　如图 2 - 8 所示 $\lambda/4$ 变换器匹配装置：①求频率为 2 500 MHz 时 $\lambda_0/4$ 线的特性阻抗 Z_{01}和长度 l；②求此 $\lambda_0/4$ 匹配器在 2 000 MHz 和 3 000 MHz 时的输入驻波比。

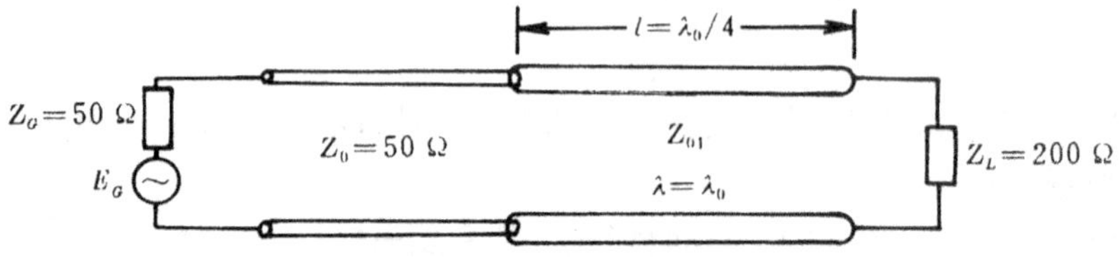

图　2 - 8

2 - 40　如图 2 - 9，设工作波长为 20 cm，求 Z_{in}和 Γ_{in}。

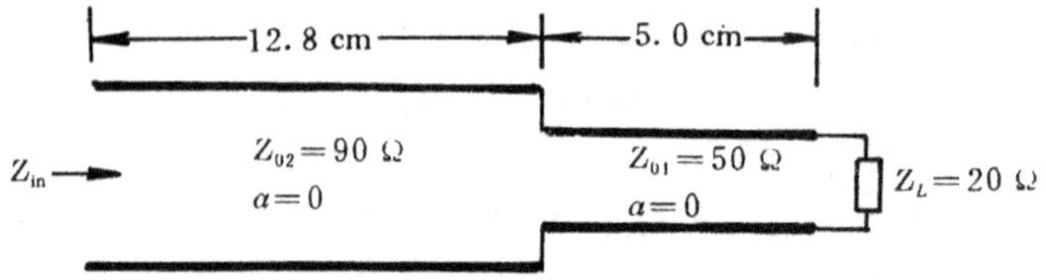

图　2 - 9

2 - 41　求图 2 - 10 所示电路的输入阻抗 Z_{in}。

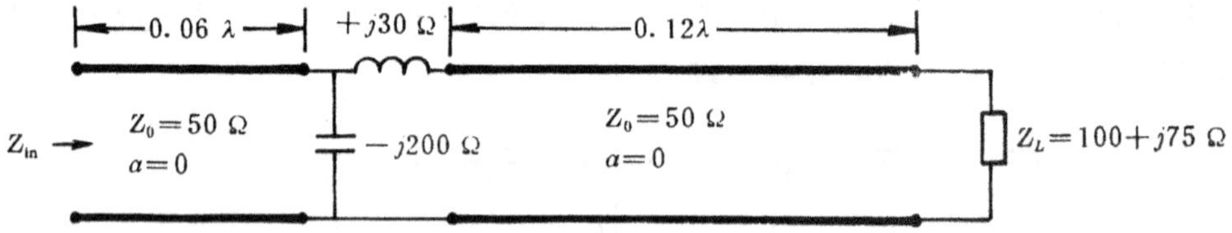

图　2 - 10

2 - 42　设计图 2 - 11 所示串联电感匹配网络：①求长度 l(cm)和电感量 L(nH)使电路在 2 000 MHz 时完全匹配；②若负载不随频率改变，求在上述 l 和 L 值条件下，频率为 1 800 MHz和 2 200 MHz 时的 Z_{in}和 VSWR。

2 - 43　若上题中的电感换成电容，重复上题的设计。

2 - 44　Z_0 为 75 Ω，长度为 l 的无耗线端接负载阻抗 Z_L，在 4 000 MHz 时测得 Z_L 为 150−j90 Ω，在 6 000 MHz 时 Z_L 为 150+j90 Ω，试求在此两频率时具有相同输入阻抗的线长 l 与该输入阻抗值。

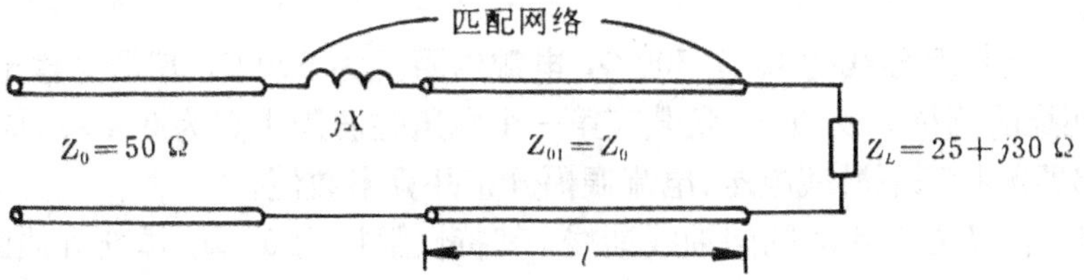

图 2-11

2-45 与 Z_0 为 50 Ω 的无耗线连接的负载阻抗 Z_L，在 5 500 MHz 时测得为 $40+j30\ \Omega$，在 6 000 MHz 时为 60 Ω，在 6 500 MHz 时为 $40-j30\ \Omega$，频带边缘的 VSWR 为 2.0，今在负载与传输线之间插入一段特性阻抗 Z_{01} 为 $\lambda/2$ 线段以改善输入驻波比，试用史密斯圆图，用试探法求 Z_{01} 的最佳值，并求三个频率的输入驻波比。

2-46 设计一个短线段变换器，使 $Z_L=20+j15\ \Omega$ 的负载阻抗与 50 Ω 线在 7 500 MHz 时匹配，并用圆图求在 6 000 MHz 时的输入驻波比。

2-47 无耗双导线的归一化负载导纳 y_L 为 $0.45+j0.7$，若在负载两端并联一短路支节后，要求总的归一化导纳为①$0.45-j0.2$；②$0.45+j0.2$，求支节的长度应是多少。

2-48 无耗双导线的特性阻抗为 500 Ω，负载阻抗为 $300+j250\ \Omega$，工作波长为 80 cm，欲用 $\lambda/4$ 线使负载与传输线匹配，求此 $\lambda/4$ 线的特性阻抗与接入的位置。

2-49 无耗双导线的特性阻抗为 500 Ω，端接一未知负载 Z_L，当负载端短路时在线上测得一短路参考点位置 d_0，当端接 Z_L 时测得 VSWR 为 2.4，电压驻波最小点位于 d_0 电源端 0.208λ 处，试求该未知负载阻抗 Z_L。

2-50 在特性阻抗为 600 Ω 的无耗双导线上测得 $|V|_{max}$ 为 200 V、$|V|_{min}$ 为 40 V，d_{min_1} 为 0.15λ，求 Z_L；今用短路支节进行匹配，求支节的位置和长度。

2-51 Z_0 为 400 Ω 的无耗线端接 $Z_L=1\ 600+j800\ \Omega$，今用 Z_{01} 为 200 Ω 的短路支节进行匹配，求支节的位置和长度。

2-52 能否用间距 d_2 为 $\lambda/10$ 的双支节调配器来匹配归一化导纳为 $2.5+j1$ 的负载？

2-53 无耗双导线的特性阻抗为 600 Ω，负载阻抗为 $300+j300\ \Omega$，采用双支节进行匹配，第一个支节距负载 0.1λ，两支节的间距为 $\lambda/8$，求支节的长度 l_1 和 l_2。

2-54 如图 2-12 所示双金属块调配器，使负载与 50 Ω 线匹配，设 B 为 0.02 S，当 l_1 为 0.06λ，l_2 为 0.12λ 时达到完全匹配，求负载阻抗 Z_L。

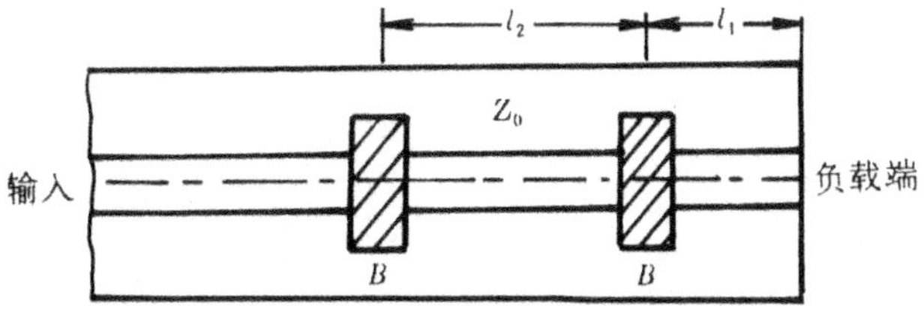

图 2-12

2-55 无耗双导线的 Z_0 为 600 Ω，负载阻抗为 $360-j600\ \Omega$，采用三支节进行匹配，设第一个支节距负载 3 cm，支节间距为 2.5 cm，工作波长为 20 cm，试求支节长度

l_1、l_2和l_3。

2－56　无耗双导线的Z_0为500 Ω，电源内阻抗为500 Ω，其最大输出功率为200 W，当馈线未匹配前测得K为0.3，负载离第一个电压驻波最小点为0.4 λ；①试用单支节匹配之；②画出匹配状态下沿线电压、电流振幅分布并算出数值。

2－57　长度为1.8 m的同轴线馈线，其特性阻抗为50 Ω，填充介质的ε_r为2.25，信号源工作频率为1 GHz，内阻抗为50 Ω，所接负载阻抗为75 Ω，试求：①负载的反射系数和线上的VSWR；②欲使负载与馈线匹配，在其间插入一段λ/4线，求此λ/4线的特性组抗；③若在负载与馈线之间用串联短截线进行匹配，求此串联短截线的位置和电抗值，设匹配后信号源输至50 Ω线的功率为10 W，试计算负载上的功率及匹配前线上的最大电压幅值。

第三章　规则金属波导

规则金属波导是指各种截面形状的无限长笔直的空心金属管，其截面形状和尺寸、管壁的结构材料及管内介质填充情况沿其管轴方向均不改变。它将被引导的电磁波完全限制在金属管内沿其轴向传播，故又称为规则封闭波导。通常称为规则波导(regular waveguide)。管壁材料一般用铜、铝等金属制成，有时其壁上镀有金或银。

J·W·瑞利于1897年建立了金属波导管内电磁波传播的理论。他纠正了O·亥维赛关于没有内导体的空心金属管内不能传播电磁波的错误理论，并指出在金属管内存在着各种电磁波模式的可能性，引入了截止波长的概念。但此后的40年中，在波导的理论和实践方面均未获得实质性的进展，直到1936年，S·索思沃思和W·巴罗等人发表了有关波导传播模式的激励和测量方面的文章以后，波导的理论、实验和应用才有了重大的发展，并日趋完善。

金属波导具有导体损耗和介质(管内介质一般为空气)损耗小、功率容量大、没有辐射损耗、结构简单、易于制造等优点，广泛应用于3 000 MHz至300 GHz的厘米波段和毫米波段的通信、雷达、遥感、电子对抗和测量等系统中。

金属波导管内的电磁场可由麦克斯韦方程组结合边界条件求解，是典型的边值问题，属本征值问题。波导管壁的导电率很高，求解时通常可假设波导壁为理想导体；管内填充的介质假设为理想介质；在管壁处的边界条件是电场的切线分量和磁场的法线分量为零。

规则金属波导仅有一个导体，不能传播TEM导波；其传播模式可分成横电(TE)导波和横磁(TM)导波两大类，且存在无限多的模式。这些导模在传播中存在严重的色散现象，并具有截止特性；每种导模都有相应的截止波长λ_c(或截止频率f_c)，只有满足条件$\lambda_c>\lambda$(工作波长)或$f_c<f$(工作频率)才能传输。

规则金属波导的横截面可以做成各种形状，如矩形、圆形、脊形、椭圆形、三角形等。本章主要研究应用最广泛的矩形波导和圆形波导的传输特性及有关问题。考虑到同轴线高次模的分析亦属本征值问题，本章也讨论同轴线的传输特性。

3.1　矩形波导

矩形波导(rectangular waveguide)是截面形状为矩形的金属波导管，如图3.1－1所示，a、b分别表示内壁的宽边和窄边尺寸($a>b$)，波导内通常充以空气。矩形波导是最早使用的导行系统之一，至今仍是使用最广泛的导行系统，特别是高功率系统、毫米波系统和一些精密测试设备等，主要是采用矩形波导。

1. 矩形波导的导模

如图3.1－1所示，采用直角坐标系(x, y, z)，拉梅系数$h_1=h_2=1$。沿波导正z方向传播的导波场可以写成(略去时间因子$e^{j\omega t}$)：

$$\begin{aligned}\boldsymbol{E}(x,y,z) &= \boldsymbol{E}_t(x,y,z) + \hat{z}E_z(x,y,z)\\ &= \boldsymbol{E}_{0t}(x,y)e^{-j\beta z} + \hat{z}E_{0z}(x,y)e^{-j\beta z}\\ \boldsymbol{H}(x,y,z) &= \boldsymbol{H}_t(x,y,z) + \hat{z}H_z(x,y,z)\\ &= \boldsymbol{H}_{0t}(x,y)e^{-j\beta z} + \hat{z}H_{0z}(x,y)e^{-j\beta z}\end{aligned} \tag{3.1-1}$$

式中，横向场量 $\boldsymbol{E}_{0t}$ 和 $\boldsymbol{H}_{0t}$ 只是横向坐标的函数，轴向场量 E_{0z} 和 H_{0z} 也只是横向坐标的函数。

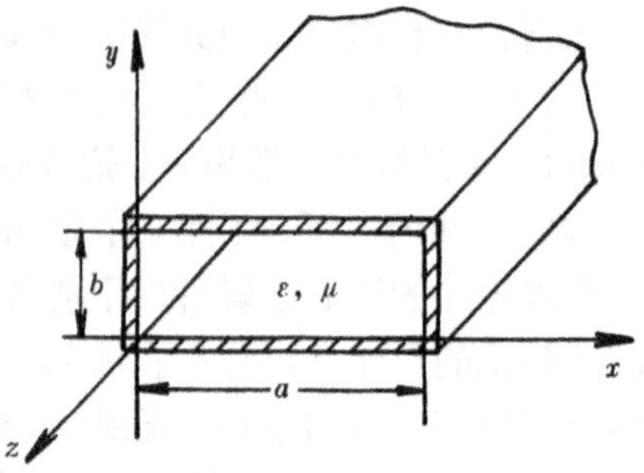

图 3.1 - 1　矩形波导

由式(1.4 - 30)，可得横 - 纵向场关系式为

$$\begin{aligned}E_x &= \frac{-j}{k_c^2}\left(\beta\frac{\partial E_z}{\partial x} + \omega\mu\frac{\partial H_z}{\partial y}\right)\\ E_y &= \frac{-j}{k_c^2}\left(\beta\frac{\partial E_z}{\partial y} - \omega\mu\frac{\partial H_z}{\partial x}\right)\\ H_x &= \frac{-j}{k_c^2}\left(\beta\frac{\partial H_z}{\partial x} - \omega\varepsilon\frac{\partial E_z}{\partial y}\right)\\ H_y &= \frac{-j}{k_c^2}\left(\beta\frac{\partial H_z}{\partial y} + \omega\varepsilon\frac{\partial E_z}{\partial x}\right)\end{aligned} \tag{3.1-2a}$$

写成矩阵形式为

$$\begin{bmatrix}E_x\\ H_y\\ H_x\\ E_y\end{bmatrix} = \frac{-j}{k_c^2}\begin{bmatrix}\omega\mu & \beta & 0 & 0\\ \beta & \omega\varepsilon & 0 & 0\\ 0 & 0 & \beta & -\omega\varepsilon\\ 0 & 0 & -\omega\mu & \beta\end{bmatrix}\begin{bmatrix}\frac{\partial H_z}{\partial y}\\ \frac{\partial E_z}{\partial x}\\ \frac{\partial H_z}{\partial x}\\ \frac{\partial E_z}{\partial y}\end{bmatrix} \tag{3.1-2b}$$

式中

$$k_c^2 = k^2 - \beta^2,\quad k = \omega\sqrt{\mu\varepsilon} = 2\pi/\lambda \tag{3.1-3}$$

若介质有损耗，ε 为复数，$\varepsilon=\varepsilon_0\varepsilon_r(1-j\ \mathrm{tg}\ \delta)$，其中 $\mathrm{tg}\ \delta$ 是介质材料的损耗正切。

由式(1.4 - 23)，得到纵向场 E_z 和 H_z 满足如下简化的二维亥姆霍兹(Helmholtz)方程：

$$\left(\frac{\partial^2}{\partial x^2} + \frac{\partial^2}{\partial y^2} + k_c^2\right)\begin{Bmatrix}E_{0z}(x,y)\\ H_{0z}(x,y)\end{Bmatrix} = 0 \tag{3.1-4}$$

边界条件为

$$\left.\begin{aligned}E_{0x}(x,y) &= 0,\ y = 0,b\\ E_{0y}(x,y) &= 0,\ x = 0,a\end{aligned}\right\}\text{TE 导波} \tag{3.1-5}$$

$$\left.\begin{aligned}E_{0z}(x,y) &= 0,\ x = 0,a\\ E_{0z}(x,y) &= 0,\ y = 0,b\end{aligned}\right\}\text{TM 导波} \tag{3.1-6}$$

(1) TE 模(TE modes)

其 $E_z=0$，$H_z(x,y,z)=H_{0z}(x,y)e^{-j\beta z}\neq 0$。应用分离变量法，即令

$$H_{0z}(x,y) = X(x)Y(y) \tag{3.1-7}$$

代入本征值方程，得到

$$\frac{1}{X(x)}\frac{d^2X(x)}{dx^2} + \frac{1}{Y(y)}\frac{d^2Y(y)}{dy^2} + k_c^2 = 0 \tag{3.1-8}$$

此式要成立，每项必须等于常数。定义分离变数为 k_x 和 k_y，则得到方程：

$$\begin{aligned}\frac{d^2X(x)}{dx^2}+k_x^2X(x)=0\\ \frac{d^2Y(y)}{dy^2}+k_y^2Y(y)=0\end{aligned}\qquad(3.1-9)$$

而
$$k_x^2+k_y^2=k_c^2\qquad(3.1-10)$$

由式(3.1－9)的解可得

$$H_{0z}(x,y)=(A_1\cos k_xx+A_2\sin k_xx)(B_1\cos k_yy+B_2\sin k_yy)\qquad(3.1-11)$$

由式(3.1－2)可求得

$$\begin{aligned}E_{0x}(x,y)&=\frac{-j\omega\mu k_y}{k_c^2}(A_1\cos k_xx+A_2\sin k_xx)(-B_1\sin k_yy+B_2\cos k_yy)\\ E_{0y}(x,y)&=\frac{-j\omega\mu k_x}{k_c^2}(-A_1\sin k_xx+A_2\cos k_xx)(B_1\cos k_yy+B_2\sin k_yy)\end{aligned}\qquad(3.1-12)$$

将式(3.1－12)代入边界条件式(3.1－5)，得到

$$\begin{aligned}A_2=0,\ k_y=\frac{n\pi}{b}\qquad n=0,1,2,\cdots\\ B_2=0,\ k_x=\frac{m\pi}{a}\qquad m=0,1,2,\cdots\end{aligned}\qquad(3.1-13)$$

于是得到 H_z 的基本解为

$$H_z(x,y,z)=H_{mn}\cos\frac{m\pi x}{a}\cos\frac{n\pi y}{b}e^{-j\beta z}\qquad(3.1-14)$$

式中，$H_{mn}=A_1B_1$ 为任意振幅常数；m 和 n 为任意正整数，称为波型指数。任意一对 m、n 值对应一个基本波函数。这些波函数的组合也是式(3.1－4)的解，故 H_z 的一般解为

$$H_z(x,y,z)=\sum_{m=0}^{\infty}\sum_{n=0}^{\infty}H_{mn}\cos\frac{m\pi x}{a}\cos\frac{n\pi y}{b}e^{-j\beta z}\qquad(3.1-15)$$

将式(3.1－15)代入关系式(3.1－2)，最后可得传输型 TE 导模的场分量为

$$\begin{aligned}E_x&=\sum_{m=0}^{\infty}\sum_{n=0}^{\infty}\frac{j\omega\mu}{k_c^2}\frac{n\pi}{b}H_{mn}\cos\frac{m\pi x}{a}\sin\frac{n\pi y}{b}e^{j(\omega t-\beta z)}\\ E_y&=\sum_{m=0}^{\infty}\sum_{n=0}^{\infty}\frac{-j\omega\mu}{k_c^2}\frac{m\pi}{a}H_{mn}\sin\frac{m\pi x}{a}\cos\frac{n\pi y}{b}e^{j(\omega t-\beta z)}\\ E_z&=0\\ H_x&=\sum_{m=0}^{\infty}\sum_{n=0}^{\infty}\frac{j\beta}{k_c^2}\frac{m\pi}{a}H_{mn}\sin\frac{m\pi x}{a}\cos\frac{n\pi y}{b}e^{j(\omega t-\beta z)}\\ H_y&=\sum_{m=0}^{\infty}\sum_{n=0}^{\infty}\frac{j\beta}{k_c^2}\frac{n\pi}{b}H_{mn}\cos\frac{m\pi x}{a}\sin\frac{n\pi y}{b}e^{j(\omega t-\beta z)}\\ H_z&=\sum_{m=0}^{\infty}\sum_{n=0}^{\infty}H_{mn}\cos\frac{m\pi x}{a}\cos\frac{n\pi y}{a}e^{j(\omega t-\beta z)}\end{aligned}\qquad(3.1-16)$$

式中

$$k_c^2 = k_x^2 + k_y^2 = \left(\frac{m\pi}{a}\right)^2 + \left(\frac{n\pi}{b}\right)^2 \qquad (3.1-17)$$

结果表明，矩形波导中可以存在无穷多种 TE 导模，以 TE_{mn}表示；其最低型模是 TE_{10}模($a>b$)。需要指出的是，m 和 n 不能同时为零。由式(3.1－17)可见，当 $m=0$，$n=0$ 时，成为一恒定磁场 H_z，其余场分量均不存在，故 $m=0$ 和 $n=0$ 的解无意义。

(2) TM 模(TM modes)

其 $H_z=0$，$E_z(x,y,z)=E_{0z}(x,y)e^{-j\beta z}\neq 0$。用类似的分离变量法可以求得

$$E_{0z}(x,y) = (A_1 \cos k_x x + A_2 \sin k_x x)(B_1 \cos k_y y + B_2 \sin k_y y) \qquad (3.1-18)$$

代入边界条件式(3.1－6)，可得

$$\begin{aligned} A_1 &= 0,\ k_x = \frac{m\pi}{a} \qquad m = 1,2,\cdots \\ B_1 &= 0,\ k_y = \frac{n\pi}{b} \qquad n = 1,2,\cdots \end{aligned} \qquad (3.1-19)$$

于是得到 E_z 的基本解为

$$E_z(x,y,z) = E_{mn} \sin \frac{m\pi x}{a} \sin \frac{n\pi y}{b} e^{-j\beta z} \qquad (3.1-20)$$

式中 $E_{mn}=A_2B_2$ 为任意振幅常数。E_z 的一般解则为

$$E_z(x,y,z) = \sum_{m=1}^{\infty}\sum_{n=1}^{\infty} E_{mn} \sin \frac{m\pi x}{a} \sin \frac{n\pi y}{b} e^{-j\beta z} \qquad (3.1-21)$$

代入关系式(3.1－2)，最后求得传输型 TM 导模的场分量为

$$\left.\begin{aligned} E_x &= \sum_{m=1}^{\infty}\sum_{n=1}^{\infty} \frac{-j\beta}{k_c^2} \frac{m\pi}{a} E_{mn} \cos \frac{m\pi x}{a} \sin \frac{n\pi y}{b} e^{j(\omega t-\beta z)} \\ E_y &= \sum_{m=1}^{\infty}\sum_{n=1}^{\infty} \frac{-j\beta}{k_c^2} \frac{n\pi}{b} E_{mn} \sin \frac{m\pi x}{a} \cos \frac{n\pi y}{b} e^{j(\omega t-\beta z)} \\ E_z &= \sum_{m=1}^{\infty}\sum_{n=1}^{\infty} E_{mn} \sin \frac{m\pi x}{a} \sin \frac{n\pi y}{b} e^{j(\omega t-\beta z)} \\ H_x &= \sum_{m=1}^{\infty}\sum_{n=1}^{\infty} \frac{j\omega\varepsilon}{k_c^2} \frac{n\pi}{b} E_{mn} \sin \frac{m\pi x}{a} \cos \frac{n\pi y}{b} e^{j(\omega t-\beta z)} \\ H_y &= \sum_{m=1}^{\infty}\sum_{n=1}^{\infty} \frac{-j\omega\varepsilon}{k_c^2} \frac{m\pi}{a} E_{mn} \cos \frac{m\pi x}{a} \sin \frac{n\pi y}{b} e^{j(\omega t-\beta z)} \\ H_z &= 0 \end{aligned}\right\} \qquad (3.1-22)$$

式中

$$k_c^2 = \left(\frac{m\pi}{a}\right)^2 + \left(\frac{n\pi}{b}\right)^2 \qquad (3.1-17)$$

结果表明，矩形波导中可以存在无穷多种 TM 导模，以 TM_{mn}表示。最低型模为 TM_{11}模。

2. 导模的场结构

导模的场结构是分析和研究波导问题、模式的激励，设计波导元件的基础和出发点。我们用电力线和磁力线的疏和密来表示波导中电场和磁场的弱和强。所谓场结构便是

指波导中电力线和磁力线的形状与疏密分布情况。

如上所述，矩形波导中可能存在无穷多种TE_{mn}和TM_{mn}模，但其场结构却有规律可循。最基本的场结构模型是TE_{10}、TE_{01}、TE_{11}和TM_{11}四个模。

由式(3.1-16)和式(3.1-22)可见，导模在矩形波导横截面上的场呈驻波分布，且在每个横截面上的场分布是完全确定的。这一分布与频率无关，并与此横截面在导行系统上的位置无关；整个导模以完整的场结构(称之为场型)沿轴向(z向)传播。

(1) TE_{10}模与TE_{m0}模的场结构

TE_{10}($m=1$，$n=0$)模的场分量由式(3.1-16)求得为

$$\begin{aligned} E_y &= \frac{-j\omega\mu a}{\pi}H_{10}\sin\frac{\pi x}{a}e^{-j\beta z} \\ H_x &= \frac{j\beta a}{\pi}H_{10}\sin\frac{\pi x}{a}e^{-j\beta z} \\ H_z &= H_{10}\cos\frac{\pi x}{a}e^{-j\beta z} \\ E_x &= E_z = H_y = 0 \end{aligned} \tag{3.1-23}$$

可见TE_{10}模只有E_y、H_x和H_z三个场分量。电场只有E_y分量，且不随y变化；随x呈正弦变化，在$x=0$和a处为零，在$x=a/2$处最大，即在a边上有半个驻波分布。磁场有H_x和H_z两个分量，且均与y无关，所以磁力线是xz平面内的闭合曲线，其轨迹为椭圆。H_x随x呈正弦变化，在$x=0$和a处为零，在$x=a/2$处最大；H_z随x呈余弦变化，在$x=0$和a处最大，在$x=a/2$处为零。H_x和H_z在a边上均有半个驻波分布。电场和磁场沿z向传播，即整个场型沿z向传播。TE_{10}模的电场和磁场的结构截面图如图3.1-2(a)所示。

仿照TE_{10}模，TE_{m0}模的场结构便是沿b边不变化，沿a边有m个半驻波分布；或者说是沿b边不变化，沿a边有m个TE_{10}模场结构"小巢"。图3.1-2(b)表示TE_{20}模的场结构。

(2) TE_{01}模与TE_{0n}模的场结构

TE_{01}模只有E_x、H_y和H_z三个场分量，其场结构与TE_{10}模的差别只是波的极化面旋转了90°，即场沿a边不变化，沿b边有半个驻波分布，如图3.1-2(c)所示。

仿照TE_{01}模，TE_{0n}模的场结构是沿a边不变化，沿b边有n个半驻波分布；或者说是沿a边不变化，沿b边有n个TE_{01}模场结构"小巢"。图3.1-2(d)表示TE_{02}模的场结构。

(3) TE_{11}模与TE_{mn}(m、$n>1$)模的场结构

m和n均不为零的最简单TE模是TE_{11}模，其场沿a边和b边都有半个驻波分布，如图3.1-2(e)所示。m和n都大于1的TE_{mn}模的场结构与TE_{11}模的场结构类似，其场型沿a边有m个TE_{11}模场结构"小巢"，沿b边有n个TE_{11}模场结构"小巢"。图3.1-2(f)表示TE_{21}模的场结构。

(4) TM_{11}模与TM_{mn}模的场结构

TM导模最简单者为TM_{11}模，其磁力线完全分布在横截面内，且为闭合曲线，电力线则是空间曲线。其场沿a边和b边均有半个驻波分布，如图3.1-2(g)所示。

仿照TM_{11}模，m和n均大于1的TM_{mn}模的场结构便是沿a边和b边分别分布有m个和n个TM_{11}模场结构"小巢"。图3.1-2(h)表示TM_{21}模的场结构。

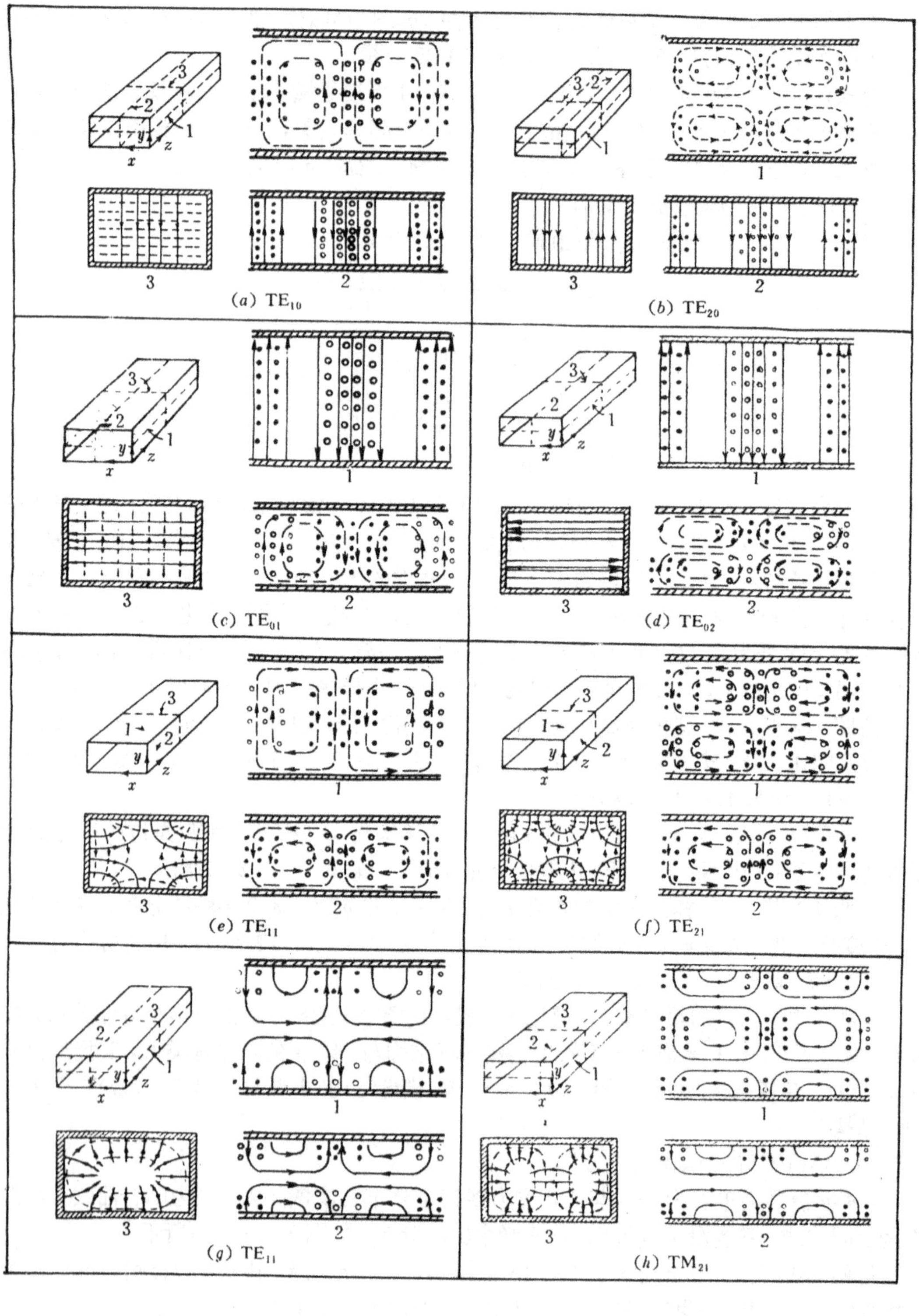

图 3.1-2 矩形波导中 TE 和 TM 模场结构截面图

3. 管壁电流

当波导中传输微波信号时，在金属波导内壁表面上将产生感应电流，称之为管壁电流。在微波频率，趋肤效应将使这种管壁电流集中在很薄的波导内壁表面流动，其趋肤深度 δ_s 的典型数量级为 10^{-4} cm(例如铜波导，$f=30$ GHz 时，$\delta_s=3.8\times10^{-4}$ cm<0.5 μm)。故这种管壁电流可视为面电流。

管壁电流的大小和方向由管壁附近的切线磁场决定，即有

$$\boldsymbol{J}_s = \hat{\boldsymbol{n}} \times \boldsymbol{H}_{\tan} \tag{3.1-24}$$

式中，$\hat{\boldsymbol{n}}$ 是波导内壁的单位法线矢量，$\boldsymbol{H}_{\tan}$是内壁附近的切线磁场。

矩形波导几乎都是以 TE_{10}模工作。由式(3.1－23)和式(3.1－24)可求得其管壁电流为：

在波导底面($y=0$)和顶面($y=b$)，$\hat{\boldsymbol{n}}=\pm\hat{\boldsymbol{y}}$，则有

$$\begin{aligned}\boldsymbol{J}_s\big|_{y=0} &= \hat{\boldsymbol{y}}\times[\hat{\boldsymbol{x}}H_x+\hat{\boldsymbol{z}}H_z] = \hat{\boldsymbol{x}}H_z-\hat{\boldsymbol{z}}H_x \\ &= \left[H_{10}\cos\left(\frac{\pi x}{a}\right)\hat{\boldsymbol{x}} - j\frac{\beta a}{\pi}H_{10}\sin\left(\frac{\pi x}{a}\right)\hat{\boldsymbol{z}}\right]e^{j(\omega t-\beta z)}\end{aligned} \tag{3.1-25a}$$

和

$$\begin{aligned}\boldsymbol{J}_s\big|_{y=b} &= -\hat{\boldsymbol{y}}\times[\hat{\boldsymbol{x}}H_x+\hat{\boldsymbol{z}}H_z] = -\hat{\boldsymbol{x}}H_z+\hat{\boldsymbol{z}}H_x \\ &= \left[-H_{10}\cos\left(\frac{\pi x}{a}\right)\hat{\boldsymbol{x}} + j\frac{\beta a}{\pi}H_{10}\sin\left(\frac{\pi a}{a}\right)\hat{\boldsymbol{z}}\right]e^{j(\omega t-\beta z)}\end{aligned} \tag{3.1-25b}$$

在左侧壁上，$\hat{\boldsymbol{n}}=\hat{\boldsymbol{x}}$，则有

$$\boldsymbol{J}_s\big|_{x=0} = \hat{\boldsymbol{x}}\times\hat{\boldsymbol{z}}H_z = -\hat{\boldsymbol{y}}H_z\big|_{x=0} = -H_{10}e^{j(\omega t-\beta z)}\hat{\boldsymbol{y}} \tag{3.1-25c}$$

在右侧壁上，$\hat{\boldsymbol{n}}=-\hat{\boldsymbol{x}}$，则有

$$\boldsymbol{J}_s\big|_{x=a} = -\hat{\boldsymbol{x}}\times\hat{\boldsymbol{z}}H_z = \hat{\boldsymbol{y}}H_z\big|_{x=a} = -H_{10}e^{j(\omega t-\beta z)}\hat{\boldsymbol{y}} \tag{3.1-25d}$$

结果表明，当矩形波导中传输 TE_{10}模时，在左右两侧壁内的管壁电流只有 J_y 分量，且大小相等方向相同；在上下宽壁内的管壁电流由 J_x 和 J_z 合成，在同一 x 位置的上下宽壁内的管壁电流大小相等方向相反，如图 3.1－3 所示。

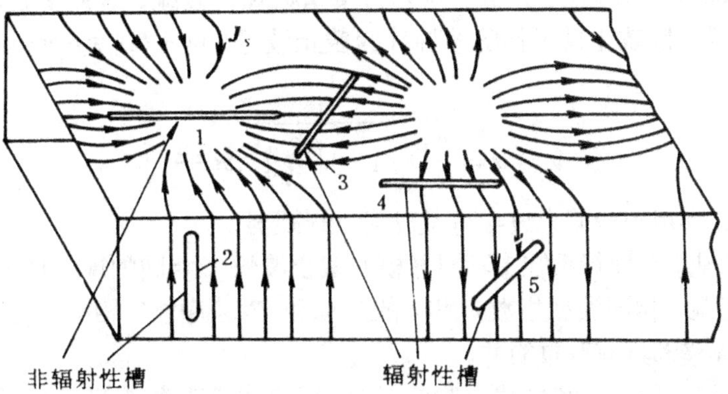

图 3.1－3　TE_{10}模矩形波导的管壁电流与管壁上的辐射性和非辐射性槽

研究波导管壁电流结构有着重要的实际意义。除了波导损耗的计算需要知道管壁电流

外，在实用中，波导元件需要相互连接；有时则需要在波导壁上开槽或孔以做成特定用途的元件。此时接头与槽孔所在位置就不应该破坏管壁电流的通路，否则将严重破坏原波导内的电磁场分布，引起辐射和反射，影响功率的有效传输，如图 3.1－3 中的非辐射性槽 1 和槽 2。相反，有时则需要在波导壁上开槽做成裂缝天线，此时开槽就应切断管壁电流，如图 3.1－3 中的辐射性槽 3、槽 4 和槽 5。此外，由上面分析可知，管壁电流在波导宽壁中央($x=a/2$ 处)只有纵向电流。这一特点被用来在波导宽壁中央纵向开一长缝(图 3.1－3 中的槽 1)，制成驻波测量线，进行各种微波测量。

4. 矩形波导的传输特性

(1) 导模的传输条件与截止

由式(3.1－3)和(3.1－17)得到矩形波导中每个 TE_{mn}和 TM_{mn}导模的传播常数为

$$\beta=\sqrt{k^2-k_c^2}=\sqrt{k^2-\left(\frac{m\pi}{a}\right)^2-\left(\frac{n\pi}{b}\right)^2} \tag{3.1-26}$$

对于传输模，β 应为实数，这要求 $k^2>k_c^2$；截止时，$\beta=0$，$k^2=k_c^2$。由式(1.4－42)和(3.1－26)得到导模的截止频率为

$$f_{cTE_{mn}}=f_{cTM_{mn}}=\frac{k_{cmn}}{2\pi\sqrt{\mu\varepsilon}}=\frac{1}{2\pi\cdot\sqrt{\mu\varepsilon}}\sqrt{\left(\frac{m\pi}{a}\right)^2+\left(\frac{n\pi}{b}\right)^2} \tag{3.1-27}$$

相应的截止波长为

$$\lambda_{cTE_{mn}}=\lambda_{cTM_{mn}}=\frac{2\pi}{k_{cmn}}=\frac{2}{\sqrt{(m/a)^2+(n/b)^2}} \tag{3.1-28}$$

由上述分析可得到如下重要结果：

● 导模的传输条件　某导模在波导中能够传输的条件是该导模的截止波长 λ_c 大于工作波长 λ，或截止频率 f_c 小于工作频率 f，即 $\lambda_c>\lambda$ 或 $f_c<f$。

● 导模的截止　金属波导中导模的截止是由于消失模(evanescent mode)的出现。

由式(3.1－26)可见，$\lambda_c<\lambda$ 或 $f_c>f$ 的导模的 β 为虚数，相应的模式称为消失模或截止模(cut－off mode)。其所有场分量的振幅将按指数规律衰减。这种衰减是由于截止模的电抗反射损耗所致。以截止模工作的波导称为截止波导(cut－off waveguide)，其传播常数为衰减常数：

$$\gamma=\alpha=\frac{2\pi}{\lambda_c}\sqrt{1-\left(\frac{\lambda_c}{\lambda}\right)^2}\simeq\frac{2\pi}{\lambda_c} \tag{3.1-29}$$

近似与频率无关。利用一段截止波导可做成截止衰减器。

● 模式简并现象　导行系统中不同导模的截止波长 λ_c 相同的现象称为模式简并现象。由式(3.1－27)可见，相同波型指数 m 和 n 的 TE_{mn}和 TM_{mn}模的 λ_c 相同，故除 TE_{m0}和 TE_{0n}模外，矩形波导的导模都具有双重简并。

● 主模 TE_{10}模　导行系统中截止波长 λ_c 最长(或载止频率 f_c 最低)的导模称为该导行系统的主模(dominant mode)，或称基模、最低型模。其它模则称为高次模(higher－order modes)。

由式(3.1－27)和式(3.1－28)可知，$a>b$ 的矩形波导的主模是 TE_{10}模，其

$$f_{c\mathrm{TE}_{10}} = \frac{1}{2a\sqrt{\mu\varepsilon}} \tag{3.1-30}$$

$$\lambda_{c\mathrm{TE}_{10}} = 2a \tag{3.1-31}$$

传输单一模式(通常是传输主模)的波导称为单模波导。矩形波导实用时几乎都以主模 TE_{10}模工作。允许主模和一个或多个高次模同时传输称为多模传输；能够维持多个模同时传输的波导则称为多模波导。

(2) 相速度和群速度

由式(1.4－44)，矩形波导导模的相速度为

$$v_p = \frac{v}{\sqrt{1-(\lambda/\lambda_c)^2}} \tag{3.1-32}$$

式中 v 和 λ 分别表示媒质中平面波的速度($v=c/\sqrt{\varepsilon_r}$，c 为真空中的光速)和波长($\lambda=\lambda_0/\sqrt{\varepsilon_r}$，$\lambda_0$为自由空间波长)。主模 TE_{10}模的相速度为

$$v_{p\mathrm{TE}_{10}} = \frac{v}{\sqrt{1-(\lambda/2a)^2}} \tag{3.1-33}$$

由式(1.4－45)，矩形波导导模的群速度为

$$v_g = v\sqrt{1-\left(\frac{\lambda}{\lambda_c}\right)^2} \tag{3.1-34}$$

主模 TE_{10}模的群速度则为

$$v_{g\mathrm{TE}_{10}} = v\sqrt{1-\left(\frac{\lambda}{2a}\right)^2} \tag{3.1-35}$$

显然有

$$v_p \cdot v_g = v^2 \tag{3.1-36}$$

由式(3.1－32)和式(3.1－34)可见，矩形波导中导模的传播速度与频率有关，存在严重的色散现象。

(3) 波导波长

由式(1.4－47)，矩形波导导模的波导波长为

$$\lambda_g = \frac{\lambda}{\sqrt{1-(\lambda/\lambda_c)^2}} \tag{3.1-37}$$

主模 TE_{10}模的波导波长则为

$$\lambda_{g\mathrm{TE}_{10}} = \frac{\lambda}{\sqrt{1-(\lambda/2a)^2}} \tag{3.1-38}$$

(4) 波阻抗

由式(1.4－48)，矩形波导中 TE 导模的波阻抗为

$$Z_{\mathrm{TE}} = \sqrt{\frac{\mu}{\varepsilon}}\,\frac{k}{\beta} = \frac{\eta}{\sqrt{1-(\lambda/\lambda_c)^2}} \tag{3.1-39}$$

主模 TE_{10}模的波阻抗则为

$$Z_{\mathrm{TE}_{10}} = \frac{\eta}{\sqrt{1-(\lambda/2a)^2}} \tag{3.1-40}$$

由式(1.4 - 49)，矩形波导中 TM 导模的波阻抗为

$$Z_{TM}=\sqrt{\frac{\mu}{\varepsilon}}\frac{\beta}{k}=\eta\sqrt{1-\left(\frac{\lambda}{\lambda_c}\right)^2} \tag{3.1-41}$$

由式(3.1 - 39)和式(3.1 - 41)可见，对于传输模，β 为实数，Z_{TE}和 Z_{TM}亦为实数；对于消失模，β 为虚数，Z_{TE}和 Z_{TM}亦为虚数；呈电抗，因此金属波导中消失模的出现将对信号源呈现电抗性反射。

(5) TE_{10}模矩形波导的传输功率

矩形波导实用时几乎都是以 TE_{10}模工作，其

$$k_{cTE_{10}}=\pi/a \tag{3.1-42}$$

$$\beta_{TE_{10}}=\sqrt{k^2-(\pi/a)^2} \tag{3.1-43}$$

于是传输 TE_{10}模的矩形波导的传输功率为

$$P_{TE_{10}}=\frac{1}{2}\mathrm{Re}\int_{x=0}^{a}\int_{y=0}^{b}\boldsymbol{E}\times\boldsymbol{H}^*\cdot\hat{z}dydx=\frac{1}{2}\mathrm{Re}\int_{x=0}^{a}\int_{y=0}^{b}E_yH_x^*\,dydx$$

$$=\frac{\omega\mu a^3b}{4\pi^2}|H_{10}|^2\beta_{TE_{10}} \tag{3.1-44a}$$

$$=\frac{ab}{4}\frac{|E_{10}|^2}{Z_{TE_{10}}} \tag{3.1-44b}$$

式中 E_{10}是 TE_{10}模 E_y 分量的振幅常数，若$|E_{10}|$以空气的击穿场强 $E_{br}=30$ kV/cm 代入，可得 TE_{10}模空气矩形波导的脉冲功率容量为

$$P_{br}=0.6\,ab\sqrt{1-\left(\frac{\lambda_0}{2a}\right)^2}\ (\mathrm{MW}) \tag{3.1-45}$$

(6) TE_{10}模矩形波导的损耗

a. 介质损耗

金属波导中填充均匀介质的损耗引起的导波的衰减常数由式(2.4 - 41)决定，即

$$\alpha_d=\frac{k^2\,\mathrm{tg}\,\delta}{2\beta}\ (\mathrm{Np/m})\qquad \text{TE 导波或 TM 导波} \tag{3.1-46}$$

b. 导体损耗

TE_{10}模矩形波导的有限导电率金属壁单位长度功率损耗为

$$P_l=\frac{R_s}{2}\int_C|\boldsymbol{J}_s|^2dl=R_s\int_{y=0}^{b}|J_{sy}|^2dy+R_s\int_{x=0}^{a}[|J_{sx}|^2+|J_{sz}|^2]dx$$

$$=R_s|H_{10}|^2\left(b+\frac{a}{2}+\frac{a^3}{2\pi^2}\beta_{TE_{10}}^2\right)$$

则由式(2.4 - 31)，TE_{10}模矩形波导的导体衰减常数为

$$\alpha_c=\frac{P_l}{2P_{TE_{10}}}=2\pi^2R_s\left[b+\frac{a}{2}+\frac{a^3}{2\pi^2}\beta_{TE_{10}}^2\right]/\omega\mu a^3b\beta_{TE_{10}}$$

$$=\frac{R_s}{a^3bk\eta\beta_{TE_{10}}}(2b\pi^2+a^3k^2)\quad(\mathrm{Np/m}) \tag{3.1-47a}$$

$$=\frac{R_s}{b\eta}\left[1+2\frac{b}{a}\left(\frac{\lambda_0}{2a}\right)^2\right]\frac{1}{\sqrt{1-(\lambda_0/2a)^2}}\quad(\mathrm{Np/m}) \tag{3.1-47b}$$

(7) TE_{10}模矩形波导的等效阻抗

由式(3.1－40)可见，TE_{10}模的波阻抗只与宽边尺寸a有关，而与窄边尺寸无关。容易理解，宽边尺寸相同而窄边尺寸不相同的二段矩形波导连接时，波在连接处将产生反射，因此不能应用波阻抗来处理不同尺寸波导的匹配问题，为此需引入波导的等效阻抗(equivalent impedance)。根据电路理论，等效阻抗可以用如下三种形式定义：

$$Z_e = \frac{V_e^+}{I_e^+},\ Z_e = \frac{V_e^{+2}}{2P},\ Z_e = \frac{2P}{I_e^{+2}} \tag{3.1-48}$$

定义等效电压为波导宽边中心电场从顶边到底边的线积分：

$$V_e^+ = \int_{y=b}^{0} E_y \big|_{x=a/2} dy = \int_{y=b}^{0} E_{10} \sin\left(\frac{\pi}{2}\right) e^{-j\beta z} dy = -E_{10} b e^{-j\beta z} \tag{3.1-49}$$

定义等效电流为波导宽边纵向电流之和：

$$I_e^+ = \int_{x=0}^{a} J_z dx = \int_{x=0}^{a} H_x dx = \int_{x=0}^{a} \left[-\frac{\beta_{TE_{10}}}{\omega\mu} E_{10} \sin\left(\frac{\pi x}{a}\right) e^{-j\beta z}\right] dx$$

$$= -\frac{2aE_{10}}{\omega\pi\mu} \beta_{TE_{10}} e^{-j\beta z} \tag{3.1-50}$$

将式(3.1－49)、(3.1－50)和式(3.1－44b)代入定义式(3.1－48)，得到

$$Z_{e(I-V)} = \frac{\pi}{2} \frac{b}{a} \frac{\eta}{\sqrt{1-(\lambda/2a)^2}} \tag{3.1-51}$$

$$Z_{e(V-P)} = 2 \frac{b}{a} \frac{\eta}{\sqrt{1-(\lambda/2a)^2}} \tag{3.1-52}$$

$$Z_{e(P-I)} = \frac{\pi^2}{8} \frac{b}{a} \frac{\eta}{\sqrt{1-(\lambda/2a)^2}} \tag{3.1-53}$$

可见三种定义得到的等效阻抗具有不同的系数。这说明等效电压和电流定义的非唯一性；但它们与波导截面尺寸有关的部分相同。实践证明，用上述任一种等效阻抗式计算的两段不同尺寸矩形波导的连接，只要其等效阻抗相等，连接处的反射即最小。这说明上述等效阻抗可用于计算TE_{10}模矩形波导的反射和匹配问题，并具有TEM传输线特性阻抗的功能。但应注意，在工程计算时，同一问题的计算应该始终采用同一种定义式，并且应该说明采用的是哪一种定义式。

为简化计算，常以与截面尺寸有关的部分作为公认的等效阻抗：

$$Z_{eTE_{10}} = \frac{b}{a} \frac{\eta}{\sqrt{1-(\lambda/2a)^2}} \tag{3.1-54}$$

而且令$\eta=1$，定义TE_{10}模矩形波导的无量纲等效阻抗为

$$Z_{e10} = \frac{b}{a} \frac{1}{\sqrt{1-(\lambda/2a)^2}} \tag{3.1-55}$$

5. 矩形波导的截面尺寸选择

矩形波导截面尺寸选择的首要条件是保证只传输主模TE_{10}模，为此应满足关系

$$\left.\begin{matrix}\lambda_{cTE_{20}} \\ \lambda_{cTE_{01}}\end{matrix}\right\} < \lambda < \lambda_{cTE_{10}} \tag{3.1-56}$$

即

$$\left.\begin{matrix}a \\ 2b\end{matrix}\right\} < \lambda < 2a$$

于是得到

$$
\begin{aligned}
\lambda/2 < a < \lambda \\
0 < b < \lambda/2
\end{aligned}
\qquad (3.1-57)
$$

若考虑到损耗要小，由式(3.1-47)可知，b 应当小；但若考虑到传输功率要大，由式(3.1-44)可知，b 应当大。综合考虑抑制高次模、损耗小和传输功率大诸条件，矩形波导截面尺寸一般选择

$$
\begin{aligned}
a &= 0.7\lambda \\
b &= (0.4 \sim 0.5)a
\end{aligned}
\qquad (3.1-58)
$$

实用时通常按照工作频率和用途，选用标准波导。其尺寸见附录一。

波导尺寸确定后，其工作频率范围便可确定。为使损耗不大，并不出现高次模，其工作波长范围取

$$
1.05\lambda_{cTE_{20}} \leqslant \lambda \leqslant 0.8\lambda_{cTE_{10}} \qquad (3.1-59)
$$

即

$$
1.05a \leqslant \lambda \leqslant 1.6a
$$

例如 BJ-100 波导的工作波长范围计算得到为 24.003 mm≤λ≤36.576 mm，相应的频率范围为 8.20 GHz～12.5 GHz。可见矩形波导的通频带并不宽，不到倍频程。这是矩形波导的缺点之一。

为了能实现宽频带工作，可采用如图 3.1-4 中所示脊波导(ridded waveguide)。这种脊波导，由于其脊棱边缘电容的作用，使其主模 TE_{10} 模的截止频率比矩形波导 TE_{10} 模的低，而其 TE_{20} 模的截止频率却比矩形波导 TE_{20} 模的高，使脊波导单一模工作的频带宽，可达数

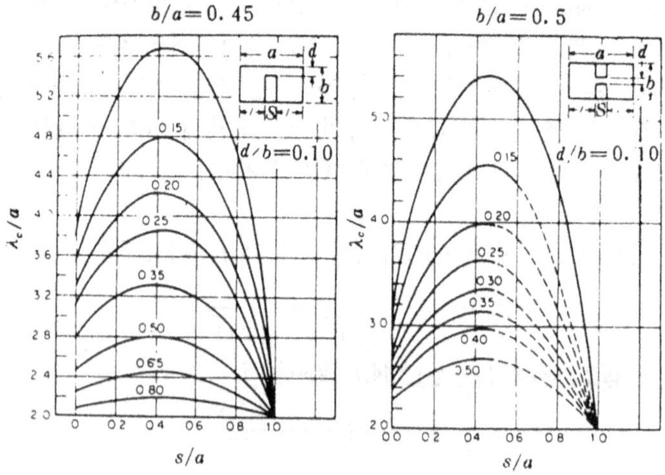

(a)　　(b)

图 3.1-4　脊波导的截止波长

(a) 单脊；(b) 双脊

倍频程。同时，脊波导的等效阻抗低。脊的高度 d 愈小，TE_{10} 模的截止频率愈低，等效阻抗也愈低。因此脊波导适于作宽频带馈线和元件以及高阻抗的矩形波导至低阻抗的同轴线或微带线的过渡。但是，脊波导的损耗较大，功率容量较低，加工不方便，因而使用受到限制。脊波导的设计见参考书[1]。

例 3.1－1　求X波段空气铜制矩形波导 BJ－100(a=2.286 cm，b=1.016 cm)前四个导模的截止频率，以及工作频率为 10 GHz 时 1 m 长波导的 dB 衰减值。

解　由式(3.1－27)得到截止频率公式为

$$f_{cmn}=\frac{c}{2\pi}\sqrt{\left(\frac{m\pi}{a}\right)^2+\left(\frac{n\pi}{b}\right)^2}$$

由此算得各导模的截止频率如下：

TE_{10}模	$f_{c10}=6.562$ GHz
TE_{20}模	$f_{c20}=13.123$ GHz
TE_{01}模	$f_{c01}=14.764$ GHz
TE_{11}和 TM_{11}模	$f_{c11}=16.156$ GHz
TE_{21}和 TM_{21}模	$f_{c21}=19.753$ GHz
TE_{12}和 TM_{12}模	$f_{c12}=30.248$ GHz

可见前四个导模是TE_{10}、TE_{20}、TE_{01}和TE_{11}(TM_{11}和TE_{11}的f_c相同)。

f_0=10 GHz 时，λ_0=3 cm，此时该波导只能传输TE_{10}模，$k=209.44\ \mathrm{m^{-1}}$，而

$$\beta_{TE_{10}}=\sqrt{k^2-(\pi/a)^2}=\sqrt{(2\pi f/c)^2-(\pi/a)^2}=158.05\ (\mathrm{m^{-1}})$$

铜的导电率$\sigma=5.8\times10^7$ S/m，则$R_s=\sqrt{\omega\mu/2\sigma}=0.026\ \Omega$。由式(3.1－47$a$)，得到

$$\alpha_c=\frac{R_s}{a^3bk\eta\beta_{TE_{10}}}(2b\pi^2+a^3k^2)=0.0125(\mathrm{Np/m})=0.11\ (\mathrm{dB/m})$$

3.2　圆 形 波 导

圆形波导(circular waveguide)简称圆波导，是截面形状为圆形的空心金属管，如图 3.2－1 所示。其内壁半径为 a。与矩形波导一样，圆波导也只能传输 TE 和 TM 导波。圆波导的加工方便，具有损耗小和双极化特性，常用于要求双极化模的天线馈线中。圆波导段广泛用作各种谐振腔、波长计。本节研究圆波导的导模及其传输特性，并着重讨论三个常用模式(TE_{11}、TE_{01}和 TM_{01})的特点及其应用。

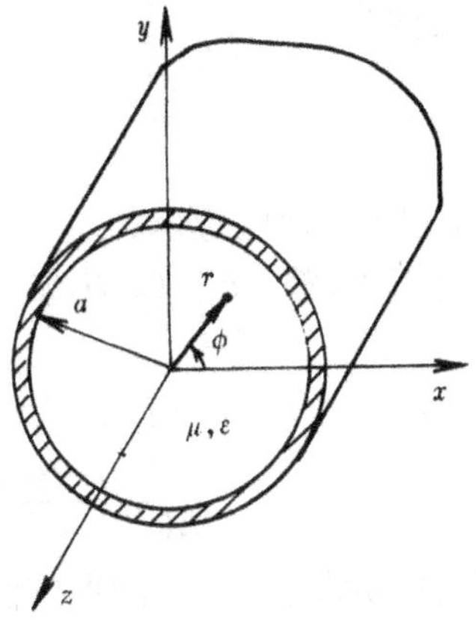

图 3.2－1　圆形波导

1. 圆形波导的导模

如图 3.2－1 所示，采用圆柱坐标系(r,ϕ,z)，其拉梅系数 $h_1=1$，$h_2=r$，由式(1.4－30)可得横－纵向场关系式为

$$\left.\begin{aligned}
E_r &= \frac{-j}{k_c^2}\left(\beta\frac{\partial E_z}{\partial r}+\frac{\omega\mu}{r}\frac{\partial H_z}{\partial\phi}\right)\\
E_\phi &= \frac{-j}{k_c^2}\left(\frac{\beta}{r}\frac{\partial E_z}{\partial\phi}-\omega\mu\frac{\partial H_z}{\partial r}\right)\\
H_r &= \frac{-j}{k_c^2}\left(\beta\frac{\partial E_z}{\partial r}-\frac{\omega\varepsilon}{r}\frac{\partial E_z}{\partial\phi}\right)\\
H_\phi &= \frac{-j}{k_c^2}\left(\frac{\beta}{r}\frac{\partial E_z}{\partial\phi}+\omega\varepsilon\frac{\partial H_z}{\partial r}\right)
\end{aligned}\right\}\tag{3.2-1a}$$

写成矩阵形式为

$$\begin{bmatrix}E_r\\H_\phi\\H_r\\E_\phi\end{bmatrix}=\frac{-j}{k_c^2}\begin{bmatrix}\frac{\omega\mu}{r}&\beta&0&0\\\frac{\beta}{r}&\omega\varepsilon&0&0\\0&0&\beta&-\frac{\omega\varepsilon}{r}\\0&0&-\omega\mu&\frac{\beta}{r}\end{bmatrix}\begin{bmatrix}\frac{\partial H_z}{\partial\phi}\\\frac{\partial E_z}{\partial r}\\\frac{\partial H_z}{\partial r}\\\frac{\partial E_z}{\partial\phi}\end{bmatrix}\tag{3.2-1b}$$

式中

$$k_c^2=k^2-\beta^2\tag{3.2-2}$$

由式(1.4-23)得到纵向场分量满足如下简化的二维亥姆霍兹方程:

$$\left(\frac{\partial^2}{\partial r^2}+\frac{1}{r}\frac{\partial}{\partial r}+\frac{1}{r^2}\frac{\partial^2}{\partial\phi^2}+k_c^2\right)\begin{Bmatrix}E_{0z}(r,\phi)\\H_{0z}(r,\phi)\end{Bmatrix}=0\tag{3.2-3}$$

边界条件为

$$E_{0\phi}(r,\phi)\big|_{r=a}=0\qquad \text{TE 导波}\tag{3.2-4}$$

$$E_{0z}(r,\phi)\big|_{r=a}=0\qquad \text{TM 导波}\tag{3.2-5}$$

a. TE 模(TE modes)

对于 TE 模，$E_z=0$，$H_z(r,\phi,z)=H_{0z}(r,\phi)e^{-j\beta z}\neq0$，令

$$H_{0z}(r,\phi)=R(r)\Phi(\phi)\tag{3.2-6}$$

代入方程(3.2-3)，得到

$$\frac{r^2}{R(r)}\frac{d^2R(r)}{dr^2}+\frac{r}{R(r)}\frac{dR(r)}{dr}+k_c^2r^2=-\frac{1}{\Phi(\phi)}\frac{d^2\Phi(\phi)}{d\phi^2}$$

令分离变量常数为 k_ϕ^2，则得方程

$$-\frac{1}{\Phi(\phi)}\frac{d^2\Phi(\phi)}{d\phi^2}=k_\phi^2\text{或者}\frac{d^2\Phi(\phi)}{d\phi^2}+k_\phi^2\Phi(\phi)=0\tag{3.2-7}$$

和

$$r^2\frac{d^2R(r)}{dr^2}+r\frac{dR(r)}{dr}+(k_c^2r^2-k_\phi^2)R(r)=0\tag{3.2-8}$$

式(3.2-7)的一般解为

$$\Phi(\phi)=B_1\cos k_\phi\phi+B_2\sin k_\phi\phi\tag{3.2-9}$$

由于 H_{0z}的解在 ϕ 方向必须是周期的(即应有 $H_{0z}(r,\phi)=H_{0z}(r,\phi\pm2m\phi)$)，所以 k_ϕ必须为整数 m，于是 $\Phi(\phi)$的解变成

$$\Phi(\phi) = B_1 \cos m\phi + B_2 \sin m\phi = B \begin{matrix} \cos m\phi \\ \sin m\phi \end{matrix} \qquad m = 0,1,2,\cdots \tag{3.2-10}$$

式(3.2 - 10)中的后一种表示形式是考虑到圆波导结构具有轴对称性，场的极化方向具有不确定性，使导波场在 ϕ 方向存在 $\cos m\phi$ 和 $\sin m\phi$ 两种可能的分布。它们独立存在，相互正交，截止波长相同，构成同一导模的极化简并(polarization degenerate)模。

式(3.2 - 8)为贝塞尔方程，其解为

$$R(r) = A_1 \mathrm{J}_m(k_c r) + A_2 \mathrm{Y}_m(k_c r) \tag{3.2-11}$$

考虑到圆波导中心处的场应为有限，而 $\mathrm{Y}_m(k_c r)\big|_{r=0} = -\infty$，所以应令 $A_2 = 0$，于是得到解

$$H_z(r,\phi,z) = A_1 B \mathrm{J}_m(k_c r) \begin{matrix} \cos m\phi \\ \sin m\phi \end{matrix} e^{-j\beta z} \tag{3.2-12}$$

由式(3.2 - 1)可得

$$E_\phi(r,\phi,z) = \frac{j\omega\mu}{k_c} A_1 B \mathrm{J}'_m(k_c r) \begin{matrix} \cos m\phi \\ \sin m\phi \end{matrix} e^{-j\beta z} \tag{3.2-13}$$

代入边界条件(3.2 - 4)，则应有

$$\mathrm{J}'_m(k_c a) = 0$$

令 $\mathrm{J}'_m(k_c a)$的根为 u'_{mn}，则有 $\mathrm{J}'_m(u'_{mn}) = 0$，因此得到本征值

$$k_{cmn} = \frac{u'_{mn}}{a} \qquad n = 1,2,\cdots \tag{3.2-14}$$

这样，H_z 的基本解则为

$$H_z(r,\phi,z) = H_{mn} \mathrm{J}_m\left(\frac{u'_{mn}}{a} r\right) \begin{matrix} \cos m\phi \\ \sin m\phi \end{matrix} e^{-j\beta z} \tag{3.2-15a}$$

式中 $H_{mn} = A_1 B$ 为任意振幅常数。H_z 的一般解应为

$$H_z(r,\phi,z) = \sum_{m=0}^{\infty}\sum_{n=1}^{\infty} H_{mn} \mathrm{J}_m\left(\frac{u'_{mn}}{a} r\right) \begin{matrix} \cos m\phi \\ \sin m\phi \end{matrix} e^{-j\beta z} \tag{3.2-15b}$$

将式(3.2 - 15b)代入关系式(3.2 - 1)，最后可求得传输型 TE 导模的场分量为

$$\begin{aligned}
E_r &= \pm \sum_{m=0}^{\infty}\sum_{n=1}^{\infty} \frac{j\omega\mu m a^2}{u'^2_{mn} r} H_{mn} \mathrm{J}_m\left(\frac{u'_{mn}}{a} r\right) \begin{matrix} \sin m\phi \\ \cos m\phi \end{matrix} e^{j(\omega t - \beta z)} \\
E_\phi &= \sum_{m=0}^{\infty}\sum_{n=1}^{\infty} \frac{j\omega\mu a}{u'_{mn}} H_{mn} \mathrm{J}'_m\left(\frac{u'_{mn}}{a} r\right) \begin{matrix} \cos m\phi \\ \sin m\phi \end{matrix} e^{j(\omega t - \beta z)} \\
E_z &= 0 \\
H_r &= \sum_{m=0}^{\infty}\sum_{n=1}^{\infty} \frac{-j\beta a}{u'_{mn}} H_{mn} \mathrm{J}'_m\left(\frac{u'_{mn}}{a} r\right) \begin{matrix} \cos m\phi \\ \sin m\phi \end{matrix} e^{j(\omega t - \beta z)} \\
H_\phi &= \pm \sum_{m=0}^{\infty}\sum_{n=1}^{\infty} \frac{j\beta m a^2}{u'^2_{mn} r} H_{mn} \mathrm{J}_m\left(\frac{u'_{mn}}{a} r\right) \begin{matrix} \sin m\phi \\ \cos m\phi \end{matrix} e^{j(\omega t - \beta z)} \\
H_z &= \sum_{m=0}^{\infty}\sum_{n=1}^{\infty} H_{mn} \mathrm{J}_m\left(\frac{u'_{mn}}{a} r\right) \begin{matrix} \cos m\phi \\ \sin m\phi \end{matrix} e^{j(\omega t - \beta z)}
\end{aligned} \tag{3.2-16}$$

结果表明，圆波导中可以存在无穷多种 TE 导模，以 TE_{mn}表示。由式(3.2 - 16)可见，场沿半径按贝塞尔函数或按其导数的规律变化，波型指数 n 表示场沿半径分布的最大值个数；场沿圆周方向按正弦或余弦函数形式变化，波型指数 m 表示场沿圆周分布的整波数。

TE_{mn}导模的波阻抗为

$$Z_{TE}=\frac{E_r}{H_\phi}=\frac{-E_\phi}{H_r}=\frac{\omega\mu}{\beta}=\frac{k\eta}{\beta} \tag{3.2-17}$$

由式(3.2-14)，得到TE_{mn}模的传播常数为

$$\beta_{mn}=\sqrt{k^2-k_{cmn}^2}=\sqrt{k^2-\left(\frac{u'_{mn}}{a}\right)^2} \tag{3.2-18}$$

截止波长为

$$\lambda_{cmn}=\frac{2\pi a}{u'_{mn}} \tag{3.2-19}$$

截止频率为

$$f_{cmn}=\frac{k_{cmn}}{2\pi\sqrt{\mu\varepsilon}}=\frac{u'_{mn}}{2\pi a\sqrt{\mu\varepsilon}} \tag{3.2-20}$$

具有最小值 $u'_{11}=1.841$ 的 TE_{11}模，其 $\lambda_c=3.41a$，是圆波导最常用的导模。对应于 $u'_{01}=3.832$的 TE_{01}模的 $\lambda_c=1.64a$。

b. TM 模(TM modes)

对于TM 模，$H_z=0$，$E_z(r,\phi,z)=E_{0z}(r,\phi)e^{-j\beta z}\neq 0$，采用与TE 模类似的分离变量法，可以求得

$$E_z(r,\phi,z)=E_{mn}J_m(k_c r)\begin{matrix}\cos m\phi\\ \sin m\phi\end{matrix}e^{-j\beta z} \tag{3.2-21}$$

由边界条件式(3.2-5)，则要求 $J_m(k_c a)=0$。令其根为 u_{mn}，则得

$$k_{cmn}=\frac{u_{mn}}{a}\qquad m=0,1,2,\cdots;\ n=1,2,3,\cdots \tag{3.2-22}$$

于是 E_z 的基本解为

$$E_z(r,\phi,z)=E_{mn}J_m\left(\frac{u_{mn}}{a}r\right)\begin{matrix}\cos m\phi\\ \sin m\phi\end{matrix}e^{-j\beta z} \tag{3.2-23a}$$

E_z 的一般解应为

$$E_z(x,\phi,z)=\sum_{m=0}^{\infty}\sum_{n=1}^{\infty}E_{mn}J_m\left(\frac{u_{mn}}{a}r\right)\begin{matrix}\cos m\phi\\ \sin m\phi\end{matrix}e^{-j\beta z} \tag{3.2-23b}$$

将式(3.2-23b)代入式(3.2-1)，最后可得传输型 TM 导模的场分量为

$$\begin{aligned}
E_r&=\sum_{m=0}^{\infty}\sum_{n=1}^{\infty}\frac{-j\beta a}{u_{mn}}E_{mn}J'_m\left(\frac{u_{mn}}{a}r\right)\begin{matrix}\cos m\phi\\ \sin m\phi\end{matrix}e^{j(\omega t-\beta z)}\\
E_\phi&=\pm\sum_{m=0}^{\infty}\sum_{n=1}^{\infty}\frac{j\beta ma^2}{u_{mn}^2 r}E_{mn}J_m\left(\frac{u_{mn}}{a}r\right)\begin{matrix}\sin m\phi\\ \cos m\phi\end{matrix}e^{j(\omega t-\beta z)}\\
E_z&=\sum_{m=0}^{\infty}\sum_{n=1}^{\infty}E_{mn}J_m\left(\frac{u_{mn}}{a}r\right)\begin{matrix}\cos m\phi\\ \sin m\phi\end{matrix}e^{j(\omega t-\beta z)}\\
H_r&=\mp\sum_{m=0}^{\infty}\sum_{n=1}^{\infty}\frac{j\omega\varepsilon ma^2}{u_{mn}^2 r}E_{mn}J_m\left(\frac{u_{mn}}{a}r\right)\begin{matrix}\sin m\phi\\ \cos m\phi\end{matrix}e^{j(\omega t-\beta z)}\\
H_\phi&=\sum_{m=0}^{\infty}\sum_{n=1}^{\infty}\frac{-j\omega\varepsilon a}{u_{mn}}E_{mn}J'_m\left(\frac{u_{mn}}{a}r\right)\begin{matrix}\cos m\phi\\ \sin m\phi\end{matrix}e^{j(\omega t-\beta z)}\\
H_z&=0
\end{aligned} \tag{3.2-24}$$

结果表明，圆波导中可以存在无穷多种 TM 导模，以 TM_{mn}表示。波型指数 m、n 的意义与

TE_{mn}模相同。

TM 导模的波阻抗为

$$Z_{TM}=\frac{E_r}{H_\phi}=\frac{-E_\phi}{H_r}=\frac{\beta}{\omega\varepsilon}=\frac{\beta\eta}{k} \tag{3.2-25}$$

由式(3.2-22)可得 TM_{mn}模的传播常数为

$$\beta_{mn}=\sqrt{k^2-k_{cmn}^2}=\sqrt{k^2-\left(\frac{u_{mn}}{a}\right)^2} \tag{3.2-26}$$

截止波长为

$$\lambda_{cmn}=\frac{2\pi a}{u_{mn}} \tag{3.2-27}$$

截止频率为

$$f_{cmn}=\frac{k_{cmn}}{2\pi\sqrt{\mu\varepsilon}}=\frac{u_{mn}}{2\pi a\sqrt{\mu\varepsilon}} \tag{3.2-28}$$

具有最小值 $u_{01}=2.405$ 的 TM_{01}模的 $\lambda_c=2.62a$。

由上述分析结果可以得到如下重要结论：

● 圆波导中导模的传输条件是 $\lambda_c>\lambda$(工作波长)或 $f_c<f$(工作频率)；导模的截止也是由于消失模的出现。圆波导中导模的传输特性与矩形波导相似。

● 圆波导的导模存在两种模式简并现象：一种是 TE_{0n}模与 TM_{1n}模简并，即有 $\lambda_{cTE_{0n}}=\lambda_{cTM_{1n}}$；另一种是 $m\neq0$ 的 TE_{mn}或 TM_{mn}模的极化简并。

● 圆波导的主模是 TE_{11}模，其截止波长最长，$\lambda_{cTE_{11}}=3.41a$；TM_{01}模为次主模，$\lambda_{cTM_{01}}=2.62a$。

2. 三个常用模

a. 主模 TE_{11}模

其 $\lambda_c=3.41a$，由式(3.2-16)得到其场分量为(取 $\sin\phi$ 解)：

$$\begin{aligned}
E_r&=\frac{-j\omega\mu}{k_c^2 r}H_{11}\cos\phi J_1(k_c r)e^{-j\beta z}\\
E_\phi&=\frac{j\omega\mu}{k_c}H_{11}\sin\phi J_1'(k_c r)e^{-j\beta z}\\
E_z&=0\\
H_r&=\frac{-j\beta}{k_c}H_{11}\sin\phi J_1'(k_c r)e^{-j\beta z}\\
H_\phi&=\frac{-j\beta}{k_c^2 r}H_{11}\cos\phi J_1(k_c r)e^{-j\beta z}\\
H_z&=H_{11}\sin\phi J_1(k_c r)e^{-j\beta z}
\end{aligned} \tag{3.2-29}$$

其场结构如图 3.2-2(a)所示。由图可见，TE_{11}模场结构与矩形波导 TE_{10}模场结构相似。实用中，圆波导 TE_{11}模便是由矩形波导 TE_{10}模来激励；将矩形波导的截面逐渐过渡成圆形，则 $TE_{10}^{\square}$模便会自然地过渡变成 TE_{11}°模。

TE_{11}模虽然是圆波导的主模，但它存在极化简并，当圆波导出现椭圆度时，就会分裂出 $\cos\phi$ 和 $\sin\phi$ 模，如图 3.2-3 所示。所以一般情况下不宜采用 TE_{11}模来传输微波能量和

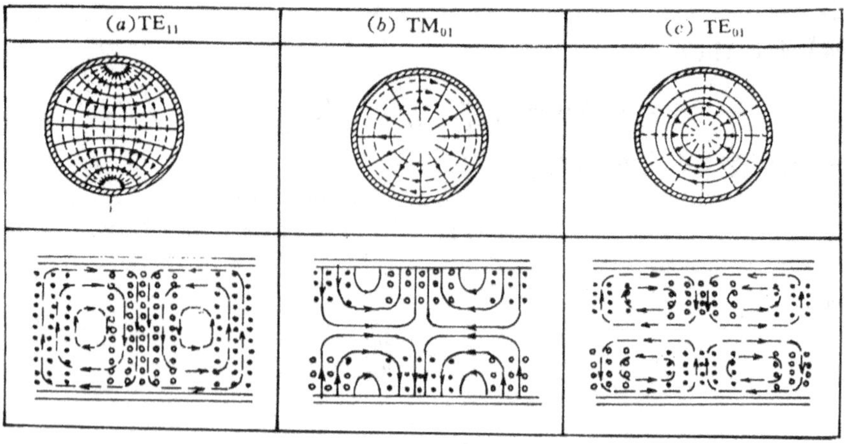

图 3.2 - 2　圆波导 TE_{11}、TM_{01}和 TE_{01}模的场结构

信号。这也是实用中不用圆波导而采用矩形波导作微波传输系统的基本原因。

图 3.2 - 3　因椭圆度而出现 TE_{11}模的极化简并

不过，利用 TE_{11}模的极化简并特性可以构成一些双极化元件，如极化分离器、极化衰减器等。

TE_{11}模圆波导的传输功率为(以 $\sin\phi$ 模计)

$$P_{11} = \frac{1}{2}\text{Re}\int_{r=0}^{a}\int_{\phi=0}^{2\pi}\boldsymbol{E}\times\boldsymbol{H}^*\cdot\hat{z}d\phi dr = \frac{1}{2}\text{Re}\int_0^a\int_0^{2\pi}[E_rH_\phi^* - E_\phi H_r^*]rd\phi dr$$

$$= \frac{\omega\mu\beta_{11}|H_{11}|^2}{2k_c^2}\int_0^a\int_0^{2\pi}\left[\frac{1}{r^2}\cos^2\phi\text{J}_1^2(k_cr) + k_c^2\sin^2\phi\text{J}_1'^2(k_cr)\right]rd\phi dr$$

$$= \frac{\pi\omega\mu\beta_{11}|H_{11}|^2}{4k_c^4}(u_{11}'^2 - 1)\text{J}_1^2(k_ca) \quad (3.2-30)$$

有限导电率金属圆波导的单位长度功率损耗为

$$P_l = \frac{R_s}{2}\int_{\phi=0}^{2\pi}|\boldsymbol{J}_s|^2ad\phi = \frac{R_s}{2}\int_0^{2\pi}[|H_\phi|^2 + |H_z|^2]ad\phi$$

$$= \frac{\pi R_sa|H_{11}|^2}{2}\left(1 + \frac{\beta_{11}^2}{k_c^4a^2}\right)\text{J}_1^2(k_ca) \quad (3.2-31)$$

将式(3.2 - 30)和式(3.2 - 31)代入式(2.4 - 31)，得到 TE_{11}模圆波导的导体衰减常数为

$$\alpha_{c11} = \frac{P_l}{2P_{11}} = \frac{R_s}{ak\eta\beta_{11}}\left(k_c^2 + \frac{k_c^2}{u_{11}'^2 - 1}\right)\quad (\text{Np/m}) \quad (3.2-32)$$

其介质衰减常数为

$$\alpha_d = \frac{k^2\text{ tg }\delta}{2\beta_{11}}\quad (\text{Np/m}) \quad (3.2-33)$$

传输 TE_{11}模的圆波导的半径一般选取为 $\lambda/3$。

b. 圆对称 TM_{01}模

TM_{01}模是圆波导的最低型横磁模，是圆波导的次主模，没有简并，其 $\lambda_c=2.62a$。将 $m=0$，$n=1$ 代入式(3.2－24)，得到 TM_{01}模的场分量为

$$
\begin{aligned}
E_r &= \frac{j\beta a}{2.405}E_{01}J_1\left(\frac{2.405}{a}r\right)e^{-j\beta z} \\
E_z &= E_{01}J_1\left(\frac{2.405}{a}r\right)e^{-j\beta z} \\
H_\phi &= \frac{j\omega\varepsilon a}{2.405}E_{01}J_1\left(\frac{2.405}{a}r\right)e^{-j\beta z} \\
H_r &= H_z = E_\phi = 0
\end{aligned}
\tag{3.2-34}
$$

其场结构如图 3.2－2(b)所示。由图 3.2－2(b)和式(3.2－34)可见其场结构有如下特点：①电磁场沿 ϕ 方向不变化，场分布具有圆对称性(或轴对称性)；②电场相对集中在中心线附近，磁场则相对集中于波导壁附近；③磁场只有 H_ϕ分量，因而管壁电流只有 J_z 分量。由于 TM_{01}模具有上述特点，所以特别适于作天线扫描装置的旋转铰链的工作模式。

c. 低损耗 TE_{01}模

TE_{01}模是圆波导的高次模，其 $\lambda_c=1.64a$，由式(3.2－16)可得其场分量为

$$
\begin{aligned}
E_\phi &= \frac{-j\omega\mu a}{3.832}H_{01}J_1\left(\frac{3.832}{a}r\right)e^{-j\beta z} \\
H_r &= \frac{j\beta a}{3.832}H_{01}J_1\left(\frac{3.832}{a}r\right)e^{-j\beta z} \\
H_z &= H_{01}J_1\left(\frac{3.832}{a}r\right)e^{-j\beta z} \\
E_r &= E_z = H_\phi = 0
\end{aligned}
\tag{3.2-35}
$$

其场结构如图 3.2－2(c)所示。由图和式(3.2－35)可见，其场结构有如下特点：①电磁场沿 ϕ 方向不变化，亦具有轴对称性；②电场只有 E_ϕ 分量，在中心和管壁附近为零；③在管壁附近只有 H_z 分量磁场，故管壁电流只有 J_ϕ分量。因此，当传输功率一定时，随频率增高，损耗将减小，衰减常数变小。这一特性使 TE_{01}模适用作毫米波长距离低损耗传输与高 Q 值圆柱谐振腔的工作模式。在毫米波段，TE_{01}模圆波导的理论衰减约为 TE_{10}模矩形波导衰减的 1/4～1/8。但是 TE_{01}模不是圆波导的主模，使用时需设法抑制其它的低次传输模。

例 3.2－1　求半径为 0.5 cm，填充 ε_r 为 2.25 的介质(tg $\delta=0.001$)的圆波导前两个传输模的截止频率；设其内壁镀银，计算工作频率为 13.0 GHz 时 50 cm 长波导的 dB 衰减值。

解　前两个传输模是 TE_{11}和 TM_{01}，其截止频率分别为

$$
f_{cTE_{11}} = \frac{u'_{11}c}{2\pi a\sqrt{\varepsilon_r}} = \frac{1.841(3\times10^8)}{2\pi(0.005)\sqrt{2.25}} = 11.72\ (\text{GHz})
$$

$$
f_{cTM_{01}} = \frac{u_{01}c}{2\pi a\sqrt{\varepsilon_r}} = \frac{2.405(3\times10^8)}{2\pi(0.005)\sqrt{2.25}} = 15.31\ (\text{GHz})
$$

显然，当工作频率 $f_0=13.0$ GHz 时该波导只能传输 TE_{11}模，其波数为

$$
k = \frac{2\pi f_0\sqrt{\varepsilon_r}}{c} = \frac{2\pi(13\times10^9)\sqrt{2.25}}{3\times10^8} = 408.4(\text{m}^{-1})
$$

TE_{11}模的传播常数为

$$\beta_{11}=\sqrt{k^2-\left(\frac{u'_{11}}{a}\right)^2}=\sqrt{408.4^2-\left(\frac{1.841}{0.005}\right)^2}=176.7\ (\mathrm{m}^{-1})$$

介质衰减常数为

$$\alpha_d=\frac{k^2\,\mathrm{tg}\,\delta}{2\beta_{11}}=\frac{408.4^2\times0.001}{2\times176.7}=0.47\ (\mathrm{Np/m})$$

银的导电率 $\sigma=6.17\times10^7$ S/m，其表面电阻 $R_s=\sqrt{\omega\mu/2\sigma}=0.029\ \Omega$，于是金属导体衰减常数为

$$\alpha_c=\frac{R_s}{ak\eta\beta_{11}}\left(k_c^2+\frac{k^2}{u_{11}'^2-1}\right)=0.066\ (\mathrm{Np/m})$$

总的衰减常数为 $\alpha=\alpha_c+\alpha_d=0.536$ Np/m。50 cm 长波导的衰减值则为

$$L=-20\lg e^{-\alpha l}=-20\lg e^{-(0.536)(0.5)}=2.33\ (\mathrm{dB})$$

3.3 同 轴 线

同轴线(coaxial line)是由两根同轴的圆柱导体构成的导行系统，内导体外半径为 a，外导体内半径为 b，两导体之间填充空气(硬同轴线)或相对介电常数为 ε_r 的高频介质(软同轴线，即同轴电缆)，如图 3.3-1 所示。

同轴线是一种双导体导行系统，显然可以传输 TEM 导波。同轴线便是以 TEM 模工作，广泛用作宽频带馈线，设计宽带元件；但当同轴线的横向尺寸可与工作波长比拟时，同轴线中也会出现 TE 模和 TM 模。它们是同轴线的高次模。本节主要研究同轴线以 TEM 模工作时的传输特性，同时也要分析其高次模以便确定同轴线的尺寸。

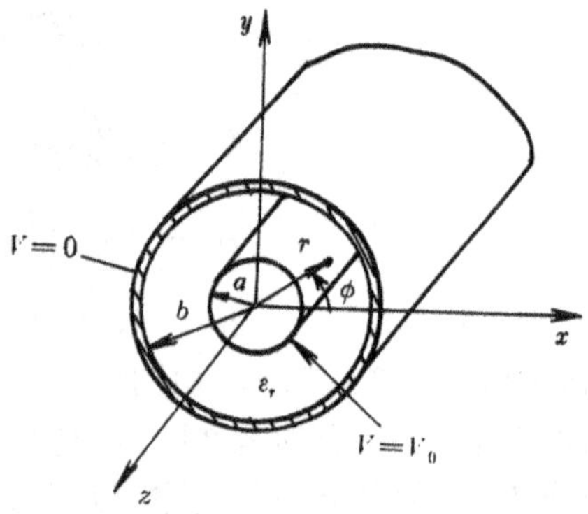

图 3.3-1 同轴线的结构

1. 同轴线的 TEM 导波场

如图 3.3-1 所示，采用圆柱坐标系 (r,ϕ,z)，对于 TEM 模，$E_z=H_z=0$，电场为 $\boldsymbol{E}(r,\phi,z)=\boldsymbol{E}_t(r,\phi,z)=\boldsymbol{E}_{0t}(r,\phi)e^{-j\beta z}$，而 $\nabla_t\times\boldsymbol{E}_t=-j\omega\mu\hat{z}H_z=0$，于是 $\boldsymbol{E}_{0t}(r,\phi)$可用标量位函数 $\Phi(r,\phi)$的梯度表示为

$$\boldsymbol{E}_{0t}(r,\phi)=-\nabla_t\Phi(r,\phi) \tag{3.3-1}$$

又因为 $\nabla\cdot\boldsymbol{E}_t=0$，因此得到位函数 $\Phi(r,\phi)$满足拉普拉斯方程：

$$\nabla_t^2\Phi(r,\phi)=0 \tag{3.3-2}$$

用圆柱坐标系表示则为

$$\frac{1}{r}\frac{\partial}{\partial r}\left(r\frac{\partial\Phi(r,\phi)}{\partial r}\right)+\frac{1}{r^2}\frac{\partial^2\Phi(r,\phi)}{\partial\phi^2}=0 \tag{3.3-3}$$

设边界条件为

$$\Phi(a,\phi) = V_0$$
$$\Phi(b,\phi) = 0 \tag{3.3-4}$$

应用分离变量法对式(3.3-3)求解，即令

$$\Phi(r,\phi) = R(r)F(\phi) \tag{3.3-5}$$

代入方程(3.3-3)，得到

$$\frac{r}{R(r)}\frac{\partial}{\partial r}\left(r\frac{dR(r)}{dr}\right) + \frac{1}{F(\phi)}\frac{d^2F(\phi)}{d\phi^2} = 0 \tag{3.3-6}$$

此式要成立，每项必须等于常数。令分离变量常数为 k_r 和 k_ϕ，得到方程：

$$\frac{r}{R(r)}\frac{\partial}{\partial r}\left(r\frac{dR(r)}{dr}\right) = -k_r^2 \tag{3.3-7}$$

$$\frac{1}{F(\phi)}\frac{d^2F(\phi)}{d\phi^2} = -k_\phi^2 \tag{3.3-8}$$

而

$$k_r^2 + k_\phi^2 = 0 \tag{3.3-9}$$

式(3.3-8)的一般解为

$$F(\phi) = A\cos n\phi + B\sin n\phi \tag{3.3-10}$$

这里 $k_\phi = n$ 必须是整数，因为场沿 ϕ 方向呈周期性变化。

而边界条件式(3.3-4)不随 ϕ 变化，所以位函数 $\Phi(r,\phi)$ 也不应随 ϕ 变化，故 n 必须为零，则得 $F(\phi)=A$；又由式(3.3-9)，则 k_r 也必须为零。因此方程(3.3-7)简化为

$$\frac{\partial}{\partial r}\left(r\frac{dR(r)}{dr}\right) = 0 \tag{3.3-11}$$

其解为

$$R(r) = C\ln r + D \tag{3.3-12}$$

因此位函数为

$$\Phi(r,\phi) = (C\ln r + D)A = C_1\ln r + C_2 \tag{3.3-13}$$

代入边界条件式(3.3-4)，是有

$$\Phi(a,\phi) = V_0 = C_1\ln a + C_2$$
$$\Phi(b,\phi) = 0 = C_1\ln b + C_2$$

由此解得 C_1 和 C_2，代入式(3.3-13)，最后得到解为

$$\Phi(r,\phi) = \frac{V_0\ln(b/r)}{\ln(b/a)} \tag{3.3-14}$$

横向电场由式(3.3-1)可求得为

$$\boldsymbol{E}_{0t}(r,\phi) = -\nabla_t\Phi(r,\phi) = -\left(\hat{\boldsymbol{r}}\frac{\partial\Phi(r,\phi)}{\partial r} + \frac{\boldsymbol{\phi}}{r}\frac{\partial\Phi(r,\phi)}{\partial\phi}\right)$$
$$= \hat{\boldsymbol{r}}\frac{V_0}{r\ln(b/a)}$$

因此电场为

$$\boldsymbol{E}(r,\phi,z) = \boldsymbol{E}_{0t}(r,\phi)e^{-j\beta z} = \hat{\boldsymbol{r}}\frac{V_0}{r\ln(b/a)}e^{-j\beta z} = \hat{\boldsymbol{r}}E_m e^{-j\beta z} \tag{3.3-15}$$

式中，$E_m = V_0/r\ln(b/a)$ 为电场的振幅，β 为传播常数：

$$\beta = k = \omega\sqrt{\mu\varepsilon} \tag{3.3-16}$$

横向磁场则为

$$\boldsymbol{H}(r,\phi,z)=\frac{1}{\eta}\hat{\boldsymbol{z}}\times\boldsymbol{E}_{0t}(r,\phi)e^{-j\beta z}=\hat{\boldsymbol{\phi}}\frac{V_0}{\eta r\ln(b/a)}e^{-j\beta z}=\hat{\boldsymbol{\phi}}\frac{E_m}{\eta}e^{-j\beta z}\qquad(3.3-17)$$

式中 $\eta=\sqrt{\mu/\varepsilon}$。

根据式(3.3－15)和(3.3－17)可画出同轴线中TEM导模的场结构，如图3.3－2所示。

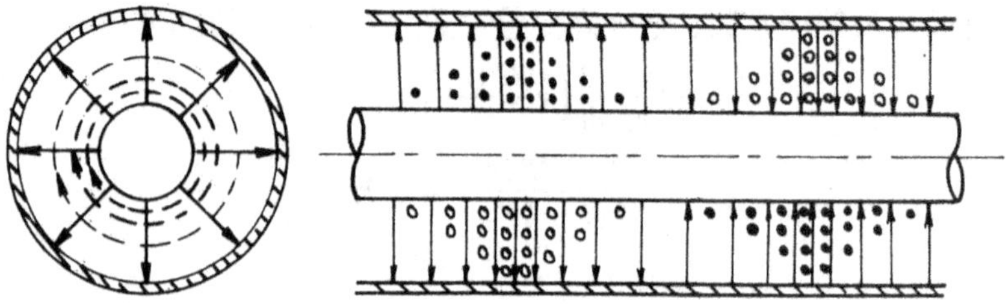

图 3.3－2 同轴线TEM导模场结构

$\longrightarrow E$； $-\,-\!\!\rightarrow H$

2. 传输特性

(1) 相速度和波导波长

对于TEM模，$k_c=0$，$\lambda_c=\infty$，$\beta=k$，则由式(1.4－44)，相速度为

$$v_p=v=\frac{c}{\sqrt{\varepsilon_r}}\qquad(3.3-18)$$

式中 c 为自由空间光速；由式(1.4－47)得到波导波长为

$$\lambda_g=\lambda=\frac{\lambda_0}{\sqrt{\varepsilon_r}}\qquad(3.3-19)$$

式中 λ_0 为自由空间波长。

(2) 特性阻抗

同轴线内外导体之间的电位差可由式(3.3－15)求得为

$$V_{ab}=V_a-V_b=\int_{r=a}^{b}E_r(r,\phi,z)dr=V_0e^{-j\beta z}\qquad(3.3-20)$$

内导体上的总电流由式(3.3－17)求得为

$$I_a=\int_{\phi=0}^{2\pi}H_\phi(r,\phi,z)ad\phi=\frac{2\pi V_0}{\eta\ln(b/a)}e^{-j\beta z}=I_0e^{-j\beta z}\qquad(3.3-21)$$

式中 $I_0=2\pi V_0/\eta\ln(b/a)$。

特性阻抗则为

$$Z_0=\frac{V_{ab}}{I_a}=\frac{\eta\ln(b/a)}{2\pi}=\frac{60}{\sqrt{\varepsilon_r}}\ln\frac{b}{a}\ (\Omega)\qquad(3.3-22)$$

与由分布参数 L_1 和 C_1 求得的结果一致。

(3) 衰减常数

同轴线的导体衰减常数如式(2.4－40)所示，即

$$\alpha_c = \frac{R_s}{2\eta \ln (b/a)}\left(\frac{1}{a}+\frac{1}{b}\right) \quad (\text{Np/m}) \tag{3.3-23}$$

介质衰减常数如式(2.4－42)所示，即

$$\alpha_d = \frac{k \operatorname{tg} \delta}{2} \ (\text{Np/m}) \tag{3.3-24}$$

由 $\partial\alpha_c/\partial a=0$(固定 b 不变)可求得空气同轴线导体损耗最小的尺寸条件为

$$\frac{b}{a} = 3.591 \tag{3.3-25}$$

此尺寸相应的空气同轴线特性阻抗为 76.71 Ω。

(4) 传输功率

由式(3.3－15)和式(3.3－17)，同轴线上的功率流为

$$P = \frac{1}{2}\int_S \boldsymbol{E}\times\boldsymbol{H}^* \cdot d\boldsymbol{s} = \frac{1}{2}\int_S \boldsymbol{E}_r\times\boldsymbol{H}_\phi^* \cdot d\boldsymbol{s} = \frac{1}{2}V_0 I_0^* \tag{3.3-26}$$

此结果与电路理论结果相符。这说明传输线上的功率流完全是通过导体之间的电场和磁场而不是导体本身传输的。

由式(3.3－15)可知，同轴线内导体附近的电场最强。由此可得击穿前最大电压为 $V_{\max}=E_{br}a\ln(b/a)$，E_{br}是介质的击穿场强；对于空气，$E_{br}=3\times10^6$ V/m。由式(2.4－17)，空气同轴线的最大功率容量为

$$P_{\max} = \frac{V_{\max}^2}{2Z_0} = \frac{\pi a^2 E_{br}}{\eta_0}\ln\frac{b}{a} \tag{3.3-27}$$

似乎选用较大的同轴线(就相同的 Z_0 而言，即对固定的 b/a，采用较大的 a 和 b)可增大功率容量，但这会导致高次模的出现，从而限制其最大工作频率。因此，对于给定的最大工作频率 $f_{\max}$，存在同轴线的功率容量上限：

$$P_{\max} = \frac{0.025}{\eta_0}\left(\frac{cE_{br}}{f_{\max}}\right)^2 = 5.8\times10^{12}\left(\frac{E_{br}}{f_{\max}}\right)^2 \tag{3.3-28}$$

例如 10 GHz 时无高次模的任意同轴线的最大峰功率容量约为 520 kW。实用时，考虑到驻波的影响及安全系数，通常取式(3.3－27)或式(3.3－28)值的四分之一作为实用功率容量。

由 $\partial P_{\max}/\partial a=0$(固定 b 不变)，可求得功率容量最大的尺寸条件为

$$\frac{b}{a} = 1.649 \tag{3.3-29}$$

此尺寸相应的空气同轴线特性阻抗为 30 Ω。

3. 同轴线的高次模

在一定的尺寸条件下，除 TEM 模以外，同轴线中也会出现 TE 模和 TM 模。实用中，这些高次模(higher－order modes)通常是截止的，只是在不连续性或激励源附近起电抗作用。重要的是要知道这些波导模式，特别是最低次波导模式(the lowest－order waveguide－type mode)的截止波长或截止频率，以避免这些模式在同轴线中传播。这正是我们分析同轴线高次模的目的。

(1) TM 模

同轴线 TM 模的分析方法与圆波导 TM 模的分析方法相似。由于 $r=0$ 不属于波的传播

区域，故 E_z 解应为

$$E_z = [A_1 J_m(k_c r) + A_2 Y_m(k_c r)] \begin{matrix} \cos m\phi \\ \sin m\phi \end{matrix} e^{-j\beta z} \tag{3.3-30}$$

边界条件要求在 $r=a$ 和 b 处，$E_z=0$，于是得到

$$\begin{aligned} A_1 J_m(k_c a) + A_2 Y_m(k_c a) &= 0 \\ A_1 J_m(k_c b) + A_2 Y_m(k_c b) &= 0 \end{aligned} \tag{3.3-31}$$

由此得到决定 TM 模本征值 k_c 的方程为

$$\frac{J_m(k_c a)}{J_m(k_c b)} = \frac{Y_m(k_c a)}{Y_m(k_c b)} \tag{3.3-32}$$

此为超越方程。满足此式的 k_c 值便决定同轴的 TM_{mn} 模。用数值法求式(3.3-32)的近似解，可得

$$k_c \simeq \frac{n\pi}{b-a} \qquad n = 1,2,\cdots \tag{3.3-33}$$

由此得到 TM_{mn} 模的截止波长近似为

$$\lambda_{cTM_{mn}} \simeq \frac{2}{n}(b-a) \tag{3.3-34}$$

最低次 TM_{01} 模的截止波长近似为

$$\lambda_{cTM_{01}} \simeq 2(b-a) \tag{3.3-35}$$

(2) TE 模

同轴线 TE 模的分析方法与圆波导 TE 模的分析方法相似。考虑到 $r=0$ 不属于波的传播区域，故 H_z 解应为

$$H_z = [A_1 J_m(k_c r) + A_2 Y_m(k_c r)] \begin{matrix} \cos m\phi \\ \sin m\phi \end{matrix} e^{-j\beta z} \tag{3.3-36}$$

边界条件要求在 $r=a$ 和 b 处，$\partial H_z/\partial r=0$，则得到

$$\begin{aligned} A_1 J'_m(k_c a) + A_2 Y'_m(k_c a) &= 0 \\ A_1 J'_m(k_c b) + A_2 Y'_m(k_c b) &= 0 \end{aligned} \tag{3.3-37}$$

由此得到决定 TE 模本征值 k_c 的方程：

$$\frac{J'_m(k_c a)}{J'_m(k_c b)} = \frac{Y'_m(k_c a)}{Y'_m(k_c b)} \tag{3.3-38}$$

满足此式的 k_c 值决定同轴线的 TE_{mn} 模。式(33-38)为超越方程，只能用数值法近似求解。常用的 TE_{11} 模的近似解可求得为

$$k_{c_{11}} \simeq \frac{2}{a+b} \tag{3.3-39}$$

由此可得 TE_{11} 模的截止波长近似为

$$\lambda_{cTE_{11}} \simeq \pi(a+b) \tag{3.3-40}$$

4. 同轴线尺寸选择

首要条件是保证同轴线只传输 TEM 模。由上述分析可知，同轴线中的最低次波导模式是 TE_{11} 模，其截止波长最大，如式(3.3-40)所示，为此应满足

$$\lambda_{\min} > \pi(a+b) \text{ 或者 } a+b < \frac{\lambda_{\min}}{\pi} \tag{3.3-41}$$

式中 λ_{min}是最小工作波长。

在设计同轴线尺寸时，通常允许取 5%的保险系数。在满足条件式(3.3 - 41)的前提下，再对同轴线的传输特性优化，以确定尺寸 a 和 b：

若要求衰减最小，按式(3.3 - 25)取值，即取 $b/a=3.591$；若要求功率容量最大，按式(3.3 - 29)取值，即取 $b/a=1.649$；若折衷考虑，通常取

$$\frac{b}{a}=2.303 \tag{3.3-42}$$

此尺寸相应的空气同轴线的特性阻抗为 50 Ω。

同轴线已有标准化尺寸，见附录二。

例 3.3 - 1　同轴电缆的 $a=0.89$ mm，$b=2.95$ mm，填充介质的 ε_r 为 2.2，求其最高可用频率。

解　$b/a=2.95/0.89=3.3$，TE_{11}模的截止频率为

$$f_{c_{11}}=\frac{ck_{c_{11}}}{2\pi\sqrt{\varepsilon_r}}=\frac{c}{2\pi\sqrt{\varepsilon_r}}\cdot\frac{2}{a+b}=\frac{3\times10^{11}}{\pi\sqrt{2.2}(0.89+2.95)}=16.766\ \text{GHz}$$

实用时取 5%的余量，因此最高可用频率为

$$f_{max}=f_{c_{11}}\times0.95=15.928\ \text{GHz}$$

3.4　波导正规模的特性

由前两节的分析可知，规则金属波导中的 TE 模和 TM 模是麦克斯韦方程的两套独立解，因此可以认为它们是规则金属波导的基本波型。这两套波型又包括无穷多个结构不同的模式，彼此相互独立。它们可以单独存在，也可以同时并存。这一个个的模式称为正规模。

在某些波导里，例如部分填充介质的矩形波导或圆波导里，一个 TE 模或 TM 模是不能独立存在的。在这种情况下，有时可以用其它的基本波型，如纵电(LSE)模和纵磁(LSM)模。但不论是什么波型，规则金属波导中的波型仍然可以看成是 TE 和 TM 模的叠加。

波导正规模具有一些很重要的特性，即所谓对称性、正交性和完备性 。本节对此作一简单研究。

1. 对称性

波导正规模的电场和磁场对时间和距离具有对称性和反对称性：

①正规模的电场和磁场波函数对时间 t 分别为对称函数和反对称函数，即有

$$\begin{aligned}\boldsymbol{E}_2(\boldsymbol{r},t)&=\boldsymbol{E}_1(\boldsymbol{r},-t)\\ \boldsymbol{H}_2(\boldsymbol{r},t)&=-\boldsymbol{H}_1(\boldsymbol{r},-t)\end{aligned} \tag{3.4-1}$$

或者

$$\begin{aligned}\boldsymbol{E}_2(\boldsymbol{r})&=\boldsymbol{H}_1^*(\boldsymbol{r})\\ \boldsymbol{H}_2(\boldsymbol{r})&=-\boldsymbol{H}_1^*(\boldsymbol{r})\end{aligned} \tag{3.4-2}$$

式中，$\boldsymbol{E}_1(\boldsymbol{r},t)$、$\boldsymbol{H}_1(\boldsymbol{r},t)$是时间为$+t$ 的场，$\boldsymbol{E}_2(\boldsymbol{r},t)$、$\boldsymbol{H}_2(\boldsymbol{r},t)$是时间为$-t$ 的场；符号 * 代表共轭复数。特性式(3.4 - 2)可根据麦克斯韦方程得到证明。

②正规模的电场和磁场的波函数关于纵坐标 z 的对称性：横向电场 $\boldsymbol{E}_t$ 与纵向磁场 H_z 是坐标 z 的对称函数；横向磁场 $\boldsymbol{H}_t$ 与纵向电场 E_z 是坐标 z 的反对称函数，即有

$$\begin{aligned}\boldsymbol{E}_{t2}(z) &= \boldsymbol{E}_{t1}(-z)\\ E_{z2}(z) &= -E_{z1}(-z)\\ \boldsymbol{H}_{t2}(z) &= -\boldsymbol{H}_{t1}(-z)\\ H_{z2}(z) &= H_{z1}(-z)\end{aligned} \tag{3.4-3}$$

式中，$\boldsymbol{E}_{t1}(z)$、$E_{z1}(z)$、$\boldsymbol{H}_{t1}(z)$和 $H_{z1}(z)$是沿 $+z$ 方向传播的场；$\boldsymbol{E}_{t2}(z)$、$E_{z2}(z)$、$\boldsymbol{H}_{t2}(z)$和 $H_{z2}(z)$是沿 $-z$ 方向传播的场。

特性式(3.4-3)也容易根据麦克斯韦方程得到证明。

如果时间 t 和传播方向(即坐标 z)同时变换符号，则电场和磁场应同时满足式(3.4-1)或式(3.4-2)和式(3.4-3)，对称性则变成

$$\begin{aligned}\boldsymbol{E}_{t2m} &= \boldsymbol{E}_{t1m}^*\\ \boldsymbol{H}_{t2m} &= \boldsymbol{H}_{t1m}^*\\ E_{z2m} &= -E_{t1m}^*\\ H_{z2m} &= -H_{t1m}^*\end{aligned} \tag{3.4-4}$$

下标 m 代表模式指数。

由式(3.4-4)可以看出，$\boldsymbol{E}_{tm}$和 $\boldsymbol{H}_{tm}$必须是实数，否则左右两边不可能相等。因此 $\boldsymbol{E}_{tm}$和 $\boldsymbol{H}_{tm}$必然是相位相同；而 E_{zm}和 H_{zm}必然是虚数，否则左右两边不能相等。由此可以得到结论：正规模的电场和磁场的横向分量或纵向分量相互同相，而横向分量与纵向分量成 90°相位差。故对于正规模，$\boldsymbol{E}_m\times\boldsymbol{H}_m$ 是传输能量。

③对于消失模，不存在变换 z 的符号问题，只有时间对称关系：

$$\begin{aligned}\boldsymbol{E}_{2m}(\boldsymbol{r}) &= \boldsymbol{E}_{1m}^*(\boldsymbol{r})\\ \boldsymbol{H}_{2m}(\boldsymbol{r}) &= -\boldsymbol{H}_{1m}^*(\boldsymbol{r})\end{aligned} \tag{3.4-5}$$

可见 $\boldsymbol{E}_m$ 是实数，而 $\boldsymbol{H}_m$ 是虚数，两者相位差 90°。故对于消失模，$\boldsymbol{E}_m\times\boldsymbol{H}_m$ 不是传输能量，而是虚功，是储能。

上述分析结果表明，正规模的对称性是麦克斯韦方程对称性和规则波导本身对称性的必然结果。这种对称性在研究波导的激励、波导中的不连续性等问题时很有用。

2. 正交性

正交性是正规模的一种基本特性，有着重要的应用。在确定组成波导中的电磁场各模式的系数时，例如由不连续性所产生的或由某种激励方法所产生的正规模的系数时等，都必须应用正规模的正交特性。

矩形波导的本征函数是正弦和余弦函数。圆波导的本征函数是贝塞尔函数与正弦、余弦函数。这些本征函数都具有正交特性，由这些本征函数表征的矩形波导和圆波导的正规模也就具有正交特性。一般而言，若以 i 和 j 代表两个特定的模式，则波导正规模的正交性可以表示成如下五种形式(证明从略)：

$$\begin{aligned}&(1)\ \int_S (H_{0z})_i\cdot(H_{0z})_j ds = 0 \qquad i\neq j,\ \text{TE 模}\\ &\quad\ \int_S (E_{0z})_i\cdot(E_{0z})_j ds = 0 \qquad i\neq j,\ \text{TM 模}\end{aligned} \tag{3.4-6}$$

$$(2)\ \int_S (\boldsymbol{H}_{0t})_i \cdot (\boldsymbol{H}_{0t})_j ds = 0 \qquad i \neq j,\ \text{TE 或 TM 模}$$

$$\int_S (\boldsymbol{E}_{0t})_i \cdot (\boldsymbol{E}_{0t})_j ds = 0 \qquad i \neq j,\ \text{TE 或 TM 模} \tag{3.4-7}$$

$$(3)\ \int_S (\boldsymbol{E}_{0t}^{TE})_i \cdot (\boldsymbol{E}_{0t}^{TM})_j ds = 0 \qquad i \neq j$$

$$\int_S (\boldsymbol{H}_{0t}^{TE})_i \cdot (\boldsymbol{H}_{0t}^{TE})_j ds = 0 \qquad i \neq j \tag{3.4-8}$$

$$(4)\ \int_S (\boldsymbol{E}_{0t})_i \times (\boldsymbol{H}_{0t})_j \cdot \hat{z} ds = 0 \quad i \neq j,\ \text{TE 或 TM 模} \tag{3.4-9}$$

(5) 模式函数正交性

$$\int_S \boldsymbol{e}_i \times \boldsymbol{h}_j \cdot \hat{z} ds = 0 \qquad i \neq j \tag{3.4-10}$$

式中 $\boldsymbol{e}_i$ 和 $\boldsymbol{h}_j$ 分别表示第 i 模横向电场的本征函数(或称模式函数)和第 j 模横向磁场的本征函数(或称模式函数)。

3. 完备性

波导中的电磁场至少是分段连续的，或者说是平方可积的。物理中碰到的电磁场是没有无穷大的。如前所述，波导正规模是本征函数的乘积，而本征函数系是完备的，所以正规模必然是完备的。这就是说，波导中的任意电磁场都可以用正规模叠加来代表，即用正规模的展开式来表示。正规模的这种完备性也是正规模的重要特性。由于有这种特性，我们才有可能对波导的许多实际问题作出近似分析。

如上所述，波导中的任意电磁场的横向场可以表示为(沿正 z 方向传播情况)：

$$\boldsymbol{E}_t = \sum_i A_i (\boldsymbol{E}_{0t})_i e^{-j\beta_i z}$$

$$\boldsymbol{H}_t = \sum_i B_i (\boldsymbol{H}_{0t})_i e^{-j\beta_i z} \tag{3.4-11}$$

其中系数 A_i 和 B_i 可用正交关系像确定富里哀级数的系数那样来确定。$(\boldsymbol{E}_{0t})_i$ 和 $(\boldsymbol{H}_{0t})_i$ 可以属于 TE 模或 TM 模。令

$$A_i e^{-j\beta_i z} = V_i(z),\ B_i e^{-j\beta_i z} = Z_i I_i(z)$$

$$(\boldsymbol{E}_{0t})_i = \boldsymbol{e}_i,\ (\boldsymbol{H}_{0t})_i = \boldsymbol{h}_i / Z_i$$

Z_i 是 TE 或 TM 模的波阻抗。则式(3.4-11)可以表示成

$$\boldsymbol{E}_t = \sum_i V_i(z) \boldsymbol{e}_i(u,v)$$

$$\boldsymbol{H}_t = \sum_i I_i(z) \boldsymbol{h}_i(u,v) \tag{3.4-12}$$

式中 $V_i(z)$ 和 $I_i(z)$ 称为第 i 模式的模式电压和模式电流。

当波导中传输任意场时，所传输的总功率为

$$P_0 = \frac{1}{2}\mathrm{Re}\int_S \boldsymbol{E} \times \boldsymbol{H}^* \cdot \hat{z} ds = \frac{1}{2}\mathrm{Re}\int_S \boldsymbol{E}_t \times \boldsymbol{H}_t^* \cdot \hat{z} ds$$

$$= \frac{1}{2}\mathrm{Re}\int_S \Big(\sum_i V_i \boldsymbol{e}_i\Big) \times \Big(\sum_j I_j^* \boldsymbol{h}_j\Big) \cdot \hat{z} ds$$

$$= \frac{1}{2}\mathrm{Re}\sum_{ij} V_i I_j^* \int_S \boldsymbol{e}_i \times \boldsymbol{h}_j \cdot \hat{z} ds$$

$$= \frac{1}{2}\mathrm{Re}\sum_{i} V_i I_i^* \int_S \boldsymbol{e}_i \times \boldsymbol{h}_i \cdot \hat{z} ds \tag{3.4-13}$$

由此得到模式函数正交性式(3.4 - 10)，即应有

$$\int_S \boldsymbol{e}_i \times \boldsymbol{h}_j \cdot \hat{z} ds = \begin{cases} 1 & i = j \\ 0 & i \neq j \end{cases} \tag{3.4-14}$$

结果表明，波导中传输任意场时的总功率等于每个正规模所携带功率之总和，而各模式之间没有能量耦合。

3.5 波导的激励

迄今我们所研究的是不存在波源情况下导波沿导行系统的传输特性，而未考虑导模是如何产生的。导行系统中的导模是用激励方式产生的。

由前面的分析可知，波导中可以存在无穷多的 TE 模和 TM 模。这些模式能否在波导中存在并传播，一方面取决于传输条件 $\lambda_c > \lambda$，即取决于波导尺寸和工作频率；另一方面还取决于激励方法。而激励的结果是要产生所要求的模式并尽量避免不需要的模式。

波导的激励(excitation of waveguides)本质是电磁波的辐射，是微波源在由波导内壁所限定的有限空间辐射，其结果要求在波导中获得所需要的模式。显然，即使在最简单的情况下，由于激励源附近的边界条件很复杂，所以要严格对波导激励问题进行数学分析是很困难的，一般只能求近似解。

本节讨论波导中模式的激励方法与计算原理。

1. 波导激励的一般方法与装置

波导中某种所需要模式的激励是建立在已知此模式的场结构基础之上的，激励的一般方法与装置如下：

(1) 探针激励

将同轴线内导体延伸一小段沿电场方向插入波导内而构成。通常置于所要激励模式的电场最强处，以增强激励度。典型的装置是矩形波导主模 TE_{10}模常用的同轴 - 波导变换器，如图 3.5 - 1 所示。

(2) 环激励

将同轴线内导体延伸后弯成环形，将其端部焊在外导体上，然后插入波导中所需激励模式的磁场最强处，并使小环的法线平行于磁力线，以增强激励度。图 3.5 - 2 示出用小环激励矩形波导 TE_{10}模的一个例子。

(3) 孔或缝激励

在两个波导的公共壁上开孔或缝，使一部分能量辐射到另一波导中去，并建立起所需要的传输模式。图 3.5 - 3 表示矩形波导 TE_{10}模的三种孔激励装置。孔或缝的激励方法还可用于波导与谐振腔之间的耦合、两条微带线之间的耦合(在公共接地板上开孔)、波导与带状线之间的耦合等。

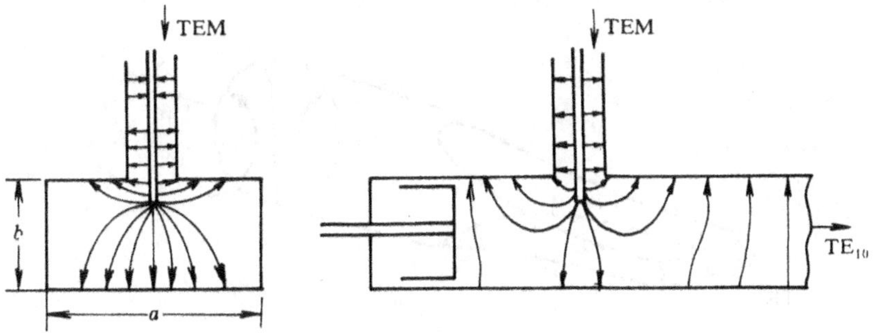

图 3.5-1　矩形波导 TE_{10}模的探针激励

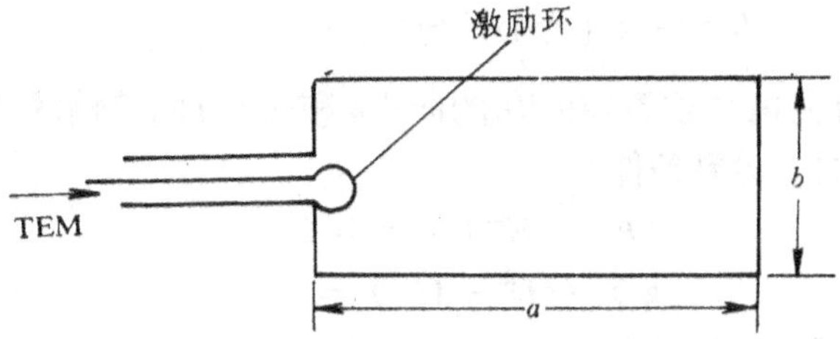

图 3.5-2　矩形波导 TE_{10}模的环激励

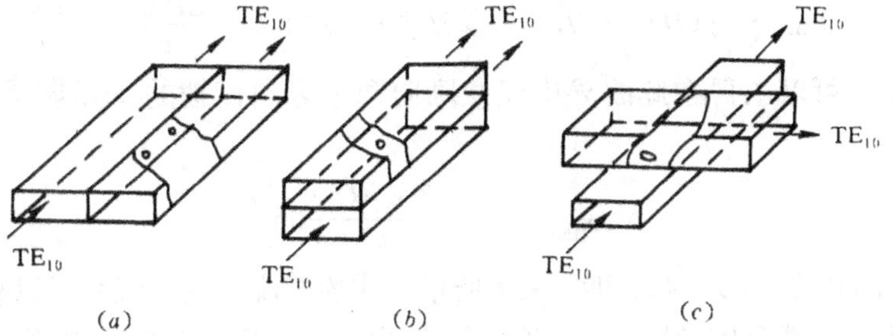

图　3.5-3

(a) 公共窄壁上开双孔；(b) 公共宽壁上开单孔；(c) 公共宽壁上开窄缝

(4) 直接过渡

通过波导截面形状的逐渐变形，可将原波导中的模式转换成另一种波导中所需要的模式。图 3.5-4 即为矩形波导 TE_{10}模转换成圆波导 TE_{11}模的方-圆过渡。这种直接过渡方式还常用于同轴线与微带线之间的过渡和矩形波导与微带线之间的过渡等。

下面就波导的电流激励和孔激励的计算原理作一深入分析。

2. 电流源与磁流源的激励

(1) 仅激励单一波导正规模的电流片

首先以矩形波导为例来寻求仅激励单一模式的电流形式。考虑如图 3.5-5 所示无限长矩形波导，设在 $z=0$ 面上有表面电流密度为 $\boldsymbol{J}_s$ 的电流片。要求此电流片在波导中仅激励起向 $+z$ 和 $-z$ 两个方向传播的 TE_{10}模，其横向场分量如式(3.1-23)所示，即有

$$E_y^{\pm} = -Z_{TE_{10}}\left(\frac{\pi}{a}\right)H_{10}^{\pm}\sin\frac{\pi x}{a}e^{\mp j\beta z} \tag{3.5-1a}$$

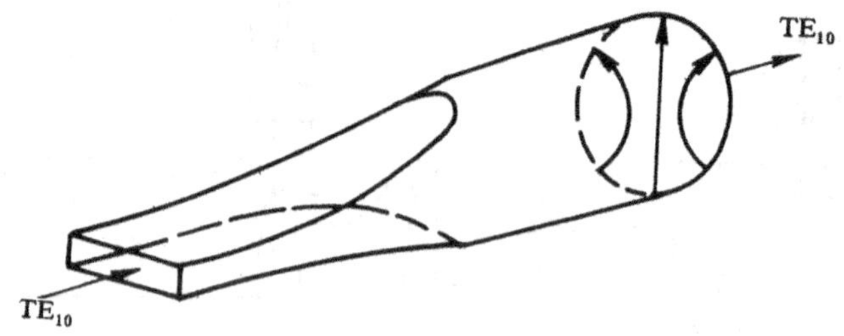

图 3.5－4　矩形波导 TE_{10}模至圆波导 TE_{11}模过渡

$$H_x^{\pm}=\pm\left(\frac{\pi}{a}\right)H_{10}^{\pm}\sin\frac{\pi x}{a}e^{\mp j\beta z}\tag{3.5-1b}$$

式中符号±分别表示具有振幅系数 H_{10}^{+}和 H_{10}^{-}的向$+z$和$-z$方向传输的波。

在$z=0$处必须满足如下边界条件：

$$(\boldsymbol{E}^{+}-\boldsymbol{E}^{-})\times\hat{\boldsymbol{z}}=0\tag{3.5-2a}$$

$$\hat{\boldsymbol{z}}\times(\boldsymbol{H}^{+}-\boldsymbol{H}^{-})=\boldsymbol{J}_s\tag{3.5-2b}$$

以式(3.5－1a)代入式(3.5－2a)，可得 $H_{10}^{+}=H_{10}^{-}$；以式(3.5－1b)代入式(3.5－2b)则得在此波导中仅激励在两个方向传播 TE_{10}模所需的表面电流密度应为

$$\boldsymbol{J}_{sTE_{10}}=\hat{\boldsymbol{y}}(H_x^{+}-H_x^{-})-\hat{\boldsymbol{x}}(H_y^{+}-H_y^{-})=\hat{\boldsymbol{y}}\frac{2H_{10}^{+}\pi}{a}\sin\frac{\pi x}{a}\tag{3.5-3}$$

用同样方法可以求得在此波导中仅激励向两个方向传播的 TE_{10}模所需表面磁流 $\boldsymbol{M}_s$应为

$$\boldsymbol{M}_{sTE_{10}}=-\hat{\boldsymbol{x}}\frac{2Z_{TE_{10}}H_{10}^{+}\pi}{a}\sin\frac{\pi x}{a}\tag{3.5-4}$$

式(3.5－3)和式(3.5－4)表明，采用所示形式的电流片或磁流片可以有选择地在矩形波导中仅激励 TE_{10}模而排除所有其它的模。然而在实用中，这样的电流或磁流不可能获得。如上所述，通常是采用探针或小环来激励，如图 3.5－1 和图 3.5－2 所示那样。此种情况下将激励出许多模式，其中大多数模式是消失的，只有满足条件 $\lambda_c>\lambda$ 的某模式才能在波导中得到传播。

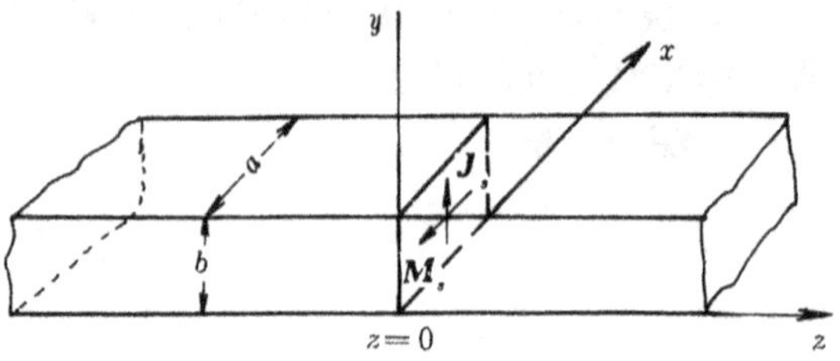

图 3.5－5　激励单－TE_{10}模的电流片

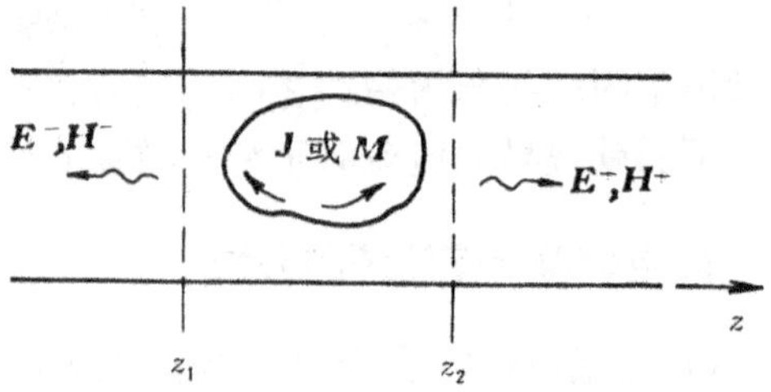

图 3.5－6　任意电流源或磁流源的激励

(2) 任意电流源或磁流源的模式激励

现在考虑由任意电流源或磁流源的激励，如图 3.5－6 所示。由位于 z_1 和 z_2 两截面之间的电流源 $\boldsymbol{J}$ 在波导中将产生向$+z$方向传输的场 $\boldsymbol{E}^{+}$、$\boldsymbol{H}^{+}$和向$-z$方向传输的场 $\boldsymbol{E}^{-}$、

$\boldsymbol{H}^-$。它们可以用波导正规模表示如下：

$$\boldsymbol{E}^+ = \sum_n C_n^+ \boldsymbol{E}_n^+ = \sum_n C_n^+ (\boldsymbol{e}_n + \hat{z} e_{zn}) e^{-j\beta_n z} \qquad z > z_2 \tag{3.5-5a}$$

$$\boldsymbol{H}^+ = \sum_n C_n^+ \boldsymbol{H}_n^+ = \sum_n C_n^+ (\boldsymbol{h}_n + \hat{z} h_{zn}) e^{-j\beta_n z} \qquad z > z_2 \tag{3.5-5b}$$

$$\boldsymbol{E}^- = \sum_n C_n^- \boldsymbol{E}_n^- = \sum_n C_n^- (\boldsymbol{e}_n - \hat{z} e_{zn}) e^{j\beta_n z} \qquad z < z_1 \tag{3.5-5c}$$

$$\boldsymbol{H}^- = \sum_n C_n^- \boldsymbol{H}_n^- = \sum_n C_n^- (-\boldsymbol{h}_n + \hat{z} h_{zn}) e^{j\beta_n z} \qquad z < z_1 \tag{3.5-5d}$$

式中足标 n 表示第 n 个 TE 模或 TM 模。应用罗仑兹(Lorentz)互易定理(注意到此时磁流源 $\boldsymbol{M}_1 = \boldsymbol{M}_2 = 0$)：

$$\oint_S (\boldsymbol{E}_1 \times \boldsymbol{H}_2 - \boldsymbol{E}_2 \times \boldsymbol{H}_1) \cdot d\boldsymbol{s} = \int_V (\boldsymbol{E}_2 \cdot \boldsymbol{J}_1 - \boldsymbol{E}_1 \cdot \boldsymbol{J}_2) dv \tag{3.5-6}$$

式中，S 是包围源体积 V 的封闭表面，$\boldsymbol{E}_i$、$\boldsymbol{H}_i$ 是由电流源 $\boldsymbol{J}_i (i=1$ 或 $2)$ 产生的场。

取体积 V 为 z_1 和 z_2 横截面及波导壁之间的区域，令 $\boldsymbol{E}_1 = \boldsymbol{E}^\pm$，$\boldsymbol{H}_1 = \boldsymbol{H}^\pm$，$\boldsymbol{E}_2$、$\boldsymbol{H}_2$ 为 $-z$ 方向传输的第 n 个正规模：

$$\boldsymbol{E}_2 = \boldsymbol{E}_n^- = (\boldsymbol{e}_n - \hat{z} e_{zn}) e^{j\beta_n z}$$

$$\boldsymbol{H}_2 = \boldsymbol{E}_n^- = (-\boldsymbol{h}_n + \hat{z} h_{zn}) e^{j\beta_n z}$$

代入互易定理式(3.5-6)，注意到 $\boldsymbol{J}_1 = \boldsymbol{J}$，$\boldsymbol{J}_2 = 0$，则得

$$\oint_S (\boldsymbol{E}^\pm \times \boldsymbol{H}_n^- - \boldsymbol{E}_n^- \times \boldsymbol{H}^\pm) \cdot ds = \int_V \boldsymbol{E}_n^- \cdot \boldsymbol{J} dv \tag{3.5-7}$$

考虑到在波导壁上切向电场为零，而在波导截面上波导正规模是正交的，则可由式(3.5-7)求得向 $+z$ 方向传输的第 n 正规模的振幅系数为

$$C_n^+ = \frac{-1}{P_n} \int_V \boldsymbol{E}_n^- \cdot \boldsymbol{J} dv = \frac{-1}{P_n} \int_V (\boldsymbol{e}_n - \hat{z} e_{zn}) \cdot \boldsymbol{J} e^{j\beta_n z} dv \tag{3.5-8}$$

式中

$$P_n = 2 \int_S \boldsymbol{e}_n \times \boldsymbol{h}_n \cdot \hat{z} ds \tag{3.5-9}$$

是正比于第 n 正规模功率流的归一化常数。

若以 $\boldsymbol{E}_2 = \boldsymbol{E}_n^+$，$\boldsymbol{H}_2 = \boldsymbol{H}_n^+$ 重复上述步骤，可得向 $-z$ 方向传输的第 n 正规模的振幅系数为

$$C_n^- = \frac{-1}{P_n} \int_V \boldsymbol{E}_n^+ \cdot \boldsymbol{J} dv = \frac{-1}{P_n} \int_V (\boldsymbol{e}_n + \hat{z} e_{zn}) \cdot \boldsymbol{J} e^{-j\beta_n z} dv \tag{3.5-10}$$

类似的推导可得到磁流源 $\boldsymbol{M}$ 激励的向 $+z$ 和 $-z$ 方向传输的第 n 正规模的振幅系数分别为

$$C_n^+ = \frac{1}{P_n} \int_V \boldsymbol{H}_n^- \cdot \boldsymbol{M} dv = \frac{1}{P_n} \int_V (-\boldsymbol{h}_n + \hat{z} h_{zn}) \cdot \boldsymbol{M} e^{j\beta_n z} dv \tag{3.5-11}$$

$$C_n^- = \frac{1}{P_n} \int_V \boldsymbol{H}_n^+ \cdot \boldsymbol{M} dv = \frac{1}{P_n} \int_V (\boldsymbol{h}_n + \hat{z} h_{zn}) \cdot \boldsymbol{M} e^{-j\beta_n z} dv \tag{3.5-12}$$

式中 P_n 如式(3.5-9)所示。

例 3.5-1　求图 3.5-7 所示探针激励矩形波导中 $+z$ 和 $-z$ 方向传输的 TE_{10} 模的振幅与探针处的输入电阻。假定此波导中只能传输 TE_{10} 模。

解　假定探针无限细，则其上电流密度可以表示成

$$\boldsymbol{J}(x,y,z)=I_0\delta\left(x-\frac{a}{2}\right)\delta(z)\hat{y}\qquad 0\leqslant y\leqslant b$$

TE_{10}模的模式函数为

$$\boldsymbol{e}_1=\hat{y}\sin\frac{\pi x}{a},\quad \boldsymbol{h}_1=\hat{x}\frac{-1}{Z_1}\sin\frac{\pi x}{a}$$

式中 $Z_1=k_0\eta_0/\beta_1$ 是 TE_{10}模的波阻抗。由式(3.5－9)，归一化常数为

$$P_1=\frac{2}{Z_1}\int_{x=0}^{a}\int_{y=0}^{b}\sin^2\frac{\pi x}{a}dxdy=\frac{ab}{Z_1}$$

由式(3.5－8)，振幅系数 C_1^+ 为

$$C_1^+=\frac{-1}{P_1}\int_V\sin\frac{\pi x}{a}e^{j\beta_1 z}I_0\delta\left(x-\frac{a}{2}\right)\delta(z)dxdydz$$

$$=\frac{-I_0 b}{P_1}=\frac{-Z_1 I_0}{a}$$

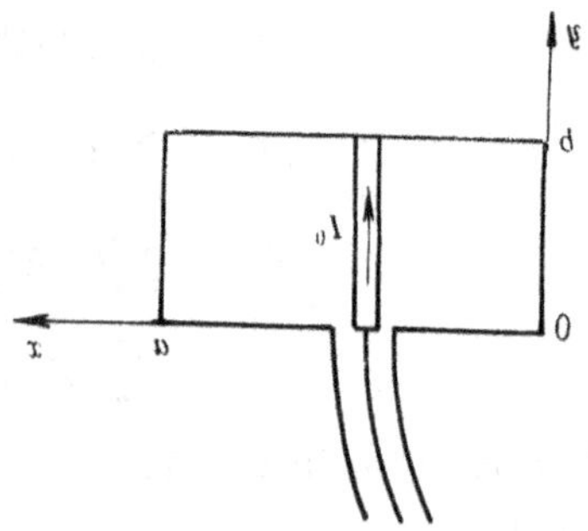

图 3.5－7　矩形波导宽边中心处的均匀电流探针激励

由式(3.5－10)，振幅系数 C_1^- 可求得为

$$C_1^-=\frac{-Z_1 I_0}{a}$$

波导中 TE_{10}模的传输功率为

$$P_{10}=\frac{1}{2}\int_S\boldsymbol{E}^+\times\boldsymbol{H}^{+*}\cdot d\boldsymbol{s}+\frac{1}{2}\int_S\boldsymbol{E}^-\times\boldsymbol{H}^{-*}\cdot d\boldsymbol{s}=\int_S\boldsymbol{E}^+\times\boldsymbol{H}^{+*}\cdot d\boldsymbol{s}$$

$$=\int_{x=0}^{a}\int_{y=0}^{b}\frac{|C_1^+|^2}{Z_1}\sin^2\frac{\pi x}{a}dxdy=\frac{ab}{2Z_1}|C_1^+|^2$$

于是探针的输入电阻为

$$R_{in}=\frac{2P_{10}}{I_0^2}=\frac{ab|C_1^+|^2}{I_0^2 Z_1}=\frac{bZ_1}{a}$$

例 3.5－2　求图 3.5－8(*a*)所示矩形波导端壁处小半环激励的正向传输 TE_{10}模的振幅系数。

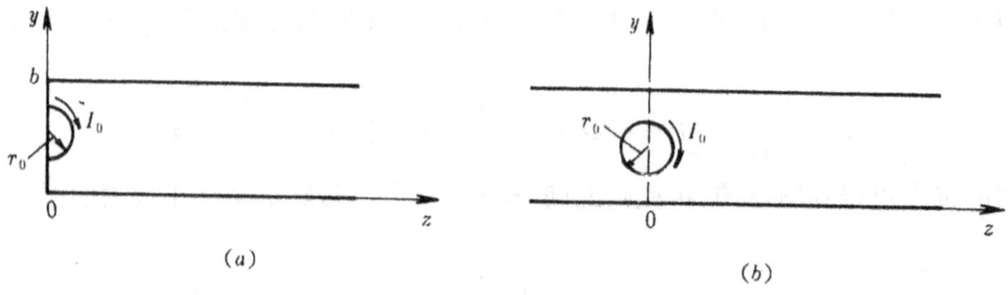

图 3.5－8　(*a*) 矩形波导端壁处的半环；(*b*) 环的镜像

解　根据镜像原理，图 3.5－8(*a*)所示端壁上的电流为 I_0 的半环，可用去掉端壁的电流 I_0 全环来代替，如图 3.5－8(*b*)所示。假定电流很小，则可等效为一磁偶极矩：

$$\boldsymbol{P}_m=\hat{x}I_0\pi r_0^2\delta\left(x-\frac{a}{2}\right)\delta\left(y-\frac{b}{2}\right)\delta(z)$$

此 $\boldsymbol{P}_m$ 与等效磁流密度 $\boldsymbol{M}$ 的关系是

$$\boldsymbol{M} = j\omega\mu_0\boldsymbol{P}_m$$

因此得到此环的等效磁流密度

$$\boldsymbol{M} = \hat{\boldsymbol{x}} j\omega\mu_0 I_0 \pi r_0^2 \delta\left(x - \frac{a}{2}\right)\delta\left(y - \frac{b}{2}\right)\delta(z) \quad (\mathrm{V/m^2})$$

TE_{10}模的横向磁场模式函数为

$$\boldsymbol{h}_1 = \frac{-\hat{\boldsymbol{x}}}{\boldsymbol{Z}_1}\sin\frac{\pi x}{a}$$

由式(3.5－11)，便得到正向TE_{10}模的振幅系数为

$$C_1^+ = \frac{1}{P_1}\int_V -\boldsymbol{h}_1 \cdot \boldsymbol{M} dv = \frac{jk_0\eta_0 I_0 \pi r_0^2}{ab}$$

3. 波导的孔激励

波导或其它导行系统也常用小孔或缝来激励。用小孔或缝激励可构成定向耦合器和功率分配器等元件。要严格求解小孔激励的场很困难，作为一级近似，小孔可以等效为一无限小的电偶极子和一无限小的磁偶极子。这样就可以用上述结果来求其等效电流产生的场。

图 3.5－9(*a*)表示小孔的电场耦合情况：法向电场通过小孔的激励可用两个相反方向的无限小电极化电流 $\boldsymbol{P}_e$ 来等效。此极化电流的强度与法向电场成正比，即

$$\boldsymbol{P}_e = \varepsilon_0\alpha_e\hat{\boldsymbol{n}}E_n\delta(x - x_0)\delta(y - y_0)\delta(z - z_0) \qquad (3.5-13)$$

式中，比例常数 α_e 为小孔的电极化率，(x_0, y_0, z_0)是小孔中心的坐标。

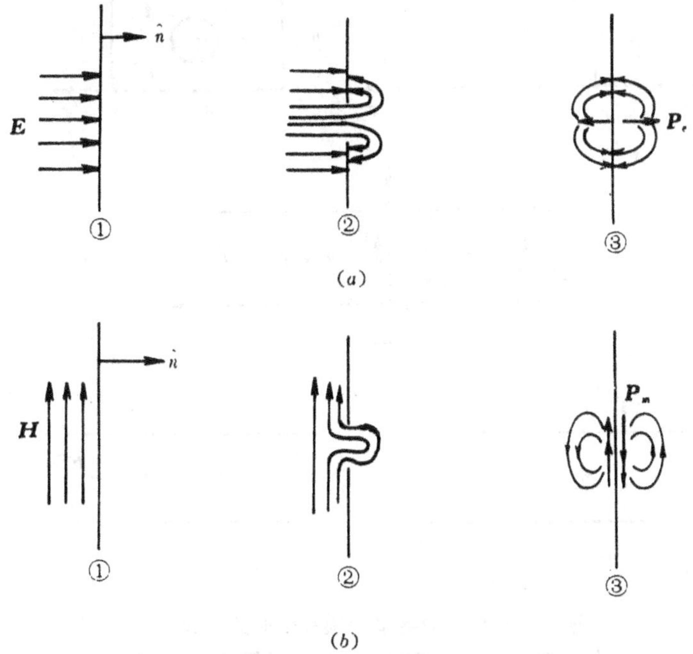

图 3.5－9　小孔耦合及其等效

(*a*) 电场耦合；(*b*) 磁场耦合

图 3.5－9(*b*)表示小孔的磁场耦合情况：切向磁场通过小孔的激励可用两个相反方向

的无限小极化磁流 $\boldsymbol{P}_m$ 来等效，而

$$\boldsymbol{P}_m = -\alpha_m \boldsymbol{H}_{\tan}\delta(x-x_0)\delta(y-y_0)\delta(z-z_0) \tag{3.5-14}$$

式中比例常数 α_m 为小孔的磁极化率。

α_e 和 α_m 是取决于小孔形状和尺寸的常数。小圆孔的 $\alpha_e = 2r_0^3/3$，$\alpha_m = 4r_0^3/3$，r_0 为小孔的半径。

根据麦克斯韦方程可以证明，$\boldsymbol{P}_e$和 $\boldsymbol{P}_m$ 分别与电流源 $\boldsymbol{J}$ 和磁流源 $\boldsymbol{M}$ 相当，其等效关系为

$$\begin{aligned} \boldsymbol{J} &= j\omega \boldsymbol{P}_e \\ \boldsymbol{M} &= j\omega\mu_0 \boldsymbol{P}_m \end{aligned} \tag{3.5-15}$$

这样我们就可以利用式(3.5-8)、(3.5-10)、(3.5-11)和式(3.5-12)来计算小孔激励的场。下面以矩形波导横向壁和宽边壁上的小孔为例来说明上述结果的应用。

(1) 波导横向膜片上的小孔

考虑图 3.5-10(a)所示横向膜片中央处的小圆孔，假定波导中仅传输 TE_{10}模。此模从 $z<0$ 入射到横向膜片引起反射，在 $z<0$ 区域形成驻波场：

$$\begin{aligned} E_y &= C\left(e^{-j\beta z} - e^{j\beta z}\right)\sin\frac{\pi x}{a} \\ H_x &= \frac{-C}{Z_{10}}\left(e^{-j\beta z} + e^{j\beta z}\right)\sin\frac{\pi x}{a} \end{aligned} \tag{3.5-16}$$

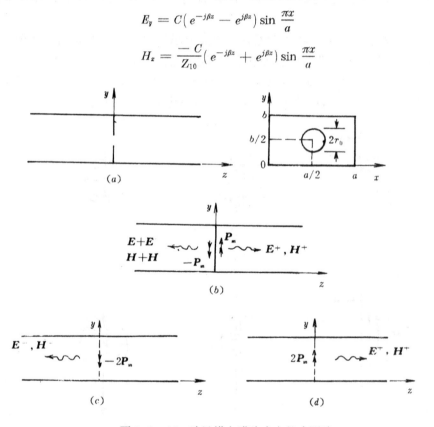

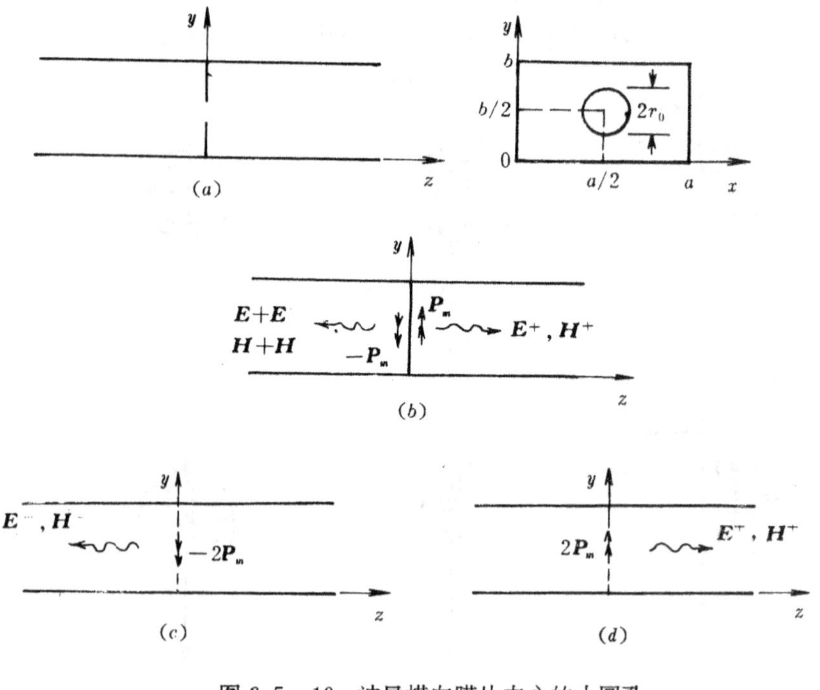

图 3.5-10　波导横向膜片中心的小圆孔

(a) 结构示意图；(b) 小孔封闭以等效磁偶极子代替后的场；

(c) 小孔等效磁偶极子激励的 $z<0$ 区域中的场；

(d) 小孔等效磁偶极子激励的 $z>0$ 区域中的场

式中 β 和 Z_{10}分别是 TE_{10}模的传播常数和波阻抗。由式(3.5-13)和式(3.5-14)可求得小

孔的等效电极化和磁极化电流为

$$\boldsymbol{P}_e=\hat{z}\varepsilon_0\alpha_e E_z\delta\left(x-\frac{a}{2}\right)\delta\left(y-\frac{b}{2}\right)\delta(z)=0$$

$$\boldsymbol{P}_m=-\hat{x}\alpha_m H_x\delta\left(x-\frac{a}{2}\right)\delta\left(y-\frac{b}{2}\right)\delta(z) \tag{3.5-17}$$

$$=\hat{x}\frac{2C\alpha_m}{Z_{10}}\delta\left(x-\frac{a}{2}\right)\delta\left(y-\frac{b}{2}\right)\delta(z)$$

由式(3.5－15)求得等效磁流密度为

$$\boldsymbol{M}=j\omega\mu_0\boldsymbol{P}_m=\hat{x}\frac{2j\omega\mu_0C\alpha_m}{Z_{10}}\delta\left(x-\frac{a}{2}\right)\delta\left(y-\frac{b}{2}\right)\delta(z) \tag{3.5-18}$$

波导横向膜片两侧区域中的场，可以看成是小孔封闭由$-\boldsymbol{P}_m$和$\boldsymbol{P}_m$产生的散射场，如图3.5－10(b)所示。根据镜象原理，波导壁的作用将使偶极子强度加强，于是小孔激励的向$-z$和$+z$方向的场等效为$-2\boldsymbol{P}_m$和$2\boldsymbol{P}_m$产生的场，如图3.10(c)、(d)所示。这样，将式(3.5－18)代入式(3.5－11)和式(3.5－12)便得到向$+z$和$-z$方向传输的TE_{10}模的振幅系数为

$$C_{10}^{+}=\frac{1}{P_{10}}\int_V(-\boldsymbol{h}_{10})(2j\omega\mu_0\boldsymbol{P}_m)dv=\frac{4jC\omega\mu_0\alpha_m}{abZ_{10}}=\frac{4jC\beta\alpha_m}{ab}$$

$$C_{10}^{-}=\frac{1}{P_{10}}\int_V\boldsymbol{h}_{10}(-2j\omega\mu_0\boldsymbol{P}_m)dv=\frac{4jC\omega\mu_0\alpha_m}{abZ_{10}}=\frac{4jC\beta\alpha_m}{ab} \tag{3.5-19}$$

式中已代入$\boldsymbol{h}_{10}=(-\hat{x}/Z_{10})\sin(\pi x/a)$，$P_{10}=ab/Z_{10}$。最后得到波导中完整的场为

$$E_y=\left[Ce^{-j\beta z}+(C_{10}^{-}-C)e^{j\beta z}\right]\sin\frac{\pi x}{a}\qquad z<0$$

$$H_x=\frac{1}{Z_{10}}\left[-Ce^{-j\beta z}+(C_{10}^{-}-C)e^{j\beta z}\right]\sin\frac{\pi x}{a}\qquad z<0 \tag{3.5-20}$$

和

$$E_y=C_{10}^{+}e^{-j\beta z}\sin\frac{\pi x}{a}\qquad z>0$$

$$H_x=\frac{-C_{10}^{+}}{Z_{10}}e^{-j\beta z}\sin\frac{\pi x}{a}\qquad z>0 \tag{3.5-21}$$

波的反射系数和传输系数为

$$\Gamma=\frac{C_{10}^{-}-C}{C}=\frac{4j\beta\alpha_m}{ab}-1$$

$$T=\frac{C_{10}^{+}}{C}=\frac{4j\beta\alpha_m}{ab} \tag{3.5-22}$$

此波导横向膜片上的小孔可等效为归一化电纳jb，如图3.5－11所示。则由此膜片引起的反射系数为

$$\Gamma=\frac{1-y_{in}}{1+y_{in}}=\frac{1-(1+jb)}{1+(1+jb)}=\frac{-jb}{2+jb}$$

若此并联电纳很大(低阻抗)，则 Γ 可近似表示为

$$\Gamma=\frac{-1}{1+(2/jb)}\simeq -1-j\frac{2}{b} \tag{3.5-23}$$

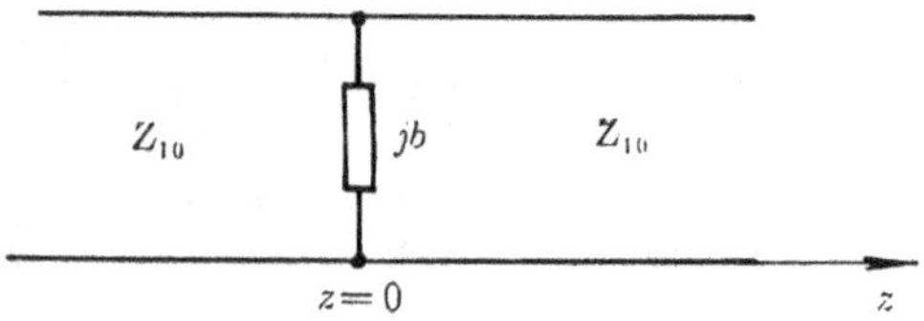

图 3.5-11　横向膜片上小孔的等效电路

与式(3.5-22)相比看出，小孔等效为一归一化感性电纳：

$$b=\frac{-ab}{2\beta\alpha_m} \tag{3.5-24}$$

(2) 波导宽壁上的小孔

如图 3.5-12 所示，两平行矩形波导公共宽壁中心有一小圆孔，假设 TE_{10} 模从下面的波导①口入时，需要计算上面波导中的耦合场。

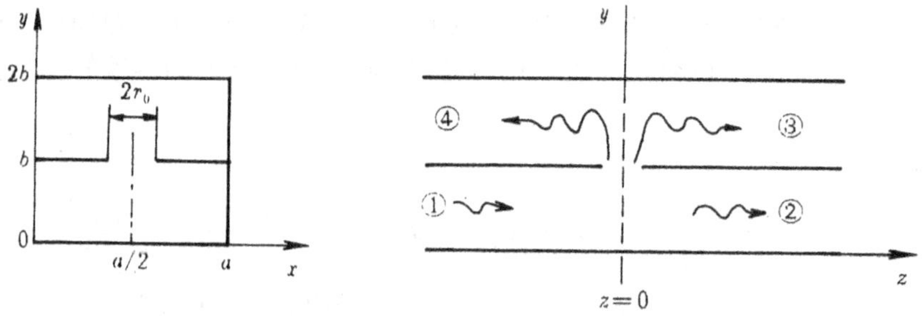

图 3.5-12　波导公共宽壁上的小圆孔耦合

入射场可以写成

$$E_y=C\sin\frac{\pi x}{a}e^{-j\beta z}$$
$$H_x=\frac{-C}{Z_{10}}\sin\frac{\pi x}{a}e^{-j\beta z} \tag{3.5-25}$$

则在小孔中心处($x=a/2$，$y=b$，$z=0$)的激励场为

$$E_y=C$$
$$H_x=\frac{-C}{Z_{10}} \tag{3.5-26}$$

由式(3.5-13)、(3.5-14)和式(3.5-15)，耦合到上面波导中的等效电流和磁流为

$$J_y=j\omega\varepsilon_0\alpha_e C\delta\left(x-\frac{a}{2}\right)\delta(y-b)\delta(z)$$
$$M_x=\frac{j\omega\mu_0\alpha_m C}{Z_{10}}\delta\left(x-\frac{a}{2}\right)\delta(y-b)\delta(z) \tag{3.5-27}$$

假设上面波导中的场为

$$E_y^-=C_{10}^-\sin\frac{\pi x}{a}e^{j\beta z}\qquad z<0$$
$$H_x^-=\frac{C_{10}^-}{Z_{10}}\sin\frac{\pi x}{a}e^{j\beta z}\qquad z<0 \tag{3.5-28}$$

$$E_y^+ = C_{10}^+ \sin\frac{\pi x}{a}e^{-j\beta z} \qquad z>0$$
$$H_x^+ = \frac{-C_{10}^-}{Z_{10}}\sin\frac{\pi x}{a}e^{-j\beta z} \qquad z>0 \tag{3.5-29}$$

其中正向和反向传输波的振幅系数 C_{10}^+ 和 C_{10}^- 可分别由式(3.5－8)、(3.5－11)和式(3.5－10)、(3.5－12)求得为

$$C_{10}^+ = \frac{-1}{P_{10}}\int_V (E_y^- J_y - H_x^- M_x)dv = \frac{-j\omega C}{P_{10}}\left(\varepsilon_0\alpha_e - \frac{\mu_0\alpha_m}{Z_{10}^2}\right) \tag{3.5-30}$$

$$C_{10}^- = \frac{-1}{P_{10}}\int_V (E_y^+ J_y - H_x^+ M_x)dv = \frac{-j\omega C}{P_{10}}\left(\varepsilon_0\alpha_e + \frac{\mu_0\alpha_m}{Z_{10}^2}\right) \tag{3.5-31}$$

式中 $P_{10}=ab/Z_{10}$。结果表明宽壁中心处的小孔因既有 E_y 分量耦合，又有 H_x 分量耦合，分别等效为一个电偶极子和一个磁偶极子；电偶极子在上面波导的两个方向激励相同的场，而磁偶极子在两个方向激励大小相等极化相反的场。这样，在③口方向的场相互加强，而在④口方向的场则相互削弱；若上面的波导相对下面的波导旋转一定角度 θ，④口方向的场将相互抵消，从而在上面的波导获得定向传输，构成所谓波导定向耦合器。

本 章 提 要

本章研究的是规则金属波导(主要研究了矩形波导和圆形波导)的基本理论，包括横向模式理论和纵向传输特性。前者指导波场的分析和求解方法、导模的场结构和管壁电流结构的规律和特点、正规模的特性、导模的激励等；后者指各种导模沿波导轴向的传输特性。这些内容是微波理论和技术的核心内容，也是微波和天线工程的理论基础。

关键词：规则波导、矩形波导、圆波导、同轴线、TE 模、TM 模、传输条件与截止、主模、模式简并。

1. 规则金属波导不能传输 TEM 模。其基本波型是 TE 模和 TM 模，并有无穷多种结构不同的模式，即 TE_{mn} 模和 TM_{mn} 模。它们构成规则金属波导的正交完备模系。只有满足条件 $\lambda_c>\lambda$ 或 $f_c<f$ 的模才能在相应波导中传输；导模的截止则是由于消失模的出现。

2. 矩形波导是厘米波段和毫米波段使用最多的导行系统，使用时几乎都是以主模 TE_{10} 模工作。

3. 圆波导具有加工方便、损耗低等优点。其有用模式主要是 TE_{11}、TM_{01} 和 TE_{01} 模。TE_{11} 模是圆波导的主模，但因具有极化简并现象，使圆波导不宜用作传输系统。利用这三个模场结构的特点所构成的一些特殊用途元件，在微波技术中有着很重要的应用。

4. 同轴线的主模是TEM 模，可宽频带工作，广泛用做宽频带馈线和宽带元件。但在一定尺寸条件下，同轴线中会出现高次模。最低型高次模是 TE_{11} 模，其 $\lambda_c=\pi(a+b)$。因此，保证同轴线以 TEM 模工作的条件是 $\lambda_{min}>\pi(a+b)$，由此得到同轴线的最高工作频率 $f_{max}\leqslant 0.95 f_{cTE_{11}}$。

5. 金属波导中的微波能量是用激励方式产生的。常用的激励方法是探针激励、环激励、直接过渡和小孔(或缝)激励。本章分析得到任意电流源、磁流源与小孔激励的特定正规模振幅系数的近似公式。

习　题

3－1　试定性解释为什么空心金属波导中不能传输TEM波。

3－2　矩形波导的尺寸 a 为8 cm，b 为4 cm，试求频率分别为3 GHz和5 GHz时该波导能传输哪些模。

3－3　尺寸为 $22.9\times10.2\ mm^2$ 的空气矩形波导以主模传输8.20 GHz和12.40 GHz的微波能量，求四个最低模式的截止频率，并求此两频率时主模的 λ_g/λ 值。

3－4　采用BJ－32作馈线：①当工作波长为6 cm时，波导中能传输哪些模？②测得波导中传输 TE_{10} 模时相邻两波节点之间的距离为10.9 cm，求 λ_g 和 λ_0；③设工作波长为10 cm，求导模的 λ_c、λ_g、v_p 和 v_g。

3－5　试以 TE_{10} 模为例，证明波导中的能量传播速度与群速度相等。

3－6　尺寸为 $7.214\times3.404\ cm^2$ 的矩形波导，工作频率为5 GHz，求 TE_{10}、TE_{01}、TE_{11} 和 TE_{02} 模的传播常数和相速度。

3－7　用BJ－100波导以主模传输10 GHz的微波信号：①求 λ_c、λ_g、β 和 Z_w；②若波导宽边尺寸增大一倍，问上述各量如何变化？③若波导窄边尺寸增大一倍，上述各量又将如何变化？④若尺寸不变，工作频率变为15 GHz，上述各量如何变化？

3－8　采用BJ－100波导作馈线：①当工作波长为1.5 cm、3 cm、4 cm时，波导中可能存在哪些模？②为保证只传输 TE_{10} 模，其波长范围和频率范围应为多少？

3－9　宽边尺寸为 a，窄边尺寸为 b 的矩形波导($a>2b$)，试求波导内全部为空气、一半空气一半填充 ε_r 的介质(以 $x=a/2$ 为界)和全部填充 ε_r 的介质情况下，主模 TE_{10} 模的截止波长，并比较三种情况下波导的单模工作波长范围。

3－10　空气圆波导的直径为5 cm：①求 TE_{11}、TE_{01} 和 TM_{01} 模的截止波长；②当工作波长分别为7 cm、6 cm和3 cm时，波导中可能存在哪些模？③求工作波长为7 cm时主模的波导波长。

3－11　以相对介电常数为 ε_r 的介质填充的矩形波导，其尺寸为 $2.286\times1.016\ cm^2$，要求在5 GHz时仅传输 TE_{10}，试求 ε_r 的范围；若 $\varepsilon_r=2.25$，$\mathrm{tg}\,\delta=10^{-3}$，求 λ_g、v_p 和 α_d。

3－12　直径为6 cm的空气圆波导以 TE_{11} 模工作，求频率为3 GHz时的 f_c、λ_g 和 Z_w。

3－13　直径为2 cm的空气圆波导传输10 GHz的微波信号，求其可能传输的模式。

3－14　在BJ－58波导中均匀填充 ε_r 为2.25的介质，工作频率为6 GHz，求该波导能传输哪些模。

3－15　尺寸为 $2\times1\ cm^2$ 的空气填充矩形波导，以 TE_{10} 模传输373 W功率，频率为30 GHz，求波导内的电场峰值。

3－16　尺寸为 $2.286\times1.016\ cm^2$ 的矩形波导中要求只传输 TE_{10} 模，求此波导可应用的频率范围，计算在此频率范围内的波导波长的变化。

3－17　计算上题矩形波导传输 TE_{10} 模的衰减常数，设工作频率为9.6 GHz，管壁的 $\sigma=5.8\times10^7$ S/m。

3－18　如图3－1所示尺寸为 $a\times b$ 的矩形波导，其右半部分填充 ε_r 为2.3的介质，由左边输入1 W的 TE_{10} 模功率，求通过介质部分的功率。

3－19　半径为5 cm的空气圆波导，求其主模的频率范围；若工作频率为2.5 GHz，问

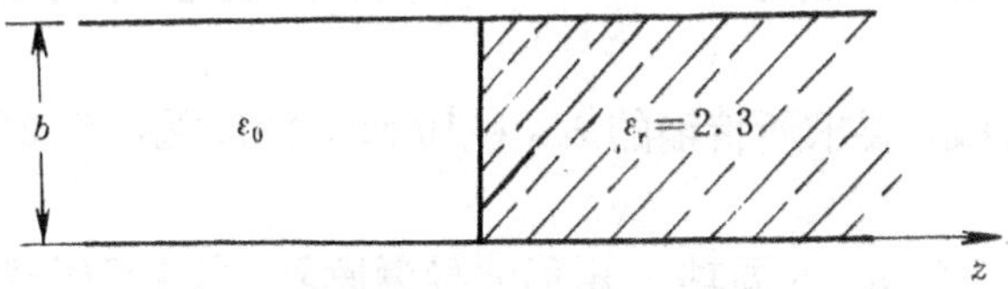

图　3 - 1

能传输哪些模？若用此波导做 TM_{01} 模截止衰减器，传输频率为 1 GHz 的微波信号，求其衰减常数；若要求衰减量 100 dB，问波导长度需多少？

3 - 20　试推导圆波导 TE_{01} 模的衰减常数表示式。

3 - 21　发射机工作波长范围为 7.6～11.8 cm，用矩形波导馈电，计算波导的尺寸和相对频带宽度。

3 - 22　计算 BJ - 32 波导在工作频率为 3 GHz，传输 TE_{10} 模时的导体衰减常数；设此波导内均匀填充 ε_r 为 2.25 的介质，其 tg δ=0.007，求波导总的衰减常数值。

3 - 23　发射机工作频率为 3 GHz，今用矩形波导和圆波导作馈线，均以主模传输，试比较波导尺寸大小。

3 - 24　求 BJ - 100 波导在频率为 10 GHz 时的极限功率和衰减常数；如果波导长为 4 m，问损耗功率占传输功率的百分之几（设波导壁材料为黄铜）。

3 - 25　矩形波导传输 5 GHz 的微波信号，由 $\lambda/\lambda_c=0.8$ 来确定其尺寸，要求内壁宽高比为 2∶1，设传输的平均功率为 1 kW，求管内电场和磁场最大值，并指出此值在管内的位置和矢量方向。

3 - 26　频率为 14 GHz 的微波信号，选用直径为 51.6 mm 紫铜圆波导传输 100 m 远，要求全长衰减小于 1 dB，问应选择何种工作模式？

3 - 27　工作波长为 8 mm 的信号用 BJ - 320 矩形波导过渡到传输 TE_{01} 模的圆波导并要求两者相速一样，试计算圆波导的直径；若过渡到圆波导后要求传输 TE_{11} 模且相速一样，再计算圆波导的直径。

3 - 28　①选择一标准矩形波导用来传输 3 GHz 2.5 MW 的功率；②计算波导长度为 12.192 m 的衰减值和传送给终端天线的功率百分数；③计算此波导的频率范围；④求在上述功率值条件下电场峰值；⑤计算此波导的五个最低次模的截止频率。

3 - 29　分别采用直径为 10 cm 的圆波导和外导体内径为 10 cm 的空气同轴线（其内导体外径由衰减最小条件确定），传输 2 GHz 和 3 GHz 的微波信号，试比较两者主模每公里的衰减量。设导体材料为铜，$\sigma=5.8\times10^7$ S/m。

3 - 30　计算尺寸为 4×2 cm² 空气矩形波导在 6 GHz 的衰减常数，并与相同 f_{max} 值的空气同轴线的结果比较。假设导体材料都是铜。

3 - 31　给定 $b/a=0.45$，$S=b$，设计用于 3.0～7.0 GHz 频带的单脊波导，其 TE_{20} 模的截止频率比频带高端高出约 5%，TE_{10} 模的截止频率比低端低约 20%。

3 - 32　在矩形波导 4×1 cm² 的宽边中间用宽度为 0.2 cm，ε_r 为 9 的介质板加载，求此加载波导 TE_{10} 模和 TE_{20} 模的截止频率。

3 - 33　空气同轴线尺寸 a 为 1 cm，b 为 4 cm：①计算 TE_{11}、TM_{01} 和 TE_{01} 三种高次模的截止波长；②若工作波长为 10 cm，求 TEM 和 TE_{11} 模的相速度。

3 - 34　发射机工作波长范围为 10～20 cm，用同轴线馈电，要求损耗最小，计算同轴线的尺寸。

3 - 35　设计一同轴线，要求所传输的 λ_{min} 为 10 cm，特性阻抗为 50 Ω，计算其尺寸(介质分别为空气和聚乙烯)。

3 - 36　尺寸为 30×10 cm^2 的同轴 - 矩形波导激励器，探针置于宽壁中央，工作频率为 12 GHz，问此波导中能传输何种模式？

3 - 37　试证明正规模正交性式(3.4 - 9)。

3 - 38　试推导在圆波导中仅激励 TM_{01} 模的电流和磁流源表示式。

第四章　微波集成传输线

在 20 世纪 50 年代初以前，所有的微波设备几乎都是采用金属波导和同轴线电路。随着航空和航天技术的发展，要求微波电路和系统做到小型、轻量、性能可靠。首当其冲的问题是要有新的导行系统，且应为平面型结构，使微波电路和系统能集成化。50 年代初出现了第一代微波印制传输线——带状线。在有些场合，它可取代同轴线和波导，用来制作微波无源电路。随着后来芯片型式微波固体器件的发展，要求有适合其输入输出连接的导行系统，致使 60 年代初出现了第二代微波印制传输线——微带线。随后又相继出现了鳍线、槽线、共面波导和共面带状线等平面型微波集成传输线(microwave integrated transmission lines)。采用这些平面型传输线中的一种或其组合所实现的微波电路，与常规的微波电路相比，具有体积小、重量轻、价格低廉、可靠性高、性能优越、功能的可复制性好等共同优点，且适宜与微波固体芯片器件配合使用，构成各种各样的混合微波集成电路和单片微波集成电路。

本章着重分析最常用的带状线、微带线、耦合带状线和耦合微带线的特性与设计计算方法，同时简单介绍鳍线、槽线和共面传输线的特性与计算方法。

4.1　带　状　线

带状线(stripline)又称三板线，由两块相距为 b 的接地板，与中间的宽度为 W 厚度为 t 的矩形截面导体带构成，接地板之间填充均匀介质或空气，如图 4.1－1(a)所示。

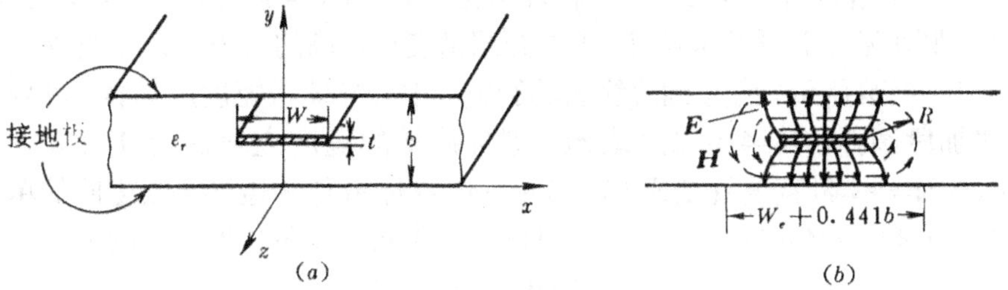

图 4.1－1　带状线的结构与场结构

带状线可以替代同轴线制作高性能(宽频带、高 Q 值、高隔离度)无源元件；但它不便外接固体微波器件，因而不宜用做有源微波电路。

带状线具有两个导体，且为均匀介质填充，故可传输 TEM 导波，且为带状线的工作模式，图 4.1－1(b)表示其电磁场结构。直观上，带状线可以视为由同轴线演变而成：将同轴线内外导体变成矩形，令其窄边延伸至无限远便成了带状线。然而，也像同轴线一样，带状线也可存在高次型 TE 或 TM 模。通常选择带状线的横向尺寸：$b<\lambda_{min}/2$，$W<\lambda_{min}/2$，接地板宽度 $a=(5\sim6)W$，以避免出现这些高次模。

这种两侧边开放的带状线的特性分析，不像金属波导和同轴线那样简单。但我们关心的是带状线的 TEM 特性，通过静电分析方法，例如保角变换就可以获得带状线电路设计所需的全部数据。本节首先求解带状线的 TEM 特性，介绍一些有用的闭式公式，然后讨论带状线的近似数值方法。

1. 带状线的 TEM 特性

像一般传输线一样，带状线的基本特性参数是特性阻抗 Z_0、衰减常数 α 和波导波长 λ_g（或传播常数 β）。

（1）相速度和波导波长

由于是 TEM 模，$k_c=0$，$\lambda_c=\infty$，故带状线的相速度由式(1.4 - 44)，

$$v_p = v = \frac{1}{\sqrt{\mu_0\varepsilon_0\varepsilon_r}} = \frac{c}{\sqrt{\varepsilon_r}} \tag{4.1 - 1}$$

式中 c 为自由空间光速。传播常数 β 则为

$$\beta = \frac{\omega}{v_p} = \frac{\omega}{v} = \omega\sqrt{\mu_0\varepsilon_0\varepsilon_r} = k_0\sqrt{\varepsilon_r} \tag{4.1 - 2}$$

由式(1.4 - 47)，波导波长或带状线波长为

$$\lambda_g = \lambda = \frac{\lambda_0}{\sqrt{\varepsilon_r}} \tag{4.1 - 3}$$

式中 λ_0 为自由空间波长。

（2）特性阻抗

带状线的特性阻抗可由其单位长度电容来求得，即

$$Z_0 = \sqrt{\frac{L_1}{C_1}} = \frac{\sqrt{L_1C_1}}{C_1} = \frac{1}{v_pC_1} \tag{4.1 - 4}$$

用保角变换方法求解拉普拉斯方程，可精确求得带状线的单位长度电容 C_1；但过程复杂，且其解包含椭圆函数，不便工程应用。下面介绍精度相当高的实用公式和曲线。

如图 4.1 - 1(b)所示，考虑到边缘场的影响，中心导体带宽度应加宽，其效果相当于导体带两端加段圆弧，其半径以 R 表示，则导体带的宽度应增加为 W_e+2R，一般取 $R=0.2205b$，这样导体带宽度就变成 $W_e+0.441b$。导体带与一边接地板之间的单位长度电容应为 $\varepsilon(W_e+0.441b)/(b/2)=2\varepsilon(W_e+0.441b)/b$，带状线单位长度电容则为

$$C_1 = \frac{4\varepsilon(W_e+0.441b)}{b}$$

代入式(4.1 - 4)，得到带状线特性阻抗为

$$Z_0 = \frac{\sqrt{\mu_0\varepsilon}\, b}{4\varepsilon(W_e+0.441b)} = \frac{30\pi}{\sqrt{\varepsilon_r}}\frac{b}{W_e+0.441b} \tag{4.1 - 5a}$$

式中 W_e 是中心导体带的有效宽度(effective width)：

$$\frac{W_e}{b} = \frac{W}{b} - \begin{cases} 0 & W/b > 0.35 \\ (0.35 - W/b)^2 & W/b < 0.35 \end{cases} \tag{4.1 - 5b}$$

式(4.1 - 5)是假定零导体带厚度，其精度约 1%。由此式可见，带状线的特性阻抗随导体带宽度 W 增大而减小。

带状线电路的设计通常是给定特性阻抗和基片材料（已知 ε_r 和 b），要求设计导体带宽

度 W。此时可用由式(4.1-5)得到的如下综合公式：

$$\frac{W}{b}=\begin{cases}x & \sqrt{\varepsilon_r}Z_0<120\ \Omega\\ 0.85-\sqrt{0.6-x} & \sqrt{\varepsilon_r}Z_0>120\ \Omega\end{cases} \tag{4.1-6}$$

式中

$$x=\frac{30\pi}{\sqrt{\varepsilon_r}Z_0}-0.441$$

科恩(Cohn, S. B.)最先应用保角变换方法求得零厚度导体带带状线的特性阻抗；对于非零导体导体带，他将厚度的影响折合成宽高比(W/b)来计算，从而得到如图 4.1-2(a)所示实用特性阻抗曲线①。其精度约为 1.5%。应用此曲线，若给定 ε_r、W/b，便可查得特性阻抗值；若已知特性阻抗 Z_0 和 ε_r、b，便可求得导体带宽度 W。

惠勒(Wheeler, H. A.)用保角变换法得到的如下有限厚度导体带带状线特性阻抗公式可用于带状线电路的 CAD②：

$$Z_0=\frac{30}{\sqrt{\varepsilon_r}}\ln\left\{1+\frac{4}{\pi}\cdot\frac{1}{m}\left[\frac{8}{\pi}\cdot\frac{1}{m}+\sqrt{\left(\frac{8}{\pi}\cdot\frac{1}{m}\right)^2+6.27}\right]\right\} \tag{4.1-7}$$

式中

$$m=\frac{W}{b-t}+\frac{\Delta W}{b-t}$$

$$\frac{\Delta W}{b-t}=\frac{x}{\pi(1-x)}\left\{1-0.5\ln\left[\left(\frac{x}{2-x}\right)^2+\left(\frac{0.0796x}{W/b+1.1x}\right)^n\right]\right\}$$

而

$$n=\frac{2}{1+\frac{2}{3}\cdot\frac{x}{1-x}}\qquad x=\frac{t}{b}$$

式中 t 为导体带厚度。当 $W/(b-t)<10$ 时，式(4.1-7)的精度优于 0.5%。

若已知特性阻抗 Z_0 和 ε_r，非零厚度带状线导体带宽度可用如下综合公式计算：

$$\frac{W}{b}=\frac{W_e}{b}-\frac{\Delta W}{b} \tag{4.1-8}$$

式中

$$\frac{W_e}{b}=\frac{8(1-t/b)}{\pi}\cdot\frac{\sqrt{e^A+0.568}}{e^A-1}$$

$$\frac{\Delta W}{b}=\frac{t/b}{\pi}\left\{1-\frac{1}{2}\ln\left[\left(\frac{t/b}{2-t/b}\right)^2+\left(\frac{0.0796t/b}{W_e/b-0.26\,t/b}\right)^m\right]\right\}$$

$$m=\frac{2}{1+\frac{2}{3}\frac{t/b}{1-t/b}},\quad A=\frac{Z_0\sqrt{\varepsilon_r}}{30}$$

表 4.1-1 是用式(4.1-8)编程计算得到的带状线特性阻抗数据表，可供设计用参考。

---

① Cohn, S. B., “Problems in Strip Transmission Lines,” IRE Trans., vol. MTT-3, No. 2, March 1955, pp. 119-126.

② Wheeler, H. A., “Transmission Line Properties of Parallel Strips Separated by a Dielectric Sheet,” IEEE Trans., vol. MTT-13, No. 2, 1965, pp. 172-185.

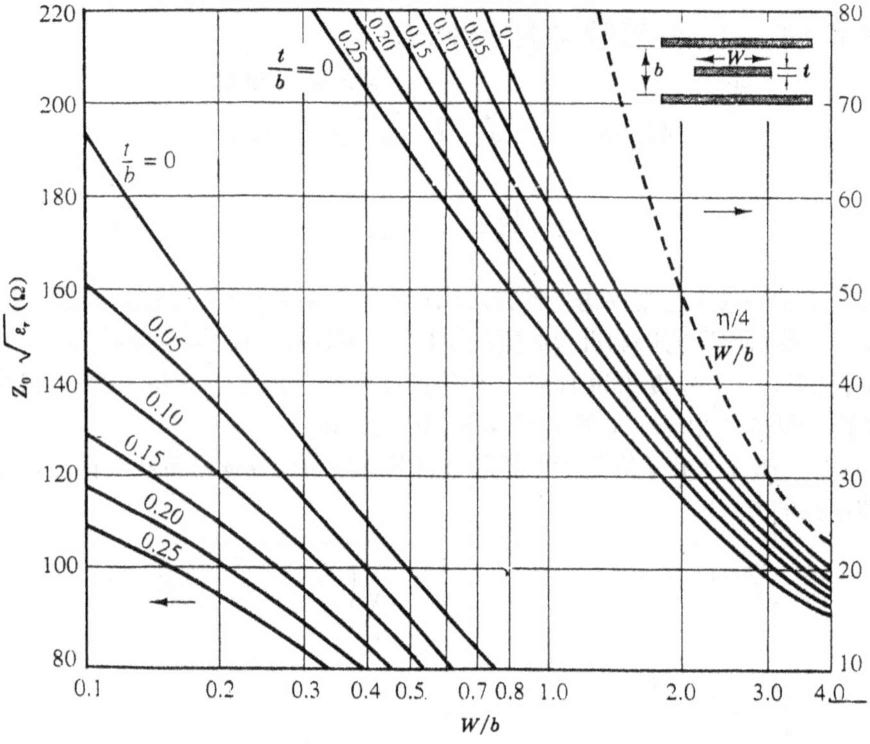

(a)

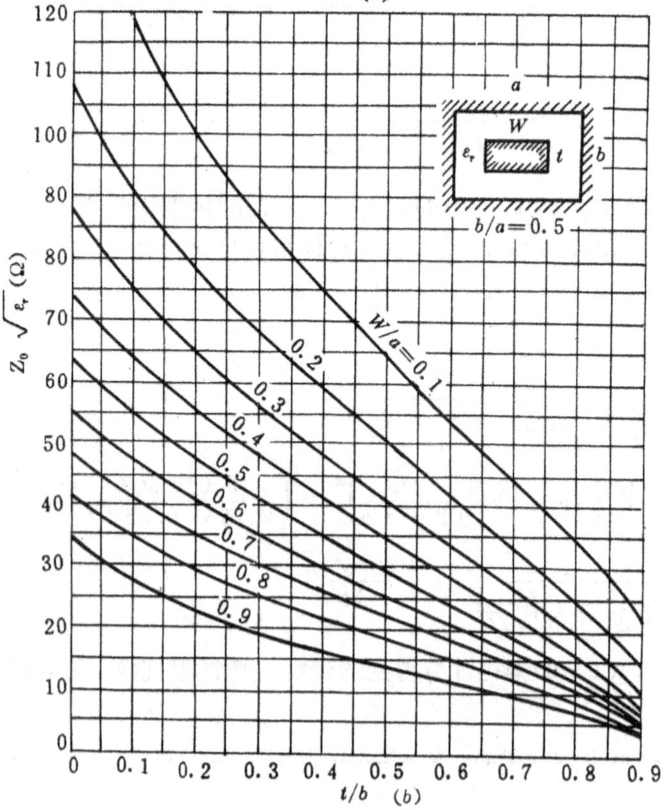

(b)

图 4.1-2　带状线特性阻抗曲线

(a) 一般带状线；(b) 屏蔽带状线

(3) 衰减常数

带状线的损耗包括导体损耗和介质损耗，总的衰减常数为

$$\alpha = \alpha_c + \alpha_d \tag{4.1-9}$$

式中 α_c 是中心导体带和接地板的导体衰减常数，α_d 是介质的衰减常数。

介质的衰减常数为

$$\alpha_d = \frac{k \operatorname{tg} \delta}{2} \quad (\mathrm{Np/m}) \tag{4.1-10}$$

表 4.1-1　带状线特性阻抗数据表

$Z_0\sqrt{\varepsilon_r}$ (Ω)	t/b 0.00	t/b 0.01	t/b 0.05	t/b 0.10	t/b 0.15	t/b 0.20	t/b 0.25	t/b 0.30
	W/b							
10	9.019 82	8.909 6	8.494 6	7.992 3	7.499 2	7.012 4	6.530 6	6.053 0
12	7.430 96	7.336 6	6.985 2	6.562 3	6.148 7	5.741 3	5.339 0	4.940 9
14	6.297 37	6.214 4	5.908 3	5.542 1	5.185 1	4.834 5	4.488 9	4.147 5
16	5.448 24	5.373 7	5.101 6	4.777 9	4.463 4	4.155 2	3.852 1	3.553 2
18	4.788 67	4.720 8	4.475 0	4.184 3	3.902 8	3.627 6	3.357 5	3.091 7
20	4.261 73	4.199 1	3.974 4	3.710 1	3.454 9	3.206 1	2.962 4	2.722 9
22	3.831 18	3.772 8	3.565 4	3.322 6	3.089 0	2.861 7	2.639 5	2.421 7
24	3.472 88	3.418 1	3.225 0	3.000 1	2.784 4	2.575 1	2.370 9	2.171 1
26	3.170 11	3.118 4	2.937 4	2.727 6	2.527 1	2.333 0	2.144 0	1.959 3
28	2.910 92	2.861 8	2.691 2	2.494 4	2.306 8	2.125 7	1.949 7	1.778 1
30	2.686 57	2.639 7	2.478 1	2.292 5	2.116 2	1.946 3	1.781 6	1.621 3
32	2.490 49	2.445 6	2.291 8	2.116 0	1.949 6	1.789 5	1.634 6	1.484 2
34	2.317 67	2.274 5	2.127 6	1.960 5	1.802 7	1.561 4	1.505 2	1.363 5
36	2.164 21	2.122 5	1.981 8	1.822 4	1.672 3	1.528 7	1.390 2	1.256 4
38	2.027 03	1.986 7	1.851 5	1.699 0	1.555 8	1.419 1	1.287 5	1.160 6
40	1.903 67	1.864 6	1.734 4	1.588 0	1.451 0	1.320 5	1.195 2	1.074 6
42	1.792 14	1.754 2	1.628 4	1.487 7	1.356 3	1.231 4	1.111 8	.996 8
44	1.690 81	1.653 9	1.532 2	1.396 5	1.270 2	1.150 4	1.036 0	.926 2
46	1.598 35	1.562 4	1.444 3	1.313 3	1.191 7	1.076 6	.966 9	.861 8
48	1.513 63	1.478 5	1.363 9	1.237 1	1.119 8	1.009 0	.903 6	.802 9
50	1.435 72	1.401 4	1.289 9	1.167 0	1.053 6	.946 8	.865 4	.748 8
52	1.363 82	1.330 2	1.221 6	1.102 4	.992 6	.889 5	.791 7	.698 9
54	1.297 27	1.264 3	1.158 4	1.042 5	.936 1	.836 4	.742 1	.652 7

续表一

$Z_0\sqrt{\varepsilon_r}$ (Ω)	t/b 0.00	t/b 0.01	t/b 0.05	t/b 0.10	t/b 0.15	t/b 0.20	t/b 0.25	t/b 0.30
	W/b							
56	1.235 48	1.203 1	1.099 7	.987 0	.883 7	.787 1	.696 1	.610 0
58	1.177 97	1.146 2	1.045 1	.935 3	.834 9	.741 3	.653 3	.570 2
60	1.124 29	1.093 1	.994 1	.887 0	.789 4	.698 6	.613 4	.533 1
62	1.074 09	1.043 4	.946 4	.841 9	.746 9	.658 7	.576 1	.498 5
64	1.027 02	.996 8	.901 7	.799 6	.707 0	.621 3	.541 1	.466 2
66	.982 82	.953 0	.859 8	.759 9	.669 6	.586 1	.508 4	.435 8
68	.941 21	.911 8	.820 3	.722 5	.634 4	.553 1	.477 6	.407 4
70	.902 00	.873 0	.783 1	.687 3	.601 2	.522 0	.448 7	.380 6
72	.864 96	.836 3	.747 9	.654 1	.569 9	.492 7	.421 4	.355 4
74	.829 94	.801 7	.714 7	.622 6	.540 3	.465 0	.395 6	.331 6
76	.796 78	.768 8	.683 2	.592 9	.512 3	.438 8	.371 3	.309 2
78	.765 33	.737 7	.653 4	.564 7	.485 8	.414 0	.348 2	.288 0
80	.735 46	.708 2	.625 0	.537 9	.460 6	.390 5	.326 4	.268 0
82	.707 08	.680 1	.598 1	.512 5	.436 7	.368 2	.305 8	.249 0
84	.680 06	.653 3	.572 5	.488 3	.414 0	.347 0	.286 2	.231 1
86	.654 33	.627 9	.548 1	.465 3	.392 4	.326 8	.267 5	.214 1
88	.629 78	.603 6	.524 8	.443 3	.371 8	.307 7	.249 9	.198 0
90	.606 36	.580 4	.502 6	.422 4	.352 2	.289 4	.233 1	.182 7
92	.583 99	.558 2	.481 4	.402 4	.333 5	.272 1	.217 1	.168 2
94	.562 60	.537 1	.461 2	.383 3	.315 7	.255 5	.201 9	.154 5
96	.542 14	.516 8	.441 8	.365 1	.298 6	.239 7	.187 4	.141 4
98	.522 55	.497 5	.423 3	.347 7	.282 3	.224 6	.173 7	.129 1
100	.503 79	.478 9	.405 5	.331 0	.266 7	.210 3	.160 6	.117 4
102	.485 80	.461 1	.388 5	.315 0	.251 9	.196 6	.148 1	.106 3
104	.468 55	.444 0	.372 2	.299 7	.237 6	.183 5	.136 3	.095 8
106	.451 99	.427 6	.356 6	.285 0	.224 0	.171 0	.125 0	.085 8
108	.436 10	.411 9	.341 6	.271 0	.211 0	.159 0	.114 3	.076 4
110	.420 83	.396 8	.327 1	.257 5	.198 5	.147 6	.104 1	.067 5
112	.406 16	.382 3	.313 3	.244 6	.186 5	.136 8	.094 4	.059 1
114	.392 06	.368 4	.300 0	.232 2	.175 1	.126 4	.085 1	.051 2

续表二

$Z_0\sqrt{\varepsilon_r}$ (Ω)	t/b 0.00	t/b 0.01	t/b 0.05	t/b 0.10	t/b 0.15	t/b 0.20	t/b 0.25	t/b 0.30
	W/b							
116	.378 49	.355 0	.287 3	.220 3	.164 1	.116 5	.076 4	.043 7
118	.365 44	.342 1	.275 0	.208 8	.153 7	.107 0	.068 1	.036 7
120	.352 88	.329 6	.263 2	.197 9	.143 6	.098 0	.060 2	.030 2
122	.340 79	.317 7	.251 8	.187 3	.134 0	.089 4	.052 8	.024 1
124	.329 14	.306 2	.240 9	.177 2	.124 8	.081 2	.045 8	.018 4
126	.317 93	.295 1	.230 4	.167 5	.116 0	.073 4	.039 1	.013 1
128	.307 12	.284 4	.220 3	.158 2	.107 6	.066 0	.032 9	.008 2
130	.296 70	.274 1	.210 6	.149 3	.099 5	.059 0	.027 0	.003 7
132	.286 66	.264 2	.201 2	.140 7	.091 8	.052 3	.021 5	
134	.276 98	.254 7	.192 2	.132 4	.084 4	.046 0	.016 3	
136	.267 64	.245 5	.183 5	.124 5	.077 4	.039 9	.011 5	
138	.258 63	.236 6	.175 2	.116 9	.070 7	.034 3	.007 1	
140	.249 95	.228 0	.167 1	.109 6	.064 3	.028 9	.002 9	
142	.241 56	.219 7	.159 4	.102 6	.058 2	.023 8		
144	.233 47	.211 8	.151 9	.095 9	.052 4	.019 0		
146	.225 66	.204 1	.144 7	.089 5	.046 8	.014 6		
148	.218 13	.196 7	.137 8	.083 3	.041 5	.010 4		
150	.210 85	.189 5	.131 2	.077 4	.036 5	.006 5		

导体衰减常数可用 2.4 节的惠勒增量电感法则求得，近似结果为(单位为 Np/m)

$$\alpha_c=\begin{cases}\dfrac{2.7\times10^{-3}R_s\varepsilon_r Z_0}{30\pi(b-t)}A & \sqrt{\varepsilon_r}Z_0<120\ \Omega\\[2ex] \dfrac{0.16R_s}{Z_0 b}B & \sqrt{\varepsilon_r}Z_0>120\ \Omega\end{cases}\tag{4.1-11}$$

式中

$$A=1+\frac{2W}{b-t}+\frac{1}{\pi}\frac{b+t}{b-t}\ln\left(\frac{2b-t}{t}\right)$$

$$B=1+\frac{b}{(0.5W+0.7t)}\left(0.5+\frac{0.414t}{W}+\frac{1}{2\pi}\ln\frac{4\pi W}{t}\right)$$

t 是导体带厚度。

导体带和接地板的材料为铜的带状线，其 α_c 可用如下近似公式计算：

$$\alpha_c=\frac{\sqrt{f\varepsilon_r}}{b}\left[4+\left(0.4-0.13\ln\frac{t}{b}\right)(6.5x-4x^2+7.5x^3)\right]\times10^{-4}\quad(\text{dB/m})\tag{4.1-12}$$

式中，$x=\sqrt{\varepsilon_r}Z_0/180$，频率 f 的单位为 GHz，t 和 b 的单位为 m。式(4.1－12)的适用范围为 $0.003\leqslant t/b\leqslant 0.030$。

2. 带状线的静态近似数值解法

微波技术中有许多问题很复杂，难以直接求其解析解，需要求数值解。这里介绍带状线特性阻抗的近似数值解法。

带状线以 TEM 模工作，两接地板之间的场满足拉普拉斯方程：

$$\nabla_t^2\boldsymbol{E}_{0t}(x,y)=0 \tag{4.1-13}$$

图 4.1－1(b)所示带状线两侧边开放，但电力线主要集中在中心导体带周围。我们可以在一定距离处截断，在 $|x|=a/2$ 处放置平面金属壁来简化，得到如图 4.1－3 所示分析模型。这里要求 $a\gg b$，使中心导体带周围的场不致被此金属壁扰动。这样便得到一封闭的有限区域，位函数在其中满足拉普拉斯方程：

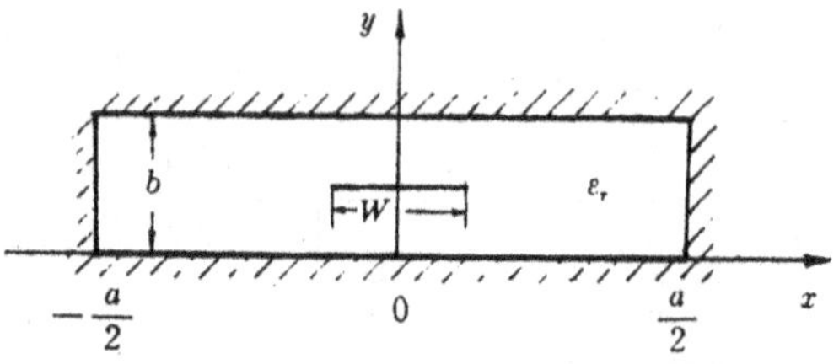

图 4.1－3 屏蔽带状线截面图

$$\nabla_t^2\Phi(x,y)=0 \qquad |x|\leqslant a/2,\ 0\leqslant y\leqslant b \tag{4.1-14a}$$

边界条件为

$$\Phi(x,y)\big|_{x=\pm a/2}=0 \text{ 和 } \Phi(x,y)\big|_{y=0,b}=0 \tag{4.1-14b}$$

式(4.1－14)可用分离变量法求解。其一般解可以写成

$$\Phi(x,y)=\begin{cases}\displaystyle\sum_{n=1,3,\cdots}^{\infty}A_n\cos\frac{n\pi x}{a}\,\mathrm{sh}\,\frac{n\pi y}{a} & 0\leqslant y\leqslant\dfrac{b}{2}\\ \displaystyle\sum_{n=1,3,\cdots}^{\infty}A_n\cos\frac{n\pi x}{a}\,\mathrm{sh}\,\frac{n\pi}{a}(b-y) & \dfrac{b}{2}\leqslant y\leqslant b\end{cases} \tag{4.1-15}$$

式中已用 $b/2$ 处位函数连续条件。常数 A_n 可由中心导体带上的电荷密度求得。由于 $E_y=-\partial\Phi/\partial y$，所以有

$$E_y=\begin{cases}\displaystyle-\sum_{n=1,3,\cdots}^{\infty}A_n\left(\frac{n\pi}{a}\right)\cos\frac{n\pi x}{a}\,\mathrm{ch}\,\frac{n\pi y}{a} & 0\leqslant y\leqslant\dfrac{b}{2}\\ \displaystyle\sum_{n=1,3,\cdots}^{\infty}A_n\left(\frac{n\pi}{a}\right)\cos\frac{n\pi x}{a}\,\mathrm{ch}\,\frac{n\pi}{a}(b-y) & \dfrac{b}{2}\leqslant y\leqslant b\end{cases} \tag{4.1-16}$$

则 $y=b/2$ 处导体带上的电荷密度为

$$\begin{aligned}\rho_s&=\varepsilon_0\varepsilon_r\left[E_y\left(x,y=\frac{b}{2}^{+}\right)-E_y\left(x,y=\frac{b}{2}^{-}\right)\right]\\&=2\varepsilon_0\varepsilon_r\sum_{n=1,3,\cdots}^{\infty}A_n\left(\frac{n\pi}{a}\right)\cos\frac{n\pi x}{a}\,\mathrm{ch}\,\frac{n\pi b}{2a}\end{aligned} \tag{4.1-17}$$

若导体带宽度很窄，则可假设其上电荷密度为常数：

$$\rho_s(x)=\begin{cases}1 & |x|<\dfrac{W}{2}\\ 0 & |x|>\dfrac{W}{2}\end{cases} \tag{4.1-18}$$

令式(4.1－18)和式(4.1－17)相等，并应用 $\cos(n\pi x/a)$ 函数的正交性，可求得常数 A_n 为

$$A_n=\frac{2a\sin(n\pi W/2a)}{(n\pi)^2\varepsilon_0\varepsilon_r\,\mathrm{ch}(n\pi b/2a)} \tag{4.1-19}$$

中心导体带单位长度总电荷则为

$$Q=\int_{-W/2}^{W/2}\rho_s(x)dx=W\quad(\mathrm{C/m}) \tag{4.1-20}$$

中心导体带相对于底部接地板的电压为

$$V=-\int_0^{b/2}E_y(x=0,y)dy=2\sum_{n=1,3,\cdots}^{\infty}A_n\,\mathrm{sh}\frac{n\pi b}{4a} \tag{4.1-21}$$

因此带状线单位长度电容为

$$C_1=\frac{Q}{V}=\left[\sum_{n=1,3,\cdots}^{\infty}\frac{4a\sin(n\pi W/2a)\ \mathrm{sh}(n\pi b/4a)}{(n\pi)^2\varepsilon_0\varepsilon_r\mathrm{ch}(n\pi b/2a)}\right]^{-1}W\quad(\mathrm{F/m}) \tag{4.1-22}$$

带状线特性阻抗则可由 C_1 求得，即

$$Z_0=\sqrt{\frac{L_1}{C_1}}=\frac{\sqrt{\varepsilon_r}}{cC_1} \tag{4.1-23}$$

式中 c 为光速。屏蔽带状线的特性阻抗曲线如图 4.1－2(b)所示。

最后指出，带状线的最高工作频率一般取

$$f_c(\mathrm{GHz})=\frac{15}{b\sqrt{\varepsilon_r}}\frac{1}{(W/b+\pi/4)} \tag{4.1-24}$$

式中 W 和 b 的单位取 cm。

4.2　微　带　线

微带线(microstrip line)目前是混合微波集成电路(hybrid microwave integrated circuit，缩写为 HMIC)和单片微波集成电路(monolithic microwave integrated circuit，缩写为 MMIC)使用最多的一种平面型传输线。它可用光刻程序制作，且容易与其它无源微波电路和有源微波器件集成，实现微波部件和系统的集成化。微带线是在金属化厚度为 h 的介质基片的一面制作宽度为 W、厚度为 t 的导体带，另一面作接地金属平板而构成的，如图 4.2－1(a)所示。最常用的介质基片材料是纯度为 99.5%的氧化铝陶瓷($\varepsilon_r=9.5\sim10$，$\mathrm{tg}\,\delta=0.0003$)、聚四氟乙烯($\varepsilon_r=2.1$，$\mathrm{tg}\,\delta=0.0004$)和聚四氟乙烯玻璃纤维板($\varepsilon_r=2.55$，$\mathrm{tg}\,\delta=0.008$)；用

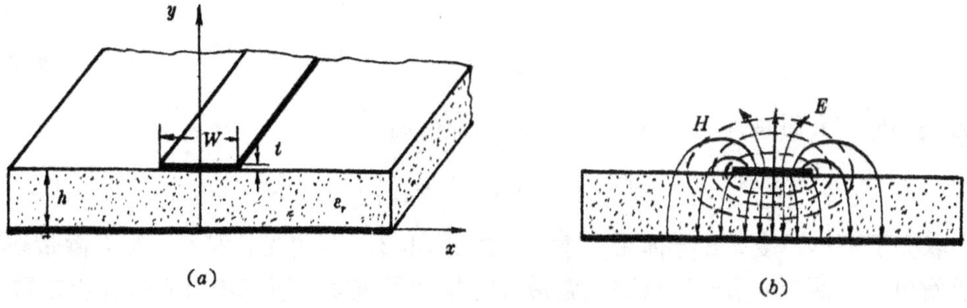

图 4.2－1　微带线及其场结构

作单片微波集成电路的半导体基片材料主要是砷化镓($\varepsilon_r=13.0$ tg $\delta=0.006$)。图 4.2－1(b)表示其场结构。由于导体带上面($y>h$)为空气，导体带下面($y\leq h$)为介质基片，所以大部分场在介质基片内，且集中在导体带与接地板之间；但也有一部分场分布在基片上面的空气区域内，因此微带线不可能存在纯 TEM 模。这是容易理解的，因为 TEM 模在介质内的相速度为 $c/\sqrt{\varepsilon_r}$，而在空气中的相速度为 c，显然相速度在介质-空气分界面处不可能对 TEM 模匹配。

事实上，微带线中真正的场是一种混合的 TE－TM 波场，其纵向场分量主要是由介质-空气分界面处的边缘场 E_z 和 H_z 引起的，它们与导体带和接地板之间的横向场分量相比很小，所以微带线中传输模的特性与 TEM 模相差很小，称之为准 TEM(quasi－TEM)模。由于微带线的传输模不是纯 TEM 模，致使微带线特性的分析比较困难和复杂。其分析方法也就很多，可归纳为准静态法(quasi－static approach)、色散模型法(dispersion model)和全波分析法(fullwave analysis)三种。本节主要介绍微带线的准 TEM 特性及其一些实用简化结果，同时以屏蔽微带线为例介绍谱域法的一般分析程序。

1. 微带线的准 TEM 特性

如上所述，微带线中的场为准 TEM，换言之，其场基本上与静态情况下的场相同。准静态方法便是将其模式看成纯 TEM 模，引入有效介电常数(effective dielectric constant)为 ε_e 的均匀介质代替微带线的混合介质，如图 4.2－2 所示。在准静态法中，传输特性参数是根据如下两个电容值计算的：一个是介质基片换成空气的空气微带线单位长度电容 C_1^a；另一个是微带线单位长度电容 C_1。特性阻抗 Z_0 和相位常数 β 可以用这两个电容表示为

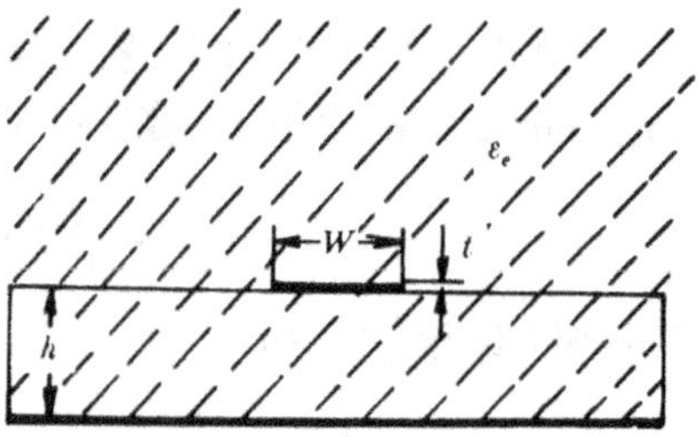

图 4.2－2　填充均匀介质 ε_e 的微带线

$$\beta = k_0\sqrt{\varepsilon_e}\,,\ k_0 = \omega\sqrt{\mu_0\varepsilon_0} \tag{4.2-1}$$

$$Z_0 = \frac{1}{v_p C_1} = \frac{1}{c/\sqrt{\varepsilon_e}\cdot\varepsilon_e C_1^a} = \frac{Z_0^a}{\sqrt{\varepsilon_e}} \tag{4.2-2}$$

式中 $Z_0^a=1/cC_1^a$ 是空气微带线的特性阻抗。相速度 v_p 和波导波长 λ_g 则为

$$v_p = \frac{c}{\sqrt{\varepsilon_e}} \tag{4.2-3}$$

$$\lambda_g = \frac{\lambda_0}{\sqrt{\varepsilon_e}} \tag{4.2-4}$$

由于电力线部分在介质基片内，部分在空气中，显然有

$$1<\varepsilon_e<\varepsilon_r,\quad \varepsilon_e=\frac{C_1}{C_1^a} \tag{4.2-5}$$

ε_e 的大小取决于基本厚度 h 和导体带宽度 W。由式(4.2－2)可见，引入 ε_e 后，微带线特性阻抗的求解可分为两步：第一步求空气微带线的特性阻抗 Z_0^a，第二步求有效介电常数 ε_e。

(1) 特性阻抗

零厚度导体带空气微带线特性阻抗 Z_0^a 的精确解可用保角变换方法求得为

$$Z_0^a = 60\pi\frac{K(k')}{K(k)} \tag{4.2-6}$$

式中K(k)和K(k')分别是第一类全椭圆积分和第一类余全椭圆积分。此式的推导可参阅参考书[1]～[3]。由于式中包含复杂的椭圆函数，不便使用。哈梅斯泰特(Hammerstadt, E.O.)用对精确准静态解作曲线拟合近似得到的如下特性阻抗公式可用于微带线电路CAD①：

$$\left.\begin{aligned} Z_0 &= \frac{60}{\sqrt{\varepsilon_e}}\ln\left(\frac{8h}{W}+0.25\frac{W}{h}\right) \\ \varepsilon_e &= \frac{\varepsilon_r+1}{2}+\frac{\varepsilon_r-1}{2}\left[\left(2+\frac{12h}{W}\right)^{-1/2}+0.041\left(1-\frac{W}{h}\right)^2\right] \end{aligned}\right\} \quad W/h\leqslant 1$$

$$\left.\begin{aligned} Z_0 &= \frac{120\pi}{\sqrt{\varepsilon_e}}\cdot\frac{1}{[W/h+1.393+0.667\ln(W/h+1.4444)]} \\ \varepsilon_e &= \frac{\varepsilon_r+1}{2}+\frac{\varepsilon_r-1}{2}\left(1+12\frac{h}{W}\right)^{-1/2} \end{aligned}\right\} \quad W/h\geqslant 1 \tag{4.2-7}$$

在$0.05<W/h<20$，$\varepsilon_r<16$范围内，上式的精度优于1%。

导体带厚度$t\neq 0$可等效为导体带宽度加宽为W_e，修正公式为($t<h$, $t<W/2$)：

$$\frac{W_e}{h}=\begin{cases}\dfrac{W}{h}+\dfrac{t}{\pi h}\left(1+\ln\dfrac{2h}{t}\right) & \dfrac{W}{h}\geqslant\dfrac{1}{2\pi} \\ \dfrac{W}{h}+\dfrac{t}{\pi h}\left(1+\ln\dfrac{4\pi W}{t}\right) & \dfrac{W}{h}\leqslant\dfrac{1}{2\pi}\end{cases} \tag{4.2-8}$$

微带线电路的设计通常是给定Z_0和ε_r，要计算导体带宽度W。此时可用由上式得到的综合公式：

$$\frac{W}{h}=\begin{cases}\dfrac{8e^A}{e^{2A}-2} & \dfrac{W}{h}\leqslant 2 \\ \dfrac{2}{\pi}\left[B-1-\ln(2B-1)+\dfrac{\varepsilon_r+1}{2\varepsilon_r}\left\{\ln(B-1)+0.39-\dfrac{0.61}{\varepsilon_r}\right\}\right] & \dfrac{W}{h}\geqslant 2\end{cases} \tag{4.2-9}$$

式中

$$A=\frac{Z_0}{60}\sqrt{\frac{\varepsilon_r+1}{2}}+\frac{\varepsilon_r-1}{\varepsilon_r+1}\left(0.23+\frac{0.11}{\varepsilon_r}\right)$$

$$B=\frac{377\pi}{2Z_0\sqrt{\varepsilon_r}}$$

图4.2-3给出用上述方法计算得到的微带线的特性阻抗和有效介电常数与W/h的关系曲线。应用式(4.2-9)编程计算得到的$\varepsilon_r=2.55$和$\varepsilon_r=9.6$微带线特性阻抗部分数据如表4.2-1所示。

① Hammerstadt, E. o., "Equations for Microstrip Circuit Design, "Proceedings European Microwave Conference, 1975, pp. 262-272.

表 4.2-1 微带线的特性阻抗数据

W/h	ε_r=2.55						ε_r=9.6					
	t/h=0		t/h=0.01		t/h=0.10		t/h=0		t/h=0.01		t/h=0.10	
	$Z_0(\Omega)$	ε_e	$Z_0(\Omega)$	ε_e	$Z_0(\Omega)$	ε_e	$Z_0(\Omega)$	ε_e	$Z_0(\Omega)$	ε_e	$Z_0(\Omega)$	ε_e
0.100	192.25	1.87	190.51	1.87	158.16	1.90	108.90	5.83	107.89	5.84	89.12	5.97
0.200	160.88	1.89	156.57	1.90	138.73	1.92	90.69	5.96	88.19	5.98	77.88	6.08
0.300	142.62	1.91	139.72	1.91	126.83	1.93	80.12	6.06	78.45	6.07	71.00	6.15
0.400	129.75	1.93	127.58	1.93	117.50	1.94	72.69	6.13	71.44	6.15	65.63	6.22
0.500	119.84	1.94	118.10	1.94	109.86	1.95	66.98	6.20	65.98	6.22	61.24	6.28
0.600	111.80	1.95	110.36	1.95	103.41	1.96	62.36	6.27	61.53	6.28	57.53	6.34
0.700	105.06	1.96	103.84	1.96	97.84	1.97	58.48	6.33	57.78	6.34	54.33	6.40
0.800	99.28	1.97	98.21	1.97	92.96	1.98	55.16	6.38	54.55	6.39	51.53	6.45
0.900	94.23	1.98	93.29	1.98	88.62	1.99	52.26	6.44	51.72	6.45	49.04	6.51
1.000	89.41	1.99	88.61	1.99	84.58	2.00	49.50	6.49	49.04	6.50	46.73	6.56
1.100	85.56	2.00	84.84	2.00	81.16	2.01	47.29	6.55	46.87	6.56	44.77	6.61
1.200	82.06	2.01	81.39	2.01	78.02	2.02	45.28	6.60	44.90	6.61	42.97	6.66
1.300	78.85	2.02	78.24	2.02	75.13	2.03	43.45	6.64	43.10	6.65	41.33	6.70
1.400	75.90	2.03	75.33	2.03	72.46	2.04	41.76	6.69	41.44	6.70	39.81	6.74
1.500	73.17	2.03	72.65	2.03	69.99	2.04	40.21	6.73	39.91	6.74	38.40	6.79
1.600	70.65	2.04	70.16	2.04	67.69	2.05	38.77	6.77	38.50	6.78	37.10	6.83
1.700	68.30	2.05	67.85	2.05	65.54	2.06	37.44	6.81	37.19	6.82	35.88	6.86
1.800	66.11	2.05	65.69	2.06	63.54	2.06	36.20	6.85	35.96	6.86	34.74	6.90
1.900	64.07	2.06	63.67	2.06	61.66	2.07	35.05	6.89	34.82	6.90	33.68	6.93
2.000	62.15	2.07	61.79	2.07	59.89	2.08	33.96	6.93	33.76	6.93	32.69	6.97
2.100	60.36	2.07	60.01	2.08	58.23	2.08	32.95	6.96	32.75	6.97	31.75	7.00
2.200	58.67	2.08	58.34	2.08	56.66	2.09	32.00	6.99	31.81	7.00	30.87	7.03
2.300	57.07	2.09	56.77	2.09	55.17	2.09	31.10	7.02	30.93	7.03	30.03	7.06
2.400	55.57	2.09	55.28	2.09	53.77	2.10	30.25	7.06	30.09	7.06	29.25	7.09
2.500	54.15	2.10	53.87	2.10	52.44	2.10	29.46	7.09	29.30	7.09	28.50	7.12
2.550	53.46	2.10	53.19	2.10	51.80	2.11	29.07	7.10	28.92	7.11	28.14	7.14
2.600	52.80	2.10	52.53	2.10	51.18	2.11	28.70	7.11	28.55	7.12	27.79	7.15
2.650	52.15	2.10	51.89	2.11	50.57	2.11	28.33	7.13	28.19	7.13	27.45	7.16
2.700	51.52	2.11	51.27	2.11	49.98	2.11	27.98	7.14	27.84	7.15	27.12	7.18

续表一

W/h	ε_r=2.55						ε_r=9.6					
	t/h=0		t/h=0.01		t/h=0.10		t/h=0		t/h=0.01		t/h=0.10	
	$Z_0(\Omega)$	ε_e	$Z_0(\Omega)$	ε_e	$Z_0(\Omega)$	ε_e	$Z_0(\Omega)$	ε_e	$Z_0(\Omega)$	ε_e	$Z_0(\Omega)$	ε_e
2.750	50.90	2.11	50.66	2.11	49.40	2.12	27.64	7.16	27.50	7.16	26.80	7.19
2.800	50.30	2.11	50.06	2.11	48.84	2.12	27.30	2.17	27.17	7.18	26.48	7.20
2.850	49.71	2.11	49.48	2.12	48.29	2.12	26.97	7.18	26.84	7.19	26.17	7.22
2.900	49.14	2.12	48.92	2.12	47.75	2.12	26.65	7.20	26.53	7.20	25.87	7.23
2.950	48.58	2.12	48.36	2.12	47.22	2.13	26.34	7.21	26.22	7.22	25.58	7.24
3.000	48.04	2.12	47.82	2.12	46.71	2.13	26.03	7.22	25.91	7.23	25.29	7.26
3.050	47.51	2.12	47.30	2.12	46.20	2.13	25.74	7.24	25.62	7.24	25.01	7.27
3.100	46.98	2.13	46.78	2.13	45.71	2.13	25.45	7.25	25.33	7.25	24.74	7.28
3.150	46.48	2.13	46.28	2.13	45.23	2.13	25.16	7.26	25.05	7.27	24.47	7.29
3.200	45.98	2.13	45.78	2.13	44.76	2.14	24.89	7.27	24.78	7.28	24.21	7.30
3.250	45.49	2.13	45.30	2.13	44.30	2.14	24.61	7.29	24.51	7.29	23.95	7.32
3.300	45.02	2.13	44.83	2.14	43.85	2.14	24.35	7.30	24.25	7.30	23.70	7.33
3.350	44.55	2.14	44.37	2.14	43.41	2.14	24.09	7.31	23.99	7.31	23.46	7.34
3.400	44.10	2.14	43.92	2.14	42.98	2.14	23.84	7.32	23.74	7.33	23.22	7.35
3.450	43.65	2.14	43.47	2.14	42.56	2.15	23.59	7.33	23.49	7.34	22.98	7.36
3.500	43.21	2.14	43.04	2.14	42.14	2.15	23.35	7.34	23.25	7.35	22.75	7.37
3.550	42.79	2.15	42.62	2.15	41.74	2.15	23.11	7.35	23.01	7.36	22.53	7.38
3.600	42.37	2.15	42.20	2.15	41.34	2.15	22.88	7.37	22.78	7.37	22.30	7.39
3.650	41.96	2.15	41.79	2.15	40.95	2.15	22.65	7.38	22.56	7.38	22.09	7.40
3.700	41.55	2.15	41.40	2.15	40.57	2.16	22.42	7.39	22.34	7.39	21.88	7.41
3.750	41.16	2.15	41.00	2.15	40.19	2.16	22.21	7.40	22.12	7.40	21.67	7.42
3.800	40.77	2.16	40.62	2.16	39.82	2.16	21.99	7.41	21.91	7.41	21.46	7.44
3.850	40.39	2.16	40.24	2.16	39.46	2.16	21.78	7.42	21.70	7.42	21.26	7.45
3.900	40.02	2.16	39.88	2.16	39.11	2.16	21.57	7.43	21.49	7.43	21.07	7.46
3.950	39.66	2.16	39.51	2.16	38.76	2.17	21.37	7.44	21.29	7.44	20.87	7.47
4.000	39.30	2.16	39.16	2.16	38.42	2.17	21.17	7.45	21.09	7.45	20.69	7.48
4.050	38.95	2.16	38.81	2.17	38.08	2.17	20.98	7.46	20.90	7.46	20.50	7.49
4.100	38.60	2.17	38.47	2.17	37.75	2.17	20.79	7.47	20.71	7.47	20.32	7.49
4.150	38.26	2.17	38.13	2.17	37.43	2.17	20.60	7.48	20.53	7.48	20.14	7.50

续表二

W/h	$\varepsilon_r=2.55$						$\varepsilon_r=9.6$					
	$t/h=0$		$t/h=0.01$		$t/h=0.10$		$t/h=0$		$t/h=0.01$		$t/h=0.10$	
	$Z_0(\Omega)$	ε_e	$Z_0(\Omega)$	ε_e	$Z_0(\Omega)$	ε_e	$Z_0(\Omega)$	ε_e	$Z_0(\Omega)$	ε_e	$Z_0(\Omega)$	ε_e
4.200	37.93	2.17	37.80	2.17	37.11	2.17	20.42	7.49	20.34	7.49	19.96	7.51
4.250	37.61	2.17	37.48	2.17	36.80	2.18	20.24	7.50	20.16	7.50	19.79	7.52
4.300	37.28	2.17	37.16	2.17	36.49	2.18	20.06	7.51	19.99	7.51	19.62	7.53
4.350	36.97	2.17	36.84	2.18	36.19	2.18	19.88	7.52	19.81	7.52	19.45	7.54
4.400	36.66	2.18	36.54	2.18	35.90	2.18	19.71	7.53	19.64	7.53	19.29	7.55
4.450	36.36	2.18	36.24	2.18	35.60	2.18	19.54	7.54	19.48	7.54	19.13	7.56
4.500	36.06	2.18	35.94	2.18	35.32	2.18	19.38	7.55	19.31	7.55	18.97	7.57
4.550	35.76	2.18	35.65	2.18	35.04	2.19	19.22	7.55	19.15	7.56	18.82	7.58
4.600	35.47	2.18	35.36	2.18	34.76	2.19	19.06	7.56	18.99	7.57	18.66	7.59
4.650	35.19	2.18	35.08	2.19	34.49	2.19	18.90	7.57	18.84	7.58	18.51	7.59
4.700	34.91	2.19	34.80	2.19	34.22	2.19	18.75	7.58	18.68	7.58	18.36	7.60
4.750	34.63	2.19	34.52	2.19	33.95	2.19	18.59	7.59	18.53	7.59	18.22	7.61
4.800	34.36	2.19	34.26	2.19	33.69	2.19	18.44	7.60	18.39	7.60	18.08	7.62
4.850	34.10	2.19	33.99	2.19	33.44	2.19	18.30	7.61	18.24	7.61	17.94	7.63
4.900	33.83	2.19	33.73	2.19	33.19	2.20	18.15	7.62	18.10	7.62	17.80	7.64
4.950	33.58	2.19	33.47	2.19	32.94	2.20	18.01	7.62	17.96	7.63	17.66	7.64
5.000	33.32	2.20	33.22	2.20	32.69	2.20	17.87	7.63	17.82	7.64	17.53	7.65

(2) 衰减常数

假如忽略辐射损耗，则微带线的衰减常数 α 为

$$\alpha=\alpha_c+\alpha_d \tag{4.2-10}$$

式中，α_c 为导体衰减常数，α_d 为介质衰减常数。

假定 $W/h\to\infty$，电流在导体带和接地板内均匀分布，则导体衰减常数近似为

$$\alpha_c=\frac{R_s}{Z_0W}\quad(\text{Np/m}) \tag{4.2-11}$$

式中 $R_s=\sqrt{\omega\mu_0/2\sigma}$ 为导体的表面电阻。式(4.2-11)只适用于 $W/h\to\infty$ 情况；实际的 W/h 并非如此，且电流在导体带和接地板内为非均匀分布。此种情况下的更精确的导体衰减常数

可用惠勒增量电感法则求得[1]。

由于微带线是部分介质填充，所以需引入填充系数(filling factor)q：

$$q=\frac{\varepsilon_e-1}{\varepsilon_r-1} \tag{4.2-12}$$

式(4.2-12)对一定区域内的部分介质填充情况均适用(习题4-15)。微带线的介质衰减常数则可表示成

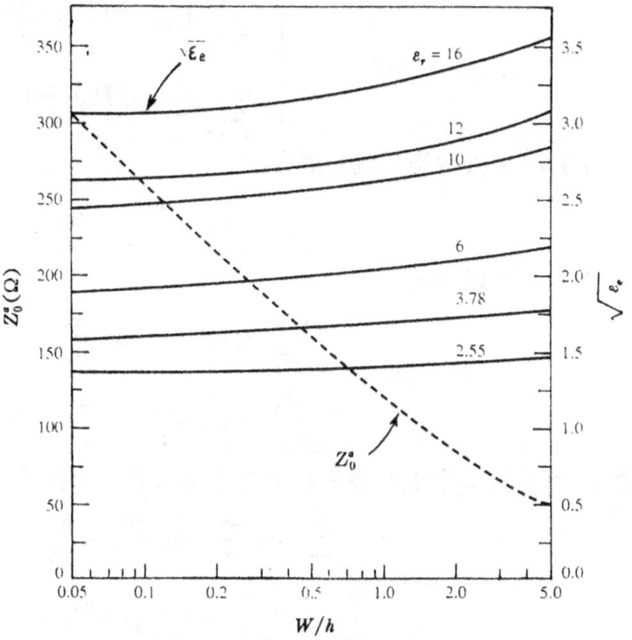

图 4.2-3 微带线的 Z_0^a 和 ε_e 曲线

$$\begin{aligned}\alpha_d&=\frac{1}{2}Z_0G_{e_1}=\frac{1}{2}\frac{Z_0^a}{\sqrt{\varepsilon_e}}qG_1\\&=\frac{q}{2}\frac{G_1}{\omega C_1}\omega C_1\frac{Z_0^a}{\sqrt{\varepsilon_e}}\\&=\frac{q}{2}\text{tg }\delta\cdot 2\pi f\varepsilon_r C_1^a\frac{1}{cC_1^a}\cdot\frac{1}{\sqrt{\varepsilon_e}}\\&=\frac{q\pi\varepsilon_r f}{v_p\varepsilon_e}\text{tg }\delta=\frac{\pi\varepsilon_r}{\sqrt{\varepsilon_e}}\frac{\varepsilon_e-1}{\varepsilon_r-1}\frac{\text{tg }\delta}{\lambda_0}\quad(\text{Np/m})\end{aligned} \tag{4.2-13a}$$

若令 $q_e=\varepsilon_r(\varepsilon_e-1)/\varepsilon_e(\varepsilon_r-1)$，则

$$\alpha_d=\pi\sqrt{\varepsilon_e}\,q_e\frac{\text{tg }\delta}{\lambda_0}=\frac{\beta\text{ tg }\delta}{2}q_e\quad(\text{Np/m}) \tag{4.2-13b}$$

与完全填充均匀介质 ε_e 的TEM波介质衰减常数公式相似。

2. 微带线的近似静态解法

现在介绍微带线的近似静态数值解法。为此在 $x=\pm a/2$ 处放置导电金属板，且应使 $a\gg h$，使此壁不会扰动导体带周围的场结构，如图4.2-4。这样，问题就变成求解如下拉普拉斯方程：

$$\nabla_t^2\Phi(x,y)=0\qquad |x|\leqslant\frac{a}{2},0\leqslant y<\infty \tag{4.2-14a}$$

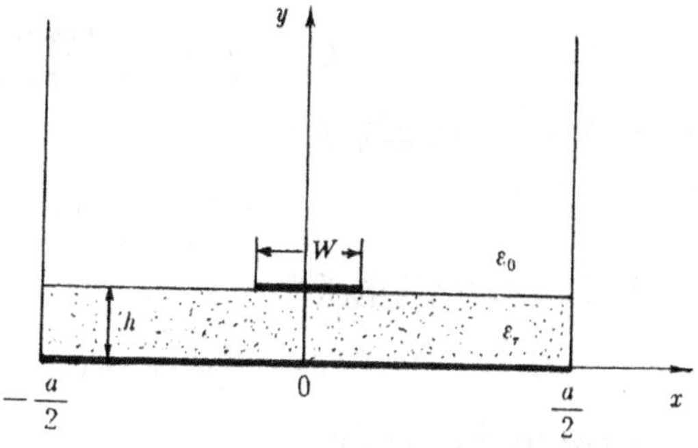

图 4.2-4 具有导电侧壁的微带线截面图

边界条件为

$$\begin{aligned}\Phi(x,y)&=0\qquad x=\pm a/2\\\Phi(x,y)&=0\qquad y=0,\infty\end{aligned} \tag{4.2-14b}$$

式(4.2-14a)可用分离变量法求解，应用边界条件式(4.2-14b)可得其一般解为

$$\Phi(x,y)=\begin{cases}\sum\limits_{n=1,3,\cdots}^{\infty}A_n\cos\dfrac{n\pi x}{a}\,\text{sh}\,\dfrac{n\pi y}{a} & 0\leqslant y\leqslant h\\ \sum\limits_{n=1,3,\cdots}^{\infty}B_n\cos\dfrac{n\pi x}{a}e^{-n\pi y/a} & h\leqslant y<\infty\end{cases}\tag{4.2-15}$$

$\Phi(x,y)$在 $y=h$ 处应当连续，则有

$$A_n\,\text{sh}\,\frac{n\pi h}{a}=B_n e^{-n\pi h/a}$$

于是 $\Phi(x,y)$可以写成

$$\Phi(x,y)=\begin{cases}\sum\limits_{n=1,3,\cdots}^{\infty}A_n\cos\dfrac{n\pi x}{a}\,\text{sh}\,\dfrac{n\pi y}{a} & 0\leqslant y\leqslant h\\ \sum\limits_{n=1,3,\cdots}^{\infty}A_n\cos\dfrac{n\pi x}{a}\,\text{sh}\,\dfrac{n\pi h}{a}e^{-n\pi(y-h)/a} & h\leqslant y<\infty\end{cases}\tag{4.2-16}$$

常数 A_n 可由导体带上的表面电荷密度来确定。为此需求 $E_y=-\partial\Phi/\partial y$，即有

$$E_y=\begin{cases}-\sum\limits_{n=1,3,\cdots}^{\infty}A_n\left(\dfrac{n\pi}{a}\right)\cos\dfrac{n\pi x}{a}\,\text{sh}\,\dfrac{n\pi y}{a} & 0\leqslant y\leqslant h\\ \sum\limits_{n=1,3,\cdots}^{\infty}A_n\left(\dfrac{n\pi}{a}\right)\cos\dfrac{n\pi x}{a}\,\text{sh}\,\dfrac{n\pi h}{a}e^{-n\pi(y-h)/a} & h\leqslant y<\infty\end{cases}\tag{4.2-17}$$

在 $y=h$ 处导体带上的表面电荷密度则为

$$\begin{aligned}\rho_s&=D_y(x,y=h^+)-D_y(x,y=h^-)=\varepsilon_0E_y(x,y=h^+)-\varepsilon_0\varepsilon_rE_y(x,y=h^-)\\&=\varepsilon_0\sum_{n=1,3,\cdots}^{\infty}A_n\left(\frac{n\pi}{a}\right)\cos\frac{n\pi x}{a}\left[\text{sh}\,\frac{n\pi h}{a}+\varepsilon_r\,\text{ch}\,\frac{n\pi h}{a}\right]\end{aligned}\tag{4.2-18}$$

假定导体带的宽度很窄，其上电荷密度为均匀分布：

$$\rho_s(x)=\begin{cases}1 & |x|\leqslant W/2\\ 0 & |x|>W/2\end{cases}\tag{4.2-19}$$

令式(4.2-18)和式(4.2-19)相等，并应用 $\cos(n\pi x/a)$函数的正交性，可求得常数 A_n 为

$$A_n=\frac{4a\sin\,(n\pi h/2a)}{(n\pi)^2\varepsilon_0[\text{sh}(n\pi h/a)+\varepsilon_r\,\text{ch}(n\pi h/a)]}\tag{4.2-20}$$

导体带上单位长度总电荷则为

$$Q=\int_{-W/2}^{W/2}\rho_s(x)dx=W\quad(\text{C/m})\tag{4.2-21}$$

导体带相对于接地板的电压为

$$V=-\int_0^hE_y(x=0,y)dy=\sum_{n=1,3,\cdots}^{\infty}A_n\sin\frac{n\pi h}{a}\tag{4.2-22}$$

因此，微带线单位长度电容为

$$C_1=\frac{Q}{V}=\left\{\sum_{n=1,3,\cdots}^{\infty}\frac{4a\sin\,(n\pi W/2a)\text{sh}(n\pi h/a)}{(n\pi)^2W\varepsilon_0[\text{sh}(n\pi h/a)+\varepsilon_r\,\text{ch}(n\pi h/a)]}\right\}^{-1}\tag{4.2-23}$$

特性阻抗则为

$$Z_0=\frac{1}{v_pC_1}=\frac{\sqrt{\varepsilon_e}}{cC_1}\tag{4.2-24}$$

式中，$c=3\times10^8$ m/s，而 $\varepsilon_e=C_1/C_1^a$，C_1 和 C_1^a 可由式(4.2-23)分别令 ε_r=基片的 ε_r 和 $\varepsilon_r=1$ 求得。

3. 微带线的色散特性与尺寸限制

上述与频率无关的准 TEM 模 Z_0 和 ε_e 公式只适用于较低应用频率，而微带线中实为混合模,其传播速度随频率而变，即存在色散现象。对于微带线，这种传播速度随频率而变的色散现象具体表现为 Z_0 和 ε_e 随频率而变。事实上，频率升高时，相速度 v_p 要降低，则 ε_e 应增大，特性阻抗 Z_0 应减小。微带线的最高工作频率 f_T 受到许多因素的限制，例如寄生模的激励、较高的损耗、严格的制造公差、处理过程中材料的脆性、显著的不连续效应、不连续处辐射引起的 Q 值下降等，当然还有工艺加工问题。f_T 可按下式估算：

$$f_T = \frac{150}{\pi h}\sqrt{\frac{2}{\varepsilon_r - 1}}\operatorname{arctg}\varepsilon_r \quad (\text{GHz}) \tag{4.2-25}$$

式中 h 的单位是 mm。

研究结果表明，从直流到 10 GHz，色散对 Z_0 的影响一般可以忽略不计，而对 ε_e 的影响较大，可由下式计算[①]：

$$\varepsilon_e(f) = \left(\frac{\sqrt{\varepsilon_r} - \sqrt{\varepsilon_e}}{1 + 4F^{-1.5}} + \sqrt{\varepsilon_e}\right)^2 \tag{4.2-26}$$

式中

$$F = \frac{4h\sqrt{\varepsilon_r - 1}}{\lambda_0}\left\{0.5 + \left[1 + 2\lg\left(1 + \frac{W}{h}\right)\right]^2\right\}$$

微带线中除准 TEM 模外，还可能出现表面波模(详见第五章 5.1 节)和波导模。为抑制高次模，微带线的横向尺寸应选择为

$$0.4h + W < \frac{\lambda_{\min}}{2\sqrt{\varepsilon_r}},\ h < \frac{\lambda_{\min}}{2\sqrt{\varepsilon_r}}$$

金属屏蔽盒高度取 $H \geqslant (5\sim6)h$；接地板宽度取 $a \geqslant (5\sim6)W$。

4. 微带线的谱域分析

由前面分析可知，微带线中存在的实为混合模，当频率较高时，微带线中的色散特性对于微带线电路的精确设计变得十分重要，上述准静态结果就不再适用，而需要采用全波分析。谱域法(spectral domain approach，缩写为 SDA)是求解混合模问题的一种常用的全波分析法，特别适用于分析诸如微带线、槽线之类平面型传输线的特性。

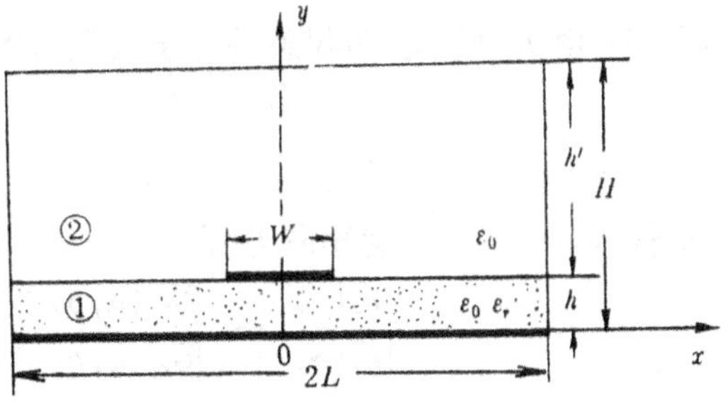

图 4.2-5　屏蔽微带线结构

所谓谱域法就是富里哀(Fourier)变换法。它利用富里哀变换将三维空域场量变换成谱域中的一维场量，将空域中的积分方程变换成谱域中的代数方程，从而使数值计算更加简

① E. Yamashitta, et al., "An Approximate Dispersion Formula of Microstrip Lines for Computer - Aided Design of Microwave Integrated Circuits," IEEE Trans., vol. MTT - 27, pp. 1036 - 1038, 1979.

便而有效。下面以图 4.2-5 所示屏蔽微带线为例简述谱域法的基本程序。一般分五步：

第一步，用标量位 $\Psi^{e,h}$ 的富里哀变换式表示场分量。即定义 TM 模和 TE 模的标量电、磁位 $\Psi^{e,h}$ 为

$$\widetilde{\Psi}^i(\alpha,y)=\int_{-L}^{L}\Psi^i(x,y)e^{j\alpha x}dx \qquad i=e,h \tag{4.2-27}$$

$\widetilde{\Psi}^i(\alpha,y)$ 满足富里哀变换亥姆霍兹方程

$$\frac{\partial^2\widetilde{\Psi}^i}{\partial y^2}-(\alpha^2+\beta^2-k^2)\widetilde{\psi}^i=0 \tag{4.2-28}$$

其解形为

$$\widetilde{\Psi}^i=A_1^i\,\mathrm{ch}\,\gamma y+A_2^i\,\mathrm{sh}\,\gamma y \qquad \gamma^2=\alpha^2+\beta^2-k^2 \tag{4.2-29}$$

考虑到屏蔽盒的边界条件，可得各区域的标量位函数为

$$\begin{aligned}\widetilde{\Psi}_1^e(\alpha,y)&=A^e\,\mathrm{sh}\,\gamma_1 y\\ \widetilde{\Psi}_2^e(\alpha,y)&=B^e\,\mathrm{sh}\,\gamma_2(H-y)\\ \widetilde{\Psi}_1^h(\alpha,y)&=A^h\,\mathrm{ch}\,\gamma_1 y\\ \widetilde{\Psi}_2^h(\alpha,y)&=B^h\,\mathrm{ch}\gamma_2(H-y)\end{aligned} \tag{4.2-30}$$

第二步，用微带线结构的屏蔽盒条件确定各区域的场分量。结果可得

$$\begin{aligned}\widetilde{E}_x&=-\alpha\beta\widetilde{\Psi}^e-j\omega\mu\frac{\partial\widetilde{\Psi}^h}{\partial y}\\ \widetilde{E}_y&=-j\beta\frac{\partial\widetilde{\Psi}^e}{\partial y}+\alpha\omega\mu\widetilde{\Psi}^h\\ \widetilde{E}_z&=(k^2-\beta^2)\widetilde{\Psi}^e\\ \widetilde{H}_x&=j\omega\varepsilon\frac{\partial\widetilde{\Psi}^e}{\partial y}-\alpha\beta\widetilde{\Psi}^h\\ \widetilde{H}_y&=-\alpha\omega\varepsilon\widetilde{\Psi}^e-j\beta\frac{\partial\widetilde{\Psi}^h}{\partial y}\\ \widetilde{H}_z&=(k^2-\beta^2)\widetilde{\Psi}^h\end{aligned} \tag{4.2-31}$$

第三步，用 $y=h$ 处场匹配条件导出代数方程。在 $y=h$ 处谱域场分量匹配条件为

$$\begin{aligned}&\widetilde{E}_{x_1}=\widetilde{E}_{x_2}, &&\widetilde{E}_{z_1}=\widetilde{E}_{z_2}\\ &\widetilde{H}_{x_1}-\widetilde{H}_{x_2}=\widetilde{J}_z, &&\widetilde{H}_{z_1}-\widetilde{H}_{z_2}=-\widetilde{J}_x\end{aligned} \tag{4.2-32}$$

以场分量代入，可得到一组矩阵方程：

$$\begin{bmatrix}\widetilde{E}_z(\alpha)\\ \widetilde{E}_x(\alpha)\end{bmatrix}=\begin{bmatrix}\widetilde{G}_{11}(\alpha,\beta) & \widetilde{G}_{12}(\alpha,\beta)\\ \widetilde{G}_{21}(\alpha,\beta) & \widetilde{G}_{22}(\alpha,\beta)\end{bmatrix}\begin{bmatrix}\widetilde{J}_z(\alpha)\\ \widetilde{J}_x(\alpha)\end{bmatrix} \tag{4.2-33}$$

式中

$$\begin{aligned}\widetilde{G}_{11}&=\widetilde{G}_{22}=\alpha\beta[\gamma_1\,\mathrm{th}(\gamma_1 h)+\gamma_2\,\mathrm{th}(\gamma_2 h')]/\det\\ \widetilde{G}_{12}&=[(\varepsilon_r k_0^2-\beta^2)\gamma_2\,\mathrm{th}(\gamma_2 h')+(k_0^2-\beta^2)\gamma_1\,\mathrm{th}(\gamma_1 h)]/\det\\ \widetilde{G}_{21}&=[(\varepsilon_r k_0^2-\alpha^2)\gamma_2\,\mathrm{th}(\gamma_2 h')+(k_0^2-\alpha^2)\gamma_1\,\mathrm{th}(\gamma_1 h)]/\det\\ \det&=[\gamma_1\,\mathrm{th}(\gamma_1 h)+\varepsilon_r\gamma_2\,\mathrm{th}(\gamma_2 h')][\gamma_1\,\mathrm{cth}(\gamma_1 h)+\gamma_2\,\mathrm{cth}(\gamma_2 h')]\end{aligned} \tag{4.2-34}$$

而 $\widetilde{J}_z(\alpha)$ 和 $\widetilde{J}_x(\alpha)$ 是导体带电流的富里哀变换式：

$$\begin{aligned}\tilde{J}_x(\alpha) &= \int_{-W}^{W} J_x(x)e^{j\alpha x}dx \\ \tilde{J}_z(\alpha) &= \int_{-W}^{W} J_z(x)e^{j\alpha x}dx\end{aligned} \tag{4.2-35}$$

$\tilde{E}_z(\alpha)$和 $\tilde{E}_x(\alpha)$是 $y=h$ 分界面上的电场变换式：

$$\begin{aligned}\tilde{E}_x(\alpha) &= \int_{-W}^{W} E_x(x,h)e^{j\alpha x}dx \\ \tilde{E}_z(\alpha) &= \int_{-W}^{W} E_z(x,h)e^{j\alpha x}dx\end{aligned} \tag{4.2-36}$$

第四步，用迦略金(Galerkin)法建立特征值方程。式(4.2－33)中的未知量 $\tilde{E}_z$ 和 $\tilde{E}_x$ 应用谱域中的迦略金法可以消除。方法是用已知的基函数 $\tilde{J}_{zm}$和 $\tilde{J}_{xm}$来展开式(4.2－33)中的未知量 $\tilde{J}_z$ 和 $\tilde{J}_x$，即令

$$\tilde{J}_x = \sum_{m=1}^{M} c_m \tilde{J}_{xm}(\alpha), \quad \tilde{J}_z = \sum_{m=1}^{N} d_m \tilde{J}_{zm}(\alpha) \tag{4.2-37}$$

代入式(4.2－33)，利用边界条件

$$E_z = E_x = 0 \qquad |x| < W/2,\ y = h \tag{4.2-38}$$

可得系数 c_m 和 d_m 的矩阵方程：

$$\begin{aligned}\sum_{m=1}^{M} K_{im}^{(1,1)} c_m + \sum_{m=1}^{N} K_{im}^{(1,2)} d_m &= 0 \qquad i = 1,2,\cdots,N \\ \sum_{m=1}^{M} K_{im}^{(2,1)} c_m + \sum_{m=1}^{N} K_{im}^{(2,2)} d_m &= 0 \qquad i = 1,2,\cdots,M\end{aligned} \tag{4.2-39}$$

式中 K_{km}则可由内积求得为

$$\begin{aligned}K_{im}^{(1,1)}(\beta) &= \sum_{n=1}^{\infty} \tilde{J}_{zi}(\alpha)\tilde{G}_{11}(\alpha,\beta)\tilde{J}_{xm}(\alpha) \\ K_{im}^{(1,2)}(\beta) &= \sum_{n=1}^{\infty} \tilde{J}_{zi}(\alpha)\tilde{G}_{12}(\alpha,\beta)\tilde{J}_{zm}(\alpha) \\ K_{im}^{(2,1)}(\beta) &= \sum_{n=1}^{\infty} \tilde{J}_{xi}(\alpha)\tilde{G}_{21}(\alpha,\beta)\tilde{J}_{xm}(\alpha) \\ K_{im}^{(2,2)}(\beta) &= \sum_{n=1}^{\infty} \tilde{J}_{xi}(\alpha)\tilde{G}_{22}(\alpha,\beta)\tilde{J}_{zm}(\alpha)\end{aligned} \tag{4.2-40}$$

此即用未知系数 c_m 和 d_m 表示的齐次方程组。c_m 和 d_m 有非零解的条件是其矩阵行列式等于零，据此可决定每个频率的传播常数 β。

第五步，选择适当基函数，由特征值方程求传播常数。原则上基函数可以任意选择，只要它们仅在导体带上不为零；不过，鉴于问题的变分性质，此方法的效果和精度有赖于基函数的选择。考虑到导体带边缘磁场分量的奇异性，对于主模，可选 J_{z_1}和 J_{x_1}如下：

$$\begin{aligned}J_{z_1}(x) &= \begin{cases}\dfrac{1}{2W}\left(1 + \left|\dfrac{x}{W}\right|^3\right) & |x| < W/2 \\ 0 & W/2 < |x| < L\end{cases} \\ J_{x_1}(x) &= \begin{cases}\dfrac{1}{W}\sin\dfrac{\pi x}{W} & |x| < W/2 \\ 0 & W/2 < |x| < L\end{cases}\end{aligned} \tag{4.2-41}$$

上述电流的富里哀变换为

$$
\begin{aligned}
\tilde{J}_{z_1}(\alpha) &= \frac{2\sin(\alpha W)}{\alpha W} + \frac{3}{(\alpha W)^2}\left\{\cos(\alpha W) - \frac{2\sin(\alpha W)}{\alpha W} + \frac{2[1-\cos(\alpha W)]}{(\alpha W)^2}\right\} \\
\tilde{J}_{x_1}(\alpha) &= \frac{2\pi\sin(\alpha W)}{(\alpha W)^2 - \pi^2}
\end{aligned}
\qquad (4.2-42)
$$

对于高次模，$\tilde{J}_{zm}$和 $\tilde{J}_{xm}$ 可用类似表示式。将所选定的 $\tilde{J}_{z_1}$和 $\tilde{J}_{x_1}$ 代入式(4.2 - 40)可算出 $K_{im}^{(pq)}(\beta)$，再将 $K_{im}^{(pq)}(\beta)$代入式(4.2 - 39)即可得到一组含未知系数 c_1 和 d_1 的齐次线性代数方程。由其系数矩阵行列式等于零即可解得 β，微带线的色散特性便可由所求得的 β 值导出。

数值计算时，取 $N=1$，$M=0$ 或 $N=1$，$M=1$，前者只有轴向电流 J_{z_1}，称为零次近似；后者有轴向和横向电流 J_{z_1}和 J_{x_1}，称为一次近似。计算出 β 值后，该微带线的有效介电常数 $\varepsilon_e=(\beta/k_0)^2$。图 4.2 - 6 示出用谱域法计算得到的屏蔽微带线主模的有效介电常数 ε_e 随频率变化曲线，即色散特性。

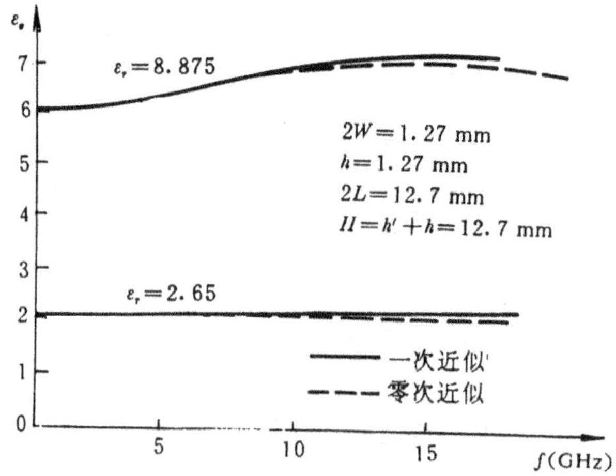

图 4.2 - 6　ε_e- f 曲线

4.3　耦合带状线和耦合微带线

本节讨论由两根导体带彼此靠得很近构成的耦合带状线和耦合微带线的特性。首先介绍耦合传输线概念，包括耦合带状线和耦合微带线的常用结构，然后讲解耦合线理论，最后分析对称耦合带状线和耦合微带线的特性。

1. 耦合传输线概念

耦合传输线简称耦合线(coupled line)，它是由两根或多根彼此靠得很近的非屏蔽传输线构成的导行系统。有不对称和对称耦合线两种结构。本节只讨论对称耦合线。耦合线可用于设计定向耦合器、混合电桥、滤波器等微波电路元件。

带状线和微带线是一种半开放式传输线结构，当两根或多根中心导体带彼此靠得很近时，其间必然有电场和磁场能量相互耦合，构成耦合带状线(coupled stripline)和耦合微带线

(coupled microstrip line)。

常用的耦合带状线是侧边耦合和宽边耦合对称耦合带状线，如图 4.3－1 所示。

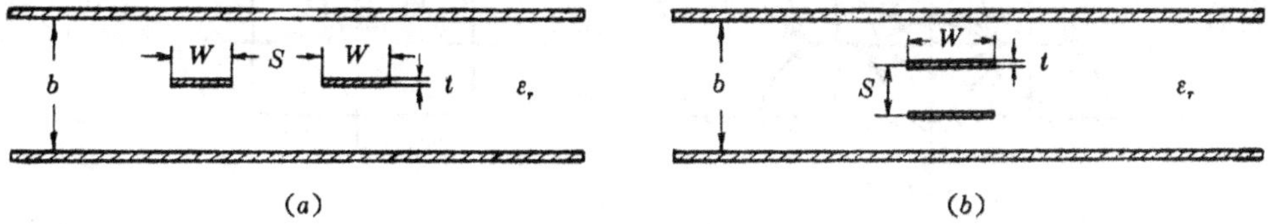

图 4.3－1　耦合带状线结构
(a) 侧边耦合；(b)宽边耦合

常用的耦合微带线是侧边耦合对称耦合微带线，如图 4.3－2 所示。

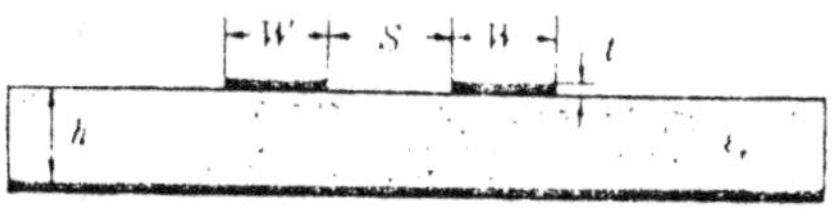

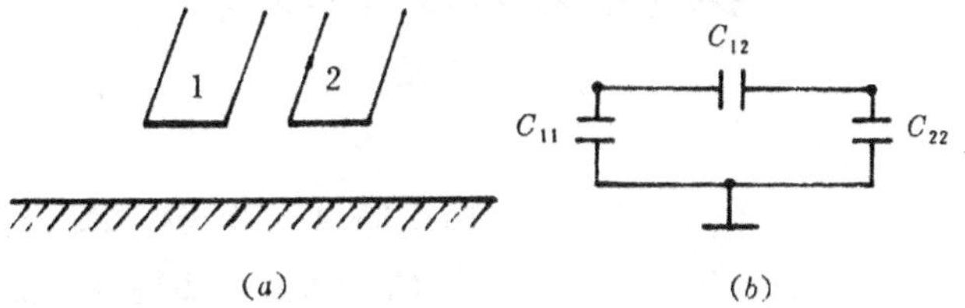

图 4.3－2　耦合微带线截面图　　图 4.3－3　(a) 三线耦合线；(b) 等效电容网络

2. 耦合线理论与奇偶模分析方法

上述耦合带状线和耦合微带线可以表示成图 4.3－3(a)所示结构。假设传输 TEM 模，则由于导体带和接地板为非导磁体，引入另一导体带对磁场的分布影响不大，对电场的分布影响较大，即引入另一导体带后，单根带状线或单根微带线的分布电感几乎不变，分布电容则变化较大。因此可以认为，耦合线的特性可由其线间有效电容与线上波的传播速度完全决定。如图 4.3－3(b)所示，C_{11}表示带状导体 2 不存在时带状导体 1 对地的自电容；C_{22}表示带状导体 1 不存在时带状导体 2 对地的自电容；C_{12}表示接地导体不存在时带状导体 1 和 2 之间的互电容。

对于两个带状导体尺寸相同且相对于接地导体的位置完全相同的对称耦合线，$C_{11}=C_{22}$。

(1) 奇偶模分析法

对称耦合线的特性借助于奇偶模分析法可以方便地求得。

a. 奇偶模激励及其参量

由大小相等方向相反的电流对耦合线两带状导体产生的激励称为奇模激励(odd－mode excitation)；由大小相等方向相同的电流产生的激励称为偶模激励(even－mode excitation)，如图 4.3－4 所示。由图可见，奇模激励时中间对称面为电壁，偶模激励时中间对称面为磁壁。

奇模激励状态下，单根带状导体对地的分布电容称为奇模电容，以 C_o 表示，如图 4.3－4(a)所示，则有

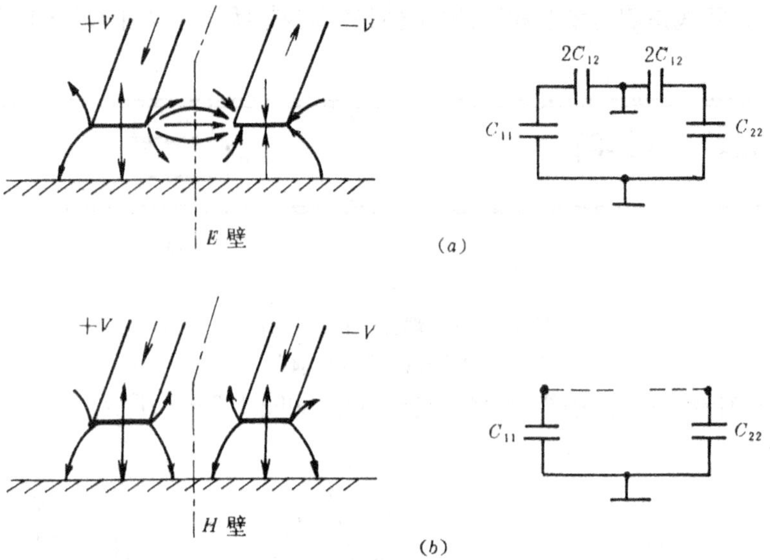

图 4.3-4　(a) 奇模激励；(b) 偶模激励

$$C_o = C_{11} + 2C_{12} = C_{22} + 2C_{12} \tag{4.3-1}$$

偶模激励状态下，单根带状导体对地的分布电容称为偶模电容，以 C_e 表示，如图 4.3-4(b)所示，则有

$$C_e = C_{11} = C_{22} \tag{4.3-2}$$

奇模工作时，单根带状导体对地的特性阻抗称为奇模特性阻抗，以 Z_{0o}表示，则有

$$Z_{0o} = \sqrt{\frac{L_1}{C_o}} = \frac{\sqrt{L_1C_o}}{C_o} = \frac{1}{v_{po}C_o} = \frac{1}{v_pC_o} \tag{4.3-3}$$

偶模工作时，单根带状导体对地的特性阻抗称为偶模特性阻抗，以 Z_{0e}表示，则有

$$Z_{0e} = \sqrt{\frac{L_1}{C_e}} = \frac{\sqrt{L_1C_e}}{C_e} = \frac{1}{v_{pe}C_e} = \frac{1}{v_pC_e} \tag{4.3-4}$$

由于已假定 TEM 模传输，故 $v_{po}=v_{pe}=v_p=C/\sqrt{\varepsilon_r}$。结果表明，只要求得 C_o 和 C_e，就可求得 Z_{0o}和 Z_{0e}。由式(4.3-1)、(4.3-2)和图 4.3-4 可见，$C_o>C_e$，故有 $Z_{0e}>Z_{0o}$。

b. 奇偶模方法

如上所述，在奇、偶模激励下，耦合线分别被电壁和磁壁分成两半，只须研究其一半，即变成分别研究单根奇模线和单根偶模线的特性，然后叠加便可得到耦合线的特性。也就是说，在奇、偶模激励下，另一根带状导体的影响分别可用对称面上的电壁(奇模)和磁壁(偶模)边界条件来等效，这样，原来的耦合线四端口结构就被简化为二端口结构，可以应用传输线理论进行分析和计算。

如图 4.3-5(a)所示，对耦合线端口①和②的任意激励电压 V_1 和 V_2，总可以分解成一对奇、偶模激励电压 V_o 和 V_e 的组合

$$\begin{aligned} V_1 &= V_e + V_o \\ V_2 &= V_e - V_o \end{aligned} \tag{4.3-5}$$

由此可得

$$V_e = \frac{V_1 + V_2}{2}, \quad V_o = \frac{V_1 - V_2}{2} \tag{4.3-6}$$

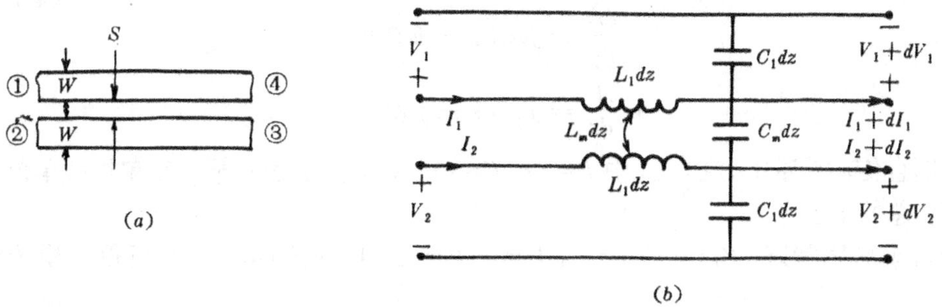

图 4.3-5 (a) 对称耦合线；(b) 等效电路

因此适当选择奇、偶模激励比例，可描述不同的耦合状态。例如，对于实用的只由端口①激励的状态，$V_2=0$，则得

$$V_e = \frac{V_1}{2}, \quad V_o = \frac{V_1}{2} \tag{4.3-7}$$

即在此种情况下，奇、偶模电压的振幅相等，得到如图 4.3-6 所示的原理图。

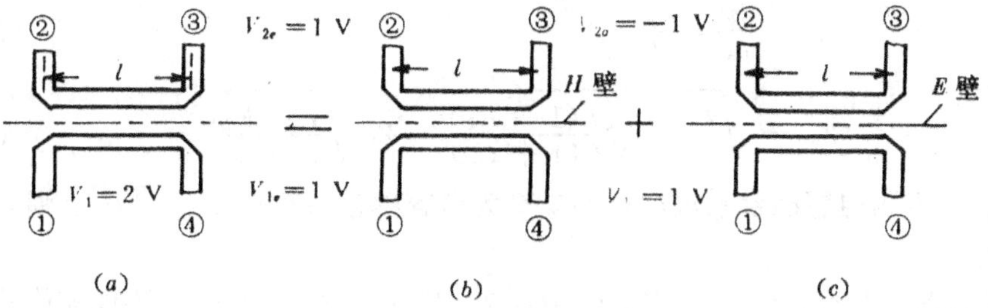

图 4.3-6 (a) ①口激励；(b) 偶模激励；(c) 奇模激励

(2) 耦合传输线方程与耦合参量

假设耦合线传输 TEM 模，则两线之间的电磁耦合可等效为通过两线之间的互电容和互电感进行耦合，线元 dz 的集总参数等效电路如图 4.3-5(b)所示。图中，L_m 和 C_m 分别表示线间单位长度的耦合电感和耦合电容，L_1 和 C_1 表示计及另一线影响时单根线的分布电感和分布电容。根据基尔霍夫定律，对于时谐变化的电压和电流，可得到方程：

$$\begin{aligned} -dV_1 &= j\omega L_1 dz I_1 + j\omega L_m dz I_2 \\ -dV_2 &= j\omega L_1 dz I_2 + j\omega L_m dz I_1 \\ -dI_1 &= j\omega C_1 dz V_1 + j\omega C_m dz (V_1 - V_2) \\ -dI_2 &= j\omega C_1 dz V_2 + j\omega C_m dz (V_2 - V_1) \end{aligned} \tag{4.3-8}$$

或者

$$
\begin{aligned}
-\frac{dV_1}{dz} &= j\omega L I_1 + j\omega L_m I_2 \\
-\frac{dV_2}{dz} &= j\omega L I_2 + j\omega L_m I_1 \\
-\frac{dI_1}{dz} &= j\omega C V_1 - j\omega C_m V_2 \\
-\frac{dI_2}{dz} &= j\omega C V_2 - j\omega C_m V_1
\end{aligned}
\tag{4.3-9}
$$

此即对称耦合传输线基本方程。式中 $L=L_1$，$C=C_1+C_m$，分别表示耦合线单根线单位长度总的电感和总的电容。

对于奇模激励状态，$V_1=-V_2=V_o$，$I_1=-I_2=I_o$，代入式(4.3-9)可得奇模传输线方程

$$
\begin{aligned}
-\frac{dV_o}{dz} &= j\omega L(1-K_L)I_o = j\omega L_o I_o = Z_o I_o \\
-\frac{dI_o}{dz} &= j\omega C(1+K_C)V_o = j\omega C_o V_o = Y_o V_o
\end{aligned}
\tag{4.3-10}
$$

据此可得奇模相速度、奇模波导波长和奇模特性阻抗分别为

$$v_{po} = \frac{\omega}{\beta_o} = \frac{\omega}{\omega\sqrt{L_o C_o}} = \frac{1}{\sqrt{LC(1-K_L)(1+K_C)}} \tag{4.3-11}$$

$$\lambda_{go} = \frac{2\pi}{\beta_o} = \frac{v_{po}}{f} \tag{4.3-12}$$

$$Z_{0o} = \sqrt{\frac{L_o}{C_o}} = \sqrt{\frac{L(1-K_L)}{C(1+K_C)}} = Z_0\sqrt{\frac{1-K_L}{1+K_C}} \tag{4.3-13}$$

式中，$K_L=L_m/L$ 为电感耦合系数；$K_C=C_m/C$ 为电容耦合系数；$Z_0=\sqrt{L/C}$是耦合线单根线的特性阻抗。

对于偶模激励状态，$V_1=V_2=V_e$，$I_1=I_2=I_e$，代入式(4.3-9)，得到偶模传输线方程为

$$
\begin{aligned}
-\frac{dV_e}{dz} &= j\omega L(1+K_L)I_e = j\omega L_e I_e = Z_e I_e \\
-\frac{dI_e}{dz} &= j\omega C(1-K_C)V_e = j\omega C_e V_e = Y_e V_e
\end{aligned}
\tag{4.3-14}
$$

据此可求得偶模相速度、偶模波导波长和偶模特性阻抗分别为

$$v_{pe} = \frac{1}{\sqrt{L_e C_e}} = \frac{1}{\sqrt{LC(1+K_L)(1-K_C)}} \tag{4.3-15}$$

$$\lambda_{ge} = \frac{2\pi}{\beta_e} = \frac{v_{pe}}{f} \tag{4.3-16}$$

$$Z_{0e} = \sqrt{\frac{L_e}{C_e}} = \sqrt{\frac{L(1+K_L)}{C(1-K_C)}} = Z_0\sqrt{\frac{1+K_L}{1-K_C}} \tag{4.3-17}$$

由上述 Z_{0o}、Z_{0e}、v_{po}和 v_{pe}关系可求得耦合线单位长度自电容、自电感、互电感和互电容分别为

$$
\begin{aligned}
C &= \frac{1}{2}[C_o(\varepsilon_r) + C_e(\varepsilon_r)] \\
L &= \frac{\mu\varepsilon_0}{2}\left[\frac{1}{C_o(1)} + \frac{1}{C_e(1)}\right] \\
C_m &= \frac{1}{2}[C_o(\varepsilon_r) - C_e(\varepsilon_r)] \\
L_m &= \frac{\mu\varepsilon_0}{2}\left[\frac{1}{C_e(1)} - \frac{1}{C_o(1)}\right]
\end{aligned}
\tag{4.3-18}
$$

即耦合线的单位长度分布参数，可由奇偶模静态电容决定。因此，借助于奇偶模方法，通过求解单根线的奇偶模电容便可求得耦合线的各种特性。

对于均匀介质填充的对称耦合线(如耦合带状线)，其传输模为 TEM 模，此时应有

$$
v_{po} = v_{pe} = v_p = \frac{c}{\sqrt{\varepsilon_r}}
$$

这就要求 $K_L=K_C=K$，于是得到

$$
v_{po} = v_{pe} = \frac{1}{\sqrt{LC(1-K^2)}} \tag{4.3-19}
$$

$$
\lambda_{go} = \lambda_{ge} = \frac{2\pi}{\omega\sqrt{LC(1-K^2)}} = \frac{1}{f\sqrt{LC(1-K^2)}} \tag{4.3-20}
$$

$$
Z_{0o} = Z_0\sqrt{\frac{1-K}{1+K}} \tag{4.3-21}
$$

$$
Z_{0e} = Z_0\sqrt{\frac{1+K}{1-K}} \tag{4.3-22}
$$

由式(4.3-21)和式(4.3-22)，得到

$$
Z_0^2 = Z_{0o}Z_{0e} \tag{4.3-23}
$$

$$
K = \frac{Z_{0e} - Z_{0o}}{Z_{0e} + Z_{0o}} \tag{4.3-24}
$$

耦合系数 K 的分贝耦合度则为

$$
C = 20\lg K\ (\text{dB}) \tag{4.3-25}
$$

对于非均匀介质填充耦合线(如耦合微带线)，传输模不是 TEM 模，上述结果不再适用。此时可引入有效介电常数为 ε_{eo}和 ε_{ee}的均匀介质代替非均匀介质，假定为 TEM 模，用准静态方法求其奇偶模参量。

3. 耦合带状线的特性

如上所述，对称耦合带状线的特性可用奇偶模方法求得，并归结于用保角变换法求解奇偶模静态电容 $C_o(\varepsilon_r)$、$C_e(\varepsilon_r)$和 $C_o(1)$、$C_e(1)$。求解方法则与 4.1 节单根带状线的求解方法一样。

对于零厚度对称侧边耦合带状线，应用保角变换方法可以得到奇、偶模特性阻抗的精确解为

$$Z_{0o}=\frac{30\pi}{\sqrt{\varepsilon_r}}\frac{K(k_0')}{K(k_0)}$$
$$Z_{0e}=\frac{30\pi}{\sqrt{\varepsilon_r}}\frac{K(k_e')}{K(k_e)} \tag{4.3-26}$$

式中

$$k_o=\text{th}\left(\frac{\pi}{2}\cdot\frac{W}{b}\right)\text{cth}\left(\frac{\pi}{2}\cdot\frac{W+S}{b}\right),\quad k_o'=\sqrt{1-k_o^2}$$
$$k_e=\text{th}\left(\frac{\pi}{2}\cdot\frac{W}{b}\right)\text{th}\left(\frac{\pi}{2}\cdot\frac{W+S}{b}\right),\quad k_e'=\sqrt{1-k_e^2}$$

若已知奇偶模特性阻抗 Z_{0o}和 Z_{0e}及填充介质的 ε_r，耦合带状线的尺寸 W/b 和 S/b 则可由下式求得：

$$\frac{W}{b}=\frac{2}{\pi}\text{arctg}\sqrt{k_ek_o}$$
$$\frac{S}{b}=\frac{2}{\pi}\text{arctg}\left(\frac{1-k_o}{1-k_e}\sqrt{\frac{k_e}{k_o}}\right) \tag{4.3-27}$$

式中

$$k_i=\begin{cases}\left[1-\left(\dfrac{e^{A_i}-2}{e^{A_i}+2}\right)^4\right]^{1/2} & \pi\leqslant A_i\leqslant\infty,\ i=o,e\\ \left(\dfrac{e^{\pi^2/A_i}-2}{e^{\pi^2/A_i}+2}\right)^2 & 0\leqslant A_i\leqslant\pi,\ i=o,e\end{cases}$$

$$A_i=\begin{cases}\dfrac{Z_{0o}\sqrt{\varepsilon_r}}{30}\\ \dfrac{Z_{0e}\sqrt{\varepsilon_r}}{30}\end{cases}$$

实际设计时，可使用图 4.3-7 所示列线图：由图中两侧 $\sqrt{\varepsilon_r}Z_{0o}$和 $\sqrt{\varepsilon_r}Z_{0e}$刻度线上相应点的连线与中间 W/b 和 S/b 刻度线的交点，即可读取所要求的 W/b 和 S/b 值。

考虑到导体带的厚度效应，当 $t/b<0.1$，$W/b>0.35$ 时，奇偶模特性阻抗可由下式计算[①]：

$$Z_{0o}=\frac{30\pi(b-t)}{\sqrt{\varepsilon_r}\left[W+\dfrac{bC_f}{2\pi}A_o\right]},\quad Z_{0e}=\frac{30\pi(b-t)}{\sqrt{\varepsilon_r}\left[W+\dfrac{bC_f}{2\pi}A_e\right]} \tag{4.3-28}$$

式中

$$A_o=1+\frac{\ln[1+\text{cth}(\pi S/2b)]}{\ln 2},\quad A_e=1+\frac{\ln[1+\text{th}(\pi S/2b)]}{\ln 2}$$
$$C_f=2\ln\left(\frac{2b-t}{b-t}\right)-\frac{t}{b}\ln\left[\frac{t(2b-t)}{(b-t)^2}\right]$$

图 4.3-8 所示曲线可用于计算对称侧边耦合带状线的尺寸。

---

① Cohn, S. B, "Shielded Coupled - Strip Transmission Line", IRE Trans., vol. MTT-3, 1955, pp. 29 — 38.

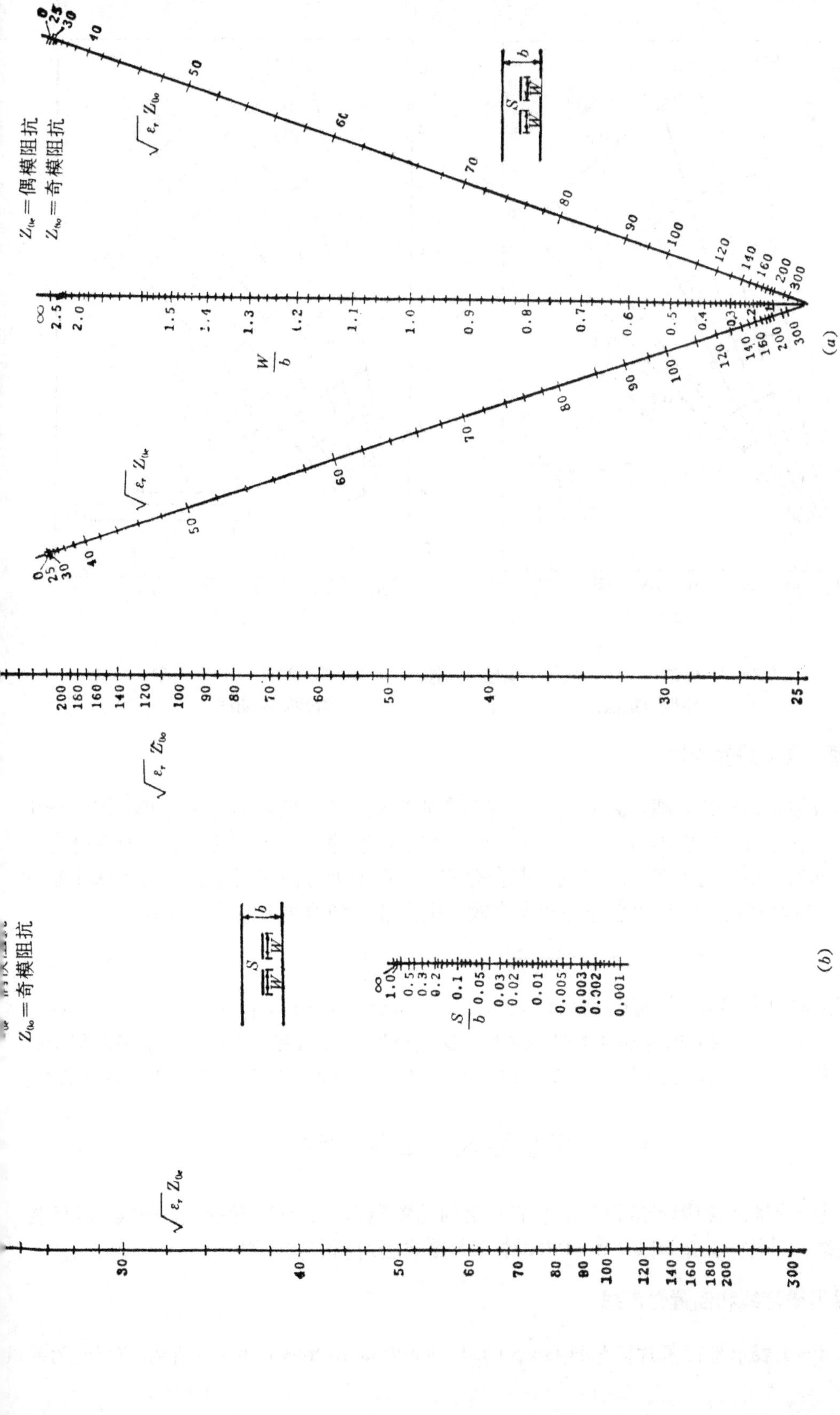

图　4.3－7
(a) 耦合带状线 Z_{0o}和 Z_{0e}与 W/b 之列线图；(b) 耦合带状线 Z_{0o}和 Z_{0e}与 S/b 之列线图

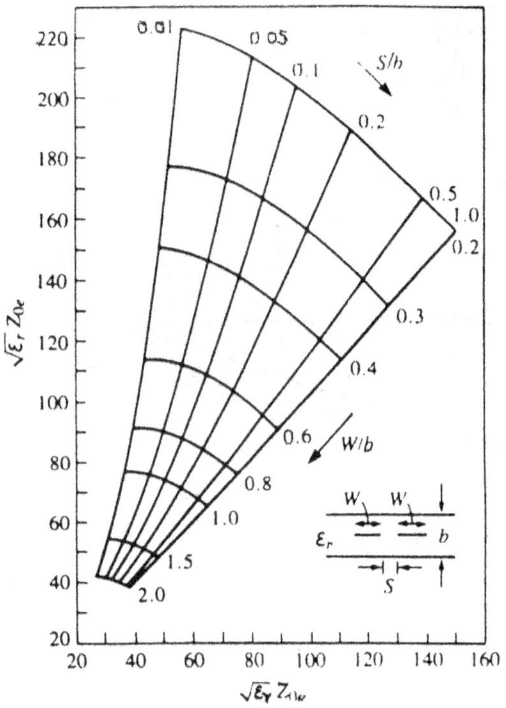

图 4.3－8　侧边耦合带状线的奇偶模特性阻抗曲线

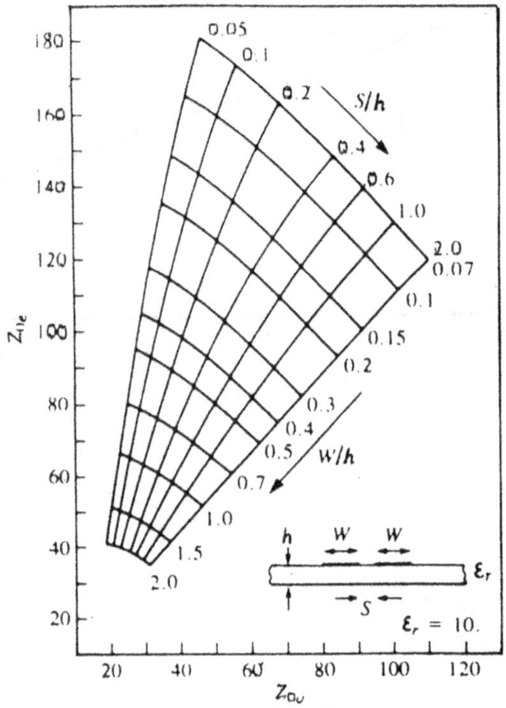

图 4.3－9　耦合微带线的奇、偶模特性阻抗曲线

4. 耦合微带线的特性

与单根微带线一样，耦合微带线为非均匀介质填充，其传输模实为混合模，因此分析方法也有准静态法、色散模型法和全波分析法三种。用准静态法分析便是引入有效介电常数为 ε_e 的均匀介质，代替耦合微带线的混合介质，但由于耦合微带线存在奇模和偶模激励两种状态，所以有效介电常数也分为奇模有效介电常数 ε_{eo}和偶模有效介电常数 ε_{ee}：

$$\varepsilon_{eo} = \frac{C_o(\varepsilon_r)}{C_o(1)}, \qquad \varepsilon_{ee} = \frac{C_e(\varepsilon_r)}{C_e(1)} \tag{4.3-29}$$

用保角变换法可求得奇、偶模电容 $C_o(\varepsilon_r)$、$C_e(\varepsilon_r)$和 $C_o(1)$、$C_e(1)$，再由式(4.3－3)、(4.3－4)和式(4.3－29)便可求得耦合微带线的奇、偶模特性阻抗和有效介电常数，但所得结果与基片的介电常数 ε_r 有关。图 4.3－9 给出了 ε_r＝10 的耦合微带线奇、偶模特性阻抗曲线。

4.4　其它型式平面传输线

除了上述带状线和微带线以外，本节介绍的悬置微带线、倒置微带线、槽线、共面传输线和鳍线各具优点，在 HMIC 和 MMIC 中有着重要应用和潜在应用。

1. 悬置微带线和倒置微带线

图 4.4－1 表示悬置基片微带线(suspended－substrate microstrip lines)结构：图(a)为悬

置微带线(suspended microstrip line)，图(b)为倒置微带线(inverted microstrip line)，其中心导体带贴敷在一块很薄的介质基片上，悬置或倒置于空间。其电磁场的大部分集中在空气中，介质引入的影响很小，因而其有效介电常数 ε_e 接近于1，致使其电参数与空气线的电参数接近，接近于无色散特性；而且介质的损耗大大减小了，故具有比微带线更高的 Q 值(500～1 500)。这两种传输线可实现很宽范围的阻抗值，因而特别适用作滤波器、谐振电路等要求 Q 值较高的场合。

当 $t/h\ll1$ 时，用对谱域结果的最小二乘曲线拟合方法，得到特性阻抗和有效介电常数公式为①

$$Z_0=\frac{60}{\sqrt{\varepsilon_e}}\ln\left[\frac{f(u)}{u}+\sqrt{1+\left(\frac{2}{u}\right)^2}\right] \tag{4.4-1}$$

式中

$$f(u)=6+(2\pi-6)\exp\left[-\left(\frac{30.666}{u}\right)^{0.7528}\right]$$

对于悬置微带线，$u=W/(a+b)$；对于倒置微带线，$u=W/b$。式中各变量的定义如图4.4-1所示。

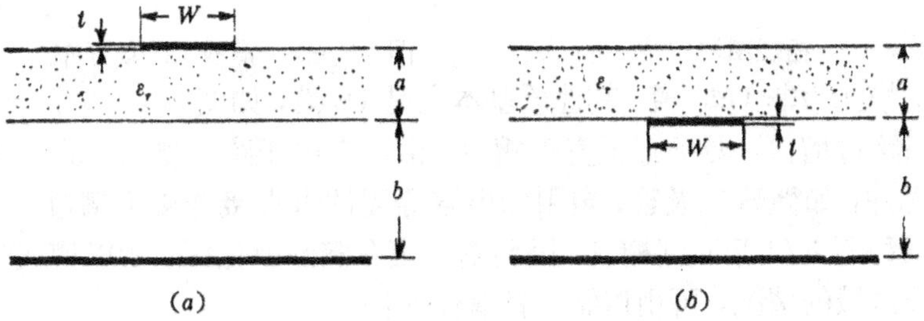

图 4.4-1　(a) 悬置微带线；(b) 倒置微带线

悬置微带线的有效介电常数 ε_e 可由下式求得：

$$\sqrt{\varepsilon_e}=\left[1+\frac{a}{b}\left(a_1-b_1\ln\frac{W}{b}\right)\left(\frac{1}{\sqrt{\varepsilon_r}}-1\right)\right]^{-1} \tag{4.4-2}$$

式中

$$a_1=\left(0.8621)-0.1251\ln\frac{a}{b}\right)^4,\quad b_1=\left(0.4986-0.1397\ln\frac{a}{b}\right)^4$$

而倒置微带线的有效介电常数 ε_e 可由下式求得

$$\sqrt{\varepsilon_e}=1+\frac{a}{b}\left(a_1-b_1\ln\frac{W}{b}\right)(\sqrt{\varepsilon_r}-1) \tag{4.4-3}$$

式中

$$a_1=\left(0.5173-0.1515\ln\frac{a}{b}\right)^2,\ b_1=\left(0.3092-0.1047\ln\frac{a}{b}\right)^2$$

当 $1<W/b<8$，$0.2<a/b<1$ 时，式(4.4-2)和式(4.4-3)的精度在 $\varepsilon_r\leqslant6$ 情况下优于

① Pramanick, P. and P. Bhartia, "CAD Models for Millimeter - wave Finlines and Suspended - Substrate Microstrip Lines," IEEE Trans, Microwave Theory Tech., vol. MTT - 33, Dec. 1985, pp,1429 - 1435.

±1%；在 $\varepsilon_r\simeq 10$ 时，优于±2%。

2. 槽线

槽线(slotline or notchline)的结构如图 4.4－2 所示。它是在介质基片的一面的金属化层上刻有一窄槽(在 1～10 GHz 范围内，典型的槽宽为 21～30 mil，而在另一面没有金属化层。完整的槽线电路还往往加一金属屏蔽盒，但由于槽线的电磁场主要集中在槽口附近，所以屏蔽盒的影响可以忽略，故这里未画出屏蔽外壳。槽线的介质基片必须使用高介电常数材料(如 $\varepsilon_r=16$)，以使槽线的波导波长 λ_g 比自由空间波长 λ_0 小得多，电磁场才能非常集中于槽口附近，辐射损耗才可以忽略。这种槽线结构特别适用于制作 MIC 中的高阻抗线，它难以得到低于 60 Ω 的特性阻抗。

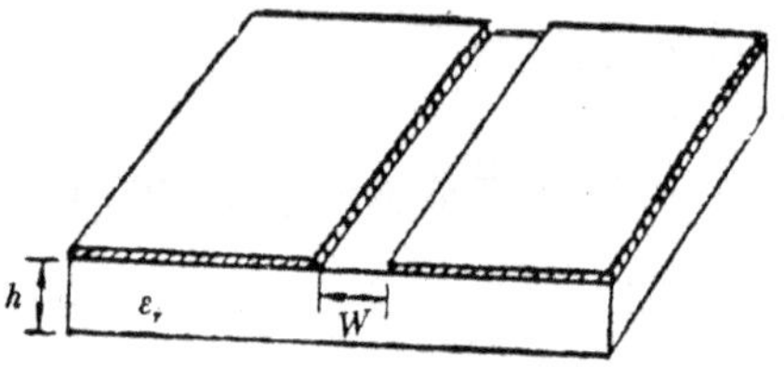

图 4.4－2　槽线结构

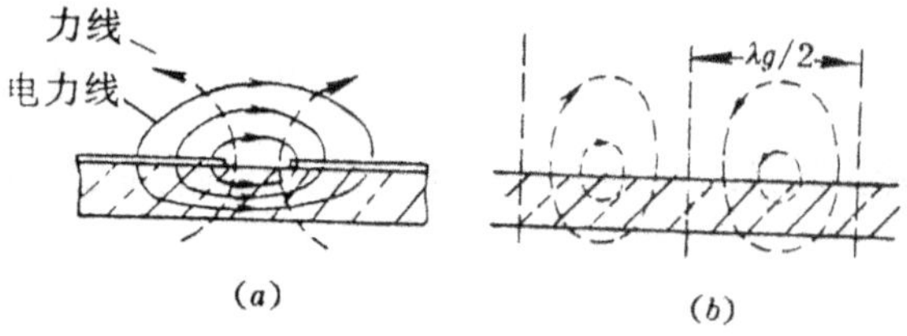

图 4.4－3　槽线上的场分布

槽线的传输模式为非 TEM 模，其性质基本上是 TE 模，如图 4.4－3 所示。在槽口两边有电位差，电场跨过槽口，磁场则垂直于槽口。由于有电压跨过槽口，故此种结构特别适合于并联连接元件，如微波二极管、电阻和电容等元件可直接并接于槽口上；槽线模的纵向截面上磁力线每隔 $\lambda_g/2$ 又回到槽口，因而槽线模有椭圆极化区，所以槽线又特别适用于需要圆极化磁场区域的情况，可用以制作铁氧体元件。

此外，若在介质基片的一面制作槽线，在另一面制作微带线或共面波导，当两者靠近时就有耦合存在。利用此耦合可设计制作组合的定向耦合器、滤波器和过渡元件等。

由于槽线传输模的非 TEM 性质，所以其特性只能用数值方法，如谱域法进行分析。下面给出的就是由数值计算结果的曲线拟合而得到的槽线特性阻抗和波长的闭合型公式[12]：

①当 $0.02\leqslant W/h\leqslant 0.2$ 时：

$$\frac{\lambda_g}{\lambda_0}=0.923-0.195\ln\varepsilon_r+0.2\frac{W}{h}-\left(0.126\frac{W}{h}+0.02\right)\ln\left(\frac{h}{\lambda_0}\times 10^2\right) \tag{4.4-4}$$

$$\begin{aligned}Z_0=&72.62-15.283\ln\varepsilon_r+50\frac{(W/h-0.02)(W/h-0.1)}{W/h}\\&+\ln\left(\frac{W}{h}\times 10^2\right)(19.23-3.693\ln\varepsilon_r)-\Big[0.139\ln\varepsilon_r-0.11\\&+\frac{W}{h}(0.465\ln\varepsilon_r+1.44)\Big]\left(11.4-2.636\ln\varepsilon_r-\frac{h}{\lambda_0}\times 10^2\right)^2\end{aligned} \tag{4.4-5}$$

②当 $0.2\leqslant W/h\leqslant 0.1$ 时：

$$\frac{\lambda_g}{\lambda_0}=0.987-0.21\ln\varepsilon_r+\frac{W}{h}(0.111-0.0022\varepsilon_r)$$

$$-\left(0.053+0.041\frac{W}{h}-0.0014\varepsilon_r\right)\ln\left(\frac{h}{\lambda_0}\times10^2\right) \qquad (4.4-6)$$

$$\begin{aligned}Z_0 = {} & 113.19-23.257\ln\varepsilon_r+1.25\frac{W}{h}(114.59-22.531\ln\varepsilon_r) \\ & +20\left(\frac{W}{h}-0.2\right)\left(1-\frac{W}{h}\right)-\left[0.15+0.1\ln\varepsilon_r\right. \\ & \left.+\frac{W}{h}(-0.79+0.899\ln\varepsilon_r)\right]\left[10.25-2.171\ln\varepsilon_r\right. \\ & \left.+\frac{W}{h}(2.1-0.617\ln\varepsilon_r)-\frac{h}{\lambda_0}\times10^2\right]^2\end{aligned} \qquad (4.4-7)$$

上述闭式在如下一组参数范围内的精度约为 2%：

$$9.7\leqslant\varepsilon_r\leqslant20,\quad 0.02\leqslant W/h\leqslant1.0$$

$$0.01\leqslant h/\lambda_0\leqslant(h/\lambda_0)_c$$

而$(h/\lambda_0)_c$是槽线上 TE_{10}表面波模的截止值：

$$\left(\frac{h}{\lambda_0}\right)_c=\frac{0.25}{\sqrt{\varepsilon_r-1}}$$

计算结果表明，槽线的特性阻抗随频率的变化很小，在两个倍频程带宽上一般小于±10%，不同的槽宽与基片厚度比，特性阻抗可从 40 Ω 到 200 Ω 范围内变化。典型槽线结构的特性阻抗和波导波长曲线如图 4.4－4 所示。

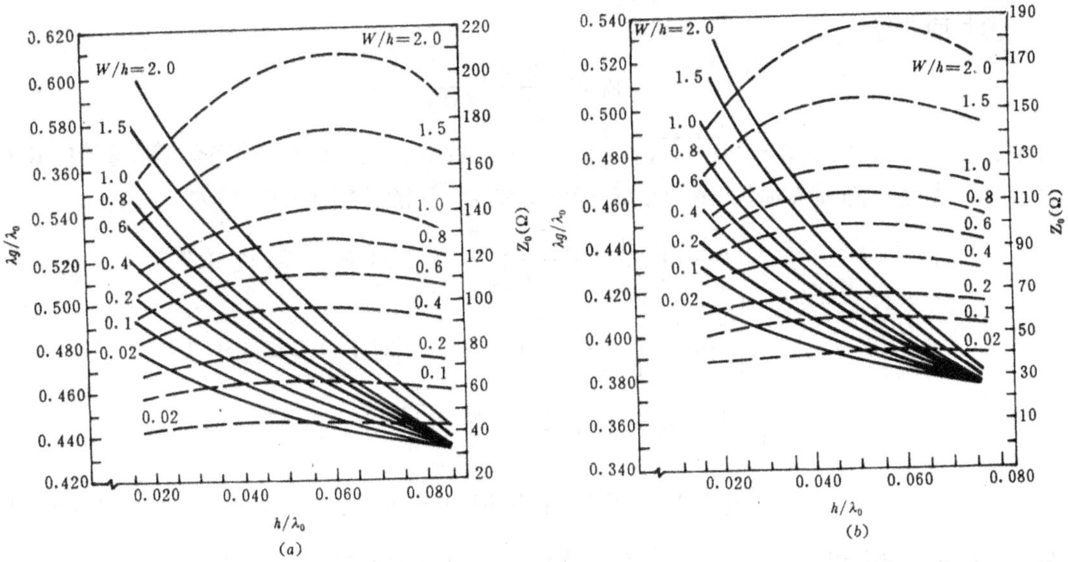

图 4.4－4　槽线的特性

(a) $\varepsilon_r=9.6$；(b) $\varepsilon_r=13.0$

λ_g/λ_0：——；Z_0：－－－

3. 共面传输线

共面传输线(coplanar transmission lines)分共面波导(coplanar waveguide，缩写为 CPW)和

共面带状线(coplanar stripline，缩写为 CPS)，如图 4.4－5 所示，两者为互补结构。在这种共面传输线中，所有导体均位于同一平面内(即在介质基片的同一表面上)。这两种传输线的重要优点之一，是安装并联或串联形式的有源或无源集总参数元件都非常方便，而用不着在基片上钻孔或开槽。在 HMIC 和 MMIC 中，共面波导正在得到广泛的应用。将共面波导应用于 MIC 中，增加了电路设计的灵活性，并可改善某些功能电路的性能。用共面波导便于设计制作非互易铁氧体元件、定向耦合器等，与介质基片另一面的微带线或槽线相结合使用，还可设计耦合器、滤波器、过渡电路等组合元件。

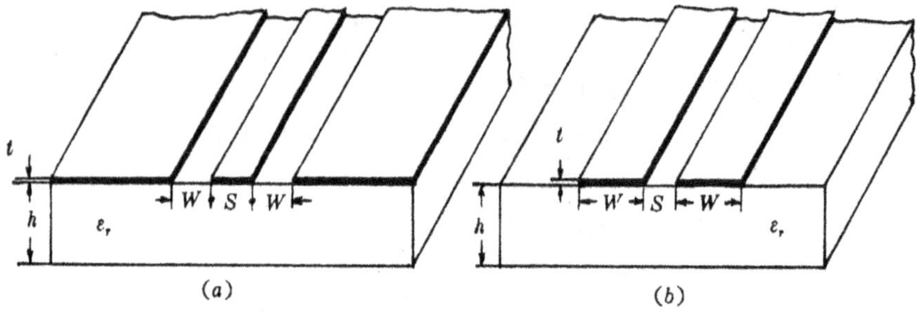

图 4.4－5　(a) 共面波导；(b) 共面带状线

共面波导和共面带状线能支持准 TEM 模的传播，其特性分析的简单方法是用准静态方法；但高频时其上完全为非 TEM 模，需应用全波分析法求解。下面给出 $t\simeq0$ 时特性阻抗 Z_0 和有效介电常数 ε_e 的准静态法结果[12]。

①共面波导：

$$Z_0=\frac{30\pi}{\sqrt{\varepsilon_e}}\frac{K'(k)}{K(k)} \tag{4.4-8}$$

式中，$K'(k)=K(k')$，$k'=\sqrt{1-k^2}$，$k=S/(S+2W)$；$K(k)$表示第一类完全椭圆函数，$K'(k)$表示第一类完全椭圆余函数。$K(k)/K'(k)$的近似公式(精确到 8×10^{-6})为

$$\frac{K(k)}{K'(k)}=\begin{cases}\left[\dfrac{1}{\pi}\ln\left(2\,\dfrac{1+\sqrt{k'}}{1-\sqrt{k'}}\right)\right]^{-1} & \text{对于 } 0\leqslant k\leqslant 0.7\\[2ex] \dfrac{1}{\pi}\ln\left(2\,\dfrac{1+\sqrt{k}}{1-\sqrt{k}}\right) & \text{对于 } 0.7\leqslant k\leqslant 1\end{cases} \tag{4.4-9}$$

$$\varepsilon_e=\frac{\varepsilon_r+1}{2}\left\{\mathrm{tg}\left[0.775\ln\left(\frac{h}{W}\right)+1.75\right]\right.$$
$$\left.+\frac{kW}{h}\left[0.04-0.7k+0.01(1-0.1\varepsilon_r)(0.25+k)\right]\right\} \tag{4.4-10}$$

在 $\varepsilon_r\geqslant9$，$h/W\geqslant1$ 和 $0\leqslant k\leqslant0.7$ 范围内，式(4.4－10)的精度优于 1.5%。

②共面带状线：

$$Z_0=\frac{120\pi}{\sqrt{\varepsilon_e}}\frac{K(k)}{K'(k)} \tag{4.4-11}$$

ε_e 的公式与共面波导 ε_e 的公式(4.4－10)相似，只是现在式中的 W 是导体带宽度，而 S 是导体之间的距离。

4. 鳍线

鳍线分金属鳍线和集成鳍线两种，由垂直置于矩形金属波导两宽壁之间的金属片和集成槽线构成。通常将前者称为加鳍波导，将后者称为鳍线结构。这两种结构总称为 E 平面电路，因为它们都是与 TE_{10}模矩形金属波导的 E 平面平行插入构成的。

(1) 金属鳍线

金属鳍线结构是 1974 年由 Konishi 等人提出来的①。此种结构如图 4.4 - 6 所示，由插入 TE_{10}模矩形金属波导中央 E 平面的一块金属片构成。实际上它就是 3.1 节所提到的脊波导，只不过脊宽很窄，故不称为脊而称为鳍，分单鳍和双鳍结构。

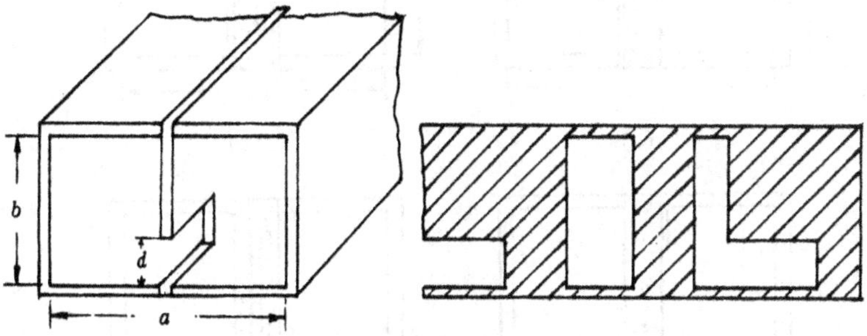

图 4.4 - 6　加鳍波导的结构

金属鳍线的特性可用微扰理论来分析。与脊波导一样，其主要特性参数是截止波长和特性阻抗。

双鳍加载波导的截止波长可用如下近似公式计算

$$\frac{b}{\lambda_c'} = \frac{b}{2a}\left[1 + \frac{4}{\pi}\left(1 + 0.2\sqrt{\frac{b}{a}}\,\frac{b}{a}\ln\csc\frac{\pi}{2}\frac{d}{b}\right)\right]^{-1/2} \qquad (4.4-12)$$

上式在 $0<b/a\leqslant 1$ 和 $0.01\leqslant d/b\leqslant 1$ 范围内的精度约为 1%。双鳍加载波导的特性阻抗可用下式近似计算：

$$Z_0 = \frac{Z_{0\infty}}{\left[1-\left(\frac{\lambda}{\lambda_c'}\right)^2\right]^{1/2}} \qquad (4.4-13)$$

式中 $Z_{0\infty}$ 为无限大频率的阻抗：

$$Z_{0\infty} \simeq \frac{120\pi^2(b/\lambda_c')}{\frac{B_0}{Y_0} + \mathrm{tg}\left[\frac{\pi}{2}\frac{b}{\lambda_c'}\left(\frac{a}{b}\right)\right]} \qquad (4.4-14)$$

其中归一化电纳 B_0/Y_0 近似为

$$\frac{B_0}{Y_0} \simeq \frac{2b}{\lambda_c'}\ln\csc\frac{\pi d}{2b} \qquad (4.4-15)$$

单鳍加载波导的特性阻抗由式(4.4 - 14)除以 2 得到。

---

① Y. Konishi, K. Uenakada, N. Yazawa, N. Hoshino, and T. Takahashi, "Simplified 12 - GHz low - noise converter with mounted planar circuit in waveguide," IEEE Trans, Microwave Theory Tech., vol MTT - 22, pp. 451 - 454, Apr. 1974.

(2) 集成鳍线

集成鳍线结构是 Meier 于 1974 年作为毫米波集成电路的低损耗传输线而提出来的一种准平面传输线，实际上它是置于 TE_{10} 模矩形金属波导 E 平面的槽线，分为单侧鳍线(unilateral finline)、双侧鳍线(bilateral finline)、对极鳍线(antipodal finline)和绝缘鳍线(insulated finline)四种结构，如图 4.4－7 所示。安装时，波导上下宽壁的厚度应设计成 $\lambda/4$，使基片在波导内壁上相当于短路。

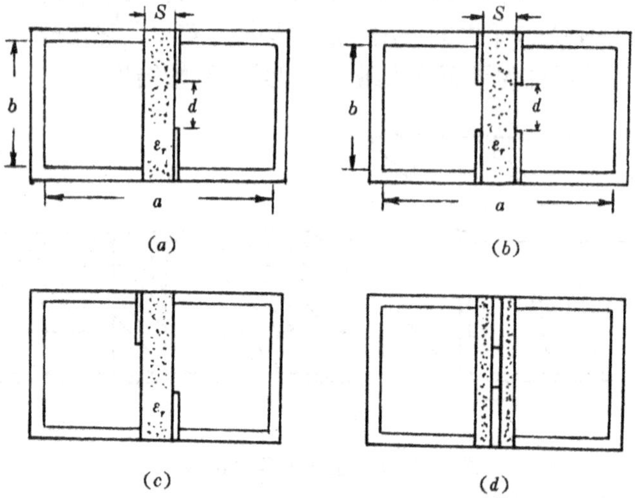

图 4.4－7　(a) 单侧鳍线；(b) 双侧鳍线；
(c) 对极鳍线；(d) 绝缘鳍线

集成鳍线结构特别适用作 30～100 GHz 之间的传输媒介，其主要优点是：

- 鳍线的波长比微带线长，因而加工制造比较容易，加工公差要求较低。
- 在整个波导频段都容易用标准矩形金属波导过渡。
- 损耗很低(约为相同介质基片微带线损耗的三分之一)。

集成鳍线结构中的传播模接近于 TE 和 TM 模的组合，其特性可用各种精确方法求解，如模分析法、谱域法、有限元法和直线法等。当介质基片很薄、低介电常数时，鳍线特征可近似用加鳍波导特性来计算。集成鳍线波导波长 λ_g 的近似公式为

$$\lambda_g = \frac{\lambda_0}{[\varepsilon_e - (\lambda_0/\lambda_c')^2]^{1/2}} \tag{4.4-16}$$

式中，ε_e 是有效介电常数，λ_0 是自由空间波长，λ_c' 是相同尺寸空气加脊矩形波导的截止波长。表 4.4－1 列出一些 ε_e 的典型值。

表 4.4－1　集成鳍线波导的有效介电常数 ε_e 值

基片材料的 ε_r	鳍线结构形式	S/a	d/b	ε_e
2.5	双侧鳍线	0.07	0.1	1.50
2.5	双侧鳍线	0.07	1.0	1.25
2.5	单侧鳍线	0.07	0.1	2.10
2.5	单侧鳍线	0.07	1.0	1.25

应用对谱域法结果的曲线拟合方法，可以得到集成鳍线的截止波长 λ_c' 和特性阻抗 Z_0 近似式如下：

①双侧鳍线：

$$\frac{b}{\lambda_c'}=\frac{b}{2(a-S)}\left[1+\left(\frac{4}{\pi}\right)\left(\frac{b}{b-S}\right)\left(1+0.2\sqrt{\frac{b}{a-S}}\right)x_b\right]^{-1/2} \tag{4.4-17}$$

式中

$$x_b=x+\varepsilon_r G_d$$
$$x=\ln\csc\left(\frac{\pi}{2}\frac{d}{b}\right)$$
$$G_d=\eta_d\operatorname{arctg}(1/\eta_d)+\ln[1+\eta_d^2]^{1/2}$$
$$\eta_d=(S/a)/(b/a)(d/b)$$

$$Z_0=\frac{240\pi^2(p\bar{x}+q)[b/(a-S)]}{(0.385\bar{x}+1.762\,1)^2[\varepsilon_e-(\lambda_0/\lambda_c')^2]^{1/2}} \tag{4.4-18}$$

式中

$$\bar{x}=x+1$$
$$p=0.097(b/\lambda_0)^2+0.01(b/\lambda_0)+0.0409\,5$$
$$q=0.003\,1(b/\lambda_0)+0.89$$

式(4.4-18)对于 $d/b\leqslant0.25$ 的精度约为±2%。

②单侧鳍线：

$$\frac{b}{\lambda_c'}=\frac{b}{2(a-S)}\left[1+\left(\frac{4}{\pi}\right)\left(\frac{b}{a-S}\right)\left(1+0.2\sqrt{\frac{b}{a-S}}\right)Kx_u\right]^{-1/2} \tag{4.4-19}$$

式中

$$x_u=2\ln\csc\left(\frac{\pi}{2}\frac{d}{b}\right)+\varepsilon_r[G_a+G_d]$$
$$G_a=\eta_a\operatorname{arctg}(1/\eta_a)+\ln[1+\eta_a^2]^{1/2},\ \eta_a=\eta_d(d/b)$$
$$K=1-\frac{S}{a}F(S/a)(1.231-0.076\,9\varepsilon_r)$$

而

$$F(S/a)=\begin{cases}1.945\,4r^3-12.504r^2+31.524r-25.1223 & \text{对于 } d/b\leqslant0.5\\ 2.588r^3-17.06r^2+42.451r-33.934 & \text{对于 } 0.5\leqslant d/b\leqslant0.75\\ 3.47r^3-23.77r^2+59.285r-48.05 & \text{对于 } 0.75\leqslant d/b\leqslant1.00\end{cases}$$

其中对于 $S/a\leqslant1/8$ 和 $2.2\leqslant\varepsilon_r\leqslant3.8$ 情况，$r=\ln(a/S)$。式(4.4-17)和式(4.4-19)在 $2.2\leqslant\varepsilon_r\leqslant3.8$，$1/64\leqslant S/a\leqslant1/8$，$d/b\leqslant1.00$ 和 $0\leqslant b/a\leqslant1$ 范围内的精度约为±0.8%。

$$Z_0=\frac{240\pi^2(px+q)(Fx+E)(b/a)}{(0.385x+1.762\,1)^2(Gx^2+Hx+I)} \tag{4.4-20}$$

式中

$$\begin{cases}p=-0.763\left(\dfrac{b}{\lambda_0}\right)^2+0.58\left(\dfrac{b}{\lambda_0}\right)+0.077\,5\left[\ln\left(\dfrac{a}{S}\right)\right]^2-0.668\left[\ln\left(\dfrac{a}{S}\right)\right]+1.262\\ q=0.372\left(\dfrac{b}{\lambda_0}\right)+0.914 \qquad d/b>0.3\end{cases}$$

$$\begin{cases} p = 0.17\left(\dfrac{b}{\lambda_0}\right) + 0.0098 \\ q = 0.138\left(\dfrac{b}{\lambda_0}\right) + 0.873 \end{cases} \qquad d/b \leqslant 0.3$$

$$x = \ln \operatorname{cse}\left(\frac{\pi}{2}\frac{d}{b}\right)$$

$$E = 8\left[1 + \frac{S}{a}b_1\left(\frac{S}{a}\right)(\varepsilon_r - 1)\right]^{1/2}$$

$$F = \left(\frac{4}{\pi}\right)\left(\frac{b}{a}\right)\left(1 + 0.2\sqrt{\frac{b}{a}}\right)E$$

$$G = 0.5\left(\frac{S}{a}\right)a_1\left(\frac{S}{a}\right)(\varepsilon_r - 1)F\Big/\left[1 + \frac{S}{a}b_1\left(\frac{S}{a}\right)(\varepsilon_r - 1)\right]^{1/2}$$

$$H = E(F/8 + G/F)$$

$$I = \frac{E^2}{8} - \left(\frac{b}{a}\right)^2(\lambda_0/b)^2$$

而

$$a_1\left(\frac{S}{a}\right) = 0.1006616,\quad b_1\left(\frac{S}{a}\right) = 1.6926529\qquad 对于\frac{S}{a} = \frac{1}{4}$$

$$a_1\left(\frac{S}{a}\right) = 0.5339579,\quad b_1\left(\frac{S}{a}\right) = 2.1643506\qquad 对于\frac{S}{a} = \frac{1}{8}$$

$$a_1\left(\frac{S}{a}\right) = 1.353632,\quad b_1\left(\frac{S}{a}\right) = 2.4213244\qquad 对于\frac{S}{a} = \frac{1}{16}$$

$$a_1\left(\frac{S}{a}\right) = 2.5611088,\quad b_1\left(\frac{S}{a}\right) = 2.3070609\qquad 对于\frac{S}{a} = \frac{1}{32}$$

小于 100 Ω 的特性阻抗用单侧鳍线不易实现，可改用对极鳍线，但对极鳍线不便安装并联器件。

鳍线的衰减约为相同尺寸未加载矩形金属波导衰减的 2～3 倍。实验表明，衰减随频率和介电常数增大而增加。

本 章 提 要

本章研究了 HMIC 和 MMIC 中广泛应用或有潜在应用的几种微波集成传输线的特性，包括带状线、微带线、耦合带状线和耦合微带线、悬置和倒置微带线、槽线、共面传输线和鳍线。这些传输线都是平面型结构，便于微波电路和系统的小型化和集成化。用这些传输线设计制造的 MIC 可适应冲击、高低温与严重振动等特殊环境条件要求，特别适合空间和军事应用。本章在介绍这些传输线结构特点的同时，给出了其实用的 CAD 公式。

关键词：准静态法，特性阻抗，有效介电常数，奇、偶模特性阻抗，谱域法，带状线，微带线，耦合带状线，耦合微带线，悬置和倒置微带线，槽线，共面传输线，鳍线。

1. 带状线是一种均匀介质填充的双接地板平面传输线，传输 TEM 模，适用于制作高性能无源元件。带状线电路的设计是选定基片（已知 ε_r 和 b），计算导体带宽度 W 和长度：

导体带宽度 W 由特性阻抗 Z_0 确定；长度由波导波长 $\lambda_g=\lambda_0/\sqrt{\varepsilon_r}$ 决定。Z_0 由保角变换法求得的单位长度电容 C_1 决定。本章给出了可供设计使用的 Z_0 闭式、实用曲线及数据表。

2. 微带线可用光刻工艺制作，是 MIC 中采用最多的平面型传输线。但它是混合介质填充，工作模式实为混合模，故分析方法很多。本章一方面介绍了其准 TEM 特性的一些简化公式和曲线，另一方面以屏蔽微带线为例，介绍了谱域法分析的基本程序。

3. 耦合带状线和耦合微带线，是设计制作耦合线定向耦合器、滤波器等元件必须的平面传输线结构。对称耦合带状线和对称耦合微带线的特性可用奇偶模方法分析得到，结果变换成单根奇模和单根偶模带状线和微带线的特性求解问题。对称耦合带状线和对称耦合微带线电路的设计主要是计算导体带宽度 W 和导体带之间的间距 S，这可根据 Z_{0o}和 Z_{0e}值求得。本章给出了有关公式和设计曲线。

4. 悬置微带线和倒置微带线接近于无色散特性，损耗小、Q 值高、可实现的阻抗范围宽，特别适合设计高 Q 微波元件。

5. 槽线需采用高 ε_r 介质基片，特别适用作 MIC 中的高阻抗线。它易于连接集总元件与器件，并便于制作需要圆极化的铁氧体元件；与介质基片另一面的微带线或共面波导相耦合可构成组合元件。

6. 共面传输线有共面波导和共面带状线两种互补结构，特别便于连接并联和串联的有源和无源元件，而不必在基片上钻孔和开槽，是 MMIC 中最有潜在应用前景的结构型式，且可与介质基片另一面的槽线和微带线相耦合构成组合元件。

7. 鳍线分金属鳍线和集成鳍线，是目前广泛应用的一种低损耗毫米波传输线结构，不用高 ε_r 介质基片材料。它实际上是沿 TE_{10}模 E 面插入金属片或集成槽线的加载矩形金属波导。本章给出了其 λ_c 和 Z_0 的 CAD 设计。

习　题

4-1　求 $\varepsilon_r=2.1$，$b=5$ mm 的聚四氟乙烯敷铜板($t=0.25$ mm)上，导体带宽度 W 为 2 mm的带状线的特性阻抗。

4-2　b 为 10 mm 的聚四氟乙烯($\varepsilon_r=2.1$)敷铜板($t=0.1$ mm)上，W 为 14 mm 的带状线，其工作频率为 5 GHz，求其衰减常数。

4-3　求习题 4-1 和 4-2 中带状线的最高工作频率。

4-4　$b=0.55$ cm，$\varepsilon_r=2.35$，tg $\delta=0.0008$ 的介质基片上 $Z_0=50\ \Omega$ 的带状线，工作频率为 6 GHz，求其复传播常数 $\gamma=j\beta+\alpha_c+\alpha_d$。设导体材料为铜。

4-5　已知 $b=3.2$ mm，$\varepsilon_r=2.20$，求其上 50 Ω 铜带状线导体带宽度 W；若介质的损耗正切为 0.001，工作频率为 10 GHz，导体带厚度 t 为 0.01 mm，计算单位波长的 dB 衰减值。

4-6　已知 $b=3.16$ mm，$\varepsilon_r=2.20$，计算 100 Ω 特性阻抗带状线的导体带宽度，并求 4.0 GHz 时此线的波导波长。

4-7　设 ε_r 为 2.55 的基片厚度 h 为 1.27 mm，求其上 50 Ω 特性阻抗微带线的导体带宽度与 2.5 GHz 时 90°相移段的长度。

4-8　设基片的厚度 h 为 1.58 mm，ε_r 为 2.55，设计 100 Ω 特性阻抗微带线，并计算此线在 4.0 GHz 时的波导波长。

4 - 9　在聚四氟乙烯纤维板基片($h=0.120$ cm，$\varepsilon_r=2.55$，$\text{tg}\,\delta=0.0006$)上制作 $W=0.360$ cm，$t\simeq0$的微带线，工作频率为 3 GHz，求准 TEM 模的复传播常数 $\gamma=j\beta+\alpha_c+\alpha_d$，设导体为铜。

4 - 10　在 $h=1$ mm 的陶瓷基片上($\varepsilon_r=9.6$)制作长度为 $\lambda_g/4$ 的 50 Ω、20 Ω 和 100 Ω 微带线，分别求它们的导体带宽度和长度。设工作频率为 6GHz。

4 - 11　设计一段工作频率为 4 GHz 的 $\lambda_g/4$ 微带线($t\simeq0$)，使 90 Ω 负载与 50 Ω 主线匹配，求其导体带宽度和长度(设 $\varepsilon_r=2.55$，$h=1$ mm)。

4 - 12　厚度为 1 mm，ε_r 为 9.6 的陶瓷基片上的 50 Ω 微带线，工作频率为 3 GHz，导体材料为铜($t/h=0.01$)，试求：①导体衰减常数和介质衰减常数；②线上一个波导波长的导体损耗和介质损耗。

4 - 13　在 ε_r 为 9.6，h 为 0.635 mm 的 $(25.4\text{mm})^2$ 陶瓷基片上设计一段并联短截线，使负载阻抗 $75-j50$ Ω 与 50 Ω 主微带线相匹配，并画出实际结构图。

4 - 14　有一段 $\lambda/10$ 长度的终端开路微带线，其分布参数为 $R_1=10$ Ω/m，$L_1=0.3$ μH/m，$C_1=100$ pF/m，$G_1=20$ mS/m，求此线在 10 GHz 时的等效电容值及其 Q 值。

4 - 15　对一定区域内的部分介质(相对介电常数为 ε_r)填充情况，引入有效填充系数 q，其定义为介质所占面积(单位长度)与总面积之比，若以相对有效介电常数为 ε_e 的均匀介质代替混合介质，试证明式(4.2 - 12)，即有

$$\varepsilon_e = 1 + q(\varepsilon_r - 1)$$

4 - 16　已知侧边耦合带状线的 Z_{0e}和 Z_{0o}分别为 70 Ω 和 30 Ω，接地板间距为 4 mm，介质为聚四氟乙烯($\varepsilon_r=2.1$)，求此耦合带状线的尺寸。

4 - 17　求图 4.3 - 1(*b*)所示宽边耦合带状线的奇、耦模特性阻抗表示式。设 $W\gg S$，$W\gg b$，并忽略边缘场。

4 - 18　求耦合度分别为 10 dB 和 20 dB 的侧边耦合带状线定向耦合器的奇、偶模特性阻抗，设其输入输出线阻抗为 50 Ω；耦合段长度要求 $\lambda_g/4$，工作频率为 4 GHz，计算耦合器的长度。

4 - 19　设耦合微带线的 W/h 为 0.3，S/h 为 0.1，ε_r 为 10，求其 Z_{0o}和 Z_{0e}。

4 - 20　工作频率为 4 GHz 的耦合微带线，其 W/h 为 2，S/h 为 0.05，ε_r 为 10，求其 Z_{0o}、Z_{0e}、λ_{go}、λ_{ge}、v_{po}和 v_{pe}。

4 - 21　设计一耦合微带线电路：已知基片厚度为 3 mm，ε_r 为 10，Z_{0o}和 Z_{0e}分别为 48 Ω 和 80 Ω，工作频率为 1.15 GHz，试求此耦合微带线的尺寸、奇模和偶模相速度及波导波长。

4 - 22　在 ε_r 为 2.55 的聚四氟乙烯纤维板基片上制作导体带宽度 W 为 3 mm，a 和 b 分别为 0.5 mm 和 1.5 mm 的悬置和倒置微带线，求此两线的特性阻抗和有效电常数。

4 - 23　在 h 为 0.5 mm、ε_r 为 9.6 的陶瓷基片上制作特性阻抗为 160 Ω 长度为 $\lambda_g/4$ 的槽线，求其槽宽和线长。设工作频率为 2.4 GHz。

第五章　毫米波介质波导与光波导

目前，微波技术正在向毫米波波段发展，世界各国正在积极研制毫米波元器件和系统，规模庞大，进展迅速。

毫米波介于微波和红外线之间。微波和红外现均已得到较充分的开发。微波主要频段的开发已比较成熟，并获得了广泛应用。借助于各种成熟的光学技术，红外频段也得到了较大的开发。相比之下，毫米波频段的开发则比较晚；然而，毫米波系统的开发和应用将把微波和光学两种技术之精华融为一体，并将弥合微波和红外之间的缝沟，前途广阔。

毫米波具有如下四种重要特性：①毫米波天线的窄波束和高分辨率；②大气传输对毫米波信号的影响，形成有明显的吸收和传输谱；③毫米波对等离子体的穿透性；④毫米波的宽频带。这些特性构成毫米波用于雷达、通信和辐射测量等的基础。

毫米波技术研究和应用的一个基本而首要问题就是毫米波电磁能量的传输问题。目前，毫米波传输线有四类：介质波导、半开式结构、非 TEM 模传输线和准 TEM 模传输线。除了上一章介绍的各种平面传输线以外，介质波导的技术比较可靠，且可集成化，获得了广泛应用。其主要结构型式包括圆形介质棒、矩形介质棒和介质镜象线。

20 世纪 70 年代初，毫米波低损耗传输系统的发展受到光纤技术迅速发展的挑战。光纤在大容量电信方面的特长越来越明显，其造价极其低廉，而且适应性很强。但随后的研究表明，毫米波和光纤各有所长，各有用武之地。

用于传输光波的导行系统，除光纤外，还有薄膜光波导和带状光波导等。

介质波导和光波导尽管使用的频段不同，但均传输表面波，其分析方法和传输特性相似，而且介质波导理论是光波导理论的基础。因此，本章将两者一并作基本讲述：在论述表面波及其特性的基础上，首先分析简单介质波导的特性，然后研究毫米波介质镜象线，最后讲解光波导的特性。

介质波导和光波导特性的求解，主要是求导行模的传播常数，基本思路是：设法求得导行模的场分量，应用边界条件建立本征值方程，用近似法或数值法求解得到相应模式的传播常数。

5.1　表面波及其特性

20 世纪 60 年代末发展的毫米波介质波导和光波导是一类表面波传输线（又称表面波波导或开波导），其导模为表面波（surface wave）。本节先论述表面波存在的条件及其特性，然后分析常见的导体板上介质基片的表面波。

1. 表面波的存在条件

我们以矩形截面波导为例来讨论表面波的存在条件。

由式（3.1 - 16）和式（3.1 - 22）可以看出，场沿横向 x 和 y 方向是按三角函数（正弦或余弦函数）变化，式中的 $k_x=m\pi/a$，$k_y=n\pi/b$ 是互不相关的常数，且必须皆为实数，否则由式(3.1－17)可见，$k_c^2=k_x^2+k_y^2$，k_c 将为虚数，而 $k_c=\omega_c/c$ 将出现虚的截止频率。这在金属波导内是不可能存在的。

正弦和余弦函数随变量变化必有两个或两个以上零点。这正符合金属波导壁的边界条件。也就是说，凡是封闭的金属波导导行系统，场强至少有两个零点。

由式(3.1－32)可知，相速度 v_p 为

$$v_p=\frac{c}{\sqrt{1-(\lambda_0/\lambda_c)^2}}=\frac{c}{\sqrt{1-(\omega_c/\omega)^2}} \tag{5.1-1}$$

可见金属波导内所传播的 TE 或 TM 导波的相速度总是大于光速 c，并称之为“快波”。

另一方面，由式(5.1－1)可见，若 ω_c 为虚数，则 $v_p<c$；如果这样的导波存在的话，其相速度将比光速小，并称之为“慢波”。因此，要存在慢波，ω_c 就须为虚数。

为使 ω_c 为虚数，则 $\omega_c^2<0$，亦即 $k_c^2<0$，而 $k_c^2=k_x^2+k_y^2$，故须使

$$k_x^2+k_y^2<0 \tag{5.1-2}$$

则要求 $k_x=jk_{x_1}$ 或 $k_y=jk_{y_1}$ 或二者均为虚数。结果就有

$$\cos(jk_{x_1}x)=\mathrm{ch}(k_{x_1}x),\qquad \cos(jk_{y_1}y)=\mathrm{ch}(k_{y_1}y)$$

$$\sin(jk_{x_1}x)=j\,\mathrm{sh}(k_{x_1}x),\qquad \sin(jk_{y_1}y)=j\,\mathrm{sh}(k_{y_1}y)$$

即是说，若要存在慢波，则场沿 x 或 y 的分布应按双曲线函数分布。这样，若按 sh 函数分布就至多只有一个零点，而按 ch 函数分布就根本没有零点。因此，具有理想导体表面构成的导行系统不可能传输慢波。

为了寻求慢波的存在条件，我们来分析慢波的横向阻抗。TM 导波的横向阻抗为

$$Z_x=-\frac{E_z}{H_y},\qquad Z_y=+\frac{E_z}{H_x} \tag{5.1-3}$$

以式(3.1－22)代入可以得到

$$\begin{aligned} Z_x&=-j\frac{1}{\omega\varepsilon}\frac{k_x^2+k_y^2}{k_x}\mathrm{tg}(k_xx)\\ Z_y&=-j\frac{1}{\omega\varepsilon}\frac{k_x^2+k_y^2}{k_y}\mathrm{tg}(k_yy)\end{aligned} \tag{5.1-4}$$

同样，TE 导波的横向阻抗可求得为

$$\begin{aligned} Z_x&=+\frac{E_y}{H_z}=-j\omega\mu_0\frac{k_x}{k_x^2+k_y^2}\mathrm{tg}(k_xx)\\ Z_y&=-\frac{E_x}{H_z}=-j\omega\mu_0\frac{k_y}{k_x^2+k_y^2}\mathrm{tg}(k_yy)\end{aligned} \tag{5.1-5}$$

对于普通封闭金属波导，k_x 和 k_y 为实数，$\mathrm{tg}(k_xx)$和 $\mathrm{tg}(k_yy)$可以存在两个以上零点，故横向阻抗至少有两个零点，在边界处为零。这符合上述快波场的分布。而对于慢波，$k_x=jk_{x_1}$，$k_y=jk_{y_1}$，代入式(5.1－4)和式(5.1－5)，得到

$$\begin{aligned} Z_x&=j\frac{1}{\omega\varepsilon}\frac{k_{x_1}^2+k_{y_1}^2}{k_{x_1}}\mathrm{th}(k_{x_1}x)\\ Z_y&=j\frac{1}{\omega\varepsilon}\frac{k_{x_1}^2+k_{y_1}^2}{k_{y_1}}\mathrm{th}(k_{y_1}y)\end{aligned}\qquad \text{TM 慢波} \tag{5.1-6}$$

和

$$Z_x = -j\omega\mu_0 \frac{k_{x_1}}{k_{x_1}^2 + k_{y_1}^2}\text{th}(k_{x_1}x)$$
$$Z_y = -j\omega\mu_0 \frac{k_{y_1}}{k_{x_1}^2 + k_{y_1}^2}\text{th}(k_{y_1}y) \qquad \text{TE 慢波} \qquad (5.1-7)$$

结果表明，慢波导行系统内 TM 导波的横向阻抗为一感抗，TE 导波的横向阻抗为一容抗。因此在慢波导行系统情况下，管壁的横向阻抗至少有一个管壁不等于零，或为感抗或为容抗。这就是物理上存在慢波的条件。因而为了要建立起慢波导行系统，可将管壁的横向阻抗做成电抗，方法有：在波导管的一个平面上开槽，或在金属表面上涂一层介质，或用非理想导体做管壁，或利用介质构成纯电抗性表面。

用同样方法可以分析圆形截面波导慢波存在条件(习题 5－1)。

传输慢波的导行系统，其导模场将被电抗表面束缚在波导内和波导表面附近沿其轴向传播，即其导模为表面波。故慢波导行系统通常称为表面波波导或开波导。

理论和实验表明，在波长 $\lambda<1$ cm 时，表面波波导的损耗比金属波导小得多，而击穿功率则要比金属波导大得多，所以在毫米波波段，表面波波导有着广阔的应用前景。

2. 接地介质基片上的表面波

现在我们研究具有普遍意义的接地介质基片(如微带线基片等)上的 TM 和 TE 表面波。如上所述，表面波场的特征是离开导行系统表面横向指数衰减，大部分场束缚在波导内和波导表面附近，其相速度小于光速。

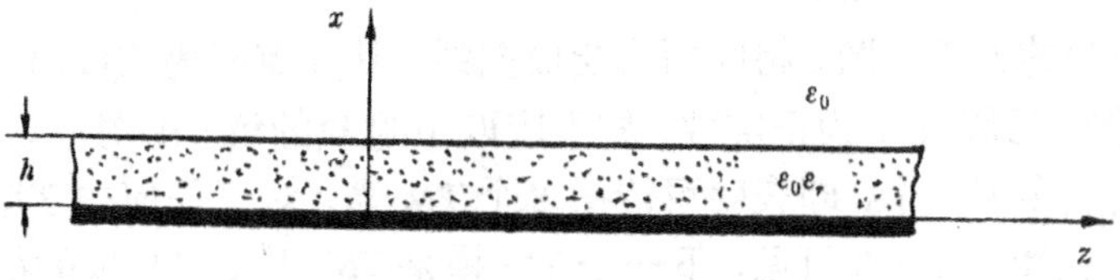

图 5.1－1　接地介质基片

a. TM 模

如图 5.1－1 所示的接地介质基片结构，设其厚度为 h，相对介电常数为 ε_r，介质基片在 y 和 z 方向为无限大，波沿 $+z$ 方向传播，传播因子为 $e^{-j\beta z}$，在 y 方向不变化，$\partial/\partial y=0$。

纵向场分量 $E_z(x,y,z)=E_{0z}(x,y)e^{-j\beta z}$，在两个区域满足如下波动方程

$$\left(\frac{\partial^2}{\partial x^2} + k_{c_1}^2\right)E_{0z}(x,y) = 0 \qquad 0\leqslant x\leqslant h$$
$$\left(\frac{\partial^2}{\partial x^2} - k_{c_2}^2\right)E_{0z}(x,y) = 0 \qquad h\leqslant x<\infty \qquad (5.1-8)$$

式中

$$k_{c_1}^2 = \varepsilon_r k_0^2 - \beta^2$$
$$k_{c_2}^2 = \beta^2 - k_0^2 \qquad (5.1-9)$$
$$k_0^2 = \omega^2\mu_0\varepsilon_0$$

式(5.1－8)的一般解为

$$
\begin{aligned}
E_{0z_1}(x,y) &= A\sin k_{c_1}x + B\cos k_{c_1}x \qquad 0\leqslant x\leqslant h \\
E_{0z_2}(x,y) &= Ce^{k_{c_2}x} + De^{-k_{c_2}x} \qquad h\leqslant x<\infty
\end{aligned}
\tag{5.1-10}
$$

边界条件要求

$$E_z(x,y,z)\big|_{x=0} = 0 \tag{5.1-11a}$$

$$E_z(x,y,z)\big|_{x\to\infty} < \infty \tag{5.1-11b}$$

$$E_{z_1}(x=h,y,z) = E_{z_2}(x=h,y,z) \tag{5.1-11c}$$

$$H_{y_1}(x=h,y,z) = H_{y_2}(x=h,y,z) \tag{5.1-11d}$$

由式(3.1-2)可知，对于 TM 模，$H_x=E_y=H_z=0$，则由条件式(5.1-11a)知 $B=0$；由条件式(5.1-11b)要求 $C=0$，于是由条件式(5.1-11c)和式(5.1-11d)导得方程

$$
\begin{aligned}
A\sin k_{c_1}h &= De^{-k_{c_2}h} \\
\frac{\varepsilon_r A}{k_{c_1}}\cos k_{c_1}h &= \frac{D}{k_{c_2}}e^{-k_{c_2}h}
\end{aligned}
\tag{5.1-12}
$$

由方程组(5.1-12)的系数行列式等于零，得到方程

$$k_{c_1}\operatorname{tg} k_{c_1}h = \varepsilon_r k_{c_2} \tag{5.1-13}$$

由式(5.1-9)中消去 β，得到

$$k_{c_1}^2 + k_{c_2}^2 = (\varepsilon_r - 1)k_0^2 \tag{5.1-14}$$

式(5.1-13)两边乘以 h，式(5.1-14)两边乘以 h^2，分别得到

$$k_{c_1}h\operatorname{tg} k_{c_1}h = \varepsilon_r h k_{c_2} \tag{5.1-15a}$$

$$(k_{c_1}h)^2 + (k_{c_2}h)^2 = (\varepsilon_r - 1)(k_0h)^2 \tag{5.1-15b}$$

显然，式(5.1-15b)的轨迹为圆。将此两式绘成曲线，其交点即为式(5.1-15)的解，如图 5.1-2 所示。注意到已假设 k_{c_2} 为正实数，故不应取负的 k_{c_2} 的解。由图可见，半径 $\sqrt{\varepsilon_r-1}k_0h$ 越大，两曲线的交点多于一个，即表明可传播多个 TM 模。对于任何非零厚度的介质基片，至少存在 TM_0 模。由图 5.1-2 可见，下一个 TM 模是 TM_1 模。TM_n 模的截止频率为

$$f_c = \frac{nc}{2h\sqrt{\varepsilon_r - 1}} \qquad n = 0,1,2,\cdots \tag{5.1-16}$$

$n=0$ 的 TM_0 模 $f_c=0$，是介质基片的主模。

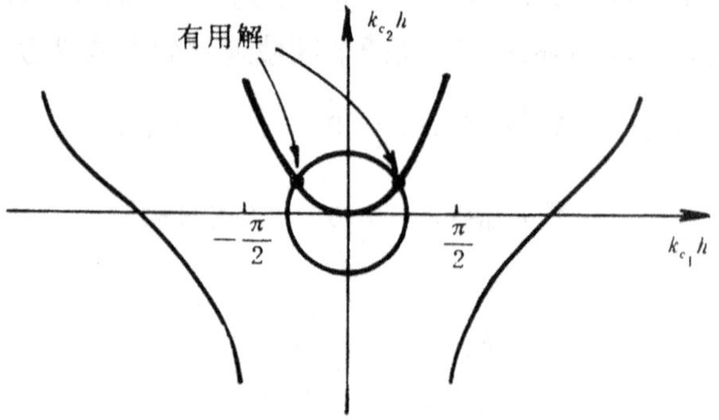

图 5.1-2　接地介质基片 TM 表面波的图解

由式(5.1-15)解得 k_{c_1} 和 k_{c_2}，则 TM 模场分量表示式为

$$E_z = \begin{cases} A\sin k_{c_1}x e^{-j\beta z} & 0\leqslant x\leqslant h \\ A\sin k_{c_1}h e^{-k_{c_2}(x-h)}e^{-j\beta z} & h\leqslant x<\infty \end{cases}$$

$$E_x = \begin{cases} \dfrac{-j\beta}{k_{c_1}}A\cos k_{c_1}x e^{-j\beta z} & 0\leqslant x\leqslant h \\ \dfrac{-j\beta}{k_{c_2}}A\sin k_{c_1}h e^{-k_{c_2}(x-h)}e^{-j\beta z} & h\leqslant x<\infty \end{cases} \tag{5.1-17}$$

$$H_y = \begin{cases} \dfrac{-j\omega\varepsilon_0\varepsilon_r}{k_{c_1}}A\cos k_{c_1}x e^{-j\beta z} & 0\leqslant x\leqslant h \\ \dfrac{-j\omega\varepsilon_0}{k_{c_2}}A\sin k_{c_1}h e^{-k_{c_2}(x-h)}e^{-j\beta z} & h\leqslant x<\infty \end{cases}$$

b. TE 模

TE 表面波模的 $H_z(x,y,z)=H_{0z}(x,y)e^{-j\beta z}$满足如下波动方程：

$$\left(\frac{\partial^2}{\partial x^2}+k_{c_1}^2\right)H_{0z}(x,y)=0 \qquad 0\leqslant x\leqslant h$$
$$\left(\frac{\partial^2}{\partial x^2}-k_{c_2}^2\right)H_{0z}(x,y)=0 \qquad h\leqslant x<\infty \tag{5.1-18}$$

式中的 k_{c_1} 和 k_{c_2} 由式(5.1-9)定义。式(5.1-18)的一般解为

$$H_{0z_1}(x,y)=A\sin k_{c_1}x+B\cos k_{c_1}x \qquad 0\leqslant x\leqslant h$$
$$H_{0z_2}(x,y)=Ce^{k_{c_2}x}+De^{-k_{c_2}x} \qquad h\leqslant x<\infty \tag{5.1-19}$$

由辐射条件，要求 $C=0$；由 H_z 求得的 E_y 要求在 $x=0$ 处为零，则 $A=0$；由 $x=h$ 处 E_y 和 H_z 连续条件得到方程

$$\frac{-B}{k_{c_1}}\sin k_{c_1}h=\frac{D}{k_{c_2}}e^{-k_{c_2}h}$$
$$B\cos k_{c_1}h=De^{-k_{c_2}h} \tag{5.1-20}$$

求解式(5.1-20)，及由式(5.1-9)消去 β，分别得到方程：

$$-k_{c_1}\operatorname{ctg} k_{c_1}h=k_{c_2}$$
$$k_{c_1}^2+k_{c_2}^2=(\varepsilon_r-1)k_0^2 \tag{5.1-21}$$

或者

$$-k_{c_1}h\operatorname{ctg} k_{c_1}h=k_{c_2}h$$
$$(k_{c_1}h)^2+(k_{c_2}h)^2=(\varepsilon_r-1)(k_0h)^2 \tag{5.1-22}$$

超越方程(5.1-22)的图解曲线如图 5.1-3 所示，由两曲线的交点即可得到 TE_n 模的截止频率为

$$f_c=\frac{(2n-1)c}{4h\sqrt{\varepsilon_r-1}} \qquad n=1,2,3,\cdots \tag{5.1-23}$$

与式(5.1-16)相比可见，接地介质基片上表面波模的传播次序是 TM_0，TE_1，TM_1，TE_2，TM_2，…。

在求得 k_{c_1} 和 k_{c_2} 后，TE_n 表面波模的场分量为

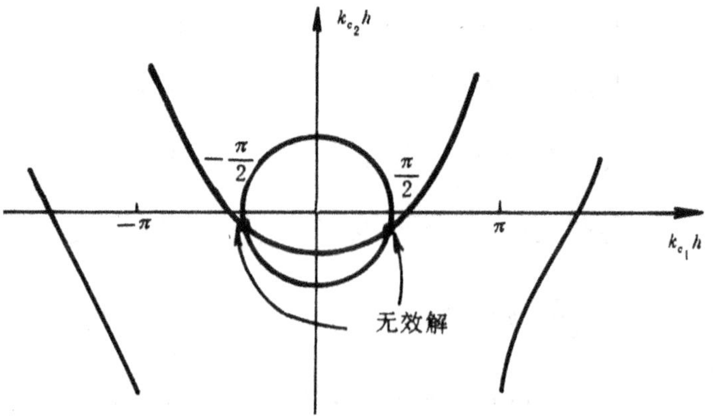

图 5.1 - 3　接地介质基片 TE 表面波模的截止频率图解曲线

$$
H_z=\begin{cases} B\cos k_{c_1}x e^{-j\beta z} & 0\leqslant x\leqslant h \\ B\cos k_{c_1}h e^{-k_{c_2}(x-h)}e^{-j\beta z} & h\leqslant x<\infty \end{cases}
$$

$$
H_x=\begin{cases} \dfrac{j\beta B}{k_{c_1}}\sin k_{c_1}x e^{-j\beta z} & 0\leqslant x\leqslant h \\ \dfrac{-j\beta B}{k_{c_2}}\cos k_{c_1}h e^{-k_{c_2}(x-h)}e^{-j\beta z} & h\leqslant x<\infty \end{cases} \tag{5.1-24}
$$

$$
E_y=\begin{cases} \dfrac{-j\omega\mu_0 B}{k_{c_1}}\sin k_{c_1}x e^{-j\beta z} & 0\leqslant x\leqslant h \\ \dfrac{j\omega\mu_0 B}{k_{c_2}}\cos k_{c_1}h e^{-k_{c_2}(x-h)}e^{-j\beta z} & h\leqslant x<\infty \end{cases}
$$

5.2　简单介质波导

简单介质波导主要指介质板波导、圆柱形介质波导和矩形介质波导。通过对这些简单介质波导的分析可以明确有关介质波导的基本概念，熟悉介质波导和光波导的基本分析方法，奠定毫米波集成电路和光集成电路的理论基础。

1. 介质板波导

介质板波导(dielectric slab waveguide)又称介质薄膜波导，形如图 5.2 - 1所示。它一般由三层构成，介电常数为 ε_f、厚度为 $2a=d$ 的介质板处于介电常数为 ε_c 的包层和介电常数为 ε_s 的衬底之间，通常 $\varepsilon_c<\varepsilon_s<\varepsilon_f$；若 $\varepsilon_c\neq\varepsilon_s$，为非对称型结构；若 $\varepsilon_c=\varepsilon_s$(例如都是空气)，则为对称型结构。5.1 节中讨论的接地介质基片，若接地

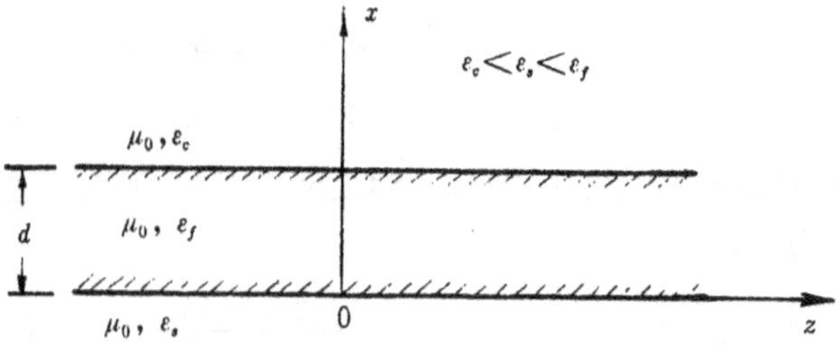

图 5.2 - 1　介质板波导

板用基片的镜象代替即构成对称型介质板波导。光集成电路中所用的介质薄膜波导也属此种结构。

由于介质板的介电常数大于外面媒质的介电常数，所以波在边界面上将产生内全反射，使电磁波束缚在介质板内及其表面附近沿 z 向传播。其电场 $\boldsymbol{E}$ 和磁场 $\boldsymbol{H}$ 满足如下麦克斯韦旋度方程：

$$\nabla \times \boldsymbol{E} = -j\omega\mu_0\boldsymbol{H} \tag{5.2-1}$$

$$\nabla \times \boldsymbol{H} = j\omega\varepsilon\boldsymbol{E} \tag{5.2-2}$$

对于图 5.2-1 所示介质板波导，设波沿 z 向传播，其传播常数为 β。显然，其内电磁场与 y 无关，$\partial/\partial y=0$，则由式(5.2-1)和式(5.2-2)可以得到两种不同的，极化正交的模式，一种是 TE 模，其场分量为 E_y、H_x 和 H_z；另一种是 TM 模，其场分量为 E_x、H_y 和 E_z。这两种模的波方程如下：

TE 模

$$\frac{\partial^2 E_y}{\partial x^2} + (k^2 - \beta^2)E_y = 0 \tag{5.2-3}$$

$$\left.\begin{aligned} H_x &= -\frac{\beta}{\omega\mu_0}E_y \\ H_z &= -\frac{1}{j\omega\mu_0}\frac{\partial E_y}{\partial x} \end{aligned}\right\} \tag{5.2-4}$$

TM 模

$$\frac{\partial^2 H_y}{\partial x^2} + (k^2 - \beta^2)H_y = 0 \tag{5.2-5}$$

$$\left.\begin{aligned} E_x &= -\frac{\beta}{\omega\varepsilon}H_y \\ E_z &= -\frac{1}{j\omega\varepsilon}\frac{\partial H_y}{\partial x} \end{aligned}\right\} \tag{5.2-6}$$

可见，TE 模的场分量可先求 E_y，TM 模的场分量则可先求 H_y 来获得。然后由 $x=0$ 和 $x=d$ 处边界条件，可导得确定 TE 模和 TM 模传播常数 β 的本征值方程。

(1) 本征值方程

TE 导模的功率应主要集中在介质板内传播。这就要求在介质板内的场型应当是振荡的，而在介质板外的场应是衰减的。满足此要求的式(5.2-3)的一般解为

$$E_y = \begin{cases} E_c e^{-\alpha_c(x-d)} & x > d \\ E_f \cos(k_{c_f}x - \phi_0) & 0 < x < d \\ E_s e^{\alpha_s x} & x < 0 \end{cases} \tag{5.2-7}$$

式中，E_c、E_f 和 E_s 分别是三个区域中 E_y 的振幅，ϕ_0 为广义相位常数，用以调整不对称介质板波导中场的最大值或零值的位置。将式(5.2-7)代入式(5.2-3)，得到

$$\begin{aligned} \alpha_c &= (\beta^2 - \varepsilon_{r_c}k_0^2)^{1/2} \\ k_{c_f} &= (\varepsilon_{r_f}k_0^2 - \beta^2)^{1/2} \\ \alpha_s &= (\beta^2 - \varepsilon_{r_s}k_0^2)^{1/2} \end{aligned} \tag{5.2-8}$$

边界条件要求 E_y 和 H_z(即 $\partial E_y/\partial x$)在 $x=0$ 和 $x=d$ 处应连续，据此得到

$$\begin{aligned} E_f\cos\phi_0 &= E_s \\ k_{c_f}E_f\sin\phi_0 &= \alpha_s E_s \end{aligned} \tag{5.2-9}$$

和

$$\begin{aligned} E_f\cos(k_{c_f}d - \phi_0) &= E_c \\ k_{c_f}E_f\sin(k_{c_f}d - \phi_0) &= \alpha_c E_c \end{aligned} \tag{5.2-10}$$

由式(5.2-9)得到

$$\operatorname{tg}\phi_0 = \frac{\alpha_s}{k_{c_f}} \tag{5.2-11}$$

由式(5.2－10)得到

$$\operatorname{tg}(k_{c_f}d - \phi_0) = \frac{\alpha_c}{k_{c_f}} \tag{5.2-12}$$

联立式(5.2－11)和式(5.2－12)得到本征值方程

$$\operatorname{tg}(k_{c_f}d) = \frac{k_{c_f}(\alpha_c + \alpha_s)}{k_{c_f}^2 - \alpha_c\alpha_s} \tag{5.2-13}$$

考虑到 tg 函数的 $n\pi$ 周期性，故得 TE 模的本征值方程为

$$\operatorname{tg}(k_{c_f}d - n\pi) = \frac{k_{c_f}(\alpha_c + \alpha_s)}{k_{c_f}^2 - \alpha_c\alpha_s} \quad n = 0,1,2,\cdots \tag{5.2-14}$$

此为超越方程，一般用数值方法求解。

由方程(5.2－14)和式(5.2－8)可求得 k_{c_f}、α_c、α_s 和 β，进而可确定其场分量。由于这种波型沿 y 方向不变化，记为 TE_{n0}模，简称为 TE_n 模。

用类似方法可导得 TM_n 模的本征值方程为

$$\operatorname{tg}(k_{c_f}d - n\pi) = \frac{\varepsilon_{r_f}k_{c_f}(\varepsilon_c\alpha_c + \varepsilon_s\alpha_s)}{\varepsilon_c\varepsilon_s k_{c_f}^2 - \varepsilon_f^2\alpha_c\alpha_s} \tag{5.2-15}$$

式中的 k_{c_f}、α_c 和 α_s 关系仍如式(5.2－8)所示。

图 5.2－2 示出 n=0,1,2 三个最低次模的场分布情况。

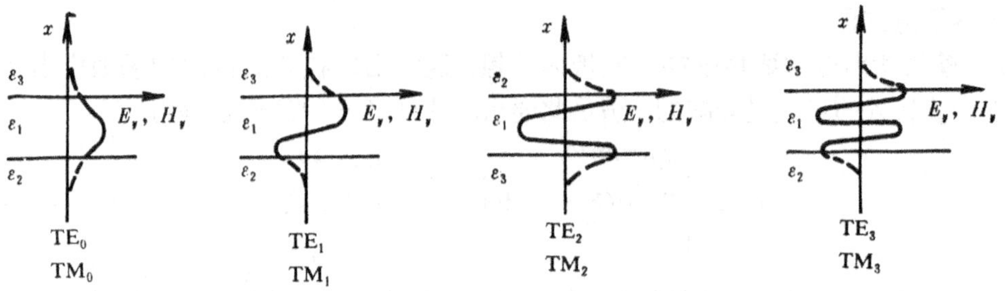

图 5.2－2　三个最低次 TE 和 TM 模的场分布

(2) 截止条件

由于场在介质板波导外横向呈衰减变化，所以只要 α_c 和 α_s 中有一个小于零，则场在相应介质中就将向横向辐射，形成辐射模。显然，辐射模的出现就意味着介质波导截止。因为 $\varepsilon_s > \varepsilon_c$，所以 $\alpha_c > \alpha_s$，故介质板波导的截止条件为

$$\alpha_s = 0 \quad 或者 \quad \beta^2 = \omega^2\mu_0\varepsilon_0\varepsilon_{r_s} \tag{5.2-16}$$

可见介质波导截止时，$\beta \neq 0$，这是与金属波导的不同处。以 $\alpha_s = 0$ 代入式(5.2－8)，解出 k_{c_f} 和 α_c 并代入方程(5.2－14)，可得截止时 TE 模的本征值方程为

$$\operatorname{tg}(k_0 d\sqrt{\varepsilon_{r_f} - \varepsilon_{r_s}} - n\pi) = \sqrt{\frac{\varepsilon_{r_s} - \varepsilon_{r_c}}{\varepsilon_{r_f} - \varepsilon_{r_s}}} \tag{5.2-17}$$

式中 $k_0 = \omega_c\sqrt{\mu_0\varepsilon_0}$，据此可得相应的截止频率为

$$f_{c,\mathrm{TE}_n}=\frac{\mathrm{arctg}\sqrt{\dfrac{\varepsilon_{r_s}-\varepsilon_{r_c}}{\varepsilon_{r_f}-\varepsilon_{r_s}}}+n\pi}{2\pi d\sqrt{\varepsilon_f\mu_0-\varepsilon_s\mu_0}}\qquad n=0,1,2,\cdots \tag{5.2-18}$$

同样可求得 TM 模的截止频率为

$$f_{c,\mathrm{TM}_n}=\frac{\mathrm{arctg}\left(\dfrac{\varepsilon_{r_f}}{\varepsilon_{r_c}}\sqrt{\dfrac{\varepsilon_{r_s}-\varepsilon_{r_c}}{\varepsilon_{r_f}-\varepsilon_{r_s}}}\right)+n\pi}{2\pi d\sqrt{\varepsilon_f\mu_0-\varepsilon_s\mu_0}}\qquad n=0,1,2,\cdots \tag{5.2-19}$$

由式(5.2－18)和式(5.2－19)可见，在非对称介质板波导中，TE_0 模的截止频率最低，为其主模。

又由于 $\varepsilon_c<\varepsilon_s<\varepsilon_f$，故有

$$\left.\begin{matrix}\omega\sqrt{\varepsilon_c\mu_0}\\ \omega\sqrt{\varepsilon_s\mu_0}\end{matrix}\right\}<\beta<\omega\sqrt{\varepsilon_f\mu_0}$$

因此介质板波导中表面波导模的相速度大于介质板中的光速，而小于周围媒质(如空气)中的光速。这也是与金属波导的不同点。

对于对称介质板波导，如介质板周围为空气，$\varepsilon_{r_c}=\varepsilon_{r_s}=1$，则由式(5.2－18)和式(5.2－19)，得到 TE_n 和 TM_n 模的截止频率均可表示为

$$f_c=\frac{n}{2d\sqrt{\varepsilon_f\mu_0-\varepsilon_0\mu_0}} \tag{5.2-20}$$

可见在对称介质板波导中，TE_n 和 TM_n 模是简并的，主模 TE_0 和 TM_0 的截止频率为零。注意到在 5.1 节讨论的接地介质基片中，主模只是 TM_0 模而无 TE_0 模，这是由于接地板的存在使 TE_0 模不复存在之故。

(3) 功率传输

介质板波导单位宽度的平均功率流为

$$P=-\frac{1}{2}\int_{-\infty}^{\infty}E_yH_xdx=\frac{\beta}{2\omega\mu_0}\int_{-\infty}^{\infty}E_y^2dx \tag{5.2-21}$$

以式(5.2－7)代入经计算可得

$$\begin{aligned}P&=\frac{\beta}{2\omega\mu_0}\left[\int_{-\infty}^{0}E_s^2e^{2\alpha_sx}dx+\int_0^dE_f^2\cos^2(k_{c_f}x-\phi_0)dx+\int_d^{\infty}E_c^2e^{-2\alpha_c(x-d)}dx\right]\\&=\frac{1}{4}E_fH_fd_{\mathrm{eff}}=\frac{1}{4}\frac{\beta}{\omega\mu_0}E_f^2d_{\mathrm{eff}}\end{aligned} \tag{5.2-22}$$

式中

$$d_{\mathrm{eff}}=d+\frac{1}{\alpha_c}+\frac{1}{\alpha_s} \tag{5.2-23}$$

称为有效宽度，是场的幅度在介质板上下区域中衰减到 $1/e$ 的两点之间的距离。

可以证明，单位宽度介质板波导 TM 模的平均功率流亦为式(5.2－22)所示。结果说明，介质板波导中的传输功率可等效为有效宽度 d_{eff} 内的功率。

2. 矩形介质波导

矩形、圆形、椭圆形或其它截面形状的介质棒波导都可用于毫米波频段传输所需特性

的信号，但矩形截面结构更适合于要求平坦表面的毫米波集成电路。

矩形介质波导(rectangular dielectric waveguide)结构的一般情况如图 5.2－3 所示，介质波导芯的介电常数为 ε_1，周围分别与介电常数为 $\varepsilon_2\sim\varepsilon_5$ 的媒质相邻，$\varepsilon_2\sim\varepsilon_5$ 都比 ε_1 小，使场主要集中于芯内传播。

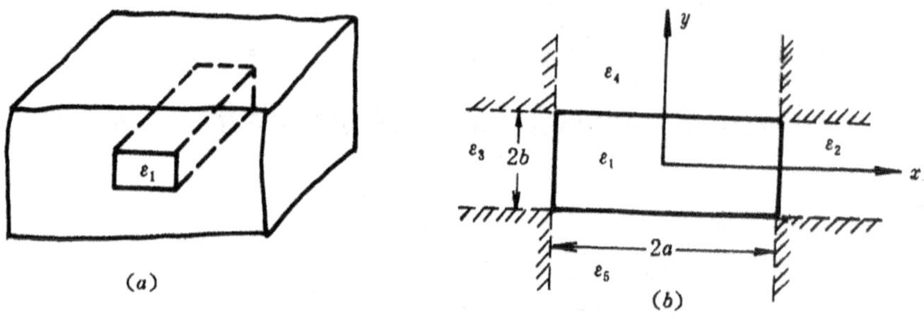

图 5.2－3　(a) 矩形介质波导；(b) 座标系

与矩形金属波导不同，矩形介质波导中的模式为混合模，但基本上是 TEM 模，其纵向电场和磁场分量远小于横向场分量。熟悉这种模的传输特性有助于对许多集成光路元件的分析。

矩形介质波导的边界条件复杂，无严格的解析解，只能求近似解。常用的近似方法有马克蒂里(Marcatili)分区近似法、戈尔(Goell)圆柱空间谐波法、诺克斯－图里奥斯(Knox－Toulios)有效介电常数法等。这里只介绍分区近似法和有效介电常数法。

(1) 马克蒂里近似法

马克蒂里分区近似法是认为能量主要集中在波导芯子内，进入周围紧邻四个区域的能量很少，四个角区域(图 5.2－3(b)的阴影区域)的能量就更少，可以忽略不计。分别求芯子和紧邻四个区域内的场分量，利用边界上切向场连续条件得到特征方程，从而求模的传播常数。同时，在分析时假设矩形介质波导中传输的模可分为 E^y_{mn} 模和 E^x_{mn} 模。前者在横截面上的主要场分量是 E_y 和 H_x，其极化主要在 y 方向；后者的主要场分量是 E_x 和 H_y，其极化主要在 x 方向，其余场分量都很小。这两种模可近似看成 TEM 模。这种近似方法在远离截止频率有较高的精度，其结果能够满足大多数工程应用精度要求。

a. E^x_{mn} 模

根据传输特性要求，场在芯内沿 x 和 y 方向应按余弦分布，在芯外按指数规律衰减。其纵向电场可表示为

$$E_{z_1}=A\cos[k_x(x+\xi)]\cos[k_y(y+\eta)] \tag{5.2-24}$$

式中，A 为振幅常数，ξ，η 为广义相位常数。考虑到此种模的极化主要在 x 方向，因而选取 $H_x=0$，则由式(3.1－2)可求得

$$H_{z_1}=-\frac{A\omega\varepsilon_1 k_y}{\beta k_x}\sin[k_x(x+\xi)]\sin[k_y(y+\eta)] \tag{5.2-25}$$

$$E_{x_1}=-\frac{jA(k_0^2\varepsilon_{r_1}-k_x^2)}{\beta k_x}\sin[k_x(x+\xi)]\cos[k_y(y+\eta)] \tag{5.2-26}$$

$$E_{y_1}=\frac{jAk_y}{\beta}\cos[k_x(x+\xi)]\sin[k_y(y+\eta)] \tag{5.2-27}$$

$$H_{y_1}=\frac{jA\omega\varepsilon_1}{k_x}\sin[k_x(x+\xi)]\cos[k_y(y+\eta)] \tag{5.2-28}$$

式中

$$k_{c_1}^2=k_0^2\varepsilon_{r_1}-\beta^2=k_x^2+k_y^2 \tag{5.2-29}$$

假如 $\varepsilon_{r_2}\sim\varepsilon_{r_5}$稍小于 ε_{r_1}，则 $\beta\simeq k_0\varepsilon_{r_1}$，上式表明

$$k_x,\ k_y\ll\beta \tag{5.2-30}$$

将此不等式用于式(5.2-27)，则可以看出 $E_y\ll E_z$,用于式(5.2-26)，则有 $E_z\ll E_x$，于是 E_y 可以忽略，故 E_{mn}^x模的极化主要在 x 方向。

类似的考虑也适用于区域 2～5 中的场分量。在这些区域内的 E_z 为

区域 2　$$E_{z_2}=A\cos[k_x(a+\xi)]\cos[k_y(y+\eta)]e^{-\alpha_2(x-a)} \tag{5.2-31}$$

区域 3　$$E_{z_3}=A\cos[k_x(\xi-a)]\cos[k_y(y+\eta)]e^{\alpha_3(x+a)} \tag{5.2-32}$$

区域 4　$$E_{z_4}=A\frac{\varepsilon_1}{\varepsilon_4}\cos[k_x(x+\xi)]\cos[k_y(b+\eta)]e^{-\alpha_4(y-b)} \tag{5.2-33}$$

区域 5　$$E_{z_5}=\frac{A\varepsilon_1}{\varepsilon_5}\cos[k_x(x+\xi)]\cos[k_y(\eta-b)]e^{\alpha_5(y+b)} \tag{5.2-34}$$

其它场分量可由式(3.1-2)和条件 $H_x=0$ 求得。衰减常数 α_i 满足关系：

$$\begin{aligned}k_{c_i}^2&=k_0^2\varepsilon_{r_i}-\beta^2=k_y^2-\alpha_i^2\qquad i=2,3\\ k_{c_i}^2&=k_0^2\varepsilon_{r_i}-\beta^2=k_x^2-\alpha_i^2\qquad i=4,5\end{aligned} \tag{5.2-35}$$

式(5.2-31)到式(5.2-34)中系数的选择已考虑到 E_z 在 $x=\pm a$ 处的连续条件。同样，E_z 在 $y=\pm b$ 处应当连续。

利用 $x=\pm a$ 处 H_z 和 H_y 连续的条件，可以得到特征方程

$$\mathrm{tg}(2k_xa)=\frac{\varepsilon_{r_1}k_x(\alpha_2\varepsilon_{r_3}+\alpha_3\varepsilon_{r_2})}{(\varepsilon_{r_2}\varepsilon_{r_3}k_x^2-\varepsilon_{r_1}^2\alpha_2\alpha_3)} \tag{5.2-36}$$

又由 $y=\pm b$ 处 H_z 连续的条件可以得到特征方程

$$\mathrm{tg}(2k_yb)=\frac{k_y(\alpha_4+\alpha_5)}{k_y^2-\alpha_4\alpha_5} \tag{5.2-37}$$

而由式(5.2-29)、(5.2-35)，可以得到

$$\begin{aligned}\alpha_i^2&=(\varepsilon_{r_1}-\varepsilon_{r_i})k_0^2-k_x^2\qquad i=2,3\\ \alpha_i^2&=(\varepsilon_{r_1}-\varepsilon_{r_i})k_0^2-k_y^2\qquad i=4,5\end{aligned} \tag{5.2-38}$$

这样，由特征方程(5.2-36)和式(5.2-37)，便可求得 k_x 和 k_y，传播常数则可由式(5.2-29)求得为

$$\beta=(k_0^2\varepsilon_{r_1}-k_x^2-k_y^2)^{1/2} \tag{5.2-39}$$

b. E_{mn}^y模

E_{mn}^y模的特性可用与 E_{mn}^x模相似的方法求解，只需将 $E\rightarrow H$，$\mu_0\rightarrow-\varepsilon$，或相反，就得到 E_{mn}^y模的相应结果。在一级近似条件下，E_{mn}^y模只有 E_y、E_z、H_x 和 H_z 非零，其主要极化在 y 方向。其特征方程为

$$\mathrm{tg}(2k_x a) = \frac{k_x(\alpha_2 + \alpha_3)}{k_x^2 - \alpha_2\alpha_3} \tag{5.2-40}$$

$$\mathrm{tg}(2k_y b) = \frac{\varepsilon_{r_1} k_y(\alpha_4\varepsilon_{r_5} + \alpha_5\varepsilon_{r_4})}{\varepsilon_{r_4}\varepsilon_{r_5}k_y^2 - \varepsilon_{r_1}\alpha_4\alpha_5} \tag{5.2-41}$$

式中，α_i 如式(5.2-38)所示，β 仍由式(5.2-39)定义。

图 5.2-4 表示几种 E^y_{mn}模和 E^x_{mn}模的场分布。E^y_{11}是矩形介质波导的基模，其场分布如

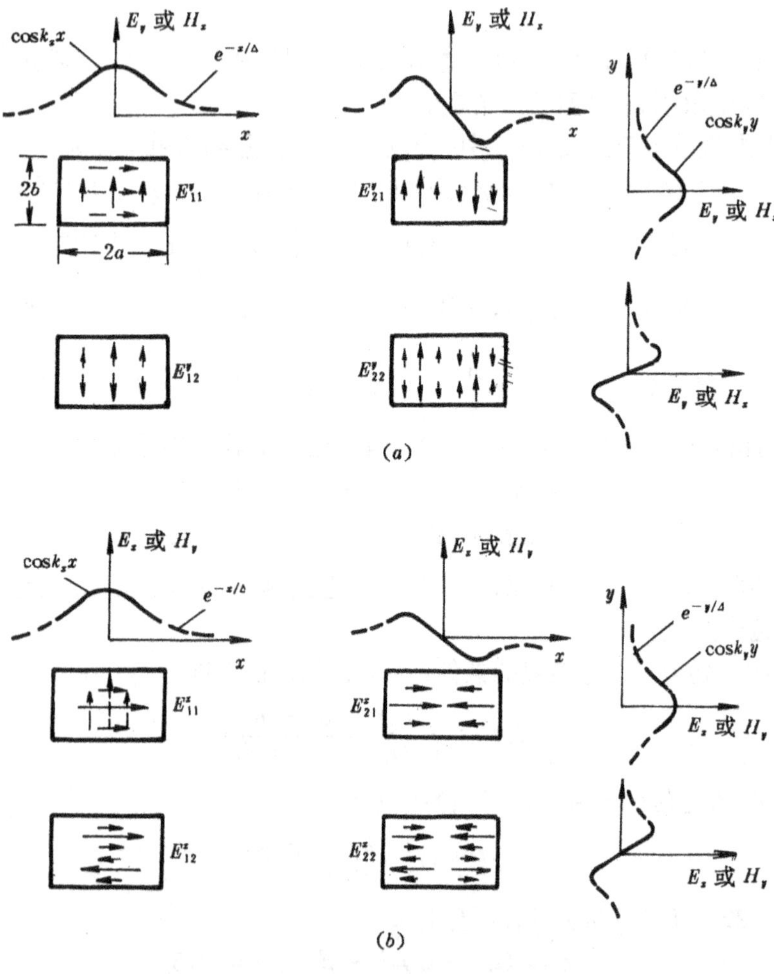

图 5.2-4　几种 E^y_{mn}模和 E^x_{mn}模的场分布

图 5.2-5 所示，图中 $\Delta_i=1/\alpha_i(i=2,3,4,5)$表示场在芯外相邻区域内衰减到 $1/e$ 的长度。图中大致画出了 E_y 或 H_x(对 E^x_{mn}模为 E_x 或 H_y)的分布，实线代表区域 ε_{r_1}里的余弦分布，它是不对称的；如果 $\varepsilon_{r_2}=\varepsilon_{r_3}$，$\varepsilon_{r_4}=\varepsilon_{r_5}$，则分布将是对称的。$E^x_{11}$是 E^x_{mn}模的最低型模。当 $a=b$ 时，E^y_{11}和 E^x_{11}成为简并模。由场分布可以看出，足标 m、n 分别表示在 x 和 y 方向场为零的个数(或最大值个数)。

(2) 有效介电常数法

上述分区近似法假设功率主要集中在芯子里，忽略了四个角区域中的场，这在功率不

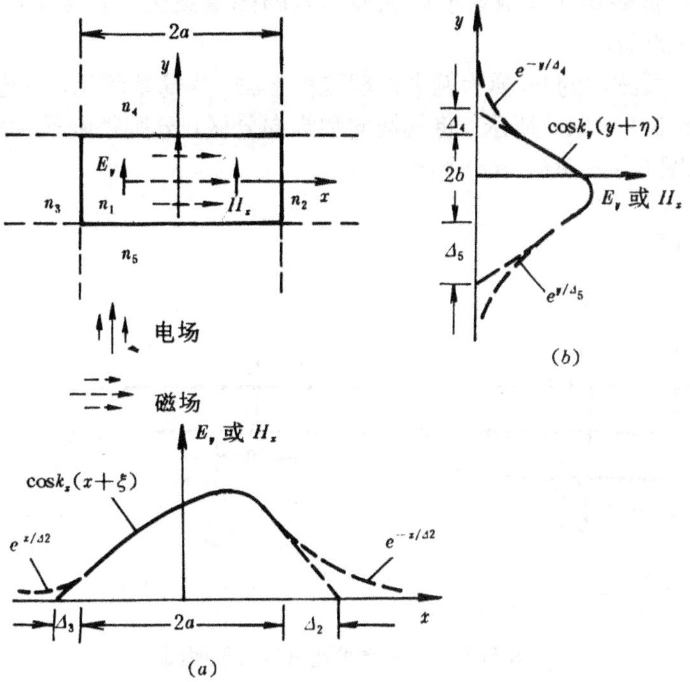

图 5.2－5　基模 E^y_{11}的场分布

集中在芯子里的情况下，误差就比较大。为了提高精度，可以采用有效介电常数法(effective dielectric constant approach)。这种方法是将矩形介质波导看成 x 方向和 y 方向的两个相互耦合的介质板波导来处理。这种方法不仅适用于分析矩形介质波导，而且适用于毫米波介质集成电路和光集成电路以及耦合介质波导的分析。

如上所述，矩形介质波导中的模式可分为 E^y_{mn}和 E^x_{mn}两套模式，它们都可近似看成 TEM 模。其场的求解归结于求解标量 ϕ^e 和 ϕ^m 的亥姆霍兹方程：

$$\nabla^2\begin{Bmatrix}\phi^e\\ \phi^m\end{Bmatrix}+k^2\begin{Bmatrix}\phi^e\\ \phi^m\end{Bmatrix}=0 \tag{5.2-42}$$

矩形介质波导可以分成三个半无限长条形区，九个矩形区，如图 5.2－3(b)所示。严格求解应是在九个区域中用分离变量法求解，然后用边界条件连续起来；但这样做太复杂。

有效介电常数法则是将场的问题分两步求：令 $\phi=\phi(x)\phi(y)e^{-j\beta z}$。

第一步，将介质波导横向分区，求各区的 $\phi(y)$，利用边界条件求出纵向各区的有效介电常数；

第二步，求不同有效介电常数的纵向各区的 $\phi(x)$，利用边界条件导出本征值方程，进而求介质波导的轴向传播常数 β。

在求有效介电常数时，需作如下假设：

①大部分能量集中在高 ε 的介质棒或介质板内传播，场在其截面上呈驻波分布，并沿轴向传输；

②与高 ε 介质棒或介质板矩形区交界的矩形区内的能量很少，在其截面上场为衰减场，并沿轴向传输；

③不与高 ε 介质棒或介质板矩形区交界区内的能量更微小，场在其截面上也是衰减场，有时忽略其中的场。

下面以矩形介质波导的 E^y_{mn} 模为例来说明这种方法。为简单起见，讨论处于空气中的矩形介质波导，如图 5.2 - 6(a)所示。将其横向和纵向分区，分别得到三种条带结构(实际只有两种结构)，如图 5.2 - 6(b)、(c)所示。

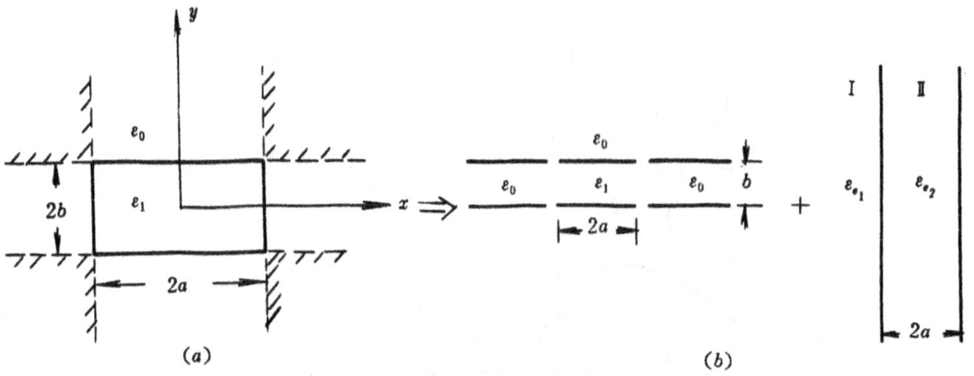

图 5.2 - 6　有效介电常数法说明图

在半无限长条带 II 各层内 E^y_{mn} 模的波函数为

$$\begin{aligned}\phi_i(y) &= A_{i1}\cos k_y y \qquad 0 < y < b\\ \phi_0(y) &= B_0 e^{-\alpha_y(y-b)} \qquad b \leqslant y < \infty\end{aligned} \tag{5.2 - 43}$$

式中，k_y 为 y 方向传播常数，α_y 为介质波导外的衰减常数。

利用在 $y=b$ 处 $E_{z_i}=E_{z_0}$，$H_{x_i}=H_{x_0}$，可得

$$\begin{aligned}\mathrm{tg}(k_y b) &= \frac{\varepsilon_{r_i}\alpha_y}{k_y}\\ \alpha_y &= [(\varepsilon_{r_1}-1)k_0^2 - k_y^2]^{1/2}\end{aligned} \tag{5.2 - 44}$$

由此得到本征值方程

$$bk_y = \frac{n\pi}{2} - \mathrm{arctg}\left(\frac{k_y}{\varepsilon_{r_1}\alpha_y}\right) \qquad n = 1,2,3,\cdots \tag{5.2 - 45}$$

由此式可求得 k_y，其中函数 $\mathrm{arctg}(k_y/\varepsilon_{r_1}\alpha_y)$应在第一象限内取值。

波沿 z 向的传播常数为

$$k_{z_i}^2 = \beta^2 = k^2 - k_y^2 = \varepsilon_{r_1}k_0^2 - k_y^2 = k_0^2\left[\varepsilon_{r_1} - \left(\frac{k_y}{k_0}\right)^2\right] = k_0^2\varepsilon_{r_e} \tag{5.2 - 46}$$

于是得到半无限长条带区 II 的有效介电常数为

$$\varepsilon_{r_{e2}} = \varepsilon_{r_1} - \left(\frac{k_y}{k_0}\right)^2 \tag{5.2 - 47}$$

显然，条带区 I 和 III 的有效介电常数为 1，即

$$\varepsilon_{r_{e1}} = \varepsilon_{r_{e3}} = 1 \tag{5.2 - 48}$$

另一方面，纵向分区的各区波函数为

$$\begin{aligned}\phi_{\rm I}(x) &= A_{02}e^{\alpha_x(x+a)} & x\leqslant -a\\ \phi_{\rm II}(x) &= B_{i2}\cos(k_x x+\Psi) & -a\leqslant x\leqslant a\\ \phi_{\rm III}(x) &= C_{02}e^{-\alpha_x(x-a)} & a\leqslant x\end{aligned}\tag{5.2-49}$$

式中 k_x 为 x 方向的传播常数。

利用在 $x=\pm a$ 处 E_y 和 H_z 连续条件，可以得到本征值方程

$$ak_x=\frac{m\pi}{2}-\mathrm{arctg}\left(\frac{k_x}{\alpha_x}\right)\qquad m=1,2,3,\cdots\tag{5.2-50}$$

由此式可解得 k_x，其中函数 $\mathrm{arctg}(k_x/\alpha_x)$ 应在第一象限内取值。

求出 k_x 和 k_y 后，E^y_{mn} 模的传播常数则为

$$k_z=\beta=[k_0^2\varepsilon_{e_1}-k_x^2]^{1/2}=[\varepsilon_{r_1}k_0^2-k_x^2-k_y^2]^{1/2}\tag{5.2-51}$$

而 E^y_{mn} 模的场分量便可表示为

$$\begin{aligned}E_y &= \frac{\varepsilon_{e_1}}{\varepsilon_{r_1}}k_0^2A_{mn}\cos(k_x x+\Psi)\cos(k_y y)e^{-j\beta z}\\ H_x &= -\omega\varepsilon_0\beta A_{mn}\cos(k_x x+\Psi)\cos(k_y y)e^{-j\beta z}\end{aligned}\tag{5.2-52}$$

3. 圆形介质波导

圆形介质波导(circular dielectric waveguide)主要用作介质天线，其结构如图 5.2-7 所示。设其半径为 a，介质参数为 ε、μ_0，周围媒质的介质参数为 ε_0、μ_0，采用圆柱坐标系，并使其 z 轴与介质棒的轴重合。

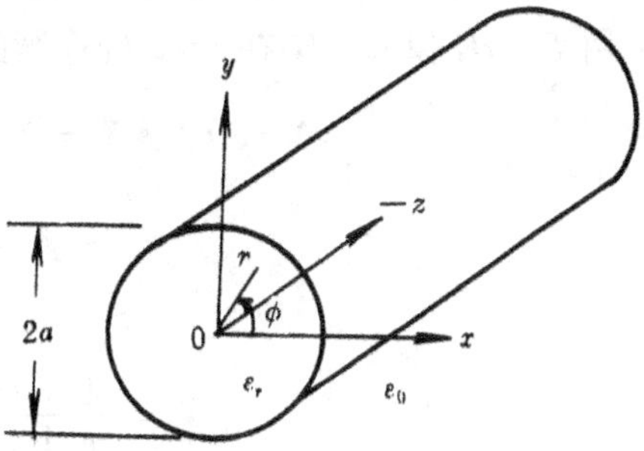

图 5.2-7　圆形介质波导及其坐标系

分析表明，这种圆形介质波导结构不支持纯 TE_{mn} 模和 TM_{mn} 模，但可以支持圆对称的 TE_{0n} 和 TM_{0n} 模，一般则为混合的 HE_{mn} 模和 EH_{mn} 模，主模是 HE_{11}，无截止频率。下面我们只讨论 HE_{mn} 模。

应用纵向场方法可以求得 HE_{mn} 模在介质波导内外的场分量为：

在波导内($r\leqslant a$)(取 $\cos m\phi$ 模)：

$$\begin{aligned}E_z &= A\frac{k_{c_1}^2}{j\omega\varepsilon}\mathrm{J}_m(k_{c_1}r)\sin m\phi\\ H_z &= -B\frac{k_{c_1}^2}{j\omega\mu_0}\mathrm{J}_m(k_{c_1}r)\cos m\phi\\ E_r &= -\left[A\frac{k_{c_1}\beta}{\omega\varepsilon_0\varepsilon_r}\mathrm{J}'_m(k_{c_1}r)+B\frac{m}{r}\mathrm{J}_m(k_{c_1}r)\right]\sin m\phi\\ E_\phi &= -\left[A\frac{m\beta}{r\omega\varepsilon_0\varepsilon_r}\mathrm{J}_m(k_{c_1}r)+Bk_{c_1}\mathrm{J}'_m(k_{c_1}r)\right]\cos m\phi\\ H_r &= \left[A\frac{m}{r}J_m(k_{c_1}r)+B\frac{\beta k_{c_1}}{\omega\mu_0}\mathrm{J}'_m(k_{c_1}r)\right]\cos m\phi\\ H_\phi &= -\left[Ak_{c_1}\mathrm{J}'_m(k_{c_1}r)+B\frac{m\beta}{r\omega\mu_0}\mathrm{J}_m(k_{c_1}r)\right]\sin m\phi\end{aligned}\tag{5.2-53}$$

在波导外($r>a$)：

$$
\begin{aligned}
E_z &= C\frac{k_{c_2}^2}{j\omega\varepsilon_0}\mathrm{H}_m^{(2)}(k_{c_2}r)\sin m\phi \\
H_z &= -D\frac{k_{c_2}^2}{j\omega\varepsilon_0}\mathrm{H}_m^{(2)}(k_{c_2}r)\cos m\phi \\
E_r &= -\left[C\frac{k_{c_2}\beta}{\omega\varepsilon_0}\mathrm{H}_m^{(2)\prime}(k_{c_2}r)+D\frac{m}{r}\mathrm{H}_m^{(2)}(k_{c_2}r)\right]\sin m\phi \\
E_\phi &= -\left[C\frac{m\beta}{r\omega\varepsilon_0}\mathrm{H}_m^{(2)}(k_{c_2}r)+Dk_{c_2}\mathrm{H}_m^{(2)\prime}(k_{c_2}r)\right]\cos m\phi \\
H_r &= \left[C\frac{m}{r}\mathrm{H}_m^{(2)}(k_{c_2}r)+D\frac{\beta k_{c_2}}{\omega\mu_0}\mathrm{H}_m^{(2)\prime}(k_{c_2}r)\right]\cos m\phi \\
H_\phi &= -\left[Ck_{c_2}\mathrm{H}_m^{(2)\prime}(k_{c_2}r)+D\frac{m\beta}{r\omega\mu_0}\mathrm{H}_m^{(2)}(k_{c_2}r)\right]\sin m\phi
\end{aligned}
\tag{5.2-54}
$$

式中

$$
\begin{aligned}
k_{c_1}^2 &= \omega^2\mu_0\varepsilon_0\varepsilon_r-\beta^2 \\
k_{c_2}^2 &= \omega^2\mu_0\varepsilon_0-\beta^2
\end{aligned}
\tag{5.2-55}
$$

J_m 是第一类贝塞尔函数，$\mathrm{H}_m^{(2)}$ 是第二类汉克尔函数。

利用 E_z、H_z 和 E_ϕ、H_ϕ 在 $r=a$ 处连续的条件，可以得到如下本征值方程：

$$
(X-Y)(\varepsilon_r X-Y)=\frac{m^2(p^2-q^2)(p^2-\varepsilon_r q^2)}{(pq)^4} \tag{5.2-56a}
$$

$$
p^2-q^2=\left(\frac{2\pi a}{\lambda_0}\right)^2(\varepsilon_r-1) \tag{5.2-56b}
$$

式中

$$
X=\frac{1}{p}\frac{\mathrm{J}_m'(p)}{\mathrm{J}_m(p)},\quad Y=\frac{1}{q}\frac{\mathrm{H}_m^{(2)\prime}(q)}{\mathrm{H}_m^{(2)}(q)} \tag{5.2-56c}
$$

而 $p=k_{c_1}a$，$q=k_{c_2}a$。由式(5.2-56)用数值法求得 p 或 q，然后由式(5.2-55)便可求得相应模式的传播常数 β。图 5.2-8 是 HE_{11} 模的一组典型色散曲线。由图可见，介电常数越大，色散越严重。

由于没有金属导体封闭，所以在介质波导表面的电场不为零，即有部分导波能量在波导截面之外。假如外面的媒质(譬如空气)的损耗可以忽略不计，则介质波导的衰减常数可以写成

$$
\alpha_d=\frac{\frac{1}{2}\int_0^a\int_0^{2\pi}\boldsymbol{E}\cdot\boldsymbol{J}r\,dr\,d\phi}{2\left(\frac{1}{2}\int_0^\infty\int_0^{2\pi}\mathrm{Re}(\boldsymbol{E}\times\boldsymbol{H}^*)r\,dr\,d\phi\right)} \tag{5.2-57}
$$

式中，$\boldsymbol{J}=\sigma\boldsymbol{E}=\omega\varepsilon\,\mathrm{tg}\,\delta\boldsymbol{E}$，$\mathrm{tg}\,\delta$ 是介质棒材料的损耗正切。于是可得

$$
\begin{aligned}
\alpha_d &= \frac{\pi}{\lambda_0}\varepsilon_r\mathrm{tg}\,\delta\cdot R \qquad \text{Np/ 单位长度} \\
&= 27.3R\frac{\varepsilon_r\mathrm{tg}\,\delta}{\lambda_0} \qquad \text{dB/ 单位长度}
\end{aligned}
\tag{5.2-58}
$$

式中 R 称为衰减比例因子，是计及波导外部传播能量的结果。对于圆形介质波导

$$R=\frac{\int_0^a\int_0^{2\pi}\left(\frac{|\boldsymbol{E}|^2}{\eta_0}\right)rdrd\phi}{\int_0^{2\pi}\int_0^{\infty}(E_rH_\phi^*-E_\phi H_r^*)rdrd\phi}\tag{5.2-59}$$

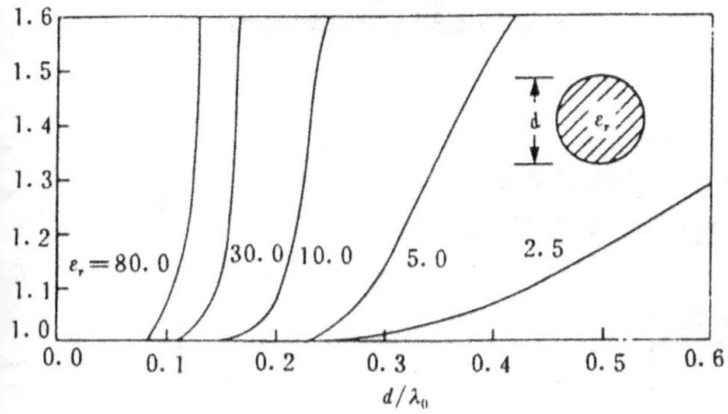

图 5.2-8　圆形介质波导 HE_{11} 模的色散曲线

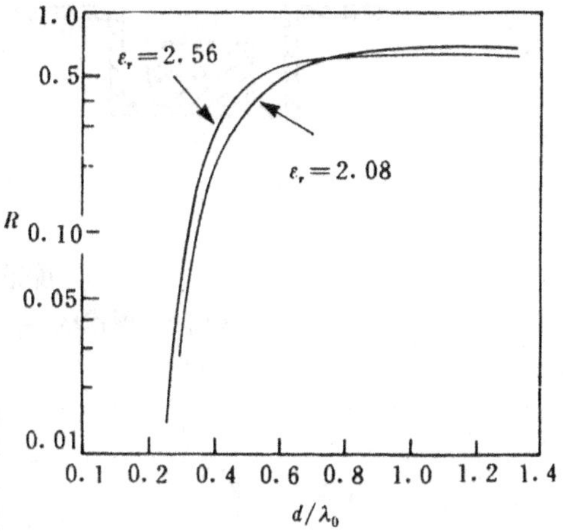

图 5.2-9　圆形介质波导的衰减比例因子曲线

图 5.2-9 表示圆形介质波导的衰减比例因子与 $2a/\lambda_0$ 的关系曲线。在 100 GHz 时，直径为 1.46 mm 的聚四氟乙烯棒(tg δ=0.000 2)的衰减为 1.23 dB/m，而直径为 0.9 mm 的聚四氟乙烯棒的衰减则为 0.19 dB/m。

5.3　毫米波介质镜像线

近年来，毫米波有源和无源电路广泛采用集成介质波导工艺。集成介质波导具有低损耗和弱加工公差的优点，特别适用于 40～140 GHz 频段。在此频段内，金属波导的趋肤损耗大($\alpha_c\propto\sqrt{f}$)；而高于 100 GHz，鳍线和微带线等则存在由于机械加工公差引起的一些问题。

利用介质波导的对称性，在对称面上置以金属板即构成介质镜像线(dielectric image line)，广泛用于毫米波集成电路中。常用的毫米波介质镜像线结构如图 5.3-1 所示，其中图(a)是最常用的结构形式。本节只分析这种镜像线的特性。

分析毫米波介质镜像线的方法很多，最简单又有效的方法是有效介电常数法。

(1) 色散特性

与矩形介质波导相似，镜像线上可支持 E_{mn}^y 和 E_{mn}^x 模，但由于有接地金属板，将使在介质波导中心处激励最强电场分量的 E_{mn}^x 模短路掉，故镜像线中只存在 E_{mn}^y 模，其基模为 E_{11}^y 模。因此介质波导具有较大的单模工作带宽。

用有效介电常数法分析镜像线，是将图 5.3-2(a)所示镜像线空间分成三个条带区域Ⅰ、Ⅱ、Ⅲ，结果使镜像线问题变成如图 5.3-2(b)、(c)所示具有有效介电常数的无限长介质板波导问题。

对于图 5.3-2(b)所示介质板，由式(5.2-50)，得到 x 方向传播常数 k_x 满足的本征值

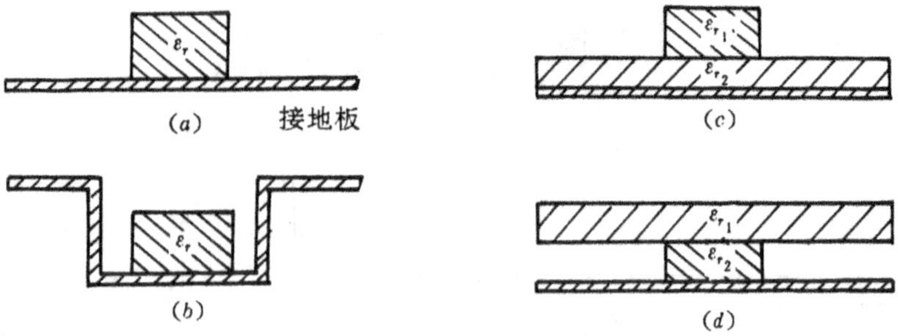

图　5.3－1

(a) 镜像线；(b) 陷波镜像线

(c) 绝缘镜像线($\varepsilon_{r_1}>\varepsilon_{r_2}$)；(d) 倒置镜像线($\varepsilon_{r_1}>\varepsilon_{r_2}$)

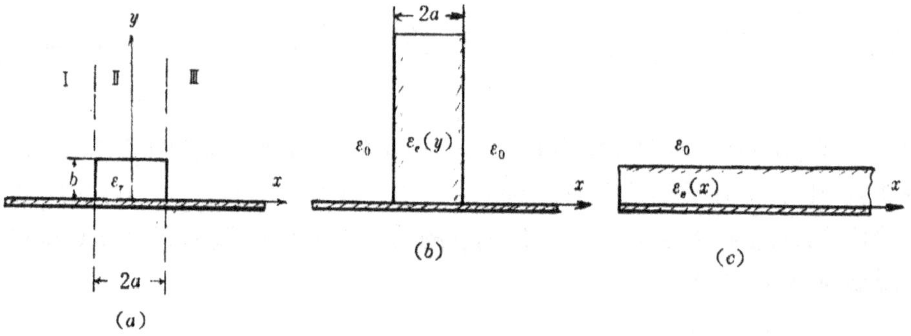

图 5.3－2　用有效介电常数法分析镜像线

方程

$$ak_x=\frac{m\pi}{2}-\mathrm{arctg}\left(\frac{k_x}{\alpha_x}\right)\quad m=1,2,3,\cdots \tag{5.3-1}$$

式中

$$k_x^2=\varepsilon_{re}(y)k_0^2-\beta^2 \tag{5.3-2a}$$

$$\alpha_x^2=\beta^2-k_0^2=[\varepsilon_{re}(y)-1]k_0^2-k_x^2 \tag{5.3-2b}$$

$$\varepsilon_{re}(y)=\varepsilon_r-(k_y/k_0)^2 \tag{5.3-2c}$$

对于图 5.3－2(c)所示介质板，由式(5.2－45)可得到 k_y 满足的本征值方程

$$bk_y=\frac{n\pi}{2}-\mathrm{arctg}\left[\frac{k_y}{\varepsilon_{re}(x)\alpha_y}\right] \tag{5.3-3}$$

式中

$$k_y^2=\varepsilon_{re}(x)k_0^2-\beta^2 \tag{5.3-4a}$$

$$\alpha_y^2=\beta^2-k_0^2=[\varepsilon_{re}(x)-1]k_0^2-k_y^2 \tag{5.3-4b}$$

$$\varepsilon_{re}(x)=\varepsilon_r-(k_x/k_0)^2 \tag{5.3-4c}$$

可见，上述两组关系式通过 $\alpha_x=\alpha_y$ 彼此耦合。这样，三个未知量(k_x，k_y 和 β)可由三个方程(5.3－1)、(5.3－3)和(5.3－2a)或(5.3－4a)求得，而 k_x 和 k_y 需由本征值方程(5.3－1)和方程(5.3－3)用数值方法求得。需要注意的是，在求解本征值方程(5.3－1)和方程(5.3－3)时，函数 arctg 应当在第一象限内取值。

(2) 镜像线的设计考虑

容易理解，矩形介质镜像线很适于作无源和有源毫米波集成电路，其金属接地板可提供介质板的支撑，并提供散热与有源器件的直流偏置。若用高电阻率的半导体作镜像线的介质材料，则可在传输线上直接制作有源电路，如振荡器、混频器、相移器、调制器和检波器等。接地板的存在可抑制 E^x_{11}模，在 $a=b$ 时可保证仅 E^y_{11}模单模工作。缺点是引入导体板使损耗增大。

镜像线介质板材料的选择要求是损耗低、结实、成本低、容易加工。介电常数低($\varepsilon_r=2\sim3$)的材料色散小，因而可获得宽频带性能。聚四氟乙烯是优选材料之一。其形状比取 1 ($a/b=1$)可得到最大的带宽。

镜像线的尺寸 a/λ_0 决定着场的集中程度与是否单模工作。对于 $a/b=1$ 的情况，通常选取

$$\frac{a}{\lambda_0}\simeq\frac{0.32}{\sqrt{\varepsilon_r-1}} \tag{5.3-5}$$

而 λ_0/λ_y 值则应满足条件

$$\frac{\left(\frac{\lambda_0}{\lambda_y}\right)^2-1}{\varepsilon_r-1}\geqslant 0.5 \tag{5.3-6}$$

当弯曲时，镜像线会出现辐射。为确保辐射损耗在允许限度内，设计镜像线电路时，应选择合适的曲率半径。辐射损耗可以忽略的弯曲最小曲率半径为

$$R_c=\frac{8\pi^2 r_0^3}{\lambda_0^2} \tag{5.3-7}$$

式中，r_0 是场衰减到直线段的 $1/e$ 时的长度；对于 E 面弯曲，$r_0=1/\alpha_y$；对于 H 面弯曲，$r_0=1/\alpha_x$，而 α_x 和 α_y 则如式(5.3-2b)和式(5.3-4b)所示。

5.4 光　　纤

光纤即光导纤维(optical fiber)，实质上是一种以光频($\lambda_0=0.75\sim1.55\ \mu m$)工作的介质波导。

1960 年梅曼(T. H. Maiman)发明了红宝石激光器，获得了性质与电磁波相同，且频率和相位都稳定的相干光，使光应用于通信中成为可能；1970 年美国康宁玻璃公司的卡普隆(Kapron)、梅尼耳(Maurer)和克格(Keck)成功地研制出传输损耗仅为 20 dB/km 的光纤，使光在通信中的应用产生了新的飞跃。目前，以波长 $\lambda=1.55\ \mu m$ 工作的单模光纤最小损耗达到 0.154 dB/km[①]。此值已接近石英光纤的理论损耗极限值。

光纤具有频带宽、损耗低、重量轻、直径细、传输容量大、保密性好、不受电磁干扰、材料来源丰富等许多优点，适用于大容量信息传输。目前，用激光器和光纤组成的新型传输系统正在发展成为划时代的信息传输手段，应用领域十分广泛。光通信即光纤通信的实现是 20 世纪科技领域中最卓越的成就之一。

① Yokota, H. et al, "Ultra Low - Loss Pure Silica Core Single - Mode Fiber a　Transmission Experiment," Tech. Digest of Opt. Fiber Commun, Atlanta, Post Deadline Paper, PD3(1986).

图 5.4-1 为光纤通信系统示意图。系统中最重要的元件之一就是光纤本身，因为其传输性能在决定整个系统性能方面起着主要的作用。

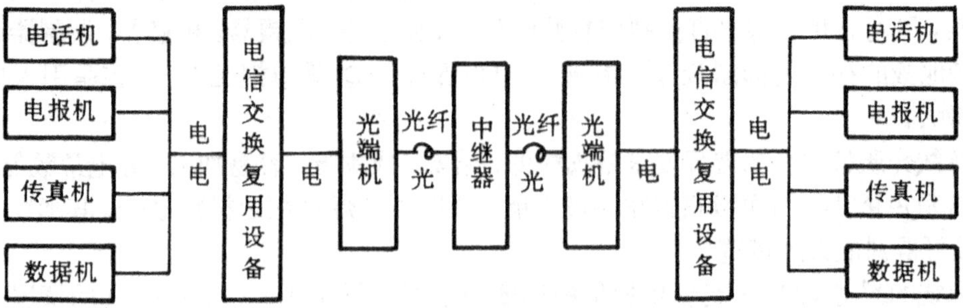

图 5.4-1　光纤通信系统示意图

本节首先介绍光纤的结构与参数，然后论述阶跃光纤的模式与特性，最后简单分析单模光纤的特性。

1. 光纤的结构及其参数

单根光纤的结构如图 5.4-2 所示。它由纤芯(core)、包层(cladding)和保护层所构成。纤芯材料的折射率 n_1 比包层的折射率 n_2 略高(n_1 的典型值为 1.48，$n_2=n_1(1-\Delta)$，Δ 标称值为 0.01)。光纤的种类按用途可分为照明用光纤、图像传输用光纤和通信光纤三类；按组成成份(材料)可分为石英光纤、多组份光纤、液芯光纤和塑料光纤；按横截面上折射率分

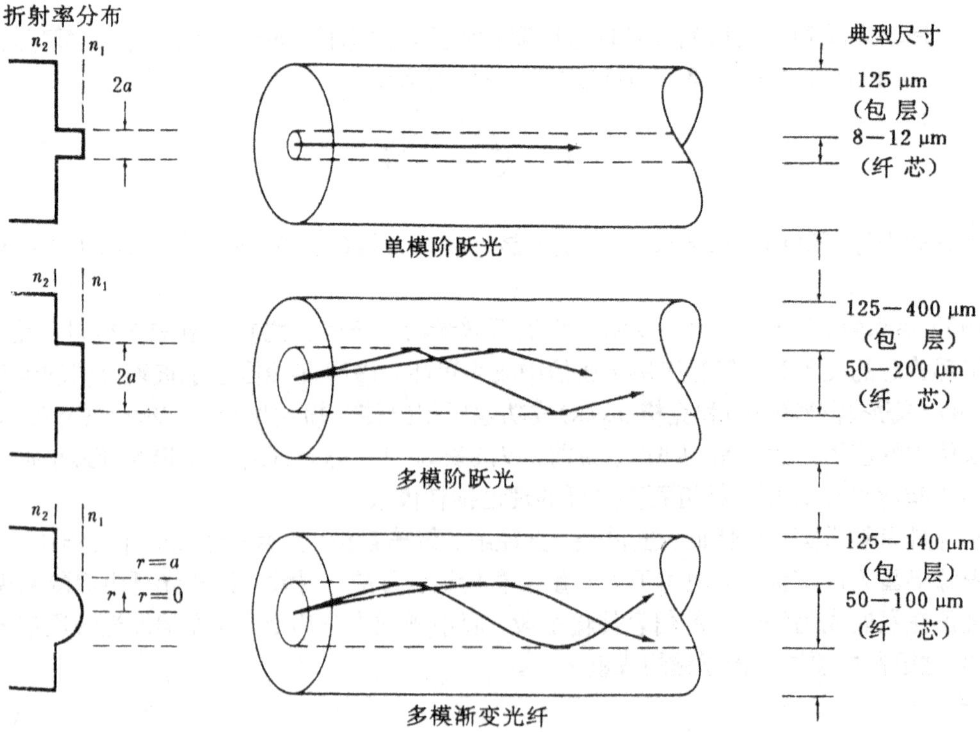

图 5.4-2　单根光纤的结构

布情况可分为突变折射率光纤(step - index fiber)(简称阶跃光纤)、渐变折射率光纤(graded - index fiber)和 W 型光纤(W type fiber)；按光纤传输的模式可分为单模光纤和多模光纤。阶跃光纤和渐变光纤都可进一步分为单模和多模光纤。现有光纤大多满足 $\Delta \ll 1$。此条件称为弱导条件；满足此条件的光纤称为弱导光纤。由于 n_1 略大于 n_2，所以光频能量可在芯-包层界面上通过内全反射而沿光纤轴线传播。光线在光纤中是以通过轴线的子午射线(meridional rays)和不通过轴线的斜射线(skew rays)形式在分界面上内全反射沿轴线传播的。

光纤的传输特性受其结构参数支配。结构参数主要有折射率、数值孔径和归一化频率。

(1) 折射率分布

光纤的第一个结构参数是折射率。其沿光纤横截面上的分布 $n(r)$ 常可用幂函数表示为

$$n(r) = \begin{cases} n_1\left[1 - 2\Delta\left(\dfrac{r}{a}\right)^{\alpha}\right]^{1/2} & r \leqslant a \\ n_2 & r > a \end{cases} \tag{5.4-1}$$

式中，a 为纤芯的半径，Δ 表示纤芯-包层折射率差：

$$\Delta = \frac{n_1^2 - n_2^2}{2n_1^2} \simeq \frac{n_1 - n_2}{n_1} \tag{5.4-2}$$

α 决定纤芯折射率分布的形状：如 $\alpha=\infty$，则为常用的阶跃光纤(均匀光纤)；$\alpha=2$ 则为常用的抛物线渐变折射率光纤。渐变光纤可减少信号失真，比阶跃光纤可提供更宽的带宽。本节只分析阶跃光纤的特性；渐变光纤的分析需用到量子力学中常用的 WKB 法，限于篇幅，从略。

(2) 数值孔径 NA

数值孔径 NA (numerical aperture)是光纤可能接受外来入射光的最大接受角的正弦，表征光纤的光聚集本领，是光纤聚集功率能力的量度。使光从光纤的一端传至另一端的最大投射角称为孔径角。它与芯和包层的折射率有关，也与投射于光纤端面的光的位置有关。以子午光线考虑，如图 5.4 - 3 所示，为使光线在芯-包层界面上产生内全反射，则光投射角 θ_0 须满足如下不等式：

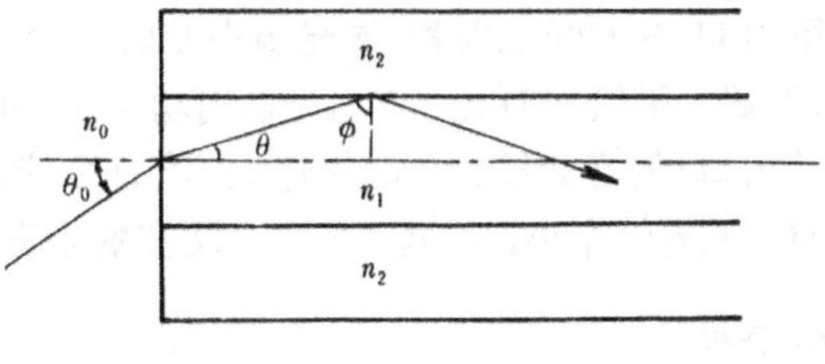

图 5.4 - 3　光纤中的子午光线

$$\sin\theta_0 < \frac{n_1}{n_0}\left[1 - \left(\frac{n_2}{n_1}\right)^2\right]^{1/2} = \frac{1}{n_0}(n_1^2 - n_2^2)^{1/2}$$

因此数值孔径 NA 为

$$\mathrm{NA} = n_0 \sin\theta_{0,\max} = (n_1^2 - n_2^2)^{1/2} \simeq n_1\sqrt{2\Delta} \tag{5.4-3}$$

NA 是个小于 1 的无量纲量，通常值范围为 0.14～0.50。下表示出光纤的一些优选尺寸及其数值孔径值。

纤芯直径(μm)	包层直径(μm)	NA
50	125	0.19～0.25
62.5	125	0.27～0.31
85	125	0.25～0.30
100	140	0.25～0.30

(3) 归一化频率 v

归一化频率(normalized frequency)v 是光纤的又一个重要结构参数，定义为

$$v^2 \equiv (u^2 + w^2) = (k_0^2 n_1^2 - \beta^2)a^2 + (\beta^2 - k_0^2 n_2^2)a^2$$

$$= k_0^2 n_1^2 a^2 2\,\frac{n_1^2 - n_2^2}{2n_1^2} = k_0^2 n_1^2 a^2 2\Delta \tag{5.4-4a}$$

或者

$$v = \frac{2\pi a}{\lambda_0}\,\mathrm{NA} \tag{5.4-4b}$$

v 是个决定光纤中可传输多少模的无量纲参数。事实上，由数值孔径关系知

$$\mathrm{NA} = \sin\theta_0 = (n_1^2 - n_2^2)^{1/2}$$

而实际的数值孔径很小，近似有 $\sin\theta_0 \simeq \theta_0$，因此光纤的可接受立体角为

$$\Omega = \pi\theta_0^2 = \pi(n_1^2 - n_2^2)$$

单位立体角波长为 λ 的电磁波辐射从激光器或波导发射的模数为 $2A/\lambda^2$，这里 A 是进入或离开的模的面积，在此种情况下面积 A 是纤芯截面积 πa^2；系数 2 是考虑到平面波有两种极化取向。因此，进入光纤总的模数为

$$M \simeq \frac{2A}{\lambda^2}\Omega = \frac{2\pi^2 a^2}{\lambda^2}(n_1^2 - n_2^2) = \frac{v^2}{2} \tag{5.4-5}$$

2. 阶跃光纤的模式与特性

阶跃光纤分单模光纤和多模光纤，其结构与坐标系如图 5.4-4 所示。

多模光纤的优点是：①纤芯直径较大，容易使光功率射入，容易与类似光纤连接在一起；②可用 LED(发光二极管)作光源来发射光功率，而单模光纤一般则必须用 LD(激光二极管)来激励。虽然 LED 比 LD 的光输出功率小，但 LED 容易制造，价廉，要求不太复杂的电路，且比 LD 的寿命长。因此多模光纤有许多应用。多模光纤的缺点是存在多模色散，使信号失真，使得带宽小。单模光纤则有更宽的带宽。

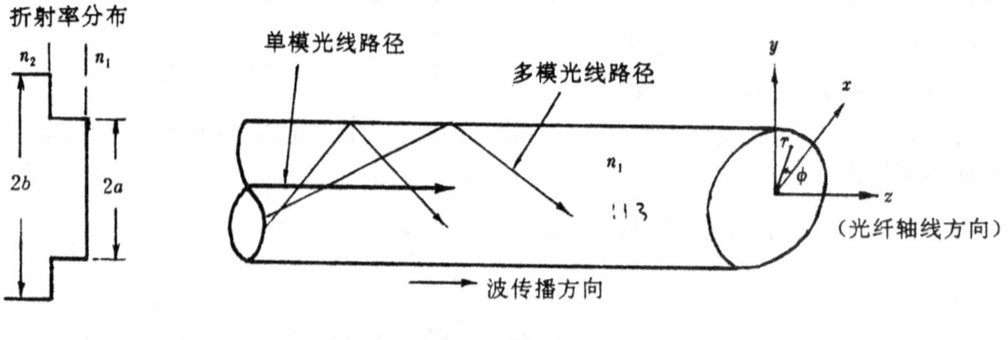

图 5.4-4　阶跃光纤的结构与坐标系

现在我们应用麦克斯韦方程来分析阶跃光纤中的导模及其传输特性。如图 5.4-4 所示，纤芯半径为 a，折射率为 n_1；包层的半径为 b，折射率为 n_2。分析时假设介质材料为线性、无耗、各向同性；无自由电荷和传导电流；电磁场为时谐场，沿 z 向(光纤轴线方向)传播。

(1) 按常规命名的模式

阶跃光纤可看成包层半径 $b\to\infty$ 的圆形介质波导，采用圆柱坐标系 (r,ϕ,z)。其纵向场分量 E_z 和 H_z 满足方程(3.2－3)，横-纵向场关系式如式(3.2－1)所示。

纤芯内的导模场当 $r\to 0$ 时应是有限的，而在纤芯外面，当 $r\to\infty$ 时，场必须是衰减的。因此在 $r<a$ 纤芯内的场解应为第一类 m 阶贝塞尔函数 $\mathrm{J}_m(k_{c_1}r)$；在纤芯外包层内的场解应为第二类 m 阶修正贝塞尔函数 $\mathrm{K}_m(k_{c_2}r)$。即得到

$$E_{0z}=\begin{cases}A\mathrm{J}_m(k_{c_1}r)\begin{matrix}\sin m\phi\\ \cos m\phi\end{matrix} & r\leqslant a\\ C\mathrm{K}_m(k_{c_2}r)\begin{matrix}\sin m\phi\\ \cos m\phi\end{matrix} & r\geqslant a\end{cases}\tag{5.4-6}$$

$$H_{0z}=\begin{cases}B\mathrm{J}_m(k_{c_1}r)\begin{matrix}\cos m\phi\\ \sin m\phi\end{matrix} & r\leqslant a\\ D\mathrm{K}_m(k_{c_2}r)\begin{matrix}\cos m\phi\\ \sin m\phi\end{matrix} & r\geqslant a\end{cases}\tag{5.4-7}$$

式中

$$\begin{aligned}k_{c_1}^2&=k_1^2-\beta^2=k_0^2n_1^2-\beta^2\\ k_{c_2}^2&=\beta^2-k_2^2=\beta^2-k_0^2n_2^2\end{aligned}\tag{5.4-8}$$

应用关系式(3.2－1)可求得其它场分量，结果，在纤芯内($r\leqslant a$)：

$$\begin{aligned}E_{0r}&=\left[-A\frac{j\beta}{u/a}\mathrm{J}_m'\left(\frac{ur}{a}\right)+B\frac{j\omega\mu_0}{(u/a)^2}\frac{m}{r}\mathrm{J}_m\left(\frac{ur}{a}\right)\right]\begin{matrix}\sin m\phi\\ \cos m\phi\end{matrix}\\ E_{0\phi}&=\left[-A\frac{j\beta}{(u/a)^2}\frac{m}{r}\mathrm{J}_m\left(\frac{ur}{a}\right)-B\frac{j\omega\mu_0}{u/a}\mathrm{J}_m'\left(\frac{ur}{a}\right)\right]\begin{matrix}\cos m\phi\\ \sin m\phi\end{matrix}\\ E_{0z}&=A\mathrm{J}_m\left(\frac{ur}{a}\right)\begin{matrix}\sin m\phi\\ \cos m\phi\end{matrix}\\ H_{0r}&=\left[A\frac{j\omega\varepsilon_0n_1^2}{(u/a)^2}\frac{m}{r}\mathrm{J}_m\left(\frac{ur}{a}\right)-B\frac{j\beta}{u/a}\mathrm{J}_m'\left(\frac{ur}{a}\right)\right]\begin{matrix}\cos m\phi\\ \sin m\phi\end{matrix}\\ H_{0\phi}&=\left[-A\frac{j\omega\varepsilon_0n_1^2}{u/a}\mathrm{J}_m'\left(\frac{ur}{a}\right)+B\frac{j\beta}{(u/a)^2}\frac{m}{r}\mathrm{J}_m\left(\frac{ur}{a}\right)\right]\begin{matrix}\sin m\phi\\ \cos m\phi\end{matrix}\\ H_{0z}&=B\mathrm{J}_m\left(\frac{ur}{a}\right)\begin{matrix}\cos m\phi\\ \sin m\phi\end{matrix}\end{aligned}\tag{5.4-9}$$

式中

$$u=k_{c_1}a=(k_0^2n_1^2-\beta^2)^{1/2}a\tag{5.4-10}$$

称为纤芯的归一化横向传播常数。

在包层内($r\geqslant a$)：

$$
\begin{aligned}
E_{0r} &= \left[C\frac{j\beta}{w/a}\mathrm{K}_m'\left(\frac{wr}{a}\right) - D\frac{j\omega\mu_0}{(w/a)^2}\frac{m}{r}\mathrm{K}_m\left(\frac{wr}{a}\right)\right]\begin{matrix}\sin m\phi\\ \cos m\phi\end{matrix}\\
E_{0\phi} &= \left[C\frac{j\beta}{(w/a)^2}\frac{m}{r}\mathrm{K}_m\left(\frac{wr}{a}\right) + D\frac{j\omega\mu_0}{(w/a)}\mathrm{K}_m'\left(\frac{wr}{a}\right)\right]\begin{matrix}\cos m\phi\\ \sin m\phi\end{matrix}\\
E_{0z} &= C\mathrm{K}_m\left(\frac{wr}{a}\right)\begin{matrix}\sin m\phi\\ \cos m\phi\end{matrix}\\
H_{0r} &= \left[-C\frac{j\omega\varepsilon_0 n_2^2}{(w/a)^2}\frac{m}{r}\mathrm{K}_m\left(\frac{wr}{a}\right) + D\frac{j\beta}{(w/a)}\mathrm{K}_m'\left(\frac{wr}{a}\right)\right]\begin{matrix}\cos m\phi\\ \sin m\phi\end{matrix}\\
H_{0\phi} &= \left[C\frac{j\omega\varepsilon_0 n_2^2}{(w/a)}\mathrm{K}_m'\left(\frac{wr}{a}\right) - D\frac{j\beta}{(w/a)^2}\frac{m}{r}\mathrm{K}_m\left(\frac{wr}{a}\right)\right]\begin{matrix}\sin m\phi\\ \cos m\phi\end{matrix}\\
H_{0z} &= D\mathrm{K}_m\left(\frac{wr}{a}\right)\begin{matrix}\cos m\phi\\ \sin m\phi\end{matrix}
\end{aligned}
\tag{5.4-11}
$$

式中

$$
w = k_{c_2}a = (\beta^2 - k_0^2 n_2^2)^{1/2}a \tag{5.4-12}
$$

称为包层内归一化横向衰减常数。

根据修正贝塞尔函数的定义可知，当 $wr\to\infty$ 时，$\mathrm{K}_m\left(\frac{wr}{a}\right)\to e^{-wr/a}$；而当 $r\to\infty$ 时，$\mathrm{K}_m\left(\frac{wr}{a}\right)$ 必须为零，这就要求 $w>0$，即要求 $\beta\geqslant k_2$。此即为截止条件。截止条件表明导模场不再限制在纤芯内。另一方面，由 $\mathrm{J}_m\left(\frac{ur}{a}\right)$ 的特性要求 u 必须为实数，这意味着 $k_1\geqslant\beta$。这样就得到导模的 β 值允许范围为

$$
n_2k_0 = k_2 \leqslant \beta \leqslant k_1 = n_1k_0 \tag{5.4-13}
$$

利用在 $r=a$ 处 E_z、H_z、E_ϕ和 H_ϕ连续条件，可以得到如下 A、B、C、D 之间的关系式为

$$
\begin{aligned}
&A\mathrm{J}_m(u) - C\mathrm{K}_m(w) = 0\\
&B\mathrm{J}_m(u) - D\mathrm{K}_m(w) = 0\\
&A\frac{j\beta}{(u/a)^2}\frac{m\mathrm{J}_m(u)}{a} + B\frac{j\omega\mu_0}{(u/a)}\mathrm{J}_m'(u) + C\frac{j\beta}{(w/a)^2}\frac{m\mathrm{K}_m(w)}{a)} + D\frac{j\omega\mu_0}{(w/a)}\mathrm{K}_m'(w) = 0\\
&A\frac{j\omega\varepsilon_0 n_1^2}{(u/a)}\mathrm{J}_m'(u) - B\frac{j\beta}{(u/a)^2}\frac{m\mathrm{J}_m(u)}{a} + C\frac{j\omega\varepsilon_0 n_2^2}{(w/a)}\mathrm{K}_m'(w) - D\frac{j\beta}{(w/a)^2}\frac{m\mathrm{K}_m(w)}{a} = 0
\end{aligned}
\tag{5.4-14}
$$

写成矩阵形式为

$$
[M][A\ B\ C\ D]^{-1} = 0
$$

A、B、C、D 存在非零解的条件是

$$
\det[M] = 0
$$

由此条件，并应用式(5.4-10)和式(5.4-12)，可以得到特征方程：

$$
(\mathscr{F}_m + \mathscr{K}_m)\left(\frac{n_2}{n_1}\mathscr{F}_m + \mathscr{K}_m\right) = m^2\left(\frac{1}{u^2} + \frac{1}{w^2}\right)\left(\frac{n_2}{n_1}\frac{1}{u^2} + \frac{1}{w^2}\right) \tag{5.4-15}
$$

式中

$$
\mathscr{F}_m = \frac{\mathrm{J}_m'(u)}{u\mathrm{J}_m(u)},\quad \mathscr{K}_m = \frac{\mathrm{K}_m'(w)}{w\mathrm{K}_m(w)} \tag{5.4-16}
$$

求解式(5.4-15)可得到在式(5.4-13)允许范围内的离散 β 值或 u 值，即可获得 $\beta-\omega$ 色

散关系。

根据特征方程(5.4 - 15)，可分析得知光纤中可以存在 TE_{0n}、TM_{0n}和混合模 HE_{mn}、EH_{mn}模。

①$m=0$ 情况。此时特征方程右边等于零，并有两种情况：第一种情况是

$$\mathscr{F}_0+\mathscr{K}_0=0 \quad 或者 \quad \frac{J_1(u)}{uJ_0(u)}+\frac{K_1(w)}{wK_0(w)}=0 \tag{5.4 - 17}$$

这种情况相当于 $A=C=0$，故对应为 TE_{0n}模；第二种情况是

$$n_2\mathscr{F}_m+n_1\mathscr{K}_m=0 \quad 或者 \quad \frac{n_2}{u}\frac{J_1(u)}{J_0(u)}+\frac{n_1}{w}\frac{K_1(w)}{K_0(w)}=0 \tag{5.4 - 18}$$

这种情况相当于 $B=D=0$，故对应为 TM_{0n}模。

纤芯内 TE_{0n}和 TM_{0n}模的场结构与圆形金属波导相应模的场结构相似。

②$m\geqslant1$ 情况。此种情况更复杂，特征方程(5.4 - 15)需用数值方法求解。但对于 $\Delta\ll1$ 的弱导光纤，特征方程可以简化，并得到混合模 HE_{mn}(纵磁波)和 EH_{mn}(纵电波)。考虑到 $\Delta\ll1$，$n_1\simeq n_2$，由式(5.4 - 15)可以得到近似特征方程：

$$\frac{J'_m(u)}{uJ_m(u)}+\frac{K'_m(w)}{wK_m(w)}=\pm m\left(\frac{1}{u^2}+\frac{1}{w^2}\right) \tag{5.4 - 19}$$

此时 TM 模和 TE 模的解近似一致。定义

$$\frac{J'_m(u)}{uJ_m(u)}+\frac{K'_m(w)}{wK_m(w)}=\begin{cases} m\left(\dfrac{1}{u^2}+\dfrac{1}{w^2}\right) & EH_{mn}\ 模 \\ -m\left(\dfrac{1}{u^2}+\dfrac{1}{w^2}\right) & HE_{mn}\ 模 \end{cases} \tag{5.4 - 20}$$

对于 EH_{mn}模，其 TE 模传输功率大于 TM 模；对于 HE_{mn}模，其 TM 模的传输功率大于 TE 模。图 5.4 - 5 示出几种混合模在纤芯内的场结构。

(2) LP 模

实用的大多数光纤是弱导光纤。其纤芯和包层的折射率差很小，$\Delta\ll1$，且折射率在径向波长长度上的变化率$[\lambda(dn/dr)]\ll1$。对这样的弱导光纤，分析时可作适当近似，使分析得以简化，导得简化特征方程。据此可得到近截止区和远离截止区本征值的近似解。这些近似解十分简单。同时，这种近似简化分析的结果，得到弱导光纤所特有的一类模式：LP 模。

事实上，对于弱导光纤，$\Delta\ll1$，$k_1\simeq k_2\simeq\beta$，则特征方程(5.4 - 15)简化成式(5.4 - 19)。这样，当 $m=0$ 时，因为 $J'_0(u)=-J_1(u)$，$K'_0(w)=-K_1(w)$，于是 TE_{0n}和 TM_{0n}的简化特征方程相同：

$$-\frac{J_1(u)}{uJ_0(u)}=\frac{K_1(w)}{wK_0(w)} \qquad TE_{0n}\ 和\ TM_{0n}\ 模 \tag{5.4 - 21}$$

又利用 J'_m 和 K'_m 的递推关系，对于 $m\geqslant1$ 的情况，由式(5.4 - 19)可以得到两组方程：对于正号，得到

$$-\frac{J_{m+1}(u)}{uJ_m(u)}=\frac{K_{m+1}(w)}{wK_m(w)} \qquad EH_{mn}\ 模 \tag{5.4 - 22}$$

对于式(5.4 - 19)的负号，得到

$$\frac{J_{m-1}(u)}{uJ_m(u)}=\frac{K_{m-1}(w)}{wK_m(w)} \qquad HE_{mn}\ 模 \tag{5.4 - 23a}$$

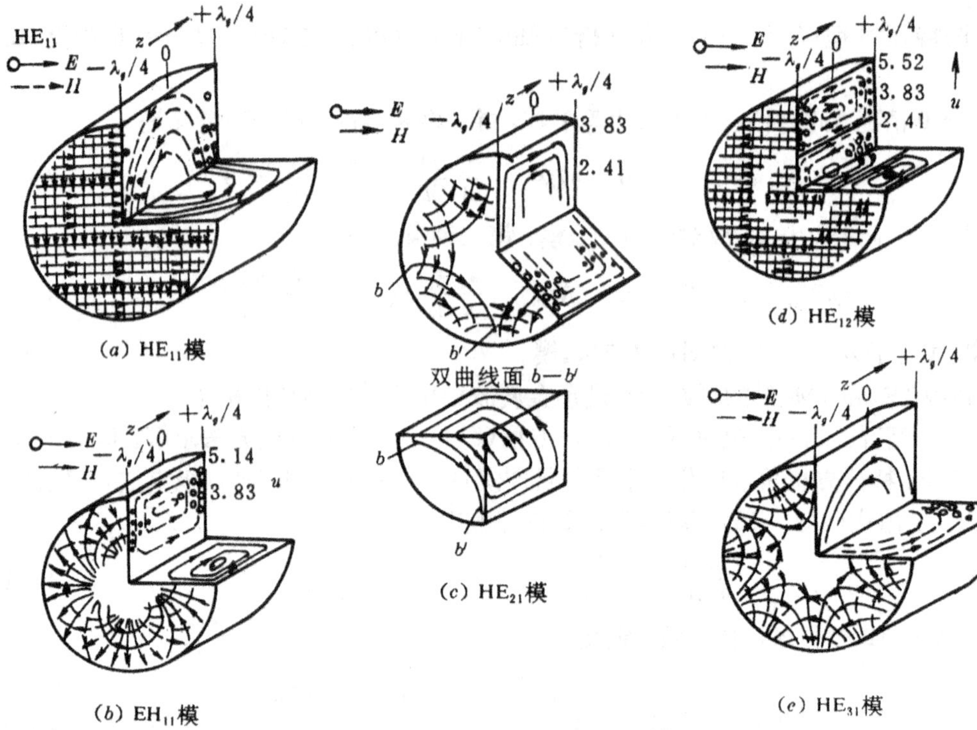

图 5.4 - 5　几种混合模在纤芯内的场分布

此式两边取倒数，经运算后变成

$$\frac{uJ_{m-2}(u)}{J_{m-1}(u)}=-\frac{wK_{m-2}(w)}{K_{m-1}(w)}\qquad \text{HE}_{mn}\text{ 模}\tag{5.4-23b}$$

式(5.4 - 21)、(5.4 - 22)和式(5.4 - 23b)具有类似性。若以 l 代替 m 作为新的模指数，即定义

$$l=\begin{cases}1 & \text{对于 TE}_{0n}\text{ 和 TM}_{0n}\text{ 模}\\ m+1 & \text{对于 EH}_{mn}\text{ 模}\\ m-1 & \text{对于 HE}_{mn}\text{ 模}\end{cases}\tag{5.4-24}$$

则上述三个方程可以统一表示成

$$\frac{uJ_{l-1}(u)}{J_l(u)}=-\frac{wK_{l-1}(w)}{K_l(w)}\tag{5.4-25}$$

这样，在“弱导近似”范围内，相同的(l,n)模式可用同一形式简化特征方程来表示，即它们具有近似的同一传播常数和群速度。或者说满足简化特征方程的一组模群的相位常数发生简并，特征方程对应的是一组(m,n)解，却对应于同一(l,n)解。它们的纵向场分量仅为横向场分量的约 Δ 倍，可以忽略，叠加结果得到横向线极化场。此模群根据 D. Gloge 的建议统称为线极化模，即 LP 模(Linearly Polarized mode)，而抛弃 TE、TM、HE 和 EH 模式之间的差别。这种 LP_{ln}模命名法与常规命名法的关系如表 5.4 - 1 所示。图 5.4 - 6 说明如何由常规的 $\text{HE}_{21}+\text{TE}_{01}$和 $\text{HE}_{21}+\text{TM}_{01}$模组合成 LP_{11}模。

表 5.4 - 1　LP 模与常规模式的关系

LP 命名法	常规命名法	简并模数*	近似特征方程
LP_{0n}模 ($l=0$)	HE_{1n}模	2	$\frac{J_0(u)}{uJ_1(u)}=\frac{K_0(w)}{wK_1(w)}$
LP_{1n}模 ($l=1$)	TE_{0n}模 TM_{0n}模 HE_{2n}模	4	$\frac{J_1(u)}{uJ_0(u)}=-\frac{K_1(w)}{wK_0(w)}$
LP_{ln}模 ($l\geqslant 2$)	$EH_{m-1,n}$模 $HE_{m+1,n}$模	4	$\frac{J_m(u)}{uJ_{m-1}(u)}=-\frac{K_m(w)}{wK_{m-1}(w)}$

* 对于 $m\geqslant 1$ 的 EH_{mn}或 HE_{mn}模都包含 $\sin m\phi$ 和 $\cos m\phi$ 两个简并模。

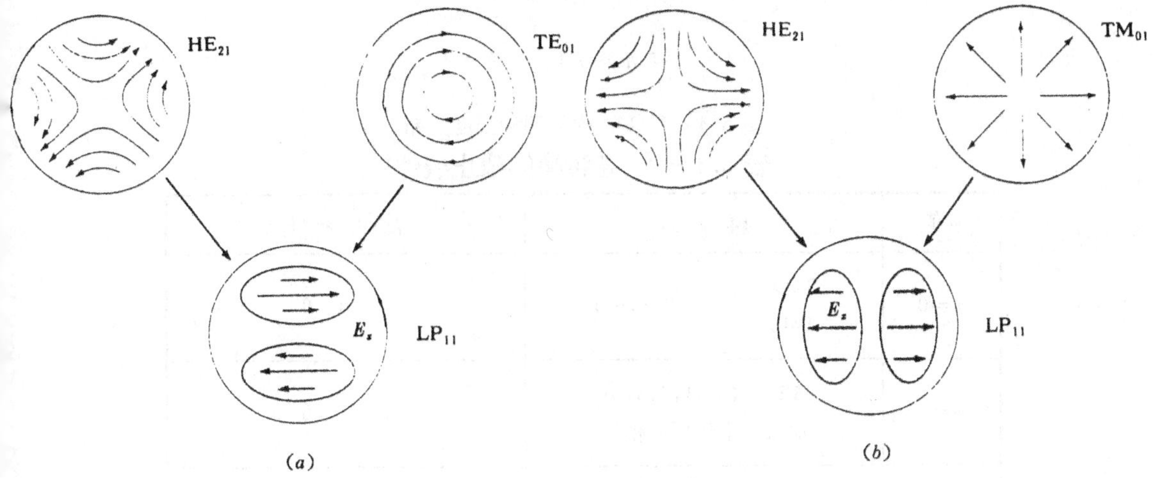

图 5.4 - 6　LP_{11}模的组成

在光纤通信中采用 LP 模表示法的优点有三：①使模式得以形象化。计算结果表明，属于同一 LP_{ln}模的一组(m,n)模群在一个方向(横向)的电场分量(E_x 或 E_y)的强度分布可用同一图形来表示，新的模指数 l 表示沿圆周方向强度变化的周期数。图 5.4 - 7 说明 LP_{11}模的四种可能的电场和磁场方向及相应的强度分布；②可以简化模的分类和命名；③便于研究由线偏振光源的激励问题。

(3) 截止条件和截止频率

由关系 $\beta^2-k_{c_2}^2=k_2^2=k_0^2n_2^2$ 可知 $\beta>k_2$，于是波的相速度 v_p 小于周围介质中的光速 c_2，β 值随 k_{c_2}值的减小而逐渐趋于 k_2；截止时 $k_{c_2}=0$，$v_p=c_2$，包层内的场不再作指数衰减，场的能量将逸出纤芯外，正规模变成了辐射模。故 $k_{c_2}=0$ 或 $w=0$ 代表光纤导模截止条件，称 $\beta=k_0n_2$ 时由 $w=0$ 状态所决定的频率为截止频率。

由特征方程和 $w=0$ 可求得各种模的截止条件，如表 5.4 - 2 所示。

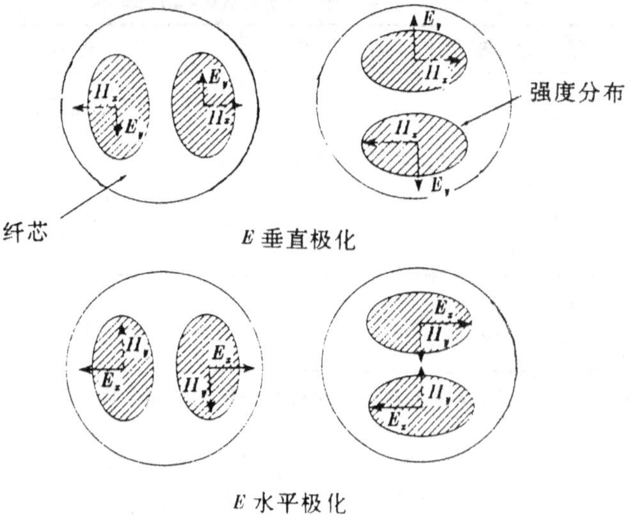

图 5.4－7 LP_{11}模的四种强度分布

表 5.4－2 各种模的截止条件

m 值	模 式	截 止 条 件
$m=0$	TE_{0n} TM_{0n} $(n=1,2,3,\cdots)$	$J_0(u)=0$
$m=1$	HE_{1n} EH_{1n} $(n=1,2,3,\cdots$ 不包括零根)	$J_1(u)=0$
$m\geqslant 2$	HE_{mn} EH_{mn} $(n=1,2,3,\cdots)$	$\frac{J_{m-1}(u)}{J_m(u)}=\frac{u}{m-1}\frac{n_2^2}{n_1^2+n_2^2}$ $J_m(u)=0$(全部非零根)

特别是，由 $J_1(u)=0$ 的第一个根 $u_{11}=0$，可求得 HE_{11}模的截止波长 $\lambda_c=\infty$，截止频率 $f_c=0$，故 HE_{11}模是光纤的主模(或称基模)。这与圆形介质波导的结果相同。

如上所述，光纤中可能存在的模数 M 与归一化频率 v 有关。这也可用归一化传播常数(normalized propagation constant) b 来说明。b 的定义为

$$b\equiv\frac{w^2}{v^2}=\frac{(\beta/k_0)^2-n_2^2}{n_1^2-n_2^2} \tag{5.4-26}$$

图 5.4－8 表示一些低次模的 $b-v$ 曲线，即 $(\beta/k_0)-v$ 曲线及其相应的截止值。由图可见，每个模仅对超过某有限的 v 值存在。当 $\beta/k_0=n_2$ 时，模被截止；HE_{11}模不被截止，除非纤芯直径为零。因此，适当选择 a、n_1 和 n_2，使归一化频率

$$\nu=\frac{2\pi a}{\lambda_0}(n_1^2-n_2^2)^{1/2}\leqslant 2.40483 \tag{5.4-27}$$

则光纤中只有单一的 HE_{11} 模。

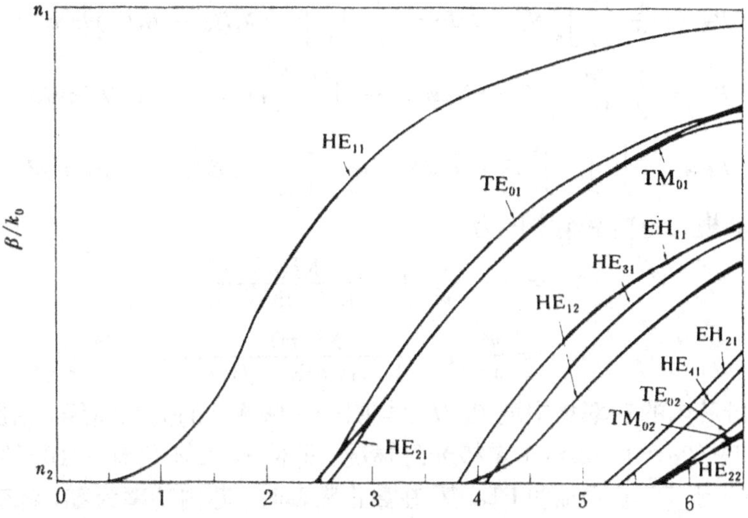

图 5.4-8　一些低次模的 $b-\nu$ 曲线

容易理解，为使导模能在光纤中传播，应使 $w\gg 0$。此即远离截止条件。将此条件用于特征方程，可求得各种模的远离截止条件，如表 5.4-3 所示。

表 5.4-3　各种模的远离截止条件

m 值	模　式	远离截止条件
$m=0$	TE_{0n}, TM_{0n} $(n=1,2,\cdots)$	$J_1(u)=0$
$m\geqslant 1$	HE_{mn}, EH_{mn} $(n=1,2,\cdots)$	$J_{m-1}(u)=0$ $j_{m+1}(u)=0$

基模 HE_{11} 的远离截止条件为 $J_0(u_{01})=0$。由此得到 $u_{01}=2.40483$。这正好是 TE_{01} 和 TM_{01} 模的截止条件。因此，为了保证光纤中单模传输，归一化频率 ν 必须小于 2.404 83。这与式(5.4-27)一致。HE_{11} 模的 u 值应在 0 至 2.404 83 之间。

TE_{01}、TM_{01} 和 HE_{21} 模的远离截止条件均为 $J_1(u)=0$。其第一个根为 3.831 71，所以这三个模 u 值的范围都为 2.404 83～3.831 71。如图 5.4-8 所示，这三个模远离截止时彼此靠拢，波的相位常数几乎相等；截止时，TE_{01} 和 TM_{01} 模的截止值相等，而 HE_{21} 模的截止值也几乎与它们相等。这三个模即组成 LP_{11} 模。

(4) 功率流

如上所述，光纤中一个模式的场在纤芯-包层分界面上并不等于零，导模的电磁能量部分在纤芯内，部分在包层内。自然我们希望光纤中的功率绝大部分集中在纤芯内传输。

我们定义纤芯和包层内的功率集中度 η 为

$$\eta_{芯} \equiv \frac{P_{芯}}{P_{总}},\ \eta_{包层} \equiv \frac{P_{包层}}{P_{总}} \tag{5.4-28}$$

式中，$P_{芯}$ 表示纤芯内的功率；$P_{总}$ 表示导模的全部功率；$P_{包层}$表示包层内的功率：

$$P_{芯} = \frac{1}{2}\int_0^a \int_0^{2\pi} S_z \cdot r dr d\phi = \frac{1}{2}\int_0^a \int_0^{2\pi} r(E_r H_\phi - E_\phi H_r) dr d\phi \tag{5.4-29}$$

$$P_{总} = \frac{1}{2}\int_0^{2\pi} \int_0^{\infty} S_z \cdot r dr d\phi = \frac{1}{2}\int_0^{2\pi} \int_0^{\infty} r(E_r H_\phi - E_\phi H_r) dr d\phi \tag{5.4-30}$$

$$P_{包层} = \frac{1}{2}\int_0^{2\pi} \int_a^{\infty} S_z \cdot r dr d\phi = \frac{1}{2}\int_0^{2\pi} \int_a^{\infty} r(E_r H_\phi - E_\phi H_r) dr d\phi \tag{5.4-31}$$

计算结果得到 LP 模式的功率集中度为

$$\eta_{芯} = 1 - \frac{u^2}{v^2}\left[1 - \frac{K_1^2(w)}{K_0(w)K_2(w)}\right] \tag{5.4-32}$$

$$\eta_{包层} = \frac{u^2}{v^2}\left[1 - \frac{K_m^2(w)}{K_{m-1}(w)K_{m+1}(w)}\right] \tag{5.4-33}$$

图 5.4-9 表示纤芯内的功率集中度 $P_{芯}/P_{总}$ 与归一化频率 v 的关系曲线。由图可见，①多模光纤情况下，$P_{芯}/P_{总} \simeq 1$；②对于单模光纤情况，即使 $v=2.4$ 仍有约 10%的光能在包层中；③LP_{0n}模(对应于 TE_{0n}、TM_{0n}和 HE_{2n}模)在截止频率时，芯内功率为零，都变成了包层中的功率，而其它模即使在截止频率，其在芯内仍有功率传输。

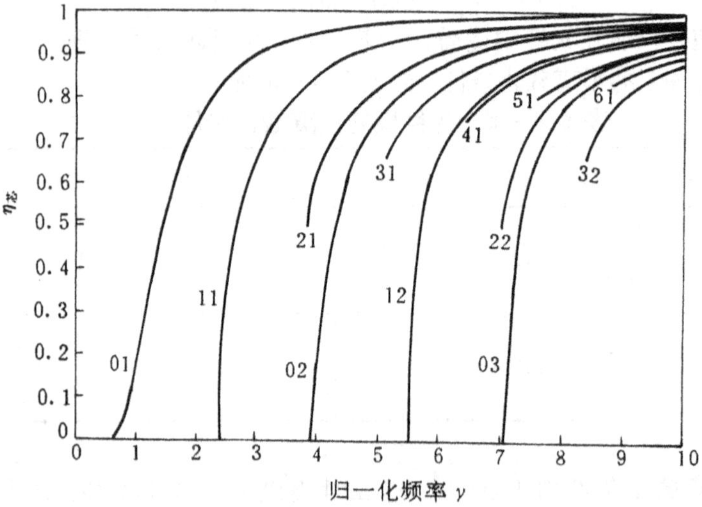

图 5.4-9 阶跃光纤纤芯功率集中度曲线

Gloge 证明①，多模光纤中总的平均包层功率近似为

$$\frac{P_{包层}}{P_{总}} \simeq \frac{4}{3}M^{-1/2} \tag{5.4-34}$$

式中 M 为模数。它正比于 v^2，所以包层中的功率流随 v 增大而减小。

① D. Gloge, "Propagation effects in optical fibers," IEEE Trans, Microwave Theory Tech. vol. MTT-23, pp. 106-120, Jan. 1975.

作为例子，我们考虑纤芯半径 $a=25\ \mu m$，折射率 $n_1=1.48$，$\Delta=0.01$ 的阶跃光纤，工作波长 $\lambda_0=0.84\ \mu m$，则 $\nu=39$，模数 $M=760$。由式(5.4－34)求得包层中的功率近似为5%；若 Δ 减小，如为 $\Delta=0.003$，则模数 $M=242$，算得包层中的功率近似为9%。对于单模情况，考虑 LP_{01} 模(即 HE_{11} 模)，则 $\nu=1$，算得包层内大约有70%的功率流；而以 LP_{11} 模开始的 $\nu=2.405$，则约84%的功率在纤芯内。

3. 单模光纤

单模光纤(single－mode optical fiber)的纤芯直径为数个波长(通常为8～12个波长)，纤芯-包层折射率差很小。实际设计的单模光纤，纤芯-包层折射率差 Δ 只能在0.2%～1.0%之间变化。纤芯直径应当选择使得正好低于 TE_{01} 和 TM_{01} 模的截止值，即归一化频率 ν 应稍小于2.4，如式(5.4－27)所示。例如典型的单模光纤纤芯半径可选取为3 μm；工作波长 $\lambda_0=0.8\ \mu m$ 的数值孔径为0.1，则由式(5.4－3)和式(5.4－4)求得 $\nu=2.356$，符合单模条件式(5.4－27)。

然而，正如上面所述，即使在结构参数方面保证单模条件，但包层中却有可观的功率流，这是不希望出现的。为此有必要探索减小功率损耗的方法，包括模场直径(mode field diameter，MFD)、传播模式、色散特性、损耗机理等问题。下面就模场直径和传播模式作一简单讨论。

(1) 模场直径

对于单模光纤来说，预测其性能特性的重要参数是光在传播模式中的几何分布，而不是纤芯直径和数值孔径。因此单模光纤的基本参数是模场直径(MFD)。此参数可由基模 LP_{01}(即 HE_{11})模的模场分布来决定。MFD类似于多模光纤的纤芯直径，只是在单模光纤中并非全部通过光纤的光功率都在纤芯内。

研究过许多表征和量度MFD的模型，其中的主要考虑是如何近似表示电场分布。若假设为高斯(Gaussian)分布

$$E(r) = E_0\exp(-r^2/W_0) \tag{5.4-35}$$

式中，r 是半径，E_0 是纤芯中心处的场，W_0 是电场分布宽度，如图5.4－10所示。我们可以取MFD的宽度 $2W_0$ 为式(5.4－35)所示电场相应光功率的 $1/e^2$ 宽度，亦即中心电场的 e^{-1} 半径的两倍。因此单模 LP_{01} 的MFD宽度 $2W_0$ 定义为

$$2W_0 = 2\left[\frac{2\int_0^\infty r^3E^2(r)dr}{\int_0^\infty rE^2(r)dr}\right]^{1/2} \tag{5.4-36}$$

此定义式并非唯一的，还可以用别的定义。同时注意到，通常，模式要随折射率分布而变化，因而会偏离高斯分布。

(2) 单模光纤中的传播模式

由对LP模的讨论可知，在任何单模光纤中，实际上存在两个独立的简并模式。这两个模式很相似，但其极化面彼此正交，若一个模为水平极化，另一个模则为垂直极化，它们的折射率分别为 n_x 和 n_y，如图5.4－11所示。这两种极化之一都可构成基模 HE_{11} 模。一般沿光纤传播的光电场是这两种极化模的线性叠加，这取决于进入光纤的光发射点处的极化情况。

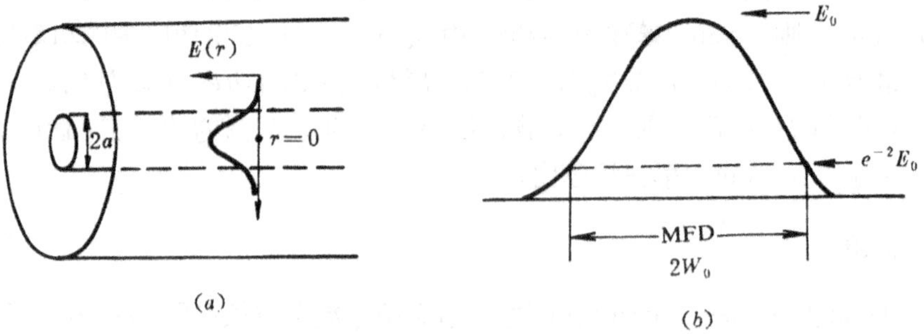

图 5.4-10
(a) 单模光纤中光的分布；(b) MFD 宽度

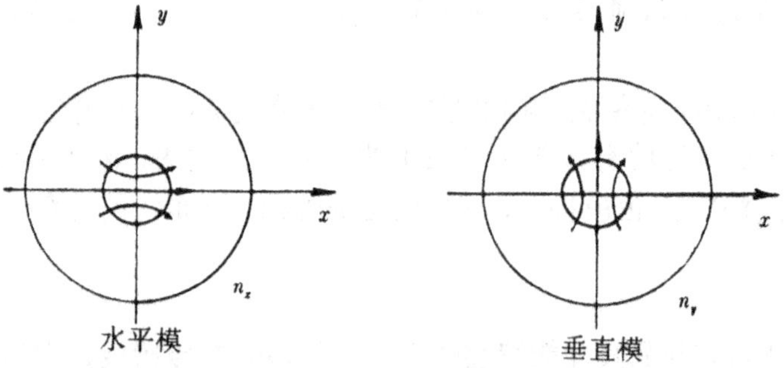

图 5.4-11 单模光纤中基模的两种极化

在理想光纤中，两种极化模是简并的，有着相等的传播常数($k_x=k_y$)。任意极化状态注入光纤在传播时都不会改变。然而，在实际光纤中，存在着诸如不对称横向应力、非圆纤芯和折射率分布变化等非理想性。这些非理想性都将破坏理想光纤的圆对称性，使这两种模的简并分离，以不同的相速度传播。定义这两种简并模的有效折射率差为单模光纤的双折射：

$$B_f = n_y - n_x \tag{5.4-37}$$

相应的双折射传播常数为

$$\beta = k_0(n_y - n_x) \tag{5.4-38}$$

式中 $k_0=2\pi/\lambda_0$ 是自由空间传播常数。

假如注入光纤中的光使两个模都激励，则在传播中其中之一将相对于另一个产生相位滞后。当此相位差为 2π 整数倍时，这两个模将在该处产生差拍(beat)，输入的极化状态将重复。出现这种差拍的长度称为光纤差拍长度(fiber beat length)：

$$L_p = \frac{2\pi}{\beta} = \frac{2\pi}{k_0(n_y - n_x)} \tag{5.4-39}$$

或者

$$\beta = \frac{2\pi}{L_p} \tag{5.4-40}$$

为获得低双折射光纤，就要设法避免和减少光纤的非理想性，以减小双折射 B_f。

5.5 薄膜光波导

薄膜光波导(thin - film optical waveguide)是光集成电路的基础。其结构如图 5.5 - 1 所示。本节先分析其传光原理，然后讨论薄膜光波导导模的色散特性。

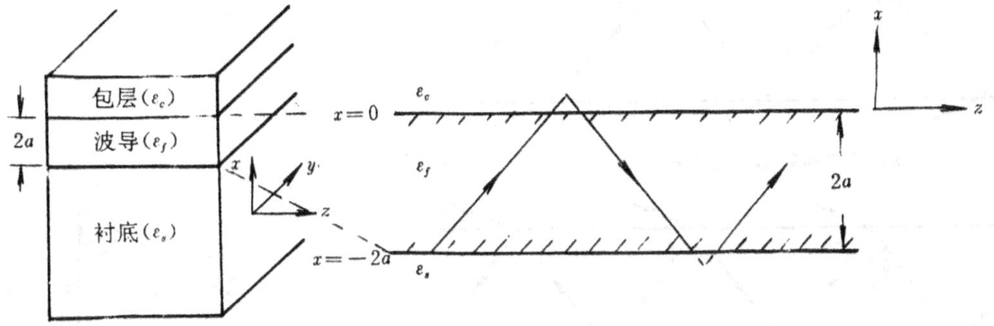

图 5.5 - 1 薄膜光波导

1. 光波导的传光原理

(1) 光波导中的模式

我们现在先用光线图像来描述光波导中的模式。如图 5.5 - 2 所示，考虑一般情况，如图 5.5 - 2(a)，相干光以角度 θ 入射在阶跃折射率光波导的介质分界面上，光能内全反射的条件要求 $n_f>n_s>n_c$。上、下分界面处的临界角分别为

$$\theta_c=\sin^{-1}(n_c/n_f) \tag{5.5 - 1}$$

$$\theta_s=\sin^{-1}(n_s/n_f) \tag{5.5 - 2}$$

式中，n_c 为包层介质的折射率，n_f 是薄膜光波导介质的折射率，n_s 是衬底材料的折射率。

由于 $n_s>n_c$，所以通常 $\theta_s>\theta_c$。由这两种临界角关系，就存在三种可能的入射角：①$\theta_s<\theta<90°$，②$\theta_c<\theta<\theta_s$，③$\theta<\theta_c$。如图 5.5 - 2(a)所示，当 $\theta_s<\theta<90°$时，光线将在上下两个分界面上以内全反射方式在波导层内沿锯齿路径传播。如果波导材料无耗，则光线可以无衰减地传播下去。这种情况对应为导行模(guided mode)。它在光波导中起重要的作用。当 $\theta_c<\theta<\theta_s$时，光线在上分界面产生内全反射，但在下分界面将按照斯内尔定律(Snell's law)通过界面从波导层漏出，形成一种衬底辐射模(substrate radiation mode)。其振幅沿传播方向显著减小，如图 5.5 - 2(b)所示。当 $\theta<\theta_c$ 时，将导致衬底-包层辐射模(substrate - clad radiation mode)，向衬底和包层都辐射。

上面的讨论是限定 $n_c<n_s<n_f$ 而得出二类模式(导行模和辐射模)；若 $n_c>n_f$，则会出现泄漏模(leaky mode)，其能量将漏向复盖层。

用光线概念，考虑到分界面上的全反射及伴随的相移，还可以分析上述各种模式的传播特性，其结果与基于波动光学导出的结果一致。在波动光学中，虽然模式是用光线的入射角 θ 来分类，但一般是用传播常数来表征。如图 5.5 - 3 所示，平面法线方向上的传播常数为 k_0n_f($k_0=2\pi/\lambda_0$，λ_0 为自由空间波长)，则入射角 θ 与 x 和 z 方向的传播常数之间的关系为

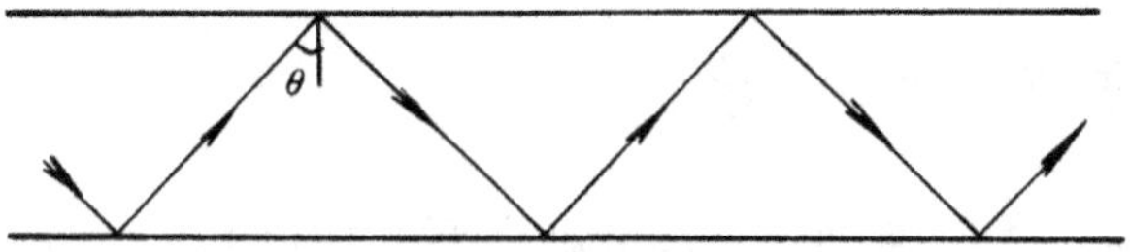

(a) 导行模：$\theta_s<\theta<90°$

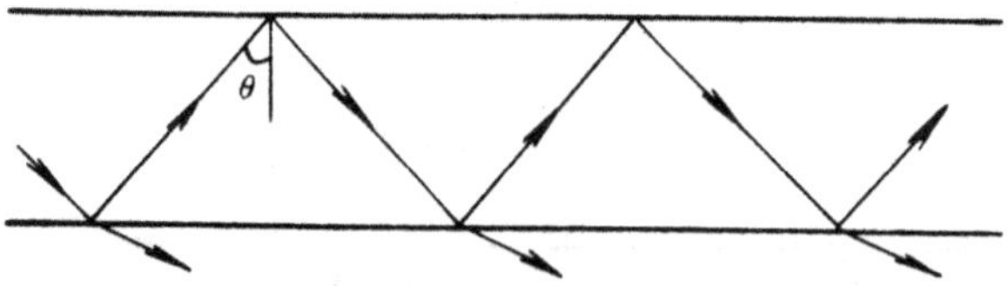

(b) 衬底辐射模：$\theta_c<\theta<\theta_s$

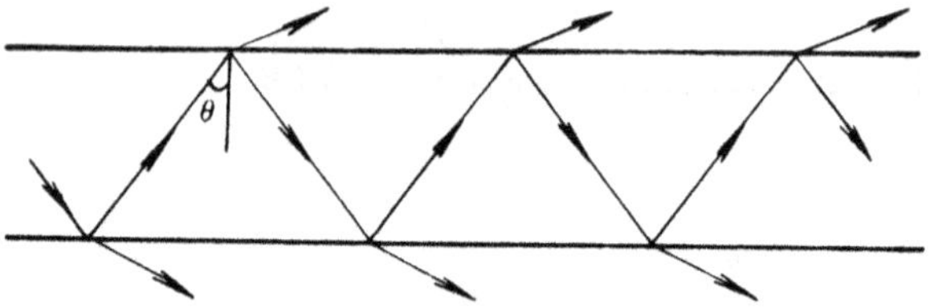

(c) 衬底一包层辐射模：$\theta<\theta_c$

图 5.5 - 2　光线沿光波导的传播图

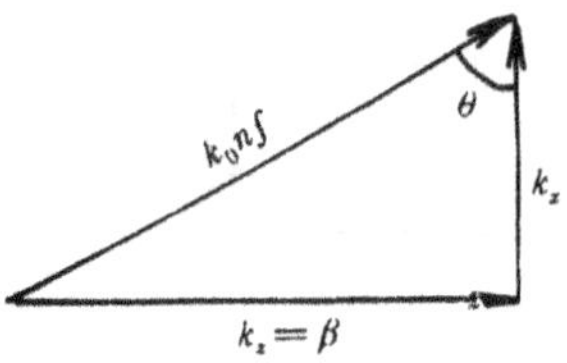

图 5.5 - 3　波矢量图

$$k_x = k_0 n_f \cos\theta \qquad k_z = \beta = k_0 n_f \sin\theta \tag{5.5-3}$$

对于无耗波导，$k_z=\beta$，β 等效为折射率为 $n_f\sin\theta$ 的无限大媒质中平面波传播常数。因此可以定义模式的有效折射率(effective indices)N 为

$$\beta = k_0 N \quad 或者 \quad N = n_f \sin\theta \tag{5.5-4}$$

于是有 $N<n_f$。同样可以得到辐射模存在的范围为 $N<n_s$。因此得到关系

$$n_s < N < n_f \tag{5.5-5}$$

(2) 古斯 - 亨切位移

在金属波导里，波在金属表面上产生全反射，且入射点和反射点在同一点上；而在介质波导中，波在介质分界面上产生内全反射时，入射点和反射点不在同一点上，而是有一定的位移，称之为古斯-亨切(Goos - Haenchen)位移，即是说反射点离开入射点有一定距离，如图 5.5 - 4 所示。其位移 z_s 和 x_s 可根据反射系数的相角来确定。由电磁场理论知，TE 波和 TM 波的反射系数分别为

$$\Gamma_{TE} = \frac{n_f\cos\theta_i - n_s\cos\theta_t}{n_f\cos\theta_i + n_s\cos\theta_t} \qquad 1+\Gamma_{TE} = T_{TE} \tag{5.5-6}$$

$$\Gamma_{TM} = \frac{n_f\cos\theta_t - n_s\cos\theta_i}{n_f\cos\theta_t + n_s\cos\theta_i} \qquad 1+\Gamma_{TM} = T_{TM} \tag{5.5-7}$$

全反射时，$\theta_i>\theta_c$ 则

$$\cos\theta_t = \sqrt{1-\sin^2\theta_t} = \sqrt{1-\left(\frac{n_f}{n_s}\right)^2\sin^2\theta_i} = \pm j\sqrt{\left(\frac{n_f}{n_s}\right)^2\sin^2\theta_i - 1}$$

从数学上讲，根号前的±号都可以取；但从物理意义上讲，只能取"—"号。这样，反射系数的相角是超前的。代入 Γ_{TE}中可得

$$\theta_{TE}=2\phi_{TE}=2\ \mathrm{arctg}\frac{\sqrt{\sin^2\theta_i-\left(\dfrac{n_s}{n_f}\right)^2}}{\cos\theta_i} \tag{5.5-8}$$

由此可求得古斯-亨切位移为

$$z_{s,TE}=\frac{\mathrm{tg}\ \theta_i}{k_0(n_f^2\sin^2\theta_i-n_s^2)^{1/2}}$$
$$x_{s,TE}=z_{s,TE}\mathrm{ctg}\theta_i \tag{5.5-9}$$

对于 TM 波，Γ_{TM}的相角为

$$\theta_{TM}=2\phi_{TM}=2\ \mathrm{arctg}\frac{(n_f/n_s)^2[\sin^2\theta_i-(n_s/n_f)^2]^{1/2}}{\cos\theta_i} \tag{5.5-10}$$

由此求得古斯-亨切位移为

$$z_{sTM}=\frac{n_s^2\ \mathrm{tg}\ \theta_i}{k_0(n_f^2\sin^2\theta_i-n_s^2)^{1/2}(n_f^2\sin^2\theta_i-n_s^2\cos^2\theta_i)}$$
$$x_{sTM}=z_{sTM}\mathrm{ctg}\ \theta_i \tag{5.5-11}$$

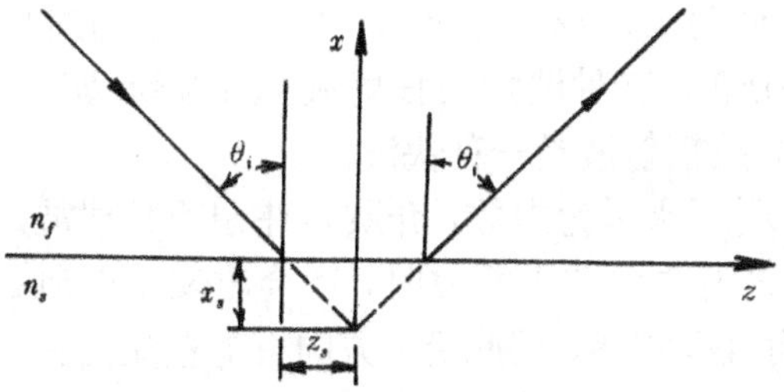

图 5.5-4　古斯-亨切位移

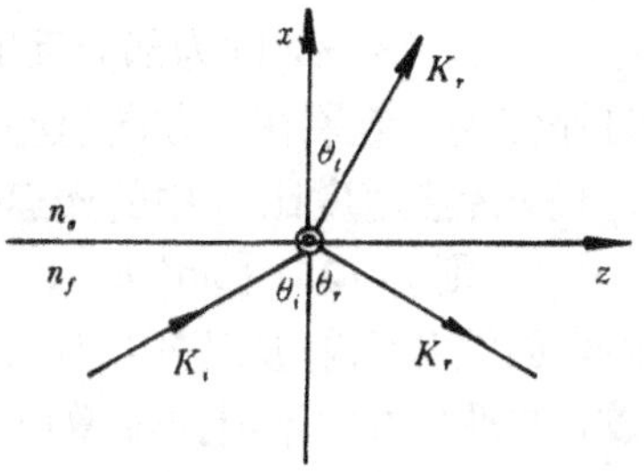

图 5.5-5　平面波的反射和折射

对于折射波，如图 5.5-5 所示，其电场可表示成

$$\boldsymbol{E}_t=\boldsymbol{E}_{tm}e^{j(\omega t-\boldsymbol{k}_t\boldsymbol{r})} \tag{5.5-12}$$

而

$$\boldsymbol{r}=\hat{x}x+\hat{z}z$$
$$\boldsymbol{k}_t=\hat{x}n_sk_0\cos\theta_t+\hat{z}n_sk_0\sin\theta_t$$

根据斯内尔定律，$\sin\theta_t=n_f\sin\theta_i/n_s=\lambda_s\sin\theta_i/\lambda_f$，所以

$$\cos\theta_t=\sqrt{1-\sin^2\theta_t}=\left[1-\left(\frac{n_f}{n_s}\right)^2\sin^2\theta_i\right]^{1/2} \tag{5.5-13}$$

代入式(5.5-12)中，得到

$$\boldsymbol{E}_t=\boldsymbol{E}_{tm}\exp\{j(\omega t-n_sk_0\cos\theta_tx-n_sk_0\sin\theta_tz)\}$$
$$=\boldsymbol{E}_{tm}\exp\left\{j\omega t\pm\frac{2\pi}{\lambda_f}\sqrt{\sin^2\theta_i-\left(\frac{n_s}{n_f}\right)^2}x-j\frac{2\pi}{\lambda_f}\sin\theta_iz\right\} \tag{5.5-14}$$

式中右边指数函数中的第三项

$$-j\frac{2\pi}{\lambda_f}\sin\theta_iz=-jk_f\sin\theta_iz=-k_{fz}\cdot z$$

代表沿正 z 方向的相移或传播。对于指数函数中的第二项，分下面三种情况分析：

①如果 $n_f>n_s$ 而 $\theta_i>\theta_c$，则产生全反射，此时$\pm 2\pi/\lambda_f[\sin^2\theta_i-(n_s/n_f)^2]^{1/2}$为实数，其前面有正负号：

(i) 若取"－"号，则表示 $\boldsymbol{E}_t$ 的幅度将随 x 增大作指数衰减，其传播方向为正 z 方向，如图 5.5－6 所示。这种波称为表面波，其场集中在介质 n_f 内及其表面附近。各种介质波导的传输模都属于这类波。这种波在无限远处为零，满足无限远处的边界条件，故属正常波。由图 5.5－6 可以看出，在介质 n_s 中，等相位面和等振幅面不一致，但彼此正交。这表明表面波是一种非均匀平面波。又因为波矢量的 z 分量 $k_{fz}=\beta=k_f\sin\theta_i\geqslant k_f n_s/n_f=k_s$，所以传播速度 v_p 小于介质 ε_s 中的光速，故表面波是一种慢波。

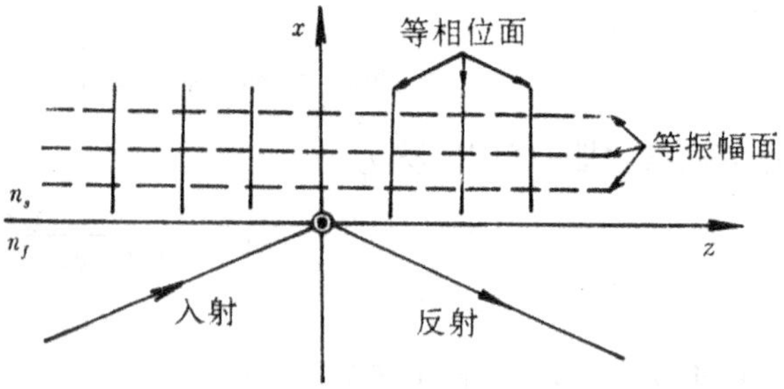

图 5.5－6　表面波的特性

(ii) 若取"＋"号，则 $\boldsymbol{E}_t$ 将随 x 增大而增大，在无限远处变为无限大，不满足无限远处边界条件，为非正常波。

②如果 $n_f>n_s$，而 $\theta_i<\theta_c$，则为部分反射，此时 $\pm 2\pi/\lambda_f\cdot[\sin^2\theta_i-(n_s/n_f)^2]^{1/2}$ 为虚数。它代表向内或向外传播，结果在 x 方向呈驻波分布。这种波称为辐射波。因为 $\sin\theta_i>n_s/n_f$，则 $k_{fz}=\beta<k$，于是传播速度比 n_s 中的光速快，故辐射波是一种快波。

③如果 $n_f<n_s$，则 $2\pi/\lambda_f\cdot[\sin^2\theta_i-(n_s/n_f)^2]^{1/2}$ 永远为虚数，介质 n_s 中总有折射波。

除了上述表面波和辐射波以外，当入射波为非均匀平面波时，还会出现所谓泄漏波。此时 k_{sx} 为复数，波沿 x 方向不但振幅增长，而且有相移，因此沿 x 方向有能量泄漏。

薄膜光波导有三层介质，如图 5.5－7 所示，则当满足条件 $n_c<n_s<n_f$ 时，光将在薄膜光波导中以表面波形式传播，场在 n_f 内呈正弦分布，在 n_s 和 n_c 内，呈指数型分布。波在上下介质分界面上反射时都要产生古斯-亨切位移，即要穿过分界面在距介质分界面为 x_{ss} 和 x_{sc} 的面上产生全反射。这相当于增加了介质波导的横向尺寸，因此可以认为，波在下式所示有效宽度 d_{eff} 的介质波导内传播：

$$d_{\text{eff}}=d+x_{ss}+x_{sc}\tag{5.5-14}$$

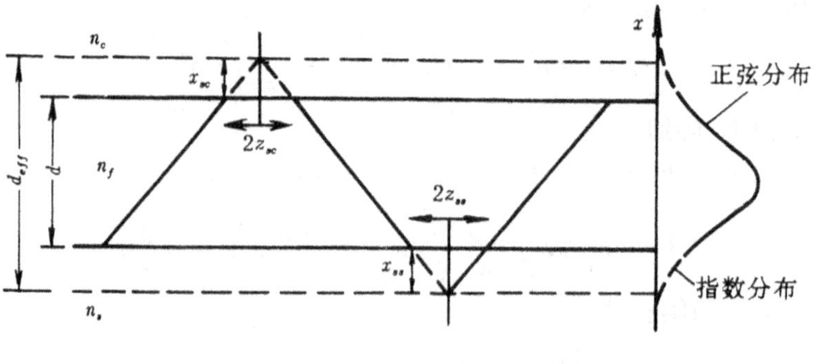

图 5.5－7　波在薄膜光波导中的传播与场的横向分布

2. 导模的色散特性

与介质板相似，薄膜光波导中存在着 TE 模和 TM 模，波方程如式(5.2－3)～(5.2－6)所示。

对于 TE 模，可得其场解为(见图 5.5－8)：

$$
\begin{aligned}
E_y &= E_c\exp(-\gamma_c x) && x>0\\
E_y &= E_f\cos(k_x x+\phi_c) && -2a<x<0\\
E_y &= E_s\exp[\gamma_s(x+2a)] && x<-2a
\end{aligned}
\tag{5.5-15}
$$

式中各层的传播常数，可用有效折射率 $N=n_f\sin\theta$ 表示如下：

$$
\begin{aligned}
\gamma_c &= k_0\sqrt{N^2-n_c^2}\\
k_x &= k_0\sqrt{n_f^2-N^2}\\
\gamma_s &= k_0\sqrt{N^2-n_s^2}
\end{aligned}
\tag{5.5-16}
$$

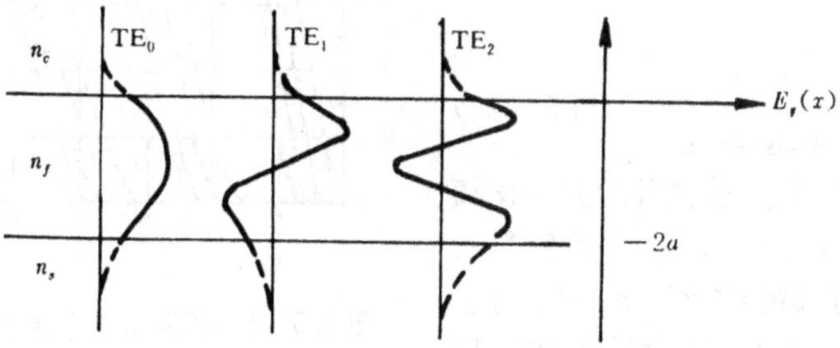

图 5.5－8　TE 导模的光电场分布

由在 $x=0$ 和 $-2a$ 处的切向场分量 E_y 和 H_z 连续条件可得

$$E_c=E_f\cos\phi_c \text{ 和 } \mathrm{tg}\,\phi_c=\gamma_c/k_x \tag{5.5-17}$$

与

$$E_s=E_f\cos(k_x 2a-\phi_c) \text{ 和 } \mathrm{tg}(k_x 2a-\phi_c)=\gamma_s/k_x \tag{5.5-18}$$

由式(5.5－17)和式(5.5－18)，消去任意系数可得本征值方程为

$$2ak_x=(m+1)\pi-\mathrm{arctg}\left(\frac{k_x}{\gamma_s}\right)-\mathrm{arctg}\left(\frac{k_x}{\gamma_c}\right) \tag{5.5-19}$$

式中 $m=0,1,2,\cdots$ 表示模数。当给定波导的折射率和厚度 $2a$ 时，就可由式(5.5－19)确定传播常数 k_x，然后代入式(5.5－16)就可确定波导的有效折射率 N。因为模数为正整数，所以 N 必须是 $n_s<N<n_f$ 范围内的离散值。另一方面，如图 5.5－2 所示，具有一定入射角的锯齿光线才能沿波导层传播。显然，模数为零的基模具有最大的有效折射率。它对应于最接近 90°的入射角的光线。对于高次模，N 接近于 n_s(或入射角 θ 接近于 θ_s)。

当波导参数给定时，超越方程(5.5－19)可用数值方法求解，得到导模的色散特性。为此引入归一化频率 v 和归一化波导折射率(normalized guide index)b：

$$v=k_0 2a[n_f^2-n_s^2]^{1/2} \tag{5.5-20}$$

$$b_E=(N^2-n_s^2)/(n_f^2-n_s^2) \tag{5.5-21}$$

并引入波导的非对称量度(asymmetry measure)a_E 为

$$a_E = (n_s^2 - n_c^2)/(n_f^2 - n_s^2) \tag{5.5-22}$$

当 $n_s = n_c$ 时，$a_E = 0$，这表示对称波导。薄膜光波导一般是不对称波导($n_s \neq n_c$)。利用上述式(5.5－20)～(5.5－22)定义式，本征值方程(5.5－19)则可写成如下归一化形式：

$$\nu\sqrt{1-b_E} = (m+1)\pi - \text{arctg}\sqrt{\frac{1-b_E}{b_E}} - \text{arctg}\sqrt{\frac{1-b_E}{b_E-a_E}} \tag{5.5-23}$$

由式(5.5－23)用数值法求得的归一化色散曲线如图 5.5－9 所示。若波导参量(材料折射率和波导厚度)给定，则导模的有效折射率可由此图曲线求得。

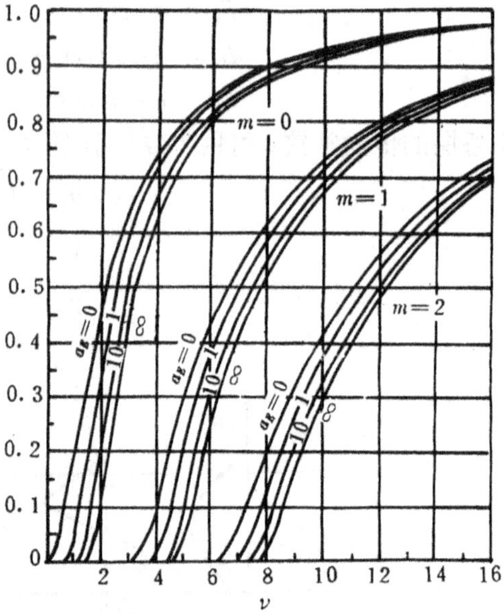

图 5.5－9　阶跃薄膜光波导的色散曲线

波导的参数通常是根据导模的截止条件来决定。显然，当入射角变成临界角 θ_s，则光不再限定在导光层内，并开始漏入衬底内。此种情况称为导模的截止，其有效折射率变成 $N = n_s (b_E = 0)$。由式(5.5－23)，截止时的 ν_m 值为

$$\begin{aligned}\nu_m &= \nu_0 + m\pi \\ \nu_0 &= \text{arctg}\sqrt{a_E}\end{aligned} \tag{5.5-24}$$

式中 ν_0 是基模的截止值。若波导的归一化频率 ν 的范围为 $\nu_m < \nu < \nu_{m+1}$，则可存在 TE_0、TE_1、…、TE_m 模，导模的数目为 $m+1$。对于对称波导($n_s = n_c$)，$\nu_0 = 0$。这意味着在对称波导中，基模不截止。

对于 TM 模，分析方法与上述相似；但由于 H_y 和 E_z 在分界面处连续，因此在本征值方程中要附加地引入折射率比的平方，即变成

$$2ak_x = (m+1)\pi - \text{arctg}\left(\frac{n_s}{n_f}\right)^2\left(\frac{k_x}{\gamma_s}\right) - \text{arctg}\left(\frac{n_c}{n_f}\right)^2\left(\frac{k_x}{\gamma_c}\right) \tag{5.5-25}$$

引入归一化频率 ν、归一化折射率 b_M 和不对称量度 a_M 为

$$\begin{aligned}\nu &= 2ak_0[n_f^2 - n_s^2]^{1/2} \\ b_M &= \left(\frac{N^2 - n_s^2}{n_f^2 - n_s^2}\right)\left(\frac{n_f}{n_s q_s}\right)^2, \quad q_s = \left(\frac{N}{n_f}\right)^2 + \left(\frac{N}{n_s}\right)^2 - 1 \\ a_M &= \left(\frac{n_f}{n_c}\right)^4\left(\frac{n_s^2 - n_c^2}{n_f^2 - n_s^2}\right)\end{aligned} \tag{5.5-26}$$

则可得归一化本征值方程如下：

$$\begin{aligned}&\nu\{\sqrt{q_s}(n_f/n_s)\}[1-b_M]^{1/2} \\ &= (m+1)\pi - \text{arctg}\sqrt{\frac{1-b_M}{b_M}} - \text{arctg}\sqrt{\frac{1-b_M}{b_M + a_M(1-b_M d)}}\end{aligned} \tag{5.5-27}$$

式中

$$d \equiv \left\{1-\left(\frac{n_s}{n_f}\right)^2\right\}\left\{1-\left(\frac{n_c}{n_f}\right)^2\right\} \tag{5.5-28}$$

式(5.5-27)只有给定折射率比(n_s/n_f)和(n_c/n_f)才能用数值法求解。不过，对于实用的薄膜光波导，其导光层和衬底之间的折射率差很小，满足条件$(n_f-n_s)\ll 1$。在此条件下，由于$\sqrt{q_s}(n_s/n_f)\simeq 1$，$d\simeq 0$，所以$b_M\simeq b_E=b$，因此图5.5-9的色散曲线也适用于TM模，只是用a_M代替a_E。

3. 有效波导厚度

现在我们通过讨论导模的功率来说明薄膜光波导的导光特性，并导出其有效波导厚度(effective waveguide thickness)。

单位波导宽度TE模的功率为

$$P=-\int_{-\infty}^{\infty} E_y(x)H_x(x)dx \tag{5.5-29}$$

式中电场振幅是归一化的，因此导模携带的是单位功率($P=1$)。利用式(5.2-4)、(5.5-15)、(5.5-17)和式(5.5-18)，式(5.5-29)可以写成

$$P=\frac{1}{2}E_f\cdot H_f d_{\text{eff}} \tag{5.5-30}$$

式中

$$(d_{\text{eff}})_{\text{TE}}=2a+\frac{1}{\gamma_s}+\frac{1}{\gamma_c} \tag{5.5-31}$$

其中$H_f=(\beta/\omega\mu_0)E_f$。由式(5.5-30)表明，导模基本上限制在厚度$d_{\text{eff}}$内。因为导模要扩散到衬底和包层内一定厚度，故$d_{\text{eff}}$称为有效波导厚度。与图5.5-7相似，导模在衬底和包层内分别透入深度$1/\gamma_s$和$1/\gamma_c$，此深度分别是光线限制在厚度d_{eff}波导内沿锯齿路径传播时在两个分界面上的古斯-亨切横向位移。其纵向位移则为$2z_{ss}$和$2z_{sc}$，而

$$2z_{ss}=\left(\frac{2}{\gamma_s}\right)\text{tg}\,\theta=\frac{2N}{k_0[N^2-n_s^2]^{1/2}[n_f^2-N^2]} \tag{5.5-32}$$

例如当$(N-n_s)=2\times 10^{-3}$，$(n_f-n_s)=10^{-2}$，则$2z_{ss}=40\lambda$。这表明仅一次全反射就将引起相当大的位移。

对于TM模，可得到类似的有效波导厚度：

$$(d_{\text{eff}})_{\text{TM}}=2a+\frac{1}{(q_s\gamma_s)}+\frac{1}{(q_c\gamma_c)} \tag{5.5-33}$$

式中

$$q_s=\left(\frac{N}{n_f}\right)^2+\left(\frac{N}{n_s}\right)^2-1 \qquad q_c=\left(\frac{N}{n_f}\right)^2+\left(\frac{N}{n_c}\right)^2-1$$

由于d_{eff}与模式有关，所以高次模具有较大的有效波导厚度。

最后应指出注意的是，与介质波导一样，薄膜光波导的正规模包括导模(表面波)和辐射模。前者具有离散谱的传播常数；后者具有连续谱的传播常数。薄膜光波导模式的正交性和完备性必须考虑这两种模。

5.6 带状光波导

上述薄膜光波导中的光是沿 z 向传播，在 x 方向受到限制，在 y 方向不受限制。这在有

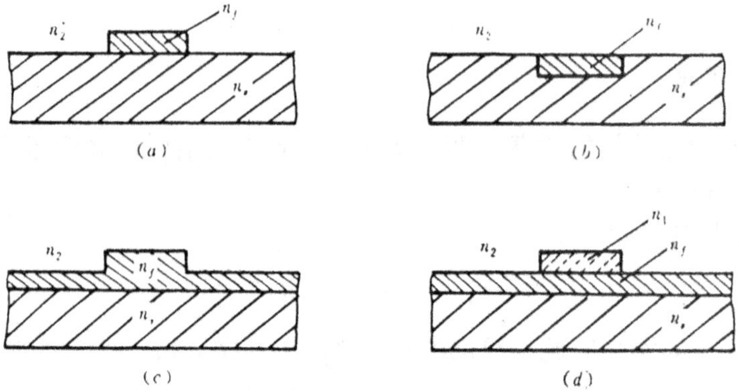

图 5.6 - 1 (a) 凸起带波导；(b) 嵌入带波导；(c) 脊形带波导；(d) 加载带波导

的光集成器件中是不希望的，而是希望在 y 方向也受到限制。带状光波导(strip optical waveguide)符合此条件，故带状光波导在光集成电路中特别有用。其主要结构形式如图 5.6 - 1 所示。

分析带状光波导的简单而有效的方法是有效折射率法(effective index mothod)。此种近似法是基于导模的有效折射率概念，其定义如式(5.5 - 4)所示。下面以嵌入式带状光波导为例来说明此法的应用。如图 5.6 - 2 所示，其中折射率差满足条件 $(n_f - n_s) \ll 1$。在有效折射率方法中，三维的嵌入式带状光波导分解成在 x 方向光受限制的二维波导Ⅰ和在 y 方向光受限制的二维波导Ⅱ。在二维波导Ⅰ中，E_{mn}^{x} 模的主要场分量是 E_x 和 H_y，由本征值方程(5.5 - 27)可求得场分量为 E_x、H_y 和 E_z 的 TM 模的有效折射率 $N_{\rm I}$；另一方面，相应的归一化波导折射率 $b_{\rm I}$ 值可用图 5.5 - 9 所示色散曲线用图解法求得。因此

$$N_{\rm I} = \sqrt{n_s^2 + b_{\rm I}(n_f^2 - n_s^2)} \tag{5.6 - 1}$$

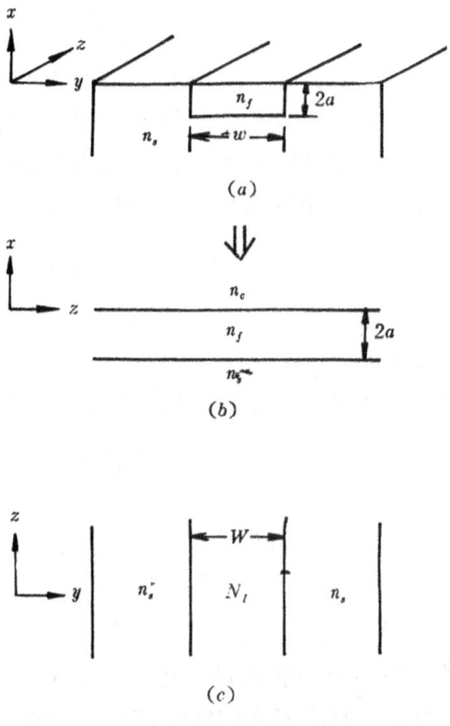

图 5.6 - 2 有效折射率法的分析模型
(a) 三维波导；(b) 二维波导Ⅰ；(c) 二维波导Ⅱ

二维波导Ⅱ是用衬底材料 n_s 作包层的对称结构，其中导模的有效折射率 N_{I} 作为导光层的折射率，相应的导模可看成在波导Ⅱ中场分量为 E_x、H_y 和 H_z 的 TE 模，因为其极化沿 x 方向。其归一化本征值方程可用对称介质波导的 TE 模得到如下：

$$v_{\mathrm{II}}\sqrt{1-b_{\mathrm{II}}}=(n+1)\pi-2\,\mathrm{arctg}\sqrt{\frac{1-b_{\mathrm{II}}}{b_{\mathrm{II}}}} \tag{5.6-2}$$

式中归一化频率 v_{II} 和归一化波导折射率 b_{II} 分别为

$$\begin{aligned} v_{\mathrm{II}} &= k_0 W\sqrt{N_{\mathrm{I}}^2-n_s^2} \\ b_{\mathrm{II}} &= \frac{N^2-n_s^2}{N_{\mathrm{I}}^2-n_s^2} \end{aligned} \tag{5.6-3}$$

式中 W 是嵌入导光带的宽度。应用图 5.5-9 中 $a_E=0$ 的色散曲线代替式(5.6-2)，便可用图解法求得所要求的传播常数 $\beta(=k_0N)$。波导Ⅱ当 $b_{\mathrm{II}}=0$ 时导模截止，故得

$$v_{\mathrm{II}}=n\pi \tag{5.6-4}$$

有效折射率法对梯度折射率光波导也适用。它与马克蒂里分区近似法相比，其优点之一是，经简短计算便可求得传播常数；但当既要求传播常数，又要求场分布时，则应选择马克蒂里方法或其它方法。

本章提要

本章研究的是各种毫米波介质波导和光波导的特性。从本质上讲，毫米波介质波导和光波导，都是以内全反射原理工作的介质波导，其导模都属表面波，场在波导内呈驻波分布，波导表面外按指数衰减，以保证导模无衰减地沿轴向传输。毫米波介质波导和光波导所用的材料不同，毫米波介质波导与集成电路所用介质材料的介电常数范围很广，其 ε_r 可以从 2 到 100；而光波导所用的材料主要是光学石英玻璃，其纯度要求很高，芯层和包层的介电常数相差不大。

关键词：表面波，介质波导，镜像线，光纤，弱导条件，混合模，截止与截止模，辐射模，泄漏模，古斯-亨切位移，LP 模，薄膜光波导，带状光波导。

1. 与金属波导相比，介质波导和光波导的边界条件比较复杂，因此场的求解比较困难。除介质板波导和圆形介质波导有严格的解析解以外，其它波导均无严格解析解，只能求近似解或数值解。本章在研究各种介质波导和光波导特性的同时，介绍了几种常用近似方法，其中最常用而有效的方法是分区近似法、有效介电常数法或有效折射率法。

2. 与金属波导明显不同之处是波在分界面上全反射角不是 π，而是由古斯-亨切位移所决定，因此在介质波导的导波层外面还有场，其能量在有效波导宽度 d_{eff} 内传播。

3. 介质板波导是最简单的介质波导，也是薄膜光波导的结构模型，理论上又是有效介电常数法或有效折射率法的分析模型。介质板波导中的导模是 TE_n 和 TM_n 模，截止条件是 $\alpha_s=0$。

4. 矩形介质波导是毫米波介质集成电路的基本结构，也是光集成电路分析的基本模型。它不能严格求解析解，只能用数值方法求近似解。严格说来，矩形介质波导中只存在混合模，但如果频率高，远离截止，此时 θ_i 较大，则横截面上的主要场分量，一种是 E_y 和 H_x，另一种是 H_y 和 E_x。在极限情况下，前者就变成只有 E_y 和 H_x 的 TEM 波，称之为 E^y_{mn} 模；

后者就变成只有 E_x 和 H_y 的 TEM 波，称之为 E^y_{mn} 模。其上标 y 和 x 代表电极化方向，下标 m 和 n 代表电磁场沿 x 和 y 方向变化的极值或零值个数。其中 E^y_{11} 为基模。

5. 圆形介质波导中可以存在 TE_{0n}、TM_{0n}、EH_{mn} 和 HE_{mn} 模，其基模是 HE_{11} 模，$\lambda_{cHE_{11}}=\infty$。圆形介质波导作天线用时通常按 HE_{11} 模设计。

6. 光纤中的模也可按常规命名法分为 TE_{0n}、TM_{0n}、EH_{mn} 和 HE_{mn} 模，基模也是 HE_{11} 模。单模光纤即以 HE_{11} 模工作。但实用的光纤均满足弱导条件。在此条件下，满足简化特征方程的一组模的相位常数发生简并，构成一类 LP 模。需要注意的是：①LP 模概念只对“弱导光纤”的近似条件 $\Delta\ll1$ 的情形才有效；②对于非弱导情况，特征方程应该用严格的特征方程，则上述简并了的相位常数将分裂，LP 模也就不复存在。

7. 薄膜光波导和带状光波导是光集成电路的常用结构。前者在横向 x 方向受到限制，后者在 x 和 y 方向均受到限制。在光集成器件中后者更适用。

8. 与金属波导不同，毫米波介质波导和光波导中导模的截止是由于辐射模的出现，其截止条件是导波层外的衰减常数为零，此时波将弥漫在波导外的介质中，以致波不能无衰减地沿 z 向传播。

9. 在毫米波介质波导和光波导中，当波导结构和频率一定时，只存在有限的导模(一般为多模)；但当波导中存在不连续性时，导模将被散射。此散射现象的描述，不能只用有限数目的导模，还应该包括具有连续谱的辐射模。这种情况与金属波导不一样。在金属波导中，由传输模(即导模)和消失模(即衰减模)的叠加，就可以完全描述散射现象，因为对于金属波导，不存在辐射模。

习　题

5-1　试分析圆形截面波导的慢波存在条件。

5-2　试求 BJ-320 黄铜波导工作在频率为 37.5 GHz 时的衰减常数。

5-3　试从麦克斯韦方程出发，证明可分为两种基本型式的平面波：TE 波(E_y、H_x 和 H_z)和 TM 波(H_y、E_x 和 E_z)。

5-4　计算 $\varepsilon_r=2.25$、$h=1$ mm 微带基片上前三个表面波的截止频率表示式及其存在的相应 h/λ_0 值。

5-5　介质波导中的模与金属波导中的模有何不同？

5-6　推导式(5.5-9)。

5-7　何谓弱导光纤？为何要满足弱导条件？

5-8　介质波导导模的截止条件是什么？其物理意义如何？与金属波导传输模的截止条件有何不同？

5-9　设纤芯半径 $a=25\mu m$，$n_1=1.84$，$\Delta=0.01$，$\lambda=0.84$ μm，求模数及包层中的百分功率；若 $\Delta=0.003$，求模数及包层中的百分功率；求单模 LP_{01} 模在 $\nu=1$ 和 $\nu=2.405$ 时纤芯内的功率集中度。

5-10　计算 $n_1=1.48$ 和 $n_2=1.46$ 阶跃光纤的数值孔径与此光纤的最大投射角 $\theta_{0,max}$。设外面的媒质为空气，$n_0=1$。

5-11　证明当 $\Delta\ll1$ 时，$k_1^2\simeq k_2^2\simeq\beta^2$，这里 k_1 和 k_2 分别是纤芯和包层的传播常数，由式 $n_1k=k_2\leqslant\beta\leqslant k_1=n_1k$ 所限定。

5 - 12　纤芯半径 $a=25\ \mu m$，$n_1=1.48$，$n_2=1.46$ 的阶跃光纤，求 $\lambda=0.82\ \mu m$ 的归一化频率和传播模数；若 $\lambda=1.3\ \mu m$，传输模数为多少？并求两种情况下包层内的光功率百分数。

5 - 13　求 $n_1=1.480$ 和 $n_2=1.478$ 的阶跃光纤，λ 为 820 nm 的单模光纤工作所需的纤芯半径，并求此光纤的 NA 和 $\theta_{0,max}$。

5 - 14　要求石英纤芯阶跃光纤在 $\lambda=820$ nm 时具有 $\nu=75$ 和 $NA=0.30$，若 $n_1=1.458$，试求纤芯尺寸和包层折射率 n_2。

5 - 15　试用有效介电常数法推导矩形介质波导 E^x_{mn}模的本征值方程。

5 - 16　何谓 LP 模？试推导 LP 模与常规命名模式的简并度。

5 - 17　设阶跃光纤纤芯的折射率 n_1 为 1.55，包层的折射率 n_2 为 1.5，工作波长为 1.5 μm，纤芯半径为 40 μm，求传播的模数。

5 - 18　何谓光纤导模的截止条件？试推导基模 HE_{11} 的截止条件和截止频率。

5 - 19　为何光在介质分界面上全反射时会产生古斯-亨切位移？其物理意义何在？

5 - 20　试用有效折射率法推导脊形带状光波导的有效折射率 N。

5 - 21　何谓光波导中的导模、辐射模和泄漏模？其产生的机理是什么？

5 - 22　纤芯半径 $a=8\ \mu m$，折射率 $n_1=1.48$，折射率差 $\Delta=0.001$ 的单模光纤，工作波长 $\lambda_0=1.55\ \mu m$，求包层中的光功率百分数。

5 - 23　一单模光纤在 1 300 nm 处出现的差拍长度为 8 cm，求其双折射传播常数。

第六章 微波网络基础

低频电路技术不能直接应用于微波电路。本章旨在研究微波电路和系统的等效电路分析方法，即微波网络方法。

微波网络由分布参数电路和集总参数网络组合而成。分布参数电路由组成微波电路或系统的规则导行系统等效而成，集总参数网络则由微波电路或系统中的不连续性等效而成。应用这种等效关系，许多微波问题，在电磁场理论分析基础上，或者在实验的基础上，便可以应用传输线理论和低频网络理论来处理，从而使问题得到解决，而且运算要简便得多；同时也就可以采用模拟低频传输线的测量技术和方法，来研究微波电路和系统的测量问题。

在这一章，我们首先讨论规则导行系统(以下简称为波导)和不连续性的等效电路，从而得到微波电路元件的等效微波网络，然后讨论各种微波网络参数的特性与应用，并着重论述 $ABCD$ 参数和 S 参数的特性与应用。

6.1 微波接头的等效网络

本节的目的是要建立任意微波接头的等效网络。结果是，接头的规则波导段等效为一对双导线，接头内的不连续性等效为集总参数网络，由此构成相应接头的微波网络，进而可用传输线理论和低频网络理论对微波网络元件进行分析和综合。

1. 等效电压和电流与阻抗概念

(1) 等效电压和电流

在微波波段，电压和电流的测量是很困难的，或者说是不可能的，这是因为电压和电流的测量需要定义有效的端对(terminal pair)。这样的端对对 TEM 导行系统(如同轴线、带状线)可能存在；但对于非 TEM 导行系统(如矩形波导、圆波导或表面波导)就不存在。

就任意的双导体 TEM 传输线而论，正导体相对于负导体的电压为

$$V=\int_{+}^{-}\boldsymbol{E}\cdot d\boldsymbol{l} \tag{6.1-1}$$

其积分路径是从正导体到负导体。根据两导体之间横向场的性质可知，式(6.1-1)定义是唯一的且与积分路径的形状无关。根据安培(Ampere)定律，正导体上总的电流为

$$I=\int_{C^+}\boldsymbol{H}\cdot d\boldsymbol{l} \tag{6.1-2}$$

式中的积分回路是包围正导体的任意闭合路径。对于行波便可定义特性阻抗为

$$Z_0=\frac{V}{I} \tag{6.1-3}$$

这样，定义了电压 V、电流 I 和特性阻抗 Z_0 之后，若已知此线的传播常数，我们就可以应用传输线理论来研究此种线的特性。

然而，对于波导情况就遇到困难。例如矩形波导情况，其主模 TE_{10} 模的横向场可以写

成

$$E_y(x, y, z) = \frac{j\omega\mu a}{\pi} H_{10} \sin\frac{\pi x}{a} e^{-j\beta z} = H_{10} E_{0y}(x, y) e^{-j\beta z}$$
$$H_x(x, y, z) = \frac{j\beta a}{\pi} H_{10} \sin\frac{\pi x}{a} e^{-j\beta z} = H_{10} H_{0x}(x, y) e^{-j\beta z} \tag{6.1-4}$$

代入式(6.1-1)便得到

$$V = \frac{-j\omega\mu a}{\pi} H_{10} \sin\frac{\pi x}{a} e^{-j\beta z}\int_y dy \tag{6.1-5}$$

可见电压取决于位置 x 与沿 y 方向的积分等高线长度。例如取 $x=a/2$ 处，从 $y=0$ 至 b 的积分所得到的电压，与取 $x=0$ 处从 $y=0$ 至 b 积分所得到的电压就不相同。那么，什么是正确的电压？回答是：不存在唯一的或对所有应用都适用的“正确”电压。电流和阻抗也存在类似的问题。但是，理论和实践都要求对非 TEM 线定义有用的电压、电流和阻抗，即有必要定义其等效的电压、电流和阻抗。

由于非 TEM 模的电压、电流和阻抗不是唯一的，所以对波导的等效电压、等效电流和等效阻抗有许多定义方法。下面的考虑通常可得出最有用的结果：

● 电压和电流仅对特定波导模式定义，且定义电压与其横向电场成正比，电流与其横向磁场成正比。

● 为了和电路理论中的电压和电流应用方式相似，等效电压和电流的乘积应当等于该模式的功率流。

● 单一行波的电压和电流之比应等于此线的特性阻抗；此阻抗可任意选择，但通常选择等于此线的波阻抗，或归一化为 1。

对于具有正向和反向行波的任意波导模式，其横向场可以写成

$$\boldsymbol{E}_t(x, y, z) = \boldsymbol{E}_{0t}(x, y)(A^+ e^{-j\beta z} + A^- e^{j\beta z}) = \frac{\boldsymbol{E}_{0t}(x, y)}{C_1}(V^+ e^{-j\beta z} + V^- e^{j\beta z})$$
$$\boldsymbol{H}_t(x, y, z) = \boldsymbol{H}_{0t}(x, y)(A^+ e^{-j\beta z} - A^- e^{j\beta z}) = \frac{\boldsymbol{H}_{0t}(x, y)}{C_2}(I^+ e^{-j\beta z} - I^- e^{j\beta z}) \tag{6.1-6}$$

由于 $\boldsymbol{E}_t$ 与 $\boldsymbol{H}_t$ 之比为波阻抗 Z_W，于是有

$$\boldsymbol{H}_{0t}(x, y) = \frac{\hat{z} \times \boldsymbol{E}_{0t}(x, y)}{Z_W} \tag{6.1-7}$$

由式(6.1-6)可得等效电压波和电流波的定义为

$$V(z) = V^+ e^{-j\beta z} + V^- e^{j\beta z}$$
$$I(z) = I^+ e^{-j\beta z} - I^- e^{j\beta z} \tag{6.1-8}$$

而 $V^+/I^+ = V^-/I^- = Z_0$，比例常数 $C_1 = V^+/A^+ = V^-/A^-$ 和 $C_2 = I^+/A^+ = I^-/A^-$ 则可由功率和阻抗条件确定。

入射波的复功率流为

$$P^+ = \frac{1}{2}|A^+|^2\int_S \boldsymbol{E}_{0t} \times \boldsymbol{H}_{0t}.\hat{z}ds = \frac{V^+ I^{+*}}{2C_1C_2^*}\int_S \boldsymbol{E}_{0t} \times \boldsymbol{H}_{0t}{}^*.\hat{z}ds \tag{6.1-9}$$

此功率应等于 $V^+I^{+*}/2$，因此得到

$$C_1C_2^* = \int_S \boldsymbol{E}_{0t} \times \boldsymbol{H}_{0t}^* \cdot \hat{z}ds \tag{6.1-10}$$

式中积分是对波导截面进行。由式(6.1-6)，$V^+ = C_1A^+$，$I^+ = C_2A^+$，则得到特性阻抗

$$Z_0=\frac{V^+}{I^+}=\frac{V^-}{I^-}=\frac{C_1}{C_2} \tag{6.1-11}$$

若要求 $Z_0=Z_W$，则此模式的波阻抗(Z_{TE}或 Z_{TM})为

$$\frac{C_1}{C_2}=Z_W(Z_{TE}\text{ 或 }Z_{TM}) \tag{6.1-12a}$$

若要求将特性阻抗归一化($Z_0=1$)，则得

$$\frac{C_1}{C_2}=1 \tag{6.1-12b}$$

至此，对于给定的波导模式，可由式(6.1-10)和式(6.1-12)求得 C_1 和 C_2，进而定义等效电压和等效电流。对高次模可用同样的方法处理。这样，波导中的一般场便可表示成如下形式：

$$\begin{aligned}\boldsymbol{E}_t(x,y,z)&=\sum_{n=1}^{N}\left(\frac{V_n^+}{C_{1n}}e^{-j\beta_n z}+\frac{V_n^-}{C_{1n}}e^{j\beta_n z}\right)\boldsymbol{E}_{0t}(x,y)\\ \boldsymbol{H}_t(x,y,z)&=\sum_{n=1}^{N}\left(\frac{I_n^+}{C_{2n}}e^{-j\beta_n z}-\frac{I_n^-}{C_{2n}}e^{j\beta_n z}\right)\boldsymbol{H}_{0t}(x,y)\end{aligned} \tag{6.1-13}$$

式中，$V_n^\pm$ 和 $I_n^\pm$ 是第 n 模式的等效电压和等效电流，C_{1n}和 C_{2n}是每个模式的比例常数。

例 6.1-1　求矩形波导 TE_{10}模的等效电压和等效电流。

解　TE_{10}模矩形波导模式的横向场分量和功率流与此模的等效传输线模型如表 6.1-1 所示。

表　6.1-1

波　导　场	传 输 线 模 型
$E_y=(A^+e^{-j\beta z}+A^-e^{j\beta z})\sin(\pi x/a)$	$V(z)=V^+e^{-j\beta z}+V^-e^{j\beta z}$
$H_x=\frac{-1}{Z_{TE}}(A^+e^{-j\beta z}-A^-e^{j\beta z})\sin\frac{\pi x}{a}$	$I(z)=I^+e^{-j\beta z}-I^-e^{j\beta z}$ $=\frac{V^+}{Z_0}e^{-j\beta z}-\frac{V^-}{Z_0}e^{j\beta z}$
$P^+=\frac{-1}{2}\int_s E_yH_x^*\,dxdy=\frac{ab\lvert A^+\rvert^2}{4Z_{TE}}$	$P=\frac{1}{2}V^+I^{+*}$

由入射功率相等得到

$$\frac{ab\lvert A^+\rvert^2}{4Z_{TE}}=\frac{1}{2}V^+I^{+*}=\frac{1}{2}\lvert A^+\rvert^2C_1C_2^*$$

若选择 $Z_0=Z_W=Z_{TE}$，则有

$$\frac{V^+}{I^+}=\frac{C_1}{C_2}=Z_{TE}$$

由此求得

$$C_1=\sqrt{\frac{ab}{2}},\qquad C_2=\frac{1}{Z_{TE}}\sqrt{\frac{ab}{2}}$$

故等效电压和等效电流为

$$V=\sqrt{\frac{ab}{2}}A^+e^{-j\beta z}+\sqrt{\frac{ab}{2}}A^-e^{j\beta z}$$

$$I=\frac{1}{Z_{TE}}\sqrt{\frac{ab}{2}}A^+e^{-j\beta z}-\frac{1}{Z_{TE}}\sqrt{\frac{ab}{2}}A^-e^{j\beta z}$$

(2) 阻抗概念

迄今我们已涉及三种阻抗形式：

● 媒质的固有阻抗 $\eta=\sqrt{\mu/\varepsilon}$。它仅决定于媒质的材料参数，且等于平面波的波阻抗。

● 波阻抗 $Z_W=E_t/H_t=1/Y_W$。它是特定导行波的特性参数，TEM、TM 和 TE 导行波具有不同的波阻抗(Z_{TEM}、Z_{TM}和 Z_{TE})。它们与导行系统(传输线或波导)的类型、材料和工作频率有关。

● 特性阻抗 $Z_0=1/Y_0=\sqrt{L_1/C_1}$。它是行波的电压与电流之比。由于 TEM 导波的电压和电流定义有唯一性，所以 TEM 导波的特性阻抗是唯一的；但 TE 和 TM 导波无唯一定义的电压和电流，所以这种导波的特性阻抗可用不同方法定义，例如在 3.1 节中我们讨论过矩形波导 TE_{10}模的三种特性阻抗定义。

2. 均匀波导的等效电路

为简单起见，以矩形波导为例讨论。对于传输某 TM_{mn}模的矩形波导，由于其 $H_z=0$，则有

$$(\nabla\times\boldsymbol{E})_z=-\left(\frac{\partial\boldsymbol{B}}{\partial t}\right)_z=0$$

这表明电场在 xy 平面内无旋度，因此在此平面内，$\boldsymbol{E}$ 可以表示成该模式的模式电压的负梯度：

$$E_x=-\frac{\partial V}{\partial x}\ 和\ E_y=-\frac{\partial V}{\partial y} \tag{6.1-14}$$

将 $H_z=0$ 代入$(\nabla\times\boldsymbol{H})_x=(\partial\boldsymbol{D}/\partial t)_x$，得到

$$-\frac{\partial H_y}{\partial z}=j\omega\varepsilon E_x \tag{6.1-15}$$

此式左边以纵向场关系代入，右边以式(6.1-14)代入，得到

$$-\frac{\partial}{\partial z}\left[\frac{-j\omega\varepsilon}{k_c^2}\frac{\partial E_z}{\partial x}\right]=-j\omega\varepsilon\frac{\partial V}{\partial x}$$

由此得到

$$\frac{\partial}{\partial z}\left(\frac{j\omega\varepsilon}{k_c^2}E_z\right)=-j\omega\varepsilon V \tag{6.1-16}$$

又由$(\nabla\times\boldsymbol{E})_y=-(\partial\boldsymbol{B}/\partial t)_y$，得到

$$\frac{\partial E_x}{\partial z}-\frac{\partial E_z}{\partial x}=-j\omega\mu H_y=-\frac{\omega^2\mu\varepsilon}{k_c^2}\frac{\partial E_z}{\partial x}$$

因而

$$\frac{\partial V}{\partial z}=\left(\frac{\omega^2\mu\varepsilon}{k_c^2}-1\right)E_z=-\left(j\omega\mu+\frac{k_c^2}{j\omega\varepsilon}\right)\left(\frac{j\omega\varepsilon}{k_c^2}\right)E_z \tag{6.1-17}$$

量 $j\omega\varepsilon E_z$ 为纵向位移电流密度，$1/k_c^2$ 具有面积量纲，故 $j\omega\varepsilon E_z/k_c^2$ 表示 z 向电流，代表该模式的模式电流，用 I_z 表示之。因此式(6.1-16)和式(6.1-17)变成等效传输线方程：

$$\begin{aligned}\frac{\partial V}{\partial z}&=-\left\{j\omega\mu+\frac{k_c^2}{j\omega\varepsilon}\right\}I_z\\ \frac{\partial I_z}{\partial z}&=-j\omega\varepsilon V\end{aligned} \tag{6.1-18}$$

据此可得到 TM 模波导的传输线等效电路，如图 6.1-1(a)所示，其单位长度串联阻抗和并联导纳分别为

$$Z_1 = j\omega\mu + \frac{k_c^2}{j\omega\varepsilon} \text{和} Y_1 = j\omega\varepsilon \tag{6.1-19}$$

对于传输某 TE_{mn} 模的矩形波导，用同样方法可以得其传输线等效电路，如图 6.1-1(b)所示；其单位长度串联阻抗和并联导纳则为

$$Z_1 = j\omega\mu \text{和} Y_1 = j\omega\varepsilon + \frac{k_c^2}{j\omega\mu} \tag{6.1-20}$$

由图 6.1-1 可见，波导的传输线电路具有高通滤波器特性。事实上，由图 6.1-1(a)可知，当 $f<f_c(\omega<\omega_c)$时，串联支路呈电容性；由图 6.1-1(b)可知，当 $f<f_c$ 时，并联支路呈电感性。结果，等效电路变成由无数节二端口网络级联而成的电容或电感分压器，不能无衰减地传输导行波。图 6.1-1(a)传输线的截止频率出现在串联阻抗等于零时；图 6.1-1(b)传输线的截止频率则出现在并联导纳为零时。结果都要求

$$k_c^2 = \omega_c^2\mu\varepsilon \tag{6.1-21}$$

此结果与第一章场分析的结果一致。

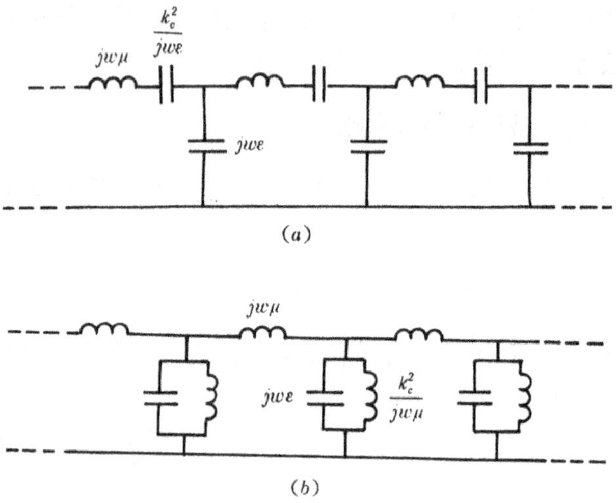

图 6.1-1　矩形波导的传输线等效电路

(a) 传输 TM_{mn}模；　(b) 传输 TE_{mn}模

由图 6.1-1 所示的等效电路，可以求得相应等效传输线的特性阻抗和传播常数为

$$Z_{0,TM} = \sqrt{\frac{Z_1}{Y_1}} = \sqrt{\frac{j\omega\mu + (k_c^2/j\omega\varepsilon)}{j\omega\varepsilon}} = \eta\sqrt{1-\left(\frac{f_c}{f}\right)^2} \tag{6.1-22}$$

$$Z_{0,TE} = \sqrt{\frac{Z_1}{Y_1}} = \sqrt{\frac{j\omega\mu}{j\omega\varepsilon + (k_c^2/j\omega\mu)}} = \frac{\eta}{\sqrt{1-(f_c/f)^2}} \tag{6.1-23}$$

$$\gamma = j\beta = j\sqrt{\omega^2\mu\varepsilon - k_c^2} \tag{6.1-24}$$

这些结果亦和第一章场分析的结果一致。

波导的等效传输线概念是波导问题求解很有用的工具，这样便可借助于低频电路理论和传输线理论来解决波导问题。但应记住：上述等效与模式有关，且仅适用于传输单一的 TM_{mn}模或 TE_{mn}模的波导；当波导传输 n 模时，根据模式正交性，则应等效为 n 对传输线。

3. 不均匀性的等效网络

实用的微波元件和系统都含有各种各样的不均匀性(亦称不连续性)，包括：①截面形状或材料性能在波导某处突然改变；②截面形状或材料性能在一定距离内连续改变；③均

匀波导系统中的障碍物或孔缝；④波导分支，等等。

在各种各样的不均匀性附近将激励起高次模。根据截止模的特性可知，这些高次模在波导接头内产生储能，可用电抗元件 L 和 C 来等效。图 6.1－2 示出三种最简单的不均匀性例子。图 6.1－2(a)的容性膜片的边垂直于 TE_{10}模的电场，其作用相当于并联电容，等效电路如图 6.1－3(a)所示。图 6.1－2(b)的感性膜片的边平行于 TE_{10}模的电场，作用相当于并联电感，其等效电路如图 6.1－3(b)所示。图 6.1－2(c)的波导尺寸突变也相当于并联电容、等效电路如图 6.1－3(c)所示。

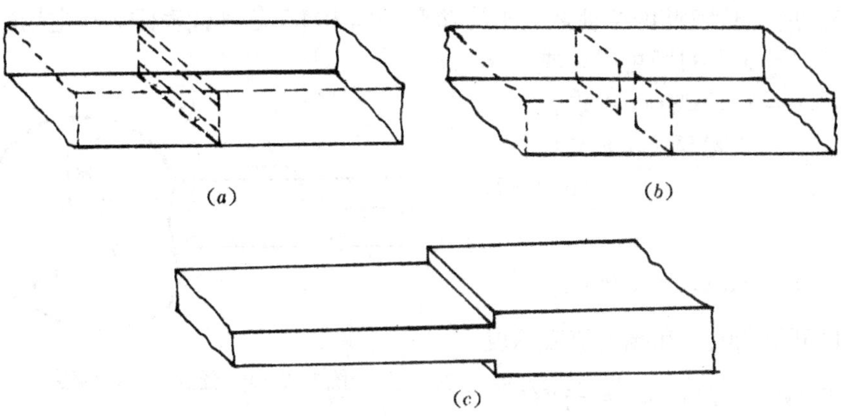

图　6.1－2

(a) 容性膜片；(b) 感性膜片；(c) 窄边尺寸突变

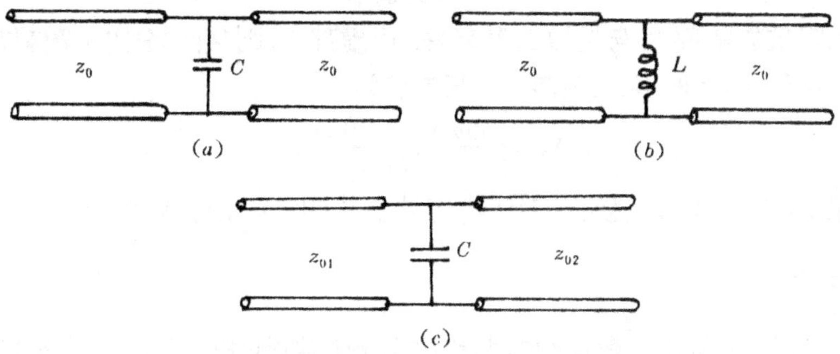

图 6.1－3　波导不连续性的等效电路

由上述分析可知，不均匀性可用集总元件网络来等效。这样，任一含不均匀性的波导接头(waveguide junction)便可按其端口波导数等效为一端口、二端口、多端口微波网络。

需要指出的是：与低频网络不同，①微波网络的形式与模式有关，若传输单一模式，则等效为一个 N 端口网络；若每个波导中可能传输 m 个模式，则应等效为 $N\times m$ 端口微波网络。②微波网络形式与参考面的选取有关。参考面的选择原则上是任意的，但必须垂直于各端口波导的轴线，并且应远离不均匀区，使其上没有高次模，只有相应的传输模。

6.2 一端口网络的阻抗特性

一端口网络就是功率既能进去又能出来的单个端口波导或传输线的电路。本节讨论其策动点阻抗(driving point impedance)的基本特性。

如图 6.2-1 所示为任意一端口网络，传送给此网络的复功率为

$$P=\frac{1}{2}\oint_S \boldsymbol{E}\times\boldsymbol{H}^*\cdot d\boldsymbol{s}=P_l+2j\omega(W_m-W_e) \tag{6.2-1}$$

式中，P_l 为实功率，代表此网络耗散的平均功率，W_m 和 W_e 分别代表磁场和电场的储能。

此网络端口平面上的场可以写成

$$\begin{aligned}\boldsymbol{E}_t(x,\ y,\ z)&=V(z)\boldsymbol{E}_{0t}(x,\ y)e^{-j\beta z}\\ \boldsymbol{H}_t(x,\ y,\ z)&=I(z)\boldsymbol{H}_{0t}(x,\ y)e^{-j\beta z}\end{aligned} \tag{6.2-2}$$

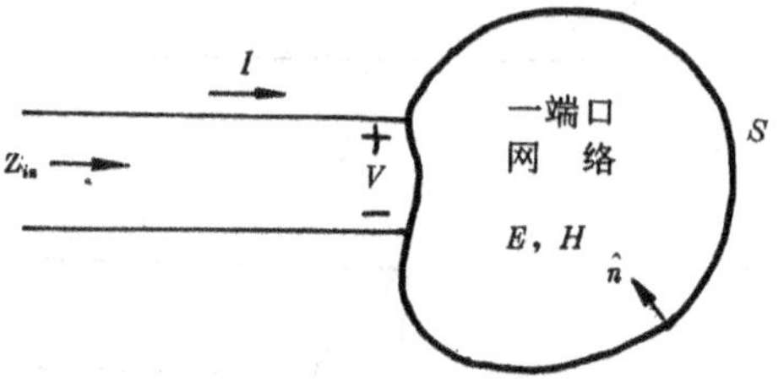

图 6.2-1 任意一端口网络

且有关系

$$\int_S \boldsymbol{E}_{0t}(x,\ y)\times\boldsymbol{H}_{0t}(x,\ y).\,d\boldsymbol{s}=1$$

则式(6.2-1)可用端电压和端电流表示成

$$P=\frac{1}{2}\int_S VI^*\boldsymbol{E}_{0t}\times\boldsymbol{H}_{0t}\cdot d\boldsymbol{s}=\frac{1}{2}VI^* \tag{6.2-3}$$

于是输入阻抗为

$$Z_{in}=R_{in}+jX_{in}=\frac{V}{I}=\frac{VI^*}{|I|^2}=\frac{P}{(1/2)|I|^2}=\frac{P_l+2j\omega(W_m-W_e)}{(1/2)|I|^2} \tag{6.2-4}$$

由此可见，输入阻抗的实部 R_{in} 与耗散功率有关，而虚部 X_{in} 则与网络中的净储能有关。假如网络无耗，则 $P_l=0$，$R_{in}=0$，Z_{in} 为纯虚数。其电抗为

$$X_{in}=\frac{4\omega(W_m-W_e)}{|I|^2} \tag{6.2-5}$$

对于电感性负载($W_m>W_e$)，X_{in} 为正；对于电容性负载($W_e>W_m$)，X_{in} 为负。

1. 福斯特电抗定理

现在假定图 6.2-1 所示一端口网络无耗，考虑频率变化的影响。电路内的电场和磁场满足如下麦克斯韦方程：

$$\nabla\times\boldsymbol{E}=-j\omega\mu\boldsymbol{H}$$
$$\nabla\times\boldsymbol{H}=j\omega\varepsilon\boldsymbol{E}$$

将这两个方程的复数共轭对 ω 求导数，得到

$$\nabla\times\frac{\partial\boldsymbol{E}^*}{\partial\omega}=j\omega\mu\frac{\partial\boldsymbol{H}^*}{\partial\omega}+j\boldsymbol{H}^*\frac{\partial\omega\mu}{\partial\omega}$$

$$\nabla\times\frac{\partial\boldsymbol{H}^*}{\partial\omega}=-j\omega\varepsilon\frac{\partial\boldsymbol{E}^*}{\partial\omega}-j\boldsymbol{E}^*\frac{\partial\omega\varepsilon}{\partial\omega}$$

计及关系

$$\nabla\cdot\left(\boldsymbol{E}^*\times\frac{\partial\boldsymbol{E}}{\partial\omega}+\frac{\partial\boldsymbol{E}}{\partial\omega}\times\boldsymbol{H}^*\right)=\frac{\partial\boldsymbol{H}}{\partial\omega}\cdot\nabla\times\boldsymbol{E}^*-\boldsymbol{E}^*\cdot\nabla\times\frac{\partial\boldsymbol{E}}{\partial\omega}$$

$$+\boldsymbol{H}^*\cdot\nabla\times\frac{\partial\boldsymbol{E}}{\partial\omega}-\frac{\partial\boldsymbol{E}}{\partial\omega}\cdot\nabla\times\boldsymbol{H}^*=j\omega\mu\boldsymbol{H}^*\cdot\frac{\partial\boldsymbol{H}}{\partial\omega}-j\omega\varepsilon\boldsymbol{E}^*\cdot\frac{\partial\boldsymbol{E}}{\partial\omega}$$

$$-j\varepsilon|\boldsymbol{E}|^2-j\omega\mu\boldsymbol{H}^*\cdot\frac{\partial\boldsymbol{H}}{\partial\omega}-j\mu|\boldsymbol{H}|^2+j\omega\varepsilon\frac{\partial\boldsymbol{E}}{\partial\omega}\cdot\boldsymbol{E}^*$$

$$=-j(\varepsilon|\boldsymbol{E}|^2+\mu|\boldsymbol{H}|^2)\qquad(6.2-6)$$

对此式左边应用散度定理，并使之与右边的电磁储能项相等，得到

$$\oint_s\left(\boldsymbol{E}^*\times\frac{\partial\boldsymbol{H}}{\partial\omega}+\frac{\partial\boldsymbol{E}}{\partial\omega}\times\boldsymbol{H}^*\right)\cdot d\boldsymbol{s}=4j(W_e+W_m)\qquad(6.2-7)$$

以式(6.2-2)代入，得到

$$\int_s\left(V^*\frac{\partial I}{\partial\omega}\boldsymbol{E}_{0t}\times\boldsymbol{H}_{0t}+V^*I\boldsymbol{E}_{0t}\times\frac{\partial\boldsymbol{H}_{0t}}{\partial\omega}+\frac{\partial V}{\partial\omega}I^*\boldsymbol{E}_{0t}\times\boldsymbol{H}_{0t}+VI^*\frac{\partial\boldsymbol{E}_{0t}}{\partial\omega}\times\boldsymbol{H}_{0t}\right)\cdot d\boldsymbol{s}$$

$$=4j(W_e+W_m)\qquad(6.2-8)$$

由于 $\boldsymbol{H}_{0t}=\hat{z}\times\boldsymbol{E}_{0t}/Z_W$，则有 $\boldsymbol{E}_{0t}\times(\partial\boldsymbol{H}_{0t}/\partial\omega)=(\partial\boldsymbol{E}_{0t}/\partial\omega)\times\boldsymbol{H}_{0t}$。这表明 $\boldsymbol{E}_{0t}$和 $\boldsymbol{H}_{0t}$的 ω 关系相同。因为无耗电抗终端的 $V=jXI$，故式(6.2-8)简化为

$$4j(W_e+W_m)=V^*\frac{\partial I}{\partial\omega}+\frac{\partial V}{\partial\omega}I^*\qquad(6.2-9)$$

式中 V 和 I 是端面上的等效电压和等效电流。再次应用 $V=jXI$，得到

$$4j(W_e+W_m)=-jXI^*\frac{\partial I}{\partial\omega}+j\frac{\partial X}{\partial\omega}|I|^2+jX\frac{\partial I}{\partial\omega}I^*=j|I|^2\frac{\partial X}{\partial\omega}$$

即得到

$$\frac{\partial X}{\partial\omega}=\frac{4(W_e+W_m)}{|I|^2}\qquad(6.2-10)$$

此式右边总是正的，因此，对于一个无耗网络，电抗对频率的斜率必然总是正的。另一方面，若用 $I=jBV$ 代入式(6.2-9)，则得到

$$\frac{\partial B}{\partial\omega}=\frac{4(W_e+W_m)}{|V|^2}\qquad(6.2-11)$$

这表明一个无耗网络的电纳也具有对频率为正的斜率。这些结果即构成福斯特(Foster)电抗定理。应用此定理可以证明，物理可实现的电抗或电纳函数的极点和零点，必定在 ω 轴上交替出现。

2. $Z(\omega)$和$\Gamma(\omega)$的奇偶特性

考虑一端口网络输入端的策动点阻抗 $Z(\omega)$，在该点的电压和电流关系为 $V(\omega)=Z(\omega)\cdot I(\omega)$。对于任意的频率关系，取 $V(\omega)$的逆富里哀变换可得时域电压为

$$v(t)=\frac{1}{2\pi}\int_{-\infty}^{\infty}V(\omega)\,e^{j\omega t}d\omega\qquad(6.2-12)$$

由于 $v(t)$必定为实数，所以有 $v(t)=v^*(t)$，或者

$$\int_{-\infty}^{\infty}V(\omega)e^{j\omega t}d\omega=\int_{-\infty}^{\infty}V^*(\omega)e^{-j\omega t}d\omega=\int_{-\infty}^{\infty}V^*(-\omega)e^{j\omega t}d\omega$$

这表明 $V(\omega)$必定满足关系

$$V(-\omega)=V^*(\omega)\qquad(6.2-13)$$

即说明 $\mathrm{Re}\{V(\omega)\}$是 ω 的偶函数，而 $\mathrm{Im}\{V(\omega)\}$是 ω 的奇函数。类似的结果对 $I(\omega)$和 $Z(\omega)$也成立，因为有

$$V^*(-\omega)=Z^*(-\omega)I^*(-\omega)=Z^*(-\omega)I(\omega)=V(\omega)=Z(\omega)I(\omega)$$

因此，如果 $Z(\omega)=R(\omega)+jX(\omega)$，则 $R(\omega)$是 ω 的偶函数，而 $X(\omega)$是 ω 的奇函数。

现在考虑输入端反射系数：

$$\Gamma(\omega)=\frac{Z(\omega)-Z_0}{Z(\omega)+Z_0}=\frac{R(\omega)-Z_0+jX(\omega)}{R(\omega)+Z_0+jX(\omega)} \tag{6.2-14}$$

则

$$\Gamma(-\omega)=\frac{R(\omega)-Z_0-jX(\omega)}{R(\omega)+Z_0-jX(\omega)}=\Gamma^*(\omega) \tag{6.2-15}$$

结果表明，$\Gamma(\omega)$的实部和虚部分别是 ω 的偶函数和奇函数。最后，考虑反射系数的幅值：

$$|\Gamma(\omega)|^2=\Gamma(\omega)\Gamma^*(\omega)=\Gamma(\omega)\Gamma(-\omega)=|\Gamma(-\omega)|^2 \tag{6.2-16}$$

可见 $|\Gamma(\omega)|^2$ 和 $|\Gamma(\omega)|$都是 ω 的偶函数。此结果意味着只有形如 $a+b\omega^2+c\omega^4+\cdots$的偶函数才能代表 $|\Gamma(\omega)|$或者 $|\Gamma(\omega)|^2$。

6.3　微波网络的阻抗和导纳矩阵

有了 6.1 节所定义的 TEM 和非 TEM 导波的等效电压和等效电流，我们即可应用电路理论的阻抗和导纳矩阵，来建立微波网络各端口的电压和电流的关系，进而描述微波网络的特性。这种描述方法在讨论诸如耦合器和滤波器之类无源元件的设计时十分有用。

1. 阻抗和导纳矩阵

考虑如图 6.3-1 所示任意 N 端口微波网络，图中的各端口可以是任意型式的传输线

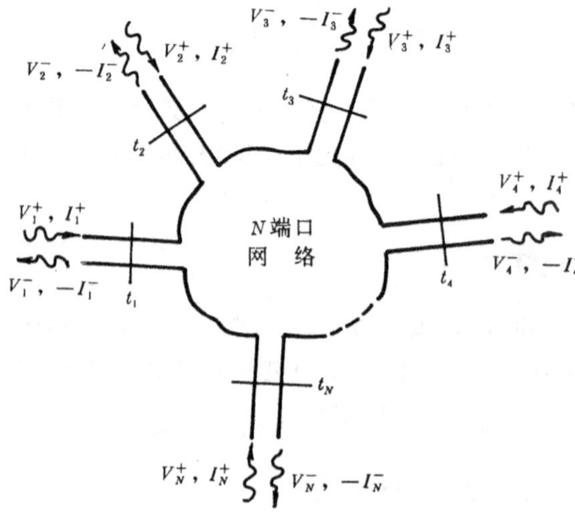

图 6.3-1　任意 N 端口微波网络

或单模波导的等效传输线；若网络的某端口是传输多个模的波导，则在该端口应为多对等效传输线。定义第 i 端口参考面 t_i 处的等效入射波电压和电流为 V_i^+、I_i^+，反射波电压和电

流为V_i^-、I_i^-，则由式(6.1－8)，令$z=0$，得到第i端的总电压和总电流为

$$V_i=V_i^+ + V_i^-,\ I_i=I_i^+ - I_i^- \tag{6.3-1}$$

此N端口微波网络的阻抗矩阵方程则为

$$\begin{bmatrix} V_1 \\ V_2 \\ \vdots \\ V_N \end{bmatrix}=\begin{bmatrix} Z_{11} & Z_{12} & \cdots & Z_{1N} \\ Z_{21} & & & \vdots \\ \vdots & & & \vdots \\ Z_{N1} & \cdots & \cdots & Z_{NN} \end{bmatrix}\begin{bmatrix} I_1 \\ I_2 \\ \vdots \\ I_N \end{bmatrix} \tag{6.3-2a}$$

或者

$$[V]=[Z][I] \tag{6.3-2b}$$

同样可以得到导纳矩阵方程为

$$\begin{bmatrix} I_1 \\ I_2 \\ \vdots \\ I_N \end{bmatrix}=\begin{bmatrix} Y_{11} & Y_{12} & \cdots & Y_{1N} \\ Y_{21} & & & \vdots \\ \vdots & & & \vdots \\ Y_{N1} & \cdots & \cdots & Y_{NN} \end{bmatrix}\begin{bmatrix} V_1 \\ V_2 \\ \vdots \\ V_N \end{bmatrix} \tag{6.3-3a}$$

或者

$$[I]=[Y][V] \tag{6.3-3b}$$

$[Z]$和$[Y]$矩阵互为逆矩阵：

$$[Y]=[Z]^{-1} \tag{6.3-4}$$

由式(6.3－2a)可见，阻抗参数Z_{ij}为

$$Z_{ij}=\left.\frac{V_i}{I_j}\right|_{I_k=0,\ k\neq j} \tag{6.3-5}$$

式(6.3－5)说明，Z_{ij}是所有其它端口都开路时(因此$I_k=0$，$k\neq j$)用电流I_j激励端口j，测量端口i的开路电压而求得。因此，Z_{ii}是其它所有端口都开路时向端口i看去的输入阻抗，Z_{ij}则是其它所有端口都开路时端口j和端口i之间的转移阻抗。

类似地，由式(6.3－3a)可得

$$Y_{ij}=\left.\frac{I_i}{V_j}\right|_{V_k=0,\ k\neq j} \tag{6.3-6}$$

可见Y_{ij}是其它所有端口都短路时(因此$V_k=0$，若$k\neq j$)，用电压V_j激励端口j，测量端口i的短路电流来求得。

一般情况下，阻抗矩阵元素Z_{ij}或导纳矩阵元素Y_{ij}为复数，因而对于N端口网络，阻抗和导纳矩阵为$N\times N$方矩阵，存在$2N^2$个独立变量。不过实用的许多网络是互易或无耗的，或既互易又无耗。下面将证明，假如网络是互易的(不含任何非互易媒质，如铁氧体或等离子体或有源器件)，则阻抗和导纳矩阵是对称的，因而$Z_{ij}=Z_{ji}$，$Y_{ij}=Y_{ji}$；假如网络是无耗的，则所有Z_{ij}或Y_{ij}元素都是纯虚数。这些特殊情况将使N端口微波网络的独立变量大为减少。

2. 互易网络

考虑图6.3－1所示任意网络是互易的，假定端口1和2以外的所有端口参考面短路，$\boldsymbol{E}_a$、$\boldsymbol{H}_a$和$\boldsymbol{E}_b$、$\boldsymbol{H}_b$是网络内某处的两个独立源a和b在网络内任一点所产生的场，则由电磁

场互易定理，有

$$\oint_S \boldsymbol{E}_a \times \boldsymbol{H}_b \cdot d\boldsymbol{s} = \oint_S \boldsymbol{E}_b \times \boldsymbol{H}_a \cdot d\boldsymbol{s} \tag{6.3-7}$$

式中积分限 S 是沿网络边界并通过各端口参考面的封闭表面。假若网络的边界壁和传输线均为金属，则在这些壁上 $\boldsymbol{E}_{\tan}=0$(假设为理想导体)；假若网络或传输线为开放结构，象微带线那样，则网络的边界可任意取得远离这些线，使 $\boldsymbol{E}_{\tan}$ 可以忽略不计。这样，式(6.3-7)中积分的非零值仅由端口 1 和 2 的横截面提供。由 6.1 节的讨论可知，源 a 和 b 产生的场可以参考面 t_1 和 t_2 来计算：

$$\begin{aligned}
&\boldsymbol{E}_{1a}=V_{1a}\boldsymbol{E}_{0t1} \qquad &&\boldsymbol{H}_{1a}=I_{1a}\boldsymbol{H}_{0t1}\\
&\boldsymbol{E}_{1b}=V_{1b}\boldsymbol{E}_{0t1} &&\boldsymbol{H}_{1b}=I_{1b}\boldsymbol{H}_{0t1}\\
&\boldsymbol{E}_{2a}=V_{2a}\boldsymbol{E}_{0t2} &&\boldsymbol{H}_{2a}=I_{2a}\boldsymbol{H}_{0t2}\\
&\boldsymbol{E}_{2b}=V_{2b}\boldsymbol{E}_{0t2} &&\boldsymbol{H}_{2b}=I_{2b}\boldsymbol{H}_{0t2}
\end{aligned} \tag{6.3-8}$$

以式(6.3-8)代入式(6.3-7)，得到

$$(V_{1a}I_{1b}-V_{1b}I_{1a})\int_{S_1}\boldsymbol{E}_{0t1}\times\boldsymbol{H}_{0t1}\cdot d\boldsymbol{s}+(V_{2a}I_{2b}-V_{2b}I_{2a})\int_{S_2}\boldsymbol{E}_{0t2}\times\boldsymbol{H}_{0t2}\cdot d\boldsymbol{s}=0 \tag{6.3-9}$$

式中 S_1 和 S_2 是参考面 t_1 和 t_2 的横截面积。

将式(6.3-8)与式(6.1-6)比较可见，对每个端口则有 $C_1=C_2=1$，因此

$$\int_{S_1}\boldsymbol{E}_{0t1}\times\boldsymbol{H}_{0t1}\cdot d\boldsymbol{s}=\int_{S_2}\boldsymbol{E}_{0t2}\times\boldsymbol{H}_{0t2}\cdot d\boldsymbol{s}=1 \tag{6.3-10}$$

于是式(6.3-9)简化为

$$V_{1a}I_{1b}-V_{1b}I_{1a}+V_{2a}I_{2b}-V_{2b}I_{2a}=0 \tag{6.3-11}$$

而对于二端口网络，导纳矩阵方程为

$$\begin{aligned}
I_1&=Y_{11}V_1+Y_{12}V_2\\
I_2&=Y_{21}V_1+Y_{22}V_2
\end{aligned}$$

代入式(6.3-11)，得到

$$(V_{1a}V_{2b}-V_{1b}V_{2a})(Y_{12}-Y_{21})=0 \tag{6.3-12}$$

由于源 a 和 b 是独立的，所以电压 V_{1a}、V_{1b}、V_{2a}和 V_{2b}可取任意值，因此为使式(6.3-12)对任意源都满足，必须有 $Y_{12}=Y_{21}$；又由于端口 1 和 2 是任意选择的，故有一般结果

$$Y_{ij}=Y_{ji} \tag{6.3-13}$$

即$[Y]$矩阵是对称矩阵；其逆矩阵$[Z]$也一定是对称矩阵。

3. 无耗网络

现在考虑一互易无耗 N 端口接头，我们可以证明其阻抗和导纳矩阵的元素必定为纯虚数。事实上，假如网络无耗，则传送给该网络的净功率必定为零。因此 $\mathrm{Re}\{P_{av}\}=0$，这里

$$\begin{aligned}
P_{av}&=\frac{1}{2}[V]^t[I]^*=\frac{1}{2}([Z][I])^t[I]^*=\frac{1}{2}[I]^t[Z][I]^*\\
&=\frac{1}{2}(I_1Z_{11}I_1^*+I_1Z_{12}I_2^*+I_2Z_{21}I_1^*+\cdots)=\frac{1}{2}\sum_{n=1}^{N}\sum_{m=1}^{N}I_mZ_{mn}I_n^*
\end{aligned} \tag{6.3-14}$$

式中上标"t"表示转置，且$([A][B])^t=[B]^t[A]^t$。由于各I_n是独立的，所以我们可以让除第n端口电流以外的所有端口电流为零，于是每项$(I_nZ_{nn}I_n^*)$的实部必须等于零，因此得到

$$\mathrm{Re}\{I_nZ_{nn}I_n^*\}=|I_n|^2\,\mathrm{Re}\{Z_{nn}\}=0$$

或者

$$\mathrm{Re}\{Z_{nn}\}=0 \tag{6.3-15}$$

今令I_m和I_n以外的所有端口电流均为零，则式(6.3-14)简化为

$$\mathrm{Re}\{(I_nI_m^*+I_mI_n^*)Z_{mn}\}=0$$

这是由于$Z_{mn}=Z_{nm}$。但$(I_nI_m^*+I_mI_n^*)$为纯实数量，一般为非零。因此必然有

$$\mathrm{Re}\{Z_{mn}\}=0 \tag{6.3-16}$$

式(6.3-15)和式(6.3-16)即意味着，对于任意的m、n，$\mathrm{Re}\{Z_{mn}\}=0$。同样可导得$[Y]$矩阵亦为虚数矩阵。

例 6.3-1　求图 6.3-2 所示二端口 T 形网络的Z参数。

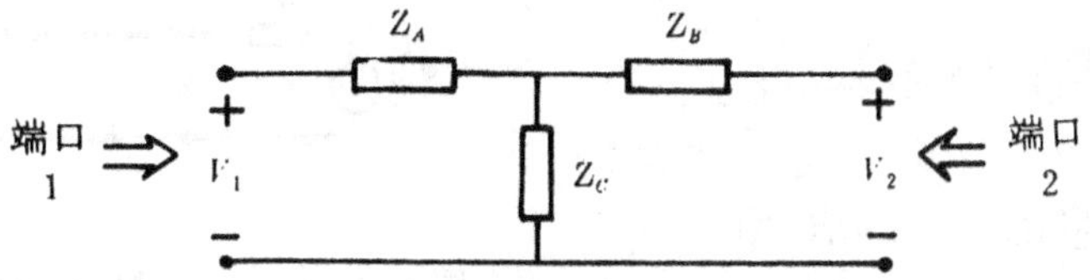

图 6.3-2　二端口 T 形网络

解　由式(6.3-5)，端口 2 开路时端口 1 的输入阻抗为

$$Z_{11}=\left.\frac{V_1}{I_1}\right|_{I_2=0}=Z_A+Z_C$$

根据分压原理，可得

$$Z_{12}=\left.\frac{V_1}{I_2}\right|_{I_1=0}=\frac{V_2}{I_2}\,\frac{Z_C}{Z_B+Z_C}=Z_C$$

可以证明$Z_{21}=Z_{12}$，表示电路是互易的。最后，Z_{22}可求得为

$$Z_{22}=\left.\frac{V_2}{I_2}\right|_{I_1=0}=Z_B+Z_C$$

6.4　微波网络的散射矩阵

前面讲到，难以对非 TEM 线定义电压和电流，而上述Z、Y矩阵是用电压和电流来表示网络特性的。电压和电流在微波频率已失去明确物理意义，且难以直接测量，因而Z参数和Y参数也难以测量，其测量所需参考面的开路和短路条件在微波频率下难以实现。为了研究微波电路和系统的特性，设计微波电路的结构，就需要一种在微波频率能用直接测量方法确定的网络矩阵参数。这样的参数便是散射参数，简称S参数。

散射参数有行波散射参数和功率波散射参数之分，即普通散射参数和广义散射参数。前者的物理内涵是以特性阻抗Z_0匹配(恒等匹配)为核心，它在测量技术上的外在表现形态是电压驻波比 VSWR；后者的物理内涵是以共轭匹配(最大功率匹配)为核心，它在测量

技术上的外在表现形态是失配因子 M。

本节着重讨论普通散射参数的定义和特性，对广义散射参数仅作简单介绍。

1. 普通散射参数的定义

普通散射矩阵(ordinary scattering matrix)是用网络各端口的入射电压波和出射电压波来描述网络特性的波矩阵。如图 6.4－1 所示 N 端口网络，设 $V_i(z)$、$I_i(z)$为第 i 端口参考面 z 处的电压和电流，则由式(2.1－14)可知

$$V_i(z) = V_{0i}^+ e^{-\gamma z} + V_{0i}^- e^{\gamma z} = V_i^+(z) + V_i^-(z)$$

$$I_i(z) = \frac{V_{0i}^+ e^{-\gamma z} - V_{0i}^- e^{\gamma z}}{Z_{0i}} = I_i^+(z) - I_i^-(z) \tag{6.4-1}$$

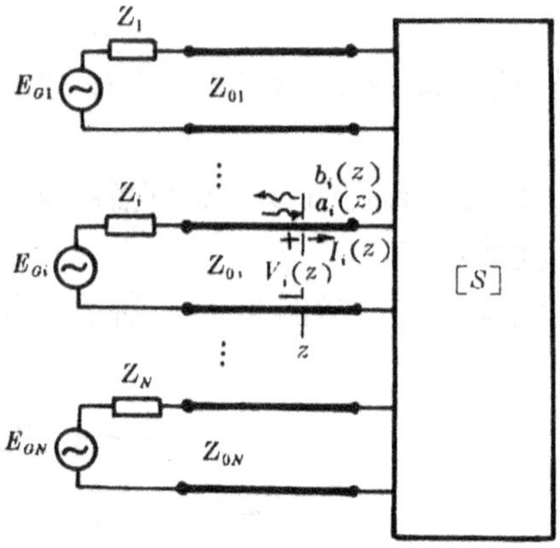

图 6.4－1　与 N 端口网络相联系的行波

由此可得

$$V_{0i}^+ e^{-\gamma z} = \frac{1}{2}[V_i(z) + Z_{0i}I_i(z)]$$

$$V_{0i}^- e^{\gamma z} = \frac{1}{2}[V_i(z) - Z_{0i}I_i(z)] \tag{6.4-2}$$

两边除以$\sqrt{Z_{0i}}$，定义如下归一化入射波和归一化出射波：

$$a_i(z) \equiv \frac{V_{0i}^+ e^{-\gamma z}}{\sqrt{Z_{0i}}} = \frac{1}{2}\left[\frac{V_i(z)}{\sqrt{Z_{0i}}} + \sqrt{Z_{0i}}I_i(z)\right]$$

$$b_i(z) \equiv \frac{V_{0i}^- e^{\gamma z}}{\sqrt{Z_{0i}}} = \frac{1}{2}\left[\frac{V_i(z)}{\sqrt{Z_{0i}}} - \sqrt{Z_{0i}}I_i(z)\right] \tag{6.4-3}$$

显然

$$\frac{b_i(z)}{a_i(z)} = \frac{V_{0i}^- e^{\gamma z}}{V_{0i}^+ e^{-\gamma z}} = \frac{Z_i(z) - Z_{0i}}{Z_i(z) + Z_{0i}} = \Gamma_i(z) \tag{6.4-4}$$

是第 i 端口 z 处的电压行波反射系数。

由式(6.4－3)解得

$$V_i(z) = \sqrt{Z_{0i}}[a_i(z) + b_i(z)]$$

$$I_i(z) = \frac{1}{\sqrt{Z_{0i}}}[a_i(z) - b_i(z)] \tag{6.4-5}$$

或者得到归一化电压和归一化电流

$$\overline{V_i(z)} = \frac{V_i(z)}{\sqrt{Z_{0i}}} = a_i(z) + b_i(z)$$

$$\overline{I_i(z)} = I_i(z)\sqrt{Z_{0i}} = a_i(z) - b_i(z) \tag{6.4-6}$$

通过第 i 端口 z 处的功率则为

$$P_i = \mathrm{Re}\{V_i(z)I_i^*(z)\} = |a_i(z)|^2 - |b_i(z)|^2 \tag{6.4-7}$$

表示 z 处的净功率为入射波功率与出射波功率之差。这里 Z_{0i}是第 i 端口传输线的特性阻抗，一般为实数；若 Z_{0i}为复数(例如当传输线的损耗不可忽略时)，则上述关系不成立。

以归一化入射波振幅 a_i 为自变量，归一化出射波振幅 b_i 为因变量的线性 N 端口微波网络的行波散射矩阵方程为

$$\begin{bmatrix} b_1 \\ b_2 \\ \vdots \\ b_N \end{bmatrix} = \begin{bmatrix} S_{11} & S_{12} & \cdots & S_{1N} \\ S_{21} & & & \vdots \\ \vdots & & & \vdots \\ S_{N1} & \cdots & \cdots & S_{NN} \end{bmatrix} \begin{bmatrix} a_1 \\ a_2 \\ \vdots \\ a_N \end{bmatrix} \tag{6.4-8a}$$

或者

$$[b] = [S][a] \tag{6.4-8b}$$

散射矩阵元素的定义为

$$S_{ij} = \frac{b_i}{a_j}\bigg|_{a_k=0,\ k\neq j} \tag{6.4-9}$$

此定义式说明，S_{ij}可由在端口 j 用入射电压波 a_j 激励，测量端口 i 的出射波振幅 b_i 来求得，条件是除端口 j 以外的所有其它端口上的入射波为零。这意味着所有其它端口应以其匹配负载端接，以避免反射。可见散射参数有明确的物理意义：S_{ii}是当所有其它端口端接匹配负载时端口 i 的反射系数，S_{ij}是当所有其它端口端接匹配负载时从端口 j 至端口 i 的传输系数。这种散射参数可用熟知的方法和测量系统加以测量。

对于常见的二端口网络，式(6.4-8)简化为

$$\begin{aligned} b_1 &= S_{11}a_1 + S_{12}a_2 \\ b_2 &= S_{12}a_1 + S_{22}a_2 \end{aligned} \tag{6.4-10}$$

式中，a_1 和 b_1 分别为输入端口的入射波和出射波；a_2 和 b_2 分别为输出端口的入射波和反射波。若输出端口不匹配，设其负载阻抗的反射系数为 Γ_L，则在式(6.4-10)中令 $a_2=\Gamma_L b_2$，得到

$$\begin{aligned} b_1 &= S_{11}a_1 + S_{12}\Gamma_L b_2 \\ b_2 &= S_{21}a_1 + S_{22}\Gamma_L b_2 \end{aligned}$$

由此求得输入端口的反射系数为

$$\Gamma_{\text{in}} = \frac{b_1}{a_1} = S_{11} + \frac{S_{12}S_{21}\Gamma_L}{1 - S_{22}\Gamma_L} \tag{6.4-11}$$

若网络互易，$S_{21}=S_{12}$，则此线性互易二端口网络的散射参数只有三个是独立的，且有关系

$$\Gamma_{\text{in}} = S_{11} + \frac{S_{12}^2\Gamma_L}{1 - S_{22}\Gamma_L} \tag{6.4-12}$$

据此关系，线性互易二端口网络的散射参数可以用三点法测定：当输出端口短路($\Gamma_L=-1$)、开路($\Gamma_L=1$)和接匹配负载($\Gamma_L=0$)时，据式(6.4-12)有关系式：

$$\begin{aligned} \Gamma_{\text{in, sc}} &= S_{11} - \frac{S_{12}^2}{1 + S_{22}} \\ \Gamma_{\text{in, oc}} &= S_{11} + \frac{S_{12}^2}{1 - S_{22}} \\ \Gamma_{\text{in, mat}} &= S_{11} \end{aligned} \tag{6.4-13}$$

分别将输出端口短路、开路和接匹配负载，测出 $\Gamma_{\text{in, sc}}$、$\Gamma_{\text{in, oc}}$和 $\Gamma_{\text{in, mat}}$，便可由式(6.4-13)决定 S_{11}、S_{12}和 S_{22}。

2. [S]矩阵与[Z]、[Y]矩阵的关系

由式(6.3-2a)，有

$$V_i = \sum_{j=1}^{N} Z_{ij} I_j \qquad i = 1, 2, \cdots, N \tag{6.4-14}$$

代入式(6.4-3)，得到

$$\begin{aligned} a_i &= \frac{1}{2}\sum_{j=1}^{N}\left(\sqrt{Y_{0i}}Z_{ij} + \sqrt{Z_{0i}}\delta_{ij}\right) I_j \\ b_i &= \frac{1}{2}\sum_{j=1}^{N}\left(\sqrt{Y_{0i}}Z_{ij} + \sqrt{Z_{0i}}\delta_{ij}\right) I_j \end{aligned} \tag{6.4-15}$$

式中，当 $i=j$ 时，$\delta_{ij}=1$；当 $i\neq j$ 时，$\delta_{ij}=0$。

引入对角矩阵：

$$[Z_0] = \begin{bmatrix} Z_{01} & 0 & \cdots & 0 \\ 0 & Z_{02} & \cdots & 0 \\ \vdots & \ddots & & \vdots \\ 0 & \cdots & \cdots & Z_{0N} \end{bmatrix}, \quad [\sqrt{Z_0}] = \begin{bmatrix} \sqrt{Z_{01}} & 0 & \cdots & 0 \\ 0 & \sqrt{Z_{02}} & \cdots & 0 \\ \vdots & & \ddots & \vdots \\ 0 & \cdots & \cdots & \sqrt{Z_{0N}} \end{bmatrix},$$

$$[\sqrt{Y_0}] = \begin{bmatrix} \sqrt{Y_{01}} & 0 & \cdots & 0 \\ 0 & \sqrt{Y_{02}} & \cdots & 0 \\ \vdots & & \ddots & \vdots \\ 0 & \cdots & \cdots & \sqrt{Y_{0N}} \end{bmatrix} \tag{6.4-16}$$

则式(6.4-15)可以表示成矩阵形式：

$$\begin{aligned} [a] &= \frac{1}{2}[\sqrt{Y_0}]([Z] + [Z_0])[I] \\ [b] &= \frac{1}{2}[\sqrt{Y_0}]([Z] - [Z_0])[I] \end{aligned} \tag{6.4-17}$$

由式(6.4-17)第一式，得到

$$[I] = 2([Z] + [Z_0])^{-1}[\sqrt{Z_0}][a]$$

代入式(6.4-17)第二式，得到

$$[b] = [\sqrt{Y_0}]([Z] - [Z_0])([Z] + [Z_0])^{-1}[\sqrt{Z_0}][a] \tag{6.4-18}$$

比较式(6.4-8)和式(6.4-18)便得到[S]矩阵与[Z]矩阵的关系式为

$$[S] = [\sqrt{Y_0}]([Z] - [Z_0])([Z] + [Z_0])^{-1}[\sqrt{Z_0}] \tag{6.4-19}$$

同样可求得[S]矩阵与[Y]矩阵的关系式为

$$[S] = [\sqrt{Z_0}]([Y_0] - [Y])([Y_0] + [Y])^{-1}[\sqrt{Y_0}] \tag{6.4-20}$$

由式(6.4-8)，有

$$b_i = \sum_{j=1}^{N} S_{ij} a_j \qquad i = 1, 2, \cdots, N \tag{6.4-21}$$

代入式(6.4-5)，用类似方法可求得[Z]、[Y]矩阵与[S]矩阵的关系式为

$$[Z] = [\sqrt{Z_0}]([U] + [S])([U] - [S])^{-1}[\sqrt{Z_0}] \tag{6.4-22}$$

$$[Y]=[\sqrt{Y_0}]([U]-[S])([U]+[S])^{-1}[\sqrt{Y_0}] \tag{6.4-23}$$

式中$[U]$为单位矩阵，其定义为

$$[U]=\begin{bmatrix}1 & 0 & \cdots & 0\\ 0 & 1 & \cdots & 0\\ \vdots & & \ddots & \\ 0 & \cdots & \cdots & 1\end{bmatrix} \tag{6.4-24}$$

对于一端口网络，由式(6.4-19)求得

$$S_{11}=\Gamma_{\text{in}}=\frac{Z-Z_0}{Z+Z_0} \tag{6.4-25}$$

此结果与传输线理论的结果一致。

3. 级联二端口网络的散射矩阵

用单个二端口网络的散射参数表示级联二端口网络的散射矩阵，在网络分析和 CAD 中十分有用，这样可以避免散射矩阵与其它矩阵之间的换算。如图 6.4-2 所示元件 A 和元件 B 相级联，其散射矩阵分别为$[S]_A$和$[S]_B$，则有

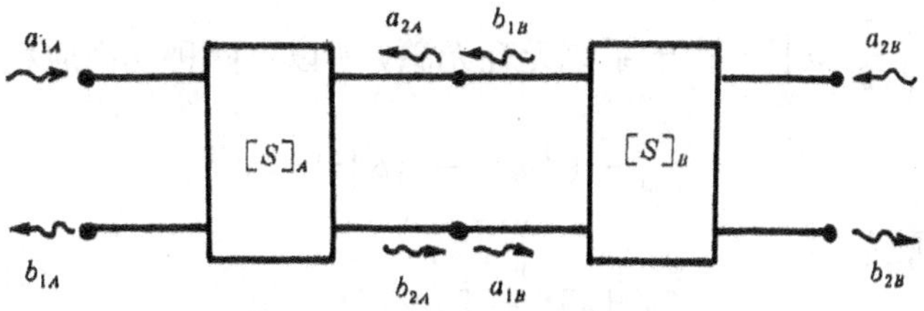

图 6.4-2　元件 A 和 B 的级联

$$b_{1A}=S_{11}^{A}a_{1A}+S_{12}^{A}a_{2A},\quad b_{2A}=S_{21}^{A}a_{1A}+S_{22}^{A}a_{2A} \tag{6.4-26}$$

和

$$b_{1B}=S_{11}^{B}a_{1B}+S_{12}^{B}a_{2B},\quad b_{2B}=S_{21}^{B}a_{1B}+S_{22}^{B}a_{2B} \tag{6.4-27}$$

假如元件 A 的输出端口与元件 B 的输入端口的归一化阻抗相同，则 $b_{2A}=a_{1B}$，$b_{1B}=a_{2A}$，由式(6.4-26)和式(6.4-27)消除 b_{2A}、b_{1B}、a_{1B}和 a_{2A}，便可得到两级联二端口网络的散射矩阵为

$$[S]_{AB}=\begin{bmatrix}S_{11}^{A}+\dfrac{S_{12}^{A}S_{11}^{B}S_{21}^{A}}{1-S_{22}^{A}S_{11}^{B}} & \dfrac{S_{12}^{A}S_{12}^{B}}{1-S_{22}^{A}S_{11}^{B}}\\ \dfrac{S_{21}^{A}S_{21}^{B}}{1-S_{22}^{A}S_{11}^{B}} & S_{22}^{B}+\dfrac{S_{21}^{B}S_{22}^{A}S_{12}^{B}}{1-S_{22}^{A}S_{11}^{B}}\end{bmatrix} \tag{6.4-28}$$

重复运用此关系，便可求得由许多元件组成的级联二端口网络总的散射矩阵。表 6.6-1 给出了一些常用二端口网络的$[S]$矩阵。

4. 散射矩阵的特性

散射矩阵有几个很重要的特性。这些特性在微波电路特性的分析中有着重要的应用。

(1) 互易网络散射矩阵的对称性

在 6.3 节中讲到，对于互易网络，阻抗和导纳矩阵是对称的。同样，对于互易网络，散

射矩阵也是对称的。

事实上，由式(6.3-2b)和式(6.4-5)，得到

$$[Z][I]=[Z][\sqrt{Y_0}]([a]-[b])=[V]=[\sqrt{Z_0}]([a]+[b])$$

即得到

$$([Z][\sqrt{Y_0}]-[\sqrt{Z_0}])[a]=([Z][\sqrt{Y_0}]+[\sqrt{Z_0}])[b]$$

由此得到

$$[S]=[\sqrt{Y_0}]([Z]+[Z_0])^{-1}([Z]-[Z_0])[\sqrt{Z_0}] \tag{6.4-29}$$

取式(6.4-29)的转置，考虑到$[Z_0]$、$[\sqrt{Z_0}]$和$[\sqrt{Y_0}]$为对角矩阵，则有$[Z_0]^t=[Z_0]$，$[\sqrt{Z_0}]^t=[\sqrt{Z_0}]$、$[\sqrt{Y_0}]^t=[\sqrt{Y_0}]$；若网络是互易的，$[Z]$为对称矩阵，$[Z]^t=[Z]$，则得

$$[S]^t=[\sqrt{Y_0}]([Z]-[Z_0])([Z]+[Z_0])^{-1}[\sqrt{Z_0}] \tag{6.4-30}$$

此式等价为式(6.4-19)。故知，对于互易网络，散射矩阵是对称的，即有

$$[S]=[S]^t \tag{6.4-31}$$

(2) 无耗网络散射矩阵的幺正性

对于一个N端口无耗无源网络，如前面所述，传入系统的功率为$\sum_{i=1}^{N}\frac{1}{2}|a_i|^2$，由系统出射的功率则为$\sum_{i=1}^{N}\frac{1}{2}|b_i|^2$。由于系统无耗无源，所以这两种功率应相等，因此

$$\sum_{i=1}^{N}\frac{1}{2}(|a_i|^2-|b_i|^2)=0$$

用矩阵形式表示，则为

$$[a]^t[a]^*-[b]^t[b]^*=0$$

由定义式(6.4-8b)，上式变成

$$[a]^t[a]^*-[a]^t[S]^t[S]^*[a]^*=0$$

或者

$$[a]^t\{[U]-[S]^t[S]^*\}[a]^*=0$$

由此得到$[S]$矩阵的幺正性：

$$[S]^t[S]^*=[U] \tag{6.4-32}$$

对于互易无耗微波网络，幺正性为

$$[S][S]^*=[U] \tag{6.4-33}$$

式(6.4-32)可以写成求和形式：

$$\sum_{k=1}^{N}S_{ki}S_{kj}^*=\delta_{ij} \tag{6.4-34}$$

式中，若$i=j$，则$\delta_{ij}=1$；若$i\neq j$，则$\delta_{ij}=0$。因此，若$i=j$，则式(6.4-29)简化为

$$\sum_{k=1}^{N}S_{ki}S_{ki}^*=1 \tag{6.4-35a}$$

而若$i\neq j$，则式(6.4-34)简化为

$$\sum_{k=1}^{N}S_{ki}S_{kj}^*=0 \qquad i\neq j \tag{6.4-35b}$$

式(6.4-35a)说明$[S]$矩阵的任一列与该列的共轭值的点乘积等于1；式(6.4-35b)说明任一列与不同列的共轭值的点乘积等于零(正交)。假若网络是互易的，则$[S]$是对称的。式

(6.4-35)也可对各行描述同样的特性。

(3) 传输线无耗条件下，参考面移动 S 参数幅值的不变性

由于 S 参数表示微波网络的出射波振幅(包括幅值和相位)与入射波振幅的关系，因此必须规定网络各端口的相位参考面。当参考面移动时，散射参数的幅值不改变，只有相位改变。

如图 6.4-1 所示 N 端口网络，设参考面位于 $z_i=0$ 处($i=1, 2, \cdots, N$)网络的散射矩阵为[S]，参考面向外移至 $z_i=l_i$ 处($i=1, 2, \cdots, N$)，网络的散射矩阵为[S']。由于参考面移动后，各端口出射波的相位要滞后 $\theta_i=2\pi l_i/\lambda_{gi}$，而入射波的相位要超前 $\theta_j=2\pi l_j/\lambda_{gj}$ ($j=1, 2, \cdots, N$)，因此新的散射参数 S'_{ij} 为

$$S'_{ij}=\frac{b'_i}{a'_j}=S_{ij}e^{-j2\pi[(l_j/\lambda_{gj})+(l_i/\lambda_{gi})]} \tag{6.4-36}$$

新的[S']矩阵与[S]矩阵的关系则为

$$[S']=[P][S][P] \tag{6.4-37}$$

其中

$$[P]=\begin{bmatrix} e^{-j\theta_1} & 0 & \cdots & 0 \\ 0 & e^{-j\theta_2} & \cdots & 0 \\ \vdots & & \ddots & \vdots \\ 0 & 0 & \cdots & e^{-j\theta_N} \end{bmatrix} \tag{6.4-38}$$

为对角矩阵。

5. 广义散射矩阵

上述普通散射矩阵参数要求网络所有端口都具有相同的特性阻抗，但实际上有时各端口的特性阻抗并不相同，因此，普通散射矩阵缺乏普遍性。解决的方法是引入功率波，定义广义散射参数。

如图 6.4-3 所示为各端口直接接以信源或负载的 N 端口网络，定义网络各端口的电压和电流为

$$V_i=\frac{a_iZ_i^*+b_iZ_i}{\sqrt{\mathrm{Re}\,Z_i}},\quad I_i=\frac{a_i-b_i}{\sqrt{\mathrm{Re}\,Z_i}} \tag{6.4-39}$$

式中 Z_i 是端口 i 的外接阻抗(一般为复数)。由此式得到入射功率波和出射功率波分别为

$$a_i=\frac{V_i+Z_iI_i}{2\sqrt{\mathrm{Re}\,Z_i}} \text{ 和 } b_i=\frac{V_i-Z_i^*I_i}{2\sqrt{\mathrm{Re}\,Z_i}} \tag{6.4-40}$$

而

$$\Gamma_i=\frac{b_i}{a_i}=\frac{V_i-Z_i^*I_i}{V_i+Z_iI_i}=\frac{Z_L-Z_i^*}{Z_L+Z_i} \tag{6.4-41}$$

称为功率波反射系数，式中 Z_L 为参考面 z 点向网络视入的阻抗。

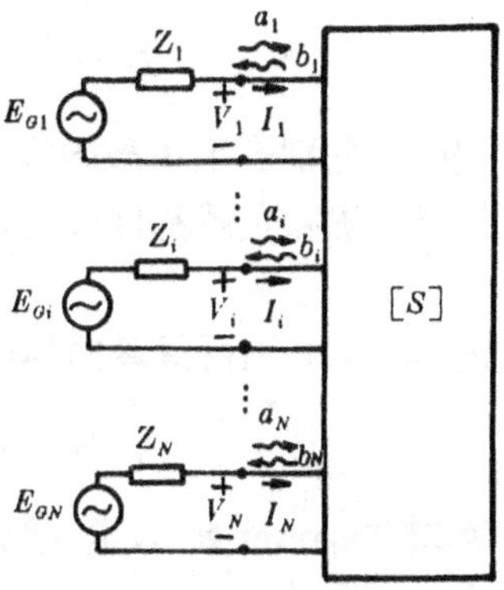

图 6.4-3　与 N 端口网络相联系的功率波

式(6.4-40)定义的 a_i 和 b_i 之所以称为功率波，

是由于通过它们可以建立微波电路中功率的确定关系。若 $a_i=0$，表示端口 i 无外接源，而当 $a_i\neq 0$，$b_i=0$ 时，则表示该处实现了共轭匹配。

由图 6.4－3 可知，负载 Z_L 两端的电压 V_i 与流入 Z_L 的电流 I_i 之间的关系为

$$V_i = E_{Gi} - Z_i I_i \tag{6.4-42}$$

将此式代入式(6.4－40)，得到

$$|a_i|^2 = \frac{|E_{Gi}|^2}{4\,\mathrm{Re}\,Z_i} = P_A \tag{6.4-43}$$

式中 P_A 表示信源的资用功率。另一方面，由式(6.4－40)和式(6.4－42)可得

$$|a_i|^2 - |b_i|^2 = \mathrm{Re}\,\{V_i I^*\} = P_L \tag{6.4-44}$$

式(6.4－38)和式(6.4－39)说明：信源 E_{Gi} 向负载传输功率 $|a_i|^2$ 与负载阻抗 Z_L 无关；而当信源不满足共轭匹配条件时，一部分入射功率将被反射回信源，其反射功率为 $|b_i|^2$，因此，负载吸收的净功率为 $|a_i|^2-|b_i|^2$。

由式(6.4－35)定义的功率波，相对于 N 个阻抗 Z_1，Z_2，…，Z_N 归一化的 N 端口网络的广义散射矩阵(generalized scattering matrix)[S]，可用线性矩阵方程定义为

$$[b] = [S][a] \tag{6.4-45}$$

其中散射矩阵的元素可由下式计算：

$$S_{ii} = \frac{b_i}{a_i}\bigg|_{a_k=0,\ k\neq i},\quad S_{ki} = \frac{b_k}{a_i}\bigg|_{a_k=0,\ k\neq i} \tag{6.4-46}$$

条件 $a_k=0$，$k\neq i$ 意味着除端口 i 以外的所有端口都用其各自的归一化阻抗端接，即所有其它端口都是匹配的。式(6.4－46)表示，S_{ii}和 S_{ki}分别是除端口 i 以外网络其它各端口均无外接源时，端口 i 的功率波反射系数和自端口 i 向端口 k 的功率波传输系数。

广义散射参数可以用特定的负载和信源阻抗来定义，它在微波有源电路的稳定性分析、二端口网络的复数共轭匹配等问题中很有用。

6. 二端口网络的功率增益

在微波有源电路分析和设计中需用到三种功率增益：功率增益 G、资用功率增益 G_A 和换能器功率增益 G_T。它们都可用散射参数来表示。

换能器功率增益(transducer power gain)可用散射参数表示为

$$G_T = \frac{P_L}{P_A} = \frac{|S_{21}|^2(1-|\Gamma_G|^2)(1-|\Gamma_L|^2)}{|1-S_{22}\Gamma_L|^2|1-\Gamma_G\Gamma_{\rm in}|^2} \tag{6.4-47}$$

式中 P_L 和 P_A 分别表示负载吸收功率和信源资用功率。由式(6.4－47)可见，G_T 与 Z_G 和 Z_L 均有关；当信源和负载都匹配时，$\Gamma_L=\Gamma_G=0$，则得到匹配的换能器功率增益：

$$G_{Tm} = |S_{21}|^2 \tag{6.4-48}$$

若器件的 $S_{12}=0$，则可得单向换能器功率增益：

$$G_{Tu} = \frac{|S_{21}|^2(1-|\Gamma_G|^2)(1-|\Gamma_L|^2)}{|1-S_{11}\Gamma_G|^2|1-S_{22}\Gamma_L|^2} \tag{6.4-49}$$

功率增益(power gain)定义为负载吸收功率与二端口网络输入功率之比：

$$G = \frac{P_L}{P_{\rm in}} = \frac{|S_{21}|^2(1-|\Gamma_L|^2)}{|1-S_{22}\Gamma_L|^2(1-|\Gamma_{\rm in}|^2)} \tag{6.4-50}$$

式中 $\Gamma_{\rm in}$是二端口网络的输入端反射系数。可见 G 与信源内阻抗无关，因此对于与 Z_G 有关

的微波电路的设计就不宜采用。

资用功率增益(available power gain)定义为负载从二端口网络得到的有用功率与负载直接从信源得到的有用功率之比：

$$G_A = \frac{P_{avn}}{P_{avs}} = \frac{|S_{21}|^2(1-|\Gamma_G|^2)}{|1-S_{11}\Gamma_G|^2(1-|\Gamma_{out}|^2)} \tag{6.4-51}$$

式中 Γ_{out} 是二端口网络的输出端反射系数。可见 G_A 与 Z_G 有关，而与 Z_L 无关。

6.5 *ABCD* 矩阵

上述 Z、Y 和 S 参数表示法可以用来描述任意端口微波网络的特性。但实用中的许多微波网络是由两个或多个二端口网络级联组成的。用转移矩阵(或称 *ABCD* 矩阵)和传输散射矩阵(简称传输矩阵)来描述这种网络特别方便。本节和下节分别讨论 *ABCD* 矩阵和传输矩阵的表示法与应用。

1. *ABCD* 矩阵

ABCD 矩阵是用来描述二端口网络输入端口的总电压和总电流与输出端口的总电压和总电流的关系，如图 6.5-1(*a*)所示，即有

$$V_1 = AV_2 + BI_2$$

$$I_1 = CV_2 + DI_2$$

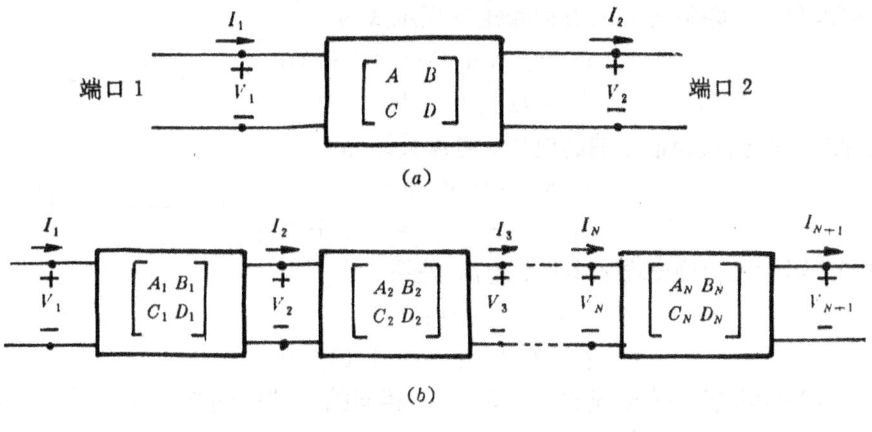

图 6.5-1

(*a*) 二端口网络；(*b*) *N* 个二端口网络级联

写成矩阵形式为

$$\begin{bmatrix} V_1 \\ I_1 \end{bmatrix} = \begin{bmatrix} A & B \\ C & D \end{bmatrix} \begin{bmatrix} V_2 \\ I_2 \end{bmatrix} \tag{6.5-1}$$

注意：I_2 的方向是流出端口 2，以便于研究二端口网络的级联。

ABCD 矩阵元素无明确物理意义，但它特别适用于分析二端口网络的级联。如图 6.5-1(*b*)所示，我们有

$$\begin{bmatrix} V_1 \\ I_1 \end{bmatrix} = \begin{bmatrix} A_1 & B_1 \\ C_1 & D_1 \end{bmatrix} \begin{bmatrix} V_2 \\ I_2 \end{bmatrix}$$

$$\begin{bmatrix} V_2 \\ I_2 \end{bmatrix} = \begin{bmatrix} A_2 & B_2 \\ C_2 & D_2 \end{bmatrix} \begin{bmatrix} V_3 \\ I_3 \end{bmatrix}$$

$$\vdots$$

$$\begin{bmatrix} V_N \\ I_N \end{bmatrix} = \begin{bmatrix} A_N & B_N \\ C_N & D_N \end{bmatrix} \begin{bmatrix} V_{N+1} \\ I_{N+1} \end{bmatrix}$$

于是得到

$$\begin{bmatrix} V_1 \\ I_1 \end{bmatrix} = \begin{bmatrix} A_1 & B_1 \\ C_1 & D_1 \end{bmatrix} \begin{bmatrix} A_2 & B_2 \\ C_2 & D_2 \end{bmatrix} \cdots \begin{bmatrix} A_N & B_N \\ C_N & D_N \end{bmatrix} \begin{bmatrix} V_{N+1} \\ I_{N+1} \end{bmatrix} = \prod_{i=1}^{N} \begin{bmatrix} A_i & B_i \\ C_i & D_i \end{bmatrix} \begin{bmatrix} V_{N+1} \\ I_{N+1} \end{bmatrix}$$

$$= \begin{bmatrix} A & B \\ C & D \end{bmatrix}_{\text{级联}} \begin{bmatrix} V_{N+1} \\ I_{N+1} \end{bmatrix} \tag{6.5-2}$$

因此得到

$$\begin{bmatrix} A & B \\ C & D \end{bmatrix}_{\text{级联}} = \prod_{i=1}^{N} \begin{bmatrix} A_i & B_i \\ C_i & D_i \end{bmatrix} \tag{6.5-3}$$

即是说，级联二端口网络总的 $ABCD$ 矩阵等于各单个二端口网络 $ABCD$ 矩阵之积。需要指出注意的是，矩阵乘法不满足交换律，因此在求矩阵乘积时，矩阵的前后次序必须与级联网络的排列次序完全一致。

表 6.6－1 给出了一些常用二端口电路的 $ABCD$ 矩阵。

例 6.5－1　求表 6.6－1 中串联阻抗 Z、并联导纳 Y 和理想变压器的 $ABCD$ 矩阵。

解　可以写出串联阻抗 Z 的方程和矩阵表示式为

$$\begin{aligned} V_1 &= I_2 Z + V_2 = V_2 + Z I_2 \\ I_1 &= I_2 = 0 + I_2 \end{aligned} \longrightarrow \begin{bmatrix} 1 & Z \\ 0 & 1 \end{bmatrix}$$

并联导纳 Y 的输入和输出端的电压、电流关系为

$$\begin{aligned} V_1 &= V_2 = V_2 + 0 \\ I_1 &= I_2 + V_2 Y = Y V_2 + I_2 \end{aligned} \longrightarrow \begin{bmatrix} 1 & 0 \\ Y & 1 \end{bmatrix}$$

理想变压器输入和输出端的电压、电流 关系为：

$$\begin{aligned} V_1 &= n V_2 = n V_2 + 0 \\ I_1 &= (1/n) I_2 = 0 + (1/n) I_2 \end{aligned} \longrightarrow \begin{bmatrix} n & 0 \\ 0 & 1/n \end{bmatrix}$$

对于输入和输出端口传输线的特性阻抗 Z_0 相同的二端口网络，用 Z_0 除 B 和乘 C 进行归一化处理，便可得到归一化 $ABCD$ 矩阵：

$$\begin{bmatrix} a & b \\ c & d \end{bmatrix} = \begin{bmatrix} A & B/Z_0 \\ CZ_0 & D \end{bmatrix} \tag{6.5-4}$$

若干二端口元件级联时，只要所有元件都具有相同的参考阻抗 Z_0，就可以直接从各元件的归一化 $ABCD$ 矩阵相乘得到总的归一化 $ABCD$ 矩阵。

2. ABCD 矩阵与 S 矩阵的关系

S 参数有明确物理意义，但它不便于分析级联网络。因此，为了分析级联网络，需采用 $ABCD$ 矩阵求级联网络的 $ABCD$ 矩阵，然后转换成 S 矩阵，以研究级联网络的特性。因此有

必要熟悉 S 矩阵与 $ABCD$ 矩阵之间的转换关系。

以式(6.4-6)代入式(6.5-1)，得到

$$a_1+b_1=A(a_2+b_2)+B(a_2-b_2)/Z_0$$
$$a_1-b_1=CZ_0(a_2+b_2)+D(a_2-b_2)$$

即

$$b_1-(A-B/Z_0)b_2=-a_1+(A+B/Z_0)a_2$$
$$-b_1-(CZ_0-D)b_2=-a_1+(CZ_0+D)a_2$$

或者

$$\begin{bmatrix}1 & -(A-B/Z_0)\\ -1 & -(CZ_0-D)\end{bmatrix}\begin{bmatrix}b_1\\ b_2\end{bmatrix}=\begin{bmatrix}-1 & (A+B/Z_0)\\ -1 & (CZ_0+D)\end{bmatrix}\begin{bmatrix}a_1\\ a_2\end{bmatrix}$$

由此得到

$$\begin{bmatrix}b_1\\ b_2\end{bmatrix}=\begin{bmatrix}1 & -(A-B/Z_0)\\ -1 & -(CZ_0-D)\end{bmatrix}^{-1}\begin{bmatrix}-1 & (A+B/Z_0)\\ -1 & (CZ_0+D)\end{bmatrix}\begin{bmatrix}a_1\\ a_2\end{bmatrix}$$

与[S]矩阵方程(6.4-8)比较，得到[S]矩阵与 $ABCD$ 矩阵的转换关系为

$$\begin{aligned}[S]&=\begin{bmatrix}1 & -(A-B/Z_0)\\ -1 & -(CZ_0-D)\end{bmatrix}^{-1}\begin{bmatrix}-1 & (A+B/Z_0)\\ -1 & (CZ_0+D)\end{bmatrix}\\ &=\frac{1}{A+B/Z_0+CZ_0+D}\begin{bmatrix}A+B/Z_0-CZ_0-D & 2(AD-BC)\\ 2 & -A+B/Z_0-CZ_0+D\end{bmatrix}\end{aligned}\tag{6.5-5}$$

同样可求得 $ABCD$ 矩阵与 S 矩阵的关系为

$$\begin{bmatrix}A & B\\ C & D\end{bmatrix}=\begin{bmatrix}\dfrac{(1+S_{11})(1-S_{22})+S_{12}S_{21}}{2S_{21}} & Z_0\dfrac{(1+S_{11})(1+S_{22})-S_{12}S_{21}}{2S_{21}}\\ \dfrac{1}{Z_0}\dfrac{(1-S_{11})(1-S_{22})-S_{12}S_{21}}{2S_{21}} & \dfrac{(1-S_{11})(1+S_{22})-S_{12}S_{21}}{2S_{21}}\end{bmatrix}\tag{6.5-6}$$

可见，当 $S_{21}=0$ 时，$ABCD$ 参数将是不确定的。S_{21}表示正向传输系数，在微波电路中通常不为零。

3. 二端口网络的特性

$ABCD$ 矩阵参数不仅适用于分析二端口网络的级联，而且可以很方便地表示二端口网络的各种特性。

(1) 二端口网络的阻抗与反射特性

以负载阻抗 Z_L 端接的二端口网络的输入阻抗为

$$Z_{in}=\frac{V_1}{I_1}=\frac{AV_2+BI_2}{CV_2+DI_2}=\frac{AZ_L+B}{CZ_L+D}\tag{6.5-7}$$

输入反射系数则可用 $ABCD$ 参数表示为

$$\Gamma_{in}=S_{11}=\frac{Z_{in}-Z_0}{Z_{in}+Z_0}=\frac{AZ_L+B-CZ_0Z_L-DZ_0}{AZ_L+B+CZ_0Z_L+DZ_0}\tag{6.5-8}$$

(2) 二端口网络的插入损耗和功率增益

二端口网络的插入损耗(insertion loss)定义为

$$L_I \equiv 10\lg\frac{P_{Lb}}{P_{La}}\ (\mathrm{dB}) \tag{6.5-9}$$

式中 P_{Lb}和 P_{La}分别是插入网络之前和之后传送给特定负载的功率。式(6.5-9)可用 $ABCD$ 参数表示为

$$L_I = 10\lg\left|\frac{AZ_L + B + CZ_GZ_L + DZ_G}{Z_G + Z_L}\right|^2 \tag{6.5-10}$$

式中 Z_G 和 Z_L 分别是信源内阻抗和负载阻抗；若 $Z_L=Z_G=Z_0$，则在传输系统任意处插入网络的插入损耗为

$$L_I = 10\lg\left|\frac{A + B/Z_0 + CZ_0 + D}{2}\right|^2 = 10\lg\frac{1}{|S_{21}|^2} \tag{6.5-11}$$

在设计微波放大器的匹配网络时，常用到换能器损耗(transducer loss)，其定义为

$$L_T \equiv 10\lg\frac{P_A}{P_L}\ (\mathrm{dB}) \tag{6.5-12}$$

式中，P_A 是信源的资用功率，P_l 是负载吸收功率；对于无源网络，$P_L \leqslant P_A$，故 L_T 总是正的。换能器损耗可用 $ABCD$ 参数表示为

$$L_T = 10\lg\frac{|AZ_L + B + CZ_GZ_L + DZ_G|^2}{4R_GR_L} \tag{6.5-13}$$

式中，$Z_G=R_G+jX_G$，$Z_L=R_L+jX_L$。当 $Z_G=Z_L=Z_0$ 时，L_T 和 L_I 完全相同。

换能器增益 G_T 则定义为

$$G_T \equiv 10\lg\frac{P_L}{P_A}\ (\mathrm{dB}) \tag{6.5-14}$$

显然，$G_T=-L_T$。

在研究二端口网络接于失配负载和匹配信源情况下网络的损耗时，常用于失配损耗(mismatch loss)概念。此时传送给网络的净功率为

$$P_{\text{in}} = (1 - |\Gamma_{\text{in}}|^2)P_A \tag{6.5-15}$$

设二端口网络的耗散功率为 P_d，则传送给负载的功率为

$$P_L = (1 - |\Gamma_{\text{in}}|^2)P_A - P_d \tag{6.5-16}$$

由定义式(6.5-12)，则得换能器损耗为

$$L_T = 10\lg\frac{1}{1 - |\Gamma_{\text{in}}|^2 - P_d/P_A}$$

以式(6.5-15)代入则为

$$\begin{aligned} L_T &= 10\lg\left(\frac{P_{\text{in}}}{P_{\text{in}} - P_d}\right)\left(\frac{1}{1 - |\Gamma_{\text{in}}|^2}\right) \\ &= 10\lg\frac{1}{1 - P_d/P_{\text{in}}} + 10\lg\frac{1}{1 - |\Gamma_{\text{in}}|^2} \\ &= L_d + L_{\text{mis}} \end{aligned} \tag{6.5-17}$$

式中第一项代表耗散损耗(dB)；第二项代表失配损耗(dB)，对于无耗网络，$P_d=0$，则换能器损耗仅为网络的失配损耗。

(3) 二端口网络的插入相移

插入相移(insertion phase)定义为插入网络前后负载的电压(或电流)相位之差，即

$$\theta_I \equiv \theta_{Lb} - \theta_{La} \tag{6.5-18}$$

当 Z_G 和 Z_L 均为实数时，$\theta_{Lb}=0$，则 $\theta_I=-\theta_{La}$。因此 θ_I 之正值表示网络引起的相位滞后，而负值则表示相位超前。此种情况下，插入相移可用 ABCD 参数表示为

$$\theta_I = \text{arctg}\frac{\text{Im}(AZ_L + B + CZ_GZ_L + DZ_G)}{\text{Re}(AZ_L + B + CZ_GZ_L + DZ_G)} \tag{6.5-19}$$

当 $Z_G=Z_L=Z_0$ 时，则为

$$\theta_I = \text{arctg}\frac{\text{Im}(AZ_0 + B + CZ_0^2 + DZ_0)}{\text{Re}(AZ_0 + B + CZ_0^2 + DZ_0)} \tag{6.5-20}$$

6.6　传输散射矩阵

前面指出过，散射矩阵表示法不便于分析级联二端口网络。解决的办法之一是采用 ABCD 矩阵运算，然后转换成散射矩阵。分析级联网络的另一个办法是采用一组新定义的散射参数，即传输散射参数，简称传输参数。

1. 传输散射矩阵表示法

仿效 ABCD 矩阵的定义，以输入端口的入射波 a_1、出射波 b_1 为因变量，输出端口的入射波 a_2、出射波 b_2 为自变量，可以定义一组新参数，称为传输散射参数(transfer scattering parameter)或 T 参数。其定义方程为

$$\begin{bmatrix} b_1 \\ a_1 \end{bmatrix} = \begin{bmatrix} T_{11} & T_{12} \\ T_{21} & T_{22} \end{bmatrix} \begin{bmatrix} a_2 \\ b_2 \end{bmatrix} \tag{6.6-1}$$

由式(6.6-1)定义的 T 参数与 S 参数的关系为

$$\begin{bmatrix} T_{11} & T_{12} \\ T_{21} & T_{22} \end{bmatrix} = \begin{bmatrix} (-S_{11}S_{22} + S_{12}S_{21})/S_{21} & S_{11}/S_{21} \\ -S_{22}/S_{21} & 1/S_{21} \end{bmatrix} \tag{6.6-2}$$

可见，与 ABCD 参数一样，当正向传输系数 S_{21} 为零时，T 参数将是不确定的。相反的关系为

$$\begin{bmatrix} S_{11} & S_{12} \\ S_{21} & S_{22} \end{bmatrix} = \begin{bmatrix} T_{12}/T_{22} & T_{11} - (T_{12}T_{21}/T_{22}) \\ 1/T_{22} & -T_{21}/T_{22} \end{bmatrix} \tag{6.6-3}$$

为了实现 T 矩阵到 S 矩阵的转换，就要求 T_{22} 不为零。而 T_{22} 是正向传输系数 S_{21} 的倒数，系非零参数。

求 T 参数的一个简便方法是由 S 参数出发进行推导。另外，也可以利用传输线方程和基尔霍夫定律直接求得。表 6.6-1 给出了一些常用二端口元件的 T 矩阵。

2. 二端口 T 矩阵的特性

①对于对称二端口网络，若从网络的端口 1 和 2 看入时网络是相同的，则必有 $S_{11}=S_{22}$，于是有

$$T_{21} = -T_{12} \tag{6.6-4}$$

②对于互易二端口网络，T 参数满足关系

$$T_{11}T_{22} - T_{12}T_{21} = 0 \tag{6.6-5}$$

它类似于 ABCD 参数的关系式 $AD-BC=1$。

与 ABCD 矩阵类似，级联二端口网络的 T 矩阵等于各单个二端口网络 T 矩阵的乘积。

如图 6.4-3 所示，当连接端口的参考阻抗相同时，则 $a_{2A}=b_{1B}$，$b_{2A}=a_{1B}$，于是由定义方程(6.6-1)可求得元件 A 和元件 B 级联的 T 矩阵等于元件 A 的 $[T]_A$ 矩阵与元件 B 的 $[T]_B$ 矩阵的乘积，即

$$[T]_{AB}=[T]_A\cdot[T]_B \tag{6.6-6a}$$

若有 N 个二端口网络级联，则级联网络总的 T 矩阵等于此 N 个二端口的 T 矩阵之乘积，即

$$\begin{bmatrix}T_{11} & T_{12}\\ T_{21} & T_{22}\end{bmatrix}_{\text{级联}}=\prod_{i=1}^{N}\begin{bmatrix}T_{11i} & T_{12i}\\ T_{21i} & T_{22i}\end{bmatrix} \tag{6.6-6b}$$

在一定程度上说，T 矩阵表示法要比 $ABCD$ 矩阵表示法更为理想，理由是从 S 矩阵变换到 T 矩阵所涉及的运算比 S 矩阵变换到 $ABCD$ 矩阵要简单些，另外，T 参数与 S 参数都是用各端口阻抗归一化的波参量定义的，所以这两种表示法也比较容易互换。

表 6.6-1　一些常用二端口网络的 $ABCD$ 矩阵、S 矩阵和 T 矩阵

元　件	$ABCD$ 矩阵	S 矩阵	T 矩阵
1. 传输线段 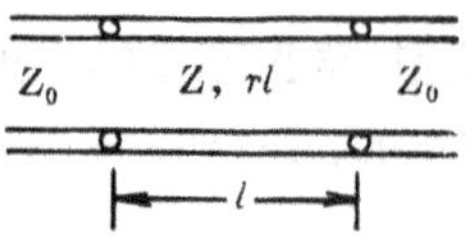	$\begin{bmatrix}\text{ch} & Z\text{sh}\\ \frac{\text{sh}}{Z} & \text{ch}\end{bmatrix}$	$\frac{1}{D_s}\begin{bmatrix}(Z^2-Z_0^2)\text{sh} & 2ZZ_0\\ 2ZZ_0 & (Z_2-Z_0^2)\ \text{sh}\end{bmatrix}$	$\begin{bmatrix}\text{ch}-\frac{Z^2+Z_0^2}{2ZZ_0}\text{sh} & \frac{Z^2-Z_0^2}{2ZZ_0}\text{sh}\\ -\frac{Z^2-Z_0^2}{2ZZ_0}\text{sh} & \text{ch}+\frac{Z^2+Z_0^2}{2ZZ_0}\text{sh}\end{bmatrix}$
	其中，$\text{sh}=\text{sh}\ \gamma l$，$\text{ch}=\text{ch}\ \gamma l$，$D_s=2ZZ_0\ \text{ch}+(Z^2+Z_0^2)\ \text{sh}$		
2. 串联阻抗 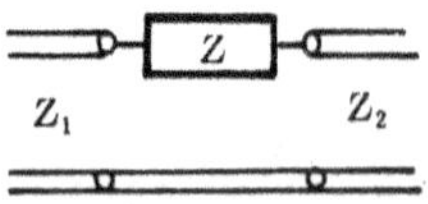	$\begin{bmatrix}1 & Z\\ 0 & 1\end{bmatrix}$	$\frac{1}{D_s}\begin{bmatrix}Z+Z_2-Z_1 & 2\sqrt{Z_1Z_2}\\ 2\sqrt{Z_1Z_2} & Z+Z_1-Z_2\end{bmatrix}$	$\frac{1}{D_t}\begin{bmatrix}Z_1+Z_2-Z & Z_2-Z_1+Z\\ Z_2-Z_1-Z & Z_1+Z_2-Z\end{bmatrix}$
	其中，$D_s=Z+Z_1+Z_2$，$D_t=2\sqrt{Z_1Z_2}$		
3. 并联导纳 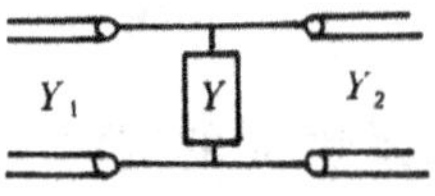	$\begin{bmatrix}1 & 0\\ Y & 1\end{bmatrix}$	$\frac{1}{D_s}\begin{bmatrix}Y_1-Y_2-Y & 2\sqrt{Y_1Y_2}\\ 2\sqrt{Y_1Y_2} & Y_2-Y_1-Y\end{bmatrix}$	$\frac{1}{D_t}\begin{bmatrix}Y_1+Y_2-Y & Y_1-Y_2-Y\\ Y_1-Y_2+Y & Y_1+Y_2+Y\end{bmatrix}$
	其中，$D_s=Y+Y_1+Y_2$，$D_t=2\sqrt{Y_1Y_2}$		
4. 并联开路短线 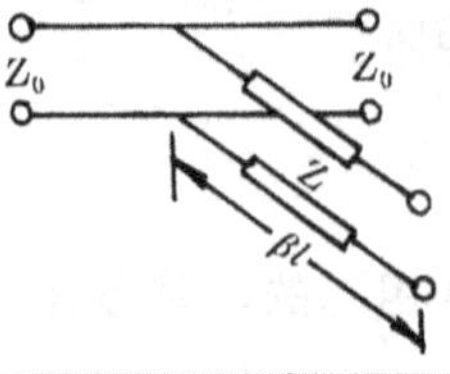	$\begin{bmatrix}1 & 0\\ \frac{jT}{2} & 1\end{bmatrix}$	$\frac{1}{D_s}\begin{bmatrix}1 & D_s+1\\ D_s+1 & 1\end{bmatrix}$	$\begin{bmatrix}1-\frac{Z_0}{2Z}T & -j\frac{Z_0}{2Z}T\\ j\frac{Z_0}{2Z}T & 1+j\frac{Z_0}{2Z}T\end{bmatrix}$
	其中，$T=\text{tg}\ \beta l$，$D_s=1+2jZT/Z_0$		
5. 并联短路短线 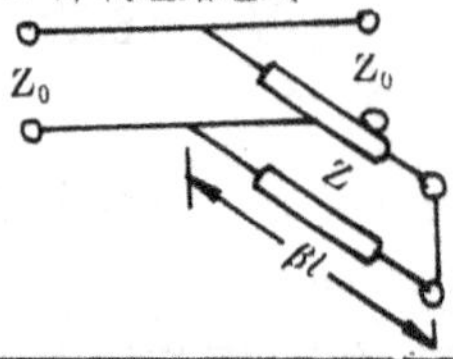	$\begin{bmatrix}1 & 0\\ \frac{1}{jZT} & 1\end{bmatrix}$	$\frac{1}{D_s}\begin{bmatrix}-1 & D_s-1\\ D_s-1 & -1\end{bmatrix}$	$\begin{bmatrix}1+j\frac{Z_0}{2ZT} & j\frac{Z_0}{2ZT}\\ -j\frac{Z_0}{2ZT} & 1-j\frac{Z_0}{2ZT}\end{bmatrix}$
	其中，$T=\text{tg}\ \beta l$，$D_s=-1+2jZ/(Z_0T)$		

续表

元件	ABCD 矩阵	S 矩阵	T 矩阵
6. 理想变压器 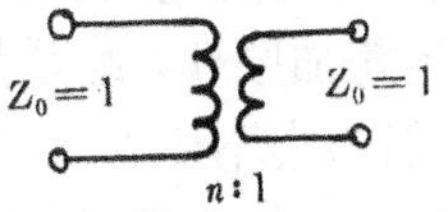	$\begin{bmatrix} n & 0 \\ 0 & 1/n \end{bmatrix}$	$\dfrac{1}{n^2+1}\begin{bmatrix} n^2-1 & 2n \\ 2n & 1-n^2 \end{bmatrix}$	$\dfrac{1}{2n}\begin{bmatrix} n^2+1 & n^2-1 \\ n^2-1 & n^2+1 \end{bmatrix}$
7. π 形网络 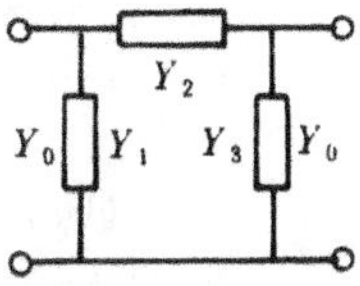	$\begin{bmatrix} 1+\dfrac{Y_2}{Y_3} & \dfrac{1}{Y_3} \\ \dfrac{D}{Y_3} & 1+\dfrac{Y_1}{Y_3} \end{bmatrix}$ 其中，$D_s=Y_0^2+\Omega Y_0+D$，$D=Y_1Y_2+Y_2Y_3+Y_3Y_1$，$\Omega=Y_1+Y_2+2Y_3$，$P=Y_1-Y_2$	$\dfrac{1}{D_s}\begin{bmatrix} Y_0^2-PY_0-D & 2Y_0Y_3 \\ 2Y_0Y_3 & Y_0^2+PY_0-D \end{bmatrix}$	$\dfrac{1}{2Y_0Y_3}\begin{bmatrix} -Y_0^2+\Omega Y_0-D & Y_0^2-PY_0-D \\ -Y_0^2-PY_0+D & Y_0^2+\Omega Y_0+D \end{bmatrix}$
8. T 形网络 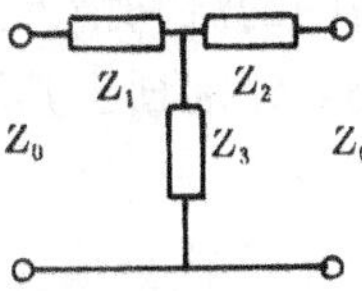	$\begin{bmatrix} 1+\dfrac{Z_1}{Z_3} & \dfrac{D}{Z_3} \\ \dfrac{1}{Z_3} & 1+\dfrac{Z_2}{Z_3} \end{bmatrix}$ 其中，$D_s=Z_0^2+\Omega Z_0+D$，$D=Z_1Z_2+Z_2Z_3+Z_3Z_1$，$\Omega=Z_1+Z_2+2Z_3$，$P=Z_1-Z_2$	$\dfrac{1}{D_s}\begin{bmatrix} -Z_0^2+PZ_0+D & 2Z_0Z_3 \\ 2Z_0Z_3 & -Z_0^2-PZ_0+D \end{bmatrix}$	$\dfrac{1}{2Z_0Z_3}\begin{bmatrix} -Z_0^2+\Omega Z_0-D & -Z_0^2+PZ_0+D \\ Z_0^2+PZ_0-D & Z_0^2+\Omega Z_0+D \end{bmatrix}$
9. 传输线接头 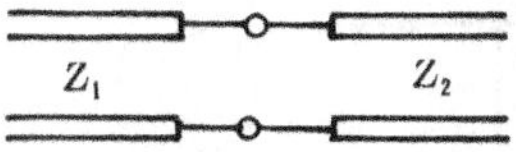	$\begin{bmatrix} 1 & 0 \\ 0 & 1 \end{bmatrix}$ 其中，$D_s=Z_1+Z_2$，$D_t=2\sqrt{Z_1Z_2}$	$\dfrac{1}{D_s}\begin{bmatrix} Z_2-Z_1 & 2\sqrt{Z_1Z_2} \\ 2\sqrt{Z_1Z_2} & Z_1-Z_2 \end{bmatrix}$	$\dfrac{1}{D_t}\begin{bmatrix} Z_1+Z_2 & Z_2-Z_1 \\ Z_2-Z_1 & Z_1+Z_2 \end{bmatrix}$
10. α 分贝衰减器 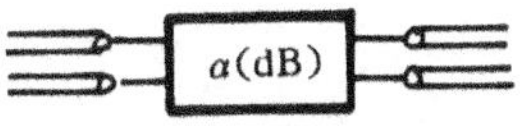	$\begin{bmatrix} \dfrac{A+B}{2} & Z_0\left(\dfrac{A-B}{2}\right) \\ \dfrac{A-B}{2Z_0} & \dfrac{A+B}{2} \end{bmatrix}$ 其中，$A=10^{\alpha/20}$，$B=1/A$	$\begin{bmatrix} 0 & B \\ B & 0 \end{bmatrix}$	$\begin{bmatrix} -A & 0 \\ 0 & A \end{bmatrix}$

6.7　微波网络的信号流图

信号流图(signal flow graph)是图论的一个分支，是 1953 年由 S. J. Mason 提出来的。它是用一个有向图来描述线性方程组变量之间的关系，因而可以不直接求解电路方程，而从图形得到解答，从而使电路的分析大为简化。信号流图结合散射参数，则是分析微波网络和微波测量系统的简便而有效的方法。本节就信号流图的基本概念与流图的两种简化技术或解法作一简单介绍，并举例说明信号流图在微波网络分析中的应用。

1. 信号流图的构成

信号流图的基本构成部分是节点和支路：

● 节点(node)　方程组的变量，以“·”或“。”表示。微波网络的每个端口 i 都有两个节点 a_i 和 b_i，节点 a_i 定义为流入端口 i 的波，而节点 b_i 定义为从端口 i 出射的波。

● 支路(branch)　又称分支，是两节点之间的有向线段，是节点 a_i 和节点 b_i 之间的直接通路，表示变量之间的关系。其方向即信号流动的方向。每个支路有相应的 S 参数或反射系数。支路终点的变量等于起点的变量乘以相应支路的系数，并满足叠加原理。此系数称为支路的传输值，注明在相应支路旁边；当支路的传输值为 1 时，一般略去不注。

此外，从某一节点出发，沿着支路方向连续经过一些支路而终止于另一节点或同一节点所经的途径称为通路或路径(path)；闭合的路径称为环(loop)；只有一个支路的环路称为自环(self-loop)。通路的传输值等于所经各支路传输值之积。

如图 6.7-1(a)所示的二端口网络，其散射方程为

$$\begin{aligned} b_1 &= S_{11}a_1 + S_{12}a_2 \\ b_2 &= S_{21}a_1 + S_{22}a_2 \end{aligned} \tag{6.7-1}$$

此式画成信号流图如图 6.7-1(b)所示。

在许多情况下，不一定要写出网络的方程组而可以根据信号在网络中的流动情况直接画出信号流图。对于一个复杂的微波系统，可以把它分成若干基本电路，分别画出其基本网络的流图，再把它们级联起来就可得到整个系统的信号流图。

微波网络中常用基本电路的信号流图如表 6.7-1 所示。

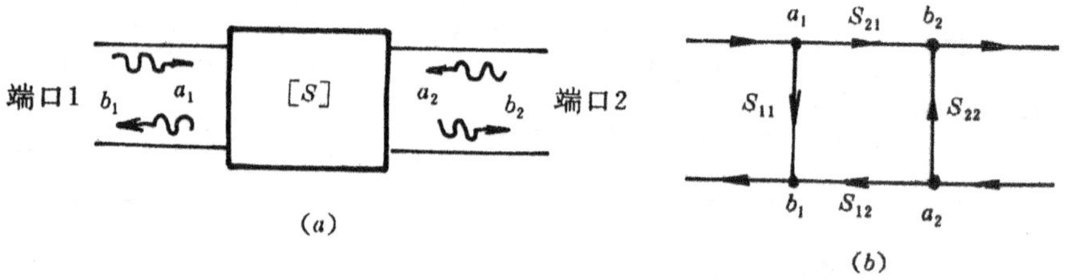

图　6.7-1　二端口网络及其信号流图

表 6.7-1　基本微波电路的信号流图

名　　称	基 本 电 路	信 号 流 图
无耗传输线　　段	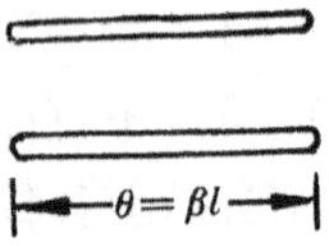	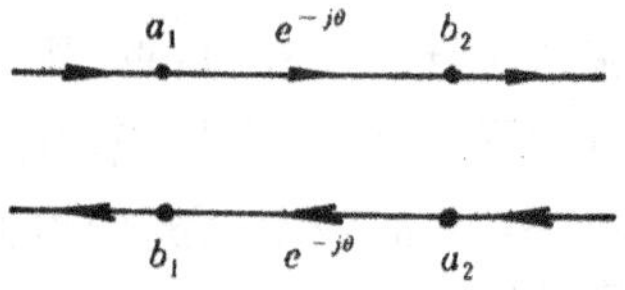

续表

名　　称	基本电路	信号流图
终端负载	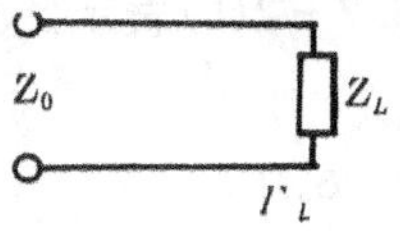	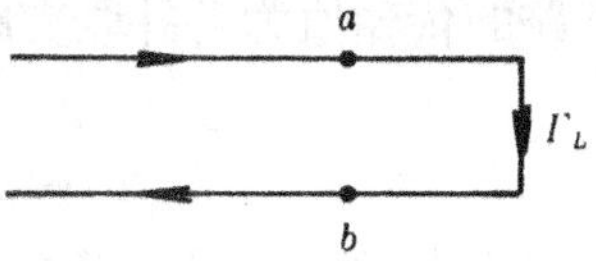
失　配 信号源	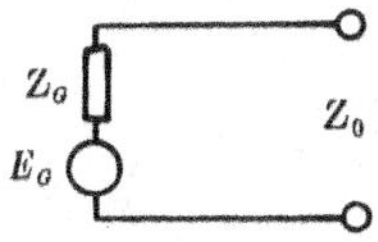	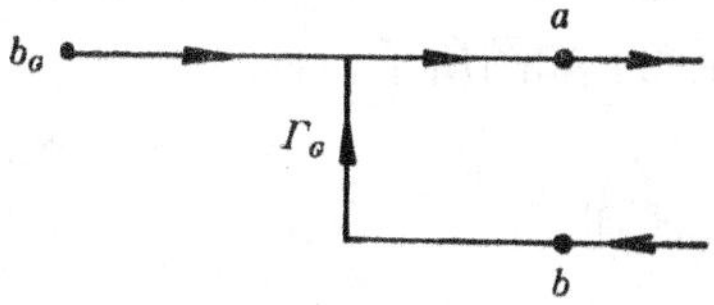
并联导纳	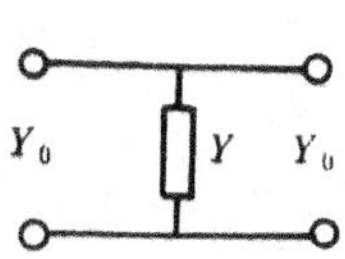	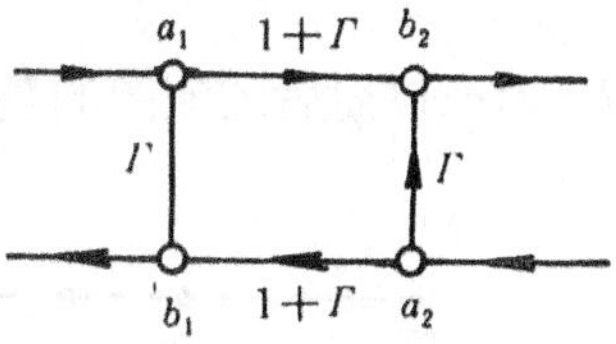
串联阻抗	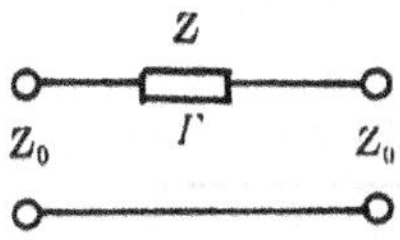	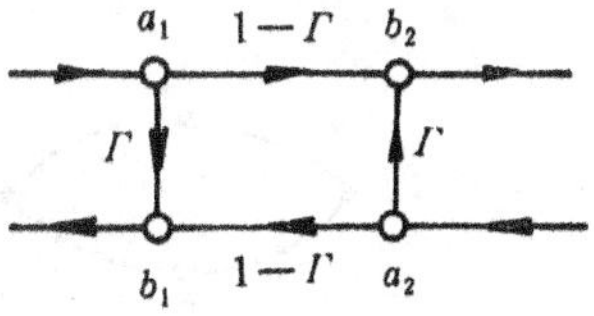
检波器	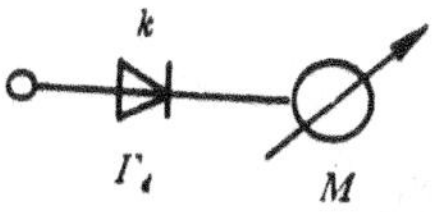	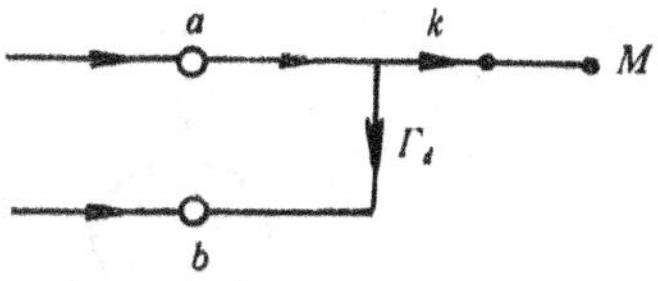

2. 信号流图的求解方法

一旦一个微波网络用信号流图形式表示出来，就可以比较容易地求出所要求的波振幅比。在微波网络分析中，常需要求两个变量之间的关系，在信号流图中即表现为求两个节点信号的比值，称为求节点之间的传输。求解方法有两种：一种是流图化简法，一种是流图公式法。

(1) 流图化简法

流图化简法又称流图分解法或流图拓扑变换法。它是根据信号流图的一些拓扑变换规则，将一个复杂的信号流图简化成二个节点之间的一条支路，从而求出此两节点之间的传输。

拓扑变换的基本规则有四条：

①同向串联支路合并规则：在两节点之间如有几条首尾相接的串联支路，则可以合并为一条支路，新支路的传输值为各串联支路传输值之积。图 6.7－2(a)表示此规则的流图。

其基本关系是

$$V_3 = S_{32}V_2 = S_{32}S_{21}V_1 \tag{6.7-2}$$

②同向并联支路合并规则：在两节点之间如有几条同向并联支路，则可以合并为一条支路，新支路的传输值为各并联支路传输值之和。图 6.7-2(b)表示此规则的流图。其基本关系是

$$V_2 = S_aV_1 + S_bV_1 = (S_a + S_b)V_1 \tag{6.7-3}$$

③自环消除规则：如果在某个节点有传输为 S 的自环，则将所有流入此节点的支路的传输值都除以$(1-S)$，而流出的支路的传输值不变，即可消除此自环。图 6.7-2(c)表示此规则的流图。如图所示，有

$$V_2 = S_{21}V_1 + S_{22}V_2,\ V_3 = S_{32}V_2$$

消除 V_2，得到

$$V_3 = \frac{S_{32}S_{21}}{1 - S_{22}}V_1 \tag{6.7-4}$$

此即图 6.7-2(c)化简后的流图的基本关系。

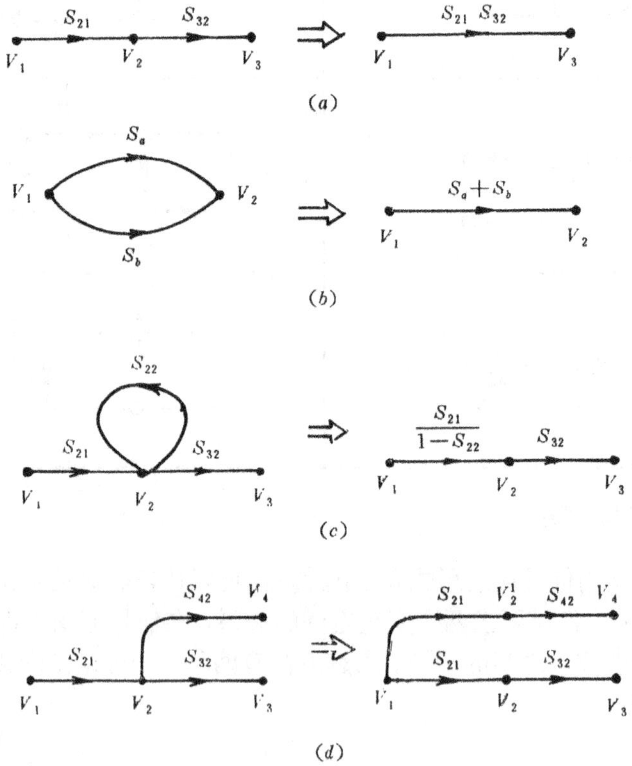

图 6.7-2 流图化简规则

(a) 串联规则；(b) 并联规则；(c) 自环规则；(d) 分裂规则

④节点分裂规则：一个节点可以分裂成两个或几个节点，只要原来的信号流通情况保持不变即可；如果在此节点上有自环，则分裂后的每个节点都应保持原有的自环。图 6.7-2(d)表示此规则的流图，显然有关系

$$V_4 = S_{42}V_2 = S_{21}S_{42}V_1 \tag{6.7-5}$$

例 6.7-1　图 6.7-3 表示接任意信源和负载的二端口网络的信号流图，用化简法求其输入端反射系数。

解　所要求的是 $\Gamma_{in}=b_1/a_1$。应用上述化简规则，将图 6.7-3 所示信号流图分四步化简，如图 6.7-4 所示，最后由图 6.7-4(d)得到

$$\Gamma_{in}=\frac{b_1}{a_1}=S_{11}+\frac{S_{12}S_{21}\Gamma_L}{1-S_{22}\Gamma_L} \tag{6.7-6}$$

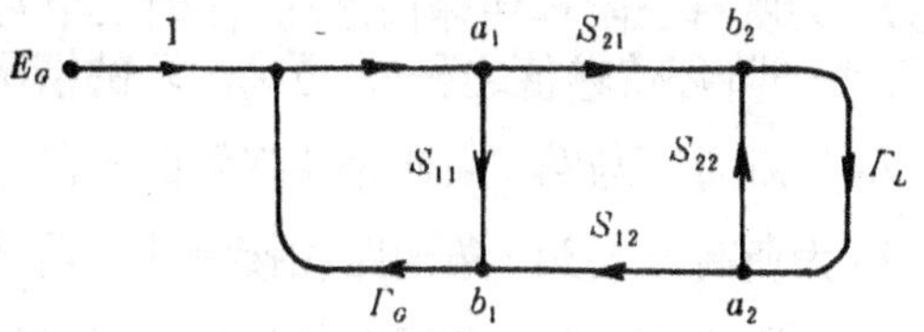

图 6.7-3　一般二端口网络的信号流图

(2) 流图公式法

流图公式法亦称梅森不接触环法则(Mason's nontouching loop rule)，简称梅森公式。根据梅森公式可以直接求出流图中任意两点之间的传输值。

求流图中节点 j 至节点 k 传输值 T_{jk}的流图公式(即梅森公式)为

$$T_{jk}=\frac{a_k}{a_j}=\frac{\sum_{i=1}^{n}P_i\Delta_i}{\Delta} \tag{6.7-7}$$

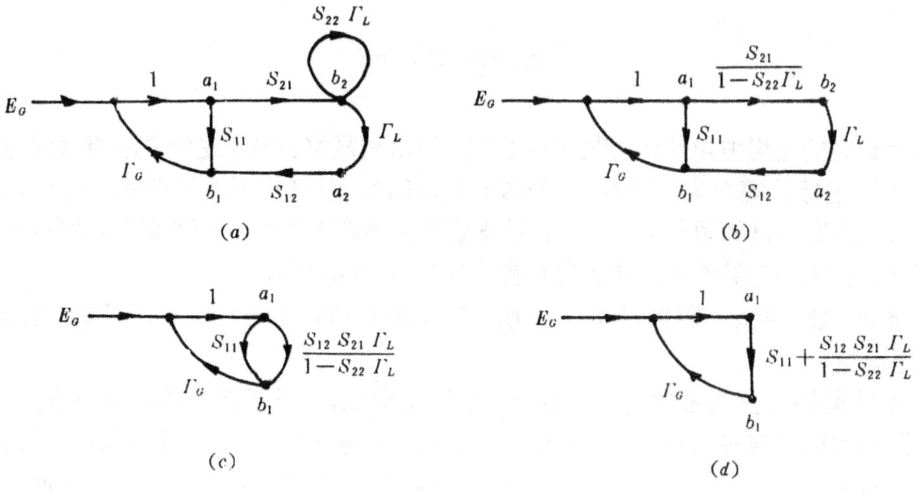

图　6.7-4

(a) 将规则④用于节点 a_2；(b) 对自环用规则③；(c)应用规则①；(d) 应用规则②

式中：

a_k 是节点 k 的值；

a_j 是节点 j 的值；

P_i 是节点 j 至节点 k 的第 i 条通路的传输值；

$\Delta_i=1-\sum L_{1i}+\sum L_{2i}-\sum L_{3i}+\cdots$

$\Delta=1-\sum L_1+\sum L_2-\sum L_3+\cdots$

这里 $\sum L_1$ 为所有一阶环传输值之和(一阶环就是一条由一系列首尾相接的定向线段按同一方向传输的闭合通路，而且其中没有一个节点接触一次以上，其传输值等于各线段传输值之积)。

$\sum L_2$ 为所有二阶环传输值之和(任何两个互不接触的一阶环构成一个二阶环，其传输值等于两个一阶环传输值之积)。

$\sum L_3$ 为所有三阶环传输值之和(任何三个互不接触的一阶环构成一个三阶环，其传输值等于三个一阶环传输值之积)。更高阶环的情况依此类推。

$\sum L_{1i}$为所有不与第 i 条通路相接触的一阶环传输值之和；

$\sum L_{2i}$为所有不与第 i 条通路相接触的二阶环传输值之和；

$\sum L_{3i}$为所有不与第 i 条通路相接触的三阶环传输值之和。依此类推。

例 6.7-2　用梅森公式重做例 6.7-1。

解　用梅森法则求 Γ_{in}时，所求节点 a_1 和 b_1 左边的电路部分无需考虑，则由图 6.7-3 可见，从节点 a_1 到节点 b_1 有两条通路：$P_1=S_{11}$，$P_2=S_{21}\Gamma_L S_{12}$；一阶环有一个：$\sum L_1=\Gamma_1 S_{22}$；无二阶和高阶环。所有一阶环不与 P_1 相接触的传输值之和是$\sum L_{11}=\Gamma_L S_{22}$；与 P_2 不接触的所有一阶环总和为零：$\sum L_{12}=0$。因此由式(6.7-7)，则得

$$\Gamma_{in}=\frac{b_1}{a_1}=\frac{S_{11}(1-\Gamma_L S_{22})+S_{12}S_{21}\Gamma_L}{1-S_{22}\Gamma_L}=S_{11}+\frac{S_{12}S_{21}\Gamma_L}{1-S_{22}\Gamma_L}$$

与前面化简法的结果一致。

本 章 提 要

本章研究的是微波电路的等效电路方法，即微波网络方法。这种方法将微波电路的各端口的规则波导段等效为一对双线(分布参数电路)；而将其不连续性等效为集总参数网络，由此得到该电路的微波网络，然后用波矩阵描述其不连续性对各端口规则波导中主模传输特性的影响。使用最多的波矩阵是散射矩阵和 ABCD 矩阵。

关键词：微波网络，阻抗矩阵，导纳矩阵，散射矩阵，幺正性，ABCD 矩阵，传输散射矩阵，信号流图。

1. 微波网络由分布参数电路和集总参数网络组成，与低频集总参数网络有如下不同：①微波网络的形式与模式有关，若传输单一模式，则等效为一个 N 端口网络；若每个端口波导中传输 m 个模式，则应等效为 $N\times m$ 端口网络。②微波网络的形式与参考面的选取有关。参考面的选择原则上是任意的，但必须垂直于各端口波导的轴线，并且应远离不均匀区，使其上没有高次模，只有相应的传输模(一般为主模)。

2. Z 矩阵、Y 矩阵和 ABCD 矩阵都是用端电压和端电流来描述的，其中 Z、Y 矩阵参数有明确的物理意义，Z 矩阵便于分析网络的串联，Y 矩阵便于分析网络的并联；ABCD 矩阵参数无明确物理意义，但它便于二端口微波网络的级联运算，且与二端口网络的外部特性参数直接有关，故应用更广。

3. 散射矩阵是用入射波和出射波来描述的，散射矩阵参数有明确的物理意义，且便于测量，又有重要特性(对称性和幺正性)，是微波电路分析和设计的有力工具。

4. 传输散射矩阵也是用入射波和出射波来描述的，传输参数多数无明确物理意义，但 T 矩阵便于分析网络的级联，且与 S 矩阵表示法容易互换，转换运算更为简便，故在微波网络的分析和计算中应用很广。

5. 信号流图结合 S 参数是分析微波网络，研究微波测量系统及其误差，分析微波放大器和振荡器的有效工具。信号流图的求解有化简法和梅森公式法。

习 题

6-1 求 BJ—100 波导在 10 GHz 时 TE_{20}、TE_{30}的衰减常数值。

6-2 试推导 TE_{mn}模矩形波导的等效传输线方程。

6-3 推导长度为 l，特性阻抗为 Z_0 的无耗传输线段的 $ABCD$ 矩阵。

6-4 试推导式(6.4-28)。

6-5 求图 6-1 所示的对称二端口网络的归一化 $ABCD$ 矩阵，并求不引起附加反射的条件。

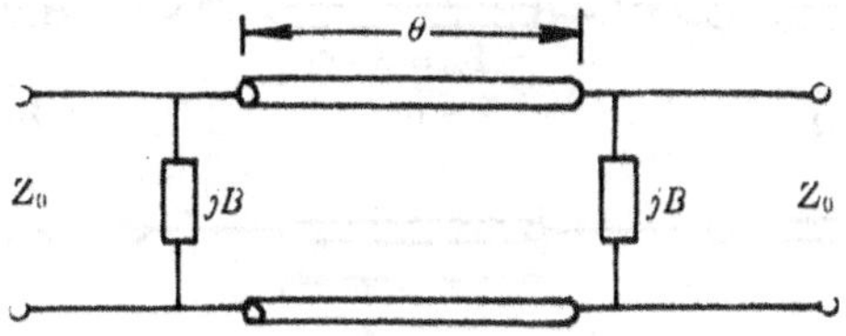

图 6-1

6-6 如图 6-2 所示，两个不连续性二端口网络级联，其电压反射系数分别为 Γ_1 和 Γ_2，求级联网络输入端驻波系数表示式；设 $\rho_1=2.0$，$\rho_2=3.0$，求总的输入端驻波系数。

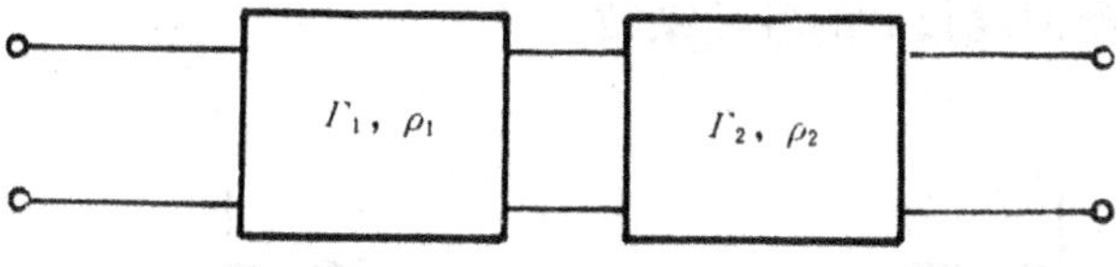

图 6-2

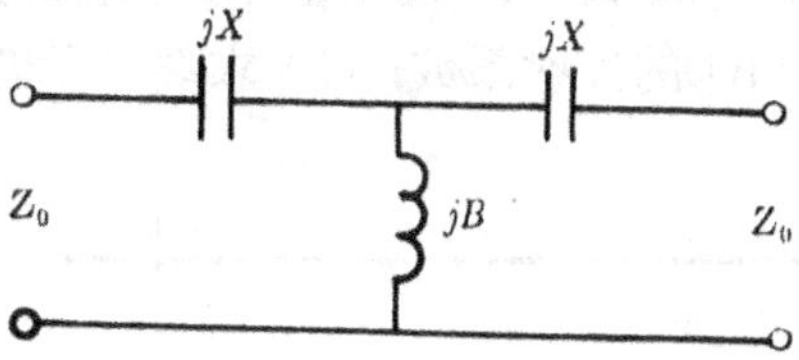

图 6-3

6-7 求图 6-3 所示网络的输入阻抗及终端负载 $Z_L=Z_0$ 时输入端匹配的条件。

6-8 求表 6.6-1 中 π 形网络和 T 形网络的 $ABCD$ 矩阵。

6-9 求图 6-4 所示的各电路的 S 矩阵。

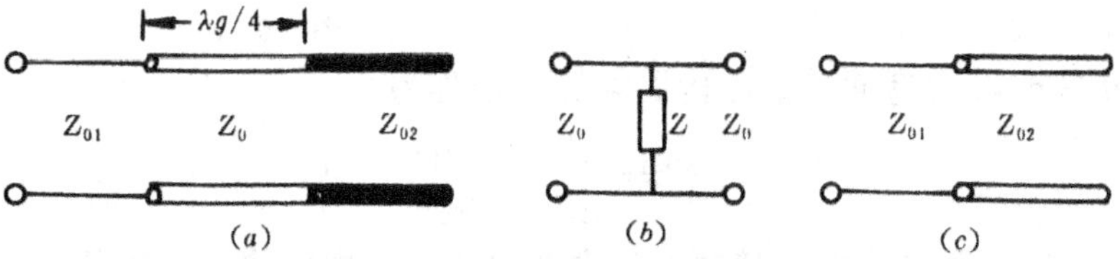

图 6-4

6-10 推导式(6.4-20)和式(6.4-23)。

6-11 求图 6-5 所示网络的换能器损耗、插入损耗和耗散损耗：①$l=0$，②$l=\lambda/4$。

6-12 如图 6-6 所示 50 Ω 系统：①求频率为 2.0 GHz 时的插入损耗和插入相移；②

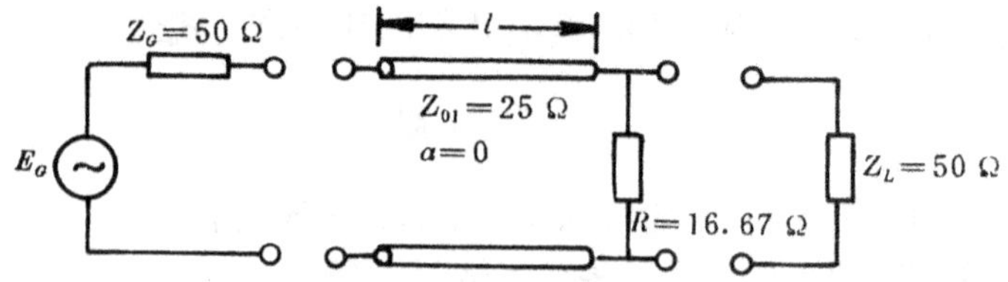

图　6－5

求插入损耗 $L_I=0$ 时无耗线的长度 l；③计算由②求得长度之网络的插入相移。

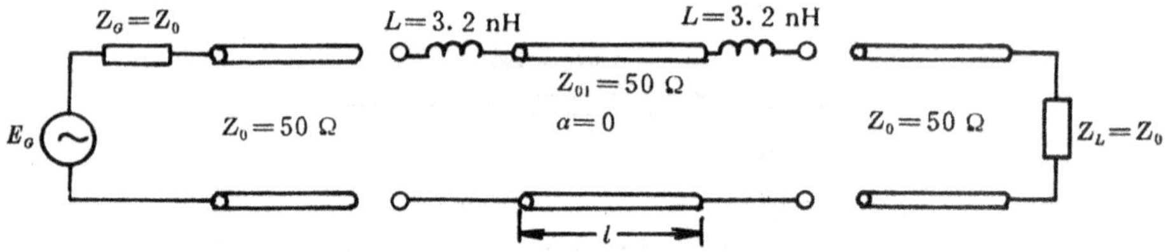

图　6－6

6－13　如图 6－7 所示同轴波导转换接头，已知其散射矩阵为

$$[S]=\begin{bmatrix}S_{11} & S_{12}\\ S_{21} & S_{22}\end{bmatrix}$$

（1）求端口②匹配时端口①的驻波系数；（2）求当端口②接负载产生的反射系数为 Γ_2 时，端口①的反射系数；（3）求端口①匹配时端口②的驻波系数。

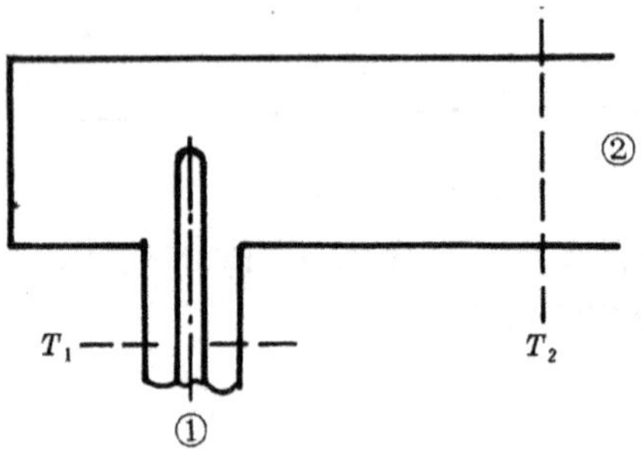

图　6－7

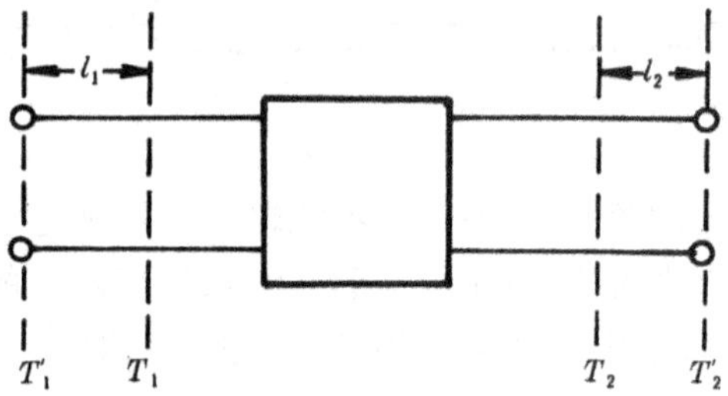

图　6－8

6－14　设图 6－8 参考面 T_1、T_2 内网络的 S 矩阵为

$$[S]=\begin{bmatrix}S_{11} & S_{12}\\ S_{21} & S_{22}\end{bmatrix}$$

求端口①向外移动 l_1，端口②向外移动 l_2 后参考面 T'_1、T'_2 内网络的 S 矩阵。

6－15　推导式(6.6－3)。

6－16　如图 6－9 所示网络，设 $Z_G=Z_L=Z_0$；①求级联网络的传输散射矩阵；②求整个网络的输入端反射系数与传输系数。

6－17　如图 6－10 所示为微波接头等效电路，今测得 $S_{11}=(1-j)/(3+j)$，$S_{22}=-(1$

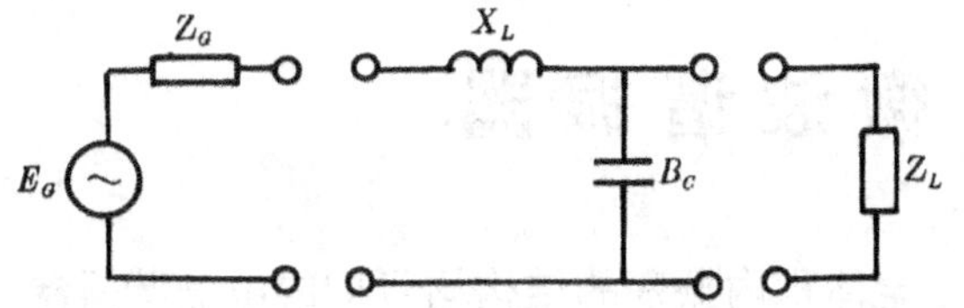

图　6-9

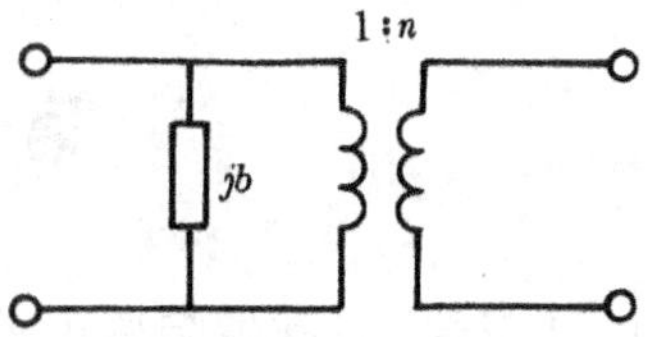

图　6-10

$+j)/(3+j)$，求理想变压器的匝比 n 与接头处的相对电纳 jb 值。

6-18　如图 6-11 所示网络，当终端接匹配负载时，要求输入端匹配，求电阻 R_1 和 R_2 应满足的关系。

6-19　求图 6-12 所示匹配 3 dB 衰减器的 S 参数。

6-20　如图 6-13 所示的波导阶梯：①求阶梯处的归一化 $ABCD$ 矩阵、T 矩阵及其等效电路；②求参考面 S_1 和 S_2 之间电路的 $ABCD$ 矩阵和 T 矩阵。

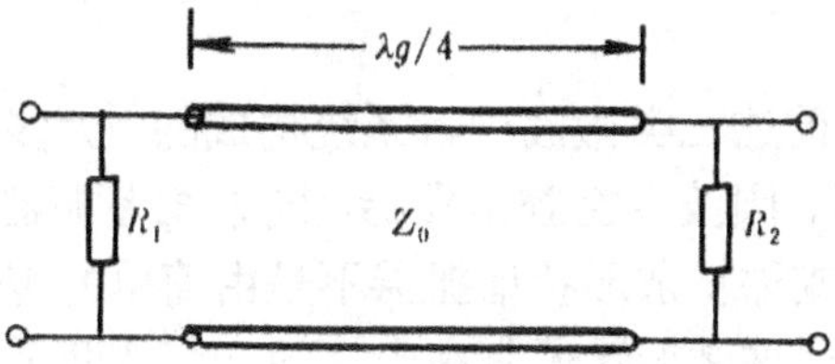

图　6-11

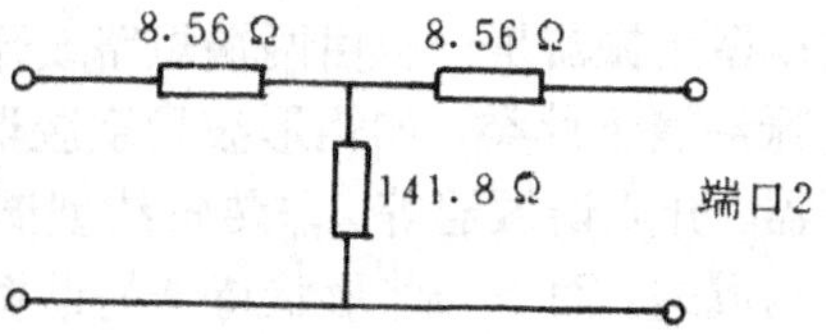

图　6-12

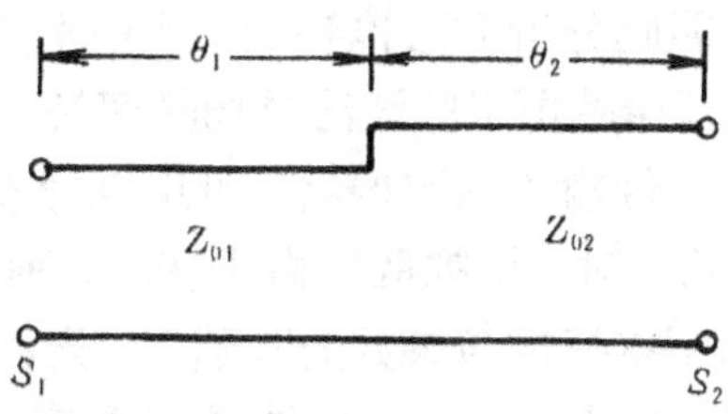

图　6-13

6-21　测得某二端口网络的 S 矩阵为

$$[S]=\begin{bmatrix}0.1\angle 0^\circ & 0.8\angle 90^\circ \\ 0.8\angle 90^\circ & 0.2\angle 0^\circ\end{bmatrix}$$

问此二端口网络是否互易和无耗？若在端口 2 短路，求端口 1 处的回波损耗。

6-22　推导 $ABCD$ 矩阵与 Z、Y 矩阵的转换关系。

6-23　某微波晶体管在 10 GHz 时相对于 50 Ω 参考阻抗的 S 参数为

$$S_{11}=0.45\angle 150^\circ \qquad S_{12}=0.01\angle -10^\circ$$

$$S_{21}=2.05\angle 10^\circ \qquad S_{22}=0.40\angle -150^\circ$$

信源阻抗为 20 Ω，负载阻抗为 30 Ω，试计算资用功率增益 G_A、换能器功率增益 G_T 和实际功率增益 G。

6-24　用网络分析方法，推导接任何信源和负载的二端口网络的输入端反射系数表示式(6.7-6)。

第七章　微 波 谐 振 器

广义而言，凡能够限定电磁能量在一定体积内振荡的结构均可构成电磁谐振器。微波谐振器一般是由任意形状的电壁或磁壁所限定的体积，其内产生微波电磁振荡。它是一种具有储能和选频特性的微波谐振元件，其作用和工作类似于电路理论中的集总元件谐振器，在微波电路和系统中广泛用作滤波器、振荡器、频率计、调谐放大器等。

大约在 300 MHz 以下，谐振器是用集总电容器和电感器做成。高于 300 MHz 时，这种 LC 回路的欧姆损耗、介质损耗、辐射损耗都增大，致使回路的 Q 值降低；而回路的电感量和电容量则要求很小，难以实现。为了避免这些限制，可采用传输线技术用一段纵向两端封闭的传输线或波导来实现高 Q 微波谐振电路。

微波谐振器的种类很多，按其结构型式可分为传输线型谐振器和非传输线型谐振器两类。

传输线型谐振器是一段由两端短路或开路的前述三类微波导行系统构成的。大多数实用微波谐振器属于此类，如矩形波导空腔谐振器、圆波导空腔谐振器、同轴线谐振器、微带线谐振器、介质谐振器等。非传输线型谐振器或称复杂形状谐振器不是由简单的传输线或波导段构成的，而是一些形状特殊的谐振器。这种谐振器通常在坐标的一个或两个方向上存在不均匀性，如环形谐振器、混合同轴线型谐振器等。本章只研究传输线型微波谐振器。

由于谐振器的种类繁多，因此分析方法也各异：从根本上讲，微波谐振器的求解属于场的边值问题；对于金属波导谐振腔可用驻波法求场的解答；对于 TEM 传输线谐振器可用传输线理论来分析；对于一些非传输线型谐振器，可用准静态方法求解；对于单模工作的谐振器，可用等效电路方法分析；对于谐振腔的微小变形，则可用微扰方法分析。

本章在论述微波谐振器的基本特性与参数的基础上，先回顾集总串联和并联 RLC 谐振电路的基本特性，然后研究传输线谐振器、金属波导谐振腔、介质谐振器的特性与设计计算方法，并介绍 Fabry - Perot 开式谐振器，最后讨论微波谐振器的激励与谐振腔的微扰。

7.1　微波谐振器的基本特性与参数

微波谐振器电磁振荡的实质与作用和低频 RLC 回路完全相同，但其基本特性参数与低频 RLC 回路却不一样。本节在分析微波谐振器电磁振荡实质的同时，论述微波谐振器的基本特性参数。

1. 任意形状微波谐振器自由振荡的基本特性

为使我们对微波谐振器(microwave resonators)的基本特性有所了解，我们来分析一下任意形状的微波谐振器，如图 7.1 - 1 所示，其体积为 V，表面为 S。S 面既可以是电壁(理想导体壁)，也可以是磁壁(开路壁)，也可以是部分电壁部分磁壁。下面我们以理想导体壁为例来讨论，其它情况的分析大同小异。设微波谐振器体积内填充理想的均匀介质，其电

导率 $\sigma=0$，且谐振器内无其它场源。于是体积 V 内的电磁场满足如下麦克斯韦方程：

$$\begin{aligned}\nabla\times\boldsymbol{E}&=-\mu\frac{\partial\boldsymbol{H}}{\partial t}\\\nabla\times\boldsymbol{H}&=\varepsilon\frac{\partial\boldsymbol{E}}{\partial t}\\\nabla\cdot\boldsymbol{E}&=0\\\nabla\cdot\boldsymbol{H}&=0\end{aligned}\qquad(7.1-1)$$

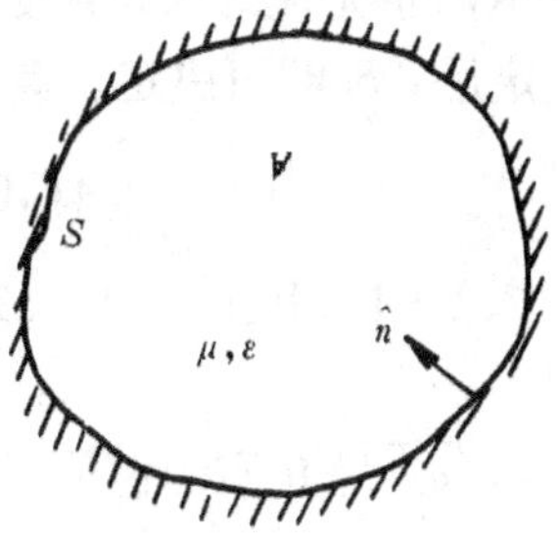

图 7.1-1 任意形状微波谐振器

在 S 面上的边界条件是

$$\begin{aligned}\boldsymbol{E}\times\hat{\boldsymbol{n}}&=0\\\boldsymbol{H}\cdot\hat{\boldsymbol{n}}&=0\end{aligned}\qquad(7.1-2)$$

式中 $\hat{\boldsymbol{n}}$ 是 S 面的法向单位矢量。

由式(7.1-1)可以求得电磁场的波动方程为

$$\begin{aligned}\nabla^2\boldsymbol{E}-\mu\varepsilon\frac{\partial^2\boldsymbol{E}}{\partial t^2}&=0\\\nabla^2\boldsymbol{H}-\mu\varepsilon\frac{\partial^2\boldsymbol{H}}{\partial t^2}&=0\end{aligned}\qquad(7.1-3)$$

式(7.1-3)的求解可用分离变量法。以电场方程为例，可设

$$\boldsymbol{E}=\boldsymbol{E}(\boldsymbol{r})T(t)\qquad(7.1-4)$$

其中，$T(t)$ 只是时间 t 的函数，是个标量；$\boldsymbol{E}(\boldsymbol{r})$ 只是空间位置坐标 $\boldsymbol{r}$ 的函数，为一矢量。将式(7.1-4)代入式(7.1-3)第一式，得到

$$\frac{\nabla^2\boldsymbol{E}(\boldsymbol{r})}{\boldsymbol{E}(\boldsymbol{r})}-\mu\varepsilon\frac{T''(t)}{T(t)}=0\qquad(7.1-5)$$

此式要成立，必须每项为常数。令分离变量常数分别为 ω_i 和 k_i，则得到方程：

$$T''(t)+\omega_i^2T(t)=0\qquad(7.1-6)$$

$$\nabla^2\boldsymbol{E}(\boldsymbol{r})+k_i^2\boldsymbol{E}(\boldsymbol{r})=0\qquad(7.1-7)$$

式中 $k_i=\omega_i\sqrt{\mu\varepsilon}$ 称为波数，在此为正实数。

式(7.1-6)是个简谐方程，其解为

$$T(t)=A_ie^{j\omega_it}\qquad(7.1-8)$$

式中 A_i 为任意常数，由起始条件决定，亦即由谐振器起始激励条件决定。

式(7.1-7)为本征值方程，k_i 为本征值。在选定坐标系后，可用分离变量法求解。设其特解为 $\boldsymbol{E}_i(\boldsymbol{r})$，于是得到式(7.1-3)第一式的特解为

$$\boldsymbol{E}=\boldsymbol{E}_i(\boldsymbol{r})A_ie^{j\omega_it}\qquad(7.1-9)$$

$\boldsymbol{E}$ 的通解则为

$$\boldsymbol{E}=\sum_{i=1}^{\infty}\boldsymbol{E}_i(\boldsymbol{r})A_ie^{j\omega_it}\qquad(7.1-10)$$

式中，$\boldsymbol{E}_i(\boldsymbol{r})$ 是满足边界条件的矢量函数，称为模式矢量函数；ω_i 是谐振器自由振荡的模式角频率；$k_i=\omega_i\sqrt{\mu\varepsilon}=\omega_i/v$。

对于式(7.1-3)第二式，同样可求得

$$\boldsymbol{H}=\sum_{i=1}^{\infty}\boldsymbol{H}_i(\boldsymbol{r})B_ie^{j\omega_it}\qquad(7.1-11)$$

式中，$\boldsymbol{H}_i(\boldsymbol{r})$也是模式矢量函数，$B_i$ 也是任意常数。由于电场和磁场满足麦克斯韦方程，故当 A_i 决定后，B_i 即可决定。事实上，将电场和磁场归一化，使得

$$\int_V |\boldsymbol{E}_i(\boldsymbol{r})|^2 dv = 1, \qquad \int_V |\boldsymbol{H}_i(\boldsymbol{r})|^2 dv = 1 \tag{7.1-12}$$

则将式(7.1－10)和式(7.1－11)代入式(7.1－1)第一、二方程，即可得到

$$A_i = -\,j\eta B_i \tag{7.1-13}$$

式中 $\eta=\sqrt{\mu/\varepsilon}$是介质的波阻抗。于是，对于谐振器某一特定自由振荡模式(free oscillation mode)，

$$\boldsymbol{E} = A_i\boldsymbol{E}_i(\boldsymbol{r})e^{j\omega_i t} \tag{7.1-14}$$

$$\boldsymbol{H} = j\,\frac{A_i}{\eta}\boldsymbol{H}_i(\boldsymbol{r})e^{j\omega_i t}$$

同时由式(7.1－1)可得

$$\begin{aligned}\boldsymbol{E}_i(\boldsymbol{r}) &= \frac{1}{k_i}\nabla\times\boldsymbol{H}_i(\boldsymbol{r})\\ \boldsymbol{H}_i(\boldsymbol{r}) &= \frac{1}{k_i}\nabla\times\boldsymbol{E}_i(\boldsymbol{r})\end{aligned} \tag{7.1-15}$$

对于谐振器任一自由振荡模式，可以证明其最大电场储能等于其最大磁场储能。事实上，电场最大储能为

$$W_e = \int_V \frac{1}{2}\varepsilon|\boldsymbol{E}|^2 dv$$

磁场最大储能为

$$W_m = \int_V \frac{1}{2}\mu|\boldsymbol{H}|^2 dv$$

由式(7.1－14)

$$W_m = \int_V \frac{1}{2}\mu\left(\frac{A_i}{\eta}\right)^2|\boldsymbol{H}_i(\boldsymbol{r})|^2 dv = \frac{1}{2}\varepsilon\left|\frac{A_i}{k_i}\right|^2\int_V|\nabla\times\boldsymbol{E}_i(\boldsymbol{r})|^2 dv \tag{7.1-16}$$

由于

$$\begin{aligned}\nabla\cdot\{\boldsymbol{E}_i^*(\boldsymbol{r})\times[\nabla\times\boldsymbol{E}_i(\boldsymbol{r})]\} &= \nabla\times\boldsymbol{E}_i^*(\boldsymbol{r})\cdot\nabla\times\boldsymbol{E}_i(\boldsymbol{r}) - \boldsymbol{E}_i^*(\boldsymbol{r})\cdot\nabla\times\nabla\times\boldsymbol{E}_i(\boldsymbol{r})\\ &= |\nabla\times\boldsymbol{E}_i(\boldsymbol{r})|^2 - \boldsymbol{E}_i^*(\boldsymbol{r})\cdot\nabla\times\nabla\times\boldsymbol{E}_i(\boldsymbol{r})\end{aligned}$$

故

$$\begin{aligned}\int_V|\nabla\times\boldsymbol{E}_i(\boldsymbol{r})|^2 dv &= \int_V\nabla\cdot\{\boldsymbol{E}_i^*(\boldsymbol{r})\times[\nabla\times\boldsymbol{E}_i(\boldsymbol{r})]\}dv + \int_V\boldsymbol{E}_i^*(\boldsymbol{r})\cdot\nabla\times\nabla\times\boldsymbol{E}_i(\boldsymbol{r})dv\\ &= \oint_S\boldsymbol{E}_i(\boldsymbol{r})\times[\nabla\times\boldsymbol{E}_i(\boldsymbol{r})]\cdot d\boldsymbol{s} + \int_V\boldsymbol{E}_i^*(\boldsymbol{r})\cdot\nabla\times\nabla\times\boldsymbol{E}_i(\boldsymbol{r})dv\\ &= \int_V\boldsymbol{E}_i^*(\boldsymbol{r})\cdot\nabla\times\nabla\times\boldsymbol{E}_i(\boldsymbol{r})dv = \int_V k_i^2|\boldsymbol{E}_i(\boldsymbol{r})|^2 dv\end{aligned}$$

在谐振器内壁(电壁)，$\nabla\times\boldsymbol{E}_i(\boldsymbol{r})=0$，故式中 $\oint_S=0$。将上式代入式(7.1－16)，得到

$$W_m = \frac{1}{2}\varepsilon\left|\frac{A_i}{k_i}\right|^2\int_V k_i^2|\boldsymbol{E}(\boldsymbol{r})|^2 dv = \frac{1}{2}\int_V\varepsilon|\boldsymbol{E}|^2 dv = W_e$$

综上讨论，我们可以得到如下结论：

①微波谐振器中可以存在无穷多不同振荡模式的自由振荡，不同的振荡模式具有不同的振荡频率。这表明微波谐振器的多谐性，与低频 LC 回路不同。

②微波谐振器中的单模电场和磁场为正弦场，时间相位差 90°，电场最大时，磁场为零；磁场最大时，电场为零，两者最大储能相等。由于谐振器内无能量损耗，谐振器表面亦无能量流出，能量只在电场和磁场之间不断交换，形成振荡。故振荡实质与低频 LC 回路相同。

2. 谐振器的基本参数

表示低频 LC 回路的基本参数是 L、C、R(或 G)。用来描述微波谐振器的基本参数则是谐振波长 λ_0(或谐振频率 f_0)、品质因数 Q_0 和等效电导 G_0。下面分别讨论这三个参数及其一般表示式。

(1) 谐振波长 λ_0。

谐振波长(resonant wavelength)λ_0 是微波谐振器最主要的参数。它表征微波谐振器的振荡规律，即表示微波谐振器内振荡存在的条件。

在导行系统求解中，我们得到关系

$$k^2 = k_u^2 + k_v^2 + k_z^2 = k_c^2 + \beta^2 \tag{7.1-17}$$

在导行系统情况下，沿 z 向无边界限制，波沿 z 向传播。此种情况下的相位常数 β 值是连续的，即波沿 z 向不具有谐振特性。对于谐振器情况，z 向也有边界限制，如图 7.1-2 所示的封闭式波导谐振器，波沿 z 向也应呈驻波分布，且

$$l = p\frac{\lambda_g}{2} \qquad p = 1, 2, \cdots \tag{7.1-18}$$

式中，l 是谐振器的长度，λ_g 为波导波长。由此可得

$$\beta = \frac{p\pi}{l} \tag{7.1-19}$$

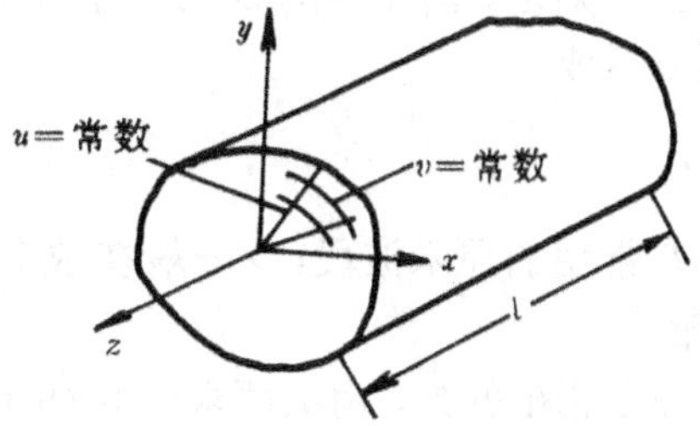

图 7.1-2 任意形状封闭谐振器

代入式(7.1-17)，得到封闭式波导谐振器谐振波长一般表示式为

$$\lambda_0 = \frac{1}{\sqrt{\left(\frac{1}{\lambda_c}\right)^2 + \left(\frac{p}{2l}\right)^2}} = \frac{1}{\sqrt{\left(\frac{1}{\lambda_c}\right)^2 + \left(\frac{1}{\lambda_g}\right)^2}} \tag{7.1-20}$$

式中 λ_c 为波导的截止波长。可见谐振波长与谐振器形状尺寸和工作模式有关。

(2) 品质因数 Q_0

品质因数(quality factor)Q_0 表征微波谐振系统的频率选择性，表示谐振器的储能与损耗之间的关系。其定义为

$$Q_0 = 2\pi\frac{W}{W_T} = \omega_0\frac{W}{P_l} \tag{7.1-21}$$

式中，W 代表谐振器储能，W_T 代表一周期内谐振器的能量损耗，P_l 则代表一周期内的平均损耗功率。

谐振器的储能

$$W = W_e + W_m = \frac{1}{2}\int_V \mu|\boldsymbol{H}|^2\, dv \tag{7.1-22}$$

谐振器的平均损耗功率

$$P_l = \frac{1}{2}\oint_S |\boldsymbol{J}_s|^2 R_s\, ds = \frac{1}{2} R_s \oint_S |\boldsymbol{H}_{\tan}|^2 ds \tag{7.1-23}$$

式中，R_s 为表面电阻率，$\boldsymbol{H}_{\tan}$为切线方向磁场。

将式(7.1-22)和式(7.1-23)代入式(7.1-21)，得到品质因数的一般表示式为

$$Q_0 = \frac{\omega_0 \mu}{R_s} \frac{\int_V |\boldsymbol{H}|^2 dv}{\oint_S |\boldsymbol{H}_{\tan}|^2 ds} = \frac{2}{\delta} \frac{\int_V |\boldsymbol{H}|^2 dv}{\oint_S |\boldsymbol{H}_{\tan}|^2 ds} \tag{7.1-24}$$

式中 δ 为导体的趋肤深度。

谐振器内壁附近的切线磁场总要大于腔内部的磁场，可近似认为$|\boldsymbol{H}|^2 \simeq |\boldsymbol{H}_{\tan}|^2/2$，则近似得到

$$Q_0 \simeq \frac{1}{\delta} \frac{V}{S} \tag{7.1-25a}$$

据此近似式可以估计谐振器的 Q_0 值。由此式可见，在一级近似下，谐振器的 Q_0 值近似与其体积 V 成正比，与其内壁表面积 S 成反比，与趋肤深度成反比。比值 V/S 越大，Q_0 值越高。因此，为获得较高的 Q_0 值，应选择其形状使 V/S 大。

我们知道，谐振器的线性尺寸与工作波长成正比，因此可以认为 $V \propto \lambda^3$，$S \propto \lambda^2$，故上式可以写成

$$Q_0 \propto \frac{\lambda}{\delta} \tag{7.1-25b}$$

例如在常用的厘米波段，δ 一般在数微米至数十微米之间，因此可以估计 Q_0 值约为 $10^4 \sim 10^5$ 量级。

需要指出的是，由上面求得的 Q_0 是孤立谐振器的品质因数，称之为无载 Q 值(unloaded Q)或固有品质因数(intrinsic Q)。

(3) 损耗电导 G_0

损耗电导(loss conductance)G_0 表征谐振系统的功率损耗特性。在实用中，为了工程计算的方便，常把单模工作的谐振器在不太宽的频带内等效为 LC 振荡回路，用等效电导 G_0 或损耗电阻 R_0($R_0=1/G_0$)来表示谐振器的功率损耗。为了计算谐振器的有功损耗电导，可采用如图 7.1-3 所示的并联等效电路。设电路两端的电压为 $V=V_m \sin(\omega t+\phi)$，则谐振器中的损耗功率为 $P_l=G_0 V_m^2/2$，因此损耗电导为

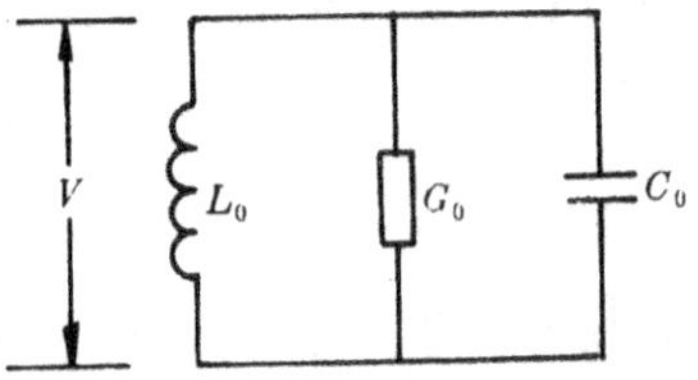

图 7.3-1　微波谐振器的等效电路

$$G_0 = \frac{2P_l}{V_m^2} \tag{7.1-26}$$

式中 V_m 是等效电路两端电压幅值。P_l 可由式(7.1-23)求得。这样，为了计算谐振器的损耗电导 G_0 就必须确定 V_m 值，然而，对于微波谐振器，其内不管哪个方向都不属于似稳场，因而两点间的电压与所选择的积分路径有关，故 G_0 不是单值量。因此严格讲，在一般情况下，微波谐振器的 G_0 值是难以确定的。尽管如此，我们还是可以设法在谐振器内表面选择两个固定点 a 和 b，并在固定时刻可以沿所选择路径进行电场的线积分，并以此积分值作为等效电压 V_m 的值，据此得到

$$V_m = -\int_a^b \boldsymbol{E}_m \cdot d\boldsymbol{l} \tag{7.1-27}$$

式中 $\boldsymbol{E}_m$ 为电场强度矢量的幅值。损耗电导的一般表示式则为

$$G_0 = R_s \frac{\oint_S |\boldsymbol{H}_{\tan}|^2 ds}{\left(\int_a^b \boldsymbol{E}_m \cdot d\boldsymbol{l}\right)^2} \tag{7.1-28}$$

显然，谐振器的有功损耗电导 G_0 与所选择的点 a 和 b 有关。这有别于 Q_0。Q_0 对每个给定尺寸的谐振器来说是固定不变的。

实际计算时，一个有耗谐振器可以当成无耗谐振器来处理，但其谐振频率 ω_0 需用复数有效谐振频率(complex effective resonant frequency)代替，即

$$\omega_0 \longleftarrow \omega_0\left(1 + \frac{j}{2Q}\right) \tag{7.1-29}$$

由式(7.1-20)、(7.1-24)和式(7.1-28)可以计算特定谐振器的 λ_0、Q_0 和 G_0，谐振器的其它参数可由这三个参数导出，故 λ_0、Q_0 和 G_0 是微波谐振器的基本参数。为了计算这三个参数，就需要知道谐振器的模式及其场分布。这只对极少数形状简单规则的谐振器才是可行的。对于形状较复杂的谐振器，则难以由上述公式计算得到，而需要利用等效电路概念，通过测量来获得。

从上述分析可知，谐振器的 Q_0 和 R_0 都与谐振器中的损耗功率成反比，因而比值 R_0/Q_0 便与损耗无关，而只与几何形状有关，而且 R_0/Q_0 与频率也无关。这就允许在任意频段上对 R_0/Q_0 进行测量。因此在实际工程设计中，可将谐振器的所有尺寸按线性缩尺方法做成模型，进行模拟测量。这样，在较高频率时，就可以避免尺寸很小的精密加工困难问题，而在频率较低时，则可不必浪费材料去加工尺寸很大的谐振器。

7.2 串联和并联谐振电路

在谐振频率附近，以单模工作的微波谐振器通常可用串联或并联 RLC 集总元件等效电路来模拟，因此有必要深入理解这种电路的一些基本特性。

1. 串联谐振电路

如图 7.2-1(a)所示串联 RLC 集总元件谐振电路，其输入阻抗为

$$Z_{in} = R + j\omega L - j\frac{1}{\omega C} \tag{7.2-1}$$

传送给谐振器的复功率为

$$P_{in} = \frac{1}{2}VI^* = \frac{1}{2}Z_{in}|I|^2 = \frac{1}{2}Z_{in}\left|\frac{V}{Z_{in}}\right|^2 = \frac{1}{2}|I|^2\left(R + j\omega L - j\frac{1}{\omega C}\right) \tag{7.2-2}$$

我们知道，电阻 R 的耗散功率为

$$P_l = \frac{1}{2}|I|^2 R \tag{7.2-3}$$

电感 L 中的平均磁场储能为

$$W_m = \frac{1}{4}|I|^2 L \tag{7.2-4}$$

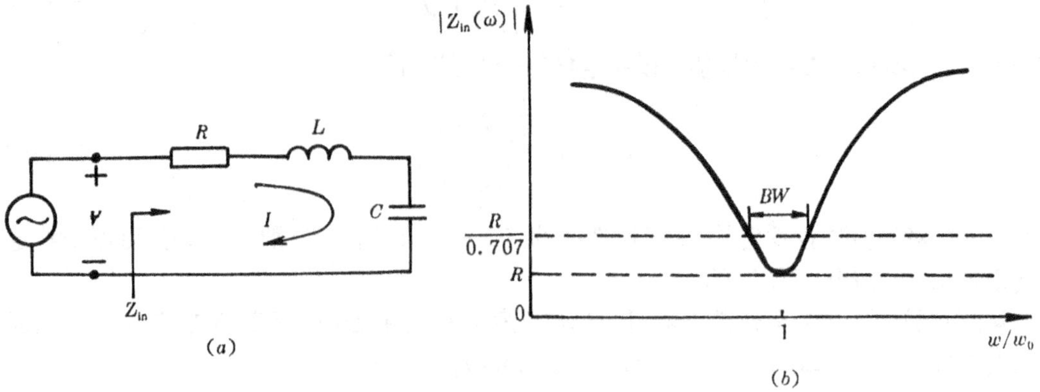

图　7.2-1

(a) 串联 RLC 谐振电路；(b) 谐振曲线

电容器 C 中的平均电场储能为

$$W_e = \frac{1}{4}|V_C|^2 C = \frac{1}{4}|I|^2 \frac{1}{\omega^2 C} \tag{7.2-5}$$

式中 V_C 是电容器两端的电压。于是式(7.2-2)所示复功率可以写成

$$P_{in} = P_l + 2j\omega(W_m - W_e) \tag{7.2-6}$$

式(7.2-1)的输入阻抗则可以写成

$$Z_{in} = \frac{2P_{in}}{|I|^2} = \frac{P_l + 2j\omega(W_m - W_e)}{|I|^2/2} \tag{7.2-7}$$

当平均磁场储能与平均电场储能相等，即 $W_m = W_e$ 时便产生谐振。由式(7.2-7)和式(7.2-3)知，谐振时的输入阻抗为纯实阻抗，即 $Z_{in} = 2P_l/|I|^2 = R$，而由式(7.2-4)和式(7.2-5)，$W_m = W_e$ 意味着谐振频率 ω_0 为

$$\omega_0 = \frac{1}{\sqrt{LC}} \tag{7.2-8}$$

谐振电路的另一个重要参数是品质因数，其定义如式(7.1-21)所示。Q 值是谐振电路损耗的量度，较低的损耗意味着有较高的 Q 值。如图 7.2-1(a)所示，串联谐振电路的 Q 值可由式(7.1-21)、(7.2-3)和式(7.2-4)求得为

$$Q = \omega_0 \frac{W_m + W_e}{P_l} = \omega_0 \frac{2W_m}{P_l} = \frac{\omega_0 L}{R} = \frac{1}{\omega_0 RC} \tag{7.2-9}$$

这表明 Q 值随 R 减小而增大。

在谐振频率附近，令 $\omega = \omega_0 + \Delta\omega$，这里 $\Delta\omega$ 很小。由式(7.2-1)，输入阻抗则可以写成

$$Z_{in} = R + j\omega L\left(1 - \frac{1}{\omega^2 LC}\right) = R + j\omega L\left(\frac{\omega^2 - \omega_0^2}{\omega^2}\right)$$

因 $\Delta\omega$ 很小，则 $\omega^2 - {\omega_0}^2 = (\omega - \omega_0)(\omega + \omega_0) \simeq 2\omega\Delta\omega$，因此

$$Z_{in} \simeq R + j2L\Delta\omega \simeq R + j2RQ\frac{\Delta\omega}{\omega_0} \tag{7.2-10a}$$

用此式可以鉴定分布元件谐振器的等效电路。

此外，如 7.1 节所述，一个有耗谐振器可当成具有复谐振频率 $\omega_0(1 + j/2Q)$ 的无耗谐振器来处理。作这样的处理后，由式(7.2-10)，令 $R = 0$，可得无耗串联谐振器的输入阻

抗为

$$Z_{in} = j2L(\omega - \omega_0) \tag{7.2-10b}$$

式中 ω_0 以复频率式(7.1-29)代入，则得

$$Z_{in} = j2L\left(\omega - \omega_0 - j\frac{\omega_0}{2Q}\right) = \frac{\omega_0 L}{Q} + j2L(\omega - \omega_0) = R + j2L\Delta\omega$$

此式与式(7.2-10a)完全相符。这种处理方法很有用，因为大多数实用微波谐振器的损耗都很小，因此其 Q 值可用微扰法求得，先求无耗情况的解，然后，以式(7.1-29)所示的复谐振频率代替无耗情况下输入阻抗中的 ω_0，以考虑损耗的影响。

最后考虑谐振器的半功率百分带宽。图 7.2-1(b)表示输入阻抗值随频率的变化曲线，当频率变化使得 $|Z_{in}|^2 = R^2/2$ 时，由式(7.2-2)，传送给电路的平均实功率等于谐振时功率的一半。如果令 BW 表示百分带宽，则在上边频，$\Delta\omega/\omega_0 = BW/2$，利用式(7.2-10)，即得到

$$BW = \frac{1}{Q} \tag{7.2-11}$$

2. 并联谐振电路

并联谐振电路如图 7.2-2(a)所示，是图 7.2-1(a)所示串联 RLC 电路的对偶电路，其输入阻抗为

$$Z_{in} = \left(\frac{1}{R} + \frac{1}{j\omega L} + j\omega C\right)^{-1} \tag{7.2-12}$$

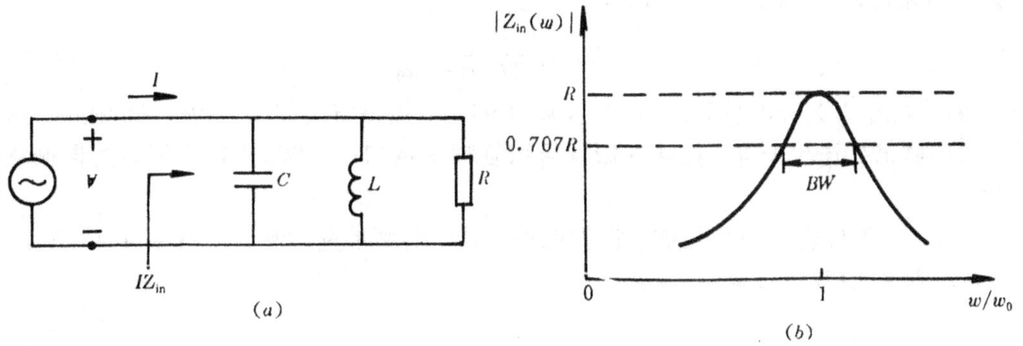

图 7.2-2

(a) 并联 RLC 电路；(b) 谐振曲线

传送给谐振器的复平均功率为

$$P_{in} = \frac{1}{2}VI^* = \frac{1}{2}Z_{in}|I|^2 = \frac{1}{2}|V|^2\frac{1}{Z_{in}^*} = \frac{1}{2}|V|^2\left(\frac{1}{R} + \frac{j}{\omega L} - j\omega C\right) \tag{7.2-13}$$

电阻 R 的耗散功率为

$$P_l = \frac{1}{2}\frac{|V|^2}{R} \tag{7.2-14}$$

电容器 C 中的平均电场储能为

$$W_e = \frac{1}{4}|V|^2 C \tag{7.2-15}$$

电感 L 中的平均磁场储能为

$$W_m = \frac{1}{4}|I_L|^2 L = \frac{1}{4}|V|^2 \frac{1}{\omega^2 L} \tag{7.2-16}$$

式中 I_L 是流过电感器的电流。于是复功率式(7.2-13)可以写成

$$P_{in} = P_l + 2j\omega(W_m - W_e) \tag{7.2-17}$$

此式与式(7.2-6)完全相同。同样，输入阻抗可表示为式(7.2-7)。

与串联谐振情况一样，当 $W_m=W_e$ 时产生谐振，则由式(7.2-7)和式(7.2-14)，谐振时的输入阻抗为纯实阻抗，即 $Z_{in}=2P_l/|I|^2=R$。由式(7.2-15)和式(7.2-16)$W_m=W_e$ 意味着谐振频率 ω_0 应定义为

$$\omega_0 = \frac{1}{\sqrt{LC}}$$

与串联谐振电路的式(7.2-8)完全相同。

并联谐振电路的 Q 值可由式(7.1-21)、(7.2-14)、(7.2-15)和式(7.2-16)求得为

$$Q = \omega \frac{2W_m}{P_l} = \frac{R}{\omega_0 L} = \omega_0 RC \tag{7.2-18}$$

可见并联谐振电路的 Q 值随 R 增大而增大。

在谐振频率附近，令 $\omega=\omega_0+\Delta\omega$，这里 $\Delta\omega$ 很小，则由式(7.2-12)可求得输入阻抗近似为

$$Z_{in} \simeq \frac{R}{1+2jQ\Delta\omega/\omega_0} = \frac{1}{(1/R)+2j\Delta\omega C} \tag{7.2-19a}$$

若谐振器无耗，$R=0$，式(7.2-19a)简化为

$$Z_{in} = \frac{1}{j2C(\omega-\omega_0)} \tag{7.2-19b}$$

若以复频率式(7.1-29)代替式(7.2-19b)中的 ω_0，结果与式(7.2-19a)完全相同。这也说明，像串联谐振情况一样，损耗的影响可用复频率 $\omega_0(1+j/2Q)$ 代替无耗时的谐振频率来处理。

图 7.2-2(b)表示输入阻抗的谐振曲线，其半功率带宽边频($\Delta\omega/\omega_0=BW/2$)处，$|Z_{in}|^2=R^2/2$，则由式(7.2-19a)，可得

$$BW = \frac{1}{Q} \tag{7.2-20}$$

与串联谐振情况结果一样。

3. 有载 Q 值和外部 Q 值

上述 Q 值只是谐振电路本身的特性，而没有计及外部电路的负载效应，故称之为无载 Q 值。实用的谐振电路不可能不与其它电路耦合，结果将使整个谐振电路的 Q 值降低。与外电路耦合的谐振器 Q 值称为有载 Q 值(loaded Q)，以 Q_L 表示。图 7.2-3 表示与外部负载电阻 R_L 相耦合的谐振器：若谐振器为串联 RLC 电路，则负载电阻 R_L 与 R 串联相加，因此式(7.2-9)中的有效电阻为 $R+R_L$；若谐振器为并联 RLC 电路，则负载电阻 R_L 与 R 并联，因此式(7.2-18)中的

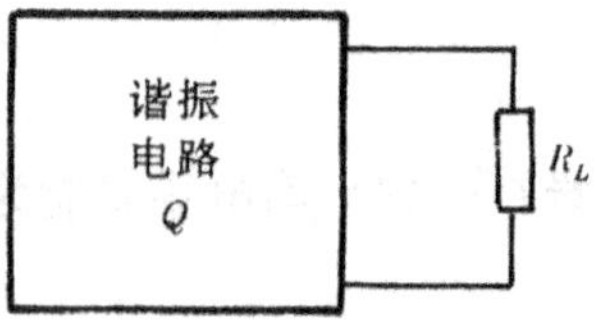

图 7.2-3

有效电阻为 $RR_L/(R+R_L)$。我们按 Q 值定义来定义外部 Q 值并以 Q_e 表示，则有

$$Q_e=\begin{cases}\dfrac{\omega_0 L}{R_L} & \text{串联电路}\\[2ex] \dfrac{R_L}{\omega_0 L} & \text{并联电路}\end{cases} \tag{7.2-21}$$

而有载 Q 值可表示为

$$\frac{1}{Q_L}=\frac{1}{Q_e}+\frac{1}{Q} \tag{7.2-22}$$

7.3 传输线谐振器

传输线谐振器是利用不同长度和端接(通常为开路或短路)的 TEM 传输线段构成的，包括同轴线谐振器、带状线谐振器、微带线谐振器等。由于需要考虑并计算谐振器的 Q 值，所以传输线段必须按有耗传输线处理。

传输线谐振器的结构形式有短路 $\lambda/2$ 线型、短路 $\lambda/4$ 线型和开路 $\lambda/2$ 线型三种。下面分别加以讨论。

1. 短路 $\lambda/2$ 线型谐振器

考虑一段终端短路的有耗线，如图 7.3-1(a)所示。传输线的特性阻抗为 Z_0，相移常数为 β，衰减常数为 α。谐振时，$\omega=\omega_0$，线的长度 $l=n\lambda/2(n=1, 2, 3, \cdots)$，这里 $\lambda=2\pi/\beta$。由式(2.4-9)，其输入阻抗为

$$Z_{in}=Z_0\,\text{th}(\alpha+j\beta)l=Z_0\frac{\text{th}\alpha l+j\,\text{tg}\,\beta l}{1+j\,\text{tg}\,\beta l\,\text{th}\,\alpha l} \tag{7.3-1}$$

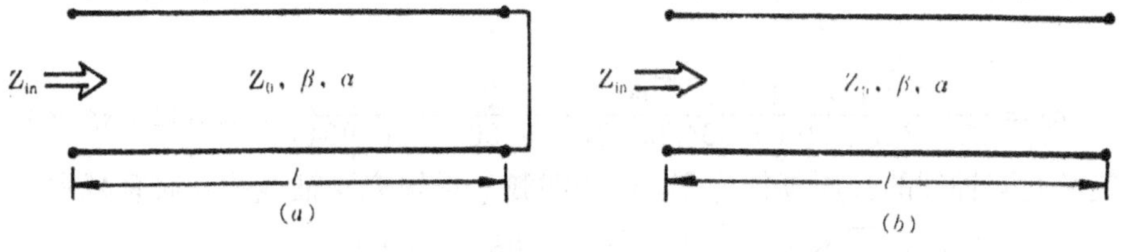

图 7.3-1 (a) 短路有耗线段；(b) 开路有耗线段

若 $\alpha=0$(无耗线)，则 $Z_{in}=jZ_0\,\text{tg}\,\beta l$。实用中的大多数传输线的损耗都很小，因此可以假设 $\alpha l\ll 1$，于是 $\text{th}\,\alpha l\simeq\alpha l$。现在令 $\omega=\omega_0+\Delta\omega$(在谐振频率附近)，这里 $\Delta\omega$ 很小，则对于 TEM 线，

$$\beta l=\frac{\omega l}{v_p}=\frac{\omega_0 l}{v_p}+\frac{\Delta\omega l}{v_p}$$

式中 v_p 是相速度。由于谐振时，$\omega=\omega_0$，$l=n\lambda/2=n\pi v_p/\omega_0$，因此有

$$\beta l=n\pi+\frac{n\pi\Delta\omega}{\omega_0}$$

而

$$\text{tg}\,\beta l=\text{tg}\left(n\pi+\frac{n\pi\Delta\omega}{\omega_0}\right)=\text{tg}\,\frac{n\pi\Delta\omega}{\omega_0}\simeq\frac{n\pi\Delta\omega}{\omega_0}$$

代入式(7.3-1)，得到

$$Z_{in} \simeq Z_0 \frac{\alpha l + j(n\pi\Delta\omega/\omega_0)}{1 + j(n\pi\Delta\omega/\omega_0)\alpha l} \simeq Z_0\left(\alpha l + j\frac{n\pi\Delta\omega}{\omega_0}\right) \tag{7.3-2}$$

式(7.3-2)与串联谐振电路的输入阻抗(7.2-10a)的形式相似，据此可判定长度为 $\lambda/2$ 的终端短路线构成串联 RLC 谐振器。将式(7.3-2)与式(7.2-10a)比较，便得到其等效电路的电阻为

$$R = Z_0\alpha l \tag{7.3-3a}$$

等效电路的电感为

$$L = \frac{n\pi Z_0}{2\omega_0} \tag{7.3-3b}$$

由式(7.2-8)和式(7.3-3b)，等效电路的电容则为

$$C = \frac{1}{\omega_0^2 L} = \frac{2}{n\pi\omega_0 Z_0} \tag{7.3-3c}$$

由式(7.2-9)和式(7.3-3)可得此种谐振器的 Q 值为

$$Q = \frac{\omega_0 L}{R} = \frac{n\pi}{2\alpha l} = \frac{\beta}{2\alpha} \tag{7.3-4}$$

可见，其 Q 值随传输线衰减的增大而减小。这是预料之中的。

例 7.3-1　有一铜制 $\lambda/2$ 同轴线谐振器，内外导体半径分别为 1 mm 和 4 mm，谐振频率为 5 GHz，试计算空气填充和聚四氟乙烯填充同轴线谐振器的 Q 值。

解　铜的导电率 $\sigma=5.813\times10^7$ S/m，其表面电阻则为 $R_s=\sqrt{\omega\mu_0/2\sigma}=1.84\times10^{-2}$ Ω。

空气填充同轴线的导体衰减常数为

$$\begin{aligned}\alpha_c &= \frac{R_s}{2\eta \ln b/a}\left(\frac{1}{a}+\frac{1}{b}\right)\\ &= \frac{1.84\times10^{-2}}{2\times377\times\ln(0.004/0.001)}\left(\frac{1}{0.001}+\frac{1}{0.004}\right) = 0.022\ (\mathrm{Np/m})\end{aligned}$$

聚四氟乙烯的 $\varepsilon_r=2.08$，$\mathrm{tg}\,\delta=0.000\,4$，因此聚四氟乙烯填充同轴线的导体衰减常数为

$$\alpha_c = \frac{1.84\times10^{-2}\sqrt{2.08}}{2\times377\times\ln(0.004/0.001)}\left(\frac{1}{0.001}+\frac{1}{0.004}\right) = 0.032\ (\mathrm{Np/m})$$

空气填充同轴线的介质损耗为零；而聚四氟乙烯填充同轴线的介质衰减常数为

$$\alpha_d = \frac{k_0\sqrt{\varepsilon_r}\ \mathrm{tg}\,\delta}{2} = \frac{(104.7)\sqrt{2.08}(0.000\,4)}{2} = 0.030\ (\mathrm{Np/m})$$

最后，由式(7.3-4)可计算得到 Q 值为

$$Q_{空气} = \frac{\beta}{2\alpha} = \frac{104.7}{2\times0.022} = 2\,380$$

$$Q_{聚四氟乙烯} = \frac{\beta}{2\alpha} = \frac{104.7\sqrt{2.08}}{2(0.032+0.030)} = 1\,218$$

结果表明，空气填充同轴线谐振器的 Q 值几乎是聚四氟乙烯填充同轴线谐振器 Q 值的两倍。若采用镀银导体，Q 值可进一步提高。

2. 短路 λ/4 线型谐振器

采用长度为$(2n-1)\lambda/4(n=1, 2, \cdots)$的短路传输线可以构成并联谐振器。事实上，长

度为 l 的短路线的输入阻抗为

$$Z_{in} = Z_0 \text{ th } (\alpha + j\beta)l = Z_0 \frac{\text{th } \alpha l + j \text{ tg } \beta l}{1 + j \text{ tg } \beta l \text{ th } \alpha l}$$

以 $-j \text{ ctg } \beta l$ 乘分子和分母，得到

$$Z_{in} = Z_0 \frac{1 - j \text{ th } \alpha l \text{ ctg } \beta l}{\text{th } \alpha l - j \text{ ctg } \beta l} \tag{7.3-5}$$

谐振时，$l=(2n-1)\lambda/4$，又令 $\omega=\omega_0+\Delta\omega$，则对于 TEM 线，

$$\beta l = \frac{\omega_0 l}{v_p} + \frac{\Delta\omega l}{v_p} = \frac{\pi}{2}(2n-1) + \frac{(2n-1)\pi\Delta\omega}{2\omega_0}$$

于是

$$\text{ctg } \beta l = \text{ctg } \left[\frac{\pi}{2}(2n-1) + \frac{(2n-1)\pi\Delta\omega}{2\omega_0}\right] = -\text{ tg } \frac{(2n-1)\pi\Delta\omega}{2\omega_0}$$
$$\simeq -\frac{2(n-1)\pi\Delta\omega}{2\omega_0}$$

若损耗很小，则 $\text{th } \alpha l \simeq \alpha l$。将这些结果代入式(7.3-5)，得到

$$Z_{in} = Z_0 \frac{1 + j\alpha l(2n-1)\pi\Delta\omega/2\omega_0}{\alpha l + j(2n-1)\pi\Delta\omega/2\omega_0} \simeq \frac{Z_0}{\alpha l + j(2n-1)\pi\Delta\omega/2\omega_0} \tag{7.3-6}$$

此式与并联 RLC 电路的阻抗式(7.2-19a)相似，这表明短路 $\lambda/4$ 线型谐振器为并联 RLC 电路。其等效电路的电阻为

$$R = \frac{Z_0}{\alpha l} \tag{7.3-7a}$$

等效电路的电容为

$$C = \frac{(2n-1)\pi}{4\omega_0 Z_0} \tag{7.3-7b}$$

等效电路的电感则为

$$L = \frac{1}{\omega_0^2 C} \tag{7.3-7c}$$

由式(7.2-18)和式(7.3-7)可求得这种谐振器的 Q 值为

$$Q = \omega_0 RC = \frac{(2n-1)\pi}{4\alpha l} = \frac{\beta}{2\alpha} \tag{7.3-8}$$

3. 开路 λ/2 线型谐振器

实用的带状线和微带线谐振器常用开路线段做成。当线长为 $n\lambda/2$ 时，这种谐振器等效为并联谐振电路，如图 7.3-1(b)所示。

长度为 l 的开路有耗线的输入阻抗为

$$Z_{in} = Z_0 \text{ cth } (\alpha + j\beta)l = Z_0 \frac{1 + j \text{ tg } \beta l \text{ th } \alpha l}{\text{th } \alpha l + j \text{ tg } \beta l} \tag{7.3-9}$$

谐振时，$\omega=\omega_0$，$l=n\lambda/2$；令 $\omega=\omega_0+\Delta\omega$，则

$$\beta l = n\pi + \frac{n\pi\Delta\omega}{\omega_0}$$

于是

$$\text{tg } \beta l = \text{tg } \frac{n\pi\Delta\omega}{\omega_0} \simeq \frac{n\pi\Delta\omega}{\omega_0}$$

又 th $\alpha l \simeq \alpha l$。将这些结果代入式(7.3-9)，得到

$$Z_{in} = \frac{Z_0}{\alpha l + j(n\pi\Delta\omega/\omega_0)} \tag{7.3-10}$$

与式(7.2-19a)所示的并联谐振电路输入阻抗比较，得到其等效 RLC 并联电路的等效电阻、等效电容和等效电感分别为

$$R = \frac{Z_0}{\alpha l} \tag{7.3-11a}$$

$$C = \frac{n\pi}{2\omega_0 Z_0} \tag{7.3-11b}$$

$$L = \frac{1}{\omega_0^2 C} \tag{7.3-11c}$$

由式(7.2-18)和式(7.3-11)可得其 Q 值为

$$Q = \omega_0 RC = \frac{n\pi}{2\alpha l} = \frac{\beta}{2\alpha} \tag{7.3-12}$$

例 7.3-2　有一长度为 $\lambda/2$ 的 50 Ω 开路微带线谐振器，其基片厚度 $h=0.159$ cm，介电常数 $\varepsilon_r=2.2$，$\text{tg}\,\delta=0.001$，导体材料为铜，忽略线端的边缘场，试计算谐振频率为5 GHz时的线长与谐振器的 Q 值。

解　由第四章的 4.2 节的简化公式可求得此基片上 50 Ω 微带线的导体带宽度和有效介电常数分别为

$$W = 0.49\ (\text{cm}),\qquad \varepsilon_e = 1.87$$

于是谐振器长度为

$$l = \frac{\lambda}{2} = \frac{v_p}{2f} = \frac{c}{2f\sqrt{\varepsilon_e}} = \frac{3\times10^8}{2(5\times10^9)\sqrt{1.87}} = 2.19\ (\text{cm})$$

相移常数为

$$\beta = \frac{2\pi f}{v_p} = \frac{2\pi f\sqrt{\varepsilon_e}}{c} = \frac{2\pi(5\times10^9)\sqrt{1.87}}{3\times10^8} = 143.2\ (\text{rad/m})$$

导体衰减常数近似为

$$\alpha_c = \frac{R_s}{Z_0 W} = \frac{1.84\times10^{-2}}{50(0.0049)} = 0.075\ (\text{Np/m})$$

介质衰减常数为

$$\alpha_d = \frac{k_0\varepsilon_r(\varepsilon_e-1)\,\text{tg}\,\delta}{2\sqrt{\varepsilon_e}(\varepsilon_r-1)} = \frac{(104.7)(2.2)(0.87)(0.001)}{2\sqrt{1.87}(1.2)} = 0.0611\ (\text{Np/m})$$

由式(7.3-12)可求得 Q 值为

$$Q = \frac{\beta}{2\alpha} = \frac{143.2}{2(0.075+0.0611)} = 526$$

4. 螺旋线谐振器

上述结果适用于同轴线谐振器、带状线谐振器和微带线谐振器。螺旋线谐振器(helix resonator)是同轴线谐振器的变型，常用于 1 GHz 以下频率设计滤波器等。

我们知道，同轴线谐振器在 V 和 U 波段显得尺寸太大，主要是长度太长。为了减小长度，可将其内导体做成螺旋线，结果便成为螺旋线谐振器，如图 7.3-2 所示。螺旋线谐振

器实质上是一段四分之一波长的内导体为螺旋线的螺旋同轴传输线，其一端短路(螺旋线直接与屏蔽外导体焊接)，另一端开路。螺旋线内导体的截面形状为圆形，屏蔽外导体的截面形状可以是圆形，也可以是正方形，视应用要求而定。信号一般通过线圈上的抽头输入和输出。对于 50 Ω 负载，抽头距焊接端约 1/8～1/4 匝。耦合也可用位于线圈焊接端附近的电感性环来实现。谐振器之间可以通过孔或开路端的窗口来提供耦合。

螺旋线谐振器在 V 和 U 波段具有体积小、重量轻、Q 值高(无载 Q 值一般可做到 2 000 左右)、设计制作简单等优点。在 V 和 U 波段广泛用作带通和带阻滤波器、线性相移滤波器、多工器、倍频器等。

(1) 电磁场分布

螺旋线谐振器中的场分量可用螺旋同轴线的场叠加得到。采用圆柱坐标系 (r, ϕ, z)，则纵向场分量满足如下波动方程：

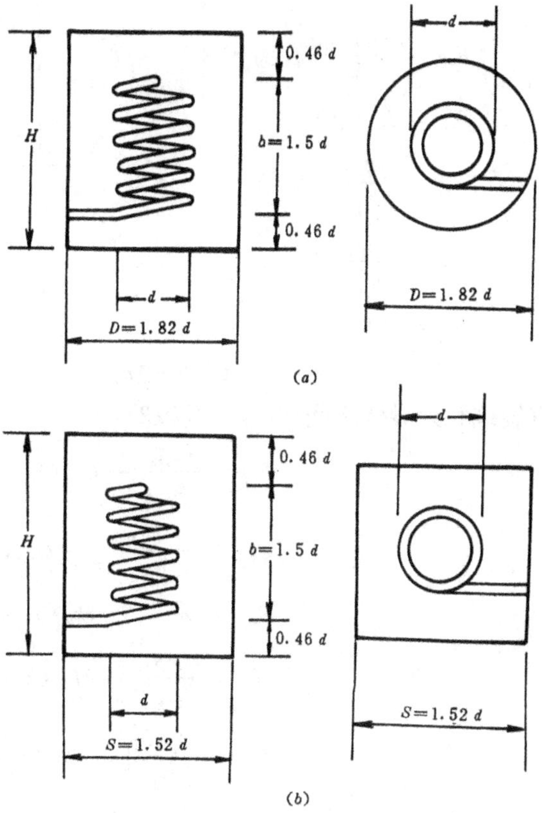

图 7.3-2

(a) 圆形螺旋线谐振器；(b) 正方形螺旋线谐振器

$$\left[\frac{1}{r}\frac{\partial}{\partial r}\left(r\frac{\partial}{\partial r}\right)+\frac{1}{r^2}\frac{\partial^2}{\partial\phi^2}+k_c{}^2\right]\begin{Bmatrix}E_z\\H_z\end{Bmatrix}=0 \tag{7.3-13}$$

其它横向场分量可由横-纵向场关系式求得。式中 $k_c{}^2=k^2+\beta^2$。

边界条件要求(见图 7.3-3)：

①螺旋线导体表面导线方向切向电场为零，即在 $r=d/2$ 处，应有

$$E_{\phi_1}\cos\psi+E_{z_1}\sin\psi=0$$

②螺旋线表面内外切向电场分量应连续，即

$$E_{\phi_1}\Big|_{r=d/2}=E_{\phi_2}\Big|_{r=d/2};\qquad E_{z_1}\Big|_{r=d/2}=E_{z_2}\Big|_{r=d/2}$$

③螺旋线导体表面处磁场切向分量应连续，即在 $r=d/2$ 处

$$H_{\phi_1}\cos\psi+H_{z_1}\sin\psi=H_{\phi_2}\cos\psi+H_{z_2}\sin\psi$$

④外导体($r=D/2$ 处)切向电场分量应为零，即

$$E_{\phi_2}\Big|_{r=D/2}=0,\qquad E_{z_2}\Big|_{r=D/2}=0$$

由方程(7.3-13)及上述边界条件可求得场分量如下：

在螺旋线内部($r\leqslant d/2$)：

$$E_{r_1}=j\frac{\beta_1}{k_{c_1}}J_1(k_{c_1}r)$$
$$E_{\phi_1}=\frac{-Bj\omega\mu}{k_{c_1}}J_1(k_{c_1}r)$$
$$E_{z_1}=J_0(k_{c_1}r)$$
$$H_{r_1}=\frac{jB\beta_1}{k_{c_1}}J_1(k_{c_1}r)$$
$$H_{\phi1}=\frac{j\omega\varepsilon_1}{k_{c_1}}J_1(k_{c_1}r)$$
$$H_{z_1}=BJ_0(k_{c_1}r)$$

(7.3-14)

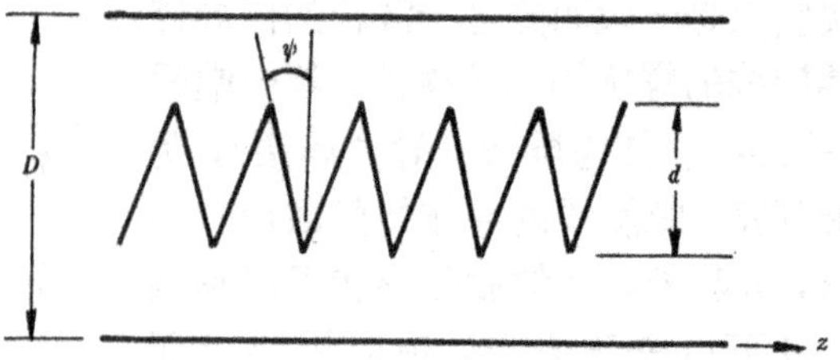

图 7.3-3　螺旋同轴线参数示意图

在螺旋线和外导体之间($d/2\leqslant r\leqslant D/2$)：

$$E_{r_2}=\frac{jA\beta_2}{k_{c_2}}[-GJ_1(k_{c_2}r)+N_1(k_{c_2}r)]$$
$$E_{\phi_2}=\frac{-Fj\omega\mu}{k_{c_2}}[-HJ_1(k_{c_2}r)+N_1(k_{c_2}r)]$$
$$E_{z_2}=D[-GJ_0(k_{c_2}r)+N_0(k_{c_2}r)]$$
$$H_{r_2}=\frac{jF\beta_2}{k_{c_2}}[-HJ_1(k_{c_2}r)+N_1(k_{c_2}r)]$$
$$H_{\phi_2}=\frac{Aj\omega\varepsilon_2}{k_{c_2}}[-GJ_1(k_{c_2}r)+N_1(k_{c_2}r)]$$
$$H_{z_2}=F[-HJ_0(k_{c_2}r)+N_0(k_{c_2}r)]$$

(7.3-15)

式中，J_0、J_1 为第一类贝塞尔函数；N_0、N_1 为第二类贝塞尔函数；

$$A=\frac{J_0(k_{c_2}d/2)}{-GJ_0(k_{c_1}d/2)+N_0(k_{c_1}d/2)},\qquad G=\frac{N_0(k_{c_2}D/2)}{J_0(k_{c_2}D/2)}$$

$$B=\frac{k_{c_1}\ \mathrm{tg}\ \psi J_0(k_{c_1}d/2)}{j\omega\mu\ J_1(k_{c_1}d/2)},\qquad H=\frac{N_1(k_{c_2}D/2)}{J_1(k_{c_2}D/2)}$$

$$F=\frac{k_{c_2}\ \mathrm{tg}\ \psi J_0(k_{c_1}d/2)}{j\omega[-HJ_1(k_{c_1}d/2)+N_1(k_{c_1}d/2)]}\qquad k_{c_i}^{\ 2}=\beta^2+\omega^2\varepsilon_i\mu\qquad i=1,2$$

结果表明，螺旋同轴线中的模式不是 TEM 模。螺旋线谐振器内的电场主要集中在螺旋同轴线内外导体之间，方向由内导体指向外导体，或相反。短路端电场为零；开路端电场最强，存在高电位。因此，为避免损耗，通常使内导体比外导体短一些(一般取 $0.46d$)。磁力线是围绕螺旋线的闭合曲线，由于 ψ 角很小，所以 $H_{z_2}\gg H_{\phi_2}$，故腔壁上的 ϕ 向传导电流远大于轴向电流。开路端磁场为零，短路端的磁场最强，结果腔壁和螺旋线中的传导电流自上而下逐渐增大，在短路点有最大值。故要求螺旋线接地必须牢固可靠，最好用银焊焊牢，底盖要盖严。由于 $J_\phi>J_z$，所以腔壁上不应有轴向接缝或开口，需要有接缝时必须用银焊或铜焊焊牢，且表面要做到光滑。

(2) 设计公式

圆形螺旋线谐振器		正方形螺旋线谐振器
	$d=0.55D$	$d=2S/3$
	$b=1.5\,d$	$b=S$
	$Q_0=1.96D\sqrt{f_0}$	$Q_0=2.36\,S\sqrt{f_0}$
总匝数	$N=48\ 300/Df_0$(匝)	$N=40\ 600/Sf_0$(匝)
螺旋线特性阻抗	$Z_0=(2.49\times10^6)/Df_0(\Omega)$	$Z_0=(2.03\times10^6)/Sf_0(\Omega)$
	$H=b+0.5D=b+0.92d$	$H=1.6S=b+0.92d$

注：长度单位为 mm，频率 f_0 的单位为 MHz。

例 7.3-3 设 $D=18$ cm，$f_0=35$ MHz，设计相应的圆形螺旋线谐振器。

解 $d=0.55\times180=99$ (mm)

$d=1.5\times99=148.5$ (mm)

$Q_0=1.96\times180\sqrt{35}=2100$

$N=48\ 300/180\times35=7.6$ (匝)

$Z_0=2.49\times10^6/180\times35=400$ (Ω)

$H=148.5+0.5\times180=238.5$ (mm)

将此螺旋线谐振器与工作在同一频率的同轴线谐振器相比可以发现，谐振器的重量可减小 18 倍，而 Q_0 值只比同轴线谐振器小一倍。

7.4 金属波导谐振腔

金属波导谐振腔是由两端短路的金属波导段做成的，常用的是矩形波导谐振腔和圆形波导谐振腔。对于这类微波谐振器，可用驻波法求其场型，进而分析其特性。

1. 矩形波导谐振腔

矩形波导谐振腔(rectangular waveguide cavity)由一段长度为 l，两端短路的矩形波导做成，电场和磁场能量被储存在腔体内，功率损耗由腔体的金属壁与腔内填充的介质引起。谐振腔可用小孔或探针或环与外电路耦合。其结构如图 7.4-1 所示。我们首先求谐振腔在无耗情况下的谐振频率，然后用微扰方法求其 Q 值。

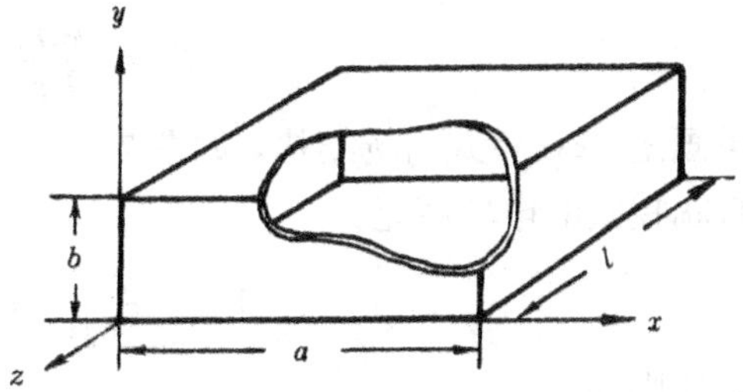

图 7.4-1 矩形波导谐振腔

(1) 谐振频率

矩形波导谐振腔(简称为矩形腔)内的场分量可由入射波和反射波场的叠加求得。由 3.1 节的结果，矩形腔中 TE_{mn}或 TM_{mn}模的横向电场(E_x, E_y)可以写成

$$E_t(x,\ y,\ z)=E_{0t}(x,\ y)\left[A^+\ e^{-j\beta_{mn}z}+A^-\ e^{j\beta_{mn}z}\right] \tag{7.4-1}$$

式中，$E_{0t}(x,\ y)$为该模式横向场的横向坐标函数；A^+和 A^-分别为正向和反向行波的任意振

幅系数。TE_{mn}和 TM_{mn}模的传播常数为

$$\beta_{mn}=\sqrt{k^2-\left(\frac{m\pi}{a}\right)^2-\left(\frac{n\pi}{b}\right)^2} \tag{7.4-2}$$

式中，$k=\omega\sqrt{\mu\varepsilon}$，$\mu$ 和 ε 是腔体内填充材料的导磁率和介电常数。

将 $z=0$ 处的边界条件 $E_t=0$ 用于式(7.4-1)，得到 $A^-=-A^+$，又由 $z=l$ 处边界条件 $E_t=0$，可得 $E_t(x, y, l)=-E_{0t}(x, y)A^+2j\sin\beta_{mn}l=0$，由此得到

$$\beta_{mn}=\frac{p\pi}{l}\qquad p=1, 2, \cdots \tag{7.4-3}$$

这表明，谐振时腔体的长度必须是半波导波长的整数倍。

矩形腔的截止波数则可求得为

$$k_{c_{mnp}}=\sqrt{\left(\frac{m\pi}{a}\right)^2+\left(\frac{n\pi}{b}\right)^2+\left(\frac{p\pi}{l}\right)^2} \tag{7.4-4}$$

这样，与矩形波导的模式相对应，矩形腔可以存在无穷多 TE_{mnp}模式和 TM_{mnp}模式，下标 m、n、p 分别表示沿 a、b、l 分布的半驻波数。TE_{mnp}或 TM_{mnp}模式的谐振频率则为

$$f_{mnp}=\frac{ck_{mnp}}{2\pi\sqrt{\mu_r\varepsilon_r}}=\frac{c}{2\pi\sqrt{\mu_r\varepsilon_r}}\sqrt{\left(\frac{m\pi}{a}\right)^2+\left(\frac{n\pi}{b}\right)^2+\left(\frac{p\pi}{l}\right)^2} \tag{7.4-5}$$

谐振频率最低或谐振波长最长的模式为微波谐振器的主模(dominant resonant mode)。矩形腔的主模是 TE_{101}模。

(2) TE_{10p}模的 Q 值

实用的矩形腔几乎都是以 TE_{10p}模式工作，因而有必要求其 Q 值。

由 3.1 节的结果、式(7.4-1)及 $A^-=-A^+$，可求得矩形腔 TE_{10p}模的场分量为

$$E_y=E_0\sin\frac{\pi x}{a}\sin\frac{p\pi z}{l} \tag{7.4-6a}$$

$$H_x=\frac{-jE_0}{Z_{TE}}\sin\frac{\pi x}{a}\cos\frac{p\pi z}{l} \tag{7.4-6b}$$

$$H_z=\frac{j\pi E_0}{k\eta a}\cos\frac{\pi x}{a}\sin\frac{p\pi z}{l} \tag{7.4-6c}$$

据此可画出 TE_{101}模式的场结构，如图 7.4-2 所示。

TE_{10p}模式的电场储能为

$$W_e=\frac{\varepsilon}{4}\int_V E_yE_y^*\,dv=\frac{\varepsilon abl}{16}E_0^2 \tag{7.4-7}$$

磁场储能则为

$$W_m=\frac{\mu}{4}\int_V(H_xH_x^*+H_zH_z^*)dv=\frac{\mu abl}{16}E_0^2\left(\frac{1}{Z_{TE}^2}+\frac{\pi^2}{k^2\eta^2a^2}\right) \tag{7.4-8}$$

而 $Z_{TE}=k\eta/\beta$，$\beta=\beta_{10}=\sqrt{k^2-(\pi/a)^2}$，于是式(7.4-8)右边括号中的量可化简为

$$\left(\frac{1}{Z_{TE}^2}+\frac{\pi^2}{k^2\eta^2a^2}\right)=\frac{\beta^2+(\pi/a)^2}{k^2\eta^2}=\frac{1}{\eta^2}=\frac{\varepsilon}{\mu}$$

因此有 $W_m=W_e$。这就是说，谐振时矩形腔内的电场储能与磁场储能相等。这与 7.2 节中的 RLC 谐振电路情况一样。

对于小损耗情况，我们可用 2.4 节中的微扰方法求腔体内壁的功率损耗，即有

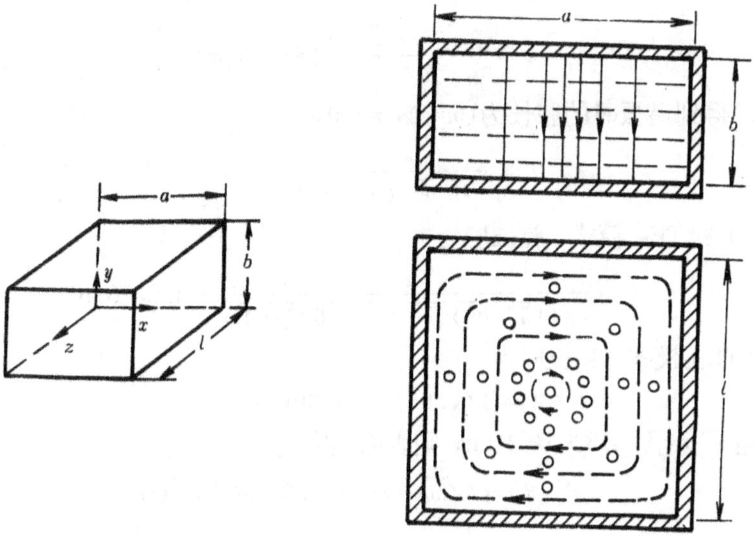

图 7.4-2 TE_{101}模式场结构

$$P_c = \frac{R_s}{2}\int_{腔壁} |\boldsymbol{H}_{\tan}|^2\, dx \tag{7.4-9}$$

式中，$R_s=\sqrt{\mu\omega/2\sigma}$是金属壁的表面电阻，$\boldsymbol{H}_{\tan}$是腔壁表面处的切向磁场。利用式(7.4-6b、c)和式(7.4-9)，得到

$$\begin{aligned}P_c &= \frac{R_s}{2}\Big\{2\int_{y=0}^{b}\int_{x=0}^{a}|H_x(z=0)|^2 dxdy + 2\int_{z=0}^{l}\int_{y=0}^{b}|H_z(x=0)|^2 dydz \\ &\quad + 2\int_{z=0}^{l}\int_{x=0}^{a}[|H_x(y=0)|^2 + |H_z(y=0)|^2]dxdz\Big\} \\ &= \frac{R_s\lambda^2 E_0^2}{8\eta}\left(\frac{p^2ab}{l^2}+\frac{bl}{a^2}+\frac{p^2a}{2l}+\frac{l}{2a}\right)\end{aligned} \tag{7.4-10}$$

则由式(7.1-21)可求得矩形腔TE_{10p}模式的有限导电壁，但介质无耗情况下的 Q 值为

$$Q_c = \frac{2\omega_0 W_e}{P_c} = \frac{(kal)^3 b\eta}{2\pi^2 R_s}\frac{1}{(2p^2a^3b+2bl^3+p^2a^3l+al^3)} \tag{7.4-11}$$

若介质有损耗，则TE_{10p}模矩形腔内有耗介质的耗散功率为

$$P_d = \frac{1}{2}\int_V \boldsymbol{J}\cdot\boldsymbol{E}^* dv = \frac{\omega\varepsilon''}{2}\int_V |\boldsymbol{E}|^2 dv = \frac{abl\omega\varepsilon''|E_0|^2}{8} \tag{7.4-12}$$

根据定义式(7.1-21)，则得用有耗介质填充但腔壁为理想导体的谐振腔的 Q 值为

$$Q_d = \frac{2\omega_0 W_e}{P_d} = \frac{\varepsilon'}{\varepsilon''} = \frac{1}{\mathrm{tg}\,\delta} \tag{7.4-13}$$

此式可用于计算任意谐振腔模式的 Q_d。当腔壁和填充的介质都存在损耗时，总的功率损耗为 P_c+P_d，由式(7.1-21)，总的 Q 值则为

$$Q = \left(\frac{1}{Q_c}+\frac{1}{Q_d}\right)^{-1} \tag{7.4-14}$$

例 7.4-1 用 BJ-48 铜波导做成的矩形谐振腔，$a=4.755$ cm，$b=2.215$ cm，腔内填充聚乙烯($\varepsilon_r=2.25$，tg $\delta=0.000\,4$)，其谐振频率 $f_0=5$ GHz，试求所要求的腔长 l 与TE_{101}、TE_{102}模式的 Q 值。

解　波数为

$$k=\frac{2\pi f_0\sqrt{\varepsilon_r}}{c}=157.08(\mathrm{m}^{-1})$$

由式(7.4-5)得到谐振时的腔长为($m=1$, $n=0$)

$$l=\frac{p\pi}{\sqrt{k^2-(\pi/a)^2}}$$

对于 $p=1$ 的 TE_{101} 模式，腔长应为

$$l=\frac{\pi}{\sqrt{(157.08)^2-(\pi/0.02215)^2}}=4.65\ (\mathrm{cm})$$

对于 $p=2$ 的 TE_{102} 模式，腔长应为

$$l=2(4.65)=9.30(\mathrm{cm})$$

铜的导电率 $\sigma=5.813\times10^7$ S/m，则表面电阻为

$$R_s=\sqrt{\omega\mu_0/2\sigma}=1.84\times10^{-2}(\Omega)$$

而

$$\eta=377/\sqrt{\varepsilon_r}=251.3(\Omega)$$

于是由式(7.4-12)，导体损耗的 Q 值为：

对于 TE_{101} 模式，$Q_c=3\ 380$；

对于 TE_{102} 模式，$Q_c=3\ 864$。

由式(7.4-14)，介质损耗的 Q 值，对 TE_{101} 和 TE_{102} 模式都是 $Q_d=1/\mathrm{tg}\ \delta=1/0.0004=2\ 500$。

因此，由式(7.4-15)，总的 Q 值为：

对于 TE_{101} 模式，$Q=(1/3380+1/2500)^{-1}=1\ 437$；

对于 TE_{102} 模式，$Q=(1/3864+1/2500)^{-1}=1\ 518$。

结果表明介质损耗对 Q 值有着重要影响，因此要求较高 Q 时一般采用空气填充的的谐振腔。

2. 圆形波导谐振腔

圆形波导谐振腔(circular waveguide carity)简称圆柱形腔(cylindrical cavity)，是由一段长度为 l 两端短路的圆波导构成的，如图 7.4-3 所示。实用的圆柱形腔常用作微波频率计或波长计，其顶端做成可调短路活塞，通过调节长度可对不同频率调谐。谐振腔通过小孔与外电路耦合。

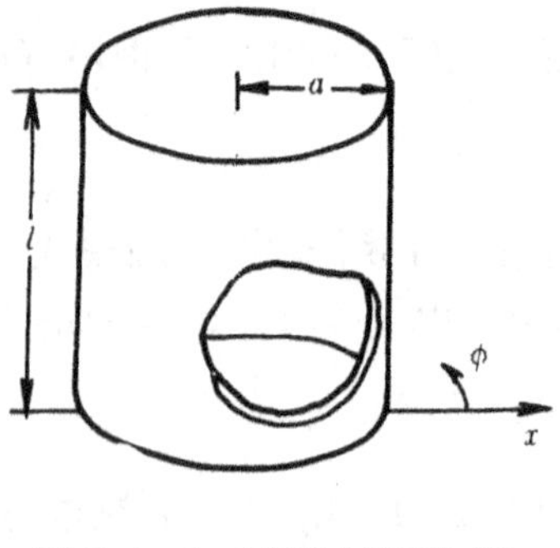

图 7.4-3　圆形波导谐振腔

(1) 谐振模式

圆柱形腔中振荡模式的电磁场分量可用圆波导的解并考虑反射波而得到。其纵向场为

$$\left\{\begin{matrix}H_z\\E_z\end{matrix}\right\}=A_{mn}J_m(k_cr)\begin{matrix}\cos m\phi\\\sin m\phi\end{matrix}\{C_1\cos(\beta z)+C_2\sin(\beta z)\}\tag{7.4-15}$$

式中，对于 TE_{mn}模，$k_c=u_{mn}'/a$；对于 TM_{mn}模，$k_c=u_{mn}/a$，u_{mn}和 u_{mn}'分别是第一类 m 阶贝塞尔函数与其导数的第 n 根值。

利用边界条件：$z=0$ 和 l 处，$H_z=0$，可得

$$C_1 = 0 \text{ 和 } \beta_{mn} = p\pi/l \qquad p = 0，1，2，\cdots$$

于是

$$H_z = H_{mnp}\mathrm{J}_m(k_c r)\begin{matrix}\cos m\phi\\ \sin m\phi\end{matrix}\sin\left(\frac{p\pi}{l}\right) \tag{7.4-16}$$

腔中 TE 模横向场分量与 H_z 的关系式为

$$\begin{aligned} E_r &= \frac{-j\omega\mu}{k_c^2 r}\frac{\partial H_z}{\partial\phi}, \quad E_\phi = \frac{j\omega\mu}{k_c^2}\frac{\partial H_z}{\partial r} \\ H_r &= \frac{1}{k_c^2}\frac{\partial^2 H_z}{\partial r\partial z}, \quad H_\phi = \frac{1}{k_c^2 r}\frac{\partial^2 H_z}{\partial\phi\partial z} \end{aligned} \tag{7.4-17}$$

将式(7.4-16)代入(7.4-17)，得到 TE_{mnp}模式场分量为

$$\begin{aligned}
E_r &= \pm\sum_{m=0}^{\infty}\sum_{n=1}^{\infty}\sum_{p=1}^{\infty}\frac{j\omega\mu m}{k_c^2 r}H_{mnp}\mathrm{J}_m(k_c r)\begin{matrix}\sin m\phi\\ \cos m\phi\end{matrix}\sin\left(\frac{p\pi z}{l}\right) \\
E_\phi &= \sum_{m=0}^{\infty}\sum_{n=1}^{\infty}\sum_{p=1}^{\infty}\frac{j\omega\mu}{k_c}H_{mnp}\mathrm{J}_m'(k_c r)\begin{matrix}\cos m\phi\\ \sin m\phi\end{matrix}\sin\left(\frac{p\pi z}{l}\right) \\
E_z &= 0 \\
H_r &= \sum_{m=0}^{\infty}\sum_{n=1}^{\infty}\sum_{p=1}^{\infty}\frac{p\pi}{k_c l}H_{mnp}\mathrm{J}_m'(k_c r)\begin{matrix}\cos m\phi\\ \sin m\phi\end{matrix}\cos\left(\frac{p\pi z}{l}\right) \\
H_\phi &= \pm\sum_{m=0}^{\infty}\sum_{n=1}^{\infty}\sum_{p=1}^{\infty}\frac{mp\pi}{k_c^2 r l}H_{nmp}\mathrm{J}_m(k_c r)\begin{matrix}\sin m\phi\\ \cos m\phi\end{matrix}\cos\left(\frac{p\pi z}{l}\right) \\
H_z &= \sum_{m=0}^{\infty}\sum_{n=1}^{\infty}\sum_{p=1}^{\infty}H_{mnp}\mathrm{J}_m(k_c r)\begin{matrix}\cos m\phi\\ \sin m\phi\end{matrix}\sin\left(\frac{p\pi z}{l}\right)
\end{aligned} \tag{7.4-18}$$

用同样方法可求得 TM_{mnp}模式的场分量为

$$\begin{aligned}
E_r &= \sum_{m=0}^{\infty}\sum_{n=1}^{\infty}\sum_{p=0}^{\infty}\left(-\frac{p\pi}{k_c l}\right)E_{mnp}\mathrm{J}_m'(k_c r)\begin{matrix}\cos m\phi\\ \sin m\phi\end{matrix}\sin\left(\frac{p\pi z}{l}\right) \\
E_\phi &= \pm\sum_{m=0}^{\infty}\sum_{n=1}^{\infty}\sum_{p=0}^{\infty}\frac{mp\pi}{k_c^2 r l}E_{mnp}\mathrm{J}_m(k_c r)\begin{matrix}\sin m\phi\\ \cos m\phi\end{matrix}\sin\left(\frac{p\pi z}{l}\right) \\
E_z &= \sum_{m=0}^{\infty}\sum_{n=1}^{\infty}\sum_{p=0}^{\infty}E_{mnp}\mathrm{J}_m(k_c r)\begin{matrix}\cos m\phi\\ \sin m\phi\end{matrix}\cos\left(\frac{p\pi z}{l}\right) \\
H_r &= \mp\sum_{m=0}^{\infty}\sum_{n=1}^{\infty}\sum_{p=0}^{\infty}\left(\frac{j\omega\varepsilon m}{k_c^2 r}\right)E_{mnp}\mathrm{J}_m(k_c r)\begin{matrix}\sin m\phi\\ \cos m\phi\end{matrix}\cos\left(\frac{p\pi z}{l}\right) \\
H_\phi &= \sum_{m=0}^{\infty}\sum_{n=1}^{\infty}\sum_{p=0}^{\infty}\left(-\frac{j\omega\varepsilon}{k_c}\right)E_{mnp}\mathrm{J}_m'(k_c r)\begin{matrix}\cos m\phi\\ \sin m\phi\end{matrix}\cos\left(\frac{p\pi z}{l}\right) \\
H_z &= 0
\end{aligned} \tag{7.4-19}$$

结果表明，圆柱形腔中可以存在无穷多 TE 型模式和 TM 型模式。当谐振时

$$l = p\frac{\lambda_g}{2} \tag{7.4-20}$$

式中 λ_g 为圆波导的轴向波导波长。

（2）谐振频率

由 3.1 节的讨论知道，TE_{mn}模的传播常数为

$$\beta_{mn}=\sqrt{k^2-\left(\frac{u'_{mn}}{a}\right)^2} \tag{7.4-21a}$$

TM_{mn}模的传播常数则为

$$\beta_{mn}=\sqrt{k^2-\left(\frac{u_{mn}}{a}\right)^2} \tag{7.4-21b}$$

式中 $k=\omega\sqrt{\mu\varepsilon}$，而

$$\beta_{mn}=\frac{p\pi}{l}\qquad p=0,1,2,\cdots \tag{7.4-22}$$

因此，圆柱形腔 TE_{mnp}模式和 TM_{mnp}模式的谐振频率为

$$f_{mnp}=\begin{cases}\dfrac{c}{2\pi\sqrt{\mu_r\varepsilon_r}}\sqrt{\left(\dfrac{u'_{mn}}{a}\right)^2+\left(\dfrac{p\pi}{l}\right)^2} & TE_{mnp}\text{ 模式}\\[2ex] \dfrac{c}{2\pi\sqrt{\mu_r\varepsilon_r}}\sqrt{\left(\dfrac{u_{mn}}{a}\right)^2+\left(\dfrac{p\pi}{l}\right)^2} & TM_{mnp}\text{ 模式}\end{cases} \tag{7.4-23}$$

式(7.4-23)可以写成

$$f_{mnp}=\frac{k_{mnp}}{2\pi}c=\left[\left(\frac{x_{mn}}{a}\right)^2+\left(\frac{p\pi}{l}\right)^2\right]^{1/2}\frac{c}{2\pi}$$

或者

$$(2af_{mnp})^2=\left(\frac{cx_{mn}}{\pi}\right)^2+\left(\frac{cp}{2}\right)^2\left(\frac{2a}{l}\right)^2 \tag{7.4-24}$$

式中，对于 TE_{mn}模，$x_{mn}=u'_{mn}$；对于 TM_{mn}模，$x_{mn}=u_{mn}$。将式(7.4-24)绘制成曲线图，得到如图 7.4-4 所示谐振模式图(mode chart)。由此图可确定在什么频率范围和 $2a/l$ 尺寸下只有单个谐振模式工作(简并的两个模的谐振频率相同)。由图可见，当$(2a/l)^2$ 在 2～3 之间，对应的$(2af)^2$ 在 16.3×10^8～20.4×10^8 之间的频率范围内(图中所示虚线长方形框内)，只有 TE_{011}模式和 TM_{111}模式能谐振。若设法不让 TM_{111}模式激励，则在此频率范围内调谐时，就只有 TE_{011}模式工作，不会出现由其它模式引起的寄生谐振。

（3）谐振模式的 Q 值

谐振时电场储能与磁场储能相等，某 TE_{mnp}模式(取 H_z 分量的 $\cos m\phi$ 模为例讨论)的总储能，由式(7.4-18)得到

$$\begin{aligned}W=2W_e&=\frac{\varepsilon}{2}\int_{z=0}^{l}\int_{\phi=0}^{2\pi}\int_{r=0}^{a}(|E_r|^2+|E_\phi|^2)rdrd\phi dz\\&=\frac{\varepsilon k^2\eta^2a^4H_0^2\pi l}{8(u'_{mn})^2}\left[1-\left(\frac{m}{u'_{mn}}\right)^2\right]J_m^2(u'_{mn})\end{aligned} \tag{7.4-25}$$

腔壁内的功率损耗为

$$\begin{aligned}P_c=\frac{R_s}{2}\int_s|\boldsymbol{H}_{\tan}|^2dx&=\frac{R_s}{2}\left\{\int_{z=0}^{l}\int_{\phi=0}^{2\pi}[|H_\phi(r=a)|^2+|H_z(r=a)|^2]ad\phi dz\right.\\&\quad\left.+2\int_{\phi=0}^{2\pi}\int_{r=0}^{a}[|H_r(z=0)|^2+|H_\phi(z=0)|^2]rdrd\phi\right\}\\&=\frac{R_s}{2}\pi H_0^2J_m^2(u'_{mn})\left\{\frac{la}{2}\left[1+\left(\frac{\beta am}{u'^2_{mn}}\right)^2\right]+\left(\frac{\beta a^2}{u'_{mn}}\right)^2\left(1-\frac{m^2}{u'^2_{mn}}\right)\right\}\end{aligned} \tag{7.4-26}$$

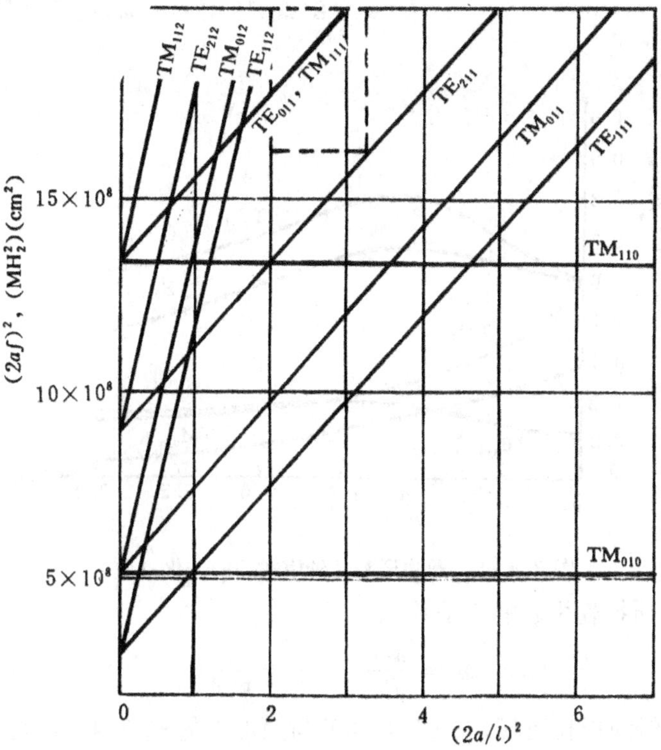

图 7.4-4 圆柱形谐振腔的谐振模式图

式(7.4-25)和式(7.4-26)中的 $H_0=H_{mnp}$。由式(7.1-21)，非理想腔壁但介质无耗的 TE_{mnp} 模式圆柱形腔的 Q 值为

$$Q_c=\frac{(ka)^3\eta al}{4(u'_{mn})^2R_s}\cdot\frac{1-\left(\frac{m}{u'_{mn}}\right)^2}{\left\{\frac{al}{2}\left[1+\left(\frac{\beta am}{u'^2_{mn}}\right)^2\right]+\left(\frac{\beta a^2}{u'_{mn}}\right)^2\left(1-\frac{m^2}{(u'_{mn})^2}\right)\right\}}\tag{7.4-27}$$

由式(7.4-21)和式(7.4-22)可知，$\beta=p\pi/l$ 和 $(ka)^2$ 对于尺寸一定的谐振腔是不随频率变化的常数，因此，Q 值的频率关系取决于 k/R_s，与频率的平方根成反比($\propto 1/\sqrt{f}$)。

TM_{mnp} 模式的 Q 值可由下式求得

$$Q\frac{\delta_s}{\lambda_0}=\begin{cases}\dfrac{\left[u_{mn}^2+(p\pi a/l)^2\right]^{1/2}}{2\pi(1+2a/l)} & p>0\\[2ex] \dfrac{u_{mn}}{2\pi(1+a/l)} & p=0\end{cases}\tag{7.4-28}$$

图 7.4-5 示出几种模式的归一化 Q 值曲线。由图可见，TE_{011} 模式的 Q 值较低次模式 TE_{111}、TM_{010} 或 TM_{111} 模式的 Q 值高得多。最佳 Q 值发生在 $l\simeq 2a$ 时。例如，当 $\lambda_0=3$ cm 时，$\delta_s/\lambda_0\simeq 2.2\times10^{-5}$，由图可以看出，$TE_{011}$ 模式的典型 Q 值范围是 10 000～40 000 或者更高；在 $\lambda_0=10$ cm 时，对应的 Q 值约为 $\lambda_0=3$ cm 时的三倍。

对于 TE_{mnp} 模式，有耗介质内的耗散功率为

$$P_d=\frac{1}{2}\int_V \mathbf{J}\cdot\mathbf{E}^*dv=\frac{\omega\varepsilon''}{2}\int_V\left[|E_r|^2+|E_\phi|^2\right]dv$$

$$= \frac{\omega\varepsilon'' k^2 \eta^2 a^4 H_0^2}{8(u'_{mn})^2}\left[1-\left(\frac{m}{u'_{mn}}\right)^2\right] J_m^2(u'_{mn}) \qquad (7.4-29)$$

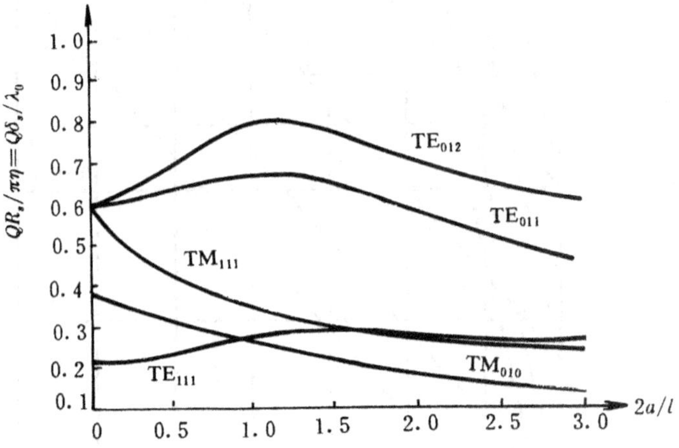

图 7.4-5　圆柱形腔几种模式的归一化 Q 值

由式(7.4-21)，介质损耗引起的 Q 值为

$$Q_d = \frac{\omega_0 W}{P_d} = \frac{\varepsilon'}{\varepsilon''} = \frac{1}{\text{tg}\ \delta} \qquad (7.4-30)$$

式中 tg δ 是介质材料的损耗正切。式(7.4-30)与矩形腔的式(7.4-13)完全相同。若腔壁和介质都有损耗，则谐振腔的总 Q 值应由式(7.4-14)求得。

(4) 三个常用模式圆柱形腔

与圆形波导的模式相对应，在上述圆柱形谐振腔模式中，较实用的是 TE_{111}、TM_{010}和 TE_{011}三个模式。

a. TE_{111}模式

当 $l>2.1a$ 时，TE_{111}模式是圆柱形腔的主模。其谐振频率为

$$f_{111} = \frac{c}{2\pi}\sqrt{\left(\frac{u'_{11}}{a}\right)^2+\left(\frac{\pi}{l}\right)^2} = \frac{c}{2\pi}\sqrt{\left(\frac{1.841}{a}\right)^2+\left(\frac{\pi}{l}\right)^2} \qquad (7.4-31)$$

可见谐振频率与长度 l 有关，因此可采用短路活塞调节长度 l 来进行调谐。由于此模式是圆柱形腔的主模，故单模工作的频带较宽，常可用作中等精度宽带波长计；但此模式容易出现极化简并现象，致使应用受到一定限制，且加工时对椭圆度要求高。图 7.4-6(a)表示此模式的场结构。

由式(7.4-27)求得 TE_{111}模式腔的 Q 值为

$$Q_{111} = \frac{\lambda_0}{\delta}\frac{[1-1/(u'_{11})^2][(u'_{11})^2+(\pi a/l)^2]^{3/2}}{2\pi[(u'_{11})^2+(2a/l)(\pi a/l)^2+[(\pi a/l)/u'_{11})^2(1-2a/l)]} \qquad (7.4-32)$$

式中 δ 为金属导体的趋肤深度。

b. TM_{010}模式

当 $l<2.1a$ 时，TM_{010}模式是圆柱形腔的主模。其谐振波长为

$$\lambda_0 = 2.62\,a \qquad (7.4-33)$$

可见谐振频率与腔长无关，不能采用短路活塞形式来进行调谐。调谐比较困难，致使其应

用受到一定限制。其调谐方法通常采用中心轴向加调谐杆。与圆波导 TM_{01} 模相似，TM_{010} 模式的电场和磁场分别相对集中于中心轴附近和圆柱壁附近，因此 TM_{010} 模式圆柱形腔常用作介质参数测量用微扰腔。其场结构如图 7.4-6(*b*)所示。

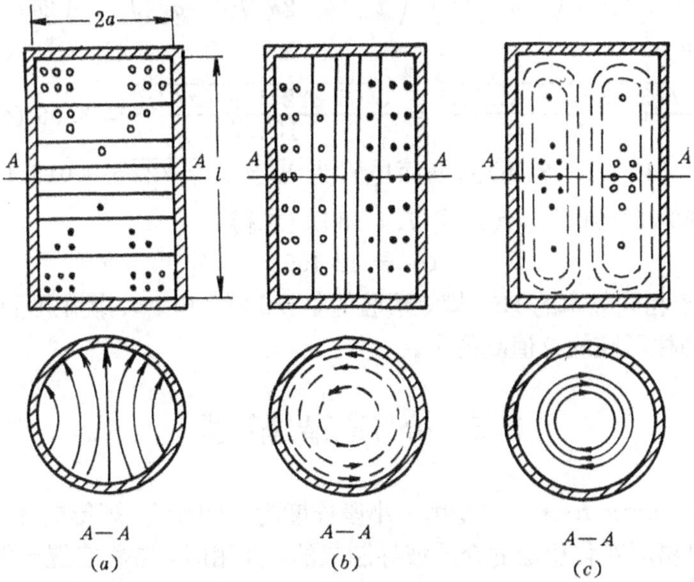

图 7.4-6 圆柱形腔三个常用模式的场结构

(*a*) TE_{111} 模式； (*b*) TM_{010} 模式； (*c*) TE_{011} 模式

由式(7.4-28)可得 TM_{010} 模式圆柱形腔的 Q 值为

$$Q_{010}=\frac{\lambda_0}{\delta}\,\frac{u_{01}}{2\pi(1+a/l)} \tag{7.4-34}$$

c. TE_{011} 模式

由式(7.4-23)可得 TE_{011} 模式的谐振频率为

$$f_{011}=\frac{c}{2\pi}\sqrt{\left(\frac{3.832}{a}\right)^2+\left(\frac{\pi}{l}\right)^2} \tag{7.4-35}$$

可见谐振频率与腔长 l 有关，可采用短路活塞调节长度 l 来进行调谐。其场结构如图 7.4-6(*c*)所示。

由第三章 3.2 节讨论知道，TE_{01} 模的损耗小，因而 TE_{011} 模圆柱形腔的 Q 值很高，是 TE_{111} 模圆柱形腔 Q 值的两倍到三倍。由式(7.4-27)可求得 TE_{011} 模圆柱形腔的 Q 值为

$$Q_{011}=\frac{\lambda_0}{\delta}\,\frac{[(u'_{01})^2+(\pi a/l)^2]^{3/2}}{2\pi[(u'_{01})^2]+(2a/l)(\pi a/l)^2]} \tag{7.4-36}$$

由于 TE_{011} 模腔的 Q 值高，而频率分辨率取决于谐振腔的 Q 值，故 TE_{011} 模圆柱形腔常用作微波频率计。TE_{011} 模式的另一优点是 $H_\phi=0$，因而无纵向壁电流，只有 ϕ 向腔壁电流。这意味着 TE_{011} 模腔的端板可以自由地移动，通常做成轭流式活塞以调节腔长 l 来进行调谐，而不会引入显著的损耗。然而，由于 TE_{011} 模式并非圆柱形腔的主模，所以必须谨慎地选择耦合方式，使在其谐振频率范围内不会激励起其它可能的谐振模式。

例 7.4-2 直径 $d=2a=l$ 的铜制 TE_{011} 模式圆柱形腔，腔内为空气填充，谐振频率为 5 GHz，求此腔的尺寸与 Q 值。

解 $\lambda_0=300/5\ 000=0.06$ (m)，$k=2\pi/\lambda_0=104.7$ (m^{-1}) 由式(7.4-35)，TE_{011}模腔的谐振频率为

$$f_{011}=\frac{c}{2\pi}\sqrt{\left(\frac{3.832}{a}\right)^2+\left(\frac{\pi}{l}\right)^2}=\frac{c}{2\pi}\sqrt{\left(\frac{3.832}{a}\right)^2+\left(\frac{\pi}{2a}\right)^2}$$

于是腔体的半径为

$$a=\frac{\sqrt{(3.832)^2+(\pi/2)^2}}{k}=\frac{\sqrt{(3.832)^2+(\pi/2)^2}}{104.7}=3.96\ (\mathrm{cm})$$

5 GHz 时铜($\sigma=5.813\times10^7$ S/m)的表面电阻为 $R_s=\sqrt{\omega\mu_0/2\sigma}=0.018\ 4\ \Omega$；趋肤深度 $\delta=\sqrt{2/\omega\mu_0\sigma}=0.093\ 35\times10^{-5}$m，代入式(7.4-36)，求得

$$Q_{11}=42\ 400$$

与例 7.4-1 工作于相同频率的 TE_{101}模矩形腔的 $Q_c=3\ 380$ 和 TE_{102}模矩形腔的 $Q_c=3\ 864$ 相比，可见 TE_{011}模圆柱形腔的 Q 值高得多。

7.5 介质谐振器

介质谐振器(dielectric resonator)是由一小段长度为 l 的圆形、矩形或环形低损耗高介电常数且高 Q 的、对温度变化稳定的介质波导制成的，实用时，常将它置于波导内或微带线基片上。不同谐振模式的谐振频率取决于其几何尺寸及其周围环境。介质谐振器具有体积小、Q 值高、成本低、易与 MIC 集成等优点，可方便地用于设计有源和无源微波电路。

介质谐振器在原理上类似于金属波导谐振腔。介质的高介电常数保证了绝大部分场集中在介质谐振器内部；但与金属腔不同，介质谐振器的边界是开放的，会有一小部分场从介质谐振器周边和两端漏出，即介质谐振器外面有一定的边缘场。

介质谐振器常用材料的介电常数为 $37\leqslant\varepsilon_r\leqslant100$，典型例子是二氧化钛(titanium dioxide)和钛酸钡(barium titanate)。在相同频率下介质谐振器的尺寸比金属腔为小，约为其 $1/\sqrt{\varepsilon_r}$ 倍。若采用的介质材料 ε_r 高，则电场和磁场紧紧被束缚在谐振器附近，辐射损耗很低，则介质谐振器的无载 Q 值只决定于介质损耗；若所用的介电常数较低，其辐射损耗较大，就要对介质谐振器加以屏蔽。

介质谐振器的技术指标主要是 ε_r、Q 值和频率温度系数 η_f；其主要求解的特性参数是谐振频率。严格求解介质谐振器的谐振频率比较困难，一般采用近似方法。早期的方法是磁壁模型法，即将介质谐振器的边界都视为磁壁来分析。这种方法的误差较大，达 10%以上。现在较精确的方法有混合磁壁法、开波导法、变分法等。下面分别讨论孤立和屏蔽圆柱形介质谐振器谐振频率的求解方法，介绍介质谐振器与微带线电路的耦合与计算及频率调整方法。

1. 孤立圆柱形介质谐振器

孤立的圆柱形介质谐振器如图 7.5-1(a)所示，设介质为均匀、无耗，相对介电常数为 ε_r，半径为 a，长度为 l。实用的圆柱形介质谐振器多数以 $TE_{01\delta}$模式工作，下面用混合磁壁法来求解 TE 模式的谐振频率。

混合磁壁法是将圆柱形介质谐振器看成一段圆柱形介质波导，上下的空气区域看成截

止波导，假设 $r=a$ 的圆柱面为磁壁边界条件，如图 7.5-1(b)所示。

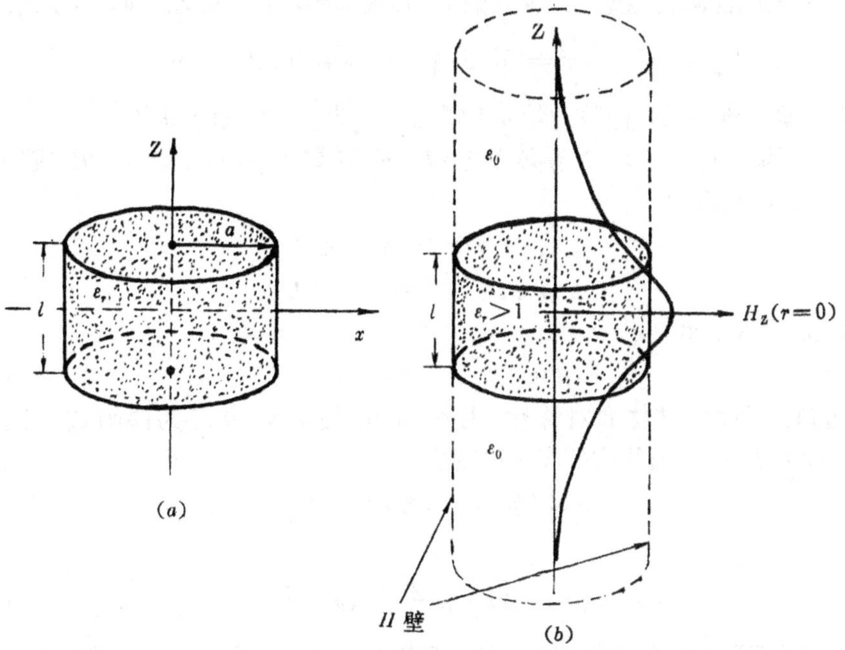

图 7.5-1

(a) 圆柱形介质谐振器；(b) 混合磁壁法

TE 模的 $E_z=0$，H_z 满足如下方程：

$$(\nabla^2+k^2)H_z=0 \tag{7.5-1}$$

式中

$$k=\begin{cases}\sqrt{\varepsilon_r}\,k_0 & |z|<l/2\\ k_0 & |z|>l/2\end{cases} \tag{7.5-2}$$

横向场分量可由 H_z 求得：

$$\begin{aligned}E_r&=\frac{-j\omega\mu}{k_c^2 r}\frac{\partial H_z}{\partial\phi}, & E_\phi&=\frac{j\omega\mu}{k_c^2}\frac{\partial H_z}{\partial r}\\ H_r&=\frac{1}{k_c^2}\frac{\partial^2 H_z}{\partial r\partial z}, & H_\phi&=\frac{1}{k_c^2 r}\frac{\partial^2 H_z}{\partial\phi\partial z}\end{aligned} \tag{7.5-3}$$

场在介质内应呈驻波分布，在介质外应为衰减状态。用分离变量法可求得式(7.5-1)的解为

$$\begin{aligned}H_{z_1}&=A_m J_m(k_c r)\begin{pmatrix}\cos m\phi\\ \sin m\phi\end{pmatrix}\cos(\beta z+\theta) & |z|<l/2\\ H_{z_2}&=B_m J_m(k_c r)\begin{pmatrix}\cos m\phi\\ \sin m\phi\end{pmatrix}e^{-\alpha(|z|-l/2)} & |z|>l/2\end{aligned} \tag{7.5-4}$$

式中

$$\begin{aligned}\beta^2&=\varepsilon_r k_0^2-k_c^2\\ \alpha^2&=k_c^2-k_0^2\\ k_0^2&=\omega^2\mu_0\varepsilon_0\end{aligned} \tag{7.5-5}$$

将式(7.5-4)代入式(7.5-3)可求得其它场分量。

已假设 $r=a$ 的圆柱面为磁壁，则该处的 H_z 必须为零，于是有 $J_m(k_c a)=0$。由此得到

$$k_{c_{mn}} = \frac{u_{mn}}{a} \qquad m = 0, 1, 2, \cdots; n = 1, 2, 3, \cdots \tag{7.5-6}$$

式中，u_{mn}是第一类 m 阶贝塞尔函数的第 n 个零点，$k_{c_{mn}}$为相应的截止波数。

在 $|z|=l/2$ 的端面上，切向场必须连续，即应有 $E_{r_1}=E_{r_2}$，$H_{\phi_1}=H_{\phi_2}$ 或 $H_{z_1}=H_{z_2}$，$\partial H_{z_1}/\partial z=\partial H_{z_2}/\partial z$。由此得到

$$A_m \cos(\beta l/2+\theta) = B_m$$

$$A_m \beta \sin(\beta l/2+\theta) = \alpha B_m$$

由此两式消去 A_m 和 B_m，得到

$$\beta \operatorname{tg}(\beta l/2+\theta) = \alpha \tag{7.5-7}$$

式中 θ 为初相角，考虑到结构的对称性，场分量 H_z 关于 $z=0$ 应为偶函数，于是应取 $\theta=-p\pi/2(p=0, 1,2, \cdots)$。因此式(7.5-7)变成

$$\beta \operatorname{tg}(\beta l/2 - p\pi/2) = \alpha$$

由此求得

$$\beta l = p\pi + 2\operatorname{arctg}\frac{\alpha}{\beta} = (p+\delta)\pi \tag{7.5-8}$$

此即圆柱形介质谐振器 TE 模式的特征方程。式中 $\delta\pi=2\operatorname{arctg}(\alpha/\beta)<\pi$，故有 $0<\delta<1$，而 p 是场沿 z 向分布的半驻波数。这样，圆柱形介质谐振器 TE 模式可表示成 $TE_{mn,\delta+p}$，最低次模式为 $TE_{01\delta}$模式。图 7.5-2 表示 $TE_{01\delta}$模式的场结构，其磁力线在子午面上，而电力线是

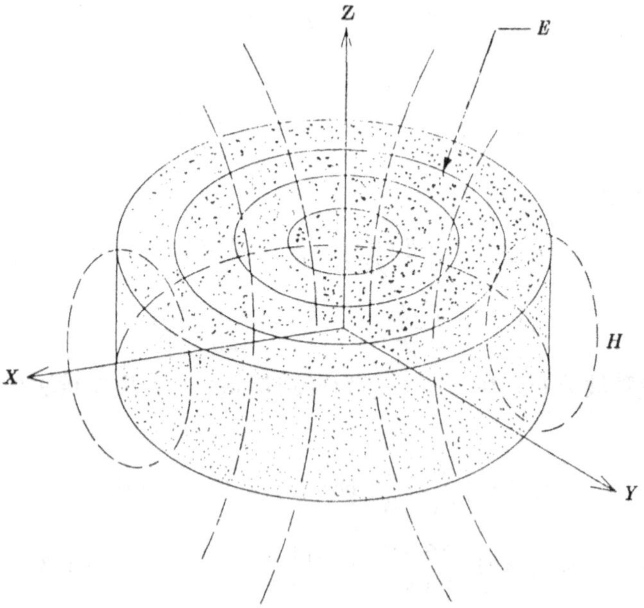

图 7.5-2　孤立圆柱形介质谐振器 $TE_{01\delta}$模式的场结构

绕 z 轴的同心圆。从远处看，这种模式好像一个磁偶极子，故有时称之为磁偶极子模。当 ε_r 约为 40 时，$TE_{01\delta}$模中贮存的 95%以上的电能及 60%以上的磁能位于介质谐振器里面，其

余能量分布在其周围空气中，且随着离谐振器表面距离的增大而迅速衰减。

实用的圆柱形介质谐振器多选用 $TE_{01\delta}$模式工作。此模式有如下优点：①电场和磁场都是圆对称的，与微带线的耦合很方便；②能量在介质谐振器内的集中程度高，其周围的金属引入的损耗小，介质谐振器置于微带线基片上的 Q 值变化较小；③模式容易辨认，其电性能容易比较精确地测量；④Q 值较高。此模式的缺点是频率特性比较陡，$TE_{01\delta}$模式介质谐振器的稳定调谐带宽比较窄。

由式(7.5-8)和式(7.5-5)、(7.5-6)求得 β、k_c 后，谐振频率则可由下式求得：

$$f_0 = \frac{c}{2\pi\sqrt{\varepsilon_r}}\sqrt{k_c^2+\beta^2} \tag{7.5-9}$$

式(7.5-9)的求值需要使用计算机，不便工程使用。卡杰费斯(Kajfez)[26]给出了孤立的 $TE_{01\delta}$模式圆柱形介质谐振器谐振频率近似式：

$$f_0 = \frac{34}{a\sqrt{\varepsilon_r}}\left[\frac{a}{l}+3.45\right]\ (\text{GHz}) \tag{7.5-10a}$$

式中谐振器的半径 a 和高度 l 的单位为 mm；在下列范围内，上式的精度约为 2%：

$$0.5 < \frac{a}{l} < 2 \quad 和 \quad 30 < \varepsilon_r < 50 \tag{7.5-10b}$$

孤立介质谐振器的无载 Q 值，取决于介质材料本身的 Q 值。ε_r 为 100 左右或更高的介质谐振器，其无载 Q 值可用下式近似估算：

$$Q_0 \simeq \frac{1}{\text{tg}\,\delta} \tag{7.5-11}$$

式中 $\text{tg}\,\delta$ 为介质材料的损耗正切。介质谐振器常用材料的 $\text{tg}\,\delta$ 典型值为 0.000 1～0.000 2，于是 Q_0 值约为 5 000～10 000。

2. 屏蔽的圆柱形介质谐振器

实用的介质谐振器都是放在波导中或微带线基片上，屏蔽条件的引入将使谐振器的谐振频率产生偏移，使其 Q 值降低。

下面先介绍用开波导法求解圆柱形介质谐振器 $TE_{on,\delta+p}$模式的谐振频率。

图 7.5-3(a)表示置于微带线基片上的圆柱形介质谐振器的截面图，图 (b) 为其分区

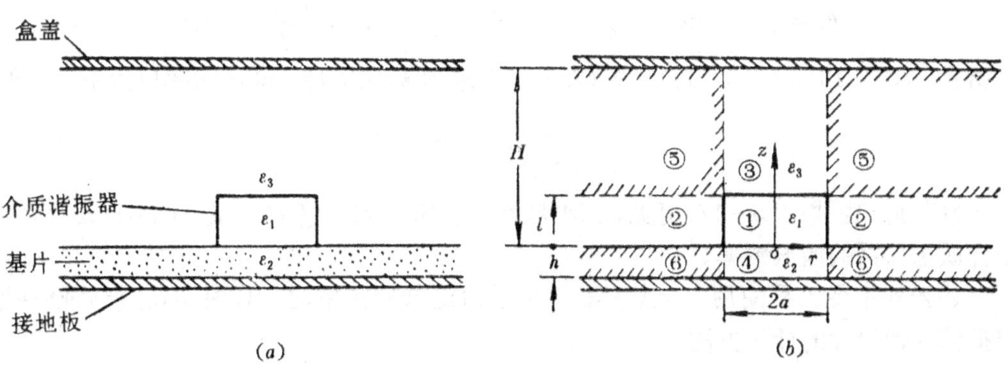

图 7.5-3 屏蔽圆柱形介质谐振器及其分区

图。图中 $\varepsilon_{r_1}\gg\varepsilon_{r_2}$，$\varepsilon_{r_1}\gg\varepsilon_{r_3}$，$\varepsilon_{r_3}=1$。阴影区⑤、⑥中的场忽略不计。式(7.5-1)在各区域中的解为

$$
\begin{aligned}
H_{z_1} &= A_1 \mathrm{J}_0(k_{c_1} r)\sin(\beta z+\theta)\\
H_{z_2} &= A_2 \mathrm{K}_0(k_{c_2} r)\sin(\beta z+\theta)\\
H_{z_3} &= A_3 \mathrm{J}_0(k_{c_1} r)\sin\alpha_3(H-z)\\
H_{z_4} &= A_4 \mathrm{J}_0(k_{c_1} r)\sin\alpha_4(z+h)
\end{aligned}
\tag{7.5-12}
$$

式中

$$
\begin{aligned}
\beta^2 &= k_0{}^2\varepsilon_{r_1}-k_{c_1}^2=k_0^2+k_{c_2}^2\\
\alpha_3 &= k_{c_1}^2-k_0^2\\
\alpha_4 &= k_{c_1}^2-k_0^2\varepsilon_{r_2}\\
k_0^2 &= \omega^2\mu_0\varepsilon_0
\end{aligned}
\tag{7.5-13}
$$

$\mathrm{J}_0(k_{c_1}r)$和 $\mathrm{K}_0(k_{c_2}r)$分别为零阶贝塞尔函数和第二类变态贝塞尔函数；$A_1\sim A_4$、θ 是待定常数。

横向场分量可由式(7.5-3)求得。$\mathrm{TE}_{on,\delta+p}$模式只有 H_z、H_r 和 E_ϕ三个分量。

由 $r=a$ 处 H_z、E_ϕ连续条件，可以得到

$$\frac{\mathrm{J}_0'(u)}{u\mathrm{J}_0(u)}+\frac{\mathrm{K}_0'(w)}{w\mathrm{K}_0(w)}=0 \tag{7.5-14}$$

式中，$u=k_{c_1}a$，$w=k_{c_2}a$。又由 $z=l$ 处 H_r、E_ϕ连续条件，可以得到

$$\beta\,\mathrm{ctg}\,(\beta l+\theta)=\alpha_3\,\mathrm{cth}\,\alpha_3(H-l)$$

或者

$$\beta l+\theta-\frac{\pi}{2}=p\pi+\mathrm{arctg}\left[\frac{\alpha_3}{\beta}\,\mathrm{cth}\,\alpha_3(H-l)\right]\qquad p=0,1,2,\cdots \tag{7.5-15}$$

由 $z=0$ 处 H_r、E_ϕ连续条件则可得

$$\beta\,\mathrm{ctg}\,\theta=\alpha_4\,\mathrm{cth}\,\alpha_4 h$$

或者

$$\theta=\frac{\pi}{2}-\mathrm{arctg}\left(\frac{\alpha_4}{\beta}\,\mathrm{cth}\,\alpha_4 h\right) \tag{7.5-16}$$

由式(7.5-15)和式(7.5-16)，得到方程

$$\beta l=p\pi+\mathrm{arctg}\left[\frac{\alpha_3}{\beta}\,\mathrm{cth}\,\alpha_3(H-l)\right]+\mathrm{arctg}\left(\frac{\alpha_4}{\beta}\,\mathrm{cth}\,\alpha_4 h\right) \tag{7.5-17}$$

由式 (7.5-13)、(7.5-14)和式(7.5-17)求得 k_{c_1}和 β 后，谐振频率可由下式求得

$$f_0=\frac{c}{2\pi\sqrt{\varepsilon_{r_1}}}\sqrt{k_{c_1}^2+\beta^2} \tag{7.5-18}$$

式中 c 为光速。由式(7.5-17)可见，谐振频率与屏蔽盒盖高度 H 有关。调节此高度可调整屏蔽介质谐振器的谐振频率。

上述公式不便工程使用。卡杰费斯给出了给定谐振频率时 MIC 中 $\mathrm{TE}_{01\delta}$模式圆柱形介质谐振器几何尺寸的计算方法：

（1）谐振器的直径($d=2a$)选定在如下范围内：

$$\frac{5.4}{k_0\sqrt{\varepsilon_{r_2}}} > 2a > \frac{5.4}{k_0\sqrt{\varepsilon_{r_1}}} \tag{7.5-19}$$

（Ⅱ）计算 k_{c_1} 值

$$k_{c_1} = \frac{2.405}{a} + \frac{Y_0}{2.405a[1 + (2.43/Y_0) + 0.291Y_0]} \tag{7.5-20}$$

式中

$$Y_0 = \sqrt{(k_0 a)^2(\varepsilon_{r_2} - 1) - 2.405^2} \tag{7.5-21}$$

（Ⅲ）计算 $TE_{01\delta}$ 模式的传播常数 β

$$\beta = \sqrt{k_0^2\varepsilon_{r_1} - k_{c_1}^2} \tag{7.5-22}$$

（Ⅳ）估算衰减常数 α_3 和 α_4

$$\begin{aligned} \alpha_3 &= \sqrt{k_{c_1}^2 - k_0^2} \\ \alpha_4 &= \sqrt{k_{c_1}^2 - k_0^2\varepsilon_{r_2}} \end{aligned} \tag{7.5-23}$$

（Ⅴ）求谐振器的高度 l

$$l = \frac{1}{\beta}\left\{\operatorname{arctg}\left[\frac{\alpha_3}{\beta}\operatorname{cth}\alpha_3(H - l)\right] + \operatorname{arctg}\left[\frac{\alpha_4}{\beta}\operatorname{cth}(\alpha_4 h)\right]\right\} \tag{7.5-24}$$

谐振器与微带线之间的距离则需根据其间耦合的外部 Q 值来确定，见下面分析。当已知介质谐振器的几何尺寸时，亦可用上述各式来确定介质谐振器的谐振频率。

屏蔽条件将使谐振器 Q 值降低。部件封装盒的金属壁、介质材料及固定介质谐振器用的粘合剂等所引起的损耗及其它因素，一般会使 Q 值降低约 10%至 20%。介质谐振器总的 Q 值应按式(7.4-14)计算。

3. MIC 中介质谐振器与电路的耦合

为了在微波电路设计中有效地使用介质谐振器，有必要较准确地知道介质谐振器与各种传输线的耦合状况。圆柱形介质谐振器的 $TE_{01\delta}$ 模可以很方便地与微带线、鳍线、磁环、金属波导及介质波导等耦合。这里讨论最常用的 $TE_{01\delta}$ 模与微带线的耦合。

图 7.5-4 表示介质谐振器与微带线之间的磁耦合。其耦合大小主要是由其间的侧距 d 确定。

$TE_{01\delta}$ 模可用一磁偶极矩 $\boldsymbol{M}$ 来近似表示。使 $\boldsymbol{M}$ 方向与微带线平面(截面)相垂直，则谐振器的磁力线与微带线的磁力线交链。置于微带线邻近的介质谐振器的工作便类似于一个反应式谐振腔，在谐振频率时，它反射微波能量，其等效电路如图 7.5-5 所示，图中 L_r、C_r 和 R_r 是介质谐振器的等效参量，L_1、C_1 和 R_1 是微带线的等效参量，L_m 为两者间的磁耦合参量。由变压器折换过来与传输线串联的谐振器阻抗 Z 为

$$Z = j\omega L_1 + \frac{\omega^2 L_m^2}{R_r + j\omega(L_r - 1/\omega^2 C_r)} \tag{7.5-25}$$

在中心频率附近，ωL_1 可以忽略，于是 Z 简化为

$$Z = \omega Q_0 \frac{L_m^2}{L_r} \cdot \frac{1}{1 + X} \tag{7.5-26}$$

式中，$X = 2Q_0\Delta\omega/\omega$，谐振器的无载 Q_0 值和谐振频率分别为

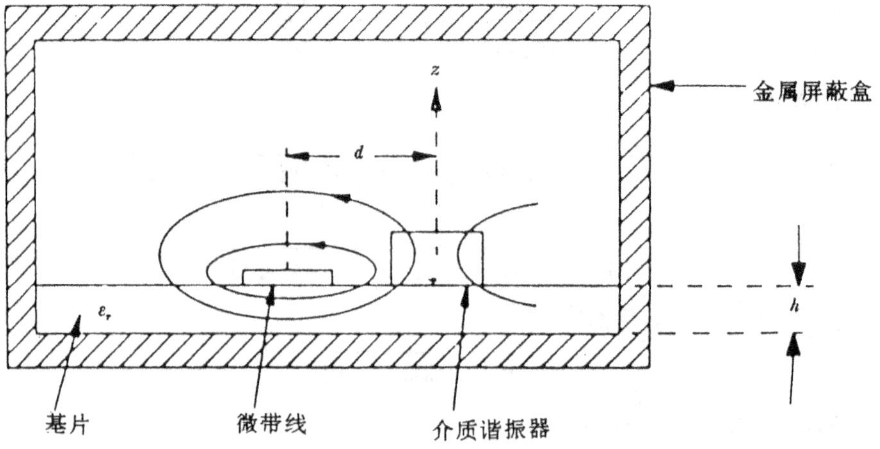

图 7.5-4　介质谐振器与微带线的耦合

$$Q_0 = \frac{\omega_0 L_r}{R_r} \tag{7.5-27a}$$

$$\omega_0 \frac{1}{\sqrt{L_r C_r}} \tag{7.5-27b}$$

在谐振频率 ω_0 时，$X=0$，则

$$Z = R = \omega_0 Q_0 \frac{L_m^2}{L_r} \tag{7.5-28}$$

此式表明，图 7.5-5 所示的等效电路可用图 7.5-6 所示的简化并联谐振电路来表示，图中 L、C 和 R 如下式所示：

$$L = \frac{L_m{}^2}{L_r}, \quad C = \frac{L_r}{\omega_0^2 L_m^2}, \quad R = \omega_0 Q_0 \cdot \frac{L_m^2}{L_r} \tag{7.5-29}$$

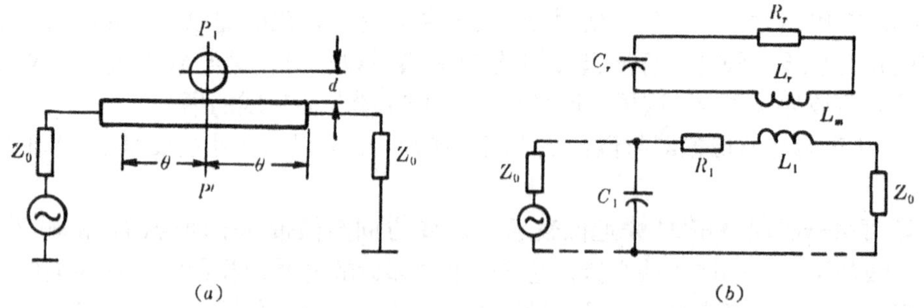

图 7.5-5　与微带线耦合的介质谐振器等效电路

定义谐振频率 ω_0 时的耦合系数 β 为

$$\beta = \frac{R}{R_e} = \frac{R}{2Z_0} = \frac{\omega_0 Q_0}{2Z_0} \frac{L_m^2}{L_r} \tag{7.5-30}$$

耦合系数 β 也可用能直接测量的耦合谐振器在谐振频率时的反射系数 S_{110} 和传输系数 S_{210} 表示成

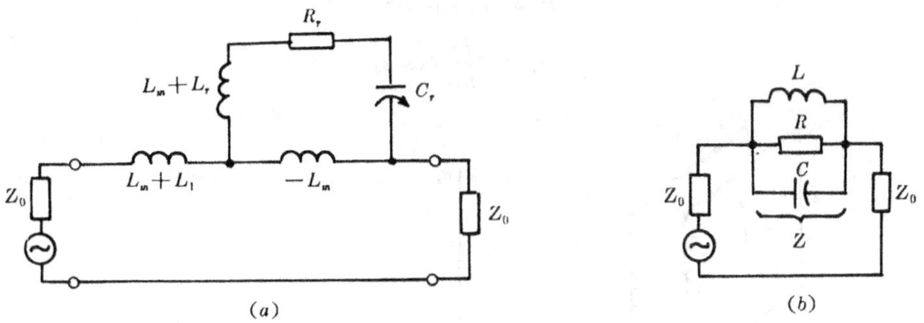

图 7.5-6 (a) 简化等效电路；(b) 最终等效电路

$$\beta=\frac{S_{110}}{1-S_{110}}=\frac{1-S_{210}}{S_{210}}=\frac{S_{110}}{S_{210}} \tag{7.5-31}$$

而无载、有载和外部品质因数(Q_0、Q_L 和 Q_e)之间有关系

$$Q_0=Q_L(1+\beta)=Q_e\beta \tag{7.5-32}$$

而 $Q_e(=Q_0/\beta)$可用来表征耦合度，由 Q_e 便可决定耦合间距 d。

7.6 法布里-珀罗谐振器

上述各种谐振器因导体损耗的 Q_c 值随 $1/\sqrt{f}$ 而降低，在毫米波和亚毫米波段，其 Q 值就太小而不能应用。此外，在很高频率时，工作在低次模的上述各种谐振器的实际尺寸太小也不能应用，而用高次模工作在谐振时会有别的高次模靠得较近，而这些模式的有限带宽可能很小或者很难加以分开，也就使这种谐振器无法使用。

解决的办法之一是将谐振腔的边壁移开，以减小导体损耗和可能的谐振模数。由此即形成由两个平行金属板构成的开式谐振器，亦称为法布里-珀罗(Fabry-Perot)谐振腔，因为其原理与光学法布里-珀罗干涉仪相似。这种准光谐振器在毫米波和亚毫米波段很有用，类似于在远红外和可见光的激光应用中的谐振器；这种谐振腔在毫米波段频率介质参数测量中也很有用。

为使这种开式谐振腔装置有效使用，两平板必须平行且要足够大，以保证波在两平板之间来回反射时无明显的辐射。为此，实用的法布里-珀罗谐振腔都是采用聚焦的球面镜或抛物面镜来限制能量，以获得稳定的模式图。

本节首先研究平行板开式谐振腔的工作原理，然后讨论平面和球面镜谐振器的稳定性。

1. 法布里-珀罗谐振腔的工作原理

图 7.6-1(a)表示由两块平行导体板构成的法布里-珀罗谐振腔，(b)为其正视图。假设两平行平板无限大，则在其间可以存在如下 TEM 驻波场($a\gg\lambda_r$，$b\gg\lambda_r$；$d\gg\lambda_r$；$d<a$，$d<b$，且忽略边缘场)：

$$E_x = E_0 \sin k_0 z$$
$$H_y = \frac{jE_0}{\eta_0} \cos k_0 z \tag{7.6-1}$$

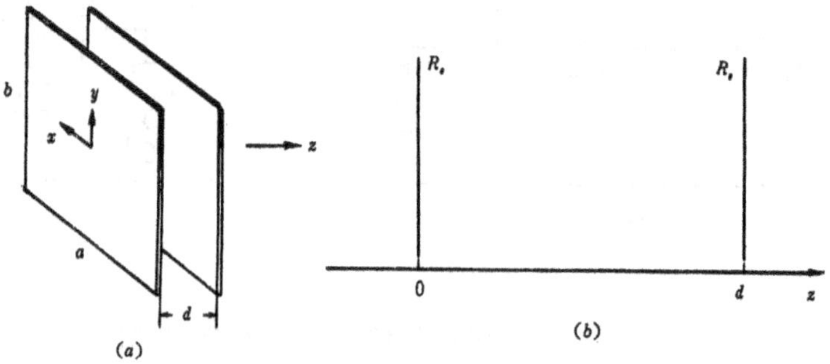

图 7.6-1　理想法布里-珀罗谐振腔

式中，E_0 为任意振幅常数，$\eta_0=377\ \Omega$ 是自由空间固有阻抗。式(7.6-1)的场满足边界条件 $E_x|_{z=0}=0$；为了满足另一边界条件 $E_x|_{z=d}=0$，则要求

$$k_0 d = p\pi \qquad p = 1,\ 2,\ 3,\ \cdots \tag{7.6-2}$$

由此得到谐振频率为

$$f_r = \frac{ck_0}{2\pi} = \frac{cp}{2d} \qquad p = 1,\ 2,\ 3,\ \cdots \tag{7.6-3}$$

这种谐振腔的 Q 值的推导如下：截面 1 m^2 的电场储能为

$$W_e = \frac{\varepsilon_0}{4}\int_{z=0}^{d} |E_x|^2 dz = \frac{\varepsilon_0 |E_0|^2}{4}\int_{z=0}^{d} \sin^2 \frac{p\pi}{d} z dz = \frac{\varepsilon_0 |E_0|^2 d}{8} \tag{7.6-4}$$

1 m^2 的磁场储能为

$$W_m = \frac{\mu_0}{4}\int_{z=0}^{d} |H_y|^2 dz = \frac{\mu_0 |E_0|^2}{4\eta_0^2}\int_{z=0}^{d} \cos^2 \frac{p\pi z}{d} dz = \frac{\mu_0 |E_0|^2 d}{8\eta_0^2} = \frac{\varepsilon_0 |E_0|^2 d}{8} \tag{7.6-5}$$

可见磁场储能等于电场储能。两个导体平板 1 m^2 的功率损耗为

$$P_c = 2\left(\frac{R_s}{2}\right)|H_y(z=0)|^2 = \frac{R_s |E_0|^2}{\eta_0^2} \tag{7.6-6}$$

因此，由于导体损耗的 Q 值为

$$Q_c = \frac{\omega(W_e + W_m)}{P_c} = \frac{\omega\varepsilon_0 d\eta_0^2}{4R_s} = \frac{\pi f_0 \varepsilon_0 d\eta_0^2}{2R_s} = \frac{c\pi p\varepsilon_0\eta_0^2}{4R_s} = \frac{\pi p\eta_0}{4R_s} \tag{7.6-7}$$

结果说明，这种开式腔的 Q 值与模数 p 成正比，即随模数增多而增大。其模数 p 常为几千或更大。假如在平板之间区域填充损耗正切 tg δ 的介质材料，则由于介质损耗的 Q 值为

$$Q_d = \frac{1}{\text{tg}\ \delta} \tag{7.6-8}$$

不过在这种开式腔中极少用介质，以免降低 Q 值。

2. 开式谐振腔的稳定性

稳定性是开式谐振腔的一个实际问题。这里我们定性地讨论曲面镜开式谐振腔的一些特性。图 7.6-2 表示曲面镜开式腔的一般结构，两个半径分别为 R_1 和 R_2 的球面镜，相距为 d。根据球面镜的聚焦特性，谐振腔中的能量可以被限制在镜面轴线附近的窄小区域内

(稳定型)；也有可能扩展出镜面边缘以外(不稳定型)。后者将导致很大的损耗。

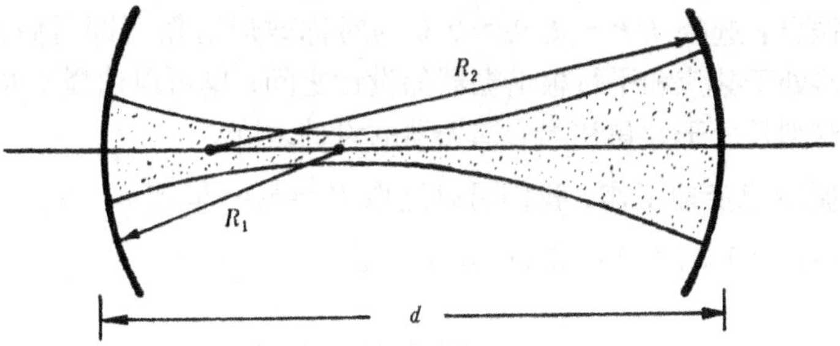

图 7.6-2 用球面镜构成的开式谐振腔

应用几何光学可以证明，当满足如下条件时，图 7.6-2 所示开式谐振腔可形成稳定的模式[28]：

$$0\leqslant\left(1-\frac{d}{R_1}\right)\left(1-\frac{d}{R_2}\right)\leqslant 1 \tag{7.6-9}$$

其稳定性判据可用图 7.6-3 所示曲线图来表示。式(7.6-9)左边不等式的边界是 $d/R_1=1$ 和 $d/R_2=1$ 的直线；式(7.6-9)右边不等式的边界则是在 $d/R_1=/R_2=1$ 的交点处有焦点的双曲线。据此我们可以解释一些结构的稳定性：

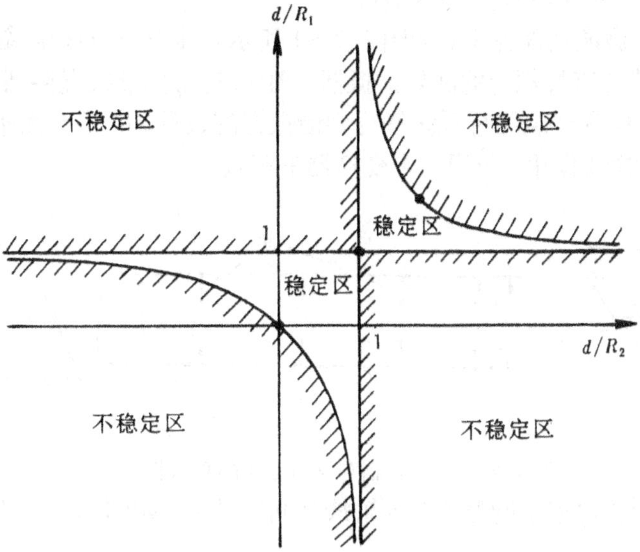

图 7.6-3 开式腔的稳定性图

①平行板谐振器：其结构如同图 7.6-1，曲率半径 $R_1=R_2=\infty$。因此，这种结构对应于图 7.6-3 中的原点 $d/R_1=d/R_2=0$，正好在稳定和不稳定区的边界上，因此任何不规则性，例如镜面的不平行度，都将使系统处于不稳定状态。显然，这种平行板开式腔结构不实用。

②共焦谐振器：此种情况下，$R_1=R_2=d$，位于图 7.6-3 的(1，1)点。这种谐振器可用稳定和不稳定区之间的某个点来表示，因此对不规则性很敏感。

③同心谐振器：这种情况下，$R_1=R_2=d/2$，两镜面具有相同的中心，对应于图 7.6－3 的(2，2)点，故称为同心谐振器。这种谐振器结构也位于稳定和不稳定区的边缘处。

④稳定的谐振器：选择 $d/R_1=d/R_2\simeq 0.6$ 的对称球形谐振器即可做成稳定的谐振器。这种情况的谐振器处于共焦和平行板谐振器的设计之间；也可以选择 $d/R_1=d/R_2\simeq 1.4$。这种情况下的谐振器则是处于共焦和同心谐振器的设计之间。

为了确保谐振器稳定地工作，我们可以选取 $R_1=R_2=2d$ 或 $R_1=R_2=\frac{2}{3}d$。它们分别对应于图 7.6－3 中的点(0.5，0.5) 和 (1.5，1.5)。

7.7　谐振器的激励

上面各节所讨论的是孤立谐振器的特性。然而，一个孤立的谐振器是没有任何实用价值的。实际应用的微波谐振器总是要通过一个或几个端口与外电路连接，以便进行能量变换。谐振器与外电路相连的端口部分叫做耦合机构或激励机构。本节介绍谐振器的激励方式，举例阐明耦合机构的计算原理。

1. 激励方式

谐振器与外电路的激励方式(或称耦合方式)随导行系统和谐振器的结构而异，常用的方式有：直接耦合、探针或环耦合、孔耦合。

直接耦合常见于微波滤波器中，如图 7.7－1 所示，其中图(*a*)是以缝隙耦合的微带线谐振器；图(*b*)是用膜片直接耦合的波导谐振器；图(*c*)是与微带线直接耦合的介质谐振器。在直接耦合机构中，电磁波经导行系统耦合到谐振器的过程中，不会因耦合机构而改变模式，耦合机构仅起变换器作用，可用一个变换器来等效。

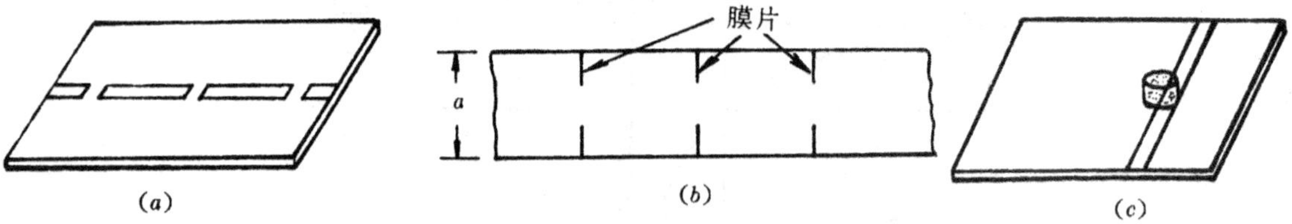

图 7.7－1　谐振器与导行系统的直接耦合

探针耦合和环耦合常用于谐振器与同轴线之间的耦合，如图 7.7－2 所示。由于耦合结

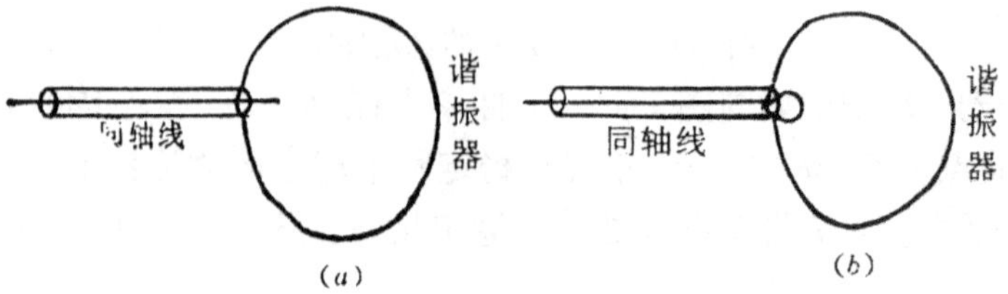

图 7.7－2　谐振器与同轴线的耦合

构很小，可以认为探针或环处的电场或磁场是均匀的，这样，图(*a*)所示探针在电场作用下就成为一个电偶极子，通过电偶极矩的作用，使谐振器与同轴线相耦合，故探针耦合又称为电耦合；图(*b*)所示耦合环在磁场作用下就成为一个磁偶极子，通过其磁矩的作用，使谐振器与同轴线耦合起来，故环耦合又称为磁耦合。

孔耦合常用于谐振器与波导之间的耦合，如图 7.7-3 所示。图(*a*)的耦合为磁耦合；图(*b*)的耦合孔很小的话，也主要是磁耦合；图(*c*)的耦合也是磁耦合。可见谐振器与波导之间的孔耦合主要是磁场耦合，因为在孔处波导壁附近的磁场比较强，而小孔中的模式主要是TM_{01}模。耦合孔(又称为窗孔)应设置在谐振器与输入波导之间以使谐振器中模式的场分量与输入波导的场分量方向一致。

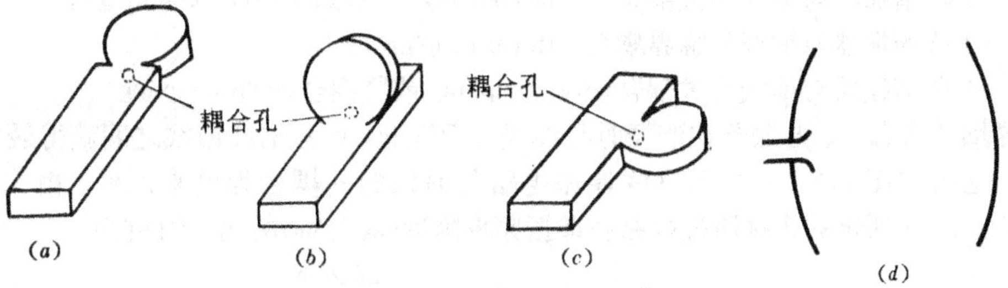

图 7.7-3 谐振器与波导的孔耦合

(*a*) 波导终端的孔耦合；(*b*) 波导宽边的孔耦合；

(*c*) 波导窄边的孔耦合；(*d*)用波导喇叭馈电的开式谐振腔

2. 耦合的影响

微波谐振器与外电路耦合以后，谐振器的特性将与孤立状态有所不同，外电路要通过耦合机构对谐振器的特性产生影响。其影响有二：一是要在谐振器中引入一个电抗，使谐振器失谐，即使谐振频率改变；另一是在谐振器中引入一个电阻，使谐振器的能量损耗增大，从而使其 Q 值降低。

容易理解，与外电路耦合的谐振器，其功率损耗包括谐振器本身的损耗 P_s 和外电路负载上的损耗 P_e 两部分，即 $P_l=P_s+P_e$。有负载时谐振器的 Q 值称为有载 Q 值(loaded quality factor)，以 Q_L 表示，则根据定义式(7.1-21)，得到

$$Q_L = \omega_0 \frac{W}{P_s + P_e}$$

或者

$$\frac{1}{Q_L} = \frac{P_s + P_e}{\omega_0 W} = \frac{P_s}{\omega_0 W} + \frac{P_e}{\omega_0 W} = \frac{1}{Q_0} + \frac{1}{Q_e} \tag{7.7-1}$$

式中 Q_e 称为外部 Q 值(external Q)

外部 Q_e 值表示外电路(或负载)对谐振器的影响，是谐振器与外电路之间耦合的量度，与耦合机构有关。改变耦合，Q_0 值不变，Q_e 却随之改变。定义 Q_0 与 Q_e 之比值为耦合系数(coupling coefficient)β：

$$\beta = \frac{Q_0}{Q_e} \tag{7.7-2}$$

显然，Q_e越大、β越小，表示耦合越松；反之，Q_e越小，β越大，表示耦合越紧。这样，根据所要求Q_e值(或β值)就可设计所需耦合机构。

有载Q值也可用耦合系数表示为

$$Q_L=\frac{Q_0Q_e}{Q_0+Q_e}=\frac{Q_0}{1+\beta} \tag{7.7-3}$$

如果谐振器有N个匹配的耦合端口，则谐振器的有载Q值为

$$Q_l=\frac{Q_0}{1+\sum_{i=1}^{N}\beta_i} \tag{7.7-4}$$

根据耦合系数的大小，有三种耦合状态：

①$\beta<1$称谐振器与馈线为欠耦合(under coupling)或松耦合(loose coupling)。

②$\beta=1$称谐振器与馈线为临界耦合(critical coupling)。

③$\beta>1$称谐振器与馈线为过耦合(over coupling)或紧耦合(tight coupling)。

临界耦合状态下，谐振器在谐振时与馈线实现匹配，谐振器和馈线之间获得最大的功率传输。这可用图7.7-4所示串联谐振电路与馈线的的耦合为例来说明。由式(7.2-10a)、图7.7-4所示的串联谐振电路在谐振频率附近($\omega_0\pm\Delta\omega$)的输入阻抗为

$$Z_{in}=R+j2L\Delta\omega=R+j\frac{2RQ\Delta\omega}{\omega_0} \tag{7.7-5}$$

其无载Q值为

$$Q=\frac{\omega_0L}{R} \tag{7.7-6}$$

谐振时，$\Delta\omega=0$，因此由式(7.7-5)，输入阻抗为$Z_{in}=R$；为使谐振器与馈线匹配，必须有$R=Z_0$，则无载Q值为

$$Q=\frac{\omega_0L}{Z_0} \tag{7.7-7}$$

由式(7.1-21)，外部Q值为

$$Q_e=\frac{\omega_0L}{Z_0}=Q \tag{7.7-8}$$

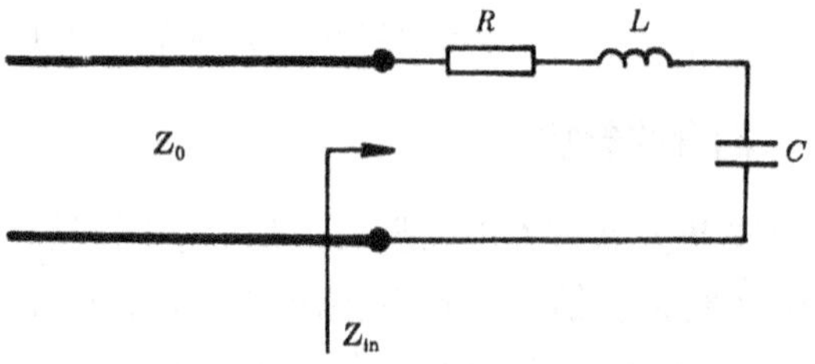

图7.7-4　串联谐振电路与馈线的耦合

因此有

$$\beta=\frac{Q}{Q_e}=1 \tag{7.7-9}$$

即表明在临界耦合状态下，外部Q值与无载Q值相等。

3. 阻尼因子

谐振电路的重要参数之一是阻尼因子δ_d。它是当激励源去掉时振荡衰减速率的量度。对于高Q谐振电路，储能衰减速率与平均储能W_0成正比，因此储能W随时间的衰减关系为

$$W=W_0e^{-2\delta_d t}=W_0e^{-\omega_0 t/Q} \tag{7.7-10}$$

由此求得

$$\delta_d = \frac{\omega_0}{2Q} \tag{7.7-11}$$

可见阻尼因子与谐振电路的 Q 值成反比。当谐振器与外电路耦合时，式中 Q 应用有载 Q_L 来代替。

这样，当用复谐振频率 ω_c

$$\omega_c = \omega_0 + j\delta_d = \omega_0\left(1 + \frac{j}{2Q}\right) \tag{7.7-12}$$

来处理损耗作用时，由式(7.2-19a)表示的谐振频率邻近谐振电路的输入阻抗 Z_{in}就可改写成

$$Z_{in} = \frac{\omega_0 R/2Q}{j(\omega - \omega_c)} \tag{7.7-13}$$

式中参数 R/Q 称之为谐振电路的优值，它反映谐振器对增益带宽积的影响程度。用谐振电路的集总元件可表示成

$$\frac{R}{Q} = \sqrt{\frac{L}{C}} \tag{7.7-14}$$

4. 缝隙耦合微带线谐振器

考虑图 7.7-1(a)所示缝隙耦合 $\lambda/2$ 开路微带线谐振器，其微带线缝隙可近似等效为一串联电容，整个缝隙耦合微带谐振器的等效电路如图 7.7-5 所示。由馈线向谐振器看去的归一化输入阻抗为

$$z_{in} = \frac{Z_{in}}{Z_0} = -j\frac{[(1/\omega C) + Z_0 \operatorname{ctg}\beta l]}{Z_0} = -j\left(\frac{\operatorname{tg}\beta l + b_C}{b_C \operatorname{tg}\beta l}\right) \tag{7.7-15}$$

式中 $b_C = Z_0\omega C$ 是耦合电容 C 的归一化电纳。当 $z_{in}=0$ 时出现谐振，因而得到

$$\operatorname{tg}\beta l + b_C = 0 \tag{7.7-16}$$

此超越方程的解如图 7.7-6 所示。实用中 $b_C \ll 1$，因而第一个谐振频率 ω_1 接近但小于 $\beta l=\pi$的频率(无载谐振器的第一个谐振频率)。可见耦合的影响使谐振频率降低。

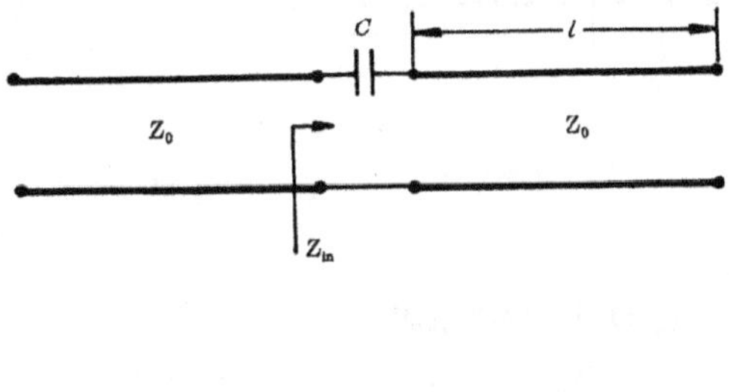

图 7.7-5　图 7.7-1(a)的等效电路

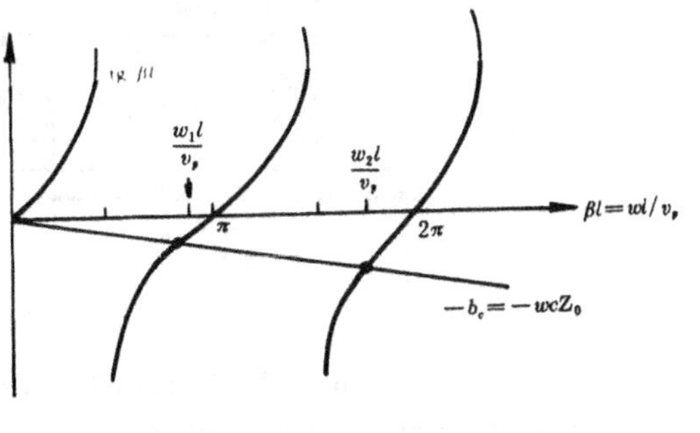

图 7.7-6　式(7.7-16)的图解

将耦合谐振器的归一化输入阻抗用关于 ω_1 的泰勒(Taylor)级数展开，并假定 b_C 很小，则有

$$z_{in}(\omega) = z_{in}(\omega_1) + (\omega - \omega_1)\frac{dz_{in}(\omega)}{d\omega}\bigg|_{\omega_1} + \cdots \tag{7.7-17}$$

由式(7.7-15)和式(7.7-16)，$z_{in}(\omega_1)=0$，于是

$$\left.\frac{dz_{\text{in}}}{d\omega}\right|_{\omega_1}=\frac{-j\sec^2\beta l}{b_C\operatorname{tg}\beta l}\frac{d(\beta l)}{d\omega}=\frac{j(1+b_C^2)}{b_C^2}\frac{l}{v_p}\simeq\frac{j}{b_c{}^2}\frac{l}{v_p}\simeq\frac{j\pi}{\omega_1 b_C^2}$$

这是因为 $b_C\ll1$，$l\simeq\pi v_p/\omega_1$，v_p 是传输线(假定为 TEM 线)的相速度。因此归一化阻抗可以写成

$$z_{\text{in}}(\omega)=\frac{j\pi(\omega-\omega_1)}{\omega_1 b_C^2} \tag{7.7-18}$$

至此未考虑谐振器的损耗。对于高 Q 谐振器，损耗可用复频率 $\omega_1(1+j/2Q)$ 代替 ω_1 来考虑。这样就得到缝隙耦合有耗微带线谐振器的归一化输入阻抗为

$$z_{\text{in}}(\omega)=\frac{\pi}{2Qb_C^2}+j\frac{\pi(\omega-\omega_1)}{\omega_1 b_C^2} \tag{7.7-19}$$

需要注意的是，无耦合的 $\lambda/2$ 开路线谐振器在谐振附近等效为一并联 RLC 电路，而现在缝隙耦合 $\lambda/2$ 开路线谐振器则等效为串联 RLC 电路，这是因为串联耦合电容相当为一阻抗倒置器。因此谐振时的输入电阻为 $R=Z_0\pi/2Qb_C^2$。对于临界耦合，$R=Z_0$，因此得到

$$b_C=\sqrt{\frac{\pi}{2Q}} \tag{7.7-20}$$

耦合系数则为

$$\beta=\frac{R}{Z_0}=\frac{\pi}{2Qb_C^2} \tag{7.7-21}$$

若 $b_C>\sqrt{\pi/2Q}$，则 $\beta<1$，谐振器为欠耦合；若 $b_C<\sqrt{\pi/2Q}$，则 $\beta>1$，谐振器为过耦合。

5. 孔耦合谐振腔

首先考虑如图 7.7-7(a)所示的孔耦合波导谐振腔。由第三章 3.5 节的讨论知，横向膜片上的小孔等效为一并联电感。谐振腔在腔长 $l=\lambda_g/2$ 时为第一个谐振模式。耦合谐振腔的等效电路如图 7.7-7(b)所示。它是图 7.7-5 的对偶电路。

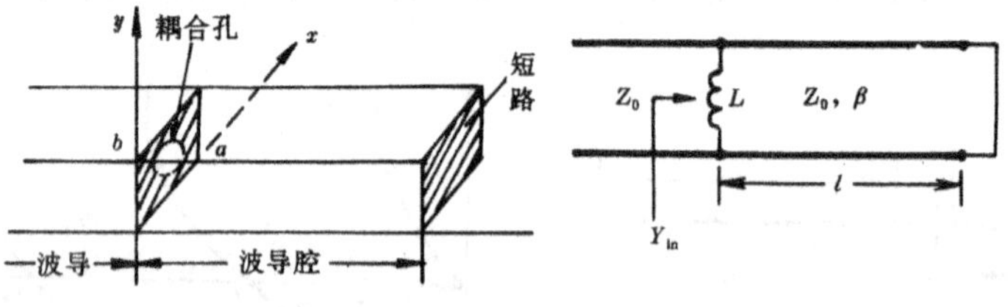

图 7.7-7　横向孔耦合矩形波导谐振腔及其等效电路

由馈线看去的归一化输入导纳为

$$y_{\text{in}}=Y_{\text{in}}Z_0=-jZ_0\left(\frac{1}{X_L}+\frac{1}{\operatorname{tg}\beta l}\right)=-j\left(\frac{\operatorname{tg}\beta l+x_L}{x_L\operatorname{tg}\beta l}\right) \tag{7.7-22}$$

式中 $x_L=\omega L/Z_0$ 是小孔的归一化电抗。并联谐振时

$$\operatorname{tg}\beta l+x_L=0 \tag{7.7-23}$$

此式与缝隙耦合微带线谐振器的式(7.7-16)类似，其解法与图 7.7-6 相似。式(7.7-22)

的归一化导纳可用谐振频率 ω_1 的泰勒级数来展开，并假设 $x_L \ll 1$，而 $y_{in}(\omega_1)=0$，于是得到

$$y_{in}(\omega) = y_{in}(\omega_1) + (\omega - \omega_1)\frac{dy_{in}(\omega)}{d\omega}\bigg|_{\omega_1} + \cdots \simeq \frac{jl}{x_L^2}(\omega - \omega_1)\frac{d\beta}{d\omega}\bigg|_{\omega_1} \tag{7.7-24}$$

对于矩形波导

$$\frac{d\beta}{d\omega} = \frac{d}{d\omega}\sqrt{k_0^2 - k_c^2} = \frac{k_0}{\beta_c}$$

式中 c 为光速。则式(7.7-24)简化为

$$y_{in}(\omega) = \frac{j\pi k_0(\omega - \omega_1)}{\beta^2 c x_L^2} \tag{7.7-25}$$

考虑损耗的影响，用复频率 $\omega_1(1+j/2Q)$ 代替上式中的 ω_1，得到

$$y_{in}(\omega) \simeq \frac{\pi k_0 \omega_1}{2Q\beta^2 c x_L^2} + j\frac{\pi k_0(\omega - \omega_1)}{\beta^2 c x_L^2} \tag{7.7-26}$$

谐振时的输入电阻为 $R=2Q\beta^2 c x_L^2 Z_0/\pi k_0 \omega_1$。临界耦合要求 $R=Z_0$，因此得到所要求的孔的电抗为

$$X_L = Z_0\sqrt{\frac{\pi k_0 \omega_1}{2Q\beta^2 c}} \tag{7.7-27}$$

据 X_L 便可决定耦合孔的尺寸。

其次，考虑如图 7.7-8(a)所示窄缝耦合矩形波导谐振腔。横向窄缝高度为 t，其归一化电纳为

$$\overline{B} = \frac{2\beta b}{\pi}\ln\left(\csc\frac{\pi t}{2b}\right) \tag{7.7-28}$$

式中

$$\beta = \sqrt{k_0^2 - (\pi/a)^2} \qquad k_0 = \omega/c$$

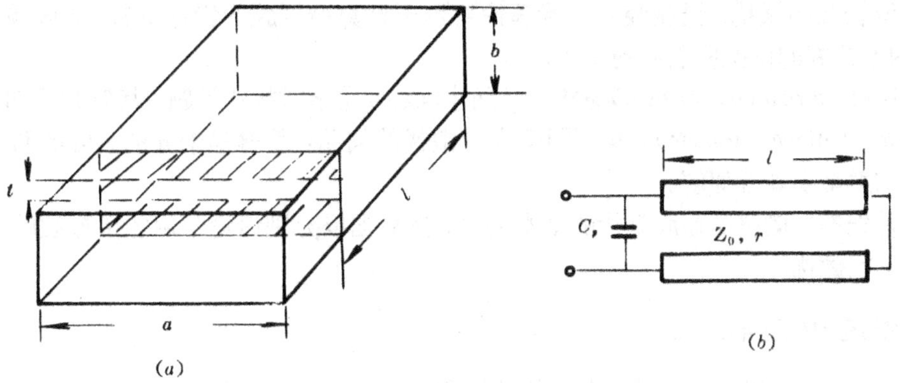

图 7.7-8 窄缝耦合矩形腔及其等效电路

等效电路如图 7.7-8(b)所示，其总的输入导纳为

$$\frac{Y_{in}}{Y_0} = j\overline{B} + \operatorname{cth}\gamma l \tag{7.7-29}$$

式中 $\gamma=\alpha+j\beta$，$\beta=2\pi/\lambda g$。波导的衰减很小，$\operatorname{th}\alpha l \simeq \alpha l$，于是

$$\frac{Y_{in}}{Y_0} = j\overline{B} + \frac{\alpha l}{\operatorname{tg}^2\beta l} - j\operatorname{ctg}\beta l \tag{7.7-30}$$

总的输入电纳和电导为

$$B = Y_0 - Y_0 \operatorname{ctg} \beta l, \ G = Y_0 \tag{7.7-31}$$

于是

$$\omega \frac{\partial B}{\partial \omega} = \left(\frac{\lambda_g}{\lambda}\right)^2 \overline{B} Y_0 (1 + \pi \overline{B}) \simeq \pi \left(\frac{\lambda_g}{\lambda} \overline{\boldsymbol{B}}\right)^2 Y_0$$

外部 Q 值则为

$$Q_e = \frac{\omega}{2G} \frac{\partial B}{\partial \omega}\bigg|_{\omega=\omega_0} = \frac{\pi}{2} \left(\frac{\lambda_g \overline{B}}{\lambda}\right)^2 \tag{7.7-32}$$

无载 Q 值可求得为

$$Q_0 = \frac{\pi}{2} \left(\frac{\lambda_g}{\lambda}\right)^2 \frac{1}{\alpha l} \tag{7.7-33}$$

因此耦合系数为

$$\beta = \frac{Q_0}{Q_e} = \frac{1}{(\alpha l) \overline{B}^2} = \frac{1}{(\alpha l) \{(4b/\lambda_g) \ln [\csc (\pi t/2b)]\}^2} \tag{7.7-34}$$

由此可求得耦合缝高度为

$$t = \frac{2b}{\pi} \arcsin \frac{1}{\ln^{-1} [(\lambda_g/4b) \sqrt{1/(\alpha l) \beta}]} \tag{7.7-35}$$

这种窄缝耦合机构适于作紧耦合，而横向膜片适于作松耦合和临界耦合。

7.8 微波谐振腔的微扰理论

在谐振腔的实际应用中，经常遇到其形状发生微小变化，或在腔内引入小片介质或金属材料等情况，例如利用旋入腔体内的小螺钉(金属或介质的)来调整谐振频率；在谐振腔内放入小介质样品，通过测量谐振频率的偏移来测定介质常数。谐振腔的这种扰动或微小改变称为谐振腔的微扰。谐振腔的微扰理论可用于计算谐振腔的特性参数(谐振频率、品质因数)因谐振腔的微扰所引起的变化。

微扰法(perturbational method)通常涉及两个问题：①未微扰的问题，其解为已知；②微扰问题(perturbational problem)，稍不同于未受微扰的问题，其解是未知的，可借助于前一问题的已知解来求其近似解。

本节首先推导微波谐振腔微扰的基本公式，然后据以分别讨论常用的谐振腔的介质微扰和腔壁形状微扰。

1. 谐振腔微扰基本公式

如图 7.8-1(a)所示谐振腔，微扰前的体积为 V，内壁面积为 S，腔内介质常数为 ε_0、μ_0，腔内的电场、磁场和谐振频率分别为 $\boldsymbol{E}_0$、$\boldsymbol{H}_0$ 和 ω_0；微扰后，腔体内有一小体积 ΔV，其介质常数为 ε、μ，微扰后腔内的电场、磁场和谐振频率分别为 $\boldsymbol{E}$、$\boldsymbol{H}$ 和 ω，如图 7.8-1(b)所示。设电磁场为时谐场，则

微扰前：

$$\begin{aligned} \nabla \times \boldsymbol{E}_0 &= - j\omega_0 \mu_0 \boldsymbol{H}_0 \\ \nabla \times \boldsymbol{H}_0 &= j\omega_0 \varepsilon_0 \boldsymbol{E}_0 \end{aligned} \tag{7.8-1}$$

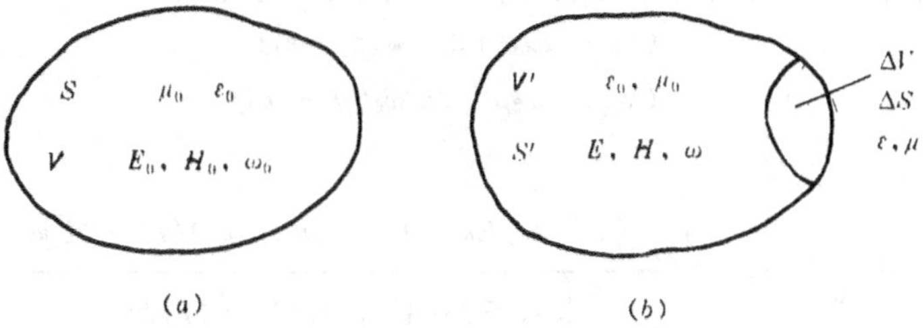

图 7.8-1 (a) 未微扰腔；(b) 微扰后腔

微扰后：

$$\nabla\times\boldsymbol{E}=-j\omega\mu_0\boldsymbol{H}\qquad(\Delta V\text{ 外})$$
$$\nabla\times\boldsymbol{E}=-j\omega\mu\boldsymbol{H}\qquad(\Delta V\text{ 内})\qquad(7.8-2)$$

$$\nabla\times\boldsymbol{H}=j\omega\varepsilon_0\boldsymbol{E}\qquad(\Delta V\text{ 外})\qquad(7.8-3)$$
$$\nabla\times\boldsymbol{H}=j\omega\varepsilon\boldsymbol{E}\qquad(\Delta V\text{ 内})$$

用 $\boldsymbol{H}_0^*$ 点乘式(7.8-2)，得到

$$\boldsymbol{H}_0^*\cdot\nabla\times\boldsymbol{E}=-j\omega\mu_0\boldsymbol{H}_0^*\cdot\boldsymbol{H}\qquad(\Delta V\text{ 外})$$
$$\boldsymbol{H}_0^*\cdot\nabla\times\boldsymbol{E}=-j\omega\mu\boldsymbol{H}_0^*\cdot\boldsymbol{H}\qquad(\Delta V\text{ 内})\qquad(7.8-4)$$

用 $\boldsymbol{E}_0^*$ 点乘式(7.8-3)，得到

$$\boldsymbol{E}_0^*\cdot\nabla\times\boldsymbol{H}=j\omega\varepsilon_0\boldsymbol{E}_0^*\cdot\boldsymbol{E}\qquad(\Delta V\text{ 外})$$
$$\boldsymbol{E}_0^*\cdot\nabla\times\boldsymbol{H}=j\omega\varepsilon\boldsymbol{E}_0^*\cdot\boldsymbol{E}\qquad(\Delta V\text{ 内})\qquad(7.8-5)$$

又对式(7.8-1)分别用 $\boldsymbol{H}$ 和 $\boldsymbol{E}$ 点乘，得到

$$\boldsymbol{H}\cdot\nabla\times\boldsymbol{E}_0^*=j\omega_0\mu_0\boldsymbol{H}\cdot\boldsymbol{H}_0^*$$
$$\boldsymbol{E}\cdot\nabla\times\boldsymbol{H}_0^*=-j\omega_0\varepsilon_0\boldsymbol{E}\cdot\boldsymbol{E}_0^*\qquad(7.8-6)$$

将$[(\boldsymbol{E}_0^*\cdot\nabla\times\boldsymbol{H}+\boldsymbol{E}\cdot\nabla\times\boldsymbol{H}_0^*)-(\boldsymbol{H}_0^*\cdot\nabla\times\boldsymbol{E}+\boldsymbol{H}\cdot\nabla\times\boldsymbol{E}_0^*)]$对体积 V 积分，得到

$$\begin{aligned}&\int_V[(\boldsymbol{E}_0^*\cdot\nabla\times\boldsymbol{H}+\boldsymbol{E}\cdot\nabla\times\boldsymbol{H}_0^*)-(\boldsymbol{H}_0^*\cdot\nabla\times\boldsymbol{E}+\boldsymbol{H}\cdot\nabla\times\boldsymbol{E}_0^*)]dv\\&=\int_{V-\Delta v}[j\varepsilon_0(\omega-\omega_0)\boldsymbol{E}_0^*\cdot\boldsymbol{E}+j\mu_0(\omega-\omega_0)\boldsymbol{H}_0^*\cdot\boldsymbol{H}]dv\\&\quad+\int_{\Delta V}[j(\omega\varepsilon-\omega_0\varepsilon_0)\boldsymbol{E}_0^*\cdot\boldsymbol{E}+j(\omega\mu-\omega_0\mu_0)\boldsymbol{H}_0^*\cdot\boldsymbol{H}]dv\end{aligned}\qquad(7.8-7)$$

应用矢量公式$\nabla\cdot(\boldsymbol{A}\times\boldsymbol{B})=\boldsymbol{B}\cdot(\nabla\times\boldsymbol{A})-\boldsymbol{A}\cdot(\nabla\times\boldsymbol{B})$，可将上式左边写成

$$\begin{aligned}&\int_V[(\boldsymbol{E}_0^*\cdot\nabla\times\boldsymbol{H}+\boldsymbol{E}\cdot\nabla\times\boldsymbol{H}_0^*)-(\boldsymbol{H}_0^*\cdot\nabla\times\boldsymbol{E}+\boldsymbol{H}\cdot\nabla\times\boldsymbol{E}_0^*)]dv\\&=-\int_V[\nabla\cdot(\boldsymbol{E}_0^*\times\boldsymbol{H})+\nabla\cdot(\boldsymbol{E}\times\boldsymbol{H}_0^*)]dv=\oint_S[\boldsymbol{E}_0^*\times\boldsymbol{H})+(\boldsymbol{E}\times\boldsymbol{H}_0^*)]\cdot\hat{\boldsymbol{n}}ds\end{aligned}$$
$$(7.8-8)$$

式中 $\hat{n}$ 为腔体内壁的单位法线矢量。因为在腔体内壁附近，$\hat{n}\times\boldsymbol{E}=0$，所以式(7.8-8)的右边面积分等于零，因此，由式(7.8-7)得到

$$\begin{aligned}&\int_{V-\Delta V}[j\varepsilon_0(\omega-\omega_0)\boldsymbol{E}_0^*\cdot\boldsymbol{E}+j\mu_0(\omega-\omega_0)\boldsymbol{H}_0^*\cdot\boldsymbol{H}]dv\\&\quad+\int_{\Delta V}[j(\omega\varepsilon-\omega_0\varepsilon_0)\boldsymbol{E}_0^*\cdot\boldsymbol{E}+j(\omega\mu-\omega_0\mu_0)\boldsymbol{H}_0^*\cdot\boldsymbol{H}]dv=0\end{aligned}$$

由于 ΔV 很小，则对$(V-\Delta V)$的体积分可近似以 V 代替，且近似取

$$(\omega\varepsilon - \omega_0\varepsilon_0) \simeq \omega_0(\varepsilon - \varepsilon_0)$$
$$(\omega\mu - \omega_0\mu_0) \simeq \omega_0(\mu - \mu_0)$$

可得

$$\frac{\omega-\omega_0}{\omega_0} = -\frac{\int_{\Delta V}[(\varepsilon-\varepsilon_0)\boldsymbol{E}_0^* \cdot \boldsymbol{E} + (\mu-\mu_0)\boldsymbol{H}_0^* \cdot \boldsymbol{H}]dv}{\int_V(\varepsilon_0\boldsymbol{E}_0^* \cdot \boldsymbol{E} + \mu_0\boldsymbol{H}_0^* \cdot \boldsymbol{H})dv} \tag{7.8-9}$$

此即微波谐振腔微扰基本公式。

2. 介质微扰

此时图 7.8-1 中的 ΔV 为一小块介质。由于 ΔV 很小，则可以近似认为在 ΔV 以外，$\boldsymbol{E}=\boldsymbol{E}_0$，$\boldsymbol{H}=\boldsymbol{H}_0$，于是式(7.8-9)分母变为

$$\int_V(\varepsilon_0\boldsymbol{E}_0^* \cdot \boldsymbol{E} + \mu_0\boldsymbol{H}_0^* \cdot \boldsymbol{H})dv \simeq \int_V(\varepsilon_0|\boldsymbol{E}_0|^2 + \mu_0|\boldsymbol{H}|^2)dv = 4W$$

式中

$$W = \frac{1}{4}\int_V(\varepsilon_0|\boldsymbol{E}_0|^2 + \mu_0|\boldsymbol{H}_0|^2)dv \tag{7.8-10}$$

为腔体内全部电磁场储能。因此得到

$$\begin{aligned}\frac{\omega-\omega_0}{\omega_0} &= -\frac{\int_{\Delta V}[(\varepsilon-\varepsilon_0)\boldsymbol{E}_0^* \cdot \boldsymbol{E} + (\mu-\mu_0)\boldsymbol{H}_0^* \cdot \boldsymbol{H}]dv}{4W} \\ &= -\frac{\int_{\Delta V}[\Delta\varepsilon\boldsymbol{E}_0^* \cdot \boldsymbol{E} + \Delta\mu\boldsymbol{H}_0^* \cdot \boldsymbol{H}]dv}{4W}\end{aligned} \tag{7.8-11}$$

当 $\Delta\varepsilon$、$\Delta\mu \ll 1$ 时，则 $\boldsymbol{E}\simeq\boldsymbol{E}_0$，$\boldsymbol{H}\simeq\boldsymbol{H}_0$，于是得到

$$\frac{\omega-\omega_0}{\omega_0} \simeq -\frac{\int_{\Delta V}(\Delta\varepsilon|\boldsymbol{E}_0|^2 + \Delta\mu|\boldsymbol{H}_0|^2)dv}{4W} \tag{7.8-12}$$

当 $\Delta\varepsilon$、$\Delta\mu \ll 1$，且 ΔV 很小时，其内的 $\boldsymbol{E}$ 和 $\boldsymbol{H}$ 可视为恒定的，则可得

$$\frac{\omega-\omega_0}{\omega_0} \simeq -\frac{\Delta\varepsilon\boldsymbol{E}_0^* \cdot \boldsymbol{E}\Delta V_e + \Delta\mu\boldsymbol{H}_0^* \cdot \boldsymbol{H}\Delta V_m}{4W} \tag{7.8-13}$$

式中，ΔV_e 是产生 $\Delta\varepsilon$ 的小体积，ΔV_m 是产生 $\Delta\mu$ 的小体积。

例 7.8-1 如图 7.8-2(*a*)所示腔底放置薄介质板的 TE_{101}模矩形腔，试用微扰公式(7.8-12)求谐振频率变化表示式。

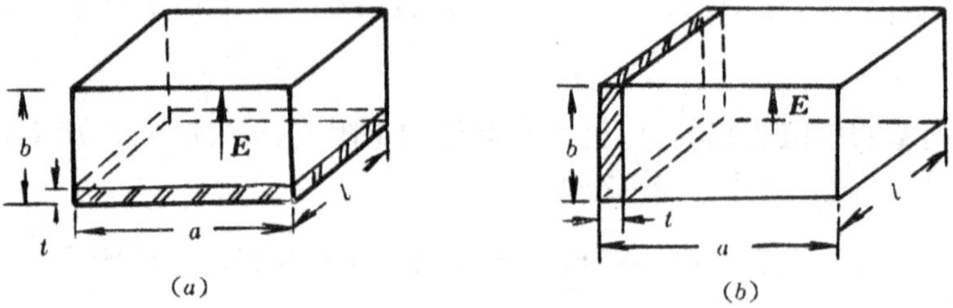

图 7.8-2 用薄介质板微扰的矩形腔

解 TE_{101}模式矩形腔未微扰时的电场为

$$E_y = E_{101}\sin\frac{\pi x}{a}\sin\frac{\pi z}{l}$$

式(7.8-12)分子，在 $0\leqslant y\leqslant t$ 内，$\Delta\varepsilon=(\varepsilon_r-1)\varepsilon_0$，于是得到积分

$$\int_{\Delta V}(\Delta\varepsilon|\boldsymbol{E}_0|^2+\Delta\mu|\boldsymbol{H}_0|^2)dv=(\varepsilon_r-1)\varepsilon_0\int_{x=0}^{a}\int_{y=0}^{t}\int_{z=0}^{l}|E_y|^2dzdydx$$
$$=\frac{(\varepsilon_r-1)\varepsilon_0E_{101}^2alt}{4}$$

电场储能为

$$W_e=\frac{\varepsilon_0}{4}\int_V E_yE_y^*\,dv=\frac{\varepsilon_0abl}{16}E_{101}^2$$

则

$$4W=4(2W_e)=\frac{\varepsilon_0abl}{2}E_{101}^2$$

代入式(7.8-12)，得到谐振频率变化(降低)的百分数为

$$\frac{\omega-\omega_0}{\omega_0}=\frac{-(\varepsilon_r-1)t}{2b} \tag{7.8-14}$$

图7.8-2(b)的频率变化式留作习题(习题7-36)。

3. 腔壁形状微扰

如图7.8-1所示，设腔壁向内推进一小体积 ΔV，其 $\varepsilon_r\to\infty$，$\mu_r\to 0$，则由式(7.8-9)，得到

$$\frac{\omega-\omega_0}{\omega_0}=-\frac{\int_{\Delta V}[\varepsilon_0|\boldsymbol{E}_0|^2-\mu_0|\boldsymbol{H}_0|^2]dv}{4W}=\frac{\Delta W_m-\Delta W_e}{4W} \tag{7.8-15}$$

式中 ΔW_e 和 ΔW_m 分别为 ΔV 中所包含的电场能量和磁场能量。

假如 ΔV 很小，则 ΔW_e 和 ΔW_m 可近似用 ΔV 乘该处的能量密度来代替，从而得到

$$\frac{\omega-\omega_0}{\omega_0}=\frac{(w_m-w_e)\Delta V}{4wV}=C\frac{\Delta V}{V} \tag{7.8-16}$$

式中 C 为比例常数，与腔体的形状及微扰发生的位置有关。

由上述分析可以得到结论：当腔壁内表面或其一部分朝内推入时(变化的结果是体积减小 ΔV)，如果发生微扰部分的磁场较强，则频率将升高；如果电场较强，频率将降低。反之，腔内壁或其一部分朝外推出(变化的结果是腔体体积增大 ΔV)，如果微扰发生在磁场较强处，则频率将降低；如果发生在电场较强处，则频率将升高。显然，如果微扰发生在电场(或磁场)最大，而磁场(或电场)为零处，频率变化将最大。

例 7.8-2 半径为 r_0 的细金属螺钉从顶壁中央旋入 TE_{101}模式矩形腔内深度 h，如图7.8-3所示，若腔体为空气填充，试用式(7.8-15)推导微扰后谐振频率变化表示式。

解 未微扰 TE_{101}模式矩形腔的场分量为

$$E_y = E_{101} \sin \frac{\pi x}{a} \sin \frac{\pi z}{l}$$

$$H_x = \frac{-jE_{101}}{Z_{TE}} \sin \frac{\pi x}{a} \cos \frac{\pi z}{l}$$

$$H_z = \frac{j\pi E_{101}}{k\eta a} \cos \frac{\pi x}{a} \sin \frac{\pi x}{l}$$

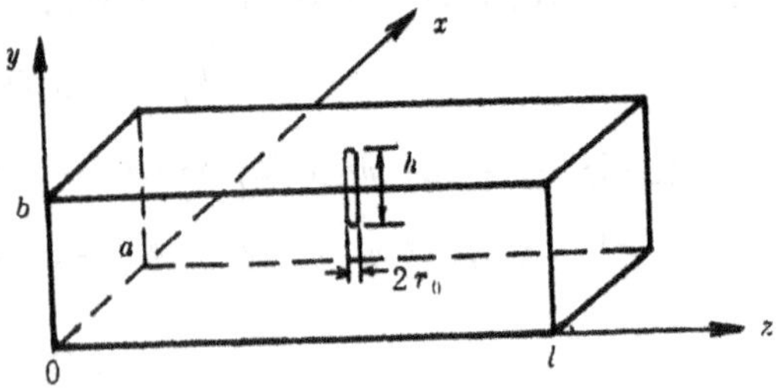

图 7.8-3 顶壁中央旋入调谐螺钉的矩形腔

因螺钉很细，所以可假设在螺钉截面上的场为常数，且可用 $x=a/2$、$z=l/2$ 处的场来表示：

$$E_y(a/2, y, l/2) = E_{101}$$
$$H_x(a/2, y, l/2) = 0$$
$$H_z = (a/2,\ y,\ l/2) = 0$$

则式(7.8-15)的分子计算结果为

$$\int_{\Delta V} (\mu_0 |\boldsymbol{H}_0|^2 - \varepsilon_0 |\boldsymbol{E}_0|^2) dv = -\varepsilon_0 \int_{\Delta V} E_{101}^2 dv = -\varepsilon_0 E_{101}^2 \Delta V$$

式中 $\Delta V = \pi r_0^2 h$ 是螺钉的体积；式(7.8-15)的分母为

$$\int_V (\mu_0 |\boldsymbol{H}_0|^2 + \varepsilon_0 |\boldsymbol{E}_0|^2) dv = \frac{abl\varepsilon_0 E_{101}^2}{2} = \frac{\varepsilon_0 E_{101}^2 V}{2}$$

式中 $V=abl$ 是未微扰腔的体积，因此，由式(7.8-15)得到微扰后谐振频率变化为

$$\frac{\omega - \omega_0}{\omega_0} = \frac{-2h\pi r_0^2}{abl} = \frac{-2\Delta V}{V}$$

结果表明微扰(螺钉旋入)使谐振频率降低。

本 章 提 要

本章研究的是常用微波谐振器的特性与设计计算方法，包括传输线谐振器、金属波导谐振腔、介质谐振器、Fabry-Perot 谐振腔；本章还讨论了谐振器和外电路的耦合方式与设计计算原理以及谐振腔的微扰理论。

关键词：谐振模式，谐振频率，品质因数，复谐振频率，阻尼因子，传输线谐振器，金属波导谐振腔，介质谐振器，开式谐振器，耦合系数，谐振腔的微扰。

1. 微波谐振器是一种具有储能和选频特性的微波谐振元件，其作用相当于低频集总 LC 振荡电路。

2. 微波谐振器的基本原理是使微波电磁场在谐振器内各个方向形成驻波，在其内维持电磁能量振荡。其基本参数是 f_0(或 λ_0)、Q_0 和 G_0。谐振器的谐振频率与谐振器参量的一般关系由下式决定：

$$k_0 = \sqrt{k_c^2 + \beta^2}$$

故谐振频率

$$f_0 = \frac{c}{2\pi\sqrt{\varepsilon_r}} \sqrt{k_c^2 + \beta^2}$$

式中，c 为光速，k_c 为谐振器横向截止波数。

3. 传输线谐振器分半波长终端短路串联谐振器和终端开路并联谐振器与四分之一波

长终端短路并联谐振器和终端开路串联谐振器。可用等效电路方法分析之。这些等效电路及其参数表示式在微波电路设计中常有应用。

4. 金属波导谐振腔在微波频率常用作频率计，包括矩形腔、圆柱形腔和同轴腔(同轴腔又可称为传输线型腔)。

常用的矩形腔是TE_{10p}模腔，主模是TE_{101}模。

常用的圆柱形腔是TE_{111}模腔、TM_{010}模腔和TE_{01p}模腔。当$l<2.1a$时，圆柱形腔的主模是TM_{010}模；当$l>2.1a$时，主模是TE_{111}模。TE_{01p}模并非圆柱形腔的主模，但由于其损耗随频率升高反而降低，因此TE_{01p}模圆柱形腔为高Q腔，在微波技术中有着广泛应用。

5. 介质谐振器是一种新型微波谐振器，具有体积小、损耗小、Q值高、频率温度系数小、加工制作简便、成本低廉等优点，可用于使微波电路小型化。这类谐振器无严格解析解。通常用数值计算法求其近似解，常用的方法有混合磁壁法、开波导法、变分法等。本章中分别用混合磁壁法和开波导法，讨论了孤立圆柱形介质谐振器和屏蔽的圆柱形介质谐振器 TE 模式谐振频率的求解方法，介绍了 MIC 中介质谐振器与微带线的耦合及其计算原理。

6. 谐振器必须与外电路耦合以交换能量。耦合机构尺寸的设计一般按临界耦合条件设计，此时谐振器与馈线之间有最大的功率传输。本章以缝隙耦合微带线谐振器和孔耦合波导谐振腔为例讲解了耦合机构尺寸的计算方法。

7. 谐振腔微扰理论，可用于分析和计算谐振腔的各种微小变化对谐振频率和Q值的影响，也可用于介质参数的测量。

习　题

7-1　有一$\lambda/4$型同轴线腔，腔内介质为空气，特性阻抗为 100 Ω，开路端的杂散电容为 1.5 pF，采用短路活塞调谐，当调到l为$0.22\lambda_0$时谐振，求其谐振频率。

7-2　电容负载式同轴线腔的内外导体半径分别为 0.5 cm 和 1.5 cm，负载电容为 1 nF，谐振频率为 3 000 MHz，求腔长。

7-3　ε_r为 9.6 的陶瓷基片($h=1$ mm)上微带环形谐振器，其内径a为 3.3 mm，外径b为 3.7 mm，工作频率为 5 300 MHz，主模为TM_{110}，求其谐振波长和环阻抗。

7-4　ε_r为 9、h为 0.635 mm 基片上的微带圆形谐振器工作于TM_{110}模式，谐振频率为 6 000 MHz，设导体材料为金，求此谐振器的半径与无载Q值。

7-5　若在长度为l两端短路的同轴腔中央旋入一金属小螺钉，其电纳为B：①旋入螺钉后谐振频率如何变化？为什么？②求谐振频率表示式。

7-6　内壁镀银的空气填充TE_{101}模式矩形腔，尺寸为$a\times b\times l=2.286\times1.016\times2.235$ cm^3，求其谐振频率和Q值；若腔内填充聚四氟乙烯($\varepsilon/\varepsilon_0=2.05-j0.0006$)，求谐振频率和$Q$值。

7-7　试以矩形谐振腔的TE_{101}模式和圆柱形谐振腔TM_{010}模式为例，证明谐振腔内电场能量与磁场能量相等，并分别求其总的电磁储能。

7-8　求a、b、l分别为 5 cm、3 cm、6 cm 的TE_{101}模式矩形腔的谐振波长和无载Q值(设内壁镀银)。

7-9　求对 2.2 GHz、2.5 GHz 和 3 GHz 三个频率均能谐振的矩形腔的最小尺寸。

7 - 10　用 BJ - 100 波导做成的 TE_{102}模式矩形腔，今在 $z=l$ 端面用理想导体短路活塞调谐，其频率调谐范围为 9.3 GHz～10.2 GHz。求活塞移动范围。

7 - 11　铜制空气填充 TE_{101}模式矩形腔的尺寸 a 和 l 均为 0.02 m，b 为 0.01 m，求其无载 Q 值，若在其内填充 ε_r 为 2.53 的介质，$\sigma_d/\omega\varepsilon$ 为 4.33×10^{-4}，求 Q_0、Q_d 和 Q_L。

7 - 12　一立方铜腔在 7 500 MHz 时对 TE_{101} 模式谐振，计算其尺寸和无载 Q 值：①腔体内填充空气；②腔内以 $\varepsilon_r=5.0$，$\mathrm{tg}\,\delta=0.000\,4$ 的介质填充。

7 - 13　设圆柱形腔 TM_{010}模式的谐振波长为 10 cm，试求此腔的半径，推导 TM_{010}模式圆柱形谐振腔的 Q_0 表示式；求 a 为 1.905 cm、l 为 2.54 cm 时的 Q_0 值。

7 - 14　有一半径为 5 cm、长度分别为 10 cm 和 12 cm 的圆柱腔，试求其最低振荡模式的谐振频率。

7 - 15　求半径为 5 cm、长度为 15 cm 的镀金圆柱腔最低振荡模式的谐振频率和无载 Q 值。

7 - 16　一铜制空气填充圆柱形腔谐振于 9.38 GHz，求其尺寸 $2a$ 和腔长 l 及其无载 Q 值：①谐振模式选取 TE_{111}，且取 $2a=1.5\,l$；②谐振模式选取 TE_{011}，且取 $2a=1.25\,l$。

7 - 17　已知圆柱形腔的直径为 3 cm，对同一频率，谐振模式为 TM_{012}时的腔长比 TM_{011}的要长 2.32 cm，求此谐振频率。

7 - 18　$\lambda/2$ 铜同轴线谐振器，其 $a=1$ mm，$b=4$ mm，若谐振频率为 5 GHz。试比较空气填充同轴线谐振器和聚四氟乙烯($\varepsilon_r=2.08$ $\mathrm{tg}\,\delta=0.000\,4$)填充同轴线谐振器的 Q 值(铜的 $\sigma=5.813\times10^7$ S/m)。

7 - 19　$\lambda/2$ 50 Ω 开路微带线谐振器，设基片厚度 $h=0.159$ cm，$\varepsilon_r=2.2$，$\mathrm{tg}\,\delta=0.001$，导体为铜，试计算 5 GHz 时谐振器的线长和谐振器的 Q 值。设忽略两端的边缘场。

7 - 20　已知 TE_{011}模式圆柱腔的直径为 3 cm，直径与长度之比平方的可变范围为 2～4，求其频率调谐范围。

7 - 21　设计一个 TE_{011}模式圆柱腔，要求 Q_0 值尽量高；谐振频率为 3.6 GHz，求 Q_0 值。

7 - 22　空气填充谐振腔在 10.6 GHz 时谐振，Q_0 为 8 200，今在腔内填充 ε_r 为 1.63 的介质($\mathrm{tg}\,\delta=10^{-3}$)。求填充介质后的谐振频率和 Q_0 值。

7 - 23　介质谐振器的振荡模式及其场分布与金属波导谐振腔有何不同？

7 - 24　试用磁壁波导模型法求矩形介质谐振器的谐振频率表示式。

7 - 25　有一直径 $2a$ 为 32.0 mm，长度 l 为 24.9 mm 的 TM_{011}模式圆柱腔，测得其 f_0 为 9.369 GHz，Q_0 为 4 220。今在其底部中心沿圆柱轴放置直径和长度均为 2 mm 的半导体棒后，测得谐振频率 f_0 为 9.271 GHz，Q_0 值为 233，试估算此半导体样品的介电常数和电导率。

7 - 26　用二氧化钛($\varepsilon_r=95$，$\mathrm{tg}\,\delta=0.001$)做成的 $TE_{01\delta}$模式圆柱介质谐振器，其尺寸为 $a=0.413$ cm，$l=0.8255$ cm，求其谐振频率范围和近似的 Q 值。

7 - 27　用相距为 4 cm 的两块大铜板做成的 Fabry - Perot 谐振腔，谐振频率为94 GHz，求其模数与此谐振腔的 Q 值。

7 - 28　相距 $d=5$ cm 的两块平行铜板构成的理想法布里-珀罗谐振腔，其谐振波长 $\lambda_0=0.1$ mm，求其模式数目与 Q 值。

7 - 29　以并联谐振电路与外电路馈线耦合为例，证明临界耦合条件下 $Q_e=Q_0$。

7-30　如图 7.7-1(a)所示为缝隙耦合的开路 50 Ω 微带线谐振器，长度为 2.175 cm，$\varepsilon_e=1.9$，在谐振附近有 0.01 dB/cm 损耗，求临界耦合所要求的耦合电容。

7-31　在直径为 3.81 cm，长度为 2.54 cm 的 TE_{010}模式圆柱腔顶盖中央旋入一个小金属螺钉，其体积 ΔV 为原体积的 3%，试求螺钉旋入前后的谐振频率值。

7-32　在 TM_{010}圆柱腔底部放置一块厚度为 t、介电常数为 ε 的介质板样品，求频率微扰表示式。

7-33　在半径为 a、长度 l 的 TM_{010}模式圆柱腔中心轴上放置一半径为 r_0 长为 l 的介质棒，其介电常数为 ε_r 求频率微扰表示式。

7-34　在 TE_{101}模式矩形谐振腔中央，平行于电场放置一半径为 r 长度为 b 的介质棒，其介电常数为 ε，求频率微扰表示式。

7-35　试推导 $\lambda/4$ 型终端短路传输线谐振器的等效电路及其等效参量表示式。

7-36　试推导图 7.8-2(b)所示的介质微扰腔的频率变化表示式。

第八章　常用微波元件

任何一个微波系统都是由许多作用不同的微波无源元件和有源电路组成的。本章介绍微波技术中一些常用的微波元件。

我们知道，低频电路中的基本元件是电容、电感和电阻。它们属于集总参数元件。但是，当频率到了微波波段，这些集总参数元件不再适用了。这是因为到了微波波段，这些元件中的寄生参数的影响不能再忽略了，甚至会完全改变其集总参数的性质。因此，到了微波波段就必须使用与集总参数元件完全不同的微波元件。

微波元件是用导行系统做成的，种类繁多，按导行系统结构来分，可分为波导型、同轴线型、微带线型等；按工作波型分，可分为单模元件和多模元件；按作用分，可分为为连接元件、终端元件、匹配元件、衰减与相移元件、分路元件、滤波元件等。在本章中，前面四节按端口数介绍一些常用元件的工作原理与基本特性，最后一节介绍微波周期结构及其主要特性。

8.1　一端口元件

一端口元件是一类负载元件，种类不多，常用的有短路负载、匹配负载和失配负载。下面分别加以介绍。

1. 短路负载

短路负载(short - circuiting load)又称短路器，其作用是将电磁波能量全部反射回去。将波导或同轴线的终端短路(用金属导体全部封闭起来)即构成波导或同轴线短路负载。实用中的短路负载都做成可调的，称为可调短路活塞。

对短路活塞(shorting piston)的主要要求是：①保证接触处的损耗小，其反射系数的模应接近1；②当活塞移动时，接触损耗的变化要小；③大功率运用时，活塞与波导壁(或同轴线内外导体壁)间不应发生打火现象。

可调短路器可用作调配器、标准可变电抗，广泛用于微波测量中。

短路器的输入阻抗为

$$Z_{in} = jZ_0 \operatorname{tg} \theta \tag{8.1-1}$$

式中，Z_0 为波导或同轴线的特性阻抗，$\theta=2\pi l/\lambda g$，l 是短路面与参考面之间的长度，λg 为波导波长。

短路器的输入端反射系数为

$$S_{11} = \frac{Z_{in} - Z_0}{Z_{in} + Z_0} = \frac{jZ_0 \operatorname{tg} \theta - Z_0}{jZ_0 \operatorname{tg} \theta + Z_0} = -\frac{1 - j \operatorname{tg} \theta}{1 + j \operatorname{tg} \theta} = -e^{-j2\theta} \tag{8.1-2}$$

这表明短路器输入端反射系数的模应等于1，而相角是可变的。

为保证反射系数接近于1，在结构上，短路活塞可做成接触式和扼流式两种形式。

(1) 接触式活塞

在小功率时，常采用直接接触式短路活塞。它由细弹簧片构成，如图 8.1－1 所示。弹簧片长度应为 $\lambda_g/4$，使接触处位于高频电流的节点，以减小损耗。

接触式活塞的优点是结构简单；缺点是活塞移动时接触不恒定，弹簧片会逐渐磨损，大功率时容易发生打火现象。目前接触式活塞已很少采用。

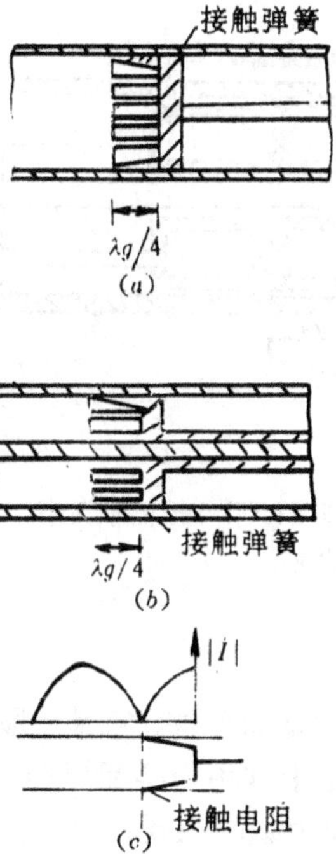

图 8.1－1　接触式短路活塞

(a)波导活塞；(b)同轴线活塞；(c)作用原理图

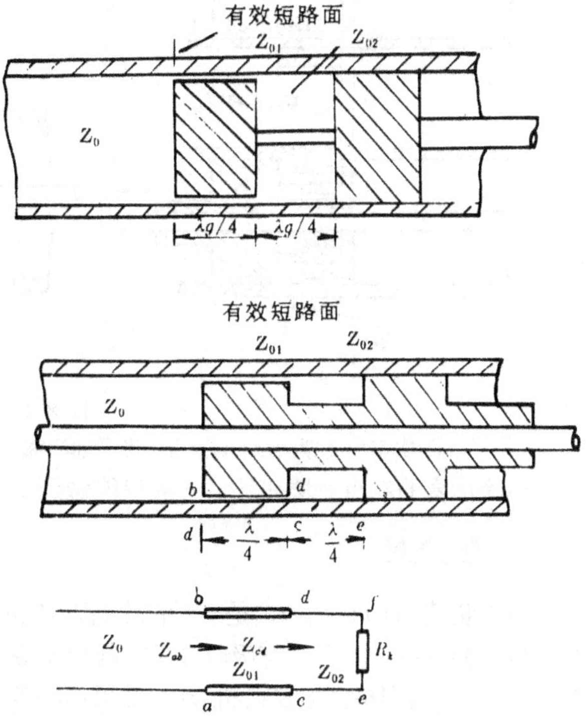

图 8.1－2　扼流活塞的早期结构

(a)波导型；(b)同轴线型；(c)等效电路

(2) 扼流式活塞

早期的扼流活塞如图 8.1－2 所示。其有效短路面不在活塞与传输线内壁直接接触处，而是向左移动了半波长。由图 8.1－2(c)所示的等效电路可以得到 ab 面的输入阻抗为

$$(Z_{in})_{ab} = \frac{Z_{01}^2}{(Z_{in})_{cd}} = R_k\left(\frac{Z_{01}}{Z_{02}}\right)^2 \qquad (8.1-3)$$

式中，R_K 为接触电阻。由图可知，$Z_{01} \ll Z_{02}$，故$(Z_{in})_{ab}$很小，使活塞与波导(或同轴线)有良好的电接触。

图 8.1－2 所示的扼流活塞的优点是损耗小，且损耗稳定；缺点是活塞太长。为了减小长度，可采用图 8.1－3 所示山字形和 S 形扼流活塞。在这种活塞中，具有较大特性阻抗的第二段被“卷入”第一段活塞内部。此时接触电阻 R_k 不在高频电流波腹处，而是在波节处，因此可使损耗减至最小。实验表明，这种活塞的驻波比可做到大于 100，且当活塞移动时，接触的稳定性也令人满意。

在同轴元件中，广泛采用 S 形(或称 Z 字形)扼流活塞，如图 8.1－3(d)所示。S 形活塞的频带宽，其最大特点是活塞与同轴线完全分开，因此同轴线内外导体是分开的。这种结构特别适用于需要加直流偏置的有源同轴器件。

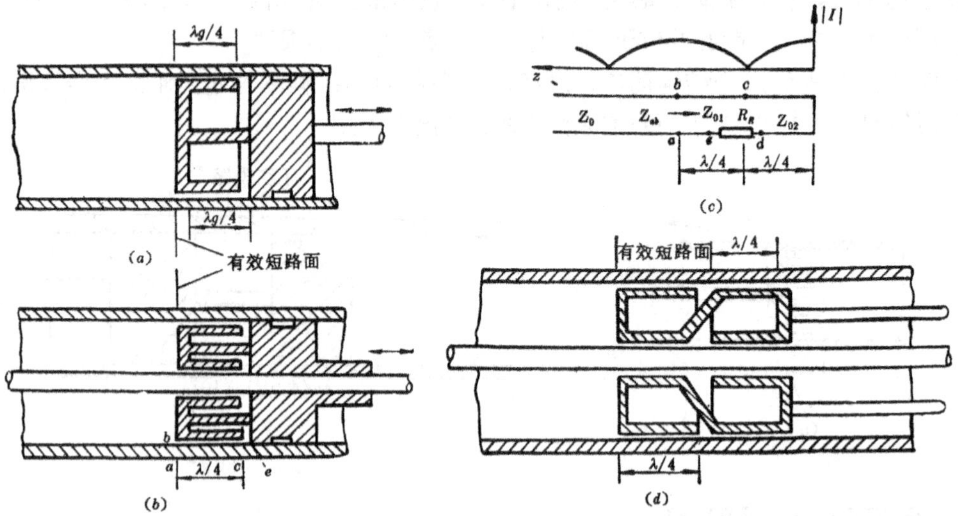

图　8.1-3

(a) 山字形波导活塞；(b) 山字形同轴活塞；(c) 作用原理图；(d) S形同轴活塞

扼流活塞的缺点是频带窄，一般只能做到 10～15%的带宽。

2. 匹配负载

匹配负载(matched load)是一种能全部吸收输入功率的一端口元件。它是一段终端短路的波导或同轴线，其中放有吸收物质。匹配负载在微波测量中常用作匹配标准；在调整仪器和机器(例如调整雷达发射机)时，常用作等效天线。匹配负载的主要技术指标是工作频带、输入驻波比和功率容量。

根据所吸收的功率大小，匹配负载分为低功率负载(小于 1 W)和高功率负载(大于 1 W)。

低功率负载一般用于实验室作终端匹配器，对其驻波比要求较高，在精密测量中，要求其驻波比小于 1.01 以下。

低功率波导匹配负载一般为一段终端短路的波导，在其里面沿电场方向放置一块或数块劈形吸收片或楔形吸收体，如图 8.1-4 所示。吸收片是由薄片状介质(如陶瓷片、玻璃、胶木片等)上面涂以金属碎末或炭末制成的。其表面电阻的大小需根据匹配条件用实验确定。吸收片劈面长度应是 $\lambda_g/2$ 的整数倍。楔形吸收体则是用羟基铁和聚苯乙烯混合物做成的。低功率波导匹配负载的驻波比通常在 10～15%频带内可做到小于 1.01。

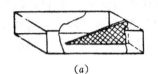

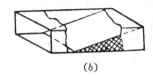

图 8.1-4　低功率波导匹配负载

(a) 劈形吸收片；(b) 有耗楔形吸收体

同轴线匹配负载是在内外导体之间放入圆锥形或阶梯形吸收体，如图 8.1－5 所示。

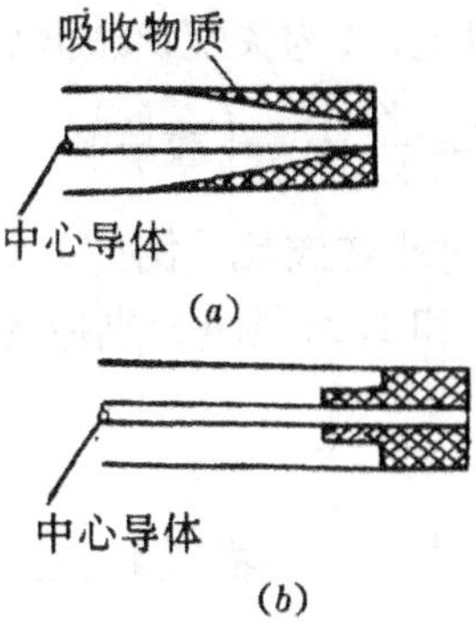

图 8.1－5 低功率同轴匹配负载

(a) 锥形吸收体；(b) 阶梯吸收体

高功率匹配负载的构造原理与低功率负载一样，但在高功率时需要考虑热量的吸收和发散问题。吸收物质可以是固体(如石墨和水泥混合物)或液体(通常用水)。利用水作吸收物质，由水的流动携出热量的终端装置，称为水负载，如图 8.1－6 所示。它是在波导终端安置劈形玻璃容器，其内通以水，以吸收微波功率。流进的水吸收微波功率后温度升高，根据水的流量和进出水的温度差可测量微波功率值。

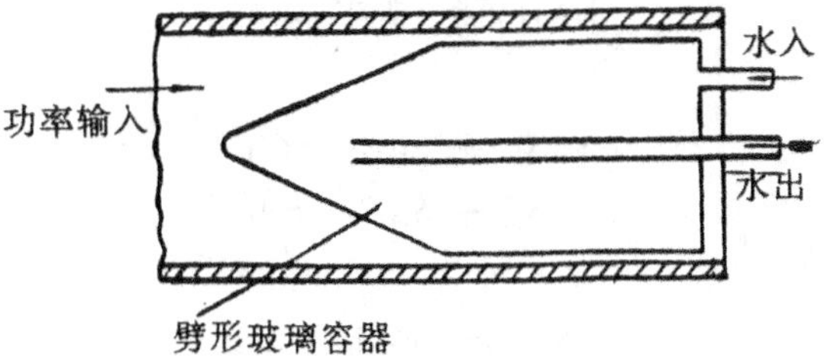

图 8.1－6 高功率波导水负载示意图

3. 失配负载

失配负载(mismatched load) 是既吸收一部分功率又反射一部分功率的负载。实用中的失配负载都做成标准失配负载，具有某一固定的驻波比。失配负载常用于微波测量中作标准终端负载。

失配负载的结构与匹配负载一样，只是波导口径的尺寸 b 不同而已。

由传输线理论知，驻波比 ρ 与反射系数 Γ 的关系为

$$\rho=\frac{1+|\Gamma|}{1-|\Gamma|} \tag{8.1-4}$$

设 b_0 为标准波导的窄边尺寸，b 为失配负载波导的窄边尺寸。由于

$$\Gamma = \frac{Z - Z_0}{Z + Z_0} \tag{8.1-5}$$

式中，Z_0 为标准波导的等效特性阻抗，Z 为失配负载波导的等效特性阻抗，则

$$\rho = \frac{Z}{Z_0} = \frac{b}{b_0}\left(或\frac{b_0}{b}\right) \tag{8.1-6}$$

可见，对应于不同的 b 可得到不同的驻波比。例如 3 cm 波段标准波导 BJ－100 的 b_0 为 10.16 mm，如果 ρ 分别要求为 1.1 和 1.2，则 b 分别应为 9.236 mm 和 8.407 mm，依此可构成不同的失配负载。

8.2 二端口元件

大多数微波元件是二端口元件。本节在分析无耗二端口网络的基本性质之后，按功能介绍了一些常用的二端口元件。

1. 无耗二端口网络的基本性质

二端口元件可等效为二端口网络，其散射矩阵为

$$[S] = \begin{bmatrix} S_{11} & S_{12} \\ S_{21} & S_{22} \end{bmatrix} \tag{8.2-1}$$

若网络无耗，可互易，则由幺正性得到：

$$\begin{aligned} |S_{11}|^2 + |S_{12}|^2 &= 1 \\ |S_{12}|^2 + |S_{22}|^2 &= 1 \end{aligned} \tag{8.2-2}$$

和

$$\begin{aligned} S_{11}^* S_{12} + S_{12}^* S_{22} &= 0 \\ S_{12}^* S_{11} + S_{22}^* S_{12} &= 0 \end{aligned} \tag{8.2-3}$$

由此可得

$$|S_{11}| = |S_{22}|$$

$$2\arg S_{12} - (\arg S_{11} + \arg S_{22}) = \pm \pi$$

若 $S_{11}=0$，则 $|S_{12}|=|S_{21}|=1$，$|S_{22}|=0$；若 $|S_{12}|=1$，则 $S_{11}=S_{22}=0$，或相反。因此得到如下无耗互易二端口网络的基本性质：

①若一个端口匹配，则另一个端口自动匹配；

②若网络是完全匹配的，则必然是完全传输的，或相反；

③S_{11}、S_{12}、S_{22} 的相角只有两个是独立的，已知其中两个相角，则第三个相角便可确定。

2. 连接元件

连接元件(connection component) 的作用是将作用不同的微波元件连接成完整的系统。其主要指标要求是接触损耗小、驻波比小、功率容量大、工作频带宽 。这里只介绍单纯起连接作用的接头、拐角、弯曲和扭转元件。

(1) 波导接头

波导连接方法分接触连接和扼流连接两种。它们是借助于焊在待连接元件波导端口上的法兰盘来实现的。法兰盘结构形式分平法兰盘和扼流式法兰盘两种，如图 8.2-1 所示。两个平接头连接时用螺栓和螺帽旋紧，或用弓形夹夹紧。

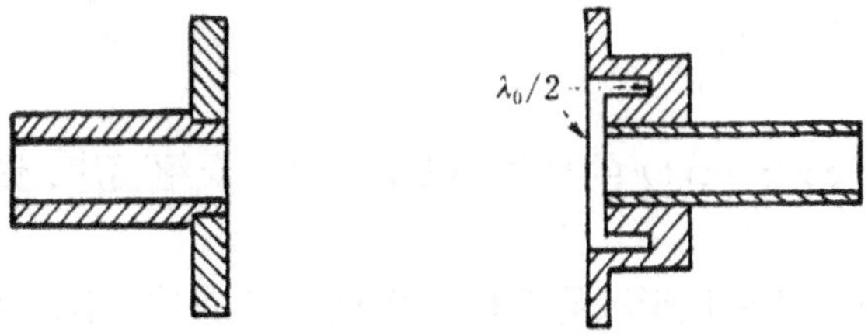

(a)　　(b)

图 8.2-1　波导接头

(a) 平接头；(b) 扼流接头

扼流式接头是由一个刻有扼流槽的法兰和一个平法兰对接而成，如图 8.2-1(b)所示。扼流槽短路端到波导宽边中心的距离近似为 $\lambda_0/2$，λ_0 为信号波长，因此在波导端口呈电接触。

平接头的优点是加工方便、体积小、频带宽，主要用于宽带波导元件和测试装置中。其驻波比可以做到小于 1.002。扼流接头的优点是加工简单、安装方便、功率容量大，常用于雷达的天线馈电设备中；其主要缺点是频带较窄，其驻波比在中心频率的典型值为1.02。

(2) 拐角、弯曲和扭转元件

在微波传输系统中，为了改变电磁波的传输方向，需要用到拐角和弯曲元件；当需要改变电磁波的极化方向而不改变其传输方向时，则要用到扭转元件。对这些元件的要求是：引入的反射尽可能小、工作频带宽、功率容量大。

波导拐角、扭转和弯曲元件的结构如图 8.2-2 所示。为使反射最小，图 8.2-2(a)和(b)的拐角和扭转段长度 l 应为 $(2n+1)\lambda g/4$。E 面波导弯曲的曲率半径应满足 $R\geqslant 1.5b$；H 面波导弯曲则应满足 $R\geqslant 1.5a$。

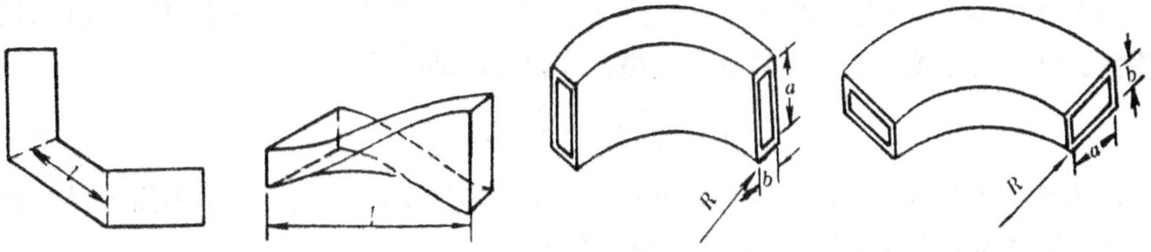

(a)　　(b)　　(c)　　(d)

图 8.2-2

(a) 波导拐角；(b) 波导扭转；(c) 波导 E 面弯曲；(d) 波导 H 面弯曲

同轴 90°弯接头用得很广。容易理解，弯曲部分的特性阻抗将随弯曲度加大而变小，一般比直同轴线部分特性阻抗降低约 15%。用缩小内导体直径或加大外导体直径的办法可以补偿这种变化。实验结果表明，若按衰减最小条件设计同轴线尺寸，直同轴线内外径比为

1∶3.6，弯曲部分的内外径比则应为约1∶4。补偿特性阻抗的变化，减小弯曲部分对驻波系数的影响的方案有：①全介质填充，②内导体切角，③减小内导体尺寸，④内外导体直径不变，内导体直接弯成90°，外导体由两个尺寸相同的圆管端头加工成45°后焊接成直角。

3. 匹配元件

匹配元件(matched component)的种类很多，这里只介绍膜片、销钉和螺钉匹配器。

(1) 膜片

波导中的膜片(iris)是垂直于波导管轴放置的薄金属片，有对称和不对称之分，如图8.2-3所示。膜片是波导中常用的匹配元件，一般在调匹配时多用不对称膜片，而当负载要求对称输出时，则需用对称膜片。

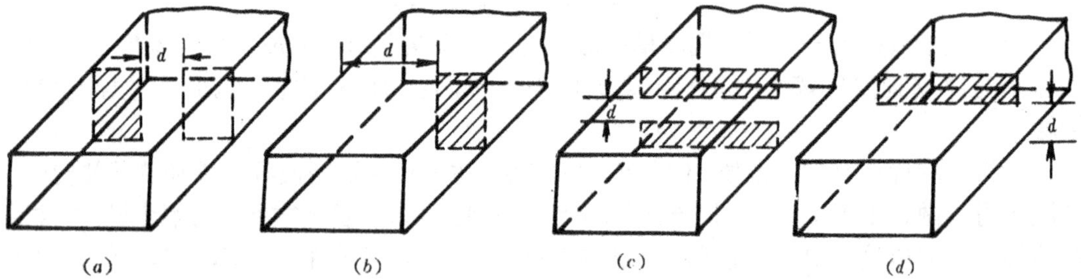

图 8.2-3　波导中的膜片

(a) 对称感性膜片；(b) 不对称感性膜片；(c)对称容性膜片；(d) 不对称容性膜片

显然，在波导中放入膜片后必然引起波的反射，反射波的大小和相位随膜片的尺寸及放置的位置不同而变化。利用膜片进行匹配的原理便是利用膜片产生的反射波来抵消由于负载不匹配所产生的反射波。

膜片的分析方法与其厚度有关。当膜片比较厚，与波导波长相比不能忽略时，应将膜片当作一段波导来分析；通常膜片很薄，如忽略其损耗，则可等效为一并联电纳。

图8.2-3(a)、(b)所示薄膜片，使波导中TE_{10}模的磁场在膜片处集中而得以加强，呈电感性。称之为电感性膜片。薄对称电感膜片相对电纳的近似式为

$$b=\frac{B}{Y_0}\simeq-\frac{\lambda_g}{a}\mathrm{ctg}^2\left(\frac{\pi d}{2a}\right)\tag{8.2-4}$$

图8.2-3(c)、(d)所示薄膜片，使波导中TE_{10}模的电场在膜片处集中而得以加强，呈电容性。称之为电容性膜片。其相对电纳近似式为

$$b=\frac{B}{Y_0}\simeq\frac{4b}{\lambda_g}\ln\left(\csc\frac{\pi d}{2b}\right)\tag{8.2-5}$$

将感性膜片和容性膜片组合在一起便得到如图8.2-4(a)所示谐振窗。它对某一特定频率产生谐振，电磁波可以无反射地通过。其等效电路相当于并联谐振回路。这种谐振窗常用于大功率波导系统中作充气用的密封窗，也常用于微波电子器件中作为真空部分和非真空部分的隔窗。窗孔的形状可做成圆形、椭圆形、哑铃形等，如图8.2-4(b)、(c)、(d)所示。谐振窗的常用材料是玻璃、聚四氟乙烯、陶瓷片等。

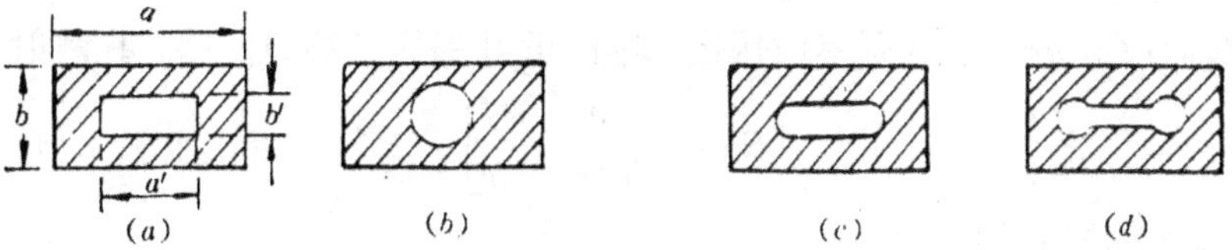

图 8.2-4 波导谐振窗

(2) 销钉

销钉(post)是垂直对穿波导宽边的金属圆棒，如图 8.2-5 所示。它在波导中起电感作用，可用作匹配元件和谐振元件，常用于构成波导滤波器。

销钉的相对感纳与棒的粗细有关，棒越细，电感量越大，其相对电纳越小；同样粗细的棒，根数越多，相对电纳越大。置于 $a/2$ 处的单销钉相对电纳的近似式为

$$b=\frac{B}{Y_0}\simeq-\frac{2\lambda_g}{a}\left\{\ln\left(\frac{2a}{\pi r}\right)-2\right\}^{-1} \tag{8.2-6}$$

式中 r 为销钉的半径。

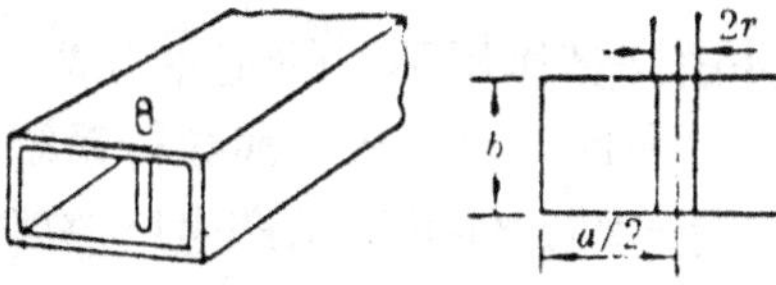

图 8.2-5 波导中的销钉

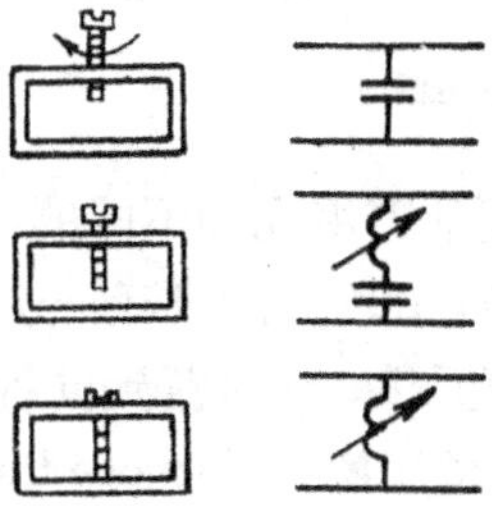

图 8.2-6 波导中的螺钉

(3) 螺钉调配器

用膜片和销钉匹配时，膜片和销钉在波导中的位置固定后就不容易再进行调整，因而使用不方便。采用如图 8.2-6 所示的螺钉调配器(screw tuner)调整则较为方便。螺钉是低功率微波装置中普遍采用的调谐和匹配元件。实用时，为了避免波导短路和击穿，通常设计螺钉呈容性，作可变电容用，螺钉旋入波导的深度应小于 $3b/4$，b 为矩形波导窄边尺寸。

螺钉调配器分单螺钉、双螺钉、三螺钉和四螺钉调配器。其作用原理与支节调配器相似，所不同的只是螺钉只能当电容用。

4. 衰减与相移元件

衰减与相移元件(attenuation and phase - shift component)分别是用来改变导行系统中电磁场强的幅度和相位，衰减器和相移器联合使用，可以调节导行系统中电磁波的传播常数。

衰减器和相移器的结构都可以做成固定式和可变式。在一般情况下，设计衰减器时并不苛求其相位关系，而设计相移器时则要求不引入附加的衰减。

理想衰减器应该是一个相移为零，衰减量可变的二端口网络，其散射矩阵为

$$[S]=\begin{bmatrix}0 & e^{-al}\\ e^{-al} & 0\end{bmatrix} \tag{8.2-7}$$

式中，α 为衰减常数，l 为衰减器长度。

理想相移器应该是一个具有单位振幅，相移量可变的二端口网络，其散射矩阵为

$$[S]=\begin{bmatrix}0 & e^{-j\theta}\\ e^{-j\theta} & 0\end{bmatrix} \tag{8.2-8}$$

式中 $\theta=\beta l$，为相移器的相移量。

衰减器的种类很多，使用最多的是吸收式衰减器。它是在一段矩形波导中平行电力线放置衰减片而构成的，衰减片的位置可以调节，如图 8.2－7 所示。衰减片一般是由胶布板表面上涂复石墨或在玻璃上蒸发很薄的电阻膜做成的。为了消除反射，衰减片两端通常做成渐变形。

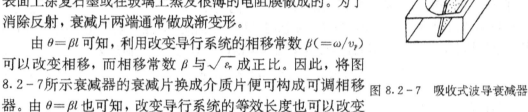

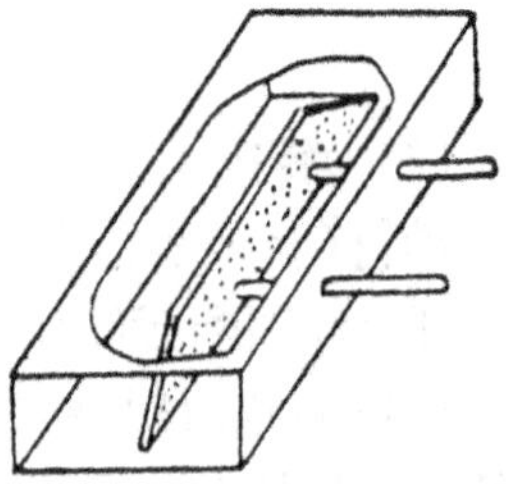

图 8.2－7　吸收式波导衰减器

由 $\theta=\beta l$ 可知，利用改变导行系统的相移常数 $\beta(=\omega/v_p)$ 可以改变相移，而相移常数 β 与 $\sqrt{\varepsilon_r}$ 成正比。因此，将图 8.2－7所示衰减器的衰减片换成介质片便可构成可调相移器。由 $\theta=\beta l$ 也可知，改变导行系统的等效长度也可以改变相移。为此可在矩形波导宽边中心加一个或多个螺钉，构成螺钉相移器。

5. 波型变换元件

一个微波系统常需用几种不同的导行系统，并由许多作用不同的元件组成。每种导行系统的主模都不同，每个元件都有一定的工作模式。因此，为了从一种导行系统元件过渡到另一种导行系统元件，或过渡到同种导行系统的另一种元件并要求产生所需要的工作模式，就需要采用波型变换元件(mode transformation component)。

波型变换元件又称波型变换器。设计波型变换器的主要要求是阻抗匹配、频带宽、功率容量大、不存在杂模。设计的一般原则是抑制杂模的产生和阻抗匹配。由于波型变换器是两种波型的过渡装置，容易产生杂模，引起反射，所以当变换器不同波型部分的等效阻抗相同或接近时，主要问题是尽量减小杂模的激励，并选择适当的形状使一种波型缓慢地过渡到另一种波型，其尺寸则应逐渐过渡(渐变过渡或阶梯过渡)；若变换器两部分的等效阻抗不相同，则需加调配元件或选择变换器的形状和尺寸，使各处产生的反射波在一定频带内相互抵消，或采取阻抗匹配方法使其阻抗相等。

(1) 同轴－矩形波导过渡器

同轴线的主模是 TEM 模，矩形波导的主模是 TE_{10}模。设计同轴－矩形波导过渡器，即要求由同轴线到矩形波导的几何形状改变的同时，相应地使 TEM 模变换成 TE_{10}模。

根据频带和功率的不同要求，同轴－矩形波导过渡器有很多的结构形式。图 8.2－8(a)示出一种最简单的结构。为了加宽频带，增大功率容量，可将同轴线外导体做成锥形过渡，如图 8.2－8(b)所示。这种结构可在 20%的带宽内获得优于 1.1 的驻波比。这种过渡器可看成一种特殊的阻抗变换器，其变换比可以通过改变短路活塞位置 l_1 和探针深度 l_2 来进行调节。

(2) 线圆极化变换器

在雷达、通讯和电子对抗等设备中，常需用到圆极化波，而一般馈电系统多采用矩形波导，其主模 TE_{10}模是线极化波。为了获得圆极化波，就需用线圆极化变换器。其原理图

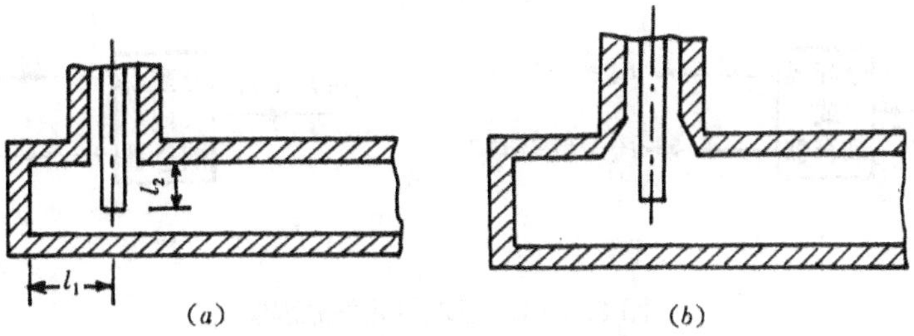

图 8.2-8　同轴-矩形波导过渡器

如图 8.2-9(a)所示，首先用方圆过渡使矩形波导 TE_{10}模变换成圆波导 TE_{11}模，然后在圆波

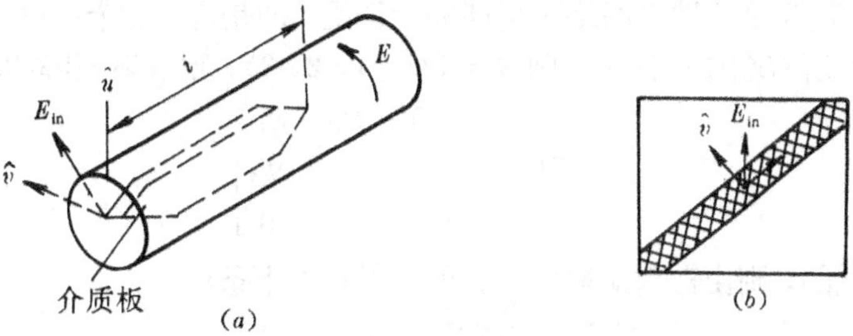

图 8.2-9　线圆极化变换器

导中与 TE_{11}模的电场 E_{in}成 45°角放置长度为 l 的薄介质板。E_{in}可分解成平行于介质板的分量 E_u 和垂直于介质板的分量 E_v。前者受介质板影响，传播速度将变慢；后者基本上不受介质板的影响，以与空气圆波导中相同的相速度传播。假如介质板足够长，使 E_u 和 E_v 的相位差 90°，即可获得一圆极化波。极化波导段也可采用方形波导，并将介质板沿对角线放置而做成，如图 8.2-9(b)所示。

8.3　三端口元件

三端口元件是具有三个端口波导(或同轴线或微带线)的接头，在微波技术中常用作分路元件或功率分配器/合成器，如图 8.3-1 所示。常用的有 E-T、H-T 和 Y 分支。本节在论述无耗三端口网格基本性质的基础上，介绍常用的各种 T 形接头和威尔金森功率分配器的特性与应用。

1. 无耗三端口网络的基本性质

三端口元件可等效为三端口网络。任意三端口网络的散射矩阵为

$$[S]=\begin{bmatrix}S_{11} & S_{12} & S_{13}\\ S_{21} & S_{22} & S_{23}\\ S_{31} & S_{32} & S_{33}\end{bmatrix} \tag{8.3-1}$$

若元件是互易的，其 S 矩阵是对称的($S_{ij}=S_{ji}$)，则式(8.3-1) 变成

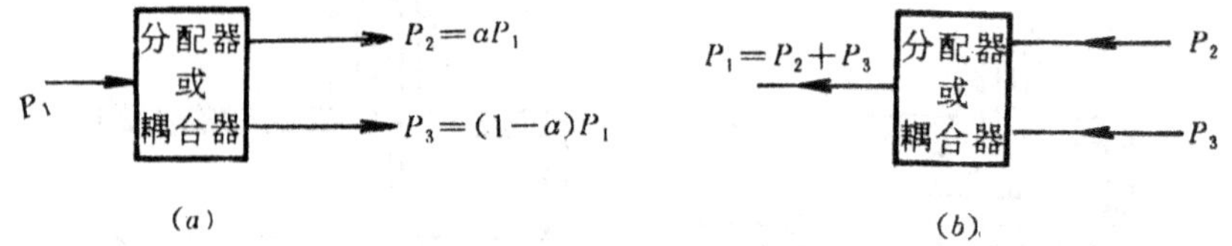

图 8.3-1　三端口元件原理图

(a) 功率分配；(b) 功率合成

$$[S]=\begin{bmatrix}S_{11} & S_{12} & S_{13}\\ S_{12} & S_{22} & S_{23}\\ S_{13} & S_{23} & S_{33}\end{bmatrix} \tag{8.3-2}$$

性质 1　无耗互易三端口网络不可能完全匹配，即是说，三个端口不可能同时都匹配。

证明　假若所有端口均匹配，则 $S_{ii}=0(i=1, 2, 3)$，则散射矩阵(8.3-2)简化为

$$[S]=\begin{bmatrix}0 & S_{12} & S_{13}\\ S_{12} & 0 & S_{23}\\ S_{13} & S_{23} & 0\end{bmatrix} \tag{8.3-3}$$

若网络也是无耗的，则由散射矩阵的 正性，得到如下条件：

$$\left.\begin{aligned}|S_{12}|^2+|S_{13}|^2&=1\\ |S_{12}|^2+|S_{23}|^2&=1\\ |S_{13}|^2+|S_{23}|^2&=1\end{aligned}\right\}\text{振幅关系}\qquad\begin{aligned}&(8.3-4a)\\&(8.3-4b)\\&(8.3-4c)\end{aligned}$$

$$\left.\begin{aligned}S_{13}^*S_{23}&=0\\ S_{23}^*S_{12}&=0\\ S_{12}^*S_{13}&=0\end{aligned}\right\}\text{相位关系}\qquad\begin{aligned}&(8.3-4d)\\&(8.3-4e)\\&(8.3-4f)\end{aligned}$$

式(8.3-4d～f)说明，三个参数(S_{12}，S_{13}，S_{23})中至少二个必须为零。但此条件与式(8.3-4a～c)不相容。这说明一个三端口网络不可能做到无耗 、互易和完全匹配。性质 1 得证。

性质 2　任意完全匹配的无耗三端口网络必定非互易，且为一环行器。其正、反旋环行器的散射矩阵可表示为

$$[S_T]=\begin{bmatrix}0 & 1 & 0\\ 0 & 0 & 1\\ 1 & 0 & 0\end{bmatrix}\ \text{和}\ [S_R]=\begin{bmatrix}0 & 0 & 1\\ 1 & 0 & 0\\ 0 & 1 & 0\end{bmatrix} \tag{8.3-5}$$

证明　一个匹配的三端口网络的 S 矩阵为

$$[S]=\begin{bmatrix}0 & S_{12} & S_{13}\\ S_{21} & 0 & S_{23}\\ S_{31} & S_{32} & 0\end{bmatrix} \tag{8.3-6}$$

若网络无耗，则其 S 矩阵为幺正矩阵，即有

$$S_{31}^*S_{32}=0 \tag{8.3-7a}$$

$$S_{21}^*S_{23}=0 \tag{8.3-7b}$$

$$S_{12}^*S_{13}=0 \tag{8.3-7c}$$

$$|S_{12}|^2+|S_{13}|^2=1 \tag{8.3-7d}$$

$$|S_{21}|^2+|S_{23}|^2=1 \tag{8.3-7e}$$

$$|S_{31}|^2+|S_{32}|^2=1 \tag{8.3-7f}$$

在如下两种情况下这些方程是满足的：

$$①S_{12}=S_{23}=S_{31}=0,\quad |S_{21}|=|S_{32}|=|S_{13}|=1 \tag{8.3-8a}$$

$$②S_{21}=S_{32}=S_{13}=0,\quad |S_{12}|=|S_{23}|=|S_{31}|=1 \tag{8.3-8b}$$

结果表明 $S_{ij}\neq S_{ji}(i\neq j)$。这意味着此器件必定是非互易的。情况①条件下的 S 矩阵为

$$[S]=[S_R]=\begin{bmatrix}0&0&1\\1&0&0\\0&1&0\end{bmatrix} \tag{8.3-9}$$

情况②条件下的 S 矩阵为

$$[S]=[S_T]=\begin{bmatrix}0&1&0\\0&0&1\\1&0&0\end{bmatrix} \tag{8.3-10}$$

于是性质 2 得证。

由上述$[S_T]$和$[S_R]$表示的非互易无耗三端口元件为一理想三端口环行器，如图 8.3-2 所示。两者的区别仅在于端口之间功率流的方向不同。式(8.3-10)对应于功率流方向为端

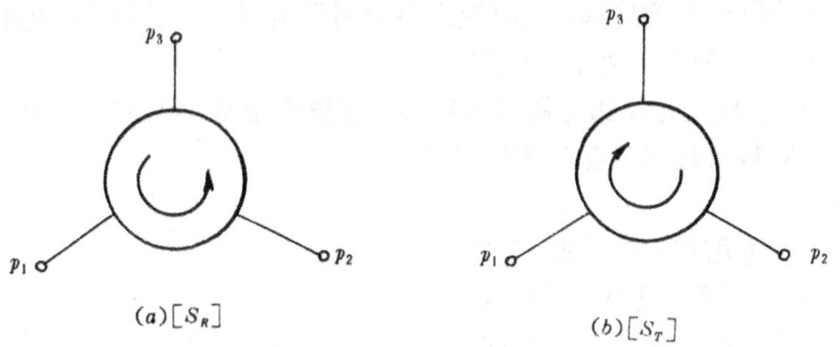

图 8.3-2　两种三端口环行器的 S 矩阵

口①→②→③→①的环行器，如图 8.3-2(a)所示；式(8.3-9)则对应功率流方向为端口①→③→②→①的环行器，如图 8.3-2(b)所示。环行器的具体结构我们将在第九章的 9.6 节讨论。

性质 3　无耗互易三端口网络的任意两个端口可以实现匹配。

证明　假定端口 1 和 2 为此匹配端口，则其 S 矩阵可以写成

$$[S]=\begin{bmatrix}0&S_{12}&S_{13}\\S_{12}&0&S_{23}\\S_{13}&S_{23}&S_{33}\end{bmatrix} \tag{8.3-11}$$

因网络无耗，由幺正性得到

$$S_{13}^*S_{23}=0 \tag{8.3-12a}$$

$$S_{12}^*S_{13}+S_{23}^*S_{33}=0 \tag{8.3-12b}$$

$$S_{23}^*S_{12}+S_{33}^*S_{13}=0 \tag{8.3-12c}$$

和

$$|S_{12}|^2 + |S_{13}|^2 = 1 \tag{8.3-12d}$$

$$|S_{12}|^2 + |S_{23}|^2 = 1 \tag{8.3-12e}$$

$$|S_{13}|^2 + |S_{23}|^2 + |S_{33}|^2 = 1 \tag{8.3-12f}$$

式(8.3-12d～e)表明，$|S_{13}|=|S_{23}|$，于是由式(8.3-12a)得到 $S_{13}=S_{23}=0$，因此$|S_{12}|=|S_{33}|=1$，这样，其 S 矩阵可以写成

$$[S]=\begin{bmatrix}0 & e^{j\theta} & 0\\ e^{j\theta} & 0 & 0\\ 0 & 0 & e^{j\phi}\end{bmatrix} \tag{8.3-13}$$

式(8.3-13)所示矩阵即表示二个端口(端口①和端口②)匹配的无耗互易三端口网络。此时，网络实际上由二个无关的元件组成：一个是匹配的二端口传输线，另一个是全失配的一端口(端口③)。性质 3 得证。

性质 4　若三端口网络允许有耗，则网络可以是互易的和完全匹配的，且有耗的三端口网络可做到其输出端口之间隔离(例如 $S_{23}=S_{32}=0$)。

此种情况的例子是下面要介绍的电阻性功率分配器。

2. 三端口功率分配/合成元件

在微波系统中，有时需要将传输功率分几路传送到不同的负载中去，或将几路功率合成为一路功率，以获得更大的功率。此时便需要应用三端口功率分配/合成元件。对这种元件的基本要求是损耗小、驻波比小、频带宽。

三端口功率分配/合成元件的结构型式很多，这里介绍常用的 E-T、H-T、对称 Y 分支、电阻性功率分配器和威尔金森功率分配器。

(1) T 形接头

T 形接头是一种可用作功率分配/合成的最简单的三端口网络，可用任何一种导行系统来构成。如上所述，若不考虑接头的损耗，则这样的无耗三端口接头不可能做到所有端口同时匹配，如波导 E-T、H-T、和 Y 分支；电阻性功率分配器则可以做到三个端口同时匹配，但却非无耗。

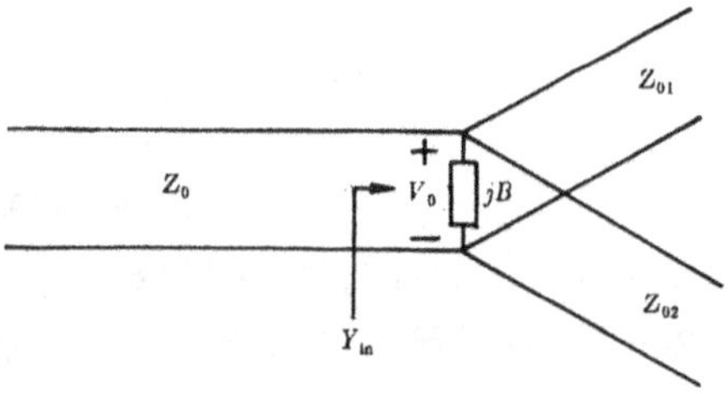

图 8.3-3　无耗 T 形接头的传输线模型

对于无耗 T 形接头，可用图 8.3-3 所示的传输线模型来表示。容易理解，接头处将存在与不连续性有关的边缘场和高次模，因而在接头附近有储能，可用集总电纳 B 表示之。为使功率分配器对特性阻抗为 Z_0 的输入线匹配，则必须有

$$Y_{in} = jB + \frac{1}{Z_{01}} + \frac{1}{Z_{02}} = \frac{1}{Z_0} \tag{8.3-14}$$

若传输线无耗(或低耗)，则传输线特性阻抗为实数。若又假设 $B=0$，则式(8.3-14)简化为

$$\frac{1}{Z_{01}}+\frac{1}{Z_{02}}=\frac{1}{Z_0} \tag{8.3-15}$$

实用中，若 B 不可忽略，则通常可加入某种型式的电抗调谐元件以消除此电纳。这至少在一窄频带内是可以做到的。

可以选择输出线的特性阻抗 Z_{01} 和 Z_{02} 来获得不同的功率分配比。例如，对于 50 Ω 输入线，3 dB(等分)功率分配器的两条输出线特性阻抗应为 100 Ω。如果需要，可采用 λ/4 变换器来使输出线阻抗变回到所需要的值。若输出线匹配，则输入线将是匹配的，但两输出线之间无隔离，向输出端口看将是失配的。

例 8.3-1　如图 8.3-3 所示无耗 T 形接头功率分配器，要求输入功率以 2∶1 比率分配，求输出线的特性阻抗与向输出端口看去的反射系数。

解　如图 8.3-3 所示，设接头处电压为 V_0，则输入功率为

$$P_{in}=\frac{1}{2}\frac{V_0^2}{Z_0}$$

而输出功率分别为

$$P_1=\frac{1}{2}\frac{V_0^2}{Z_{01}}=\frac{1}{3}P_{in},\quad P_2=\frac{1}{2}\frac{V_0^2}{Z_{02}}=\frac{2}{3}P_{in}$$

由此解得输出线特性阻抗为

$$Z_{01}=3Z_0=150(\Omega)$$

$$Z_{02}=3Z_0/2=75(\Omega)$$

接头处的输入阻抗则为

$$Z_{in}=75\parallel 150=50(\Omega)$$

因此输入线对 50 Ω 源是匹配的。向 150 Ω 输出线看去的阻抗为 50 ‖ 75=30 Ω，而向 75 Ω 输出线看去的阻抗为 50 ‖ 105=37.5 Ω，因此向输出端口看去的反射系数分别为

$$\Gamma_1=\frac{30-150}{30+150}=-0.666,\quad \Gamma_2=\frac{37.5-75}{37.5+75}=-0.333$$

a. 波导 T 形接头

波导 T 形接头又称 T 形分支，简称单 T，是在波导某个方向上的分支。矩形波导 T 形

	T 分支	等效电路1	等效电路2
E—T	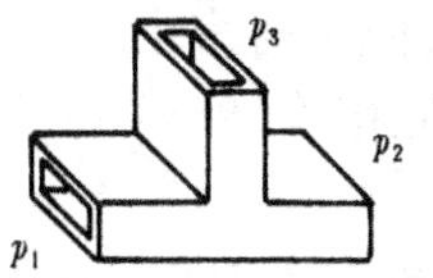	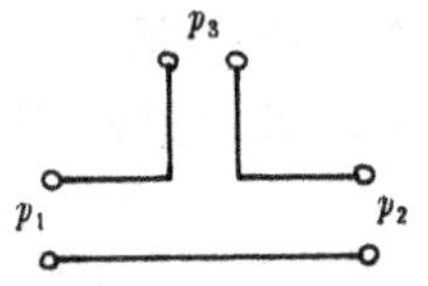	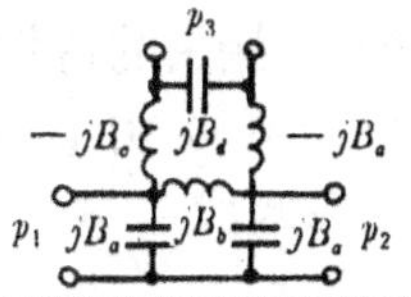
H—T	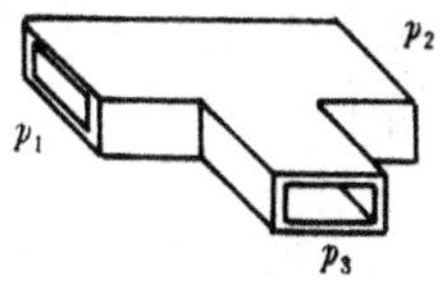	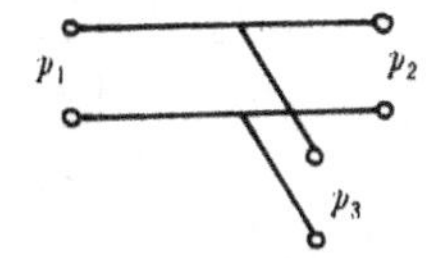	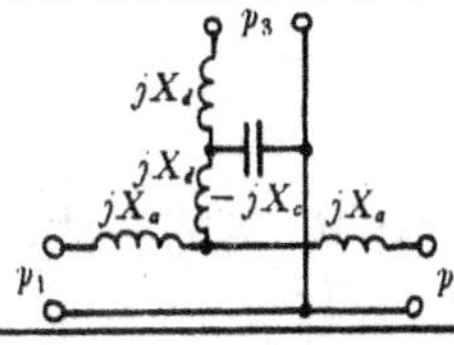

图 8.3-4　T 形接头及其等效电路

接头分 E－T 接头和 H－T 接头，如图 8.3－4 所示。分支波导宽面与 TE_{10}模电场 **E** 所在平面平行者称为 E 面 T 形接头，简称 E－T 接头；分支波导宽面与 TE_{10}模磁场 **H** 所在平面平行者称为 H 面 T 形接头，简称 H－T 接头。

①E－T 接头。假定各端口波导中只有 TE_{10}模传输，E－T 接头具有如下特性(见图 8.3－5)：

当信号由端口①输入时，端口②和③都有输出，如图 8.3－5(*a*)所示；

当信号由端口②输入时，端口①和③都有输出，如图 8.3－5(*b*)所示；

当信号由端口③输入时，端口①和②都有输出且反相，如图 8.3－5(*c*)所示；

当信号由端口①和②同相输入时，在端口③的对称面上可得电场的驻波波腹，端口③输出最小；若①、②口信号等幅，则端口③的输出为零，如图 8.3－5(*d*)所示；

当信号由端口①和②等幅反相输入时，在端口③的对称面上可得到电场的波节，端口③输出最大，如图 8.3－5(*e*)所示。

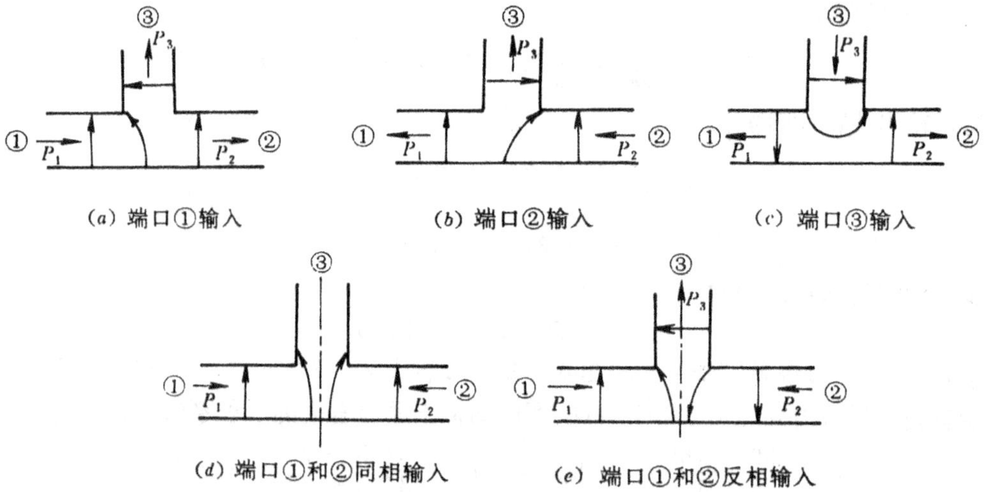

图 8.3－5 E－T 接头的特性

由波导的管壁纵向电流分布容易看出，分支波导 3 相当于串联在主波导上，故得到如图 8.3－4 中所示的等效电路 1；如考虑到接头处高次模的影响，则等效电路如图 8.3－4 中的等效电路 2。

E－T 接头的特性可用 S 矩阵来表示。E－T 接头使用时多由端口③输入。假定端口③匹配($S_{33}=0$)，由于结构对称，端口①和②的驻波比应相等($S_{11}=S_{22}$)，于是 E－T 接头的 S 矩阵可以写成

$$[S]=\begin{bmatrix} S_{11} & S_{12} & S_{13} \\ S_{12} & S_{11} & S_{23} \\ S_{13} & S_{23} & 0 \end{bmatrix} \tag{8.3-16}$$

由上述 E－T 的特性，有

$$S_{13}=-S_{23} \tag{8.3-17}$$

根据无耗网络 S 矩阵的幺正性，有

$$|S_{11}|^2+|S_{12}|^2+|S_{13}|^2=1 \tag{8.3-18a}$$

$$|S_{12}|^2 + |S_{11}|^2 + |S_{23}|^2 = 1 \tag{8.3-18b}$$

$$|S_{13}|^2 + |S_{23}|^2 = 1 \tag{8.3-18c}$$

$$S_{11}S_{12}^* + S_{12}S_{11}^* + S_{13}S_{23}^* = 0 \tag{8.3-18d}$$

$$S_{11}S_{13}^* + S_{12}S_{23}^* = 0 \tag{8.3-18e}$$

$$S_{12}S_{13}^* + S_{11}S_{23}^* = 0 \tag{8.3-18f}$$

由式(8.3-17)和(8.3-18*c*)，得到

$$S_{13} = -S_{23} = 1/\sqrt{2} = 0.707 \tag{8.3-19}$$

因为$|S_{13}|^2=|S_{23}|^2$，故式(8.3-18*a*)和式(8.3-18*b*)完全一样，于是

$$|S_{11}|^2 + |S_{12}|^2 = 1 - |S_{13}|^2 = \frac{1}{2} \tag{8.3-20}$$

由式(8.3-18*e*)，得到

$$S_{11} = S_{12} \tag{8.3-21}$$

合并式(8.3-20)和式(8.3-21)，得到

$$S_{11} = S_{12} = \frac{1}{2} \tag{8.3-22}$$

因此得到由端口③输入时E-T的S矩阵为

$$[S] = \begin{bmatrix} \frac{1}{2} & \frac{1}{2} & \frac{1}{\sqrt{2}} \\ \frac{1}{2} & \frac{1}{2} & -\frac{1}{\sqrt{2}} \\ -\frac{1}{\sqrt{2}} & -\frac{1}{\sqrt{2}} & 0 \end{bmatrix} \tag{8.3-23}$$

由式(8.3-23)可知，由端口③输入且匹配时，端口①和②并不匹配，有着$(1+|S_{11}|)/(1-|S_{11}|)=3$的驻波比。

一般情况下，E-T的三个端口不匹配，但由于结构对称，$|S_{13}|=|S_{23}|$，$S_{11}=S_{22}$，故其S矩阵一般为

$$[S] = \begin{bmatrix} S_{11} & S_{12} & S_{13} \\ S_{12} & S_{11} & -S_{13} \\ S_{13} & -S_{13} & S_{33} \end{bmatrix} \tag{8.3-24}$$

②H-T接头。H-T接头的特性与E-T接头相似。其主要特性是：当信号由端口③输入时，端口①和②有等幅同相输出，$S_{13}=S_{23}=1/\sqrt{2}$。因此，H-T接头可用作功率分配器或功率合成器。与E-T接头一样，H-T接头端口③匹配时，端口①和②并不匹配，其驻波比等于3。H-T接头的S矩阵与E-T的式(8.3-23)和式(8.3-24)相似，只须注意$S_{13}=S_{23}$。

H-T接头的分支波导3相当于并联在主波导上，其简分等效电路与考虑接头处高次模的等效电路如图8.3-4所示。

b. 对称Y分支

矩形波导对称Y分支结构及其等效电路如图8.3-6所示，分E面分支和H面分支两种；前者为串联分支，后者为并联分支。

	对称 Y 分支	等效电路1	等效电路2
E—Y	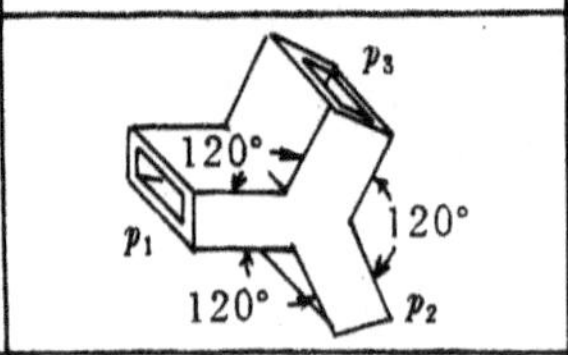	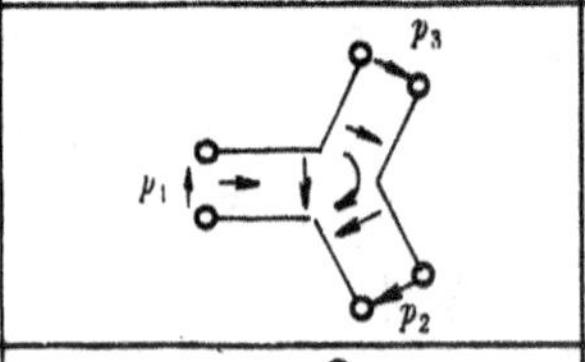	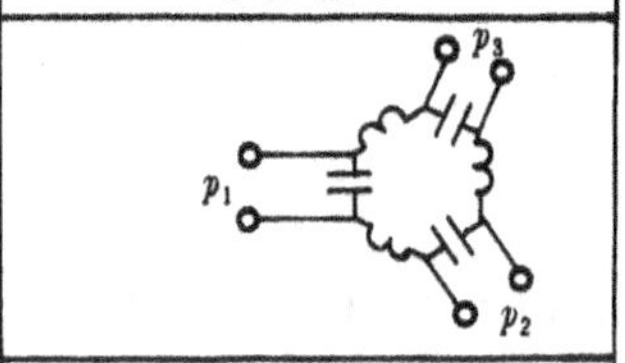
H—Y	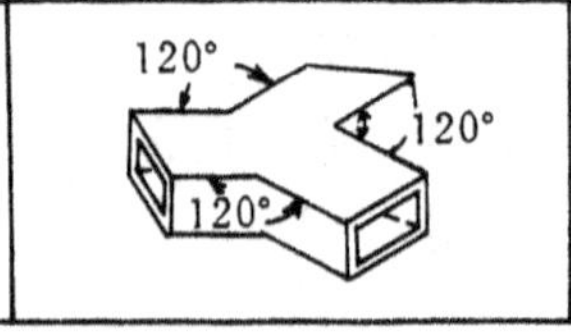	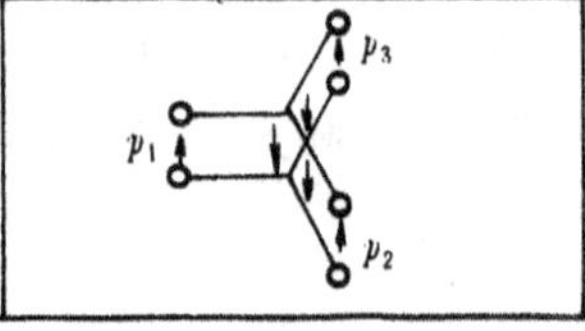	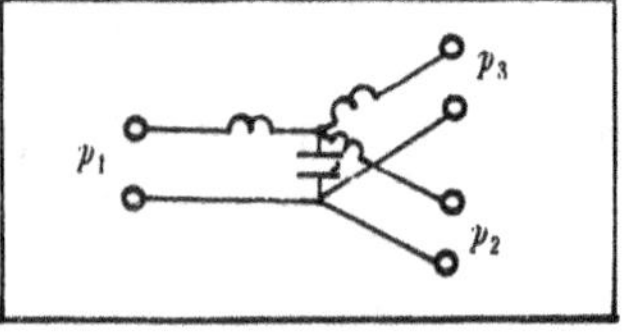

图 8.3-6　波导对称 Y 分支及其等效电路

由图可见，这种对称 Y 分支，各个端口都具有对称性。由等效电路 1 各端口电压的方向可以看出，$S_{11}=S_{22}=S_{33}$；若以相同的功率分别输入到端口 p_1(p_2、p_3)，则在端口 p_2(p_3、p_1)的输出功率相等，于是有 $S_{21}=S_{32}=S_{13}$；同理有 $S_{31}=S_{12}=S_{23}$。因此得到 E 面和 H 面对称 Y 分支的 S 矩阵相同，即

$$[S]_Y=\begin{bmatrix}S_{11} & S_{12} & S_{12}\\ S_{12} & S_{11} & S_{12}\\ S_{12} & S_{12} & S_{11}\end{bmatrix} \tag{8.3-25}$$

由性质 1 可知，对称 Y 分支不可能完全匹配，则有 $0<|S_{11}|$；显然最佳状态是 $|S_{11}|$ 为最小而 $|S_{12}|$ 为最大，且

$$\begin{aligned}|S_{11}|_{\min}&=\frac{1}{3}\\ |S_{12}|_{\max}&=\frac{2}{3}\end{aligned} \tag{8.3-26}$$

对称 Y 分支任一端口的最大影像衰减量可求得为

$$(\alpha_i)_{\max}=10\lg|S_{11}|^{-2}=10\lg 9\simeq 9.55(\text{dB})$$

从任一端口到其它端口的最小工作衰减量则可求得为

$$(\alpha_A)_{\min}=10\lg|S_{12}|^{-2}=10\lg(9/4)\simeq 3.96(\text{dB})$$

如要求功率二等分，则要求 $|S_{11}|=0$，此时

$$\alpha_A=10\lg 2\simeq 3(\text{dB})$$

两者之差为 0.96 dB，显然是由于输入端口不匹配所引起的。

图 8.3-7 表示三种作功率分配器用的波导 Y 分支。图 8.3-7(a)所示的 Y 分支，是在 TE_{10}模矩形波导内与电场垂直的平面内插入一块薄金属片，把高度为 b 的波导分成高度分别为 b_1 和 b_2 的两个分支波导。由于在高度 b 方向上电场是均匀分布的，所以两个分支波导上的电压之和等于主波导上的电压。两个电压之比为

$$\frac{V_1}{V_2}=\frac{E_y b_1}{E_y b_2}=\frac{b_1}{b_2} \tag{8.3-27}$$

两个分支波导内的磁场分布与主波导相同，故管壁电流彼此相等，因而分支波导与主波导是串联连接，分配给分支波导的功率与其高度成正比。因此，适当地选择高度 b_1 和 b_2 就可

以得到任意的功率分配比。图 8.3-7(*b*)和(*c*)的分支波导与主波导相同，为此，需采用 $n\lambda_g/2$ 渐变波导进行过渡，使高度由 b_1(或 b_2)渐变至 b。

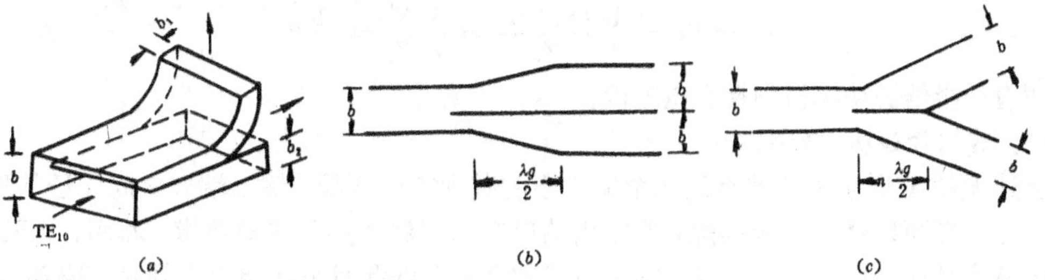

图 8.3-7　三种波导 Y 形功率分配器

C. 电阻性功率分配器

如上所述，假如三端口分配器含有有耗元件，便可以做到所有端口匹配，而二个输出端口则可能不隔离。图 8.3-8 表示使用集总电阻的分配器电路。此电路是一种等分(—3 dB)功率分配器；当然也可以做成不等分的功率分配比。

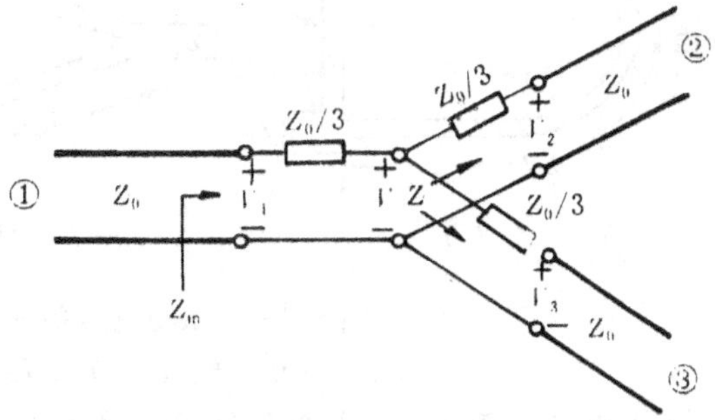

图 8.3-8　等分三端口电阻性功率分配器

如图 8.3-8 所示，假定所有端口均以特性阻抗 Z_0 端接，则在接头处向输出线看去的阻抗为

$$Z=\frac{Z_0}{3}+Z_0=\frac{4Z_0}{3} \tag{8.3-28}$$

分配器的输入阻抗则为

$$Z_{in}=\frac{Z_0}{3}+\frac{2Z_0}{3}=Z_0 \tag{8.3-29}$$

这表明输入端口匹配。由于网络是对称的，故输出端口也是匹配的，因此 $S_{11}=S_{22}=S_{33}=0$。

设端口 1 处的电压为 V_1，则在接头处的电压为

$$V=V_1\frac{2Z_0/3}{Z_0/3+2Z_0/3}=\frac{2}{3}V_1 \tag{8.3-30}$$

输出电压则为

$$V_2=V_3=V\frac{Z_0}{Z_0+Z_0/3}=\frac{3}{4}V=\frac{1}{2}V_1 \tag{8.3-31}$$

因此 $S_{21}=S_{31}=S_{23}=1/2$，为—6 dB 分配器。此网络是互易的，故其 S 矩阵是对称的，且可表示成

$$[S]=\frac{1}{2}\begin{bmatrix}0&1&1\\1&0&1\\1&1&0\end{bmatrix} \tag{8.3-32}$$

读者容易证明此矩阵不是幺正矩阵(习题 8-26)。

传递给分配器输入端口的功率为

$$P_{in} = \frac{1}{2}\frac{V_1^2}{Z_0} \tag{8.3-33}$$

而输出功率为

$$P_2 = P_3 = \frac{1}{2}\frac{(V_1/2)^2}{Z_0} = \frac{1}{8}\frac{V_1^2}{Z_0} = \frac{1}{4}P_{in} \tag{8.3-34}$$

这表明有一半信源功率被消耗在电阻内。

(2) 威尔金森功率分配器

上述无耗 T 形接头的缺点是三个端口不能做到完全匹配，输出端口之间无任何隔离；电阻性分配器可以做到完全匹配，但输出端口之间仍然达不到隔离要求。然而，从三端口网络的基本性质得知，有耗三端口网络可以做到完全匹配且输出端口之间具有隔离。威尔金森(Wilkinson)功率分配器就是这样一种三端口网络。它可以实现任意的功率分配比，且可以很方便地用微带线或带状线来做，广泛应用于阵列天线馈电网络、固态发射机放大链等装置中。图 8.3-9 示出其三种常用结构。

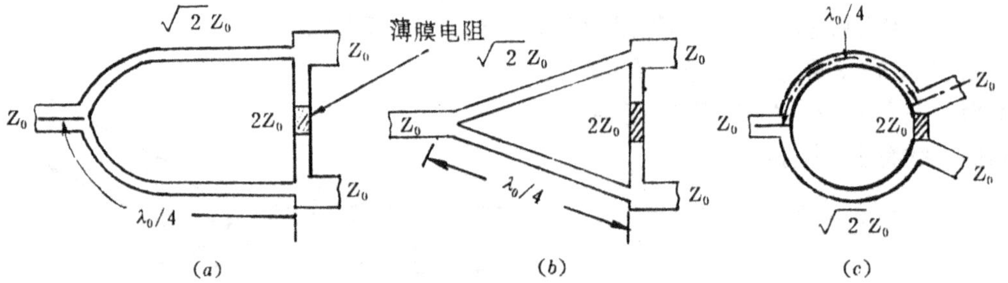

图 8.3-9 威尔金森等分功率分配器结构

(a) 一般型；(b) 分叉型；(c) 环型

不等分威尔金森功率分配器的结构如图 8.3-10 所示。图中 R 为隔离电阻。根据功率关系可求得如下设计方程：

$$\begin{aligned} Z_{03} &= Z_0\sqrt{\frac{1+K^2}{K^3}} \\ Z_{02} &= K^2 Z_{03} = Z_0\sqrt{K(1+K^2)} \\ R &= Z_0\left(K + \frac{1}{K}\right) \end{aligned} \tag{8.3-35}$$

式中 $K^2=P_3/P_2$ 为端口 2 和 3 之间的功率比。如图 8.3-10 所示，注意到输出线阻抗分别为 $R_2=Z_0K$ 和 $R_3=Z_0/K$，若要求对 Z_0 匹配，则另需加 $\lambda/4$ 变换器。

对于等分情况，$K=1$，设计公式则简化为(见图 8.3-9)：

$$\begin{aligned} Z_{02} &= Z_{03} = \sqrt{2}Z_0 \\ R &= 2Z_0 \end{aligned} \tag{8.3-36}$$

需要指出的是，威尔金森功率分配器也可做成 N 路功率分配器/合成器，且可以做到所有端口匹配，输出端口之间具有隔离。但此时电路存在这样的缺点，即当 $N\geqslant 3$ 时，功率分配器各输出线之间的隔离电阻需要立体交叉，这就使电路难以做成平面结构。为了增加带宽，威尔金森功率分配器需要做成多节，但相应的要增加隔离电阻。

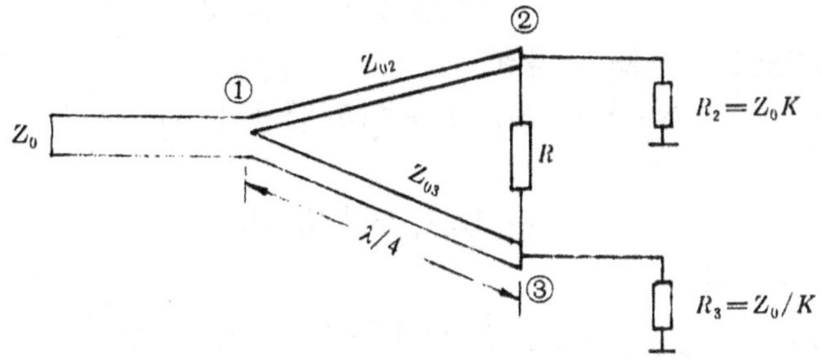

图 8.3-10　不等分威尔金森功率分配器

8.4　四端口元件

四端口元件是微波电路中一类特殊而有重要用途的定向耦合器元件。本节在论述无耗互易四端口网络基本性质的基础上，讨论常用的双T、魔T、定向耦合器和混合电桥的特性与应用。

1. 无耗互易四端口网络的基本性质

无耗互易四端口网络的 S 矩阵为

$$[S]=\begin{bmatrix}S_{11} & S_{12} & S_{13} & S_{14}\\ S_{12} & S_{22} & S_{23} & S_{24}\\ S_{13} & S_{23} & S_{33} & S_{34}\\ S_{14} & S_{24} & S_{34} & S_{44}\end{bmatrix}\qquad(8.4-1)$$

接照习惯，规定端口①为输入端口，其它三个都可为输出端口或隔离端口，相应的 S 矩阵用$[S_{02}]$、$[S_{03}]$和$[S_{04}]$表示，如图 8.4-1 所示。

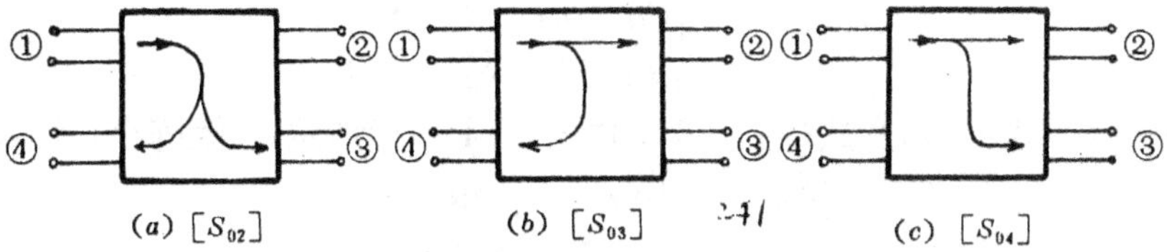

图 8.4-1　无耗互易四端口网络的 S 矩阵

性质 1　无耗互易四端口网络可以完全匹配，且为一理想定向耦合器。

这可由无耗互易四端口网络 S 矩阵的幺正性得到证明。事实上，我们先假定其中三个端口匹配，即假定 $S_{11}=S_{22}=S_{33}=0$，则由式(8.4-1)的幺正性，得到

$$|S_{12}|^2+|S_{13}|^2+|S_{14}|^2=1\qquad(8.4-2a)$$

$$|S_{12}|^2+|S_{23}|^2+|S_{24}|^2=1\qquad(8.4-2b)$$

$$|S_{13}|^2+|S_{23}|^2+|S_{34}|^2=1\qquad(8.4-2c)$$

$$|S_{14}|^2+|S_{24}|^2+|S_{34}|^2+|S_{44}|^2=1 \tag{8.4-2d}$$

$$S_{13}^*S_{23}+S_{14}^*S_{24}=0 \tag{8.4-2e}$$

由式(8.4-2b)减去式(8.4-2a)，得到

$$(|S_{23}|^2+|S_{24}|^2)-(|S_{13}|^2+|S_{14}|^2)=0 \tag{8.4-3}$$

由式(8.4-2e)得到

$$|S_{13}||S_{23}|=|S_{14}||S_{24}| \tag{8.4-4}$$

于是式(8.4-3)可以写成

$$\begin{aligned}&(|S_{23}|^2+|S_{24}|^2)-\frac{|S_{13}|^2|S_{23}|^2+|S_{14}|^2|S_{23}|^2}{|S_{23}|^2}\\ &=(|S_{23}|^2+|S_{24}|^2)-\frac{|S_{14}|^2|S_{24}|^2+|S_{14}|^2|S_{23}|^2}{|S_{23}|^2}\\ &=(|S_{23}|^2+|S_{24}|^2)\left(1-\frac{|S_{14}|^2}{|S_{23}|^2}\right)=0\end{aligned} \tag{8.4-5}$$

显然，当

$$|S_{14}|=|S_{23}| \tag{8.4-6}$$

时，式(8.4-5)成立，则由式(8.4-4)可得

$$|S_{13}|=|S_{24}| \tag{8.4-7}$$

将式(8.4-6)代入式(8.4-2a)，并与式(8.4-2e)比较，得到

$$|S_{12}|=|S_{34}| \tag{8.4-8}$$

将式(8.4-7)、(8.4-8)和式(8.4-2a)代入式(8.4-2d)，得到

$$\begin{aligned}|S_{44}|^2&=1-(|S_{14}|^2+|S_{24}|^2+|S_{34}|^2)\\ &=1-(|S_{14}|^2+|S_{13}|^2+|S_{12}|^2)=1-1=0\end{aligned}$$

故得

$$S_{11}=S_{22}=S_{33}=S_{44}=0 \tag{8.4-9}$$

代入式(8.4-1)，则无耗互易四端口网络的 S 矩阵为

$$[S_0]=\begin{bmatrix}0 & S_{12} & S_{13} & S_{14}\\ S_{12} & 0 & S_{23} & S_{24}\\ S_{13} & S_{23} & 0 & S_{34}\\ S_{14} & S_{24} & S_{34} & 0\end{bmatrix} \tag{8.4-10}$$

利用式(8.4-6)、(8.4-7)和式(8.4-8)，由式(8.4-10)所示 S_0 矩阵幺正性得到

$$|S_{12}|^2+|S_{13}|^2+|S_{14}|^2=1 \tag{8.4-11a}$$

$$S_{13}S_{14}^*+S_{14}S_{13}^*=0 \tag{8.4-11b}$$

$$S_{12}S_{14}^*+S_{14}S_{12}^*=0 \tag{8.4-11c}$$

$$S_{12}S_{13}^*+S_{13}S_{12}^*=0 \tag{8.4-11d}$$

若要上式成立，即若四个端口完全匹配，则 S_{12}、S_{13}和 S_{14}中必须有一个为零。这就是说，此四端口网络必定具有定向性，为一定向耦合器。事实上，由式(8.4-11c)×S_{13}一式(8.4-11d)×S_{14}可得

$$S_{12}(S_{14}^*S_{13}-S_{13}^*S_{14})=0 \tag{8.4-12}$$

因此得到

$$S_{12}=0 \tag{8.4-13}$$

则式(8.4-10)变成

$$[S_{02}]=\begin{bmatrix}0 & 0 & S_{13} & S_{14}\\ 0 & 0 & S_{23} & S_{24}\\ S_{13} & S_{23} & 0 & 0\\ S_{14} & S_{24} & 0 & 0\end{bmatrix} \tag{8.4-14}$$

式(8.4-14)即表示图 8.4-1(a)完全匹配网络的 S 矩阵。若 $S_{13}=0$，则式(8.4-10)变成

$$[S_{03}]=\begin{bmatrix}0 & S_{12} & 0 & S_{14}\\ S_{12} & 0 & S_{23} & 0\\ 0 & S_{23} & 0 & S_{34}\\ S_{14} & 0 & S_{34} & 0\end{bmatrix} \tag{8.4-15}$$

式(8.4-15)即表示图 8.4-1(b)的 S 矩阵。若 $S_{14}=0$，则得到图 8.4-1(c)的 S 矩阵为

$$[S_{04}]=\begin{bmatrix}0 & S_{12} & S_{13} & 0\\ S_{12} & 0 & 0 & S_{24}\\ S_{13} & 0 & 0 & S_{34}\\ 0 & S_{24} & S_{34} & 0\end{bmatrix} \tag{8.4-16}$$

由上面的分析可知，无耗互易四端口元件可以完全匹配，其 S 矩阵只有$[S_{02}]$、$[S_{03}]$和$[S_{04}]$三种形式，且均为一理想定向耦合器，分别称为双向定向耦合器、反向定向耦合器和同向定向耦合器。

性质 2　有理想定向性的无耗互易四端口网络不一定四个端口均匹配，即是说四个端口匹配是定向耦合器的充分条件，而不是必要条件。

事实上，按照理想定向性要求，若 $S_{12}=S_{43}=0$，则由式(8.4-1)S 矩阵的幺正性，得到

$$|S_{11}|^2+|S_{13}|^2+|S_{14}|^2=1 \tag{8.4-17a}$$

$$S_{13}^*S_{23}+S_{14}^*S_{24}=0 \tag{8.4-17b}$$

$$S_{13}^*S_{14}+S_{23}^*S_{24}=0 \tag{8.4-17c}$$

$$S_{11}^*S_{13}+S_{13}^*S_{33}=0 \tag{8.4-17d}$$

$$S_{11}^*S_{14}+S_{14}^*S_{44}=0 \tag{8.4-17e}$$

$$S_{22}^*S_{23}+S_{23}^*S_{33}=0 \tag{8.4-17f}$$

$$S_{22}^*S_{24}+S_{24}^*S_{44}=0 \tag{8.4-17g}$$

将式(8.4-17b)除以式(8.4-17c)，得到

$$|S_{14}|=|S_{23}|=C \tag{8.4-18}$$

式中 C 为一常数。将式(8.4-18)代入式(8.4-17b)，得到

$$|S_{13}|=|S_{24}|=T \tag{8.4-19}$$

式中 T 亦为一常数。由式(8.4-17d)～(8.4-17d)，可得

$$|S_{11}|=|S_{22}|=|S_{33}|=|S_{44}|=\Gamma \tag{8.4-20}$$

式中 Γ 为常数。由式(8.4-17a)、(8.4-18)～(8.4-20)，可得

$$|C|=\sqrt{1-|T|^2-|\Gamma|^2} \tag{8.4-21}$$

于是得到散射矩阵

$$[S]=\begin{bmatrix} T\angle\theta_{11} & 0 & T\angle\theta_{13} & C\angle\theta_{14} \\ 0 & \Gamma\angle\theta_{22} & C\angle\theta_{23} & T\angle\theta_{24} \\ T\angle\theta_{13} & C\angle\theta_{23} & \Gamma\angle\theta_{33} & 0 \\ C\angle\theta_{14} & T\angle\theta_{24} & 0 & \Gamma\angle\theta_{44} \end{bmatrix} \tag{8.4-22}$$

选择参考面使 $\theta_{11}=\theta_{22}=\theta_{33}=\theta_{44}$；由式(8.4-17$d$)～(8.4-17$g$)知，$\theta_{13}$、$\theta_{14}$、$\theta_{23}$、$\theta_{24}$可为 $\pi/2$ 或 $-\pi/2$，但为了同时满足式(8.4-17b)和式(8.4-17c)，θ_{13}、θ_{14}、θ_{23}和 θ_{24}中必须有一个与其余三个反号，如令 $\theta_{13}=\theta_{14}=\theta_{24}=\pi/2$，$\theta_{23}=-\pi/2$，则散射矩阵变为

$$[S]=\begin{bmatrix} \Gamma & 0 & jT & jC \\ 0 & \Gamma & -jC & jT \\ jT & -jC & \Gamma & 0 \\ jC & jT & 0 & \Gamma \end{bmatrix} \tag{8.4-23}$$

这表明具有定向性 $S_{12}=S_{43}=0$，四个端口并不一定匹配。性质 2 得证。

性质 3　有二个端口匹配且相互隔离的无耗互易四端口电路必然为一理想定向耦合器，且其余两个端口亦匹配并相互隔离。

设端口①和②是匹配的且相互隔离，则散射矩阵为

$$[S]=\begin{bmatrix} 0 & 0 & S_{13} & S_{14} \\ 0 & 0 & S_{23} & S_{24} \\ S_{13} & S_{23} & S_{33} & S_{34} \\ S_{14} & S_{24} & S_{34} & S_{44} \end{bmatrix} \tag{8.4-24}$$

由其幺正性得到

$$|S_{13}|^2+|S_{14}|^2=1 \tag{8.4-25a}$$

$$|S_{23}|^2+|S_{24}|^2=1 \tag{8.4-25b}$$

$$|S_{13}|^2+|S_{23}|^2+|S_{33}|^2+|S_{34}|^2=1 \tag{8.4-25c}$$

$$|S_{14}|^2+|S_{24}|^2+|S_{34}|^2+|S_{44}|^2=1 \tag{8.4-25d}$$

将式(8.4-25c)和式(8.4-25d)相加，并将式(8.4-25a)和式(8.4-25b)代入，得到

$$|S_{33}|^2+|S_{44}|^2+2|S_{34}|^2=0$$

于是应有 $S_{33}=S_{44}=S_{34}=0$。性质 3 得证。

2. 定向耦合器的技术参数

以常用形式$[S_{04}]$为例讨论。由其幺正性得到

$$|S_{12}|^2+|S_{13}|^2=1 \tag{8.4-26a}$$

$$|S_{12}|^2+|S_{24}|^2=1 \tag{8.4-26b}$$

$$|S_{13}|^2+|S_{34}|^2=1 \tag{8.4-26c}$$

$$|S_{24}|^2+|S_{34}|^2=1 \tag{8.4-26d}$$

由式(8.4-26a、b)有$|S_{13}|=|S_{24}|$；由式(8.4-26c、d)则有$|S_{12}|=|S_{34}|$。

为进一步简化，我们选取四个端口中三个端口上的相位，使 $S_{12}=S_{34}=\alpha$，$S_{13}=\beta e^{j\theta}$，$S_{24}=\beta e^{j\phi}$，其中 α 和 β 为实数，θ 和 ϕ 为待定相角。由$[S_{04}]$的第二行与第三行相乘，得到

$$S_{12}^{*}S_{13}+S_{24}^{*}S_{34}=0 \tag{8.4-27}$$

由此得到待定相角之间的关系为

$$\theta + \phi = \pi \pm 2n\pi \tag{8.4-28}$$

若不考虑式(8.4-28)右边第二项，则得实用中的两种特殊选择：

①对称耦合器：$\theta=\phi=\pi/2$，即 S_{13} 和 S_{24} 的相位选取相同，其 S 矩阵为

$$[S_{04}]^S = \begin{bmatrix} 0 & \alpha & j\beta & 0 \\ \alpha & 0 & 0 & j\beta \\ j\beta & 0 & 0 & \alpha \\ 0 & j\beta & \alpha & 0 \end{bmatrix} \tag{8.4-29}$$

②不对称耦合器：$\theta=0$，$\phi=\pi$，即 S_{13} 和 S_{24} 的相位差 180°，其 S 矩阵则为

$$[S_{04}]^U = \begin{bmatrix} 0 & \alpha & \beta & 0 \\ \alpha & 0 & 0 & -\beta \\ \beta & 0 & 0 & \alpha \\ 0 & -\beta & \alpha & 0 \end{bmatrix} \tag{8.4-30}$$

注意到这两种耦合器的区别仅在于参考面选取不同，而振幅 α 和 β 不是独立的。事实上，由式(8.4-26a)，有关系

$$\alpha^2 + \beta^2 = 1 \tag{8.4-31}$$

因此除相位参考面以外，理想定向耦合器仅有一个自由度。

这种定向耦合器的两种常用符号如图 8.4-2 所示。耦合端口的耦合系数为 $|S_{13}|^2=\beta^2$；直通端口的耦合系数为 $|S_{12}|^2=\alpha^2=1-\beta^2$。

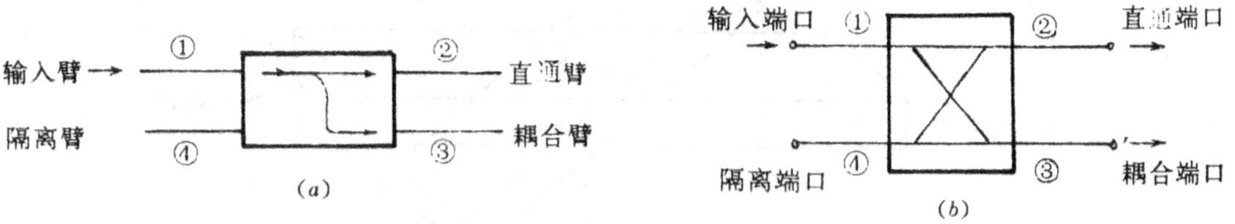

图 8.4-2　定向耦合器的两种常用符号

表征定向耦合器性能的主要参数是耦合度 C、定向性 D 和隔离度 I，以 $[S_{04}]$ 定义如下：

$$\text{耦合度}\ C = 10\lg\frac{P_1}{P_3} = 10\lg\frac{1}{|S_{13}|^2} = -20\lg\beta \quad (\text{dB}) \tag{8.4-32}$$

$$\text{定向性}\ D = 10\lg\frac{P_3}{P_4} = 20\lg\frac{\beta}{|S_{14}|} \quad (\text{dB}) \tag{8.4-33}$$

$$\text{隔离度}\ I = 10\lg\frac{P_1}{P_4} = -20\lg|S_{14}| \quad (\text{dB}) \tag{8.4-34}$$

这三者有如下关系：

$$I = D + C \qquad (\text{dB})$$

一个理想定向耦合器应具有无限大的定向性和隔离度($S_{14}=0$)。α 和 β 则可根据给定的耦合度 C 求得。

3. 定向耦合器的分析与设计

定向耦合器的具体结构形式很多，这里介绍常用的波导定向耦合器、耦合线定向耦合

器和 Lange 耦合器。

(1) 波导定向耦合器

定向耦合器是一种具有定向传输特性的四端口元件，由以耦合机构相联系的两对传输线构成，常用符号如图 8.4-2 所示。①～②线称为主线，③～④线称为副线。耦合机构的型式各种各样，一般为孔(或槽缝)、分支线、耦合线段等。定向耦合器在微波技术中的应用非常广泛，常用作功率测量或监视装置，组合成反射计等。

a. Bethe 孔耦合器

Bethe 孔耦合器是一种单孔耦合器。为获得定向性，该单孔需开在两个矩形波导的公共宽壁上，如图 8.4-3 所示。

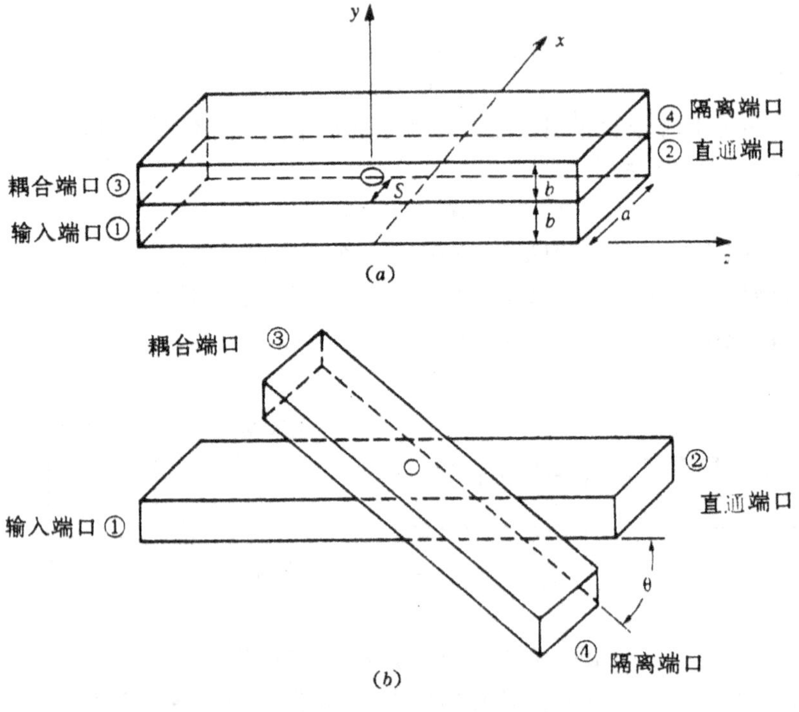

图 8.4-3 Bethe 孔耦合器

(a) 平行波导；(b)斜扭波导

由第三章 3.5 节小孔耦合理论知，小孔可用电和磁偶极矩构成的等效源来代替，法向电偶极矩和轴向磁偶极矩在副波导中的辐射具有偶对称性，而横向磁偶极矩的辐射则具有奇对称性，因此，利用调节这两个等效源的相对振幅可以消除在隔离端口方向的辐射，而增强在耦合端口方向的辐射，从而获得理想的定向性。图 8.4-3 表示两种控制波振幅的方法：图(a)为控制孔至宽边的距离 S；图(b)为控制两波导之间的斜扭角度 θ。

首先考虑图 8.4-3(a)所示结构，设 TE_{10}模由端口 1 入射，其场分量可以写成

$$E_y = E_{10}\sin\frac{\pi x}{a}e^{-j\beta z}$$

$$H_x = -\frac{E_{10}}{Z_{10}}\sin\frac{\pi x}{a}e^{-j\beta z} \qquad (8.4-36)$$

$$H_z = \frac{j\pi E_{10}}{\beta a Z_{10}}\cos\frac{\pi x}{a}e^{-j\beta z}$$

式中 $Z_{10}=k_0\eta_0/\beta$ 是 TE_{10}模的波阻抗。由式(3.5-13)和式(3.5-14)，此入射波在 $x=S$，$y=b$，$z=0$ 的孔处产生的等效极化电流为

$$\boldsymbol{P}_e = \varepsilon_0\alpha_e\hat{\boldsymbol{y}}E_{10}\sin\frac{\pi S}{a}\delta(x-S)\delta(y-b)\delta(z)$$

$$\boldsymbol{P}_m = -\alpha_m E_{10}\left[\frac{-\hat{\boldsymbol{x}}}{Z_{10}}\sin\frac{\pi S}{a}+\hat{\boldsymbol{z}}\frac{j\pi}{\beta a Z_{10}}\cos\frac{\pi S}{a}\right]\delta(x-S)\delta(y-b)\delta(z) \qquad (8.4-37)$$

由式(3.5-15)可据 $\boldsymbol{P}_e$ 和 $\boldsymbol{P}_m$ 求得 $\boldsymbol{J}$ 和 $\boldsymbol{M}$，然后应用式(3.5-8)、(3.5-10)、(3.5-11)和式(3.5-12)可求得副波导中正反向波的振幅为

$$C_{10}^{+} = \frac{-j\omega E_{10}}{P_{10}}\left[\varepsilon_0\alpha_e\sin^2\frac{\pi S}{a}-\frac{\mu_0\alpha_m}{Z_{10}^2}\left(\sin^2\frac{\pi S}{a}+\frac{\pi^2}{\beta^2a^2}\cos^2\frac{\pi S}{a}\right)\right] \qquad (8.4-38a)$$

$$C_{10}^{-} = \frac{-j\omega E_{10}}{P_{10}}\left[\varepsilon_0\alpha_e\sin^2\frac{\pi S}{a}+\frac{\mu_0\alpha_m}{Z_{10}^2}\left(\sin^2\frac{\pi S}{a}-\frac{\pi^2}{\beta^2a^2}\cos^2\frac{\pi S}{a}\right)\right] \qquad (8.4-38b)$$

式中 $P_{10}=ab/Z_{10}$ 为功率归一化常数。由式(8.4-38)可见，我们可令 $C_{10}^{+}=0$ 来消除端口④方向的功率。对于小圆孔，$\alpha_e=2r_0^3/3$，$\alpha_m=4r_0^3/3$，这里 r_0 是小圆孔的半径，代入式(8.4-38a)，可求得小圆孔位置满足如下公式：

$$\sin\frac{\pi S}{a} = \frac{\lambda_0}{\sqrt{2(\lambda_0^2-a^2)}} \qquad (8.4-39)$$

其耦合度为

$$C = 20\lg\left|\frac{E_{10}}{C_{10}^{-}}\right| \quad (\text{dB}) \qquad (8.4-40)$$

定向性则为

$$D = 20\lg\left|\frac{C_{10}^{-}}{C_{10}^{+}}\right| \quad (\text{dB}) \qquad (8.4-41)$$

这样，图 8.4-3(a)所示 Bethe 孔耦合器设计是：先由式(8.4-39)确定孔位置 S，然后用式(8.4-40)由所要求的耦合度确定孔径 r_0。

其次，考虑图 8.4-3(b)所示斜扭角度的 Bethe 孔耦合器，此时孔位于波导中心线上，即 $S=a/2$。法向电场显然不随 θ 改变，但横向磁场分量将减小，并可用 $\alpha_m\cos\theta$ 来代表 α_m 考虑斜扭角度的影响，于是式(8.4-38)的波振幅变成($S=a/2$)：

$$C_{10}^{+} = \frac{-j\omega E_{10}}{P_{10}}\left(\varepsilon_0\alpha_e-\frac{\mu_0\alpha_m}{Z_{10}^2}\cos\theta\right)$$

$$C_{10}^{-} = \frac{-j\omega E_{10}}{P_{10}}\left(\varepsilon_0\alpha_e+\frac{\mu_0\alpha_m}{Z_{10}^2}\cos\theta\right) \qquad (8.4-42)$$

令 $C_{10}^{+}=0$ 即得到扭角 θ 满足的条件为

$$\cos\theta = \frac{k_0^2}{2\beta^2} \qquad (8.4-43)$$

其耦合度可求得为

$$C=20\lg\left|\frac{E_{10}}{C_{\overline{10}}}\right|=-20\lg\frac{4k_0^2r_0^3}{3ab\beta}\quad(\text{dB})\tag{8.4-44}$$

图 8.4-3(b)所示 Bethe 孔耦合器在制造和应用上都有缺点，很少采用了。

b. 波导多孔定向耦合器

单孔耦合器的缺点是频带窄。宽频带应用时可采用多孔耦合器。

首先考虑位于公共宽臂(或公共窄臂)相距 $\lambda_g/4$ 的双孔耦合器，如图 8.4-4 所示。设波由端口①输入，大部分波向端口②传输，一部分波通过两个孔耦合到副波导中。由于两孔相距 $\lambda_g/4$，结果在端口③方向的波相位同相而增强，在端口④方向则因相位反相而相互

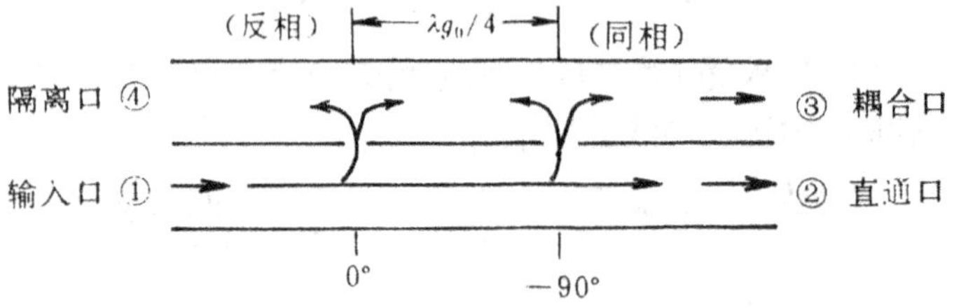

图 8.4-4 双孔定向耦合器

抵消。容易理解，在端口④方向波的抵消对频率是敏感的，因此其定向性是频率的敏感函数；而耦合度则受频率的影响较小，因此在多孔耦合器的综合设计中总是选择定向性的响应作为综合设计用的频率函数。

现在再考虑图 8.4-5 所示 $N+1$ 个孔等间距多孔耦合器。设主波导左边入射波的振幅为 A，对于小孔耦合情况，可以近似认为向端口②传输的波振幅仍为 A，入射场振幅在每个孔处均相同，只是从一个孔到下一个孔波的相位发生改变。

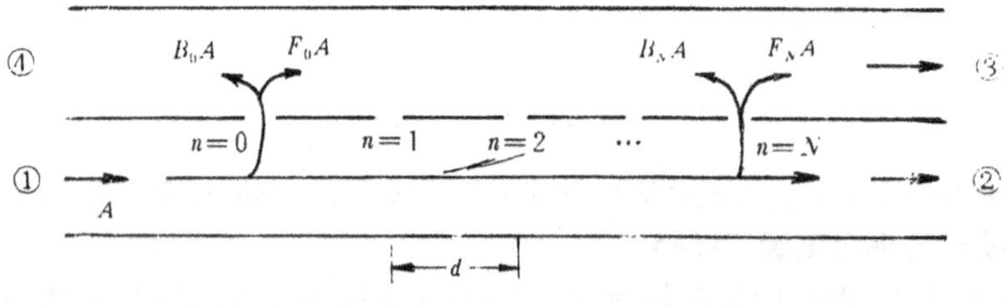

图 8.4-5 $N+1$ 孔波导定向耦合器

由 Bethe 孔耦合器的分析可知，小孔一般以不同的振幅激励正向和反向传输的波，因此我们令 F_n 表示第 n 孔的正向耦合系数，B_n 表示第 n 孔的反向耦合系数，则正向波的振幅可表示成：

$$F=Ae^{-j\beta Nd}\sum_{n=0}^{N}F_n\tag{8.4-45}$$

反向波的振幅则为

$$B = A\sum_{n=0}^{N} B_n e^{-2j\beta nd} \tag{8.4-46}$$

式中 d 是孔的间距。式(8.4-45)和式(8.4-46)中的相位参考面取在 $n=0$ 孔处。

根据定义式(8.4-32)和式(8.4-33)，多孔耦合器的耦合度和定向性可求得为

$$C = -20\lg\left|\frac{F}{A}\right| = -20\lg\left|\sum_{n=0}^{N} F_n\right| \quad (\text{dB}) \tag{8.4-47}$$

$$D = -20\lg\left|\frac{B}{F}\right| = -C - 20\lg\left|\sum_{n=0}^{N} B_n e^{-2j\beta nd}\right| \quad (\text{dB}) \tag{8.4-48}$$

今假定耦合孔均为位于距波导窄壁为 S 的圆孔，第 n 孔的半径为 r_n，由第三章 3.5 节与上面的分析可知，耦合系数正比于孔的极化率 α_e 和 α_m，因而正比于 r_n^3，故有

$$F_n = K_f r_n^3, \qquad B_n = K_b r_n^3 \tag{8.4-49}$$

式中 K_f 和 K_b 分别是正向和反向耦合系数与频率有关的常数，且对所有孔都相同。于是式(8.4-47)和式(8.4-48)简化为

$$C = -20\lg|K_f| - 20\lg\sum_{n=0}^{N} r_n^3 \quad (\text{dB}) \tag{8.4-50}$$

$$D = -C - 20\lg|K_b| - 20\lg S \quad (\text{dB}) \tag{8.4-51}$$

式中

$$S = \left|\sum_{n=0}^{N} r_n^3 e^{-2j\beta nd}\right| \tag{8.4-52}$$

耦合器综合时，选取定向性 D 作为综合的频率函数，且按二项式(最大平坦型)或切比雪夫式(等波纹型)响应：

①二项式响应：方法是使耦合系数正比于二项式系数，即：

$$r_n^3 = kC_n^N \tag{8.4-53}$$

式中，k 是待定常数，C_n^N 是二项式系数，$C_n^N = N!/(N-n)!\,n!$。代入式(8.4-50)，得到

$$C = -20\lg|K_f| - 20\lg k - 20\lg\sum_{n=0}^{N} C_n^N \quad (\text{dB}) \tag{8.4-54}$$

式中 K_f、N 和 C 已知，因此可由式(8.4-54)解得 k，然后由式(8.4-53)可求出所需的孔径，而孔距 d 应为中心频率的 $\lambda_g/4$。

②切比雪夫响应：

若 N 为偶数(奇数个孔)且耦合器对称，则 $r_0 = r_N$，$r_1 = r_{N-1}$，…，由式(8.4-52)

$$S = \left|\sum_{n=0}^{N} r_n^3 e^{-2jn\theta}\right| = 2\sum_{n=0}^{N/2} r_n^3 \cos(N-2n)\theta \tag{8.4-55}$$

式中 $\theta = \beta d$，令式(8.4-55)与 N 阶切比雪夫多项式相等：

$$S = 2\sum_{n=0}^{N/2} r_n^3 \cos(N-2n)\theta = k|T_N(\sec\theta_m\cos\theta)| \tag{8.4-56}$$

式中 k 和 θ_m 均为待定常数。代入式(8.4-50)，得到耦合度为

$$C = -20\lg|K_f| - 20\lg k - 20\lg|T_N(\sec\theta_m)| \quad (\text{dB}) \tag{8.4-57}$$

由式(8.4-51)，定向性则为

$$D = 20\lg\frac{K_f}{K_b} + 20\lg\frac{T_N(\sec\theta_m)}{T_N(\sec\theta_m\cos\theta)} \quad (\text{dB}) \tag{8.4-58}$$

式中 θ_m 可由通带内定向性最小值 $D_{\min}$ 来确定，即有

$$D_{\min}=20\lg T_N(\sec\theta_m) \tag{8.4-59}$$

若规定带宽，则可确定 θ_m 和 $D_{\min}$。这样，由式(8.4-58)可求得 k，然后由式(8.4-56)求所需的孔径 r_n。

若 N 为奇数(偶数个孔)，式(8.4-57)、(8.4-58)和式(8.4-59)仍适用，然后用下式求所需孔径 r_n：

$$S=2\sum_{n=0}^{(N-1)/2} r_n^3\cos(N-2n)\theta=k\left|T_N(\sec\theta_m\cos\theta)\right| \tag{8.4-60}$$

(2) 耦合线定向耦合器

利用第四章 4.3 节讨论的耦合带状线和耦合微带线可设计耦合线耦合器。图 8.4-6 表示单节耦合线耦合器的结构及其原理电路。其特性是：由端口①输入的信号一部分传至端口②，一部分耦合至副线由端口③输出，端口④无输出。

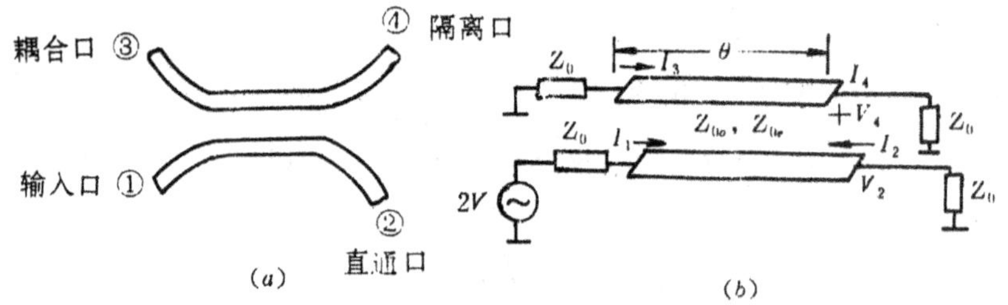

图 8.4-6 单节耦合线耦合器及其原理电路

耦合线耦合器的特性可用第四章 4.3 节的奇偶模方法分析得到。图 8.4-6(b)所示端口①以 2 V 激励的状态可用图 8.4-7(a)、(b)所示奇、偶模激励状态的叠加来处理，且由对称性，对于奇模情况有：$I_{1o}=-I_{3o}$，$V_{1o}=-V_{3o}$，$I_{4o}=-I_{2o}$，$V_{4o}=-V_{2o}$；对于偶模情况有：$I_{1e}=I_{3e}$，$V_{1e}=V_{3e}$，$I_{4e}=I_{2e}$，$V_{4e}=V_{2e}$。

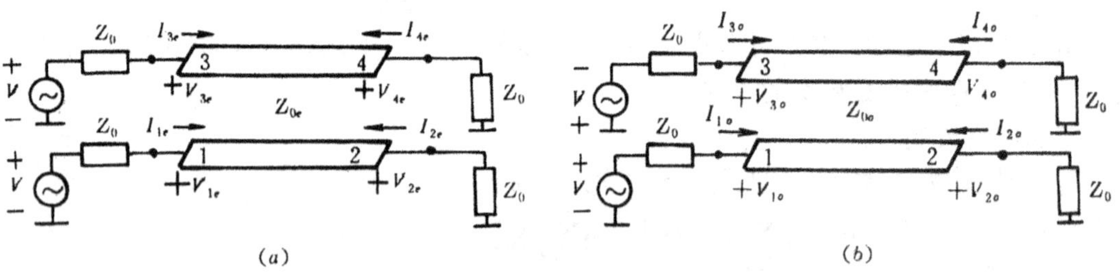

图 8.4-7 图 8.4-6 耦合线耦合器电路分解成(a) 偶模和(b) 奇模电路

于是图 8.4-6 所示耦合器端口①的输入阻抗为

$$Z_{\rm in}=\frac{V_1}{I_1}=\frac{V_{1o}+V_{1e}}{I_{1o}+I_{1e}} \tag{8.4-61}$$

令 $Z_{\rm in}^o$ 和 $Z_{\rm in}^e$ 分别为奇、偶模状态下端口①的输入阻抗，由图 8.4-7(a)、(b)，则有

$$Z_{\rm in}^o=Z_{0o}\frac{Z_0+jZ_{0o}\operatorname{tg}\theta}{Z_{0o}+jZ_0\operatorname{tg}\theta}\quad,\quad Z_{\rm in}^e=Z_{0e}\frac{Z_0+jZ_{0e}\operatorname{tg}\theta}{Z_{0e}+jZ_0\operatorname{tg}\theta} \tag{8.4-62}$$

由分压原理，可得

$$V_{1o} = \frac{Z_{in}^{o}}{Z_{in}^{o} + Z_0} \cdot 1\ \text{V} \quad , \quad V_{1e} = \frac{Z_{in}^{e}}{Z_{in}^{e} + Z_0} \cdot 1\ \text{V} \tag{8.4-63}$$

$$I_{1o} = \frac{1\ \text{V}}{Z_{in}^{o} + Z_0} \quad , \quad I_{1e} = \frac{1\ \text{V}}{Z_{in}^{e} + Z_0} \tag{8.4-64}$$

代入式(8.4-61)，得到

$$Z_{in} = \frac{Z_{in}^{o}(Z_{in}^{e} + Z_0) + Z_{in}^{e}(Z_{in}^{o} + Z_0)}{Z_{in}^{o} + Z_{in}^{e} + 2Z_0} = Z_0 + \frac{2(Z_{in}^{o}Z_{in}^{e} - Z_0^2)}{Z_{in}^{o} + Z_{in}^{e} + 2Z_0} \tag{8.4-65}$$

而由第四章4.3节式(4.3-23)

$$Z_0 = \sqrt{Z_{0o}Z_{0e}} \tag{8.4-66}$$

于是式(8.4-62)简化为

$$Z_{in}^{o} = Z_{0o}\frac{\sqrt{Z_{0e}} + j\sqrt{Z_{0o}}\text{tg}\,\theta}{\sqrt{Z_{0o}} + j\sqrt{Z_{0e}}\text{tg}\,\theta} \quad , \quad Z_{in}^{e} = Z_{0e}\frac{\sqrt{Z_{0o}} + j\sqrt{Z_{0e}}\text{tg}\,\theta}{\sqrt{Z_{0e}} + j\sqrt{Z_{0o}}\text{tg}\,\theta} \tag{8.4-67}$$

亦得到 $Z_{in}^{o}Z_{in}^{e} = Z_{0o}Z_{0e} = Z_0^2$，且式(8.4-65)简化为

$$Z_{in} = Z_0 \tag{8.4-68}$$

这表明，只要满足式(8.4-66)，则端口①(由对称性，亦即所有端口)是匹配的。

由分压原理可求得端口③处的电压为

$$V_3 = V_{3o} + V_{3e} = V_{1e} - V_{1o} = \frac{j(Z_{0e} - Z_{0o})\text{tg}\,\theta}{2Z_0 + j(Z_{0e} + Z_{0o})\text{tg}\,\theta} \cdot 1\ \text{V} \tag{8.4-69}$$

由第四章4.3节式(4.3-24)电压耦合系数 K 为

$$K = \frac{Z_{0e} - Z_{0o}}{Z_{0e} + Z_{0o}} \tag{8.4-70}$$

因此得到

$$V_3 = \frac{jK\ \text{tg}\,\theta}{\sqrt{1 - K^2} + j\ \text{tg}\,\theta} \cdot 1\ \text{V} \tag{8.4-71}$$

同样可以求得

$$V_4 = V_{4e} + V_{4o} = V_{2e} - V_{2o} = 0 \tag{8.4-72}$$

$$V_2 = V_{2e} + V_{2o} = \frac{\sqrt{1 - K^2}}{\sqrt{1 - K^2}\cos\theta + j\sin\theta} \cdot 1\ \text{V} \tag{8.4-73}$$

由式(8.4-71)可见，当 $\theta = \pi/2$ 时耦合至端口③的信号最大，故耦合器的长度一般设计为中心频率的 $\lambda_g/4$。此种情况下，式(8.4-71)和(8.4-73)简化为

$$\frac{V_3}{1\ \text{V}} = K \tag{8.4-74}$$

$$\frac{V_2}{1\ \text{V}} = -j\sqrt{1 - K^2} \tag{8.4-75}$$

结果表明，在设计频率，$\theta = \pi/2$，电压耦合系数 $K < 1$，两个输出端口的电压有90°相位差，因此可用作正交电桥，而且只要满足式(8.4-66)，此耦合器在任何频率，输入端口均匹配，且有理想的隔离。

单节耦合线定向耦合器的设计，通常是由所要求的耦合度 C(dB)确定电压耦合系数 $K = 10^{-C(\text{dB})/20}$，然后利用式(4.3-21)和式(4.3-22)计算 Z_{0o} 和 Z_{0e}，据此计算耦合线的导体带宽度 W 和间距 S。

需要指出的是，在上述分析中假定了耦合线结构的奇、偶模速度相同，因而奇、偶模时线的电长度相同。这对耦合带状线是正确的；但对耦合微带线或其它非 TEM 线，一般不满足，所设计的耦合器的定向性就要变差。为改善性能，需要采取相应的速度补偿措施，如加介质覆盖层，采用各向异性基片，耦合段做成锯齿形等。

这种耦合线耦合器仅适用于弱耦合应用；要求强耦合(如 3 dB)时，线的间距太小，工艺实现困难。

(3) Lange 耦合器

要求紧耦合(耦合度大于−6 dB)时，可采用图 8.4-8 所示的交指结构(交指数通常取 4)。这种交指耦合器最早是由 J. Lange 提出的，故文献中一般称为 Lange 耦合器。①

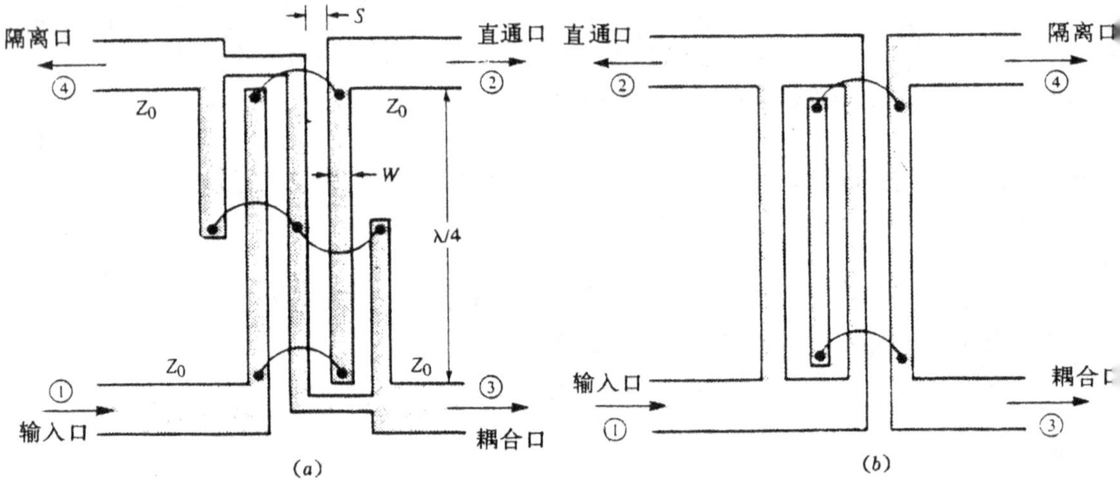

图 8.4-8 Lange 耦合器的两种结构

应用奇偶模分析法可以求得其电压耦合系数为

$$K=\frac{3(Z_{0e}^2-Z_{0o}^2)}{3(Z_{0e}^2+Z_{0o}^2)+2Z_{0e}Z_{0o}} \tag{8.4-76}$$

两导体对的奇、偶模特性阻抗为

$$Z_{0o}=\frac{4K+3-\sqrt{9-8K^2}}{2K\sqrt{(1+K)/(1-K)}}Z_0,\qquad Z_{0e}=\frac{4K-3+\sqrt{9-8K^2}}{2K\sqrt{(1-K)/(1+K)}}Z_0 \tag{8.4-77}$$

式中 Z_0 为输入输出线的特性阻抗。根据所求得的 Z_{0o} 和 Z_{0e} 值便可确定导体带宽度 W 和间隙 S；耦合器的长度则为设计频率的 $\lambda_g/4$。

4. 正交混合电桥

正交混合电桥是一种直通臂和耦合臂输出有 90°相位差的 3 dB 定向耦合器。图 8.4-9 所示带状线或微带线分支线耦合器便是一种正交混合电桥(上述耦合线耦合器和 Lange 耦

① J. Lange, "Interdigitated Stripline Quadrature Hybrid," IEEE Trans. on MTT-17, pp. 1150-1151, 1969.

合器也可用作正交混合电桥)。其特性也可用第四章 4.3 节所述奇偶模方法分析。

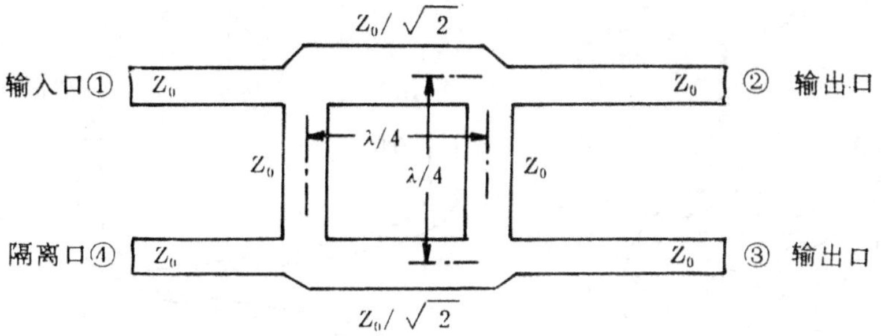

图 8.4-9　分支线耦合器的结构与阻抗关系

图 8.4-9 所示分支线耦合器的特性是：当所有端口匹配时，由端口①输入的功率在端口②和③之间平分且有 90°相位差，端口④无输出(隔离端口)。其 S 矩阵为

$$[S]=\frac{-1}{\sqrt{2}}\begin{bmatrix}0 & j & 1 & 0\\ j & 0 & 0 & 1\\ 1 & 0 & 0 & j\\ 0 & 1 & j & 0\end{bmatrix} \tag{8.4-78}$$

分支线耦合器具有结构对称性，其任一端口都可用作输入端口，两输出端口总是在与输入端口相反的一边，隔离端口则与输入端口处于同一边，因此使用很方便，常用作平衡混频器电路。

分支线耦合器的带宽受 $\lambda g/4$ 线的限制，一般可做到 10～20%。若要求频带更宽，可采用多节分支线耦合器。考虑到接头处不连续性的影响，分支线耦合器设计时，需将其并联臂加长 10°～20°。

5. 180°混合电桥

180°混合电桥是一种两输出端口有 180°相位差的四端口网络，如图 8.4-10 所示。加于端口①的信号由端口②和③等幅同相输出，端口④无输出(隔离端口)；若信号由端口④输入，则由端口②和③等幅反相输出，端口①无输出。当用作功率合成器时，输入信号分别加于端口②和③，则在端口①输出和信号(Σ)，在端口④输出差信号(Δ)，故端口①与端口④又分别称为和端口与差端口。理想 3 dB180°混合电桥的 S 矩阵为

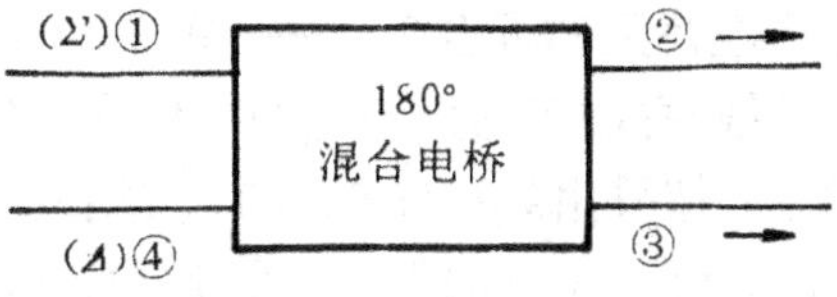

图 8.4-10　180°混合电桥接头符号

$$[S]=\frac{-j}{\sqrt{2}}\begin{bmatrix}0 & 1 & 1 & 0\\ 1 & 0 & 0 & -1\\ 1 & 0 & 0 & 1\\ 0 & -1 & 1 & 0\end{bmatrix} \tag{8.4-79}$$

180°混合电桥的结构型式很多，常用的是环形电桥、渐变耦合线电桥和波导魔T，如图 8.4-11 所示。

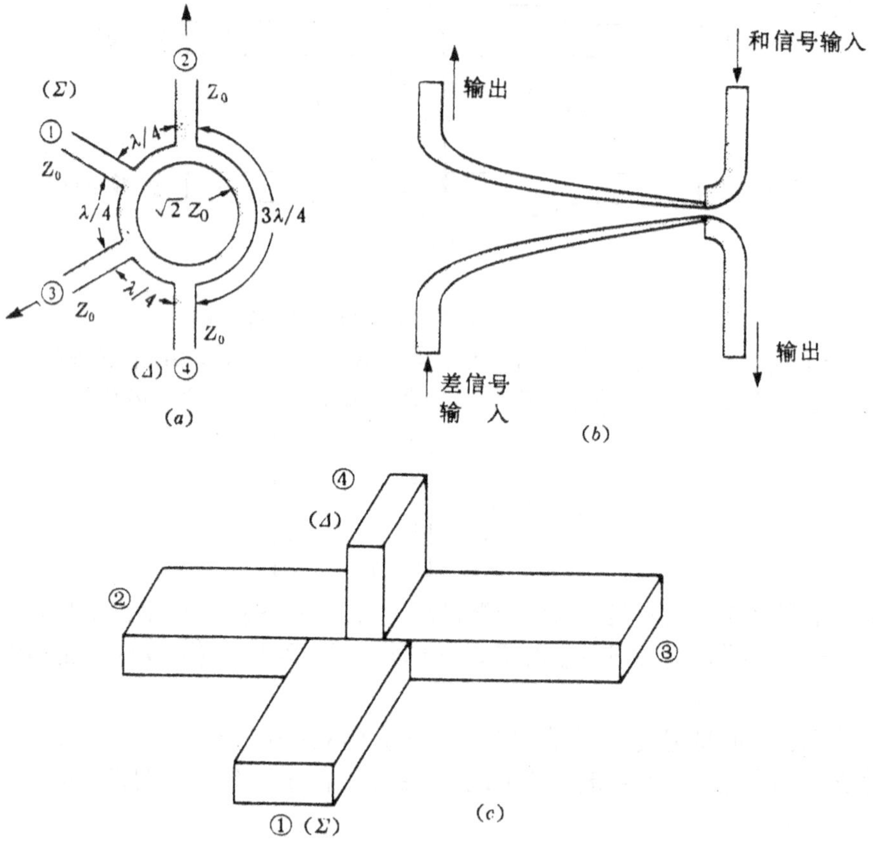

图 8.4-11 三种 180°混合电桥结构型式

(a) 环形电桥；(b) 渐变耦合线电桥；(c) 波导魔 T

(1) 混合环

环形电桥又称混合环，是一种 3 dB 功率分配器。图 8.4-11(a)表示 1.5λ TEM 线(带状线或微带线)并联连接的混合环。信号由端口①输入时，则端口②和③等幅同相输出，端口④无输出；信号由端口④输入时，端口②和③等幅反相输出，端口①无输出。当用作功率合成器时，信号同时加于端口②和③，则端口①输出和信号(Σ)，端口④输出差信号(Δ)。

混合环各支路特性阻抗为 Z_0，根据 λ/4 变换性可知，环行线的特性阻抗应为 $\sqrt{2}Z_0$。

1.5λ 混合环的带宽受环形长度的限制，一般约为 20～30%。增加带宽的办法是采用对称的 1λ 混合环。[①]

(2) 渐变耦合线电桥

图 8.4-11(b)所示渐变耦合线电桥可在十倍频程或更宽的频带内提供任意的功率分配

① J. Hughes and K. Wilson, "High Power Multiple IMPATT Amplifiers" Proc. European Conforence, pp. 118-122, 1974。

比。其特性可用奇偶模方法分析。渐变耦合线的奇、偶模阻抗满足关系 $Z_0^2=Z_{0e}(z)Z_{0o}(z)$，在 $z=0$ 处线间耦合很弱以至 $Z_{0o}(0)=Z_{0e}(0)=Z_0$，而在 $z=l$ 处应有 $Z_{0o}(l)=KZ_0$，$Z_{0e}(l)=Z_0/K$，这里 $0\leqslant K\leqslant 1$ 是电压耦合系数。渐变耦合线电桥一般采用第二章 2.6 节所讨论的克洛普芬斯坦式渐变线制作。这种 180°渐变耦合线电桥的 S 矩阵为①

$$[S]=\begin{bmatrix}0 & \beta & \alpha & 0\\ \beta & 0 & 0 & -\alpha\\ \alpha & 0 & 0 & \beta\\ 0 & -\alpha & \beta & 0\end{bmatrix}e^{-2j\theta} \tag{8.4-80}$$

式中，$\theta=\beta l$；

$$\alpha=-\frac{K-1}{K+1}\quad 0<\alpha<1;\quad \beta=\frac{2\sqrt{K}}{K+1}\quad 0<\beta<1 \tag{8.4-81}$$

α 和 β 分别为从端口④至端口②和③的电压耦合系数。

(3) 波导魔 T

波导魔 T(waveguide magic T)是匹配的双 T，由双 T 波导接头处加入匹配元件(螺钉、膜片或小锥体)构成，如图 8.4-12 所示。魔 T 具有如下重要特性：

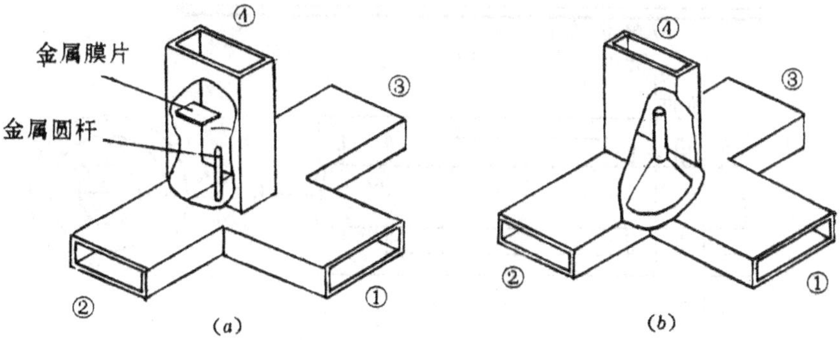

图 8.4-12　波导魔 T 的两种结构

①四个端口完全匹配；

②不仅 E 臂和 H 臂相互隔离，而且两侧臂(即 2、3 臂)也相互隔离；

③进入一侧臂的信号，将由 E 臂和 H 臂等分输出，而不进入另一侧臂；

④进入 H 臂的信号，将由两侧臂等幅同相输出，而不进入 E 臂；

⑤进入 E 臂的信号，将由两侧臂等幅反相输出，而不进入 H 臂；

⑥若两侧臂同时加入信号，E 臂输出的信号等于两输入信号相量差的 $1/\sqrt{2}$ 倍；H 臂输出的信号则等于两输入信号相量和的 $1/\sqrt{2}$ 倍。

由于有第⑥特性，所以魔 T 的 E 臂常称为差臂(difference arm)，H 臂则常称为和臂(sum arm)。

波导魔 T 的上述特性可用 S 矩阵表示为

---

① R. W. Klopfenstein, "A Transmission Line Taper of Improved Design," Proc. IRM, Vol. 44, pp. 31-45, January 1956.

$$[S]=\frac{1}{\sqrt{2}}\begin{bmatrix}0 & 1 & 1 & 0\\1 & 0 & 0 & -1\\1 & 0 & 0 & 1\\0 & -1 & 1 & 0\end{bmatrix} \tag{8.4-82}$$

魔T在微波技术中有着广泛的应用，可用来组成微波阻抗电桥、平衡混频器、功率分配器、和差器、相移器、天线双工器、平衡相位检波器、鉴频器、调制器等。

8.5 微波周期结构

用完全相同的电抗元件以周期性间隔加载的导行系统称为微波周期结构(microwave periodic structure)。图 8.5-1 示出两个周期结构例子。微波周期结构是一种非谐振的周期

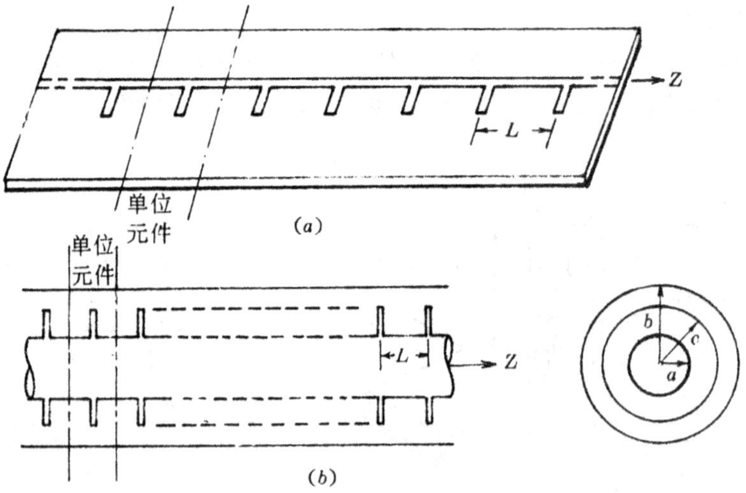

图 8.5-1 周期结构例子

(a) 微带线上的周期短截线；(b) 同轴线内导体上的周期电容性薄圆膜片

电路。加载元件可等效为传输线上的集总电抗，如图 8.5-2 所示。所有的周期结构都具有如下共性：①类似于滤波器的带通和带阻特性；②周期结构上的导波为慢波，其相速度比未加载线的相速度要慢。周期结构在微波行波管、量子放大器、微波相移器和天线等装置中很有用。

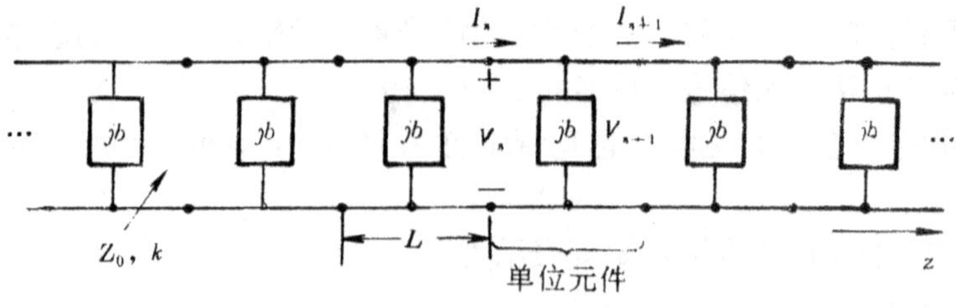

图 8.5-2 周期加载线的等效电路

本节首先讲解周期结构的特点与基本定理，然后分析无限长周期结构和端接周期结构的特性，最后讨论周期结构的 $k-\beta$ 图。

1. 周期结构的特点与福罗奎定理

第二章至第五章所研究的规则导行系统有个共同特点，就是沿传播方向 z 移动任意距离后的结构，与移动前的结构完全重合。因此，在规则导行系统中，对某个特定导模，在稳态下任意两个截面的场之间仅相差一个复常数。即是说，在任意两个截面上，场沿横截面的分布函数相同，仅在振幅和相位上有差别。其场可以表示成

$$E(x,y,z,t) = E_{0t}(x,y)e^{j\omega t-\gamma z} \tag{8.5-1}$$

式中，$\gamma=\alpha+j\beta$；$E_{0t}(x,y)$代表场沿横截面的分布函数，与 z 无关；而 $e^{-\gamma z}$则是代表场沿 z 的衰减($e^{-\alpha z}$)和相移($e^{-j\beta z}$)，与横向坐标 x,y 无关。

上述情况说明，在规则导行系统中，当以时谐信号激励时，场沿空间呈正弦行波。即在某一瞬时，场沿传输方向 z 也是正弦分布，而场沿横截面的分布函数则不随位置 z 变化。

需要指出的是，上述情况只对规则导行系统才是正确的，换句话说，只有在规则导行系统中才有可能传播某个单一的正弦行波。

对于非规则导行系统，上述规律不复存在。但对于周期结构(即周期性非规则导行系统)，存在如下规律：将系统沿 z 向移动周期长度的整数倍时，它与移动前的结构完全重合。此时，在给定的稳态频率下，对于系统中某个特定传输波型，它在某截面处的场与相隔周期长度整数倍截面处的场仅仅相差一个复数常数。这就是福罗奎(Floquet)定理。而当相隔距离不是周期长度整数倍时，这种关系不存在，此时场沿横截面的分布函数将沿 z 呈周期性变化。

福罗奎定理可用电场矢量表示成

$$E(x,y,z,t) = E_0(x,y,z)e^{j\omega t-\gamma_0 z} \tag{8.5-2}$$

式中 $E_0(x,y,z)$为 z 的周期性函数，其周期与周期结构的空间周期相同，记作 L，即有

$$E_0(x,y,z) = E_0(x,y,z+mL) \tag{8.5-3}$$

式(8.5-2)的正确性证明如下：

设 E_1 和 E_2 是相隔为 mL 的两个截面上的场，这里 m 为整数，则

$$E_1 = E_0(x,y,z)e^{j\omega t-\gamma_0 z},\quad E_2 = E_0(x,y,z+mL)e^{j\omega t-\gamma_0(z+mL)}$$

由式(8.5-3)可得

$$E_2 = E_1 e^{-m\gamma_0 L} \tag{8.5-4}$$

可见 E_1 和 E_2 之间只相差一个复数常数。

既然 $E_0(x,y,z)$是空间周期函数，应用富里哀(Fourier)分析，可将它按周期 L 展开为富里哀级数：

$$E_0(x,y,z) = \sum_n E_{0n}(x,y)e^{-j\left(n\frac{2\pi}{L}\right)z} \tag{8.5-5}$$

根据正交性原理可求出此级数的系数 $E_{0n}(x,y)$为

$$E_{0n}(x,y) = \frac{1}{L}\int_{z_1}^{z_1+L} E_0(x,y,z)e^{j\left(n\frac{2\pi}{L}\right)z}dz \tag{8.5-6}$$

由于 $E_{0n}(x,y)$与 z 无关，所以式(8.5-2)可以写成

$$E(x,y,x,t)=\sum_{n}E_{0n}(x,y)e^{j\omega t-\left(\gamma_0+j\frac{2\pi}{L}\right)z} \tag{8.5-7}$$

若导行系统无耗，γ 为纯虚数，$\gamma_0=j\beta_0$，则式(8.5-7)简化为

$$\begin{aligned}E(x,y,z,t)&=\sum_{n}E_{0n}(x,y)e^{j\omega t-j\left(\beta_0+\frac{2n\pi}{L}\right)z}\\&=\sum_{n}E_{0n}(x,y)e^{j\omega t-j\beta_n z}\end{aligned} \tag{8.5-8}$$

式中

$$\beta_n=\beta_0+\frac{2\pi n}{L} \tag{8.5-9}$$

上述分析结果表明：在周期结构中所传播的不是一个振幅沿 z 为常数的正弦行波，而是一个非正弦行波，或者说是一个振幅沿 z 周期性变化的行波。此行波可应用熟知的富里哀方法分解成一系列振幅沿 z 为常数的正弦行波。它们各自以自己的振幅和相移常数沿系统传播，其总和则构成周期结构系统中总的场分布。每一个波我们称之为一个空间谐波(space harmonics)，$n=0$ 者称为基波，其余者称为 n 次空间谐波。其场沿横截面的分布为 $\boldsymbol{E}_{0n}(x,y)$，与 z 无关；其相移常数为 β_n，如式(8.5-9)所示。

每个空间谐波的相速度为

$$v_{pn}=\frac{\omega}{\beta_n}=\frac{\omega}{\beta_0+2\pi n/L} \tag{8.5-10}$$

群速度则为

$$v_{gn}=\frac{d\omega}{d\beta_n}=\frac{d\omega}{d\beta_0}=v_{g0} \tag{8.5-11}$$

可见所有空间谐波都具有相同的群速度。

2. 无限长周期结构的分析

首先我们来研究图 8.5-2 所示无限长加载线的传播特性，线中的每个单位元件(unit cell)由对特性阻抗 Z_0 归一化，电纳为 b，两端级联长度为 $L/2$ 的传输线段组成。应用归一化 ABCD 矩阵可写出第 n 个单位元件两边的电压和电流关系为

$$\begin{bmatrix}v_n\\i_n\end{bmatrix}=\begin{bmatrix}a & b\\c & d\end{bmatrix}\begin{bmatrix}v_{n+1}\\i_{n+1}\end{bmatrix} \tag{8.5-12}$$

由图 8.5-2，单位元件的归一化 ABCD 矩阵为

$$\begin{aligned}\begin{bmatrix}a & b\\c & d\end{bmatrix}&=\begin{bmatrix}\cos\frac{\theta}{2} & j\sin\frac{\theta}{2}\\j\sin\frac{\theta}{2} & \cos\frac{\theta}{2}\end{bmatrix}\begin{bmatrix}1 & 0\\jb & 1\end{bmatrix}\begin{bmatrix}\cos\frac{\theta}{2} & j\sin\frac{\theta}{2}\\j\sin\frac{\theta}{2} & \cos\frac{\theta}{2}\end{bmatrix}\\&=\begin{bmatrix}\left(\cos\theta-\frac{b}{2}\sin\theta\right) & j\left(\sin\theta+\frac{b}{2}\cos\theta-\frac{b}{2}\right)\\j\left(\sin\theta+\frac{b}{2}\cos\theta+\frac{b}{2}\right) & \left(\cos\theta-\frac{b}{2}\sin\theta\right)\end{bmatrix}\end{aligned} \tag{8.5-13}$$

式中 $\theta=kL$，k 是未加载线的传播常数。

沿 $+z$ 方向传播的波可以表示成

$$v(z) = v(0)e^{-\gamma z}$$
$$i(z) = i(0)e^{-\gamma z} \tag{8.5-14}$$

由于周期结构无限长，所以有

$$v_{n+1} = v_n e^{-\gamma L}$$
$$i_{n+1} = i_n e^{-\gamma L} \tag{8.5-15}$$

将式(8.5-15)代入式(8.5-12)，得到

$$\begin{bmatrix} v_n \\ i_n \end{bmatrix} = \begin{bmatrix} a & b \\ c & d \end{bmatrix} \begin{bmatrix} v_{n+1} \\ i_{n+1} \end{bmatrix} = \begin{bmatrix} v_{n+1}e^{\gamma L} \\ i_{n+1}e^{\gamma L} \end{bmatrix}$$

或者

$$\begin{bmatrix} a - e^{\gamma L} & b \\ c & d - e^{\gamma l} \end{bmatrix} \begin{bmatrix} v_{n+1} \\ i_{n+1} \end{bmatrix} = 0 \tag{8.5-16}$$

式(8.5-16)有非零解的条件是其系数矩阵的行列式必须为零，由此得到

$$ad + e^{2\gamma L} - (a+d)e^{\gamma L} - bc = 0 \tag{8.5-17}$$

对于无耗网络，$ad-bc=1$，于是得到

$$a + d = e^{\gamma L} + e^{-\gamma L}$$

以式(8.5-13)代入，得到

$$\text{ch}\ \gamma L = \frac{a+d}{2} = \cos\theta - \frac{b}{2}\sin\theta \tag{8.5-18}$$

假如 $\gamma=\alpha+j\beta$，则得

$$\text{ch}\ \gamma L = \text{ch}\ \alpha L\cos\beta L + j\ \text{sh}\ \alpha L\sin\beta L = \cos\theta - \frac{b}{2}\sin\theta \tag{8.5-19}$$

显然式(8.5-19)左边应为纯实数，这就要求 $\alpha=0$ 或 $\beta=0$，进而有如下两种情况：

情况 1：$\alpha=0$，$\beta\neq0$。这种情况对应于周期结构上传播的是非衰减波，由此确定结构的通带。此时式(8.5-19)简化为

$$\cos\beta L = \cos\theta - \frac{b}{2}\sin\theta \tag{8.5-20a}$$

若此式右边的值小于或等于 1，则可对 β 求解。显然满足式(8.5-20a)的 β 有无限多个值。

情况 2：$\alpha\neq0$，$\beta=0$。此种情况对应于周期上的波不能传播，却沿线衰减，由此确定结构的阻带。此时式(8.5-19)简化为

$$\text{ch}\ \alpha L = \left|\cos\theta - \frac{b}{2}\sin\theta\right| \geqslant 1 \tag{8.5-20b}$$

$\alpha>0$ 的解对应于正向衰减波，$\alpha<0$ 对应于反向衰减波。若 $\cos\theta-(b/2)\sin\theta\leqslant-1$，则式(8.5-20b)可由令 $\beta=\pi$ 而由式(8.5-19)得到。这对应于线上所有的集总加载相隔均为 $\lambda/2$，所得到的输入阻抗与 $\beta=0$ 的情况相同。

上述分析结果说明，周期加载线将呈现带通和带阻特性，因此可以看成是一种滤波器型式。

定义单位元件终端处的特性阻抗为

$$Z_B = Z_0\frac{v_{n+1}}{i_{n+1}} \tag{8.5-21}$$

Z_B 亦称为布洛克(Bloch)阻抗。

由式(8.5-16)可求得布洛克阻抗为

$$Z_B=\frac{-bZ_0}{(a-e^{\gamma L})}\tag{8.5-22}$$

由式(8.5-17)求得

$$e^{\gamma L}=\frac{(a+b)\pm\sqrt{(a+b)^2-4}}{2}$$

代入式(8.5-22)，得到布洛克阻抗的两个解为

$$Z_B^{\pm}=\frac{-2bZ_0}{a-d\mp\sqrt{(a+b)^2-4}}\tag{8.5-23}$$

对于对称单位元件(如图 8.5-2 所示那样)，$a=d$，则式(8.5-23)简化为

$$Z_B^{\pm}=\pm\frac{bZ_0}{\sqrt{a^2-1}}\tag{8.5-24}$$

式中±号分别对应于正向波和反向波的特性阻抗。

由式(8.5-13)可见，b 总是纯虚数。若 $\alpha=0$，$\beta\neq0$(带通)，则由式(8.5-18)可见，$\mathrm{ch}\gamma L=a\leqslant1$(对对称网络而言)，由式(8.5-24)可见 Z_B 为实数；若 $\alpha\neq0$，$\beta=0$(带阻)，则由式(8.5-18)可见，$\mathrm{ch}\gamma L=a\geqslant1$，由式(8.5-24)可见 Z_B 为虚数。这种情况类似于波导的波阻抗：传播模式的波阻抗为实数，截止或消失模的波阻抗为虚数。

3. 端接的周期结构

考虑如图 8.5-3 所示以负载阻抗 Z_L 端接的周期结构，在任一单位元件的终端，其入射和反射电压和电流可以写成(假设工作在通带)：

$$\begin{aligned}V_n&=V_0^+e^{-j\beta_nL}+V_0^-e^{j\beta_nL}\\I_n&=I_0^+e^{-j\beta_nL}+I_0^-e^{j\beta_nL}=\frac{V_0^+}{Z_B^+}e^{-j\beta_nL}+\frac{V_0^-}{Z_B^-}e^{j\beta_nL}\end{aligned}\tag{8.5-25}$$

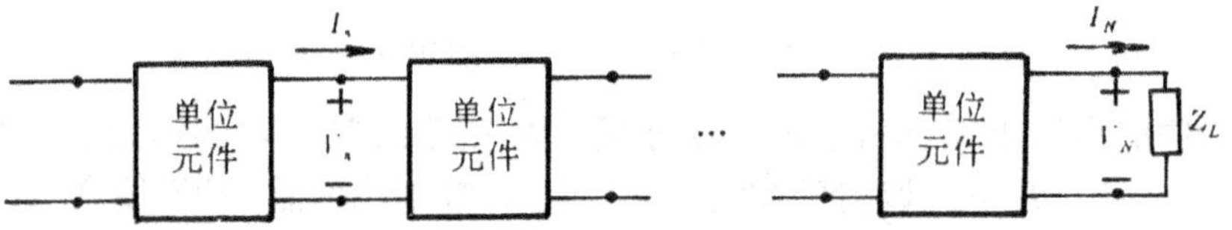

图 8.5-3　以负载阻抗 Z_L 端接的周期结构

定义第 n 单位元件的入射和反射电压为

$$\begin{aligned}V_n^+&=V_0^+e^{-j\beta_nL}\\V_n^-&=V_0^-e^{j\beta_nL}\end{aligned}\tag{8.5-26}$$

则式(8.5-25)可以写成

$$\begin{aligned}V_n&=V_n^++V_n^-\\I_n&=\frac{V_n^+}{Z_B^+}+\frac{V_n^-}{Z_B^-}\end{aligned}\tag{8.5-27}$$

在负载处，$n=N$，则有

$$V_N=V_N^++V_N^-=Z_LZ_N=Z_L\left(\frac{V_N^+}{Z_B^+}+\frac{V_N^-}{Z_B^-}\right)\tag{8.5-28}$$

由此求得负载处的反射系数为

$$\Gamma_L = \frac{V_N^-}{V_N^+} = -\frac{Z_L/Z_B^+ - 1}{Z_L/Z_B^- - 1} \tag{8.5-29}$$

若单位元件网络对称($a=b$)，则 $Z_B^+ = -Z_B^- = Z_B$，于是式(8.5-29)简化为熟知的结果：

$$\Gamma_L = \frac{Z_L - Z_B}{Z_L + Z_B} \tag{8.5-30}$$

因此，为避免端接周期结构上的反射，应使 $Z_L=Z_B$。对于工作在带通的无耗结构，Z_B 为实数；若 $Z_L \neq Z_B$，则可在周期加载线与负载之间采用 $\lambda/4$ 变换器进行匹配。

4. 周期结构的 $k-\beta$ 图与波的速度

为研究周期结构的带通和带阻特性，常需描绘周期结构的传播常数 β 与未加载线的传播常数 k(或角频率 ω)的曲线图。这种图称为 $k-\beta$ 图或布里渊图(Brillouin diagram)。它可由一般周期结构的色散关系式(8.5-20a)来描绘。

事实上，$k-\beta$ 图也可以用来研究许多类型的微波元件和导行系统的色散特性。例如某波导模式的色散关系为

$$\beta = \sqrt{k^2 - k_c^2} \qquad \text{或者} \qquad k = \sqrt{\beta^2 + k_c^2} \tag{8.5-31}$$

式中，k_c 为此模的截止波数，k 为自由空间波数，β 为此模的传播常数。由式(8.5-31)画成

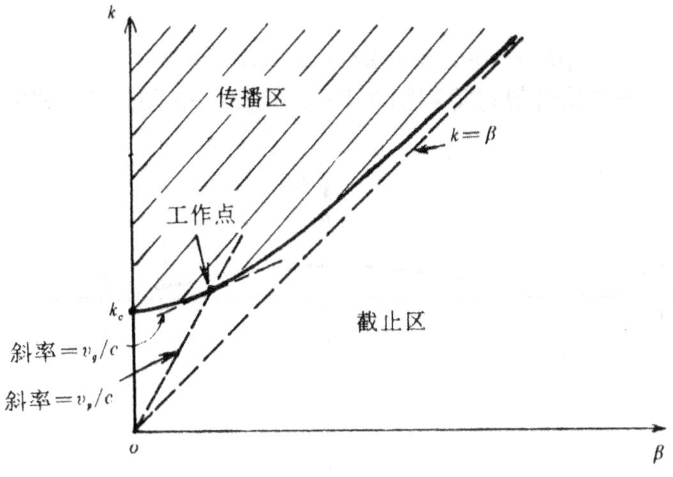

图 8.5-4　波导模式的 $k-\beta$ 图

的 $k-\beta$ 图如图 8.5-4 所示。由图可见，当 $k<k_c$ 时，无 β 的实数解，故此模不能传播；而当 $k>k_c$ 时，此模可以传播；当 β 值很大时，k 接近于 β，为 TEM 传播情况。$k-\beta$ 图还可用来解释与某色散结构有关的不同速度。相速度为

$$v_p = \frac{\omega}{\beta} = c\frac{k}{\beta} \tag{8.5-32}$$

可见相速度等于 $k-\beta$ 图上从原点至工作点连线斜率之 c(光速)倍；群速度为

$$v_g = \frac{d\omega}{d\beta} = c\frac{dk}{d\beta} \tag{8.5-33}$$

它是工作点处 $k-\beta$ 曲线的斜率。这样，由图 8.5-4 可见，传播模式的相速度在截止时为无限大；当 k 增大时，相速度接近于 c。而群速度在截止时为零；当 k 增大时，群速度也接近于 c。

例 8.5-1　考虑如图 8.5-5 所示周期电容加载线，若 $Z_0=50\ \Omega$，$L=1.0$ cm，$C_0=2.666$ pF，画出其 $k-\beta$ 图，并计算其传播常数、相速度与 $f=3.0$ GHz 时的布洛克阻抗。假定 $k=k_0$。

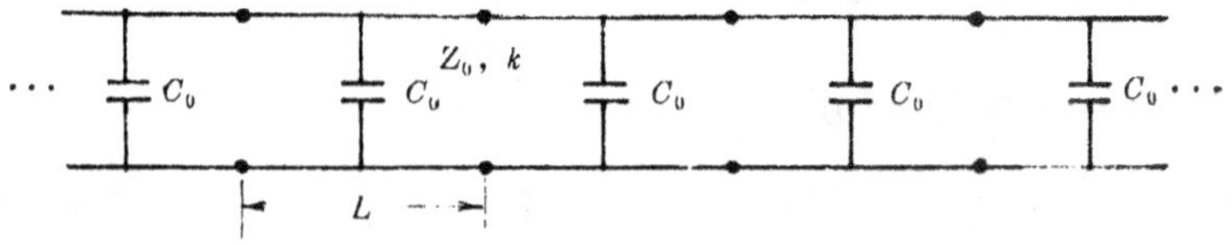

图 8.5-5　电容周期加载线

解　由式(8.5-20a)可写出图 8.5-5 所示电容周期加载线的色散关系为

$$\cos\beta L=\cos k_0L-\left(\frac{C_0Z_0c}{2L}\right)k_0L\sin k_0L$$

式中

$$\frac{C_0Z_0c}{2L}=\frac{(2.666\times10^{-12})(50)(3\times10^{8})}{2(0.01)}=2.0$$

因此

$$\cos\beta L=\cos k_0L-2k_0L\sin k_0L$$

以不同的 k_0L 值代入作数值计算可得到图 8.5-6 所示 $k-\beta$ 图。当上式右边的值小于 1 时

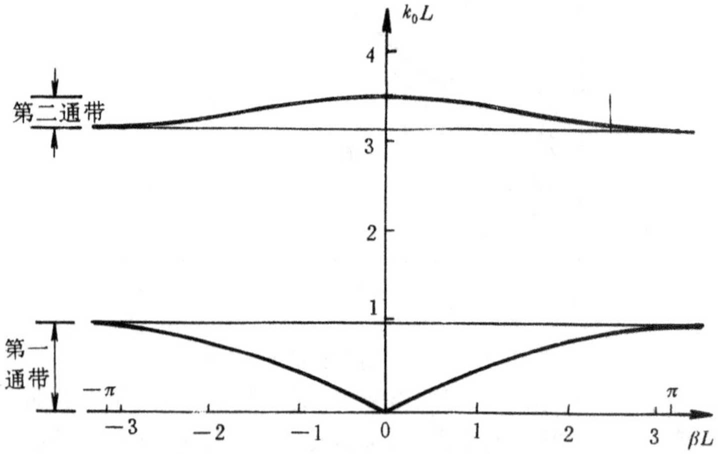

图 8.5-6　例 8.5-1 的 $k-\beta$ 图

得到一个通带，且可对 βL 求解，否则为一阻带。计算表明，第一个通带对应于 $0\leqslant k_0L\leqslant 0.96$，第二个通带则起始于 $k_0L=\pi$，使 $\sin k_0L$ 项改变符号所致。随着 k_0L 的增大，将出现无限多个通带，但其通带越来越窄。图 8.5-6 示出的是前两个通带的 $k-\beta$ 图。

在 3.0 GHz 时

$$k_{0L}=\frac{2\pi(3\times10^{9})}{3\times10^{8}}(0.01)=0.6283=36^{\circ}$$

因此 $\beta L=1.5$。传播常数 $\beta=150$ rad/m，因而相速度为

$$v_p=\frac{k_0c}{\beta}=\frac{0.6283}{1.5}c=0.42c$$

比光速小得多。这说明电容周期加载线是一种慢波结构。为了计算布洛克阻抗，应用式(8.5-13)和式(8.5-24)，即有 $b/2=\omega C_0Z_0/2=1.256$，$\theta=k_0L=36^{\circ}$，$\overline{A}=\cos\theta-(b/2)\sin\theta=0.0707$，$\overline{B}=b(\sin\theta+b\cos\theta/2-b/2)=j0.3479$，代入式(8.5-24)求得布洛克阻抗为

$$Z_B=\frac{\overline{B}Z_0}{\sqrt{\overline{A}^2-1}}=\frac{(j0.3479)(50)}{j\sqrt{1-(0.0707)^2}}=17.4(\Omega)$$

本 章 提 要

本章研究的是基本而常用的微波电路元件的特性，包括一些常用的一端口元件、二端口元件、三端口元件、四端口元件及周期结构。

关键词：负载，匹配元件，波型变换元件，功率分配/合成元件，定向耦合器，混合电桥，周期结构。

1. 微波元件的种类很多，而且不同的元件组合起来又可以构成新的元件或部件。本章按元件的端口数分类讲述一些常用微波电路元件的基本特性与应用。这样既能了解各类元件的共性，又能熟悉各种元件的个性。

2. 微波元件的结构和特性与所采用的导行系统的型式密切有关。本章主要介绍了有关波导元件，与之相应的还有同轴元件、微带线元件等。波导元件的主要优点是结构牢固、功率容量大；缺点是工作频带窄。同轴元件的优点是工作频带宽、尺寸较小；缺点是功率容量较低、损耗较大、加工较困难。微带线元件的优点是体积小、重量轻、可集成化；缺点是功率容量低、损耗较大、不便调节。在设计微波元件时，应根据条件和要求，选择合适的导行结构。

3. 一端口元件是一类负载，包括短路负载、匹配负载和失配负载。

4. 二端口元件的种类最多，本章按功能介绍了常用的连接元件、匹配元件、衰减和相移元件、波型变换元件。

5. 三端口元件的主要共性是：无耗互易三端口元件不可能完全匹配。要实现完全匹配的三端口元件，要么是非互易(如理想环行器)，要么有耗(如电阻性功率分配器和威尔金森功率分配器)。

6. 四端口元件是一类定向耦合器，可以做到完全匹配。本章介绍的各种定向耦合器、正交混合电桥和 180°混合电桥在微波技术有着广泛而重要的应用。

7. 微波周期结构是一种用电抗元件周期加载的导行系统。与非加载导行系统不同，周期结构的特点是：①有带通和带阻特性，②相速度小于光速。常用作微波行波管的慢波结构。

8. 本章对微波元件的分析主要用等效网络方法，并用 S 矩阵描述元件的特性。由本章的讨论可以看出，等效网络法是一种分析微波元件的有效方法，S 矩阵非常适用于分析无

耗互易元件，能给出其基本特性。需要指出的是，等效网络方法还可以对元件进行综合，设计出满足技术要求的微波元件，或对元件进行优化设计。

习 题

8-1. 特性阻抗为 50 Ω 的同轴线终端接 Z_L 为 150 Ω 的电阻负载：①求沿线的 VSWR；②在 50 Ω 同轴线和 Z_L 之间插入一个 7 dB 匹配衰减器，计算 50 Ω 线上的 VSWR。

8-2. 两段尺寸分别为 $a\times b_1=4\times 2\ \text{cm}^2$，$a\times b_2=4\times 1\ \text{cm}^2$ 的矩形波导相连接，其等效阻抗分别为 Z_{01} 和 Z_{02}：①设波导无耗，空气填充，Z_{02} 波导终端接匹配负载，求工作频率为 6 GHz 时 Z_{01} 波导中的 VSWR；②匹配的 6 GHz 信源（$Z_G=Z_{01}$）接于 Z_{01} 波导输入端，其资用功率 P_A 为 1 W，求 Z_{02} 波导匹配负载吸收的功率。

8-3. 设计如图 8-1 所示 50 Ω 同轴线上的聚四氟乙烯（$\varepsilon_r=2.1$）环形支撑。设同轴线外导体半径 b 为 0.4 cm，最高工作频率为 7 GHz，计算 l 和 a_1；若环形支撑每端有不连续电容 0.10 pF，计算 5 GHz 和 8 GHz 时的 VSWR。

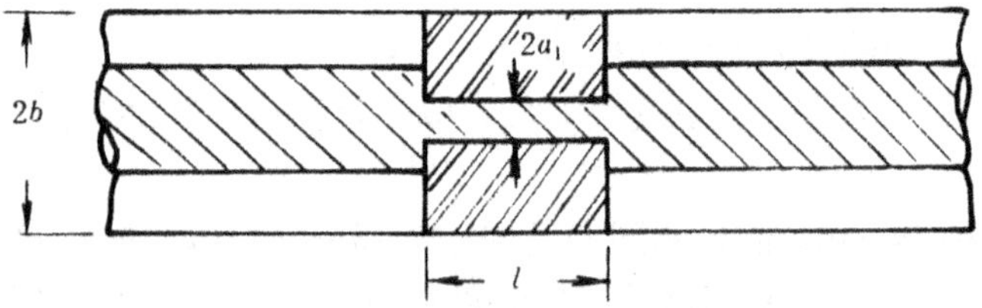

图 8-1

8-4. 如图 8-2 所示接触式活塞，其矩形波导形状比为 2，设 $b=1.25$ cm：①计算 9 GHz 归一化输入阻抗为 $1-j1.5$ 所要求的位置 x；②固定此位置，计算 8 GHz 时的归一化输入阻抗。

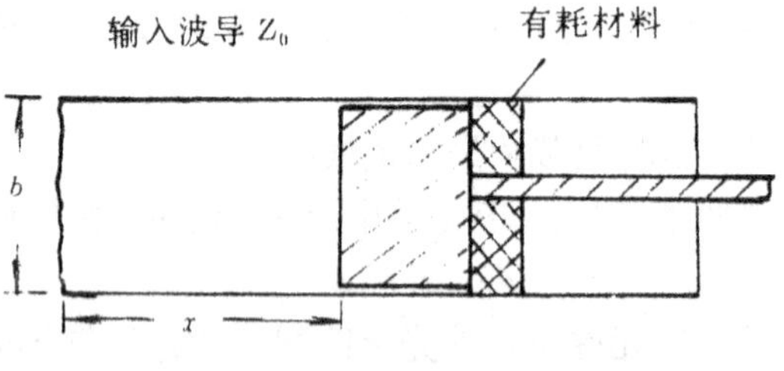

图 8-2

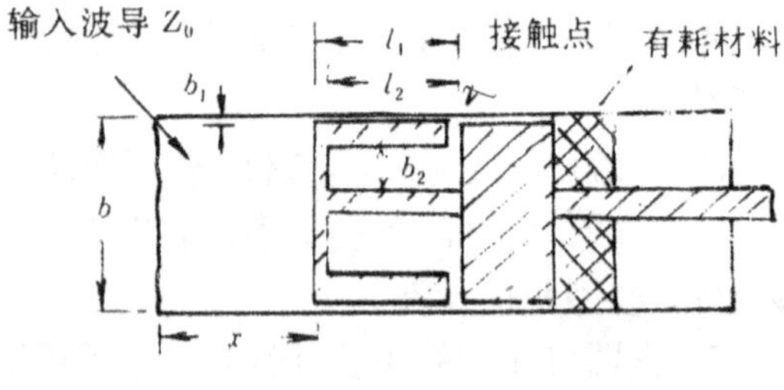

图 8-3

8-5. 如图 8-3 所示的不接触式活塞，其尺寸为 $b=2.0$ cm，$b_1=0.06$ cm，$b_2=0.4$ cm，$l_1=l_2=1.8$ cm。若归一化电阻（R/Z_0）在接触点的值随频率从 0 变至 0.01，试计算在设计频率时回波损耗的变化，并与具有相同 R/Z_0 变化值的接触式活塞的结果比较。

8-6. 有一 VSWR 为 1.75 的标准失配负载，标准波导的尺寸为 $a\times b=2\times 1\ \text{cm}^2$，当不考虑阶梯不连续性电容时，失配波导的 b_1 为 0.571 cm：①计算 10 GHz 时考虑不连续性电容时的 VSWR 值；②若 10 GHz 时考虑不连续性电容的 VSWR 值为 1.75，求尺寸 b_1 值；③用②中所求得的 b_1 值求 12 GHz 时的 VSWR。

8－7. 要求做一个精度为 1 dB 可测量 100 dB 的截止衰减器，波导尺寸为 5 $\times 2.5\ \mathrm{cm}^2$，计算此波导在很低频率时的衰减常数值与此衰减器不加校准而可以使用的最高频率。

8－8. 有一矩形波导终端接匹配负载，在负载处插入一可调螺钉后，测得 VSWR 为 1.94，第一个电场驻波最小点至螺钉的距离为 $0.1\lambda_g$，求此时负载的反射系数与螺钉的归一化电纳值。

8－9. 已知矩形波导尺寸为 $58\times 10\ \mathrm{mm}^2$，工作频率为 3.9 GHz，其内插有一对称容性膜片(厚度忽略不计)，d/b 为 0.4，求膜片的归一化电纳值。

8－10. 在端接负载的 BJ－32 波导中测得行波系数为 0.29，第一个电场驻波最大点距负载 5.7 cm，工作波长为 10 cm，今采用膜片进行匹配，求膜片的尺寸与放置的位置。

8－11. 有一双螺钉匹配器，终端接归一化阻抗为 $0.35-j0.5$ 的负载，螺钉间距为 $\lambda_g/8$，求当第一个螺钉至负载距离分别为 $0.1\lambda_g$ 和 $0.2\lambda_g$ 时：①此双螺钉匹配器能否实现匹配？②匹配时每个螺钉的容纳为多少？③匹配时螺钉调配器各处的 VSWR 为多少？

8－12. 已知矩形波导尺寸 a 为 72.14 mm，工作波长为 10 cm，采用厚度 t 为 2 mm 的膜片进行匹配，要求膜片的归一化电纳为－0.6，求膜片的尺寸。

8－13. BJ－100 波导的工作波长为 3.2 cm，其内插入 d 为 1.3 cm 的对称感性膜片，其厚度 t 为 0.02 cm，求此膜片的归一化电纳值。

8－14. BJ－48 波导终端接电阻负载引起的 VSWR 为 3.0，信源频率为 5 GHz，今采用对称容性膜片进行匹配，求膜片放置的位置与尺寸 d。

8－15. 尺寸为 $2\times 1\ \mathrm{cm}^2$ 的矩形波导中，沿轴向相距 3.40 cm 两端分别插入对称感性膜片和容性膜片，感性膜片的 d 为 1.20 cm，容性膜片的 d 为 0.40 cm，两膜片的厚度小于 0.1 cm，试计算当 $Z_G=Z_L=Z_0$ 时，工作频率为 10 GHz 时的插入损耗和插入相移。

8－16. 如图 8－4 所示同轴波导过渡，a 为 1.58 cm，b_e 为 0.79 cm，同轴线特性阻抗为 50 Ω，要求在 15 GHz 时驻波比为 1，计算 l_e 和 b 值(注：以 $Z_e=\pi b Z_{TE_{10}}/2a$ 为计算波导的等效阻抗)。

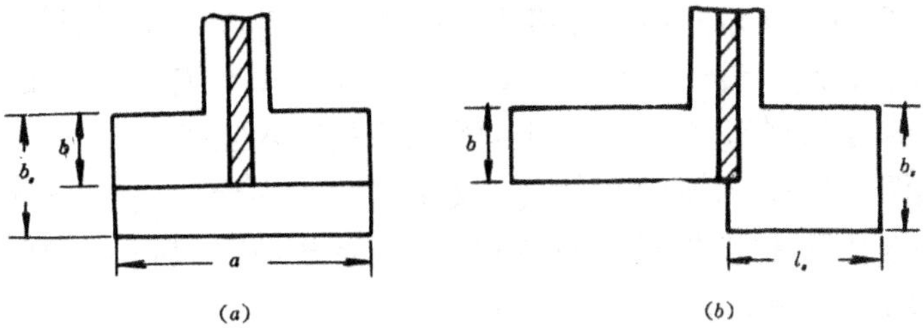

图 8－4

8－17. 任意无耗并联型三端口接头三个臂的特性阻抗分别为 Z_{01}、Z_{02}、Z_{03}；各端口至接头中心的距离分别为 l_1、l_2、l_3。功率由端口①输入，端口②、③的输出功率部分分别为 f 和 $1-f$，当端口②、③接匹配负载时，要求输入端口呈匹配，试求其等效电路与等效电路的阻抗元件及其阻抗矩阵元素的关系式。

8－18. 如图 8－5 所示 E－T 分支，其臂 2 接短路活塞，问短路活塞与对称中心平面

的距离 l 为多少时，臂 3 的负载得到最大功率或得不到功率？

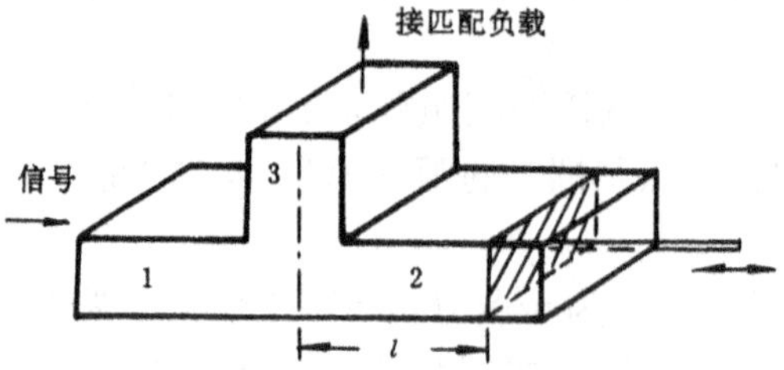

图 8-5

8-19. 证明式(8.3-26)。

8-20. 如图 8-6 所示，同轴 T 形接头的 $Z_{03}=Z_0$，已知 $Z_{L2}=150\ \Omega$，$Z_G=Z_0=50\ \Omega$，端口①接 100 W 的信源，试计算 l_2 分别为 0.25λ 和 0.5λ 时传输给端口③匹配负载的功率。

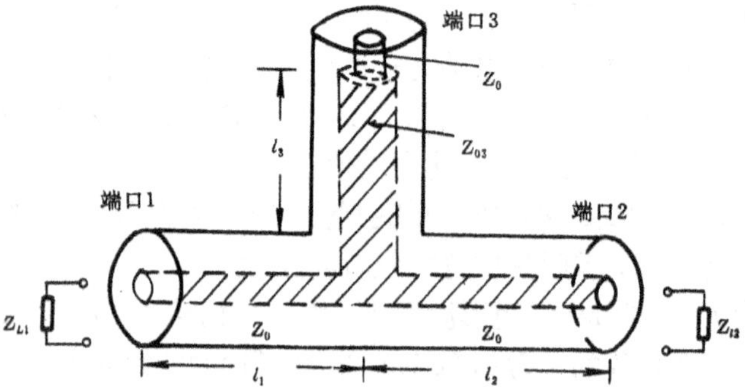

图 8-6

8-21. 如图 8-6 所示同轴 T 形接头，设 l_3 为 $\lambda/4$，Z_{03}选择使得端口 1 和 2 接匹配负载时，端口 3 的输入驻波比为 1，试证明当端口 2 和 3 接匹配负载时，端口 1 看入的驻波比为 3.0。

8-22. 如图 8-6 所示同轴 T 形接头，以端口 3 作输入口，设各端口的特性阻抗均要求为 50 Ω，l_1、l_2 和 l_3 均为设计频率的 $\lambda/4$，试求等分功率和输入驻波比为 1 时各臂的特性阻抗 Z_{01}、Z_{02}和 Z_{03}值；计算设计频率之半的端口 3 的输入驻波比。

8-23. 如图 8.3-7(a)所示 Y 分支，设 $b_1=b_2$，$b\simeq b_1+b_2$，假设传输 TE_{10}模，计算如下条件下的输入驻波比和输出功率比：① $Z_{L1}=Z_{01}$，$Z_{L2}=Z_{02}$(Z_{01}和 Z_{02}分别为分支波导的等效阻抗)；② $Z_{L1}=Z_{01}$，$Z_{L2}=2Z_{02}$，且 $l_2=\lambda_g/4$。

8-24. 如图 8-7 所示 E-T 接头，b 和 b'分别为 2 cm 和 1 cm，端口 2 和 3 接匹配负载时端口 1 的输入驻波比为 1.25，求当端口 1 接 0.5 W 匹配信源时传输给端口 2 和 3 的功率。

8-25. 资用功率为 2 W，Z_G 等于 $0.5Z_0$ 的微波源接于魔 T 的 H 臂，完全相同的负载接于等长度的两侧臂，如图 8-8 所示，设 $\Gamma_{L3}=0$，$|\Gamma_{L1}|$和$|\Gamma_{L2}|$等于 0.40，计算端口 1 负载吸收的最大和最小功率。

8-26. 证明图 8.3-8 所示电阻性功率分配器的 S 矩阵(8.3-32)不是幺正矩阵。

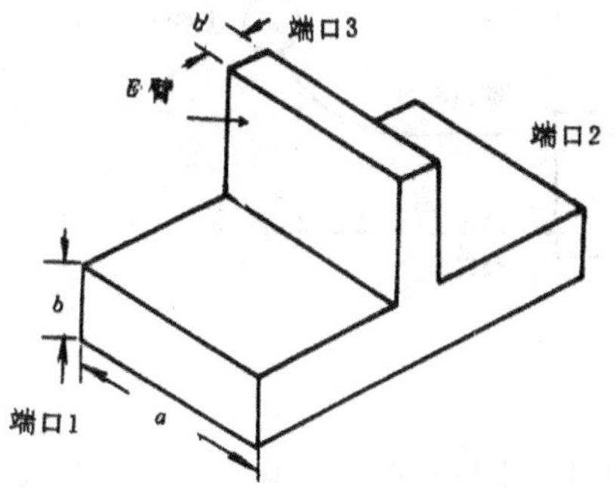

图　8－7

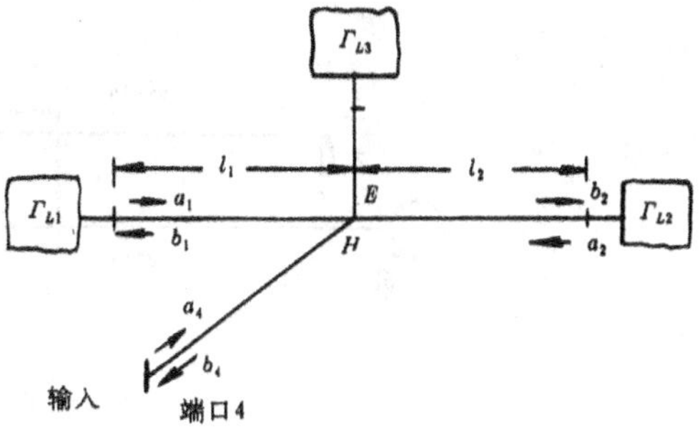

图　8－8

8－27.　如图 8.4－2(*b*)所示定向耦合器，耦合度为 33 dB，定向性为 24 dB，端口 1 的入射功率为 25 W，计算端口 2 和 3 的输出功率。

8－28.　如图 8－9 所示探针型同轴功率调配器，资用功率为 100 W 的匹配信源接于端口 1，端口 3 的输出电压 V_3 等于 $0.10V_p$，V_p 是探针平面片主线上的净电压：①若端口 2 和 3 接匹配负载，其 Z_0 为 50 Ω，计算传至端口 3 的功率；②若端口 2 用 150 Ω 的电阻负载端接，l_2 从 0.25λ 变至 0.5λ，求端口 3 输出功率的变化。

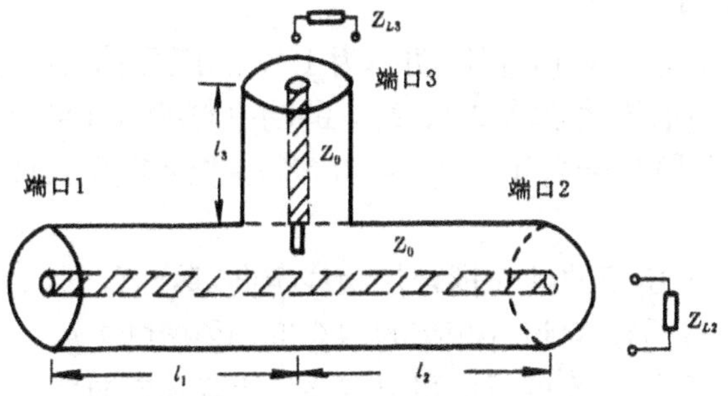

图　8－9

8－29.　如图 8－10 所示功率监视装置，功率计读数为 8.0 mW，设发射机功率为 2.0 W，其 $Z_G=Z_0$：①计算天线的驻波比为 1 时的耦合量(dB)；②若天线的驻波比为 2.0，求耦合器定向性为无限大时匹配负载耗散的功率；③若耦合器定向性为 20 dB，求功率计读数的最大可能增加和减小的值。

8－30.　用 BJ－100 波导设计一个 *X* 波段中心频率为 9 GHz 的图 8.4－3(*a*)所示 Bethe 孔耦合器，要求耦合度为 20 dB。

8－31.　用 BJ－100 波导设计一个位于 $S=a/4$ 处的四孔切比雪夫多孔耦合器，中心频率为 9 GHz，要求耦合度为 20 dB，最小定向性 D_{min} 为 40 dB。

8－32.　设计中心频率为 3 GHz、耦合度为 20 dB 的单节耦合带状线耦合器，基片的 $b=0.158$ cm，$\varepsilon_r=2.56$，输入输出线特性阻抗为 50 Ω。

8－33.　设计一个 5 GHz 3 dB 微带线 Lange 耦合器，基片为 $\varepsilon_r=10$，$h=1.0$ mm 的氧化铝陶瓷。设输入输出线特性阻抗为 50Ω。

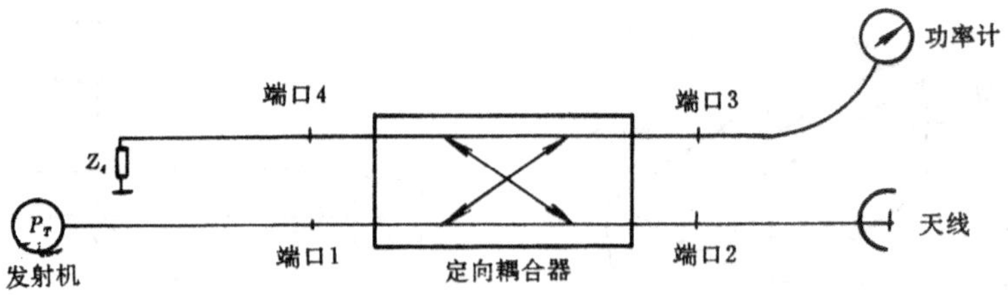

图　8-10

8-34.　计算 3 dB 耦合度，特性阻抗为 50 Ω 的渐变耦合线 180°电桥的奇、偶模特性阻抗。

8-35.　如图 8-10 所示装置中天线的驻波比为 3.0，端口 4 负载的驻波比为 1.25，定向耦合器的耦合度为 30 dB，定向性为 26 dB，设 Z_G 等于 Z_0，求 P_T 值为多少范围可使功率计读数为 7.0 mW。

8-36.　如图 8-8 所示魔 T 双工器，20 W 的发射机接于其端口 4，端口 2 接天线，端口 3 接接收机，端口 1 接匹配负载，其驻波比为 1.04，为确保接收功率小于 10 mW，天线最大允许的驻波比应是多少？

8-37.　求定向性为无限大、耦合度为 20 lg K 的定向耦合器的 S 矩阵。

8-38.　推导式(8.4-82)。

8-39.　如图 8-8 所示魔 T，资用功率为 1 W 的匹配信源接于 H 臂，E 臂接匹配负载，两侧臂的长度相等，求传输给端口 1、2、3 的功率与端口 4 的反射功率：①端口 1 和 2 匹配时($Z_{L1}=Z_{L2}=Z_0$)；②$Z_{01}=2.4Z_0$，$Z_{L2}=0.6Z_0$；并计算这两种情况下 H 臂的输入驻波比。

8-40.　如图 8-11 所示的共面耦合带状线定向耦合器，Z_0 为 50 Ω，Z_{0e}和 Z_{0o}分别为 62.5 Ω 和 40 Ω，l 为 $\lambda/4$：①计算设计频率的耦合度；②端口 1 输入时，端口 2 的反射系数 Γ_2 为 0.05，其它三个端不连续性的反射可以忽略，计算其定向性。

8-41.　如图 8-11 所示耦合器，$l=\lambda/4(f=5.0\text{ GHz})$，$Z_0$ 为 50 Ω，Z_{0e}和 Z_{0o}分别为 62.5 Ω和 40 Ω，计算频率为 4.0 GHz、5.0 GHz 和 6.0 GHz 时的耦合度。

8-42.　如图 8.5-1(a)所示带状线周期结构，基片的 ε_r 为 4，加载开路短截线长度 $l=1.5L$，设短截线的导体带宽度与主线导体带宽度相同，第一个通带中心频率为 3 GHz，试求线长 l 和周期 L。

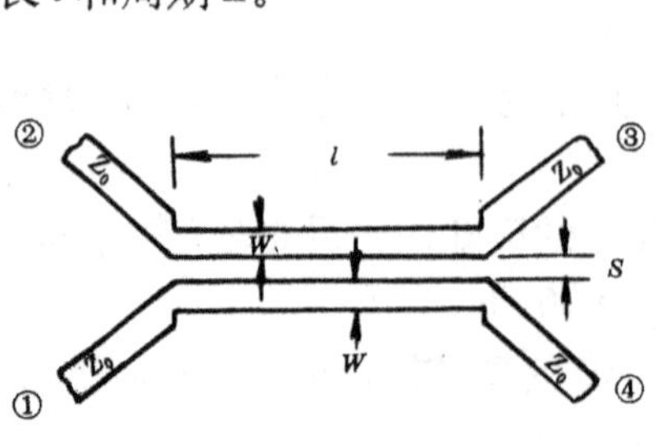

图　8-11

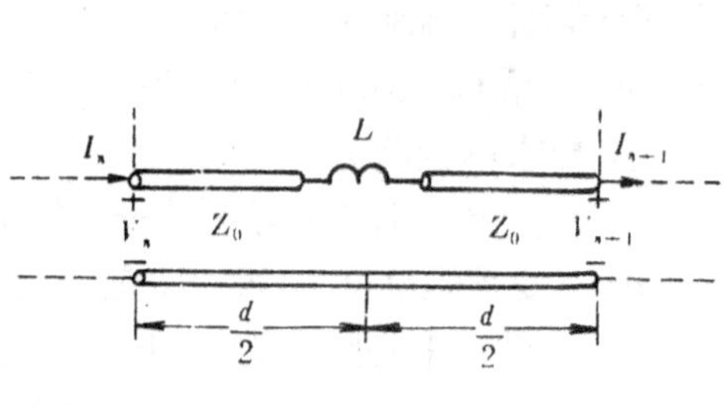

图　8-12

8 - 43.　证明图 8 - 12 所示周期结构单元等效电路的特性阻抗为

$$Z_{0p} = Z_0\left[\frac{2\sin kd + \overline{X}(1+\cos kd)}{2\sin kd - \overline{X}(1-\cos kd)}\right]^{1/2}$$

式中，$\overline{X}=\omega L/Z_0$，$Z_0$ 为 TEM 线段的特性阻抗，$k=\omega\sqrt{\mu\varepsilon}$ 为相位常数。

第九章　微波铁氧体元件

前面所讨论的元件和网络都是互易的，即元件的任意两个端口 i 和 j 之间的响应与信号传输的方向无关($S_{ij}=S_{ji}$)。这对应于元件是由无源和各向同性材料构成的情况。但若使用各向异性(不同方向有不同特性)材料，则将得到非互易性能，由此可做成大量具有方向特性的器件。

微波频段最实用的各向异性材料是铁氧体(ferrites)和钇铁石榴石(YIG，yttrium iron garnet)之类铁磁复合物。这类铁磁复合物在微波频率具有很高的电阻率和显著的各向异性，不同方向的微波信号通过时将呈现不同的响应。这种效应可用来制作隔离器、环行器和回转器等方向性器件。另外，利用调节所加的偏置磁场的强度，可以控制微波信号。利用这种作用则可以制成相移器、开关、可调的谐振器和滤波器等控制器件。

本章首先介绍铁氧体材料的特性并推导微波铁氧体的张量导磁率，进而说明铁氧体材料的法拉第旋转效应、双折射效应等非互易传播特性，然后分别介绍铁氧体隔离器、相移器和环行器。

9.1　微波铁氧体的基本特性

本节首先推导微波铁氧体材料的导磁率张量，然后讨论损耗的影响与有限尺寸铁氧体内部的去磁场问题。

1. 导磁率张量

我们知道，任何金属磁性材料在交变场中会产生涡流损耗和趋肤效应，而且这些效应随着场的频率升高而更加严重，致使微波不能穿透金属。但微波却能穿透铁氧体，因为铁氧体是一种非金属铁磁性材料。这是铁氧体材料能应用于微波领域的先决条件。

和其它铁磁金属一样，铁氧体材料的铁磁性主要是来源于电子自旋产生的磁偶极矩。按照量子力学观点，电子自旋的磁偶极矩为

$$m=\frac{qh}{2m_e}=9.27\times10^{-24}\quad(\mathrm{A-m^2})\tag{9.1-1}$$

式中，h 是普朗克(Planck)常数除以 2π；q 是电子电荷，$-q=-1.602\times10^{-19}$C；m_e 是电子的质量，$m_e=9.107\times10^{-31}$kg。

另一方面，自旋的电子又具有自旋角动量

$$s=\frac{h}{2}=0.527\times10^{-34}\quad(\mathrm{J-m})\tag{9.1-2}$$

此角动量的矢量方向与自旋磁偶极矩的方向相反，如图 9.1－1 所示。自旋磁矩与自旋角动量之比为一常数，称之为旋磁比(gyromagnetic ratio)：

$$\gamma=\frac{m}{s}=\frac{q}{m_e}=1.759\times10^{11}\quad(\mathrm{C/kg})\tag{9.1-3}$$

于是自旋磁矩与自旋角动量之间有如下矢量关系：

$$\boldsymbol{m} = -\gamma \boldsymbol{s} \quad (9.1-4)$$

今沿 z 方向外加偏置磁场 $\boldsymbol{H}_0 = \hat{z}H_0$，则要对磁偶极子施以力矩(torque)：

$$\boldsymbol{T} = \boldsymbol{m} \times \boldsymbol{B}_0 = \mu_0 \boldsymbol{m} \times \boldsymbol{H}_0 = -\mu_0 \gamma \boldsymbol{s} \times \boldsymbol{H}_0 \quad (9.1-5)$$

此力矩将使自旋电子绕 $\boldsymbol{H}_0$ 作拉摩进动(Larmor's precession)，如图 9.1-1 所示。如果没有能量补充，进动角 θ($\boldsymbol{m}$ 和 $\boldsymbol{B}_0$ 之间的夹角)将逐渐变小；但若再加入微波磁场 $\boldsymbol{H}$，则电子就可以在一定的进动角 θ 下不断作拉摩进动。

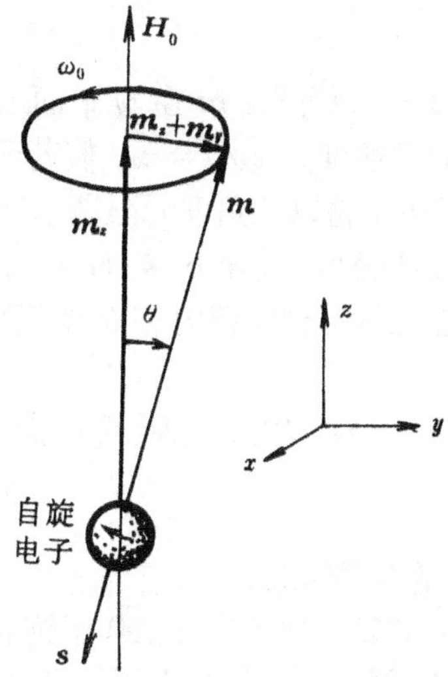

图 9.1-1　自旋电子的磁偶极矩与角动量矢量

根据量子力学，力矩 $\boldsymbol{T}$ 应等于角动量的时间变化率，由此得到无衰减进动方程：

$$\boldsymbol{T} = \frac{d\boldsymbol{s}}{dt} = \frac{-1}{\gamma}\frac{d\boldsymbol{m}}{dt} = \mu_0 \boldsymbol{m} \times \boldsymbol{H}_0$$

或者得到磁偶极矩 $\boldsymbol{m}$ 的运动方程

$$\frac{d\boldsymbol{m}}{dt} = -\mu_0 \gamma \boldsymbol{m} \times \boldsymbol{H}_0 \quad (9.1-6)$$

求解此方程可以看出，磁偶极子绕 $\boldsymbol{H}_0$ 场矢量的进动恰如一个自旋陀螺绕垂直轴的进动。事实上，式(9.1-6)写成分量方程为

$$\frac{dm_x}{dt} = -\mu_0 \gamma m_y H_0 \quad (9.1-7a)$$

$$\frac{dm_y}{dt} = -\mu_0 \gamma m_x H_0 \quad (9.1-7b)$$

$$\frac{dm_z}{dt} = 0 \quad (9.1-7c)$$

由式(9.1-7a、b)可得方程：

$$\begin{aligned} \frac{d^2 m_x}{dt^2} + \omega_0^2 m_x = 0 \\ \frac{d^2 m_y}{dt^2} + \omega_0^2 m_y = 0 \end{aligned} \quad (9.1-8)$$

式中

$$\omega_0 = \mu_0 \gamma H_0 = \gamma B_0 \quad (9.1-9)$$

即称为拉摩角频率(Larmor angular frequency)或进动角频率。对于自由进动，ω_0 与进动角 θ 无关。式(9.1-8)与式(9.1-7a、b)相对应的一个解是

$$m_x = A\cos\omega_0 t, \quad m_y = A\sin\omega_0 t \quad (9.1-10)$$

式(9.1-7c)表示 m_z 为一常数，而式(9.1-1)说明 $\boldsymbol{m}$ 的值也是个常数，因此有关系

$$|\boldsymbol{m}|^2 = \left(\frac{qh}{2m_e}\right)^2 = m_x^2 + m_y^2 + m_z^2 = A^2 + m_z^2 \quad (9.1-11)$$

而 $\boldsymbol{m}$ 和 $\boldsymbol{H}_0 = \hat{z}H_0$ 之间的进动角 θ 则可由下式决定：

$$\sin\theta=\frac{\sqrt{m_x^2+m_y^2}}{|m|}=\frac{A}{|m|} \qquad (9.1-12)$$

由式(9.1-10)可见，m 在 xy 平面上的投影是一个圆。此投影在时刻 t 的位置为 $\phi=\omega_0 t$，因此旋转的角速度为 $d\phi/dt=\omega_0$。假若无任何阻尼力，则实际进动角将由磁偶极子初始位置决定，磁偶极子将以此角度无限期地绕 H_0 进动；但实际上存在有阻尼力，使磁偶极矩从其初始角螺旋地变小，直至 m 与 H_0 一致($\theta=0$)。

现在假设单位体积内有 N 个不稳定的电子自旋，则总的磁化强度为

$$\boldsymbol{M}=N\boldsymbol{m} \qquad (9.1-13)$$

由式(9.1-6)，总的磁化强度矢量的运动方程为

$$\frac{d\boldsymbol{M}}{dt}=-\mu_0\gamma\boldsymbol{M}\times\boldsymbol{H} \qquad (9.1-14)$$

式中 $\boldsymbol{H}$ 是内部外加场。

微波铁氧体材料通常工作于饱和状态，以使其损耗小、高频作用强。饱和磁化强度 M_s 是铁氧体材料的一种物理性能，典型值为 $4\pi M_s=300\sim5\ 000$ 高斯。而材料的饱和磁化强度与温度密切有关，随温度升高而降低。当温升至热能大于内磁场提供的能量时，净磁化强度为零。这个温度便称为居里温度(Curie temperature)T_c。

现在考虑加一个很小的微波磁场与饱和磁化的铁氧体材料相互作用的情况。此微波场将使偶极矩以所加的微波场频率绕 $\boldsymbol{H}_0=\hat{z}H_0$ 作强迫进动，就象一部交流同步电机的工作那样。设 $\boldsymbol{H}$ 为所加的微波磁场，则总的磁场为

$$\boldsymbol{H}_t=H_0\hat{\boldsymbol{z}}+\boldsymbol{H} \qquad (9.1-15)$$

并假定 $|\boldsymbol{H}|\leqslant H_0$。由 $\boldsymbol{H}_t$ 产生的总磁化强度为

$$\boldsymbol{M}_t=M_s\hat{\boldsymbol{z}}+\boldsymbol{M} \qquad (9.1-16)$$

式中 M_s 是直流饱和磁化强度，$\boldsymbol{M}$ 是由 $\boldsymbol{H}$ 产生的微波磁化强度。将式(9.1-15)和式(9.1-16)代入式(9.1-14)，得到如下分量运动方程：

$$\begin{aligned}\frac{dM_x}{dt}&=-\mu_0\gamma M_y(H_0+H_z)+\mu_0\gamma(M_s+M_z)H_y\\ \frac{dM_y}{dt}&=\mu_0\gamma M_x(H_0+H_z)-\mu_0\gamma(M_s+M_z)H_x\\ \frac{dM_z}{dt}&=-\mu_0\gamma M_xH_y+\mu_0\gamma M_yH_x\end{aligned} \qquad (9.1-17)$$

由于 $|\boldsymbol{H}|\ll H_0$，所以有 $|\boldsymbol{M}||\boldsymbol{H}|\ll|\boldsymbol{M}|H_0$，$|\boldsymbol{M}||\boldsymbol{H}|\ll M_s|\boldsymbol{H}|$，于是式(9.1-17)简化为

$$\frac{dM_x}{dt}=-\omega_0M_y+\omega_mH_y \qquad (9.1-18a)$$

$$\frac{dM_y}{dt}=\omega_0M_x-\omega_mH_x \qquad (9.1-18b)$$

$$\frac{dM_z}{dt}=0 \qquad (9.1-18c)$$

式中 $\omega_m=\mu_0\gamma M_s$。将式(9.1-18a、b)对 M_x 和 M_y 求解，得到方程：

$$\begin{aligned}\frac{d^2M_x}{dt^2}+\omega_0^2M_x&=\omega_m\frac{dH_y}{dt}+\omega_0\omega_mH_x\\ \frac{d^2M_y}{dt^2}+\omega_0^2M_y&=-\omega_m\frac{dH_x}{dt}+\omega_0\omega_mH_y\end{aligned} \qquad (9.1-19)$$

此即小信号条件下磁偶极子的强迫进动方程。

对于时谐微波磁场 H，则式(9.1-19)简化为如下相量(phasor)方程：

$$\begin{aligned}(\omega_0^2-\omega^2)M_x &= \omega_0\omega_m H_x + j\omega\omega_m H_y\\ (\omega_0^2-\omega^2)M_y &= -j\omega\omega_m H_x + \omega_0\omega_m H_y\end{aligned} \tag{9.1-20}$$

式中 ω 是微波磁场的频率。式(9.1-20)表示 H 和 M 之间的线性关系，可用张量磁化率[χ]表示成

$$M=[\chi]H=\begin{bmatrix}\chi_{xx} & \chi_{xy} & 0\\ \chi_{yx} & \chi_{yy} & 0\\ 0 & 0 & 0\end{bmatrix}H \tag{9.1-21}$$

式中[χ]的元素为

$$\chi_{xx}=\chi_{yy}=\frac{\omega_0\omega_m}{\omega_0^2-\omega^2},\ \chi_{xy}=-\chi_{yx}=\frac{j\omega\omega_m}{\omega_0^2-\omega^2} \tag{9.1-22}$$

根据 B 和 H 之间的关系，则有

$$B=\mu_0(M+H)=[\mu]H=\mu_0([U]+[\chi])H=\begin{bmatrix}\mu & jk & 0\\ -jk & \mu & 0\\ 0 & 0 & \mu_0\end{bmatrix}H \tag{9.1-23}$$

由此得到铁氧体材料的导磁率张量(permeability tensor)[μ]为

$$[\mu]=\mu_0\begin{bmatrix}1+\chi_{xx} & \chi_{xy} & 0\\ \chi_{yx} & 1+\chi_{yy} & 0\\ 0 & 0 & 1\end{bmatrix}=\begin{bmatrix}\mu & jk & 0\\ -jk & \mu & 0\\ 0 & 0 & \mu_0\end{bmatrix}\quad \hat{z}\text{ 偏置} \tag{9.1-24}$$

其元素为

$$\begin{aligned}\mu &= \mu_0(1+\chi_{xx})=\mu_0(1+\chi_{yy})=\mu_0\left(1+\frac{\omega_0\omega_m}{\omega_0^2-\omega^2}\right)\\ k &= -j\mu_0\chi_{xy}=j\mu_0\chi_{yx}=\mu_0\frac{\omega\omega_m}{\omega_0^2-\omega^2}\end{aligned} \tag{9.1-25}$$

注意，式(9.1-24)所示导磁率张量形式是假定偏置磁场沿 $\hat{z}$ 方向。假如铁氧体在不同方向偏置，则其导磁率张量将按照坐标变化而变换。若 $H_0=\hat{x}H_0$，则导磁率张量为

$$[\mu]=\begin{bmatrix}\mu_0 & 0 & 0\\ 0 & \mu & jk\\ 0 & -jk & \mu\end{bmatrix}\quad \hat{x}\text{ 偏置} \tag{9.1-26}$$

若 $H_0=\hat{y}H_0$，导磁率张量则为

$$[\mu]=\begin{bmatrix}\mu & 0 & jk\\ 0 & \mu_0 & 0\\ -jk & 0 & \mu\end{bmatrix}\quad \hat{y}\text{ 偏置} \tag{9.1-27}$$

有必要说明一下单位。这里采用 CGS 单位制：磁化强度单位为 Gs(高斯)(1 Gs $=10^{-4}$ Wb/m^2)，磁场强度单位为 Oe(奥斯特)($4\pi\times10^{-3}$ Oe$=1$ A/m)。这样，在 CGS 单位制中，$\mu_0=1$ Gs/Oe。饱和磁化强度通常表示为 $4\pi M_s$ Gs，其相应的 MKS 制单位则为 $\mu_0 M_s$ Wb/m^2 $=10^{-4}(4\pi M_s$ Gs)。在 CGS 单位制中，拉摩频率表示为 $f_0=\omega_0/2\pi=\mu_0\gamma H_0/2\pi=(2.8$ MHz/Oe$)\cdot(H_0$ Oe)，而 $f_m=\omega_m/2\pi=\mu_0\gamma M_s/2\pi=(2.8$ MHz/Oe$)\cdot(4\pi M_s$ Gs)。

2. 圆极化微波场情况

为了更好地理解微波信号与饱和磁化铁氧体材料的相互作用，我们进一步考虑圆极化的微波场情况。

右旋圆极化场为

$$H^+ = H^+ (\hat{x} - j\hat{y}) \text{ 或者 } \quad H_y^+ = -jH_x^+ \tag{9.1-28}$$

写成时域形式为

$$\mathscr{H}^+ = \mathrm{Re}\{H^+ e^{j\omega t}\} = H^+ (\hat{x}\cos\omega t + \hat{y}\sin\omega t)$$

式中振幅 H^+ 假定为实数。将式(9.1-28)所示右旋圆极化场代入式(9.1-20)，得到磁化强度分量为

$$M_x^+ = \frac{\omega_m}{\omega_0 - \omega}H^+, \quad M_y^+ = \frac{-j\omega_m}{\omega_0 - \omega}H^+$$

于是，由 H^+ 产生的磁化强度矢量可以写成

$$\boldsymbol{M}^+ = M_x^+\hat{x} + M_y^+\hat{y} = \frac{\omega_m}{\omega_0 - \omega}H^+ (\hat{x} - j\hat{y}) \tag{9.1-29}$$

可见也是右旋圆极化，并与激励场 H^+ 同步以角速度 ω 旋转。由于 $\boldsymbol{M}^+$ 和 $\boldsymbol{H}^+$ 的方向相同，故可以写成 $\boldsymbol{B}^+ = \mu_0(\boldsymbol{M}^+ + \boldsymbol{H}^+) = \mu^+\boldsymbol{H}^+$，这里 μ^+ 是右旋圆极化波的有效导磁率：

$$\mu^+ = \mu_0\left(1 + \frac{\omega_m}{\omega_0 - \omega}\right) \tag{9.1-30}$$

M^+ 与 z 轴之间的夹角 θ_M 则可表示为

$$\mathrm{tg}\,\theta_M^+ = \frac{|M^+|}{M_s} = \frac{\omega_m H^+}{(\omega_0 - \omega)M_s} = \frac{\omega_0 H^+}{(\omega_0 - \omega)H_0} \tag{9.1-31}$$

而 $\boldsymbol{H}^+$ 与 z 轴的夹角 θ_H 可表示为

$$\mathrm{tg}\,\theta_H = \frac{|H^+|}{H_0} = \frac{H^+}{H_0} \tag{9.1-32}$$

对于 $\omega < 2\omega_0$ 的频率情况，由式(9.1-31)和式(9.1-32)可见，$\theta_M^+ > \theta_H$，如图 9.1-2(a)所示。此种情况下，磁偶极子以与自由进动相同的方向进动。

左旋圆极化场则为

$$H^- = H^- (\hat{x} + j\hat{y}) \text{ 或者 } \quad H_y^- = +jH_x^- \tag{9.1-33}$$

写成时域形式为

$$\mathscr{H}^- = \mathrm{Re}\{H^- e^{j\omega t}\} = H^- (\hat{x}\cos\omega t - \hat{y}\sin\omega t)$$

将式(9.1-33)代入式(9.1-20)，得到磁化强度分量为

$$M_x^- = \frac{\omega_m}{\omega_0 + \omega}H^-, \quad M_y^- = \frac{j\omega_m}{\omega_0 + \omega}H^-$$

因此由 H^- 产生的磁化强度矢量可以写成

$$\boldsymbol{M}^- = M_x^-\hat{x} + M_y^-\hat{y} = \frac{\omega_m}{\omega_0 + \omega}H^- (\hat{x} + j\hat{y}) \tag{9.1-34}$$

可见 $\boldsymbol{M}^-$ 是与 H^- 同步旋转的左旋圆极化磁化强度。由关系 $\boldsymbol{B}^- = \mu_0(\boldsymbol{M}^- + \boldsymbol{H}^-) = \mu^-\boldsymbol{H}^-$，则得左旋圆极化波的有效导磁率为

$$\mu^- = \mu_0\left(1 + \frac{\omega_m}{\omega_0 + \omega}\right) \tag{9.1-35}$$

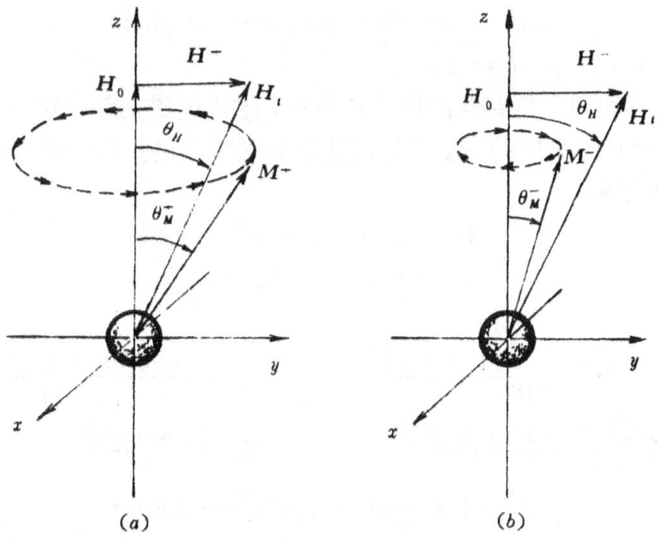

图 9.1－2　磁偶极子随圆极化场的强迫进动

(a) 右旋圆极化，$\theta_M^+ > \theta_H$；(b) 左旋圆极化，$\theta_M^- < \theta_H$

$\boldsymbol{M}^-$与 z 轴之夹角 θ_M 则可表示为

$$\operatorname{tg}\theta_M^- = \frac{|M^-|}{M_s} = \frac{\omega_m H^-}{(\omega_0+\omega)M_s} = \frac{\omega_0 H^-}{(\omega_0+\omega)H_0} \tag{9.1-36}$$

与式(9.1－32)相比可见，$\theta_M^- < \theta_H$，如图 9.1－2(b)所示。这种情况下，磁偶极子则是以与自由进动相反的方向进动。

上述分析结果表明，圆极化微波场与偏置铁氧体的相互作用与极化的方向有关。原因是偏置场确定了与右旋圆极化波的强迫进动方向一致的优先进动方向，此方向则与左旋圆极化波的强迫进动方向相反。这种效应导致微波铁氧体的非互易传播特性。

3. 损耗的影响

式(9.1－22)和式(9.1－25)表明，当微波频率 ω 等于拉摩频率 ω_0 时，磁化率或导磁率张量的元素变成无限大。这种效应称为旋磁共振(gyromagnetic resonance)，且出现在强迫进动频率等于自由进动频率时；若不存在损耗，其响应将是无界的。然而，所有实用的铁氧体材料都存在各种磁损耗机理，将使其响应峰值降低。

考虑到铁氧体内的各种损耗，需在运动方程(9.1－14)中引入一电阻性转矩形式的衰减项来进行修正。在这种情况下，运动方程(9.1－14)由如下朗道－栗弗席兹(Landau－Lifshitz)方程代替：

$$\frac{d\boldsymbol{M}}{dt} = -\gamma\mu_0 \boldsymbol{M}\times\boldsymbol{H} + \alpha\frac{\boldsymbol{M}}{M}\times\frac{d\boldsymbol{M}}{dt} \tag{9.1-37}$$

式中 α 是个无量纲的常数，称为阻尼因数。在 z 向偏置和小信号情况下，由式(9.1－37)得到的一级近似方程为

$$
\begin{aligned}
j\omega M_x &= -(\gamma\mu_0 H_0 + j\omega\alpha)M_y + \gamma\mu_0 M_S H_y \\
j\omega M_y &= (\gamma\mu_0 H_0 + j\omega\alpha)M_x - \gamma\mu_0 M_s H_x \\
j\omega M_z &= 0
\end{aligned} \tag{9.1-38}
$$

与式(9.1－18)相比可见，与有耗谐振系统一样，这里的磁损耗也可用复数谐振频率来考虑，即用 $\omega_0 + j\alpha\omega$ 代替无耗时的 ω_0，相应的张量导磁率则仍具有式(9.1－24)的形式，不同的是现在磁化率为复数：

$$
\begin{aligned}
\chi_{xx} &= \chi_{yy} = \chi'_{xx} - j\chi''_{xx} \\
\chi_{xy} &= -\chi_{yx} = j(\chi'_{xy} - j\chi''_{xy})
\end{aligned} \tag{9.1-39}
$$

其中

$$
\begin{aligned}
\chi'_{xx} &= \frac{\omega_0\omega_m[\omega_0^2 - \omega^2(1-\alpha^2)]}{D_1} \qquad \chi''_{xx} = \frac{\alpha\omega\omega_m[\omega_0^2 + \omega^2(1+\alpha^2)]}{D_1} \\
\chi'_{xy} &= \frac{\omega\omega_m[\omega_0^2 - \omega^2(1+\alpha^2)]}{D_1} \qquad \chi''_{xy} = \frac{2\omega_0\omega_m\omega^2\alpha}{D_1} \\
D_1 &= [\omega_0^2 - \omega^2(1+\alpha^2)]^2 + 4\omega_0^2\omega^2\alpha^2
\end{aligned} \tag{9.1-40}
$$

将式(9.1－25)中的 ω_0 以 $\omega_0 + j\alpha\omega$ 代替，则可得到相应的复数 μ 和 k，即得到 $\mu = \mu' - j\mu''$，$k = k' - jk''$。对于大多数铁氧体材料，其损耗是很小的，$\alpha \ll 1$，$1+\alpha^2 \simeq 1$。图 9.1－3 示出典型铁氧体材料磁化率的实部和虚部曲线。

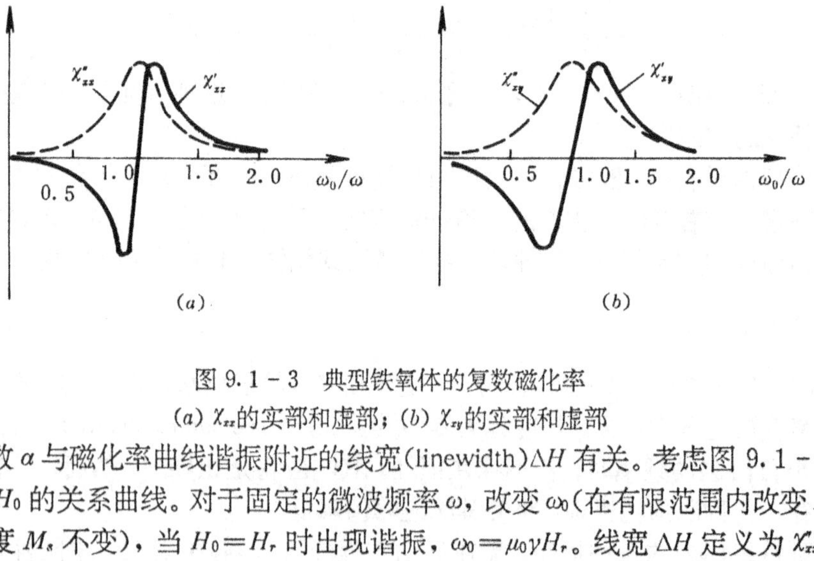

图 9.1－3 典型铁氧体的复数磁化率

(a) χ_{xx}的实部和虚部；(b) χ_{xy}的实部和虚部

阻尼因数 α 与磁化率曲线谐振附近的线宽(linewidth)ΔH 有关。考虑图 9.1－4 所示 χ''_{xx} 与偏置磁场 H_0 的关系曲线。对于固定的微波频率 ω，改变 ω_0(在有限范围内改变 H_0 而保持饱和磁化强度 M_s 不变)，当 $H_0 = H_r$ 时出现谐振，$\omega_0 = \mu_0\gamma H_r$。线宽 ΔH 定义为 χ''_{xx}值降低至其峰值一半处 χ''_{xx}曲线的宽度。假定损耗很小，$1+\alpha^2 \simeq 1$，则由式(9.1－40)，得到

$$
\chi''_{xx} = \frac{\omega_m\omega\alpha(\omega_0^2 + \omega^2)}{(\omega_0^2 - \omega^2)^2 + 4\omega_0^2\omega^2\alpha^2} \tag{9.1-41}
$$

谐振时

$$
\chi''_{xx,\max} = \frac{\omega_m}{2\omega\alpha} \tag{9.1-42}
$$

而当 $H_0 = H_1$，$H_0 = H_2$ 时，χ''_{xx}值降至 $\chi''_{xx,\max}$的一半，相应的值为

$$
\frac{\omega_m\omega\alpha(\omega_{02}^2 + \omega^2)}{(\omega_{02}^2 - \omega^2)^2 + 4\omega_{02}^2\omega^2\alpha^2} = \frac{\omega_m}{4\omega\alpha} \tag{9.1-43}
$$

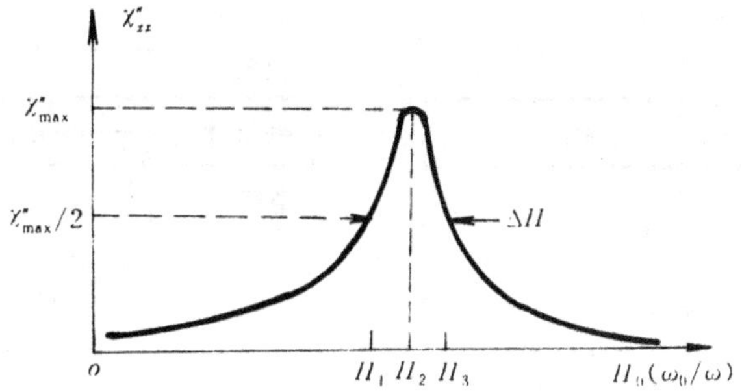

图 9.1－4 旋磁共振线宽 ΔH 的定义

由此解得

$$\omega_{02}=\omega\sqrt{1+2\alpha}\simeq\omega(1+\alpha) \tag{9.1-44}$$

于是 $\Delta\omega_0=\omega_{02}-\omega_{01}=2(\omega_{02}-\omega_0)\simeq2[\omega(1+\alpha)-\omega]=2\alpha\omega$。应用式(9.1－9)，即得到线宽为

$$\Delta H=\frac{\Delta\omega_0}{\mu_0\gamma}=\frac{2\alpha\omega}{\mu_0\gamma} \tag{9.1-45}$$

典型的线宽范围是从小于 100 Oe(YIG)到 100～500 Oe(铁氧体)；单晶 YIG 的线宽可低至 0.3 Oe。

4. 去磁因数

上述 χ_{xx} 和 χ_{xy} 复数表示式仅适用于铁氧体内部的偏置场和微波磁场为均匀的情况，而在这些表示式中的角频率 $\omega=\omega_0=\gamma\mu_0H_r$ 又与内部的稳定场 H_r 有关。

对于有限尺寸铁氧体样品实际情况，处理更容易测量的外部磁场更为方便。但对于有限尺寸的样品，由于铁氧体表面边界条件的影响将使铁氧体内部的场不同于外部场。为了确定外加磁场情况下铁氧体样品的磁化强度，需要引入去磁因数(demagnetization factor)，以建立铁氧体内外场之间的关系。

如图 9.1－5(a)所示薄铁氧体板，外加场 H_a 垂直于铁氧体板，由平板表面法向磁感应强度连续条件，应有

$$B_n=\mu_0H_a=\mu_0(M_s+H_0)$$

其中 H_0 是铁氧体内部的直流偏置场，且有

$$H_0=H_a-M_s$$

这说明，当垂直外加场时，内部场比外加场小，两者之差为饱和磁化强度。若平行于铁氧体板外加场，如图 9.1－5(b)所示，则表面切向场应连续，即应有

$$H_{\tan}=H_a=H_0$$

这说明，当平行外加场时，内部场并不减弱。一般情况下，内部场要受到铁氧体样品形状的影响并相对于外加场 $\boldsymbol{H}_e$ 取向。内部场(交流或直流场)可表示为

$$\boldsymbol{H}_i=\boldsymbol{H}_e-N\boldsymbol{M} \tag{9.1-46}$$

式中 $N=N_x$，N_y 或 N_z 称为去磁因数。不同形状的铁氧体具有不同的 N 值，这取决于外加场的方向。表 9.1－1 给出了三种常用简单形状铁氧体样品的去磁因数。去磁因数有关系 $N_x+N_y+N_z=1$。

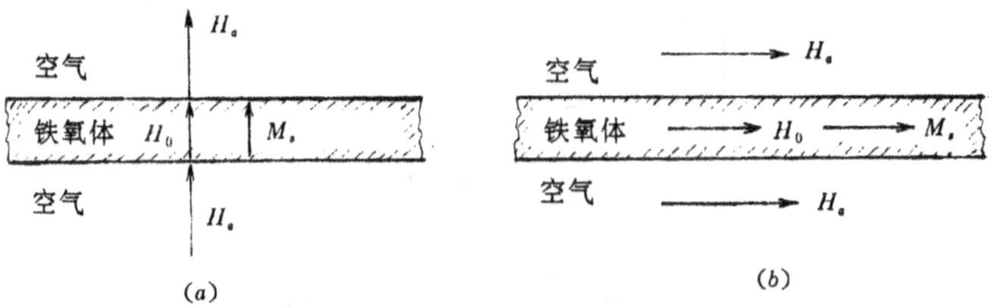

图 9.1－5 .薄铁氧体板的内外场
(a) 垂直偏置；(b) 水平偏置

表 9.1－1　三种常用简单形状铁氧体的去磁因数

形　　状		N_x	N_y	N_z
薄板或薄圆盘	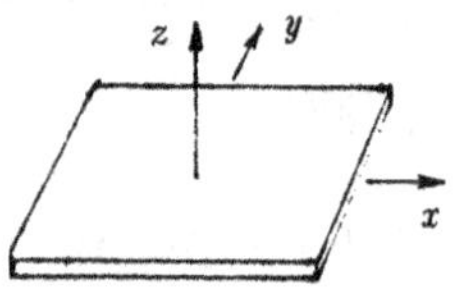	0	0	1
细棒	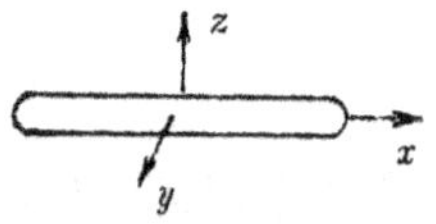	$\frac{1}{2}$	$\frac{1}{2}$	0
小球	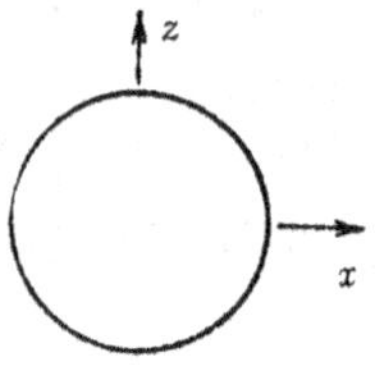	$\frac{1}{3}$	$\frac{1}{3}$	$\frac{1}{3}$

引入去磁因数后，也便于求铁氧体样品边界附近内外射频场的关系。对于有横向射频场的 z 向偏置铁氧体，式(9.1－46)简化为

$$
\begin{aligned}
H_{xi} &= H_{xe} - N_x M_x \\
H_{yi} &= H_{ye} - N_y M_y \\
H_{zi} &= H_{ze} - N_z M_z = H_a - N_z M_s
\end{aligned}
\qquad (9.1-47)
$$

式中，H_{xe}、H_{ye}是铁氧体外面的射频场，H_a 是外加偏置场。由式(9.1－21)

$$M_x = \chi_{xx} H_{xi} + \chi_{xy} H_{yi},\ M_y = \chi_{yx} H_{xi} + \chi_{yy} H_{yi}$$

利用式(9.1－47)的第一、二式消去 H_{xi}和 H_{yi}，得到

$$M_x = \chi_{xx} H_{xe} + \chi_{xy} H_{ye} - \chi_{xx} N_x M_x - \chi_{xy} N_y M_y$$

$$M_y = \chi_{yx} H_{xe} + \chi_{yy} H_{ye} - \chi_{yx} N_x M_x - \chi_{yy} N_y M_y$$

对 M_x 和 M_y 求解得到

$$M_x = \frac{\chi_{xx}(1+\chi_{yy}N_y) - \chi_{xy}\chi_{yx}N_y}{D_2}H_{xe} + \frac{\chi_{xy}}{D_2}H_{ye}$$
$$M_y = \frac{\chi_{yx}}{D_2}H_{xe} + \frac{\chi_{yy}(1+\chi_{xx}N_x) - \chi_{yx}\chi_{xy}N_x}{D_2}H_{ye} \qquad (9.1-48)$$

式中

$$D_2 = (1+\chi_{xx}N_x)(1+\chi_{yy}N_y) - \chi_{yx}\chi_{xy}N_xN_y$$

式(9.1 - 48)的形式即为 $M=[\chi_e]H_e$，其中 H_{xe}和 H_{ye}的系数可定义为“外部”磁化率。它们将磁化强度与外部射频场联系在一起。

由式(9.1 - 22)可见，无限大铁氧体媒质的旋磁共振出现在频率 $\omega_r=\omega=\omega_0$ 时，式(9.1 - 22)的分母为零。但对于有限尺寸的铁氧体样品，其旋磁共振频率要因去磁因数而改变，条件是式(9.1 - 48)的分母 $D_2=0$。将式(9.1 - 22)代入此条件，可得共振频率 ω_r 为

$$\omega_r = \omega = \sqrt{(\omega_0+\omega_mN_x)(\omega_0+\omega_mN_y)}$$

以 $\omega_0=\mu_0\gamma H_0=\mu_0\gamma(H_a-N_zM_s)$和 $\omega_m=\mu_0\gamma M_s$ 代入，则共振频率可用外加偏置场与饱和磁化强度表示为

$$\omega_r = \mu_0\gamma\sqrt{[H_a+(N_x-N_z)M_s][H_a+(N_y-N_z)M_s]} \qquad (9.1-49)$$

此结果称为吉尔特(Kittel)方程①。

9.2　铁氧体媒质中的平面波

本节利用上节导出的偏置铁氧体材料的导磁率张量，对纵向偏置和横向偏置铁氧体媒质中的波传播求解麦克斯韦方程，以获得铁氧体的法拉第旋转效应和双折射效应。

1. 法拉第旋转效应

考虑沿 $\hat{z}$ 向偏置直流磁场($H_0=\hat{z}H_0$)的无限大铁氧体媒质，其导磁率张量如式(9.1 - 24)所示。麦克斯韦方程可以写成

$$\nabla\times E = -j\omega[\mu]H \qquad (9.2-1a)$$
$$\nabla\times H = j\omega\varepsilon E \qquad (9.2-1b)$$
$$\nabla\cdot D = 0 \qquad (9.2-1c)$$
$$\nabla\cdot B = 0 \qquad (9.2-1d)$$

设平面波沿 z 向传播，$\partial/\partial x=0$，$\partial/\partial y=0$；平面波的电场和磁场则为

$$E = E_0e^{-j\beta z},\ H = H_0e^{-j\beta z} \qquad (9.2-2)$$

将式(9.1 - 24)代入式(9.2 - 1a、b)，展开后得到

$$j\beta E_y = -j\omega(\mu H_x + jkH_y) \qquad (9.2-3a)$$
$$-j\beta E_x = -j\omega(-jkH_x + \mu H_y) \qquad (9.2-3b)$$
$$0 = -j\omega\mu_0 H_z \qquad (9.2-3c)$$
$$j\beta H_y = j\omega\varepsilon E_x \qquad (9.2-3d)$$
$$-j\beta H_x = j\omega\varepsilon E_y \qquad (9.2-3e)$$

① 见 B. Lax and K. J. Button, Microware Ferrites and Ferrimagnetics, McGraw - Hill, N. Y., 1962.

$$0 = j\omega\varepsilon E_z \tag{9.2-3f}$$

式(9.2－3c、f)表明 $E_z=H_z=0$。这正符合 TEM 平面波特点。又由于 $\partial/\partial x=\partial/\partial y=0$，所以又有 $\nabla\cdot\boldsymbol{D}=\nabla\cdot\boldsymbol{B}=0$，与式(9.2－1c、d)相符。由式(9.2－3d，e)得到横向场分量之间的关系为

$$Y = \frac{H_y}{E_x} = \frac{-H_x}{E_y} = \frac{\omega\varepsilon}{\beta} \tag{9.2-4}$$

式中 Y 称为波导纳。将式(9.2－4)代入式(9.2－3a、b)以消去 H_x 和 H_y，得到

$$\begin{aligned} j\omega^2\varepsilon k E_x + (\beta^2 - \omega^2\mu\varepsilon)E_y = 0 \\ (\beta^2 - \omega^2\mu\varepsilon)E_x - j\omega^2\varepsilon k E_y = 0 \end{aligned} \tag{9.2-5}$$

由式(9.2－5)的系数行列式等于零的关系，可以得到两个可能的传播常数 β_+ 和 β_-，即有

$$\beta_\pm = \omega\sqrt{\varepsilon(\mu \pm k)} \tag{9.2-6}$$

将 β_+ 值代入式(9.2－5)，得到与 β_+ 对应的场为

$$E_y = -jE_x$$

此平面波的电场则应为

$$\boldsymbol{E}_+ = E_0(\hat{\boldsymbol{x}} - j\hat{\boldsymbol{y}})e^{-j\beta_+ z} \tag{9.2-7a}$$

由式(9.2－4)得到其相应的磁场为

$$\boldsymbol{H}_+ = E_0 Y_+ (j\hat{\boldsymbol{x}} + \hat{\boldsymbol{y}})e^{-j\beta_+ z} \tag{9.2-7b}$$

显然这是右旋圆极化平面波。其波导纳为

$$Y_+ = \frac{\omega\varepsilon}{\beta_+} = \sqrt{\frac{\varepsilon}{\mu + k}} \tag{9.2-7c}$$

同样可求得与 β_- 相联系的场是左旋圆极化场：

$$\boldsymbol{E}_- = E_0(\hat{\boldsymbol{x}} + j\hat{\boldsymbol{y}})e^{-j\beta_- z} \tag{9.2-8a}$$

$$\boldsymbol{H}_- = E_0 Y_- (-j\hat{\boldsymbol{x}} + \hat{\boldsymbol{y}})e^{-j\beta_- z} \tag{9.2-8b}$$

式中 Y_- 是此左旋圆极化平面波的波导纳：

$$Y_- = \frac{\omega\varepsilon}{\beta_-} = \sqrt{\frac{\varepsilon}{\mu - k}} \tag{9.2-8c}$$

上述结果说明，右旋圆极化和左旋圆极化平面波是 $\hat{\boldsymbol{z}}$ 偏置铁氧体媒质中的两个无源模式。这两种平面波以不同的传播常数传播，右旋圆极化波的有效导磁率为 $\mu+k$，左旋圆极化波的有效导磁率则为 $\mu-k$。β_+ 和 β_- 或($\mu+k$)和($\mu-k$)为方程(9.2－5)的本征值，$\boldsymbol{E}_+$ 和 $\boldsymbol{E}_-$ 为相应的本征矢量。当存在损耗时，右旋和左旋圆极化波的衰减常数也将不同。

现在考虑在 $z=0$ 处有一线极化电场，它可表示成右旋和左旋圆极化波的叠加：

$$\boldsymbol{E}|_{z=0} = \hat{\boldsymbol{x}}E_0 = \frac{E_0}{2}(\hat{\boldsymbol{x}} - j\hat{\boldsymbol{y}}) + \frac{E_0}{2}(\hat{\boldsymbol{x}} + j\hat{\boldsymbol{y}}) \tag{9.2-9}$$

由于波沿 $+z$ 方向传播，右旋和左旋圆极化波的传播因子分别为 $e^{-j\beta_+ z}$ 和 $e^{-j\beta_- z}$，因此式(9.2－9)所示线极化波的传播形式为

$$\begin{aligned} \boldsymbol{E} &= \frac{E_0}{2}(\hat{\boldsymbol{x}} - j\hat{\boldsymbol{y}})e^{-j\beta_+ z} + \frac{E_0}{2}(\hat{\boldsymbol{x}} + j\hat{\boldsymbol{y}})e^{-j\beta_- z} \\ &= \frac{E_0}{2}\hat{\boldsymbol{x}}(e^{-j\beta_+ z} + e^{-j\beta_- z}) - j\frac{E_0}{2}\hat{\boldsymbol{y}}(e^{-j\beta_+ z} - e^{-j\beta_- z}) \end{aligned}$$

$$= E_0\left[\hat{x}\cos\left(\frac{\beta_+-\beta_-}{2}\right)z-\hat{y}\sin\left(\frac{\beta_+-\beta_-}{2}\right)z\right]e^{-j(\beta_++\beta_-)z/2}$$

(9.2-10)

这表明，式(9.2-9)所示线极化波沿$+z$方向传播距离z以后仍为线极化波，但其极化随着波的传播而旋转，极化方向相对于x轴的角度为

$$\phi=\operatorname{arctg}\frac{E_y}{E_x}=\operatorname{arctg}\left[-\operatorname{tg}\left(\frac{\beta_+-\beta_-}{2}\right)z\right]=-\left(\frac{\beta_+-\beta_-}{2}\right)z \qquad (9.2-11)$$

这种极化面随波传播不断以前进方向为轴旋转的现象，称为法拉第旋转(Faraday rotation)效应，角度ϕ称为法拉第旋转角。应当注意，在z轴固定位置，法拉第旋转角是固定不变的。

对于$\omega<\omega_0$情况，μ和k为正且$\mu>k$，于是$\beta_+>\beta_-$，式(9.2-11)说明，随z的增加，角度ϕ变得更加负。这意味着沿$+z$方向看去，极化(即E的方向)反时针旋转。若将偏置方向反过来，便要改变k的符号，极化则顺时针旋转。类似地，对于$+z$偏置情况，若波沿$-z$方向传播，向传播方向($-z$)看去，其极化将顺时针旋转；但若向$+z$方向看去，极化将反时针旋转(与波沿$+z$方向传播情况相同)。因此，波从$z=0$传至$z=L$然后返回到$z=0$处所经历的总极化旋转角为2ϕ。可见法拉第旋转效应是一种非互易效应。

2. 双折射效应

现在考虑沿$\hat{x}$偏置(与传播方向垂直)直流磁场的无限大铁氧体媒质情况，其导磁率张量如式(9.1-26)所示。设平面波场如式(9.2-2)所示，则麦克斯韦方程简化为

$$j\beta E_y=-j\omega\mu_0H_x \qquad (9.2-12a)$$

$$-j\beta E_x=-j\omega(\mu H_y+jkH_z) \qquad (9.2-12b)$$

$$0=-j\omega(-jkH_y+\mu H_z) \qquad (9.2-12c)$$

$$j\beta H_y=j\omega\varepsilon E_x \qquad (9.2-12d)$$

$$-j\beta H_x=j\omega\varepsilon E_y \qquad (9.2-12e)$$

$$0=j\omega\varepsilon E_z \qquad (9.2-12f)$$

可见$E_z=0$，又由于$\partial/\partial x=0$，$\partial/\partial y=0$，所以$\nabla\cdot D=0$。由式(9.2-12d、e)得到波导纳为

$$Y=\frac{H_y}{E_x}=\frac{-H_x}{E_y}=\frac{\omega\varepsilon}{\beta} \qquad (9.2-13)$$

将式(9.2-13)代入式(9.2-12a、b)消去H_x和H_y，将式(9.2-12c)代入式(9.2-12b)以消去H_z，得到方程

$$\begin{aligned}\beta^2E_y&=\omega^2\mu_0\varepsilon E_y\\ \mu(\beta^2-\omega^2\mu\varepsilon)E_x&=-\omega^2\varepsilon kE_x\end{aligned} \qquad (9.2-14)$$

由此式求得的一个解是$E_x=0$，相应的传播常数为

$$\beta_o=\omega\sqrt{\mu_o\varepsilon} \qquad (9.2-15)$$

与此解对应的波的电场和磁场为

$$\begin{aligned}\mathbf{E}_o&=\hat{y}E_0e^{-j\beta_oz}\\ \mathbf{H}_o&=-\hat{x}E_0Y_oe^{-j\beta_oz}\end{aligned} \qquad (9.2-16)$$

式中

$$Y_o = \frac{\omega\varepsilon}{\beta_o} = \sqrt{\frac{\varepsilon}{\mu_o}} \tag{9.2-17}$$

此波称为正常波(ordinary wave)，因为它不受铁氧体磁化强度的影响。这种正常波出现在与偏置方向垂直的磁场分量为零($H_y=H_z=0$)时。此波在$+z$和$-z$方向具有相同的传播常数，且与H_0无关。

式(9.2-14)的另一个解是$E_y=0$，相应的传播常数为

$$\beta_e = \omega\sqrt{\mu_e\varepsilon} \tag{9.2-18}$$

式中μ_e是有效导磁率

$$\mu_e = \frac{\mu^2 - k^2}{\mu} \tag{9.2-19}$$

此波称为异常波(extraordinary wave)，受铁氧体磁化强度的影响。其电场和磁场为

$$\begin{aligned} \mathbf{E}_e &= \hat{x}E_0 e^{-j\beta_e z} \\ \mathbf{H}_e &= E_0 Y_e\left(\hat{y} + \hat{z}\frac{jk}{\mu}\right)e^{-j\beta_e z} \end{aligned} \tag{9.2-20}$$

式中

$$Y_e = \frac{\omega\varepsilon}{\beta_e} = \sqrt{\frac{\varepsilon}{\mu_e}} \tag{9.2-21}$$

这些场构成线极化波，但却有传播方向的磁场分量。除H_z以外，异常波的电场和磁场都与正常波相应的场垂直。因此，若在y方向极化的波的传播常数为β_o(正常波)，则在x方向极化的波的传播常数便是β_e(异常波)。这种传播常数与极化方向有关的现象称为双折射效应(birefringence effect)。

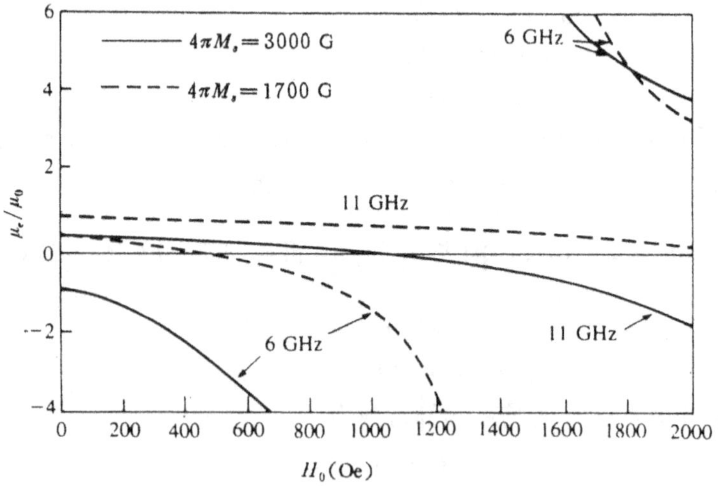

图 9.2-1 有效导磁率μ_e与偏置场强H_0的关系曲线

由式(9.2-19)可见，若$k^2>\mu^2$，则异常波的有效导磁率μ_e可能为负值。此条件取决于ω、ω_0和ω_m或f、H_0和M_s的值。但当频率和饱和磁化强度一定时，总存在一定范围的偏置磁场使$\mu_e<0$，β_e为虚数，波将截止或消失。这样，若一个$\hat{x}$极化的平面波入射到该铁氧体

区域的分界面上，则将全部被反射。图 9.2-1 即表示有效导磁率 μ_e 与偏置场强 H_0 的关系曲线。

9.3　铁氧体加载矩形波导

大多数实用的微波铁氧体元件，都是由铁氧体材料加载的波导或其它型式导行系统构成的。作为比较简单的情况，本节分析铁氧体加载矩形波导的特性，以便定量地说明几种实用微波铁氧体元件的工作原理与设计方法。

1. 单片铁氧体加载矩形波导

如图 9.3-1 所示用单片铁氧体材料加载的矩形波导，偏置磁场沿 $\hat{y}$ 方向。这种结构及其分析结果可用于处理谐振式隔离器、场移式隔离器和非互易相移器等的工作与设计。

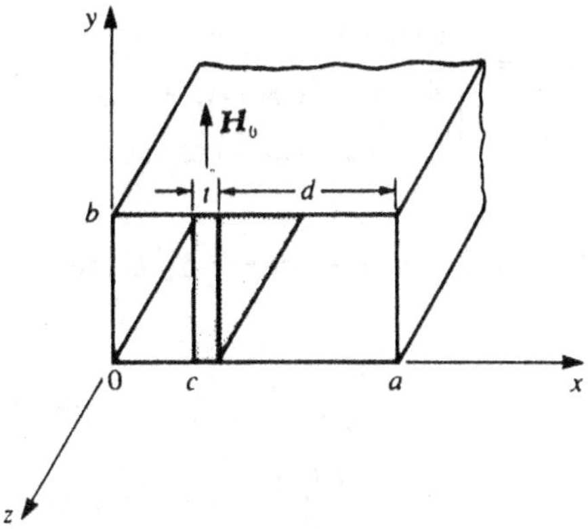

图 9.3-1　单片铁氧体加载矩形波导

在铁氧体板中，麦克斯韦方程可以写成

$$\begin{aligned}\nabla \times E &= -j\omega[\mu]H \\ \nabla \times H &= j\omega\varepsilon E\end{aligned} \qquad (9.3-1)$$

式中的导磁率张量如式(9.1-27)所示。令 $E(x, y, z)=[E_{0t}(x, y)+\hat{z}E_{0z}(x, y)]e^{-j\beta z}$，$H(x, y, z)=[H_{0t}(x, y)+\hat{z}H_{0z}(x, y)]e^{-j\beta z}$，代入式(9.3-1)展开后得到 TE_{m0} 模的场分量关系为

$$j\beta E_{0y} = -j\omega(\mu H_{0x} + jkH_{0z}) \qquad (9.3-2a)$$

$$\frac{\partial E_{0y}}{\partial x} = -j\omega(-jkH_{0x} + \mu H_{0z}) \qquad (9.3-2b)$$

$$j\omega\varepsilon E_{0y} = -j\beta H_{0x} - \frac{\partial H_{0z}}{\partial x} \qquad (9.3-2c)$$

将式(9.3-2a)乘以 μ，式(9.3-2b)乘以 $-jk$，然后相加得到

$$H_{0x} = \frac{1}{\omega\mu\mu_e}\left(-\mu\beta E_{0y} + k\frac{\partial E_{0y}}{\partial x}\right) \qquad (9.3-3a)$$

将式(9.3-2a)乘以 jk，式(9.3-2b)乘以 μ，然后相加得到

$$H_{0z} = \frac{j}{\omega\mu\mu_e}\left(-k\beta E_{0y} + \mu\frac{\partial E_{0y}}{\partial x}\right) \qquad (9.3-3b)$$

式中 μ_e 如式(9.2-19)所示。将式(9.3-3)代入式(9.3-2c)，可以得到铁氧体板区域内 E_{0y} 的波动方程为

$$\left(\frac{\partial^2}{\partial x^2} + k_f^2\right)E_{0y} = 0,\ k_f^2 = \omega^2\mu_e\varepsilon - \beta^2 \qquad (9.3-4)$$

令 $\mu=\mu_0$，$k=0$ 和 $\varepsilon_r=1$ 则得到铁氧体板外面空气区域 E_{0y} 的波动方程为

$$\left(\frac{\partial^2}{\partial x^2} + k_a^2\right)E_{0y} = 0,\quad k_a^2 = k_0^2 - \beta^2 \qquad (9.3-5)$$

空气区域内的磁场则为

$$H_{0x}=\frac{-\beta}{\omega\mu_0}E_{0y}=\frac{-1}{Z_{w}}E_{0y},\quad H_{0z}=\frac{j}{\omega\mu_0}\frac{\partial E_{0y}}{\partial x}\tag{9.3-6}$$

由式(9.3－4)和式(9.3－5)可求得 E_{0y}解为

$$E_{0y}=\begin{cases}A\sin k_a x & 0<x<c\\ B\sin k_f(x-c)+C\sin k_f(c+t-x) & c<x<c+t\\ D\sin k_a(a-x) & c+t<x<a\end{cases}\tag{9.3-7}$$

式中已利用 $x=0$、c、$c+t$ 和 a 处的边界条件。由式(9.3－2b)、(9.3－6)和式(9.3－7)可求得 H_{0z}为

$$H_{0z}=\begin{cases}(jk_aA/\omega\mu_o)\cos k_a x & 0<x<c\\ (j/\omega\mu\mu_e)\{-k\beta[B\sin k_f(x-c)+C\sin k_f(c+t-x)] & \\ +\mu k_f[B\cos k_f(x-c)-C\cos k_f(c+t-x)]\} & c<x<c+t\\ (-jk_aD/\omega\mu_o)\cos k_a(a-x) & c+t<x<a\end{cases}\tag{9.3-8}$$

由 $x=c$ 和 $x=c+t=a-d$ 处 E_{0y}和 H_{0z}连续条件，可得到确定传播常数 β 的本征值方程为

$$\left(\frac{k_f}{\mu_e}\right)^2+\left(\frac{k\beta}{\mu\mu_e}\right)^2-k_a\,\mathrm{ctg}\,k_ac\left(\frac{k_f}{\mu_o\mu_e}\mathrm{ctg}\,k_ft-\frac{k\beta}{\mu_o\mu\mu_e}\right)$$
$$-\left(\frac{k_a}{\mu_o}\right)^2\mathrm{ctg}\,k_ac\,\mathrm{ctg}\,k_ad-k_a\,\mathrm{ctg}\,k_ad\left(\frac{k_f}{\mu_o\mu_e}\mathrm{ctg}\,k_ft+\frac{k\beta}{\mu_o\mu\mu_e}\right)=0\tag{9.3-9}$$

此为超越方程，需用数值法求解。此式表明铁氧体板加载矩形波导中波的传播是非互易的，因为若改变偏置场方向(等效于改变传播方向)，就将改变 k 的符号，结果导致 β 的不同解。可以证明这两个解为 β_+和 β_-，分别对应于正向偏置的 $+z$ 方向传播和 $-z$ 方向传播的波。

将式(9.3－9)中的 β 关于 $t=0$ 按泰勒级数展开可以得到微分相移的近似式为

$$\beta_+-\beta_-=\frac{-2k_ctk}{a\mu}\sin 2k_cc=-2k_c\frac{k}{\mu}\frac{\Delta S}{S}\sin 2k_cc\tag{9.3-10}$$

式中，$k_c=\pi/a$ 是空气波导的截止波数，$\Delta S/S=t/a$ 是填充系数(filling factor)或铁氧体板截面积与波导截面积之比。式(9.3－10)也适用于诸如小铁氧体带或棒加载波导之类其它结构，只是需要对铁氧体形状取适当的去磁因数。但应注意，式(9.3－10)只对很小的铁氧体截面正确，典型值是 $\Delta S/S<0.01$。

由式(9.3－9)可求得用式(9.1－38)所示磁化率虚部表示的正、反向衰减常数近似式为

$$a_\pm=\frac{\Delta S}{S\beta_o}(\beta_o^2\chi''_{xx}\sin^2 k_cx+k_c^2\chi''_{yy}\cos^2 k_cx\mp\chi''_{xy}k_c\beta_o\sin 2k_cx)\tag{9.3-11}$$

式中 $\beta_o=\sqrt{k_o^2-k_c^2}$是空波导的传播常数。此结果可用于谐振式隔离器的设计。

2. 双片对称铁氧体加载矩形波导

图 9.3－2 表示用双片对称放置的铁氧体板加载矩形波导结构，在铁氧体板上加大小相等方向相反的 $\hat{y}$ 向偏置磁场。其分析方法与上述单片加载结构的分析方法相似。

由图 9.3－2 可见，磁场分量 H_{0y}和 H_{0z}及偏置磁场以 $x=a/2$ 平面反对称，此对称面为

磁壁。因此我们只需考虑 $0<x<a/2$ 的一半区域。此区域内的 E_{0y} 解为

$$E_{0y}=\begin{cases}A\sin k_a x & 0<x<c\\ B\sin k_f(x-c) & \\ \quad+C\sin k_f(c+t-x) & c<x<c+t\\ D\cos k_a(a/2-x) & c+t<x<a/2\end{cases}\tag{9.3-12}$$

式中的截止波数 k_f 和 k_a 如式(9.3-4)和式(9.3-5)所示。

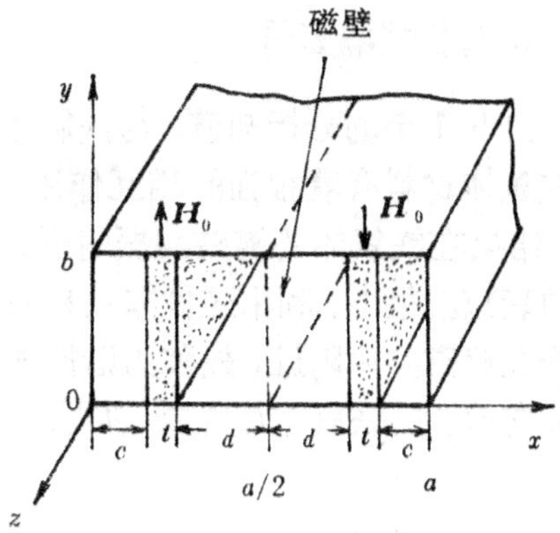

图 9.3-2 双片对称铁氧体加载矩形波导

磁场分量 H_{0z} 可由式(9.3-3)和式(9.3-6)求得为

$$H_{0z}=\begin{cases}(jk_aA/\omega\mu_o)\cos k_a x & 0<x<c\\ (j/\omega\mu\mu_e)\{-k\beta[B\sin k_f(x-c)+C\sin k_f(c+t-x)] & \\ \quad+\mu k_f[B\cos k_f(x-c)-C\cos k_f(c+t-x)]\} & c<x<c+t\\ (jk_aD/\omega\mu_o)\sin k_a(a/2-x) & c+t<x<a/2\end{cases}\tag{9.3-13}$$

利用 $x=c$ 和 $x=c+t=a/2-d$ 处 E_{0y} 和 H_{0z} 连续条件，可以得到确定传播常数 β 的本征值方程：

$$\left(\frac{k_f}{\mu_e}\right)^2+\left(\frac{k\beta}{\mu\mu_e}\right)-k_a\operatorname{ctg}k_ac\left(\frac{k_f}{\mu_o\mu_e}\operatorname{ctg}k_ft-\frac{k\beta}{\mu_o\mu\mu_e}\right)$$
$$+\left(\frac{k_a}{\mu_o}\right)^2\operatorname{ctg}k_ac\operatorname{tg}k_ad+k_a\operatorname{tg}k_ad\left(\frac{k_f}{\mu_o\mu_e}\operatorname{ctg}k_ft+\frac{k\beta}{\mu_o\mu\mu_e}\right)=0\tag{9.3-14}$$

此式为超越方程，可用数值法求解。式中的 k 和 β 仅以 $k\beta$、k^2 或 β^2 形式出现就表明非互易传播特征。这是因为将 k 改变符号(或改变偏置场的方向)，就必定改变 β(传播方向)的符号。初看起来，对于相同尺寸和参数的波导和铁氧体板，用两片铁氧体似乎能获得两倍于一片铁氧体的相移，但实际上并非如此，因为场在铁氧体区域是高度集中的。

9.4 微波铁氧体隔离器

隔离器(isolator)是一种具有单向传输特性的二端口器件，是最常用的微波铁氧体元件。理想隔离器的 S 矩阵形式为

$$[S]=\begin{bmatrix}0&0\\1&0\end{bmatrix}\tag{9.4-1}$$

即两个端口均匹配，仅由端口 1 向端口 2 传输。显然[S]不是幺正的，因而隔离器必然有损耗；又由于隔离器是一种非互易元件，故[S]是不对称的。

隔离器一般用在微波信源和负载之间，以防止来自负载的可能反射，保证信源稳定可靠的工作。其主要性能指标是正向损耗、反向衰减、输入端驻波比和工作频带宽度。

隔离器的结构型式有好几种，这里只介绍常用的谐振式隔离器和场移式隔离器。

1. 谐振式隔离器

由 9.1 节的分析知道，与铁氧体媒质的进动磁偶极子相同方向旋转的右旋圆极化波，与铁氧体材料有着很强的相互作用，而以相反方向旋转的左旋圆极化波的相互作用则很弱，结果在铁氧体的旋磁共振附近，右旋圆极化波的衰减就很大，而以相反方向传播时，波的衰减就很小。利用这种非互易的旋磁共振吸收效应便可构成隔离器。这种隔离器必须工作在旋磁共振附近，故称为谐振式隔离器(resonance isolator)。它通常由安装在波导内某处横向偏置的铁氧体片构成，如图 9.4－1 所示。

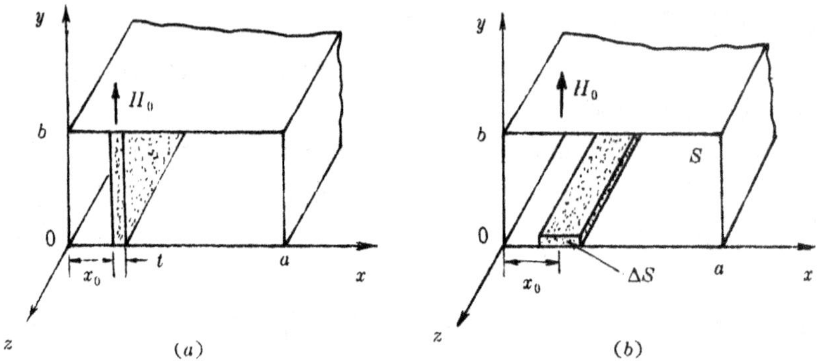

图 9.4－1　两种谐振式隔离器结构

(a) E 面全高度铁氧体板；(b) H 面铁氧体板

理论上说，铁氧体材料内的微波磁场应该是圆极化场。空的矩形波导 TE_{10} 模的磁场为

$$\begin{aligned} H_x &= \mp \frac{\beta_{10}}{k_c} H_{10} \sin k_c x e^{\mp j\beta_{10} z} \\ H_z &= jH_{10} \cos k_c x e^{\mp j\beta_{10} z} \end{aligned} \qquad (9.4-2)$$

式中，$k_c=\pi/a$ 是截止波数，$\beta_{10}=\sqrt{k_0^2-k_c^2}$ 是空波导 TE_{10} 模的传播常数。由式(9.4－2)可知，$H_z/H_x=\pm j[\beta_{10}/(\pi/a)]\ \mathrm{tg}\ (\pi x/a)$，因此空波导圆极化波的位置 x_0 由下式确定：

$$\frac{H_x}{H_z}=\pm j \quad 若 \quad \mathrm{tg}\ \frac{\pi x_0}{a}=\frac{\pi/a}{\beta_{10}}=\frac{\lambda_g}{2a} \qquad (9.4-3a)$$

$$\frac{H_x}{H_z}=\mp j \quad 若 \quad \mathrm{tg}\ \frac{\pi x_0}{a}=-\frac{\pi/a}{\beta_{10}}=-\frac{\lambda_g}{2a} \qquad (9.4-3b)$$

因此，若 x_0 选择在 $0<x_0<a/2$ 范围内且满足式(9.4－3a)，则在 x_0 平面内正、反向传输的 TE_{10} 模分别是右旋和左旋圆极化波；而 x_0 被选择在 $a/2<x_0<a$ 范围内且满足式(9.4－3b)，则在 x_0 平面内正、反向传输的 TE_{10} 模分别是左旋和右旋圆极化波。但要指出的是，铁氧体加载后可能使场受到微扰，由式(9.4－3)给出的 x_0 可能不是圆极化波的真正最佳位置。

对于图 9.4－1(a)所示全高度 E 面铁氧体板结构，可用上节的严格结果进行分析，即按给定参数求解式(9.3－9)，以求得铁氧体加载波导的正、反向波的复数传播常数值。求解时必须考虑磁损耗的影响，即在 μ 和 k 表示式中的共振频率 ω_0 用复共振频率 $\omega_0+j\alpha\omega$ 代替进行求解。通常，波导宽度 a、频率及铁氧体的参数 $4\pi M_s$ 和 ε_r 是给定的，通过计算可以确定偏置磁场、铁氧体板放置位置和厚度，以获得最佳的设计。

理论上讲，正向波的衰减常数 α_+ 应当为零，反向波的衰减常数 α_- 不为零。但由于去磁因数 $N_x\simeq1$，所以这种E面铁氧体片结构，不存在铁氧体内为理想圆极化场的位置 x_0，致使正、反向波都包含有右旋和左旋圆极化成分，故难以获得理想的单向衰减特性。最佳的设计一般是使正向衰减最小来确定铁氧体板的位置；当然也可以使反向衰减最大来确定铁氧体板的位置。但由于最大反向衰减和正向最小衰减的铁氧体板位置一般并不出现在同一位置，所以后一种设计就只能是对正向损耗取一定折衷。

对于长的薄铁氧体板，去磁因数可近似取 $N_x\simeq1$，$N_y=N_z=0$，则由式(9.1－49)可求得铁氧体板的旋磁共振频率为

$$\omega_r=\sqrt{\omega_0(\omega_0+\omega_m)} \tag{9.4－4}$$

若给定工作频率与饱和磁化强度，便可由此式近似确定 H_0。

只要铁氧体板位置 x_0、偏置磁场 H_0 知道，则可选取铁氧体板长度 L 来获得所要求的总的反向衰减(或称隔离度)α_-L。调节铁氧体板厚度也可获得所需衰减值。

图 9.4－1(a)所示全高度铁氧体板结构的优点之一是容易用外部C字形永磁铁偏置；但存在如下缺点：①因为内部磁场并非真正圆极化场，所以不能够获得零正向衰减；②因受铁氧体线宽 ΔH 的限制，这种隔离器的带宽相当窄；③这种结构铁氧体的热传导性能差，温度升高会引起 M_s 变化，致使性能下降，因而不适宜高功率应用。缺点①和②可附加介质加载片来加以补救。

图 9.4－1(b)所示H面铁氧体结构的散热性能好，适于高功率应用。若铁氧体板厚度远小于其宽度，则去磁因数近似为 $N_x=N_z=0$，$N_y=1$。这意味着，为产生所需要的 y 方向内部场 H_0，需要更强的外加偏置场。但微波磁场分量 H_{0x} 和 H_{0z} 不受空气－铁氧体边界的影响，因而按式(9.4－3)确定的空波导圆极化场位置，在铁氧体内可获得真正的圆极化场。

图 9.4－1(b)结构难以严格分析，但若铁氧体板的截面积 ΔS 远小于波导截面 S($\Delta S\ll S$)，则可用式(9.3－11)来近似计算 $\alpha_\pm$，即有

$$\alpha_\pm=\frac{\Delta S}{\beta_{10}S}\left[\beta_{10}^2\chi''_{xx}\sin^2\frac{\pi x_0}{a}+\left(\frac{\pi}{a}\right)^2\chi''_{yy}\cos^2\frac{\pi x_0}{a}\mp\beta_{10}\frac{\pi}{a}\chi''_{xy}\sin\frac{2\pi x_0}{a}\right] \tag{9.4－5}$$

引入反向衰减与正向衰减之比 $R=\alpha_-/\alpha_+$，可得

$$R=\frac{\alpha_-}{\alpha_+}=\frac{f_1(x_0)-f_2(x_0)}{f_1(x_0)+f_2(x_0)} \tag{9.4－6a}$$

式中

$$f_1(x_0)=\beta_{10}^2\chi''_{xx}+\left(\frac{\pi}{a}\right)^2\chi''_{yy}-\left[\beta_{10}^2\chi''_{xx}-\left(\frac{\pi}{a}\right)^2\chi''_{yy}\right]\cos^2\frac{\pi x_0}{a} \tag{9.4－6b}$$

$$f_2(x_0)=2\beta_{10}\frac{\pi}{a}\chi''_{xy}\sin\frac{2\pi x_0}{a} \tag{9.4－6c}$$

令 $dR/dx_0=0$，可得 R 为最大的铁氧体板位置 x_0 所满足的关系式：

$$\cos\frac{2\pi x_0}{a}=\frac{\beta_{10}^2\chi''_{xx}-(\pi/a)^2\chi''_{yy}}{\beta_{10}^2\chi''_{xx}+(\pi/a)^2\chi''_{yy}} \tag{9.4－7}$$

据此可求得铁氧体板的最佳位置。若都考虑去磁因数，则由式(9.4－7)和式(9.4－3)确定的 x_0 一般差别很小。

将式(9.4－7)代入式(9.4－6a)，可以得到反向衰减与正向衰减的最大比值为

$$R_{\max}=\frac{(\chi''_{xx}\chi''_{yy})^{1/2}+\chi''_{xy}}{(\chi''_{xx}\chi''_{yy})^{1/2}-\chi''_{xy}} \tag{9.4－8}$$

将式(9.1－48)定义的外部磁化率虚部代入式(9.4－8)可得

$$R_{\max}=\frac{4}{\alpha^2}=\left(\frac{4H_0}{\Delta H}\right)^2 \tag{9.4-9}$$

式中 α 即为式(9.1－40)的损耗参数，且 $\alpha\ll 1$。方程(9.4－9)称为谐振式隔离器的拉克斯优值(Lax a figure of merit)。

这种结构的内偏置场 H_0 可由谐振条件 $\omega=\omega_0$ 确定。由式(9.4－5)可见，$\alpha_\pm$ 与 $\Delta S/S$ 成正比，因此总的反向衰减(即隔离度)可通过铁氧体板长度 L 及其截面积 ΔS 来控制。不过，若 $\Delta S/S$ 太大，铁氧体板内场的圆极化纯度就要降低，正向损耗将会增大。解决的办法是可在波导顶壁对称放置第二片铁氧体使 $\Delta S/S$ 加倍，而不会明显降低圆极化纯度。

2. 场移式隔离器

场移式隔离器(field displacement isolator)是利用铁氧体板加载波导中正、反向波的电场分布不同的原理构成的。如图 9.4－2 所示，在 $x=c+t$ 处，正向波电场接近于零，而反向波电场则很大。于是，若在此位置放置一块薄电阻片，则正向波基本上不受影响，而反向波将被衰减。

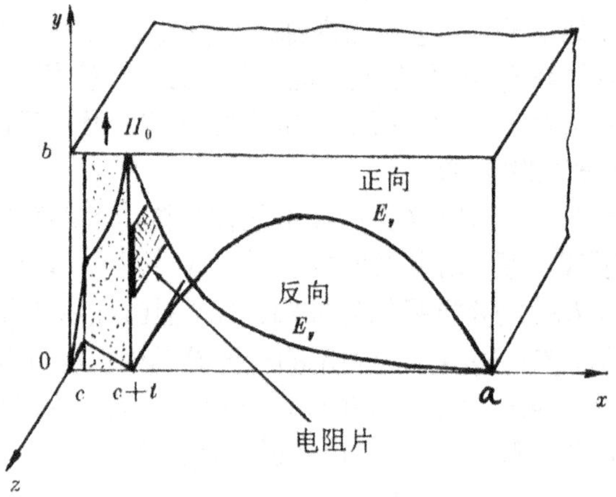

图 9.4－2 场移式隔离器的结构与电场分布

场移式隔离器的优点是：①器件小型，但可在 10%左右的带宽内获得较高的隔离度；②工作磁场比谐振式隔离器的要低得多，可做得体积小、轻便，适宜于实验室使用。

场移式隔离器设计的主要问题是决定获得图 9.4－2 所示场分布的有关设计参数。电场的一般形式如式(9.3－7)所示。为使正向波电场在 $c+t<x<a$ 内为正弦分布，而在 $x=c+t$ 处为零，则截止波数 k_a^+ 必须为实数，且满足条件

$$k_a^+=\frac{\pi}{d} \tag{9.4-10}$$

式中 $d=a-c-t$。另一方面，反向波电场在 $c+t<x<a$ 内应当是双曲线分布。这意味着 k_a^- 必须为虚数。由式(9.3－5)，$k_a^2=k_0^2-\beta^2$，因此要求 $\beta^+<k_0$ 和 $\beta^->k_0$，而 $k_0=\omega\sqrt{\mu_0\varepsilon_0}$。$\beta_\pm$ 的这些条件直接与铁氧体板位置有关，此位置则可由式(9.3－9)求得。板的厚度也影响此结果，但不是关键因素。典型的厚度为 $t=a/10$。

为了满足式(9.4－10)使 $E_y|_{x=c+t}=0$，$\mu_e=(\mu^2-k^2)/\mu$ 必须为负值。后者取决于频率、饱和磁化强度和偏置磁场。分析表明，频率越高，就需要更高饱和磁化强度的铁氧体与更高的偏置磁场，而 $\mu_e<0$ 则总是出现在 $\omega_r=\sqrt{\omega_0(\omega_0+\omega_m)}$ 的谐振之前。

9.5　微波铁氧体相移器

微波铁氧体相移器(ferrite phase shifter)是用改变偏置磁场来提供可变相移的二端口元件(微波二极管和微波场效应晶体管也可用来构成相移器)。相移器的最重要应用是用于相控阵天线中，即用电控相移器来控制空间的天线波束；相移器也常用于测试和测量系统。相移器的结构型式很多，既有非互易性的，也有互易性的。本节着重分析最有用的闭锁式(或称剩磁式)非互易相移器，定性介绍其它几种相移器。

1. 非互易闭锁式相移器

闭锁式相移器(latching phase shifter)的结构如图 9.5－1 所示，它由对称置于波导内的环形铁氧体磁芯组成，偏置导线通过其中心。当铁氧体磁化时，环形边壁中的磁化强度方向相反，并与微波场的圆板化平面垂直。由于圆极化指向也与波导的对边相反，所以在微波场和铁氧体之间将产生很强的相互作用。显然，铁氧体的存在要微扰波导内的场(使场集中于铁氧体内)，致使圆极化位置偏离由 tg $k_cx=k_c/\beta_0$确定的值。

就原理而论，这种结构利用改变偏置电流便可提供连续可变的(模拟)相移，但更有效的技术是利用铁氧体的磁滞来提供可在两个值(数字式)之间开关的相移。典型的铁氧体磁滞曲线如图 9.5－2 所示，它表示磁化强度 M 随偏置场 H_0 的变化曲线。当铁氧体刚去磁，

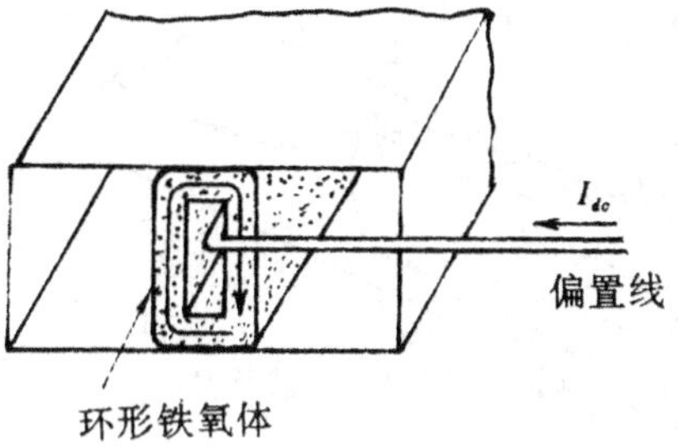

图 9.5－1　非互易闭锁式相移器的结构

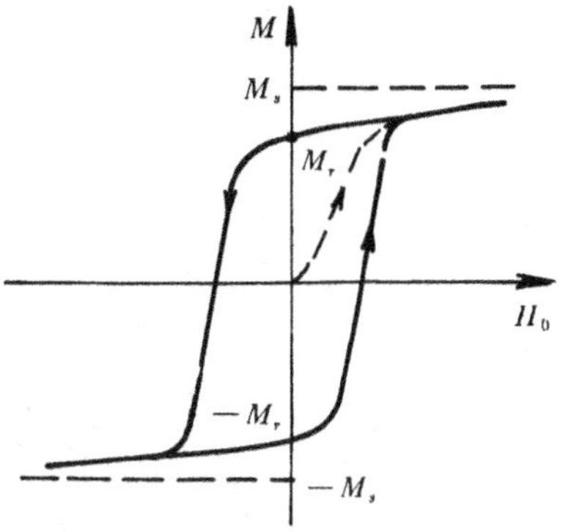

图 9.5－2　环形铁氧体的典型磁滞曲线

偏置场取消时，M 和 H_0 都为零；随着 H_0 增大，磁化强度沿虚线路径增强直至铁氧体饱和磁化，则 $M=M_s$。若 H_0 这时减为零，磁化强度将减弱至剩磁(像一个永久磁铁)，此时 $M=M_r$。继续以相反方向加偏置场并使铁氧体饱和磁化，则 $M=-M_s$，随后除掉偏置场，铁氧体处于 $M=-M_r$ 的剩磁状态。这样，我们就可以将铁氧体的磁化强度“锁住”在两种状态之一，其 $M=\pm M_r$，来获得数字相移。这两种状态之间的微分相移量可用铁氧体环形线的长度来控制。实用中则是用带偏置线的不同长度的几节串联起来，以获得二进制的 180°、90°、45°、22.5° 等微分相移。

闭锁式微波铁氧体相移器的重要优点之一是不必连续加偏置电流，仅需用某种极性脉冲来改变剩余磁化强度的极性，开关速度约为几微秒；偏置线可以做到与波导内的电场定

向垂直，微扰影响可以忽略不计。由于磁化强度不与圆极化平面垂直，顶部和底部磁化强度的方向相反，所以铁氧体环形线的顶壁和底壁与微波场的相互作用非常小，这些壁主要提供介质加载作用。

闭锁式铁氧体相移器的基本性能参数可按图 9.3－2 所示双片铁氧体结构来求得。当给定工作频率和波导尺寸后，其设计任务主要包括确定铁氧体板厚度 t、铁氧体板之间的距离 $s=2d=a-2c-2t$(见图 9.3－2)与所需相移量的铁氧体板长度。为此，需借助于数值方法求解式(9.3－14)，以得到双片结构的传播常数 $\beta_\pm$。式中的 μ 和 k 值可由式(9.1－25)令 $H_0=0(\omega_0=0)$ 和 $M_s=M_r(\omega_m=\mu_0\gamma M_r)$求得为

$$\mu=\mu_0,\ k=-\mu_0\frac{\omega_m}{\omega} \tag{9.5-1}$$

对于 k/μ_0高达约 0.5 情况，微分相移 $\beta_+-\beta_-$与 k 成线性正比关系，则由式(9.5－1)可见，由于 k 正比于 M_r，所以，若选用较高剩磁的铁氧体就可用较短的铁氧体来获得所需的相移。相移器的插入损耗随长度而增大，并与铁氧体的线宽 ΔH 有关。表征相移器常用的质量因数是相移与插损之比，单位是度/dB。

2. 其它型式铁氧体相移器

铁氧体相移器还有许多其它型式，包括用印制传输线做的相移器。图 9.5－3 示出的

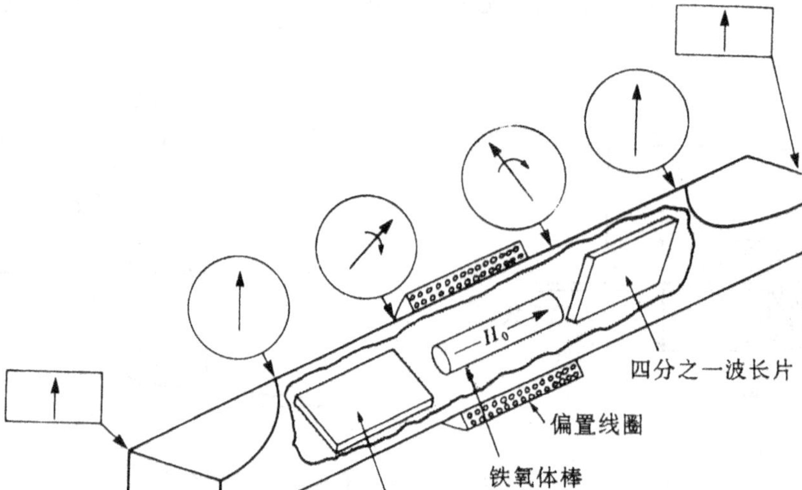

图 9.5－3　非互易法拉第旋转相移器

是非互易法拉第旋转相移器。由图可见，输入和输出是两段矩形波导，分别经方圆变换段变成圆波导，在圆波导中间放置纵向磁化的铁氧体棒，其两端放置相对于电场矢量成 45°取向的四分之一波长低损耗介质片，简称为四分之一波长片，两介质片在空间互成正交。相移器的工作原理如下：矩形波导 TE_{10}模由左端输入，经方圆变换段变换成圆波导 TE_{11}模线极化波；由于相对于四分之一波长片垂直和平行的场分量之间有 90° 相位差，故经第一块四分之一波长片后，合成电场变成右旋圆极化波，此波经铁氧体棒加载圆波导区域有相位滞后 β_+z，其滞后量可用偏置场强加以控制；经第二块四分之一波长片后，此右旋圆极

化波被变换回线极化波，并经圆方变换段变成 TE_{10} 模从右端输出。若波由右端输入，工作过程相似，只是相位滞后为 $\beta_{-}z$，故相移是非互易的。这种相移器若采用非互易的四分之一波长片变换成与传播方向相同指向的线极化波，则可做成互易式相移器。

图 9.5-4 所示的雷吉-斯潘塞(Reggia-Spencer)相移器就是常用的互易式相移器，在矩形或圆形波导中心放置纵向偏置的铁氧体棒。当棒的直径大于某临界尺寸时，场便会紧紧束缚在铁氧体内，并变成圆极化波。这种相移器用较短的长度可以获得较大的互易相移量，但其相移对频率比较敏感。

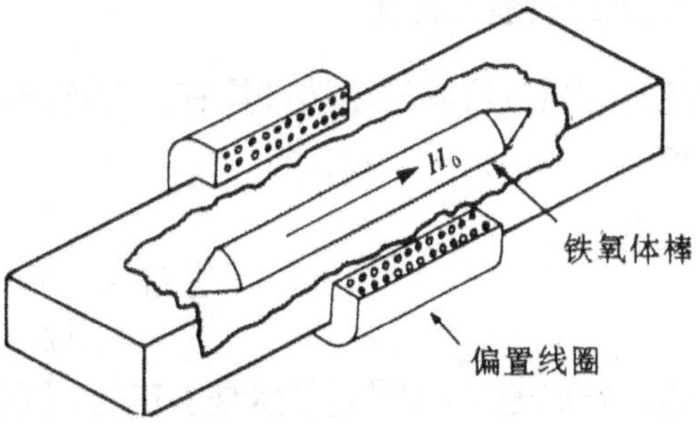

图 9.5-4　雷吉-斯潘塞互易式相移器

3. 回转器

回转器(gyrator)是一种重要的标准非互易元件，是一种具有 180° 微分相移的二端口器件。其示意符号如图 9.5-5 所示。理想回转器的散射矩阵为

$$[S]=\begin{bmatrix}0 & 1\\ -1 & 0\end{bmatrix} \tag{9.5-2}$$

这表明回转器的无耗、匹配和非互易特性。用回转器作基本标准元件与互易的匹配分配器、定向耦合器加以组合，就可以构成一些很有用的非互易电路元件，如隔离器和环行器等。作为例子，图 9.5-6 示出用一个回转器和两个 90° 相移混合电桥组成的隔离器等效电路。实线箭头表示正向波被通过；虚线箭头表示反向波被第一个电桥的匹配负载吸收。

回转器还可用来做成具有 180°微分相移的相移器，并可用永久磁铁提供偏置。

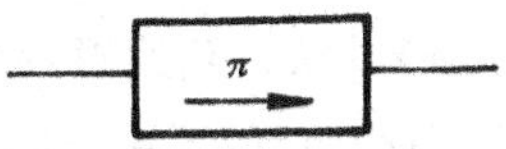

图 9.5-5　回转器符号

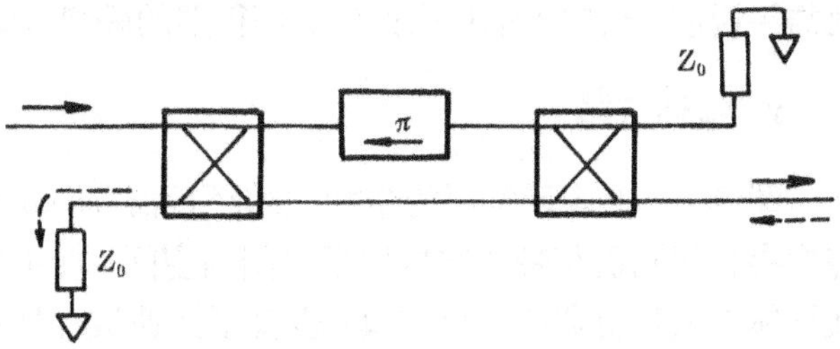

图 9.5-6　用回转器和电桥构成的隔离器

9.6　微波铁氧体环行器

由第八章 8.3 节的讨论知道，环行器(circulator)是一种所有端口均匹配的无耗三端口器件。应用其散射矩阵的幺正性可以证明，这种器件必定是非互易的。事实上，理想环行器的散射矩阵如式(8.3-9)和式(8.3-10)所示。例如$[S_R]$表示的环行器的功率流是从端口 1→2→3→1，但不能反方向流；置换端口符号，可以得到相反的环行，即$[S_T]$表示的环

行器。实用中是利用改变铁氧体的偏置来产生这种效果。大多数环行器是采用永久磁铁作偏置场。采用电磁铁的环行器能够以闭锁模式工作，做成单刀双掷开关。环行器也可用作隔离器。作这种用途时需将其一个端口接匹配负载。

本节首先讨论非理想匹配环行器的特性，然后研究结环行器的工作原理与设计问题。

1. 失配环行器的特性

假定环行器围绕其三个端口具有圆对称性，并且无耗，但非理想匹配，则其散射矩阵可以写成

$$[S]=\begin{bmatrix}\Gamma & \beta & \alpha\\ \alpha & \Gamma & \beta\\ \beta & \alpha & \Gamma\end{bmatrix} \tag{9.6-1}$$

由于假定环行器无耗，故$[S]$必然是幺正的，则有如下两个条件：

$$|\Gamma|^2+|\beta|^2+|\alpha|^2=1 \tag{9.6-2a}$$

$$\Gamma\beta^*+\alpha\Gamma^*+\beta\alpha^*=0 \tag{9.6-2b}$$

若环行器是匹配的，$\Gamma=0$，则由式(9.6-3)得到$\alpha=0$和$|\beta|=1$或者$\beta=0$和$|\alpha|=1$。这表明理想环行器具有两种可能的环行状态，其前提条件是器件无耗、匹配。

现在假定环行器存在很小的非理想性，使得$0<|\Gamma|\ll 1$。为便于说明，考虑环行状态的功率流主要沿端口$1\to2\to3\to1$方向，因此$|\alpha|\to1$，$|\beta|$很小，于是$\beta\Gamma\sim0$，式(9.6-2b)表明$\alpha\Gamma^*+\beta\alpha^*\simeq0$，故$|\Gamma|\simeq|\beta|$；而式(9.6-2a)表明$|\alpha|^2\simeq1-2|\beta|^2\simeq1-2|\Gamma|^2$或者$|\alpha|\simeq1-|\Gamma|^2$。这样，式(9.6-1)所示散射矩阵就可以写成(略去相位因数)：

$$[S]=\begin{bmatrix}\Gamma & \Gamma & 1-\Gamma^2\\ 1-\Gamma^2 & \Gamma & \Gamma\\ \Gamma & 1-\Gamma^2 & \Gamma\end{bmatrix} \tag{9.6-3}$$

此结果说明，当输入端口失配时，环行器的隔离$\beta\simeq\Gamma$，传输$\alpha\simeq1-\Gamma^2$，都要变坏。

2. 结环行器

图9.6-1表示常用的带状线结环行器(junction circulator)结构，两块铁氧体圆片填充在中央金属圆盘与带状线接地板之间的空间，在中央圆盘的周边以120°间距连接三个带状线导体形成环行器的三个端口，垂直于接地板外加直流偏置磁场。

实用时，铁氧体圆盘形成一个谐振腔，无偏置场时，此谐振腔有着$\cos\phi$(或$\sin\phi$)分布的单一最低次谐振模式；当铁氧体加偏置时，此模式分成两个谐振频率稍有不同的谐振模式。选择环行器的工作频率可使这两个模式在输出端口相互叠加，而在隔离端口则相互抵消。

结环行器的分析是将它看成顶部和底部为电壁，周边近似为磁壁的谐振腔，则有$E_r=E_\phi\simeq0$，$\partial/\partial z=0$，故其振荡模式为TM模。由于E_z在中央导电圆盘边上为反对称的，所以我们只需考虑铁氧体圆盘的解。

将式(9.1-23)的$B=[\mu]H$从矩形坐标变换成圆柱坐标，得到

$$B_r=B_x\cos\phi+B_y\sin\phi$$

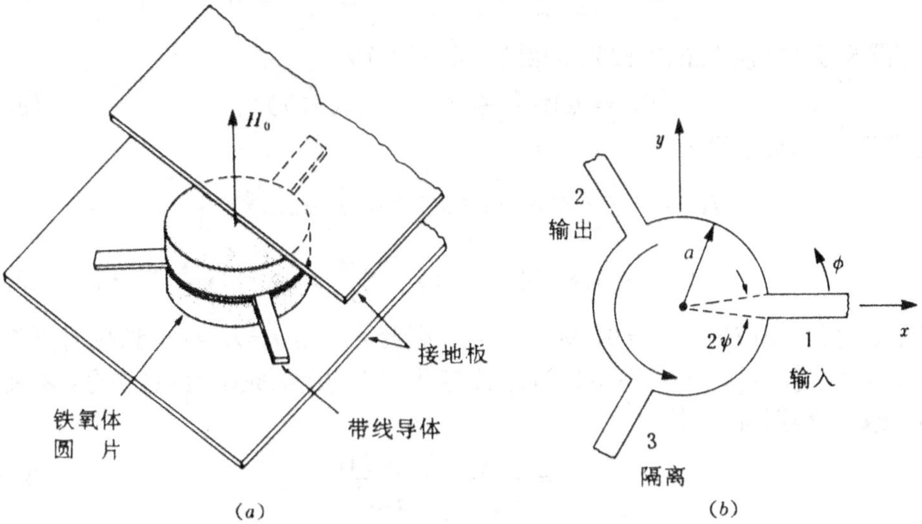

图 9.6-1　带状线结环行器的结构与几何形状

$$= (\mu H_x + jkH_y)\cos\phi + (-jkH_x + \mu H_y)\sin\phi$$

$$= \mu H_r + jkH_\phi \qquad (9.6-4a)$$

$$B_\phi = -B_x\sin\phi + B_y\cos\phi$$

$$= -(\mu H_x + jkH_y)\sin\phi + (-jkH_x + \mu H_y)\cos\phi$$

$$= -jkH_r + \mu H_\phi \qquad (9.6-4b)$$

因此有

$$\begin{bmatrix} B_r \\ B_\phi \\ B_z \end{bmatrix} = [\mu]\begin{bmatrix} H_r \\ H_\phi \\ H_z \end{bmatrix} \qquad (9.6-5)$$

式中$[\mu]$如式(9.1-24)所示。

在圆柱坐标系中，考虑到$\partial/\partial z=0$，则麦克斯韦旋度方程简化为

$$\frac{1}{r}\frac{\partial E_z}{\partial\phi} = -j\omega(\mu H_r + jkH_\phi) \qquad (9.6-6a)$$

$$-\frac{\partial E_z}{\partial r} = -j\omega(-jkH_r + \mu H_\phi) \qquad (9.6-6b)$$

$$\frac{1}{r}\left[\frac{\partial(rH_\phi)}{\partial r} - \frac{\partial H_r}{\partial\phi}\right] = j\omega\varepsilon E_z \qquad (9.6-6c)$$

通过E_z对式(9.6-6a、b)的H_r和H_ϕ求解，可以得到

$$H_r = \frac{jY}{\mathscr{K}\mu}\left(\frac{\mu}{r}\frac{\partial E_z}{\partial\phi} + jk\frac{\partial E_z}{\partial r}\right) \qquad (9.6-7a)$$

$$H_\phi = \frac{-jY}{\mathscr{K}\mu}\left(\frac{-jk}{r}\frac{\partial E_z}{\partial\phi} + \mu\frac{\partial E_z}{\partial r}\right) \qquad (9.6-7b)$$

式中，$\mathscr{K}^2=\omega^2\varepsilon(\mu^2-k^2)/\mu=\omega^2\varepsilon\mu_e$为有效波数，$Y=\sqrt{\varepsilon/\mu_e}$为有效导纳。将式(9.6-7)代入式(9.6-6c)以消去H_r和H_ϕ，则得到E_z的波方程：

$$\frac{\partial^2 E_z}{\partial r^2}+\frac{1}{r}\frac{\partial E_z}{\partial r}+\frac{1}{r^2}\frac{\partial^2 E_z}{\partial \phi^2}+\mathscr{K}^2 E_z=0 \tag{9.6-8}$$

此方程与圆波导 TM 模 E_z 的方程完全相同。其一般解为

$$E_{zm}=(A_m^+ e^{jm\phi}+A_m^- e^{-jm\phi})\mathrm{J}_m(\mathscr{K}r) \tag{9.6-9a}$$

H_ϕ 可由式(9.6－7b)求得为

$$H_{\phi m}=-jY\left\{A_m^+ e^{jm\phi}\left[\mathrm{J}_m'(\mathscr{K}r)+\frac{mk}{ka\mu}\mathrm{J}_m(\mathscr{K}r)\right]\right.$$
$$\left.+A_m^- e^{-jm\phi}\left[\mathrm{J}_m'(\mathscr{K}r)-\frac{mk}{ka\mu}\mathrm{J}_m(\mathscr{K}r)\right]\right\} \tag{9.6-9b}$$

若铁氧体未磁化，则 $H_0=M_s=0$，$\omega_0=\omega_m=0$，因此 $k=0$，$\mu=\mu_e=\mu_o$，谐振时则有 $\mathrm{J}_m'(ka)=0$。对于 TM_{11}模，$\mathscr{K}a=x_0=u_{11}'=1.841$。规定此模式的谐振频率为 ω_0(注意，不要与拉摩频率 $\omega_0=\gamma\mu_0 H_0$ 相混淆)，则

$$\omega_0=\frac{x_0}{a\sqrt{\varepsilon\mu_e}}=\frac{1.841}{a\sqrt{\varepsilon\mu_o}} \tag{9.6-10}$$

另一方面，当铁氧体磁化时，对应于每个 m 值存在两个可能的振荡模式，分别相应于 $e^{jm\phi}$变化和 $e^{-jm\phi}$变化。两个 $m=1$ 模的谐振条件为

$$\frac{k}{\mu x}\mathrm{J}_1(x)\pm \mathrm{J}_1'(x)=0 \tag{9.6-11}$$

式中 $x=\mathscr{K}a$。此结果表明环行器的非互易特性，这是由于改变式(9.6－11)中 k(偏置场的极性)将导致另一个根，并以 ϕ 的相反方向传播。令 x_+和 x_-是式(9.6－11)的两个根，则该两个 $m=1$ 模的谐振频率为

$$\omega_\pm=\frac{x_\pm}{a\sqrt{\varepsilon\mu_e}} \tag{9.6-12}$$

假定 k/μ 很小，使 $\omega_\pm$接近于式(9.6－10)的 ω_0，对式(9.6－11)中的两项按泰勒级数关于 x_0 展开，则得到(由于有 $\mathrm{J}_1'(x_0)=0$)：

$$\mathrm{J}_1(x)\simeq \mathrm{J}_1(x_0)+(x-x_0)\mathrm{J}_1'(x_0)=\mathrm{J}_1(x_0)$$

$$\mathrm{J}_1'(x)\simeq \mathrm{J}_1'(x_0)+(x-x_0)\mathrm{J}_1''(x_0)=(x-x_0)\left(1-\frac{1}{x_0^2}\right)\mathrm{J}_1(x_0)$$

于是式(9.6－11)变成

$$\frac{k}{\mu x_0}\pm(x_\pm-x_0)\left(1-\frac{1}{x_0^2}\right)=0$$

或者

$$x_\pm=x_0\mp 0.418\frac{k}{\mu} \tag{9.6-13}$$

代入式(9.6－12)，得到谐振频率为

$$\omega_\pm=\omega_0\left(1\mp 0.418\frac{k}{\mu}\right) \tag{9.6-14}$$

注意到当 $k\to 0$ 时，$\omega_\pm\to\omega_0$，因此

$$\omega_+\leqslant\omega_0\leqslant\omega_-$$

现在我们可以用这两个模来设计环行器。这两个模的振幅提供两个自由度，可用来使输入至输出端口的耦合增强，至隔离端口的耦合抵消。结果 ω_0 将是在 $\omega_\pm$之间的工作频率。

由于 $\omega \neq \omega_{\pm}$，所以铁氧体圆盘周边上 $H_\phi \neq 0$。假定我们选择端口 1 为输入端口，端口 2 为输出端口，端口 3 为隔离端口，如图 9.6－1 所示，则在 $r=a$ 的三个端口处的 E_z 场为

$$E_z(r=a,\ \phi)=\begin{cases} E_0 & \phi=0° \quad (\text{端口 } 1) \\ -E_0 & \phi=120° \quad (\text{端口 } 2) \\ 0 & \phi=240° \quad (\text{端口 } 3) \end{cases} \tag{9.6-15a}$$

如果馈线很窄，则其宽度上 E_z 场近似为常数。相应的磁场 H_ϕ 为

$$H_\phi(r=a,\ \phi)=\begin{cases} H_0 & -\psi<\phi<\psi \\ H_0 & 120°-\psi<\phi<120°+\psi \\ 0 & \text{其它处} \end{cases} \tag{9.6-15b}$$

令式(9.6－15a)与式(9.6—9a)的 E_z 相等，得到此两模式的振幅常数为

$$A_1^+=\frac{E_0(1+j/\sqrt{3})}{2J_1(\mathscr{K}a)},\quad A_1^-=\frac{E_0(1-j/\sqrt{3})}{2J_1(\mathscr{K}a)} \tag{9.6-16}$$

代回式(9.6－9)，得到电场和磁场分别为

$$E_{z1}=\frac{E_0 J_1(\mathscr{K}r)}{2J_1(\mathscr{K}a)}\left(\cos\phi-\frac{\sin\phi}{\sqrt{3}}\right) \tag{9.6-17a}$$

$$H_{\phi 1}=\frac{-jYE_0}{2J_1(\mathscr{K}a)}\left\{\left(1+\frac{j}{\sqrt{3}}\right)\left[J_1'(\mathscr{K}r)+\frac{k}{\mathscr{K}r\mu}J_1(\mathscr{K}r)\right]e^{j\phi}\right.$$
$$\left.+\left(1-\frac{j}{\sqrt{3}}\right)\left[J_1'(\mathscr{K}r)-\frac{k}{\mathscr{K}r\mu}J_1(\mathscr{K}r)\right]e^{-j\phi}\right\} \tag{9.6-17b}$$

为使 $H_{\phi 1}$ 与式(9.6－15b)的 H_ϕ 近似相等，需将 H_ϕ 用富里哀级数展开：

$$H_\phi(r=a,\ \phi)=\sum_{m=-\infty}^{\infty}C_m e^{jm\phi}$$
$$=\frac{2H_0\psi}{\pi}+\frac{H_0}{\pi}\sum_{m=1}^{\infty}\left[(1+e^{-j2\pi m/3})e^{jm\phi}\right.$$
$$\left.+(1+e^{j2\pi m/3})e^{-jm\phi}\right]\frac{\sin m\psi}{m} \tag{9.6-18}$$

其中的 $m=1$ 项为

$$H_{\phi 1}(r=a,\ \phi)=\frac{-j\sqrt{3}H_0\sin\psi}{2\pi}\left[\left(1+\frac{j}{\sqrt{3}}\right)e^{j\phi}-\left(1-\frac{j}{\sqrt{3}}\right)e^{-j\phi}\right]$$

令此项与式(9.6－17b)相等($r=a$)，则得到条件：

$$J_1'(\mathscr{K}a)=0 \tag{9.6-19a}$$

$$\frac{YE_0k}{\mathscr{K}a\mu}=\frac{\sqrt{3}H_0\sin\psi}{\pi} \tag{9.6-19b}$$

条件式(9.6－19a)与无偏置时的谐振条件完全相同，这意味着工作频率为式(9.6－10)所示 ω_0。若给定工作频率，则可由式(9.6－10)决定圆盘半径 a。条件(9.6－19b)与端口 1 或端口 2 的波阻抗有关。此波阻抗为(注意到 $\sqrt{3}\mathscr{K}a/\pi=\sqrt{3}(1.841)/\pi\simeq 1.0$)：

$$Z_W=\frac{E_o}{H_o}=\frac{\sqrt{3}\mathscr{K}a\mu\sin\psi}{\pi Yk}\simeq\frac{\mu\sin\psi}{kY} \tag{9.6-20}$$

因此通过偏置可以调节 k/μ，控制 Z_W 而做到阻抗匹配。

三个端口处的功率流为

$$P_{in}=P_1=-\hat{r}\cdot E\times H^*=E_zH_\phi|_{\phi=0^\circ}=\frac{E_0H_0\sin\psi}{\pi}=\frac{E_0^2kY}{\pi\mu}$$

$$P_{out}=P_2=\hat{r}\cdot E\times H^*=-E_zH_\phi|_{\phi=120^\circ}=\frac{E_0H_0\sin\psi}{\pi}=\frac{E_0^2kY}{\pi\mu} \qquad (9.6-21)$$

$$P_{iso}=P_3=\hat{r}\cdot E\times H^*=-E_zH_\phi|_{\phi=240^\circ}=0$$

结果表明，功率流从端口 1 传至端口 2，而不传至端口 3。由于角对称，这也表明功率可从端口 2 传至端口 3，或从端口 3 传至端口 1，但不会反方向传。

将式(9.6-17a)的电场沿环行器周边画成曲线图如图 9.6-2 所示，可见 $e^{\pm j\nu\phi}$模的振幅和相位使得叠加后在隔离端口为零，而在输入和输出端口具有相等的电压。此结果忽略了

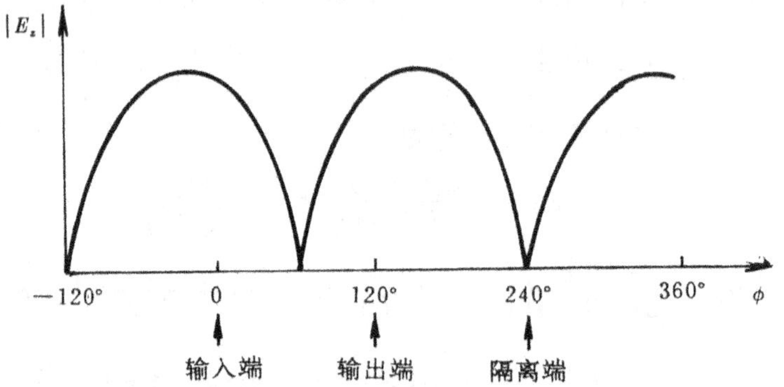

图 9.6-2　结环行器周边的电场振幅分布

输入和输出线的加载影响；加载的影响将使图 9.6-2 所示的场受到微扰。

上述设计是窄带的，但带宽可以用介质加载来加以改善，其分析则需要考虑高次模，更加复杂。

本 章 提 要

本章介绍了一些常用的微波铁氧体元件。它们是一类非互易器件，是一般微波系统中必不可少的元件，有着特殊的用途。

关键词：铁氧体，导磁率张量，旋磁共振，法拉第旋转效应，双折射效应，场移效应，隔离器，相移器，环行器。

1. 铁氧体是一种非金属铁磁性材料，加偏置的微波铁氧体的导磁率为张量，具有明显的相移、衰减和共振吸收等非互易性，可用于构成各种非互易性元件。

2. 本章介绍了常用的隔离器、相移器和环行器。隔离器是利用非互易的共振吸收和非互易的场移效应构成的，常用于微波源和负载之间作单向器，消除或减弱负载反射波对微波源的影响。闭锁式相移器是利用铁氧体的磁滞来提供开关相移，广泛用于相控阵天线系统中。结环行器是利用偏置铁氧体产生的两个频率不同的振荡模式，在耦合端口相叠加，而在隔离端口相抵消来获得环行特性的，广泛用作开关、隔离器和分路器等。

习　题

9 - 1. 推导式(9.1 - 26)和式(9.1 - 27)。

9 - 2. 以式(9.1 - 24)为例，证明偏置方向不变，导磁率张量与 x、y 坐标轴的方向选择无关。

9 - 3. 铁氧体材料的饱和磁化强度 $4\pi M_s=1\ 780$ Gs，忽略其损耗，计算如下两种情况下频率为 10 GHz 时导磁率张量的各元素值：①无偏置场且铁氧体已去磁（$M_s=H_0=0$）；②$\hat{z}$ 向加偏置场 1 000 Oe。

9 - 4. 求椭圆形薄盘铁氧体的去磁因数，设外偏置场沿垂直盘面的 $\hat{z}$ 向。

9 - 5. 无限大铁氧体媒质的饱和磁化强度 $4\pi M_s=1\ 800$ Gs，$\Delta H=75$ Oe，$\varepsilon_r=14$，tg $\delta=0.001$，若偏置场强 $H_0=3\ 570$ Oe，试计算 10 GHz 时右旋和左旋圆极化波的相移常数和衰减常数。

9 - 6. 求沿 $\hat{x}$ 方向偏置的铁氧体媒质中，沿 $\hat{z}$ 方向传播的平面波相移常数表示式。设平面波的磁场为 $H=\hat{x}H_m e^{-j\beta z}$。

9 - 7. 10 GHz 的平面波通过 1 cm 厚的铁氧体壁，其极化面旋转多少度？假设沿波前进方向加的饱和偏置场为 1 000 Oe，铁氧体饱和磁化强度 $4\pi M_s=1\ 800$ Gs，铁氧体的 $\varepsilon_r=15$。

9 - 8. 在 BJ - 100 波导内填充 $\varepsilon_r=12$ 的铁氧体，沿 $\hat{y}$ 方向加偏置场 $H_0=1\ 000$ Oe，饱和磁化强度 $4\pi M_s=2\ 000$ Gs，求传输 TE_{10}模时的截止波长和频率为 10 GHz 时的波导波长。

9 - 9. 试求 BJ - 100 矩形波导传输 TE_{10}模时圆极化磁场矢量的位置。

9 - 10. 图 9.4 - 1(b)所示 BJ - 100 空气填充矩形波导 H 面谐振式隔离器，其中心工作频率为 9 GHz，铁氧体板截面尺寸为 $4.75\times0.813\ mm^2$，铁氧体的线宽 ΔH 为 250 Oe，$4\pi M_s=1\ 900$ Gs，试求内外偏置磁场、铁氧体板放置的位置 x_0、反向衰减 25 dB 所需铁氧体板长度。

9 - 11. 试比较场移式隔离器和谐振式隔离器的异同点。

9 - 12. 如图 9.5 - 1 所示矩形波导闭锁式非互易相移器的工作频率为 9 GHz，铁氧体的 $4\pi M_s=1\ 600$ Gs，其 ε_r 为 12，设铁氧体板厚为 2.286 mm，间距 $2d$ 为 3.429 mm，求 180°微分相移所需铁氧体长度。忽略损耗。

9 - 13. 分析图 9 - 1 所示的结构是什么元件？说明其工作原理，并画出其等效电路。

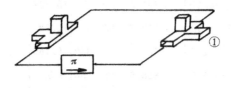

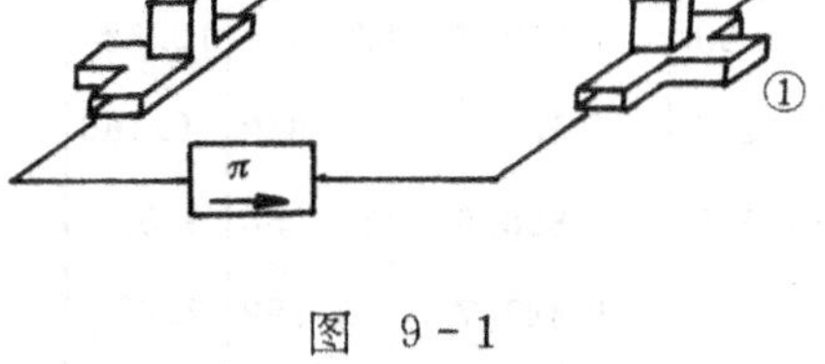

图　9 - 1

附　　录

附录一　波导参数表

表 1　标准矩形波导主要参数表

波导型号		主模频率范围(GHz)	截止频率(MHz)	结构尺寸(mm)			衰减(dB/m)		
国际	国家			宽度 a	高度 b	壁厚 t	频率(MHz)	理论值	最大值
R3		0.32～0.49	256.58	584.2	292.1		0.386	0.000 78	0.0011
R4		0.35～0.53	281.02	533.4	266.7		0.422	0.000 90	0.0012
R5		0.41～0.62	327.86	457.2	228.6		0.49	0.001 13	0.0015
R6		0.49～0.75	393.43	381.0	190.5		0.59	0.001 49	0.002
R8		0.64～0.98	513.17	292.1	146.05	3	0.77	0.002 22	0.003
R9		0.76～1.15	605.27	247.65	123.83	3	0.91	0.002 84	0.004
R12	BJ 12	0.96～1.46	766.42	195.58	97.79	3	1.15	0.004 05	0.005
R14	BJ 14	1.14～1.73	907.91	165.10	82.55	2	1.36	0.005 22	0.007
R18	BJ 18	1.45～2.20	1 137.1	129.54	64.77	2	1.74	0.007 49	0.010
R22	BJ 22	1.72～2.61	1 372.4	109.22	54.61	2	2.06	0.009 70	0.013
R26	BJ 26	2.17～3.30	1 735.7	86.36	43.18	2	2.61	0.013 8	0.018
R32	BJ 32	2.60～3.95	2 077.9	72.14	34.04	2	3.12	0.018 9	0.025
R40	BJ 40	3.22～4.90	2 576.9	58.17	29.083	1.5	3.87	0.024 9	0.032
R48	BJ 48	3.94～5.99	3 152.4	47.55	22.149	1.5	4.73	0.035 5	0.046
R58	BJ 58	4.64～7.05	3 711.2	40.39	20.193	1.5	5.57	0.043 1	0.056
R70	BJ 70	5.38～8.17	4 301.2	34.85	15.799	1.5	6.46	0.057 6	0.075
R84	BJ 84	6.57～9.99	5 259.7	28.499	12.624	1.5	7.89	0.079 4	0.103
R100	BJ 100	8.20～12.5	6 557.1	22.860	10.160	1	9.84	0.110	0.143
R120	BJ 120	9.84～15.0	7 868.6	19.050	9.525	1	11.8	0.133	
R140	BJ 140	11.9～18.0	9 487.7	15.799	7.898	1	14.2	0.176	
R180	BJ 180	14.5～22.0	11 571	12.945	6.477	1	17.4	0.238	
R220	BJ 220	17.6～26.7	14 051	10.668	5.328	1	21.1	0.370	
R260	BJ 260	21.7～33.0	17 357	8.636	5.328	1	26.1	0.435	

续表

波导型号		主模频率范围(GHz)	截止频率(MHz)	结构尺寸(mm)			衰减(dB/m)		
国际	国家			宽度 a	高度 b	壁厚 t	频率(MHz)	理论值	最大值
R320	BJ 320	26.4～40.0	210 77	7.112	3.556	1	31.6	0.583	
R400	BJ 400	32.9～50.1	263 44	5.690	2.845	1	39.5	0.815	
R500	BJ 500	39.2～59.6	313 92	4.775	2.388	1	47.1	1.060	
R620	BJ 620	49.8～75.8	399 77	3.759	1.880	1	59.9	1.52	
R740	BJ 740	60.5～91.9	483 69	3.099	1.549	1	72.6	2.03	
R900	BJ 900	73.8～112	590 14	2.540	1.270	1	88.6	2.74	
R1200	BJ 1200	92.2～140	737 68	2.032	1.016	1	111	3.82	
R1400		114～173	907 91	1.651	0.826		136.3	5.21	
R1800		145～220	115 750	1.295	0.648		174.0	7.50	
R2200		172～261	137 268	1.092	0.546		206.0	9.70	
R2600		217～330	173 491	0.864	0.432		260.5	13.76	

表 2　标准扁矩形波导主要参数表

波导型号(国家)	主模频率范围(GHz)	截止频率(MHz)	结构尺寸(mm)			衰减(dB/m)		
			宽度 a	高度 b	壁厚 t	频率(MHz)	理论值	最大值
BB 22	1.72～2.61	1 372.2	109.2	13.10	2	2.06	0.030 18	0.039
BB 26	2.17～3.30	1 735.4	88.40	10.40	2	2.61	0.043 93	0.056
BB 32	2.60～3.95	2 077.9	72.14	8.60	2	3.12	0.056 76	0.074
BB 39	3.22～4.90	2 576.9	58.20	7.00	1.5	3.87	0.077 65	0.101
BB 48	3.94～5.99	3 152.4	47.55	5.70	1.5	4.73	0.105 07	0.137
BB 58	4.64～7.05	3 711.2	40.40	5.00	1.5	5.57	0.130 66	0.170
BB 70	5.38～8.17	4 301.2	34.85	5.00	1.5	6.46	0.143 9	0.181
BB 84	6.57～9.99	5 259.2	28.50	5.00	1.5	7.89	0.165 1	0.215
BB 100	8.20～12.5	6 557.1	22.86	5.00	1	9.84	0.193 1	0.251

表 3　标准圆波导主要参数表

波导型号（国际）	半　径 a(mm)	截止频率(GHz)			TE_{11}模衰减(dB/m)		
		TE_{11}	TM_{01}	TE_{01}	频率(GHz)	理论值	最大值
C3.3	323.9	0.27	0.35	0.56	0.325	0.000 67	0.000 9
C4	276.7	0.32	0.41	0.66	0.380	0.000 85	0.001 1
C4.5	236.4	0.37	0.48	0.77	0.446	0.001 08	0.001 4
C5.3	201.9	0.43	0.57	0.90	0.522	0.001 37	0.001 8
C6.2	172.5	0.51	0.66	1.06	0.611	0.001 74	4.002 3
C7	147.39	0.60	0.78	1.24	0.715	0.002 19	0.002 9
C8	125.92	0.70	0.91	1.45	0.838	0.002 78	0.003 6
C10	107.57	0.82	1.07	1.70	0.980	0.003 52	0.004 6
C12	91.88	0.96	1.25	1.99	1.147	0.004 47	0.005 8
C14	78.50	1.20	1.46	2.33	1.343	0.005 64	0.007 3
C16	67.05	1.31	1.71	2.73	1.572	0.007 15	0.009 3
C18	57.29	1.53	2.00	3.19	1.841	0.009 06	0.012
C22	48.93	1.79	2.34	3.74	2.154	0.011 5	0.015
C25	41.81	2.10	2.74	4.37	2.521	0.014 0	0.018
C30	35.71	2.46	3.21	5.12	2.952	0.018 4	0.024
C35	30.52	2.88	3.76	5.99	3.455	0.023 3	0.030
C40	25.99	3.38	4.41	7.03	4.056	0.029 7	0.039
C48	22.22	3.95	5.16	8.23	4.744	0.037 5	0.049
C56	19.05	4.61	6.02	9.60	5.534	0.047 3	0.062
C65	16.27	5.40	7.05	11.2	6.480	0.059 9	0.07 8
C76	13.894	6.32	8.26	13.2	7.588	0.075 9	0.09 9
C89	11.912	7.37	9.63	15.3	8.850	0.095 6	0.12 4
C104	10.122	8.68	11.3	18.1	10.42	0.122 0	0.15 0
C120	8.737	10.00	13.1	20.9	12.07	0.152 4	
C140	7.544	11.6	15.2	24.2	13.98	0.189 3	
C165	6.350	13.8	18.1	28.2	16.61	0.245 9	
C190	5.563	15.8	20.6	32.9	18.95	0.300 3	
C220	4.762	18.4	24.1	38.4	22.14	0.378 7	
C255	4.165	21.1	27.5	43.9	25.31	0.462 0	
C290	3.563	24.6	32.2	51.2	29.54	0.583 4	

续表

波导型号（国际）	半 径 a(mm)	截止频率(GHz)			TE_{11}衰减(dB/m)		
		TE_{11}	TM_{01}	TE_{01}	频率(GHz)	理论值	最大值
C330	3.175	27.7	36.1	57.6	33.20	0.693 8	
C380	2.781	31.6	41.3	65.7	37.91	0.848 6	
C430	2.387	36.8	48.1	76.6	44.16	1.065 0	
C495	2.184	40.2	52.5	83.7	48.26	1.219 0	
C580	1.790	49.1	64.1	102	58.88	1.643	
C660	1.583	55.3	72.3	115	66.41	1.967	
C765	1.384	63.5	82.9	132	76.15	2.413	
C890	1.194	73.6	96.1	153	88.30	3.011	

附录二 同轴线参数表

表 1 常用同轴射频电缆特性参数表

电缆型号	内导体(mm)		绝缘外径(mm)	电缆外径(mm)	特性阻抗(Ω)	衰减常数(3 GHz)(不大于 dB/m)	电晕电压(kV)
	根数/直径	外径					
SYV-50-2-1 SWY-50-2-1	7/0.15	0.45	1.5±0.10	2.9±0.10	50±3.5	2.69	1.0
SYV-50-2-2 SWY-50-2-2	1/0.68	0.68	2.2±0.10	4.0±0.20	50±2.5	1.855	1.5
SYV-50-3 SWY-50-3	1/0.90	0.90	3.0±0.15	5.0±0.25	50±2.5	1.482	2.0
SYV-50-5-1 SWY-50-5-1	1/1.37	1.37	4.6±0.20	7.0±0.30	50±2.5	1.062	3.0
SYV-50-7-1 SWY-50-7-1	7/0.76	2.28	7.3±0.25	10.2±0.30	50±2.5	0.851	4.0
SYV-50-9 SWY-50-9	7/0.95	2.85	9.0±0.30	12.4±0.40	50±2.5	0.724	5.0
SYV-50-12 SWY-50-12	7/1.2	3.60	11.5±0.40	15.0±0.50	50±2.5	0.656	6.5

续表

电缆型号	内导体(mm)		绝缘外径(mm)	电缆外径(mm)	特性阻抗(Ω)	衰减常数(3 GHz)(不大于 dB/m)	电晕电压(kV)
	根数/直径	外径					
SYV-50-15 SWY-50-15	7/1.54	4.62	15.0±0.50	19.0±0.50	50±2.5	0.574	9.0
SYV-75-2 SWY-75-2	7/0.08	0.24	1.5±0.10	2.9±0.10	75±5	2.97	0.75
SYV-75-3 SWY-75-3	7/0.17	0.51	3.0±0.15	5.0±0.25	75±3	1.676	1.5
SYV-75-5-1 SWY-75-5-1	1/0.72	0.72	4.6±0.20	7.1±0.30	75±3	1.028	2.5
SYV-75-7 SWY-75-7	7/0.40	1.20	7.3±0.25	10.2±0.30	75±3	0.864	3.0
SYV-75-9 SWY-75-9	1/1.37	1.37	9.0±0.30	12.4±0.40	75±3	0.693	4.5
SYV-75-12 SWY-75-12	7/0.64	1.92	11.5±0.40	15.0±0.50	75±3	0.659	5.5
SYV-75-15 SWY-75-15	7/0.82	2.46	15.0±0.50	19.0±0.50	75±3	0.574	7.0
SYV-100-5	1/0.60	0.60	7.3±0.25	10.2±0.30	100±5	0.729	2.5

注：同轴射频电缆型组成：

第一部分字母：
- 第一个字母——分类代号：“*S*”表示同轴射频电缆。
- 第二个字母——绝缘材料：“*Y*”表示聚乙稀绝缘；“*W*”表示稳定聚乙稀绝缘。
- 第三个字母——护层材料：“*V*”表示聚氯乙稀。“*Y*”表示聚乙稀。

第二部分数字：特性阻抗。

第三部分数字：芯线绝缘外径。

第四部分数字：结构序号。

表 2　常用硬同轴线参数表

参数 / 型号	特性阻抗 (Ω)	外导体内直径 (mm)	内导体外直径 (mm)	衰减 ($dB/m\sqrt{Hz}$)	理论最大允许功率 (kW)	最短安全波长 (cm)
50-7	50	7	3.04	$3.38\times10^{-6}\sqrt{f}$	167	1.73
75-7	75	7	2.00	$3.38\times10^{-6}\sqrt{f}$	94	1.56
50-16	50	16	6.95	$1.48\times10^{-6}\sqrt{f}$	756	3.9
75-16	75	16	4.58	$1.34\times10^{-6}\sqrt{f}$	492	3.6
50-35	50	35	15.2	$0.67\times10^{-6}\sqrt{f}$	3 555	8.6
75-35	75	35	10.0	$0.61\times10^{-6}\sqrt{f}$	2 340	7.8
53-39	53	39	16	$0.60\times10^{-6}\sqrt{f}$	4 270	9.6
50-75	50	75	32.5	$0.31\times10^{-6}\sqrt{f}$	16 300	18.5
50-87	50	87	38	$0.27\times10^{-6}\sqrt{f}$	22 410	21.6
50-110	50	110	48	$0.22\times10^{-6}\sqrt{f}$	35 800	27.3

注：1. 型号第一个数字表示特性阻抗，第二个数字表示外导体内直径。

2. 本表数据按 $\varepsilon_r=1$，空气击穿场强 $E_{br}=3\times10^6$ V/m，以纯铜计算。

3. 最短安全波长 $\lambda=1.1\pi(a+b)$。

附录三　常用导体材料的特性

特性 / 材料	电导率 σ(s/m)	导磁率 μ(H/m)	趋肤深度 δ(m)	表面电阻 R_s(Ω)
银	6.17×10^7	$4\pi\times10^{-7}$	$0.064\ 1/\sqrt{f}$	$2.52\times10^{-7}\sqrt{f}$
紫铜	5.80×10^7	$4\pi\times10^{-7}$	$0.066\ 1/\sqrt{f}$	$2.61\times10^{-7}\sqrt{f}$
金	4.10×10^7	$4\pi\times10^{-7}$	$0.078\ 6/\sqrt{f}$	$3.10\times10^{-7}\sqrt{f}$
铝	3.82×10^7	$4\pi\times10^{-7}$	$0.081\ 4/\sqrt{f}$	$3.22\times10^{-7}\sqrt{f}$
黄铜	1.57×10^7	$4\pi\times10^{-7}$	$0.127/\sqrt{f}$	$5.01\times10^{-7}\sqrt{f}$
焊锡	0.706×10^7	$4\pi\times10^{-7}$	$0.189/\sqrt{f}$	$7.49\times10^{-7}\sqrt{f}$

注：f 以 Hz 为单位。

附录四　常用介质材料的特性

特性 材料	ε_r (10 GHz)	tg δ(10 GHz) $\times 10^{-4}$	击穿强度 (kV/cm)	热传导率 (W/cm²·℃)	热膨胀系数 $\times 10^{-6}$·℃$^{-1}$
空　　气	1	≈0	30	0.000 24	
聚四氟乙稀	2.1	4	≈300	0.001	
聚　乙　稀	2.26	5	≈300	0.001	
聚苯乙稀	2.55	7	≈300	0.001	
有机玻璃	2.72	15			
氧化铍	6.4	2		2.5	6.0
石英	3.78	1	10×10^3	0.008	0.55
氧化铝(99.5%)	9.5～10	1	4×10^3	0.3	6
氧化铝(96%)	8.9	6	4×10^3	0.28	6.4
氧化铝(85%)	8.0	15	4×10^3	0.2	6.5
蓝　宝　石	9.3～11.7	1	4×10^3	0.4	5～6.6
硅	11.9	40	4×10^3	0.9	4.2
砷　化　镓	13.0	60	300	0.3	5.7
石榴石铁氧体	13～16	2	350	0.03	
二氧化钛	85	40	4×10^3		8.3
金　红　石	100	4		0.02	

参考书目

[1] 廖承恩、陈达章：《微波技术基础》(上册)，国防工业出版社，1979。
[2] 廖承恩：《微波技术基础》，国防工业出版社，1984。
[3] 廖承恩：《微波理论和技术基础》，西安电子科技大学出版社，1990。
[4] 唐汉：《微波原理》，南京大学出版社，1990。
[5] 宁平治、闵德芬：《微波信息传输技术》，上海科学技术出版社，1985。
[6] R. E. 柯林：《微波工程基础》(吕继尧译)，人民邮电出版社，1981。
[7] R. F. 哈林登：《正弦电磁场》(孟侃译)，上海科学技术出版社，1964。
[8] 李嗣范：《微波元件原理与设计》，人民邮电出版社，1982。
[9] 林为干：《微波理论与技术》，科学出版社，1979。
[10] 鲍家善等：《微波原理》，高等教育出版社，1985。
[11] 叶培大、吴彝尊：《光波导技术基本理论》，人民邮电出版社，1981。
[12] K. C. Gupta, Ramesh Garg and I. J. Bahl,《Microstrip Lines and Slotlines》, Artech House, Inc., 1979.
[13] 杉浦寅彦、石井顺也、弓场芳治、阿座上孝：《マイウロ波工学》，朝倉书店，1976。
[14] M. J. Adams,《An Introduction to Optical Waveguides》, John Wiley & Sons, 1981.
[15] 吴万春：《微波、毫米波与光集成电路的理论基础》，西北电讯工程学院出版社，1985。
[16] Hiroshi Nishihara, Masamitsu Haruna, and Toshiaki Suhare,《Optical Integrated Circuits》, McGraw-Hill Book Company, 1989.
[17] P. Bhartia, I. J. Bahl,《Millimeter Wave Engineering and Aplications》, John Wiley & Sons, 1984.
[18] I. J. Bahl and P. Bhartia,《Microwave Solid State Circuit Design》, Wiley, New York, 1988.
[19] Edward A. Wolff and Roger Kaul,《Wicrowave Engineering and Systems Applications》, John Wiley & Sons, 1988.
[20] Kai Chang,《Handbook of Microwave and Optical Components》, John Wiley & Sons, 1989.
[21] P A. Pizzi,《Microwave Engineering: Passive Circuits》, Prentice-Hill, Inc., 1988.
[22] M. L. Sisodia and G. S. Raghuvanshi,《Microwave Circuits and Passive Devices》, John Wiley & Sons, 1987.
[23] David M. Pozar,《Microwave Engineering》, Addison-Wesley Publishing Company, Inc., 1990.
[24] H. Howe, Jr.,《Stripline Circuit Design》, Artech House, Dedham, Mass., 1974.
[25] R. E. Collin,《Field Theoty of Guided Waves》, McGraw-Hill Book Co., 1960.
[26] Kajfez, D., and P. Guillon,《Dielectric Resonators》, Artech House, Dedham, Mass., 1986.
[27] 岡本勝就著：《光導波路の基礎》，コロナ社，1992.
[28] S. Ramo, J. R. Whinnery, and T. Van Duzer,《Fields and Waves in Communication Electronics》, John Wiley & Sons, 1984.
[29] Robert S. Elliott,《An Introduction to Guided Waves and Microwave Circuits》, Prentice-Hall, Inc., 1993.
[30] Marcuvitz, N.,《Waveguide Handbook》, Rad. Lab. Series, vol. 10, McGraw-Hill Book Co., New York, 1951.